G. Gauglitz (Ed.)

Software-Entwicklung in der Chemie 3

Proceedings des 3. Workshops
„Computer in der Chemie"
Tübingen, 16.–18. November 1988

Veranstaltet von der Arbeitsgruppe

der GDCh-Fachgruppe Chemie-Information

Springer-Verlag
Berlin Heidelberg New York London Paris Tokyo

Prof. Dr. Günter Gauglitz
Universität Tübingen
Institut für Physikalische und Theoretische Chemie
Auf der Morgenstelle 8, D-7400 Tübingen

CIP-Titelaufnahme der Deutschen Bibliothek. Software-Entwicklung in der Chemie … : proceedings des
Workshops „Computer in der Chemie" / veranst. von d. Arbeitsgruppe CIC, Computer in d. Chemie d. d.
GDCh-Fachgruppe Chemie-Information. – Berlin; Heidelberg; New York; London; Paris; Tokyo: Springer.
NE: Workshop Computer in der Chemie; Gesellschaft Deutscher Chemiker / Arbeitsgruppe Computer in
der Chemie
3. Tübingen, 16.–18. November 1988. – 1989
ISBN-13: 978-3-540-50673-7   e-ISBN-13: 978-3-642-74373-3
DOI: 10.1007/978-3-642-74373-3

Vorwort

Im November 1988 wurde der 3. Workshop "Hard- und Software-Entwicklung für die Chemie"
von der Arbeitsgruppe "CIC - Computer in der Chemie" der GDCh-Fachgruppe "Chemie-Information" in Tübingen veranstaltet. Trotz des Altstadtbummels durch die malerischen Gassen der
alten Universitätsstadt Tübingen konnte natürlich die idyllische Atmosphäre der österreichischen
Bergwelt von Hochfilzen (Tirol) nicht erreicht werden. Schon allein deswegen, weil über 250
Teilnehmer, 15 Firmen mit Ständen, an denen Hard- und Software vorgeführt wurde, 12 Über-
sichtsvorträge, 12 Kurzeinführungen in Software-Präsentationen oder Poster, nahezu 50 Poster
und nicht zuletzt eine Vielzahl von Programmvorführungen aus dem Hochschulbereich den
Rahmen der bisherigen Tagungen drastisch ausgeweitet hatten. Trotzdem konnte, obwohl das
Angebot der Tagung sehr groß und der Zeitplan eng waren, durch Erweiterung der Zeiten für
Diskussion, Postervorstellung und Soft- und Hardwarepräsentationen auf Kosten der Anzahl von
Vorträgen das Ziel der Tagung erreicht werden, genügend Zeit für Einzelgespräche, Kontakte
und Diskussionen anzubieten. Zumindest wurde das von vielen Teilnehmern hervorgehoben.

Die Bedeutung der Tagung zeigte sich auch daran, daß der Bundesminister für Forschung und
Technologie erstmals die Schirmherrschaft übernommen hatte.

Bei der letzten Tagung war der Wunsch geäußert worden, möglichst auch Randgebiete des Rechnereinsatzes in der Chemie zu berücksichtigen. Daher wurden vom Wissenschaftlichen Beirat
bei der Auswahl der Vorträge gezielt auch Referenten aus Bereichen außerhalb der Chemie ein-
geladen. Dadurch gelang es, viele Chemiker, die sonst auf anderen Fachtagungen ihre Ergebnisse vorstellen, davon zu überzeugen, daß diese Tagung ein geeignetes Forum auch für Rand-
probleme der Chemie unter Einsatz des Rechners darstellen kann. Neben den Themenkreisen
Datendokumentation, Datenbanken, Spektrenbibliotheken, Molecular Design, Prozeßsteuerung,
Datenerfassung in der Analytik, Chemometrie, Syntheseplanung waren auch die Röntgen-
strukturanalyse und die Simulation bei elektrochemischen Untersuchungen vertreten. Zum
Erfolg trug durch die Auswahl der Tagungsschwerpunkte vor allem auch der Wissenschaftliche
Beirat bei, dessen Angehörigen, den Herren Dr. W. Bremser, Prof. Dr. J. Brickmann, Prof. Dr. S.
Ebel, Prof. Dr. J. Gasteiger, Dr. C. Jochum, Dr. V. Schubert, Dr. J. H. Winter und Prof. Dr. D.
Ziessow ich für die tatkräftige Unterstützung und für die Hilfe bei der Zusammenstellung des
Programmes danke.

Die Fachgruppen "Chemie-Information" und "Laborautomation" haben uns wesentlich bei der
Versendung der Einladung zu dieser Tagung unterstützt. Zu erwähnen ist auch die Hilfe von
Herrn Dr. Behret von der Geschäftsstelle der Gesellschaft Deutscher Chemiker.

Ein Ziel der Veranstalter war es, die Teilnahmegebühren besonders für Studenten möglichst niedrig zu halten. Dies sollte auch Studenten den Besuch der Tagung ermöglichen, weil sich besonders Nachwuchswissenschaftler im Bereich des Rechnereinsatzes in der Chemie engagieren. Diese Absicht konnte nur verwirklicht werden, weil einige Vereinigungen und viele Firmen uns durch Spenden und Zuschüsse unterstützt haben. Wir danken daher den Firmen Schering (Berlin), Boehringer Ingelheim, Bayer (Leverkusen) und dem IBM-Stiftungsfonds im Stifterverband für die Deutsche Wissenschaft für Zuwendungen. Weiterhin danken wir den Firmen, Verlagen und Institutionen: Springer-Verlag (Berlin-Heidelberg), FIZ Energie-Physik-Mathematik (Karlsruhe), VCH Verlagsgesellschaft (Weinheim), Molecular Design MDL AG (Basel), FIZ Chemie (Berlin), Heyden & Son, Biosym Technologies, Silicon Graphics GmbH, Beilstein Institut, Orthosoft GmbH, Chemodata, Jungbauer & Mannhardt, Evans & Sutherland, Friedrich & Co und dem Transferzentrum Reutlingen für Spenden.

Darüberhinaus stiftete der Fonds der Chemischen Industrie vier Stipendien für Software-Präsentationen aus dem Hochschulbereich. Dadurch wurde es uns möglich, für junge Leute Tagungs- und Aufenthaltskosten in Tübingen zu übernehmen. Auf diese Weise wurden die Arbeiten von Nachwuchskräften im Bereich des Rechnereinsatzes in der Chemie gewürdigt.

Mein besonderer Dank gilt allen meinen Mitarbeitern, den Diplomanden und Doktoranden, aber auch den studentischen Hilfskräften, die in beispiellosem Einsatz die Vorbereitung und Durchführung der Tagung ermöglichten. Gedankt sei den Damen Gabriele Eberspächer, Jutta Hartz, Karin Heiß und Eva Scheerer für die Betreuung des Tagungsbüros und den Herren Stephan Bayerbach, Klaus-Peter Dernbecher, Dieter Fröhlich, Jürgen Krause-Bonte, Johannes Riedt und Siegfried Weiß für das Ausschildern, den Aufbau der Datenfernübertragung, sowie die Betreuung der Poster, der Software-Präsentationen und der Technik während der Vorträge.

Meinen Kollegen in der Fakultät bin ich sehr dankbar für ihr Verständnis, daß sie in der Zeit der Tagung trotz laufendem Semester auf Hörsäle verzichtet und viele Belästigungen durch die Aktivitäten in Kauf genommen haben.

Die Datenverarbeitung in der Chemie ist ein sehr aktuelles Forschungsgebiet. Daher sollte sich das Erscheinen der Beiträge im Interesse der Autoren nicht zu sehr verzögern, damit die Ergebnisse nicht schon wieder überholt sind. Aus diesem Grund haben wir uns dieses Mal im Gegensatz zu den beiden vorhergehenden Proceedingsbänden nicht die Mühe gemacht, Manuskripte neu zu setzen, sondern nur versucht, ein einheitliches Schriftbild zu wählen. In diesem Zusammenhang sei allen Autoren für ihr Verständnis und für die Bereitschaft gedankt, die Manuskripte in camera-ready-Form abzuliefern, damit wir auch den Preis für den Tagungsband möglichst gering halten konnten. Herrn Enders vom Springer-Verlag sind wir in diesem Zusammenhang zu großem Dank verpflichtet. Obwohl mit dem Wunsch nach schnellem Erscheinen nicht alle

Versäumnisse entschuldigt werden können, bitten wir alle um Verständnis für noch auftretende Fehler.

Wir hoffen, daß es allen bei uns in Tübingen gefallen hat, daß das Programm auf breites Interesse gestoßen ist, daß die Zeiten für Diskussionen vor den Postern und bei den Präsentationen lang genug waren, und daß dieser Tagungsband den hohen Stand in diesem Bereich widergibt. Dafür danke ich den Autoren, die für diese Beiträge verantwortlich zeichnen.

G. Gauglitz

Inhaltsverzeichnis

PRINZIPIEN VON RELATIONALEN FAKTENDATENBANKEN
DARGESTELLT AN DER
ELEKTROLYTDATENBANK REGENSBURG
(ELDAR)

von K. Popp,

FIZ CHEMIE GmbH Berlin

Zusammenfassung:
ELDAR (Elektrolytdatenbank Regensburg) ist eine auf der Coddschen
1 Normalform mit Wiederholung beruhende relationale Datenbank. Im
Gegensatz zu hierarchischen Modellen besitzen die relationalen
Datenbanken den Vorzug der Unabhängigkeit der verschiedenen
Relationen untereinander. Der Nachteil ist die relativ langsame
Verarbeitung bei Input und Recherche, der jedoch für kleinere
Datensammlungen wie bei ELDAR nicht so gravierend ist. Im
nachfolgenden werden die Prinzipien des relationalen
Datenbankmodells am Beispiel von ELDAR erläutert.

Schlüsselwörter:
ELDAR, relationale Datenbank, Methodenbank, wissensbasiertes
System, Microcomputer.

1. Relationales Datenbanksystem

1.1. Zugrundegelegtes Datenmodell

Im Gegensatz zu vielen Informationssystemen liegt der
Elektrolytdatenbank Regensburg ein genau definiertes Datenmodell -
das Relationenmodell - zugrunde. Der Benutzer einer relationalen
Datenbank sieht und benutzt die gespeicherte Information in Form
von Relationen. Ihre Interpretation ist unabhängig von der
Speicherung in Relationen, jedoch abhängig vom Suchweg in der
Datenbank.

Sämtliche Datenstrukturen wurden in Relationen abgebildet. Dies
hat bei diesem Datenbanktyp folgende Vorteile:

- neue Relationen können leicht eingeführt werden,
- innerer Aufbau der Datenbank ist für den Benutzer unwichtig,
- Unabhängigkeit des Zugriffspfads auf die Information.

G. Gauglitz (Hrsg.)
Software-Entwicklung in der Chemie 3
© Springer-Verlag Berlin Heidelberg 1989

Der Benutzer der verschiedenen Relationen - hier LITERATURE, DATA, THESAURUS, MODULE, PARAMETER, BASIC_DATA - hat die gleiche Sichtweise auf die Information, obwohl diese ganz unterschiedliche Bedeutung besitzt und je nach Informationsretrieval (z.B. bei der Methodenbank) unterschiedlich interpretiert wird. Die Zugriffspfadunabhängigkeit des Systems - nicht der Information - war der Grund zur Wahl des Relationenmodells, eine Implementierung weiterer - heutzutage noch unbekannter - Relationen bereitet keine Probleme. Dies wurde mit dem erfolgreichen Aufsetzen einer Methodenbank bereits demonstriert.

1.2. Coddsches Relationenmodell 1 Normalform mit Wiederholung

Das Relationenmodell wird als zweidimensionale Tabelle bestehend aus Zeilen und Spalten verstanden. Jede Zeile dieser Tabelle repräsentiert eine Relation (z.B. LITERATURE). Die Spaltenbezeichnungen sind die Attributsnamen (z.B. AUTHOR) dieser Relation. Die Anzahl und Anordnung der Zeilen und Spalten ist unwichtig, d.h. die Tabelle ist invariant gegenüber Transformationen. Gibt es eine Attributskombination, die die Tupel einer Relation eindeutig identifizieren und sind in jedem Tupel diese Werte bekannt, so heißt dieses Attribut Primärschlüssel. Die Werte von Attributen können wieder Attribute einer anderen Relation sein. Ein Attribut kann des weiteren n-fache Wiederholungen (n beliebig, jedoch endlich) besitzen [1].

Relationen erlauben die Daten als spezifizierte Fakten zu verwalten. Dabei stellt jedes Relationstupel eine Aussage dar, wenn es mit den Werten des Attributs zu einem Prädikat verknüpft wird, z.B. "Autor ist BARTHEL,J.".

Ein relationales Datenbankmodell beinhaltet:

- die Datenstruktur in Relationen abgebildet,
- die Operatoren auf die Relationen,
- Integritätsregeln, die explizit oder implizit
  die konsistenten Datenbankzustände definieren.

Die auf diesem Modell aufbauende Datenbank ELDAR verwendet die sogenannte Coddsche 1 NF mit Wiederholung, d.h. alle Attribute sind elementar (nicht weiter zerlegbar), dürfen jedoch wiederholt werden (z.B. Zahlenwerte). Diese Erweiterung der 1 NF ändert an den Operationsregeln nichts, da diese von den Attributen unabhängig sind und nur auf die in den Relationen vorhandenen Tupeln (z.B. ein Literatursatz) angewandt werden.

Die Mengenoperatoren sind die Vereinigung, der Durchschnitt, die Differenz und das Kartesische Produkt.

Die Projektion eleminiert Spalten aus der Relationentabelle, gleichgültig ob diese elementar oder wiederholte Attribute sind. Somit ist die Projektion unabhängig vom Relationstyp, sie kann jedoch nicht Teilausprägungen innerhalb eines Wiederholungs- attributs herausprojizieren.

Die Selektion erlaubt die Zeilen der Relationstabelle auszuwählen. Bei der Erweiterung der 1 NF gilt dann [1]:

- Operanden sind ein- und mehrelementige Mengen,
- Vergleichssymbole (=, <>, >, >=, ...) müssen auf
  Mengen definiert werden,
- die logischen Operatoren (und, oder, nicht) bleiben
  in ihrer Funktion unverändert.

Der Verbund zweier Relationen wird über ein gemeinsames Primärschlüsselattribut definiert.

1.3. Relationen im Datenbankteil von ELDAR

Folgende Relationen wurden im ELDAR-Datenbankteil bisher eingearbeitet:

Relation	Attribute
LITERATURE	Primärschlüssel, Identifizierung, Klassifizierung, Chemical-Abstract-Nummer, Sprache, Dokumenttyp, Jahr, Band, Heft, Seiten, Autor, Titel, Publikationstitel, Deskriptor (Schlüsselwort), Bemerkungen
CHEMISCHES SYSTEM	Primärschlüssel, System-TAG, Komponenten, Reaktion, Reaktionsprodukte, Daten- charakteristik
DATEN	Primärschlüssel, Datennummer, Zahlenwert
BASISDATEN	Primärschlüssel, Komponenten, Datenquellen, benutzte Module, Datencharakteristik, Zahlenwerte.

1.4. Thesaurusrelation

THESAURUS	Namensschlüssel, Name, Vorzugsname, Synonym, Obergegriff, Unterbegriff, verwandter Begriff, Bruttoformel

1.5. Relationen im Methodenbankteil von ELDAR

Relation	Attribute
MODUL	Modulschlüssel, Name, Titel, Kategorie, Deskriptor (Schlüsselwort), Quelle, Datum/Version, aufgerufene Module, abgearbeitete Module, Programmiersprache, Rechengenauigkeit, Speicherbedarf, interne Dateien, Programmierstandard, theoretische Grundlagen, Besonderheiten, Bedienungsanleitung, Bedienungsbeispiel, Testdaten
EFFEKT	Modulname, Programmname, Programmtyp, Funktionswertebereich, Werteeinheit, Leistungsdeskriptoren, Leistungsbeschreibung, Bedienungsanleitung, Bedienungsbeispiel, Testdaten
PARAMETER	Modulname, Programmname, Parametername, Datentyp, Wertebereich, Verwendungsart, Parameterdefinition, Einheit

2. Abbildung von Wissen in einer relationalen Datenbank

2.1. Faktenwissen

Das Faktenwissen – Bibliographie, chemische Systeme, Zahlenwerte – ist in den zum Stoffdatenbankteil gehörenden Relationen LITERATURE, CHEMICAL SYSTEM, DATA, BASIC DATA abgebildet. Die Forderung nach mehr Semantik bei Datenbankanfragen konnte mit der Einrichtung einer weiteren Relation – dem THESAURUS – befriedigt werden. Dieser ist eine (meist alphanumerisch) geordnete redundanzfreie Menge von Begriffen mit zwischen ihnen bestehenden Beziehungen. Der Thesaurus von ELDAR fungiert als Schnittstelle zwischen Benutzer und gespeicherten Begriffen der Relation. Beim Vorzugsterm wird die Begriffshierarchie abgelegt, alle anderen

Terme erhalten nur Verweise zu ihrem Vorzugsterm. Damit fungiert
der Thesaurus als neue Relation in der Datenbank.

Bis jetzt eingeführte Begriffsbeziehungen sind

- Vorzugsterm
- Synonyme
- Oberbegriffe
- Unterbegriffe
- verwandte Begriffe
- Bruttoformel

Letztere ist eigentlich Oberbegriff zu den chemischen Substanzen.
Der Vorteil als eigenes Attribut in der Thesaurusrelation erspart
dem Benutzer die Auswertung einer Begriffshierarchie. Da ein Term
mehrere Oberbegriffe besitzen kann, ist der ELDAR-Thesaurus ein
semantisches Netzwerk von Begriffen.

Beispiel:

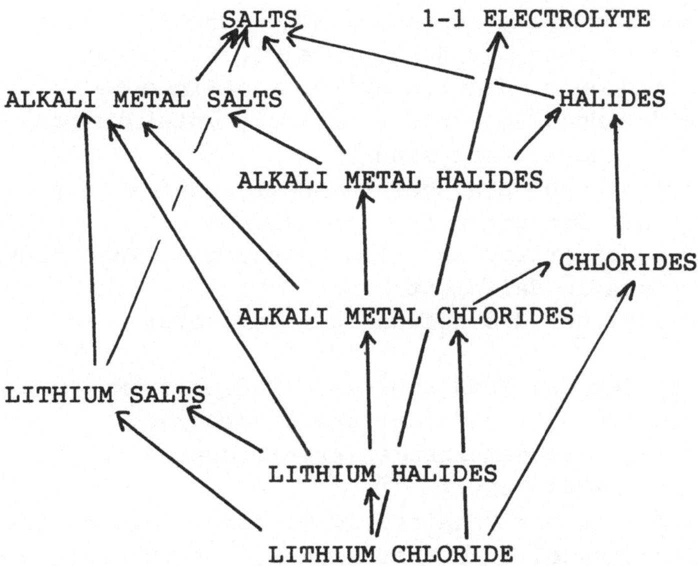

Bei der Anfrage mit invertierten Begriffen nach der Modulrelation
bietet der Thesaurus Hilfen bei der Suche nach problemspezifischen
Modulen an. Durch Angabe globaler Begriffe wie CONDUCTIVITY
EQUATION erhält man die dort als Unterbegriffe geführten
Leitfähigkeitsgleichungen.

2.2. Algorithmisches Wissen [2]

In ELDAR sind drei Klassen von Algorithmen gespeichert:

- Methoden der Numerischen Mathematik,
- Methoden der statistischen Analyse und
- Modelle physikalisch-chemischer Eigenschaften,
  die auf aktuellen Theorien fußen.

Die Algorithmen der Methodenbank wurden zur Verwaltung einer Normalisierung zur Abbildung in Modulen unterworfen, analog der Normalisierung im Datenbankteil. Für ELDAR liegen folgende Modulnormierungsprinzipien zugrunde:

- drei Modultypen:
  - elementare Module, diese haben nach außen nur eine Subroutine
    oder Funktion
  - komplexe Module aus lose aneinander gereihten
    Unterprogrammen
  - lauffähige Operatoren für die am häufigst benutzten Programme,
    sie weisen keine Parameterliste auf, ihre Kommunikation wird
    deshalb von einem Kommunikationsmodul abgewickelt
- Modularisierung: Erstellung des Konzepts einer Software
  durch Aufteilung in Module, die bis auf eine definierte
  Schnittstelle von der Modulumgebung unabhängig entwickelbar,
  übersetzbar, prüfbar und wartbar sind
- Schnittstellenbeschreibung: d.h. der Anwender eines Moduls sieht
  eine Schnittstelle mit Öffnungen für Input/Output
- Lokalisation in der Schnittstelle: alle Leistungen eines Moduls
  sind in der Schnittstelle definiert
- Schmale Datenkopplung: nur die notwendigen Variablen erscheinen
  in der Schnittstelle
- Information hiding: für den Modulanwender sind alle implemen-
  tationsbezogenen Interna (Hilfsfelder usw.) verborgen.
- Verbot von Datenfelder die gemeinsamen Arbeitsspeicherplatz
  benutzen (COMMON in FORTRAN usw.)
- Verbot von Datentypen in der Schnittstelle, die in einem der
  beiden über die Schnittstelle verkehrenden Programmen aufgrund
  ihrer Programmiersprache unbekannt sind
- ausführliche Moduldokumentation

Die Datenstruktur der Moduldokumentation wird in das Coddsche relationale Datenmodell mit der Erweiterung um Wiederholungsattribute [1] abgebildet. Statt 7 Relationen (Modul, übergeordneter Deskriptor, Deskriptor, Leistung, Leistungsdeskriptor, Parameter, Parameterdefinition) ergeben sich bei Verwendung der 1NF mit Wiederholung nur drei Relationen (MODULE, EFFECT, PARAMETER). Insgesamt sind durch die Wiederholung in der gesamten Daten- und Methodenbank statt 23 Relationen der 1 NF nur 8 vorhanden.

2.3. Heuristisches Wissen - Regelbank

Das heuristische Wissen in Form von Regeln wird ebenfalls in Relationen abgebildet werden. Diese Regelbank ist aufgrund der Forschung in Richtung "Künstliche Intelligenz" in der chemischen Technik beim BMFT über die GMD als Forschungsprojekt beantragt worden. Eine Entscheidung steht heute noch aus. Das heuristische Wissen (Regeln - mit Implikation verbundene Prädikate - und Prädikate deren Terme Variablen enthalten) wird in Hornklauseln abgebildet und in einer Regelbank verwaltet werden [1].

3. Verbindung der Daten-, Methoden- und Regelbank.

Die Schnittstelle zwischen dem Daten-, Methoden- und späteren Regelteil der Elektrolytdatenbank Regensburg wird mittels eines sog. Kommunikationsmoduls betrieben. Es gewährleistet die Inputversorgung der gestarteten Operatoren und liefert Bestdaten zur Speicherung in der Relation BASIC DATA an die Stoffdatenbank zurück. Ebenfalls soll dieses Modul die aus den Datenauswertungen abgeleitenden Regeln als Input an die noch aufzusetzende Regelbank zurückgeben.

4. Hard- und Software [2]

Datenbank und Methodenbank sind auf einem Microcomputersystem (Uni. Regensburg) oder auf einem stand-alone Mikrocomputer (FIZ CHEMIE GmbH Berlin) implementiert. Begonnen wurde 1980 mit 8-bit Mikorcomputern, die seit 1981 mit externen Festplatten vernetzt wurden. Inzwischen finden nur noch 16-bit PCs, XTs und ATs Verwendung, teilweise sind sie mit lokalen Festplatten ausgerüstet. Das Betriebssystem wechselte von CP/M-80 (8-bit) über CP/M-86 zu MS-DOS (jetzige Version: 3.20) und wird zukünftig OS/2 sein.

Die Dialog- und Verwaltungsprogramme sind in MS-PASCAL programmiert. Die Module der Methodenbank sind in MS-FORTRAN codiert. MS-PASCAL und MS-FORTRAN sind bindekompatibel. Mit mPROLOG existiert eine Logikprogrammiersprache zur Verwaltung und Auswertung von Regelwissen und weist eine Schnittstelle zu MS-PASCAL auf.

Die gesamte Datenbank verteilt sich auf mehrere Dateien:

- Mainfiles zur Abspeicherung der Datenrecords,
- invertierte Listen
- Operatoren (Eingabe, Verwaltung, Rechenmethoden)
- Pufferdateien (Eingabe)
- Listen (Verwaltung)

Sie benötigen z.Z. einen Speicherplatz von ca. 25 MByte für die Daten, 2 MByte für Dialog- und Verwaltungsprogramme und 2 MByte für die Modulsammlung.

Literatur

[1] Popp, H.:   Mensch-Mikrocomputersystem   Kommunikationssystem. Managment Expertensystem in der chemischen Industrie auf der Basis eines universalen Daten- und Prozeduralmodells auf einem Mikrocomputernetz. Dissertation Regensburg 1984, 260 S.

[2] Barthel, J., Popp, H., Schmeer, G.: Die ELDAR-Methodenbank für Elektrolytlösungen. In Gasteiger, J. (Ed.): Softwareentwicklungen in der Chmie - 2; Proceedings des Workshops "Computer in der Chemie", Hochfilzen/Tirol; Springer-Verlag Berlin Heidelberg 1988, S. 127-140

Substruktursuche:
Ein Leistungsvergleich von DARC, HTSS, MACCS und S4
durch das Beilstein Institut

Martin G. Hicks
Beilstein Institut
Varrentrappstr. 40-42
6000 Frankfurt 90

Abstract

Die Inhouse Substruktursuchsysteme DARC [1,2], MACCS [3,4], HTSS[5] und S4 [6] wurden auf Treffergenauigkeit und Geschwindigkeit getestet. Die Ergebnisse zeigen, daß die Genauigkeit aller Systeme sehr gut ist. S4 ist für die verwendeten Suchanfragen sehr viel schneller als die anderen Systeme.

Einleitung

Bei zur Zeit über 9 Mio. bekannten organischen Verbindungen ist der schnelle Zugang zu deren Daten von überragender Bedeutung für den Chemiker. Deshalb wurden Substruktursuchsysteme entwickelt, die das Retrieval aller Moleküle mit einer bestimmten Substruktur auf maschinenlesbaren Strukturdateien ermöglichen [7,8].

Der Vergleich einer Suchstruktur mit jedem Molekül eines Strukturfiles ist eine sehr zeitaufwendige und ineffiziente Methode, eine Antwortliste zu erhalten. Zur Lösung des Problems verwenden die meisten der existierenden Suchsysteme ein 2-Stufensystem. Die erste Stufe besteht aus einem Vorscreening, um die Menge der Kandidaten zu reduzieren, die dann im zweiten Schritt den exakten Atom-by-Atom-Match durchlaufen.

Fragmentscreening Systeme

Die Fragmente bestehen aus einer Gruppe von Atomen und Bindungen, die - zusammen genommen - ein Molekül beschreiben. Diese Fragmente können in Form einer festen Fragment-Bibliothek, wie z.B. bei CAS-STN oder MACCS, abgespeichert sein.
Bei der Registrierung einer Verbindung wird diese untersucht auf das Vorhandensein von

G. Gauglitz (Hrsg.)
Software-Entwicklung in der Chemie 3
© Springer-Verlag Berlin Heidelberg 1989

Fragmenten der Bibliothek. Sie wird dann als Bit Vektor (ein String von Binärzahlen, der das Vorhandensein oder Nicht-Vorhandensein eines Screens anzeigt) gespeichert.

Es gibt zwei Möglichkeiten, in Dateien mit festen Screens zu suchen: Entweder wird der Bit-String des gesuchten Moleküls mit jedem Bit String in der Datei verglichen oder die Strings werden in invertierten Listen abgespeichert und die Suche erfolgt fragmentweise.

CAS-STN

CAS verwendet zur Lösung des Problems der Suche im Registry File mit einigen Millionen Strukturen die Methode des Parallel-Processings.
Der Screen-File - eine Weiterentwicklung des Systems durch BASIC - enthält über 2000 Struktur-Fragmente.

<u>Search Machines</u>

Bei diesem System - das zur Zeit einzige bei STN in Verwendung befindliche - wird der Struktur File auf über 13 Paare von PDP 11 Minicomputern aufgeteilt. Ein Teil jeden Paares ist für den Screen-File zuständig, der andere für die Connection Tables.

Die Fragmentsuche erfolgt sequentiell. Vorteile sind konstante Suchzeiten und eine Überlappung der Screen- und der Atom-by-Atom Suche.
Nachteile der sequentiellen Suche sind, daß die minimale Antwortzeit hoch ist, daß neue Screens nur schwer hinzugefügt werden und die Files nicht leicht auf Einzelprozessoren installiert werden können.

<u>Search Engine</u>

Zur Überwindung der vorhandenen Nachteile und um die Hardware auf den neuesten Stand zu bringen, ist CAS dabei, Search Engines zu entwickeln. CAS verwendet weiterhin Parallel-Processing, zur Zeit mit 5 Unisys-Sperry 5000/90 Computern; die Fragmentdateien werden aber in Form von invertierten Listen abgelegt.

Die Files und die Software werden dadurch sehr viel portabler. Diese Lösung wird in STN FIZ Karlsruhe auf einer IBM 3090 für den Beilstein File eingesetzt werden.

MACCS

MACCS ist das populärste Inhouse System. Das System verwendet einen File mit über 1000 Fragmenten in Form von invertierten Listen. Es ist in der Lage stereochemisch definierte Strukturen zu registrieren sowie Tautomere und Isomere zu suchen.

Die einfache Struktur des Systems limitiert seine Verwendung im wesentlichen auf Files kleinerer und mittlerer Größe. Dies ist für die Bedürfnisse der meisten Inhouse-Kunden auch ausreichend.

Baumstruktur-Systeme

DARC

Das DARC System verwendet zur Lösung der Suche in großen Files einen variablen Fragment-Screen-File, der während der Datenbank- Generierung gebildet wird.

Die FRELs sind Zwei-Sphären-Fragmente, deren zentraler Knoten eine Konnektivität von mindestens 3 haben muß. Damit ist der Screen-File File-spezifisch und theoretisch schärfer unterscheidend als eine feste Screen-Bibliothek. Die FRELs werden anschließend in einen File mit Baumstruktur zur Suche sortiert.

Zusätzlich gibt es bei DARC eine kleine feste Fragmentbibliothek, die wichtige Ringcharakteristika enthält. Sie wird wie üblich in Form eines Bit Screenings durchsucht.

Das DARC System kann Stereochemie und generische Suchen handhaben.

HTSS

Dieses System ist eine Erweiterung des FREL-Konzeptes. Alle Atome eines Moleküls werden bis zur einschließlich 3. Sphäre codiert. Zur Beschreibung von Ringen und Ketten werden zusätzliche Deskriptoren verwendet.

Ein iterativer Prozeß charakterisiert das Atom weiter anhand der "Farbe" seiner Nachbarn. Es folgen weitere Iterationen, die das Atom sehr genau anhand seiner erweiterten Konnektivität und Umgebung bestimmen. Diese Information wird in Form eines Suchbaums gespeichert.

Bei der Suche durchläuft jedes Atom der Suchanfrage den Baum. Ein Hit wird ausgegeben, wenn der Baumdurchlauf für jedes Atom der Suchanfrage bei einem Baumblatt beendet wird.

Durch die dabei erreichte Unterscheidung erübrigt sich im Allgemeinen ein Atom-by-Atom-Match.

S4

Bei S4 wird jedes Atom eines Moleküls in Form seiner vollen Konnektivität bezogen auf sämtliche Atome des Moleküls codiert.
Die Codes, die sehr komplex sind, werden in einem File sortiert und komprimiert. Von diesem großen File von Atom-Codierungen wird ein Suchbaum generiert, der aus den ersten 10 Sphären rund um ein Atom besteht und der einen Index zum Atom-Code File darstellt.

Ein Baumdurchlauf ergibt als Ergebnis eine Liste von Addressen in der Atom-Code-Liste. Die Atom-Code-Liste wird von der Startaddresse aus gelesen bis der Code wechselt. In dieser Liste sind die Hits enthalten. In den meisten Fällen erübrigt sich ein Atom-by-Atom-Match. Wegen der geringen Anzahl an Plattenzugriffen erbringt das System sehr schnelle Suchzeiten.

Nach vollständiger Implementation wird das System auch nach Stereoisomere und Tautomeren suchen können.

Aufgrund der kompakten Struktur des Suchsystems und der schnellen Suchzeiten ist S4 ideal geeignet für sehr große Files, aber auch für PC-Implementationen.

Die Leistungstests

Die Leistungstests von S4 und der anderen Systeme wurden im Beilstein Institut in zwei Phasen durchgeführt.

Phase 1

Ein erster Benchmark von S4 mit HTSS und DARC wurde auf einem File von 600k Strukturen (quer durch das Beilstein Handbuch) durchgeführt. Aufgrund der eingeschränkten Möglichkeiten der noch neuen Systeme wurden hierbei nur sehr einfache Suchstrukturen verwendet (Abb. 1), die keinen vollständigen Test von HTSS und S4 bedeuten.

Die Treffermengen sind in Tab. 1. abgebildet. Die Suchzeiten (Abb. 2 u. 3.) zeigen, daß S4 schneller als HTSS und DARC ist, sowohl was die Elapse- [9] als auch was die CPU-Time angeht. Die durchschnittliche Suchzeit pro Suchanfrage ist in Tabelle 3 angegeben.

Phase 2

Die folgenden Systeme wurden in der 2. Phase inhouse getestet: DARC, MACCS und S4. Testfile war der 350k-File der Beilstein Handbuch Heterozyklen, die den ersten Online File bilden. Die gleichen Suchanfragen wurden online bei STN FIZ Karlsruhe getestet.

Ein schwer zu lösendes Problem war die Formulierung der Suchanfragen unter Berücksichtigung der unterschiedlichen Konventionen der verschiedenen Systeme, damit jede Suchanfrage in jedem Fall identisch interpretiert werden konnte. Dies war nicht immer möglich; wenn doch, so waren die Hitlisten (Tabelle 2) [10] jedes Systems im wesentlichen untereinander identisch.

Die Suchanfragen (Abb. 4) bilden zwei Gruppen, eine mit wenigen Free Sites, die andere mit sehr vielen [11]. Dies ist eine gute Testgrundlage, um die Stärken und Schwächen jedes Systems festzustellen. Die hier gezeigten Suchanfragen sind eine Untermenge einer größeren Testserie [12] und spiegeln die Resultate dieser Serie wieder. Aufgrund der Einschränkungen einiger Systeme und der nur teilweisen Fertigstellung von S4 besteht das Set zwangsweise aus recht einfachen Suchanfragen.

Ergebnisse

1. Task Times

Set 1

Abb. 5 zeigt, daß S4 in allen Fällen sehr viel schneller ist als die anderen Systeme. DARC ist etwas schneller als MACCS. Das Ergebnis von Suchanfrage C3, ein ortho-disubstituiertes Benzol, mit 10440 Hits ist besonders zu beachten (es überschreitet die System Limits von DARC). Die durchschnittliche Suchzeit pro Query ist in Tabelle 4 aufgeführt [13].

Set 2

Wie erwartet ergaben diese weniger gut definierten Suchanfragen einen Anstieg in der Hitanzahl und längere Suchzeiten. Die Ergebnisse (Abb. 6) für S4 waren immer noch besser als die der anderen Systeme, die nun gleichauf liegen.

2. Elapse Times

Aufgrund unterschiedlich starker Belastungen des Rechners kann aus den Ergebnissen zur Elapse Time (Fig. 7 und 8) nicht zu viel geschlossen werden. Aber sie spiegeln im allgemeinen die Task Time wieder. Die Ergebnisse für CAS-STN sind nur interessehalber aufgeführt und nicht für direkte Vergleiche geeignet. Sie zeigen aber, daß das Online-System insgesamt recht gut da steht.

3. Kandidaten

Set 1

Die Gruppe der Kandidaten, die einen Atom-By-Atom-Match erforderlich machen, wird in Abb. 9 und 10 [14] für MACCS, DARC und CAS-STN verglichen. Sie zeigen, daß MACCS mit seiner viel kleineren Fragment-Bibliothek gegenüber CAS-STN stark im Nachteil ist. Bei diesem Set sind die Vorteile der FRELs offensichtlich, da sich die Kandidaten oft direkt als Hits erweisen. Eine hohe Anzahl an Kandidaten im Verhältnis zu der Anzahl der Hits spiegelt ein schlechtes Screening der Suche wieder und ergibt bedeutend längere Suchzeiten.

Set 2

Für dieses Set von Strukturen scheint die Verwendung eines festen Screen-Dictionarys einen leichten Vorteil gegenüber den FRELs zu bringen. Dies muß jedoch nicht auch für größere Files zutreffen.
Das Nachlassen der Effektivität der FRELs spiegelt sich in dem geringeren Unterschied der Task Time zwischen MACCS und DARC für dieses Set wieder.

Zusammenfassung

Die Performance von S4 ist, was die Task- und die Elapse Time betrifft besser als die der anderen Inhouse Systeme. Die Anzahl der Hits für jede Suchanfrage war ebenfalls korrekt.

MACCS war im allgemeinen langsamer als die anderen Systeme. Das schlechte Screening und ein in manchen Fällen langsamer Atom-by- Atom-Match (speziell bei Suchanfragen mit kondensierten Ringen), beschränkt seinen Einsatz auf kleine oder mittelgroße Files. Die Fähigkeit des Systems, Sub-Sets zu suchen, kann dieses Problem in einigen Fällen mildern.

DARC mit seinen hochentwickelten Suchmöglichkeiten ist gut geeignet für große Files. Eine bessere Differenzierung bei der Screen-Suche, die aufgrund ihrer Struktur im allgemeinen bedeutend langsamer ist als die von MACCS, könnte die Suchzeiten in bestimmten Fällen stark verbessern.

CAS-STN hat ein zuverlässiges Online System mit hochentwickelten Suchmöglichkeiten entwickelt. Ein großer Nachteil ist aber das Fehlen stereochemischer Suchmöglichkeiten.

Ein wichtiger Punkt, der hier nicht untersucht wurde, ist das Verhalten der Substruktursuchsysteme in einer Multi-User-Umgebung. Er ist von großem Interesse für Online- oder stark benutzte Inhouse-Systeme.

Auch das Verhalten der Systeme mit steigender Filegröße ist von Bedeutung und wird zu einem späteren Zeitpunkt untersucht werden.

Danksagung

Das Institut möchte sich bei den Repräsentanten der verschiedenen Firmen für die Hilfe bei der Installation ihre Syteme sowie die Unterstützung beim Benchmark bedanken.

Referenzen

1.   Available from Télésystèmes.
2.   Attias, R., J. Chem. Inf. Comput. Sci. **23**, 102-8 (1983).
3.   Available from MDL.
4.   Adamson, G. W., Bird, J. M., Palmer and Warr, W. A., Journal of Molecular Graphics **4**, 165 (1986).
5.   Nagy, M. Z., Kozics, S., Veszpremi, T., and Bruck, P., pp127-130 in "Chemical Structures" W. A. Warr (Ed.), Springer-Verlag (1988).
6.   Developed by Beilstein/Softron.
7.   Willett, P., Journal of Chemometrics **1**, 139-155 (1987).
8.   See further articles in (5).
9.   Not measured under the same machine loading conditions.
10. The hit list is that for S4 which in this implementation does not have any tautomer processing. Due to the different system conventions and input possibilities the hit lists for the other systems will differ slightly for certain queries.
11. In Set 2 the "star" implies maximal free sites.

12. To be published.

13. Since the system limits were exceeded for queries C3 and H8B with DARC, the average time has been calculated for the remaining queries for all systems.

14. In DARC because of the use of an intermediate bit screen, not all the candidates necessarily undergo the atom-by-atom search.

S121

S33

S34

S21

St51

S615

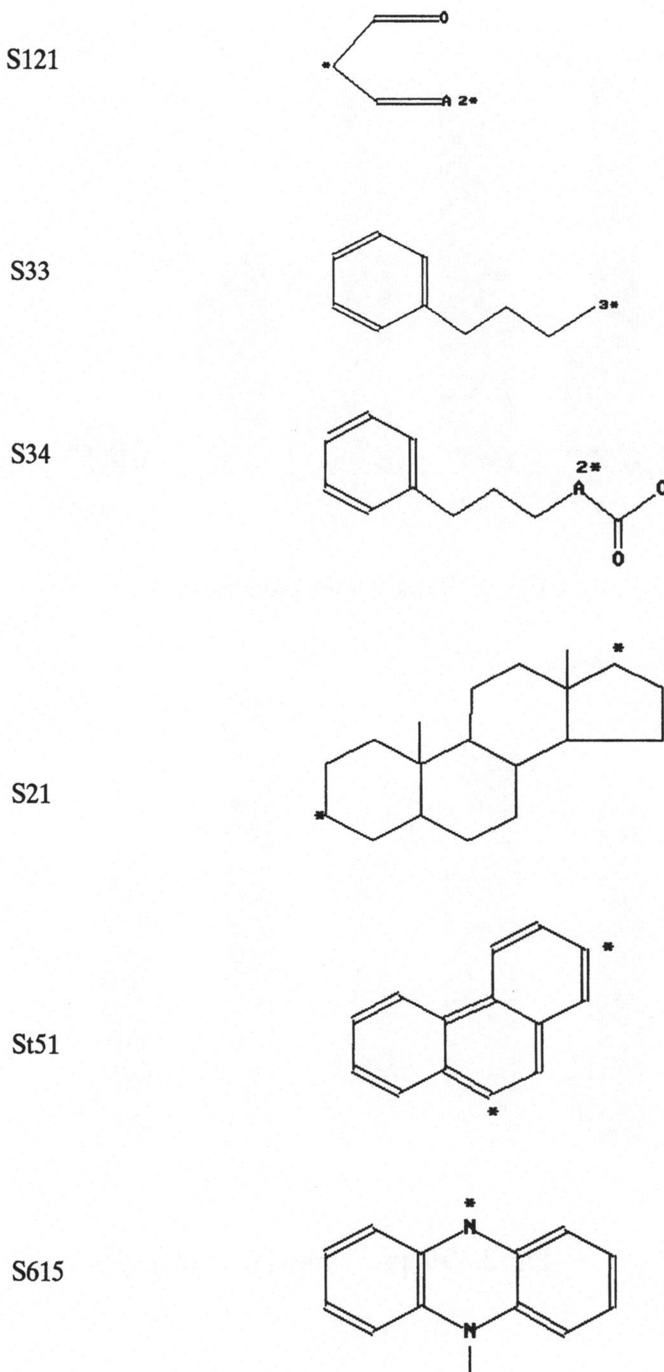

Fig. 1.   Query Structures from Phase 1

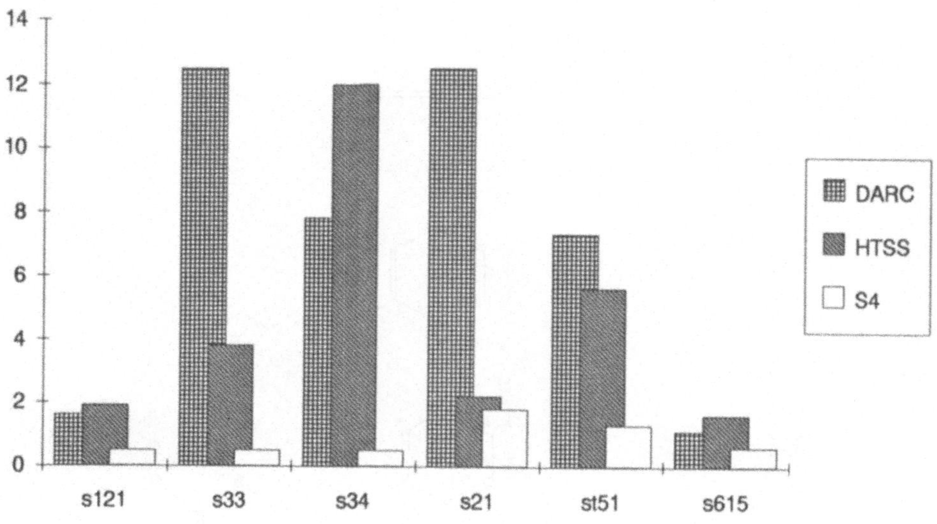

Fig. 2   Task Times (seconds)

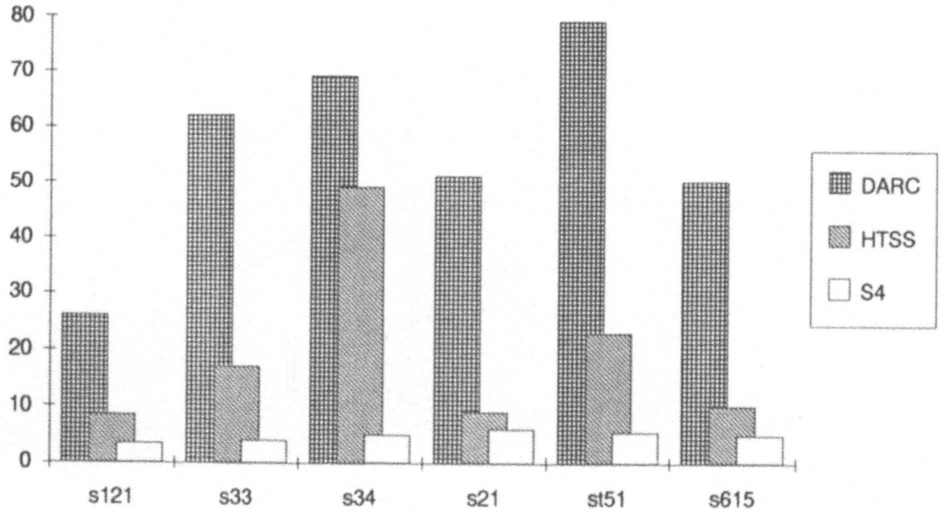

Fig. 3.   Elapse Times (seconds)

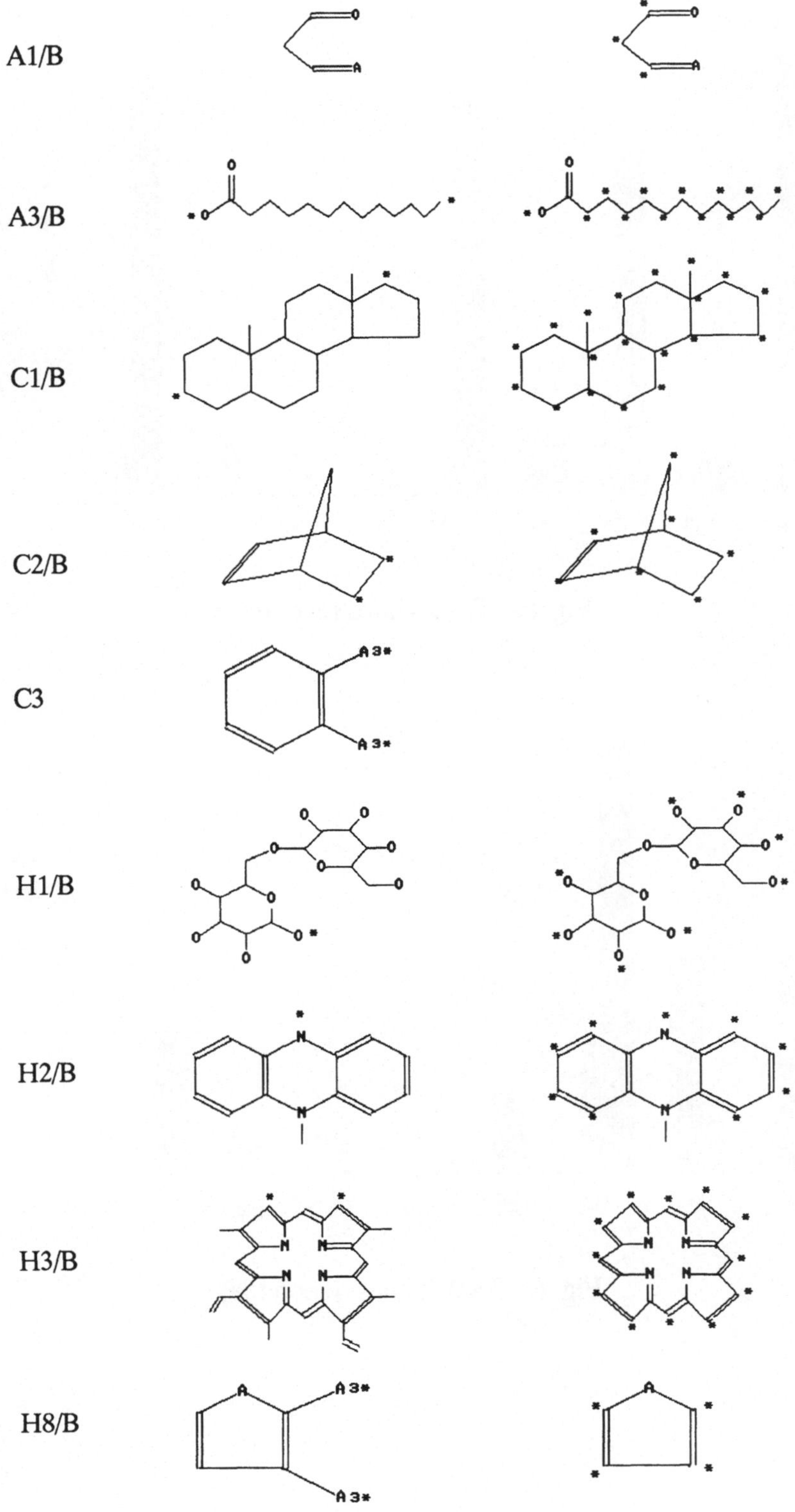

Fig. 4. Query Structures Sets 1 and 2 from Phase 2

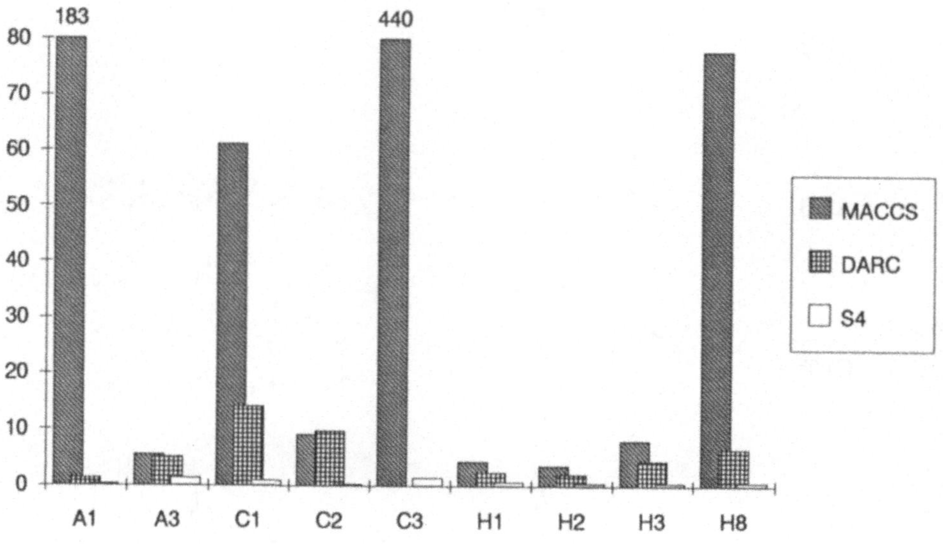

Fig. 5.   Task Times (seconds)

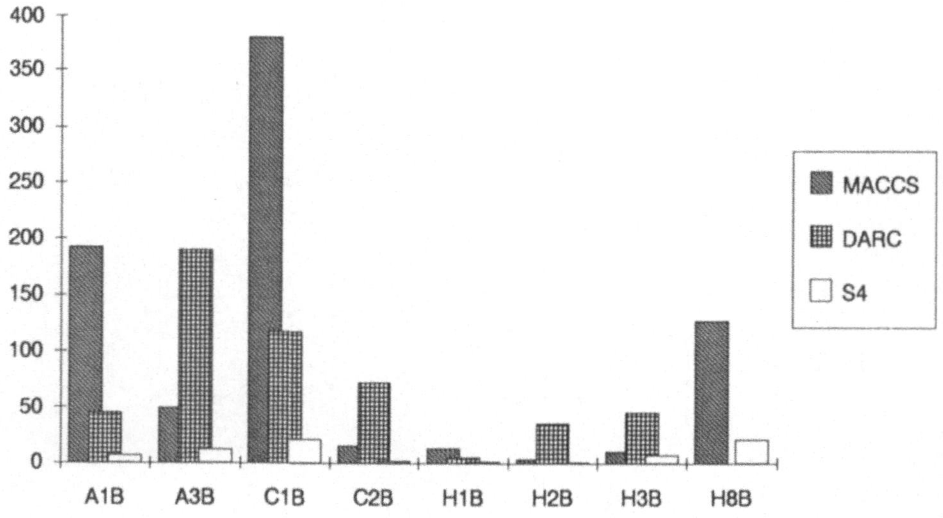

Fig. 6.   Task Times (seconds)

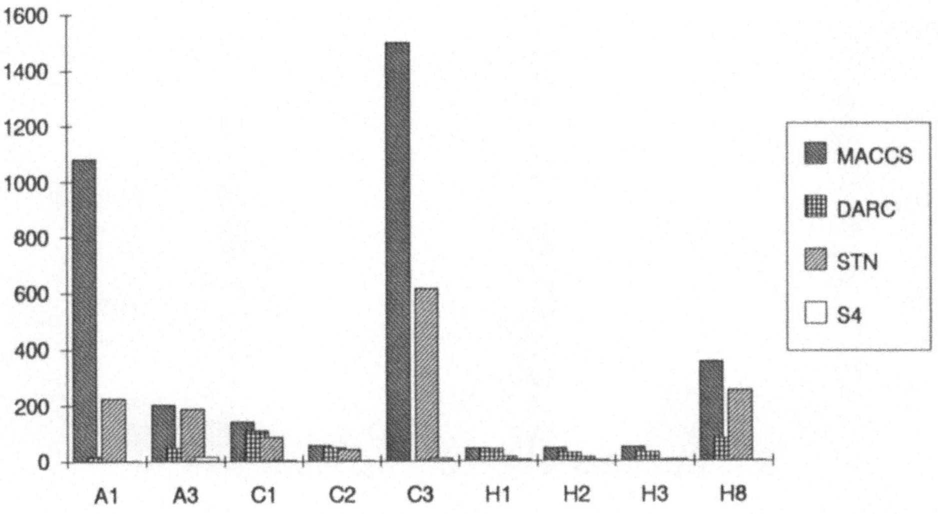

Fig. 7. Elapse Times (seconds)

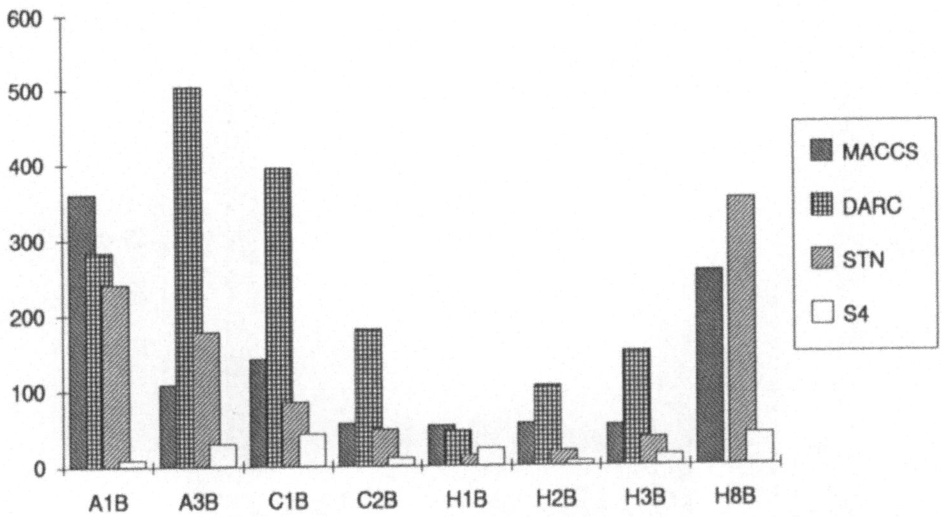

Fig. 8. Elapse Times (seconds)

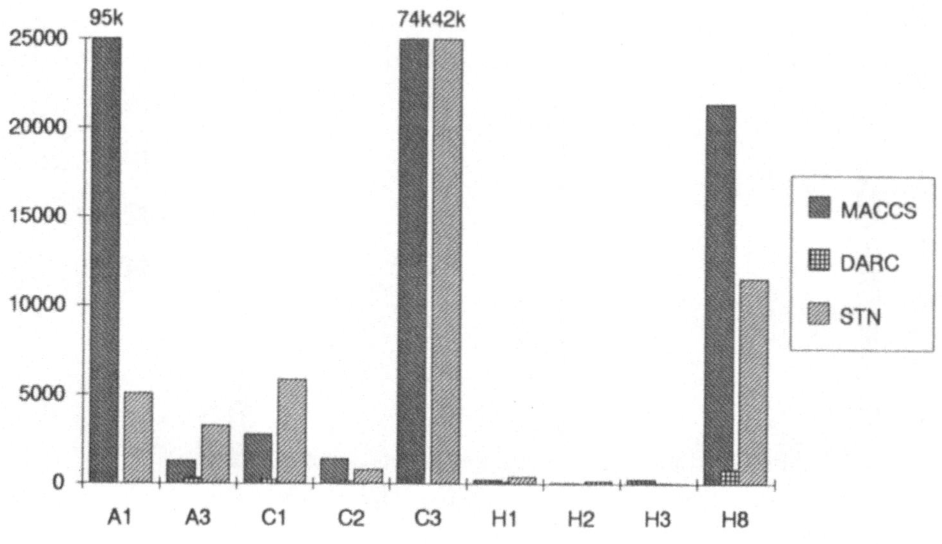

Fig. 9. Candidates

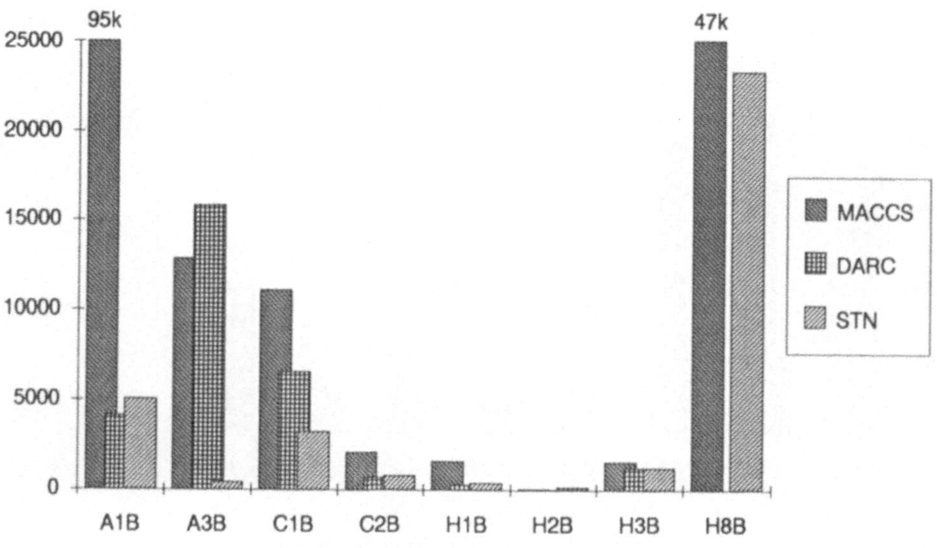

Fig. 10. Candidates

Table 1. Numbers of Hits for Phase 1 Queries

Query	Hits	Query	Hits
S121	87	S21	524
S33	364	St51	12
S34	1	S615	7

Table 2. Numbers of Hits for Phase 2 Queries [10]

Query	Hits	Query	Hits
A1	4	A1B	2744
A3	150	A3B	187
C1	117	C1B	679
C2	54	C2B	57
C3	10440		
H1	95	H1B	230
H2	7	H2B	14
H3	6	H3B	625
H8	439	H8B	20641

Table 3. Average Task Times (s) for Phase 1

DARC	HTSS	S4
7.1	4.5	0.9

Table 4. Average Task Times (s) for Phase 2 [13]

	MACCS	DARC	S4
Set 1	88.1		0.7
Set 2	98.9		9.4
Set 1	44.1	5.3	0.6
Set2	94.2	72.4	7.3

Neue Suchstrategien in Numerischen Organischen Faktendatenbanken

Dr. Josef Sunkel
Beilstein Institut, Frankfurt/M.

Bisher hat die Struktur der Verbindung zentrale Bedeutung für die Online-Recherche. Dies hängt auch damit zusammen, daß in den angebotenen Datenbanken im wesentlichen nur nach der Struktur oder nach Strukturinformationen recherchiert werden konnte.
Sind aber zusätzlich weitere Daten und Fakten suchbar abgespeichert, so erschließt sich für den Benutzer eine neue Dimension der Recherche.

Abb. 1 zeigt einige Faktendatenbanken organischer Verbindungen, in denen direkt nach Eigenschaften d. h. Daten gesucht werden kann.

FAKTENDATENBANKEN ORGANISCHER VERBINDUNGEN

| NAME | HOST | VERBINDUNGS-TYPEN | ANZAHL VERBINDUNGEN | DATENFELDER | |
				NUMERISCH SUCH-BARE FELDER	SONSTIGE FELDER
DIPPR	STN	ORGANISCH ANORGANISCH	~ 900	31	14
HEILBRON	DIALOG	ORGANISCH METALLORGAN.	~ 250 000	14	17
BEILSTEIN	STN+ DIALOG +?	ORGANISCH	1988: 350 000 1990: ~ 3–3.5 Mill.	>70	>300

Abb. 1

G. Gauglitz (Hrsg.)
Software-Entwicklung in der Chemie 3
© Springer-Verlag Berlin Heidelberg 1989

Die numerisch recherchierbaren Daten sind in invertierten Listen abgelegt, die bei der Anfrage durchsucht werden. **Abb. 2** zeigt für das Dipolmoment den Aufbau der Liste und die Anordnung der sortierten Daten.

```
              INVERTIERTE LISTE DES DIPOLMOMENTES


    -  START OF FIELD  -                    :                    :
                                            :                    :

    E3           8 0/DM          E15           1 9.18/DM
    E4           1 0.03/DM       E16           2 9.7/DM
    E5           1 0.09/DM       E17           1 9.8/DM
    E6           1 0.3/DM        E18           1 9.9/DM
    E7           1 0.31/DM       E19           1 10.4/DM
    E8           1 0.36/DM       E20           1 10.5/DM
    E9           1 0.37/DM       E21           1 10.6/DM
    E10          1 0.4/DM        E22           1 10.95/DM
    E11          1 0.41/DM       E23           1 11/DM
    E12          2 0.42/DM       E24           1 13.1/DM
    E13          2 0.47/DM       E25           1 13.3/DM
    E14          3 0.5/DM        E26           1 16/DM
    E15          3 0.51/DM       E27           1 17.7/DM
    E16          2 0.52/DM       E28           1 33/DM
    E17          4 0.53/DM       E29           1 63/DM
    :            :
    :            :                           -  END OF FIELD  -
```

Abb. 2

Sind die Daten nun strukturiert abgespeichert, so kann die Suche nach Eigenschaften nun direkt erfolgen und man benötigt nicht mehr den "Umweg" über die Struktur.
Wesentlich bei der direkten Recherche nach Daten ist die Umsetzung des Problems in eine sinnvolle Anfrage an die Datenbank. Einige einfache Beispiele für diese Übertragung bei numerischen Daten sind in der **Abb. 3** aufgezeigt.

<table>
<tr><th>ANFRAGE</th><th>REALISIERUNG</th></tr>
<tr><td>Bei Raumtemp. fest/flüssig</td><td>Schmelzpunkt</td></tr>
<tr><td>Hoher/niederer Dampfdruck</td><td>Siedepunkt, Dampfdruck</td></tr>
<tr><td>Polar/unpolar</td><td>Dipolmoment, DK</td></tr>
<tr><td>Farblos/farbig</td><td>UVS/VIS — Maxima</td></tr>
<tr><td>Oberflächenaktivität</td><td>Oberflächenspannung</td></tr>
<tr><td>Acidität/Basizität</td><td>Dissoziationskonstante</td></tr>
<tr><td>Spezifisch schwere/
leichte Verb.</td><td>Dichte</td></tr>
<tr><td>Optische Dichte</td><td>Brechungsindex</td></tr>
<tr><td>Fluidität</td><td>Viskosität</td></tr>
<tr><td>Wärmespeicherung</td><td>Wärmekapazität,
Umwandlungswärmen</td></tr>
</table>

Abb. 3

Abb. 4 und 5 zeigen Beispiele für die direkte Recherche nach Verbindungen mit bestimmten Eigenschaften in der Beilstein-Datenbank. Im ersten Beispiel wird nach allen Verbindungen gesucht, die einen niedrigen Dampfdruck und eine hohe Oberflächenspannung besitzen. Die Umsetzung in eine Anfrage lautet hier: Suche Verbindungen mit einem Siedepunkt oberhalb von 150 Grad Celsius und einer Oberflächenspannung größer 30 g s^{-2} bei 20 Grad Celsius. Beim zweiten Beispiel werden Verbindungen gesucht, die ein Dipolmoment zwischen eins und drei besitzen und von denen die Grundschwingungsfrequenzen sowie die Kraftkonstanten bekannt sind.

<u>GESUCHT WERDEN VERBINDUNGEN MIT EINEM NIEDRIGEN DAMPDRUCK UND</u>

<u>EINER HOHEN OBERFLÄCHENSPANNUNG.</u>

```
=> s BP > 150 and ST > 30 (P) 20/ST.T
        22146 BP > 150
          140 ST > 30
           79 20/ST.T
           61 ST > 30 (P) 20/ST.T
L2         19 BP > 150 AND ST > 30 (P) 20/ST.T

=> d cn, hit
CN   2-phenyl-<1,3>dioxolane

---> Handbook Data <---
Boiling Point:
Value (BP)                      Press.(BP.P)            Ref.  Note
(Cel)                           (Torr)
-------------------------------+------------------------+-----+-----
225.00                          760                      2     1
223.00 - 225.00                 760                      3

Reference(s): ......

---> Handbook Data <---
Surface Tension:
Value (ST)                      Temp.(ST.T)             Ref.  Note
(g/s**2)                        (Cel)
-------------------------------+------------------------+-----+-----
41.83                           20.0                     1

Reference(s): .....
```

Abb. 4

<u>GESUCHT WERDEN VERBINDUNGEN DEREN GRUNDSCHWINGUNGSFREQUENZEN UND</u>

<u>KRAFTKONSTANTEN BEKANNT SIND UND DIE EIN DIPOLMOMENT ZWISCHEN</u>

<u>EINS UND DREI BESITZEN</u>


```
=> s FUNDAMENTAL VIB?/CT and FORCE CONST?/CT and 1-3/DM
          105 FUNDAMENTAL VIB?/CT
           45 FORCE CONST?/CT
          478 1-3/DM
L2          6 FUNDAMENTAL VIB?/CT AND FORCE CONST?/CT AND 1-3/DM

=> d cn, hit
CN   <1,3,5>trioxane

---> Handbook Data <---
Dipole Moment:
Value (DM)    Temp.(DM.T)    Meth.(DM.MET)  Solv.(DM.SOL)  Ref.  Note
(D)           (Cel)
-------------+--------------+--------------+--------------+-----+----
2.08                         Stark effect                  1

Reference(s): ......

---> Handbook Data <---
CTMEN Molecular Energy: Fundamental vibrations
     Reference(s): ......

CTMEN Molecular Energy: Force constants
     Reference(s): ......
```

Abb. 5

Zusammenfassend kann man sagen, daß die vollausgebaute, numerische Faktendatenbank folgende Suchstrategien unterstützt

- **Struktursuche**
- **Eigenschaftssuche**
- **Kombination beider Methoden.**

Dies erlaubt den Zugang zu großen Datenbeständen mit den folgenden Vorteilen:

Direkte Eigenschaftssuche ohne Struktursuche. Damit ist es möglich, direkt ohne Umweg über die Struktur Verbindungen mit bestimmten Eigenschaften zu finden.

Gezieltere Recherchen durch größere Selektivität. Große Treffermengen bei der Substruktursuche können durch gezielte Kombination mit der Eigenschaftssuche eingeschränkt werden. Die verbleibende Treffermenge ist damit zusätzlich qualifiziert.

STN International bietet die BEILSTEIN - Datenbank an

I. Herrwerth

Fachinformationszentrum Energie, Physik, Mathematik
D - 7514 Eggenstein - Leopoldshafen 2

STN International (The Scientific and Technical Information Network) ist einer der größten Datenbankanbieter für wissenschaft-
lich-technische Fachinformation. Das Netzwerk wird vom Fachinformationszentrum Karlsruhe, der American Chemical Society in Colum-
bus/USA und dem Japan Information Center of Science and Technology
in Tokio gemeinsam betrieben. Diese 3 Service-Zentren sind über
Satellit miteinander verbunden und können von jedem Punkt der Erde
aus über Datenleitung jederzeit leicht angewählt werden.

Ab Dezember 1988 bietet STN die BEILSTEIN-Datenbank an. Sie enthält Strukturen, Faktendaten und bibliographische Referenzen von
zunächst 350.000 heterozyklischen Substanzen aus dem Beilstein
Handbuch, der umfangreichsten Sammlung von überprüften Daten aus
der organischen Chemie. Die Daten der weiteren Substanzklassen
werden zur Zeit vom Beilstein-Institut erfaßt und vom FIZ laufend
geladen, sodaß die Datenbank im Endausbau alle wesentlichen Informationen zu heterozyklischen, isozyklischen und azyklischen Substanzen sowie Salzen enthalten wird. Da das Beilstein-Institut
noch einige Zeit benötigen wird, alle Daten aus den aktuelleren
Veröffentlichungen zu überprüfen, sollen künftig auch ungeprüfte
(sogenannte 'Zetteldaten') in die Datenbank aufgenommen werden.
Um dem Benutzer zu ermöglichen, geprüfte und ungeprüfte Daten zu
unterscheiden, sind diese in der Datenbank entsprechend gekennzeichnet.

Bis zum Jahr 1990 werden die Daten von ca. 3,5 Millionen Substanzen
der verschiedenen Substanzklassen in der BEILSTEIN-Datenbank online
verfügbar sein. BEILSTEIN ist damit die erste Faktendatenbank, die
eine so große Anzahl von chemischen Substanzen umfassend beschreibt.

Die Beilstein-Datenbasis enthält Informationen aus den folgenden
Sachgebieten:
- Substanzidentifikation
- Synthese und Reaktion
- Struktur- und Energieparameter
- Aggregatzustand
- Mechanische Eigenschaften
- Thermodynamische Daten
- Transportphänomene
- Optische Daten und Spektraldaten
- Magnetische und elektrische Eigenschaften
- Elektrochemisches Verhalten.

In der BEILSTEIN-Datenbank wurden mehr als 400 Text- und numerische Felder eingerichtet, in denen man gezielt nach bestimmten
Informationen aus den genannten Sachgebieten suchen kann.

G. Gauglitz (Hrsg.)
Software-Entwicklung in der Chemie 3
© Springer-Verlag Berlin Heidelberg 1989

Von den zahlreichen Such- und Display-Möglichkeiten, die BEILSTEIN
bietet, sollen hier nur einige herausgegriffen werden:

- Die Suche nach bestimmten Substanzen kann mit Hilfe der Suchfelder
  'Chemical Name' oder 'Molecular Formula' erfolgen. Die Suche kann
  jedoch auch abhängig von den dem Benutzer bekannten Informationen
  durch die Suchfelder 'Number of Elements/Atoms per Molecule' oder
  'Components (=Elements/Metal Atoms/Halogen Atoms) of Molecule'
  eingegrenzt werden.

- Jedem Sachverhalt ist ein Such- bzw. Displayfeld zugeordnet, in
  dem gezielt gesucht werden kann bzw. mit dem ganz bestimmte Daten
  beim Display oder Offline-Print herausgegriffen werden können.
  Zusätzlich existiert eine große Anzahl von zusammengesetzten
  ('predefined') Display-Formaten, bei denen mehrere Sachverhalte unter einem bestimmten Aspekt zusammengefaßt wurden, z.B.
  alle physikalischen Eigenschaften einer Substanz.

- Beim Display werden immer zusätzlich zu den Faktendaten die bibliographischen Daten zur Primärliteratur, aus der die Fakten
  stammen, angezeigt. Der Benutzer erhält so alle Angaben, die er
  benötigt, um die dazugehörige Originalveröffentlichung aufzufin-
  den.

- Zu den meisten Sachverhalten wurden Parameter- bzw. Attributfelder
  eingeführt, in denen bestimmte experimentelle Bedingungen festgehalten werden. So ist es beispielsweise möglich, nach einem
  Brechungsindex bei einer definierten Temperatur und Wellenlänge
  zu suchen oder nach dem Endprodukt, das entsteht, wenn zwei
  chemische Substanzen miteinander reagieren.

- In numerischen Feldern können sowohl exakte Zahlenwerte als auch
  Zahlenwerte, die innerhalb eines vom Benutzer spezifizierten geschlossenen oder offenen Intervalls liegen, gesucht werden. Dabei
  werden auch Dokumente gefunden, die in dem betreffenden Feld
  Datenbereiche enthalten, die mit den gesuchten Bereichen nur
  teilweise übereinstimmen.

- Es wurde ein Feld eingerichtet, in dem festgehalten wird, zu
  welchen Sachverhalten Daten in der Datenbank vorhanden sind.
  Das entsprechende Display-Format zeigt in Form einer Tabelle
  alle Sachverhalte an, zu denen für eine bestimmte Substanz
  Daten vorhanden sind. So ist eine rasche Übersicht über alle
  verfügbaren Informationen zu der betreffenden Substanz möglich.
  In dem zugehörigen Suchfeld kann man beispielsweise nach allen
  Substanzen suchen, deren kinematische Viskosität bekannt ist.

- Die Datenbank erlaubt die Suche von Strukturen und verfügt über
  die entsprechenden Eingabemöglichkeiten. Die Eingabeparameter
  stimmen mit denen des ebenfalls von STN International angebotenen REGISTRY-Files überein. Der Benutzer hat dabei die Option einer 'exakten' Suche oder einer 'Substructure Search'. Im ersten
  Fall führt die genaue Übereinstimmung der eingegebenen und der
  gesuchten Struktur zum Treffer, im zweiten Fall kann die eingege-
  bene Struktur auch Teil einer größeren Struktur sein. Mit derselben Frageformulierung wie im BEILSTEIN- oder REGISTRY- File kann
  auch in der STN-Datenbank C13NMR/IR nach NMR- bzw. IR-Spektren zu
  chemischen Strukturen gesucht werden.

BAYER Inhouse Strukturretrievalsystem RESY

Suche nach generischen Strukturen und Substrukturen -

B. Raspel, G. Roden, B. Woost, C. Zirz

BAYER AG, 5090 Leverkusen

Abstract

RESY ist das bei BAYER entwickelte Strukturretrievalsystem, mit dem seit 1980 u. a. alle internen Verbindungen dokumentiert werden. Es bietet vielfältige Suchmöglichkeiten über Strukturen, Substrukturen und strukturbezogene Daten auch in großen Speichern mit mehreren hunderttausend Datensätzen.

Die neueste RESY-Version ermöglicht es, topologisch nicht eindeutig bestimmte (generische) Verbindungen zu speichern. GENERISCHE DARSTELLUNGEN werden auch in der Recherche zur Formulierung alternativer Fragestellungen verwendet (siehe Anlage I).

In diesem Zusammenhang steht dem Benutzer auch eine STEUERUNG der Substrukturrecherche zur Verfügung sowie ein Verfahren, mit dem zu einer Vorgabe ÄHNLICHE STRUKTUREN gefunden werden können. Letzteres bietet besonders bei Auswerteaufgaben interessante Anwendungsmöglichkeiten (siehe Anlage II und III).

G. Gauglitz (Hrsg.)
Software-Entwicklung in der Chemie 3
© Springer-Verlag Berlin Heidelberg 1989

I   Generische Strukturen

In den RESY-Speichern werden sowohl spezifische als auch Markush-Strukturen verwaltet. Unter letzteren versteht man Verbindungen mit variablen Verknuepfungsorten und alternativen Substituenten. Eine Suche bei Vorgabe einer Markush-Struktur liefert deshalb sowohl spezifische Verbindungen, exakte sowie ueberlappende Ergebnisse.

<u>Vorgabe:</u>

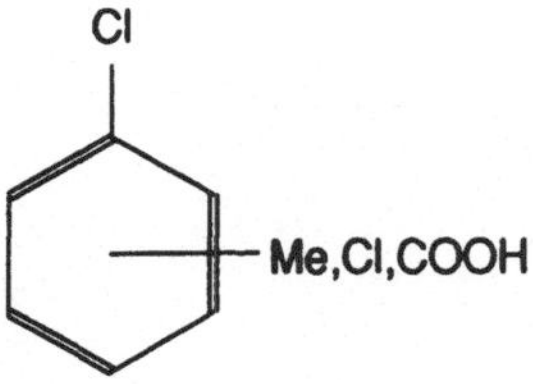

$$\text{Cl} \quad\bigcirc\!\!-\text{Me,Cl,COOH}$$

<u>Ergebnis:</u> **(a)** unbestimmter Substitutionsort, identische oder ueberlappende Ergebnisse

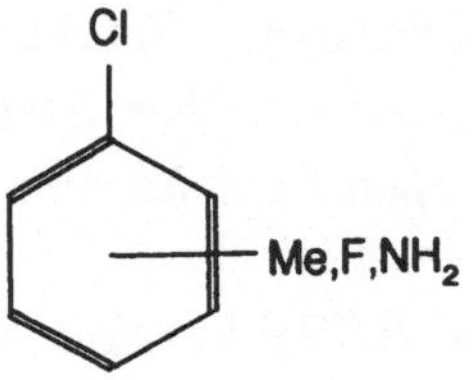

$$\text{Cl} \quad\bigcirc\!\!-\text{Me,Cl,COOH} \qquad \text{Cl} \quad\bigcirc\!\!-\text{Me,F,NH}_2$$

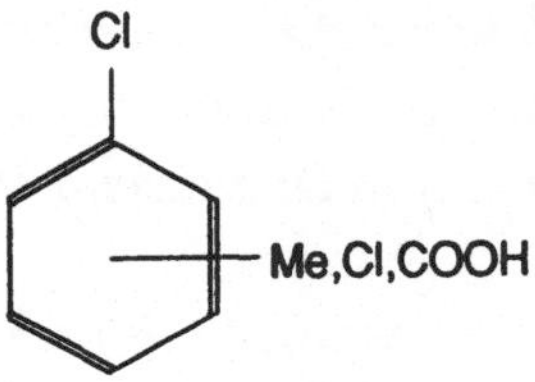

(b) bestimmter Substitutionsort, identische oder ueberlappende Ergebnisse

$$\text{Cl} \quad\bigcirc\text{Me,Cl} \qquad \text{Cl} \quad\bigcirc\text{NH}_2\text{,COOH}$$

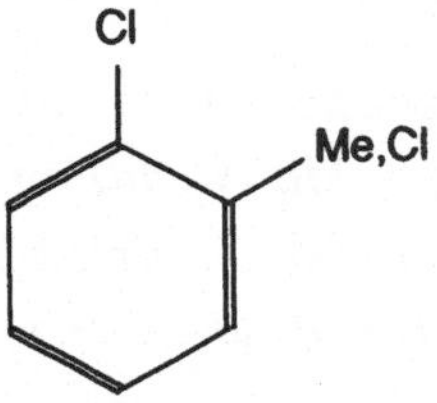

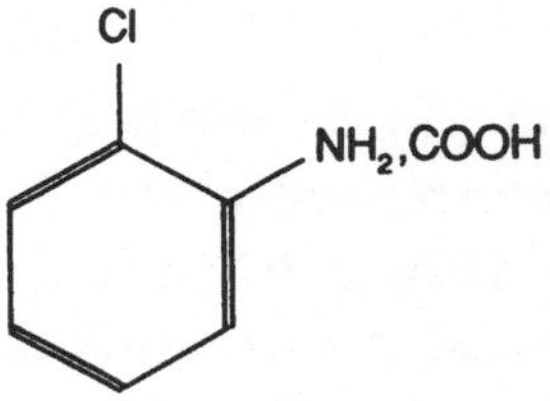

(c) spezifische Verbindungen

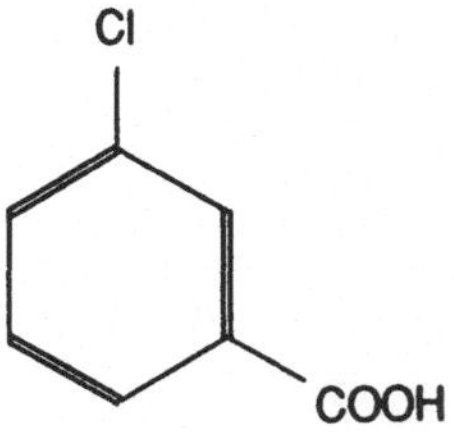

$$\text{Cl} \quad\bigcirc\text{Me} \qquad \text{Cl} \quad\bigcirc\text{COOH}$$

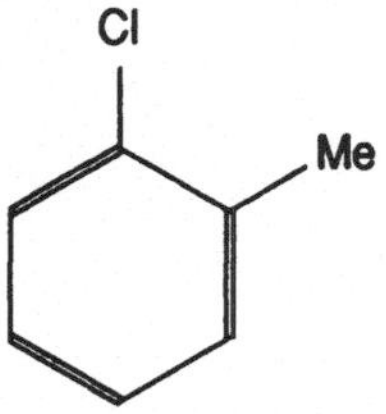

II   Substrukturrecherche

Vorgabe: Zerlegung in Fragmente:

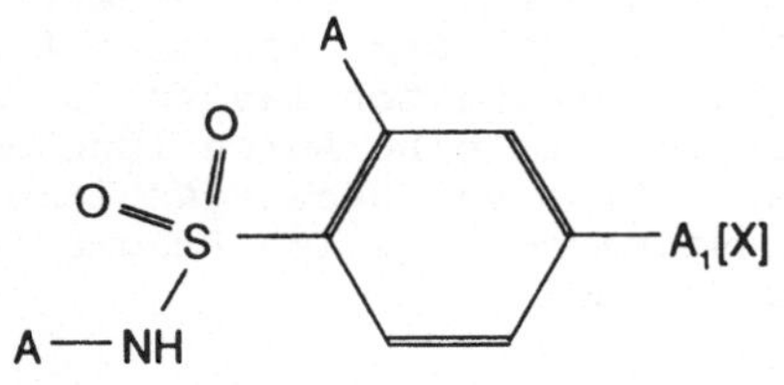

X = Halogen

Die Vorgabe wird in 9 Fragmente zerlegt. Als Fragment wird jedes Atom
mit seinen Nachbarn auf zwei Sphaeren angesehen. Der Benutzer kann die
nach vermuteter Selektivitaet (Haeufigkeit der dazugehoerigen Verbindungen) geordneten Fragmente abarbeiten lassen (a) oder aber die
Reihenfolge selbst bestimmen (b).

(a)

Fragment-Nummer	Antworten	(0=Ende)
1	983	<RETURN>
2	606	<RETURN>
3	593	<RETURN>
4	568	<RETURN>
5	535	<RETURN>
6	81	<RETURN>
7	81	<RETURN>
8	81	<RETURN>
9	50	0

(b)

Fragment-Nummer	Antworten	(0=Ende)
3	742	9
9	66	0

Da der Zusammenhang zwischen den einzelnen Fragmenten verloren geht,
muss sich an die Fragmentrecherche ein Atom zu Atom Vergleich anschliessen, bei dem die gefundenen Verbindungen mit der Vorgabe
verglichen werden.

Ergebnis nach dem Atom zu Atom Vergleich: 28 Datensaetze

Vorteile: **Transparenz** der Substrukturrecherche, d. h. Offenlegung der
Fragmentierung in bezug auf Funktionalitaeten
Steuerungsmoeglichkeit, d. h. Wahl der Fragmente, Abbrechen
und Aufsetzen des AxA-Vergleichs an beliebiger Stelle
Geschwindigkeitssteigerung durch Kenntnis, mit welchen
Fragmenten die in der Vorgabe stehende Information ausge-
schoepft ist.

III Aehnlichkeitsrecherchen

Die Aehnlichkeit zwischen chemischen Verbindungen ist dadurch gegeben, dass sie gemeinsame Fragmente enthalten. Bei Aehnlichkeitsrecherchen wird die Vorgabe wie bei II in Fragmente zerlegt. Der Benutzer kann die Reihenfolge der Fragmente per Programm abarbeiten lassen (siehe Tabelle) oder sie selbst waehlen. Das Ergebnis ist eine Aufteilung der gefundenen Verbindungen in Klassen je nach Grad der Uebereinstimmung in der Anzahl der Fragmente. Eine Uebereinstimmung in allen Fragmenten entspricht dem Ergebnis der Substrukturrecherche.

Vorgabe: Zerlegung in Fragmente:

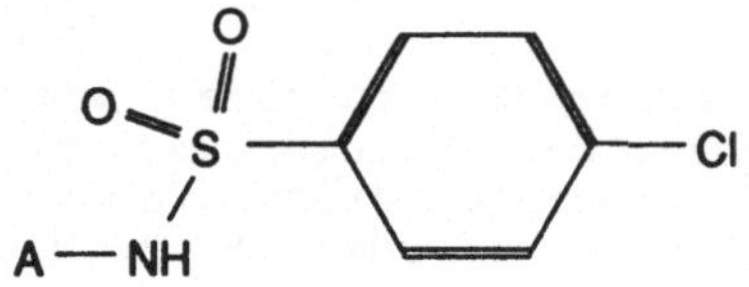

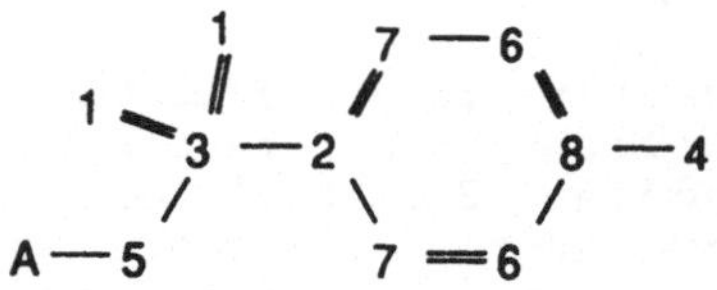

Tabelle: Aehnlichkeitsbereiche:

Grad	von	bis
6	1	74
5	75	543
4	544	619
3	620	846
2	847	983
1	984	7678

Beispiele zu den Bereichen:

Grad 6   **Grad 4** 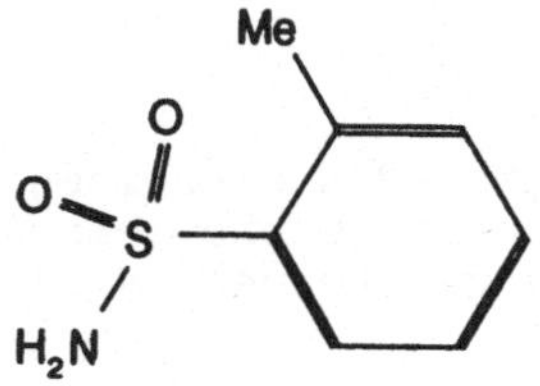   **Grad 1**

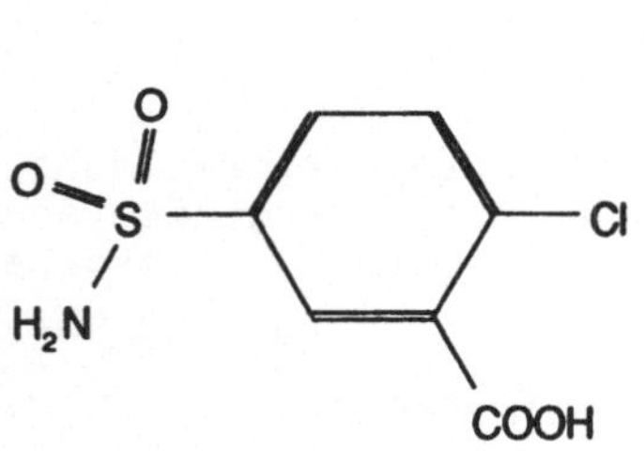

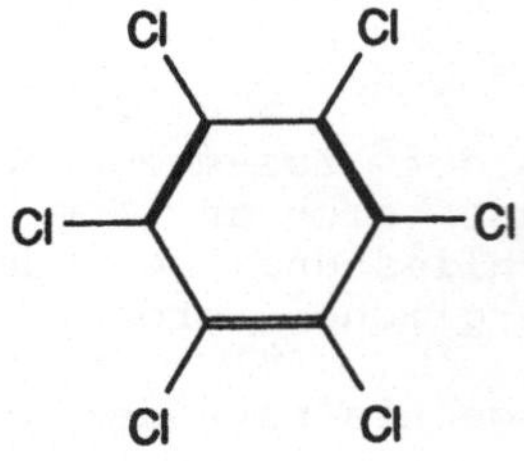

Vorteile: Verwendung fuer Auswerteaufgaben (QSAR-Untersuchungen)
            Statistiken
            Patentretrieval

COMPUTERUNTERSTÜTZTE STRUKTURAUFKLÄRUNG ORGANISCHER VERBINDUNGEN VI[1]

P. Haas, G. Strasser, H. Scsibrany, M. Kriech und W. Robien*

Institut für Organische Chemie
Universität Wien
Währingerstr. 38
A-1090 Wien

Zusammenfassung:

Die Strukturaufklärung organischer Verbindungen erfolgt durchwegs mit spektroskopischen Methoden, wobei der NMR-Spektroskopie eine zentrale Bedeutung zukommt. Für die Interpretation von ^{13}C-NMR und ^{17}O-NMR-Spektren wurde daher ein Datenbanksystem bestehend aus derzeit etwa 32.000 Kohlenstoff- bzw. 850 Sauerstoffspektren[2] aufgebaut. Die Retrievalsoftware erlaubt flexiblen Zugriff auf das Datenmaterial durch eine einfache Kommandosprache. Bei der Datenausgabe wurde das Schwergewicht nicht nur auf grafische Repräsentation der Resultate gelegt, sondern auch Algorithmen entwickelt. die die angezeigten Treffer visuell aufbereiten und so die Interpretation erleichtern.

G. Gauglitz (Hrsg.)
Software-Entwicklung in der Chemie 3
© Springer-Verlag Berlin Heidelberg 1989

Einleitung:

Die chemische Struktur stellt das zentrale Kommunikationswerkzeug des Chemikers dar, daher werden computerisierte Datensammlungen nur dann akzeptiert, wenn einfacher · möglichst menügesteuerter · strukturorientierter Zugriff auf das Datenmaterial möglich ist. Ebenso stellt die grafische Strukturausgabe einen unabdingbaren Anspruch an moderne Chemiesoftware dar; darüberhinausgehend muß aber auch die Interpretation des Referenzmaterials weitgehend durch den Computer selbst erledigt werden. Die Ausgabe der Trefferliste soll also nicht nur in grafischer Form erfolgen, sondern es müssen zusätzlich die zur jeweiligen Fragestellung gehörenden Teilaspekte automatisch erkannt werden. Die Realisierung dieser Forderungen wurde im Datenbanksystem 'CSEARCH' durchgeführt und erlaubt den Zugriff auf derzeit insgesamt ca. 33.000 NMR-Spektren nach etwa 35 verschiedenen Suchkriterien:

```
LIN/GRO: Suche Linien(gruppe)           EQU/SIM: Idente/Aehnliche
                                                 spektrale Muster
QUI/SPC: Spektrenabschaetzung           ASS/SER: Automatische Zuordnung
PAR/RAN: Teilstruktur                   RIN:     Ringgroesze
SPH/LIM: Funktionalitaet                NAM:     Substanzname
ISO/HOM/HET/MOF: Suche ueber Summenformel
REF/PLO: Drucken (plotten)              GRA/SSI: Spektrum zeigen
DOC/SSC: Dokumentation/Quell-#          HEL:     *HELP*-Funktion
DJC:     Kopplungswege zeigen           CJC:     Kopplungen berechnen
LIT/ZIT: Journal ausgeben               MWT:     Molekulargewicht
ANA:     Elementaranalyse               REG:     CA-Registry number
MUL:     Resultate kombinieren          DEF:     Anfragen definieren
NEW/REM: Informationsaustausch          SET/COL: Grafik/Farben definieren
COM/DEL: Output formatieren             ADM:     Verwaltung
DOW/EXC: Downloading                    VER/STA: Statistik
PRI:     Private Eintraege              BYE:     Ende
CFG:     Programmkonfiguration          CLS:     Schirm loeschen
```

Voraussetzung für die flexible Handhabung chemischer Strukturen ist die Beschreibung der zugrundeliegenden Graphen in Form von Konnektivitätsmatrizen aus denen strukturelle Eigenschaften mittels geeigneter Algorithmen abgeleitet werden können. Wesentliches Werkzeug dafür ist die Möglichkeit zur Teilstruktursuche, die sehr vielfältig zur Interpretation der Ergebnisse herangezogen werden kann, wie im folgenden Teil gezeigt werden soll.

Diskussion:

a) Teilstruktursuche mit Verschiebungsbereichsberechnung

Eine häufige Fragestellung in der ^{13}C-NMR-Spektroskopie ist die Abschätzung des chemischen Verschiebungsbereiches bestimmter Kohlenstoffatome innerhalb einer exakt spezifizierten Substanzklasse. Da der HOSE-Code die Umgebung von Kohlenstoffatomen in Form von Sphären beschreibt - also den Einfluß aller Nachbaratome auf die chemische Verschiebung durch ihren Typ und ihre Distanz zum Focus berücksichtigt - stellt die Teilstruktursuche mit Verschiebungsbereichsberechnung eine notwendige Ergänzung dar. Eine inhärente Eigenschaft der Teilstruktursuche besteht darin, daß ausschließlich der spezifizierte Strukturteil vorhanden sein muß, wodurch nur gewisse Nachbaratome samt ihren Distanzen zum Focus spezifiziert sind.

Als Beispiel dient die Abschätzung der chemischen Verschiebung des Carbonylkohlenstoffatoms in Isoflavonderivaten; von den passenden Referenzstrukturen sind einige in Abbildung 1 und 2 exemplarisch dargestellt.

Tabelle 1: Chemische Verschiebung des Carbonylkohlenstoffatoms in Isoflavonderivaten

Multiplizität	Bereich(ppm)	Mittelwert	Einträge
1	174.29 - 180.83	176.95	13

Abbildung 1 und 2

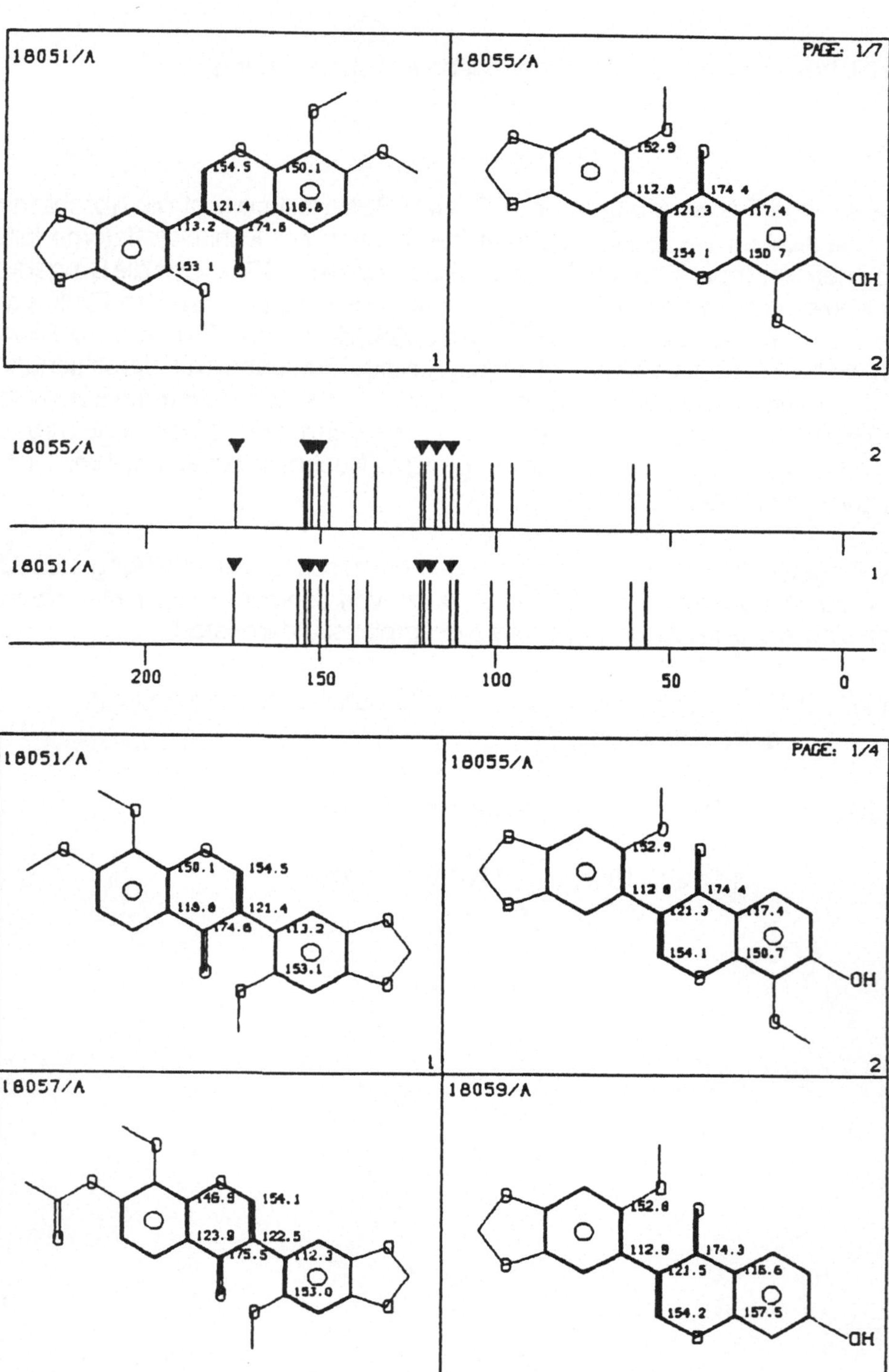

b) Automatische Analyse von Verschiebungsinkrementen[3]

Inkrementsysteme spielen seit den Anfängen der NMR-Spektroskopie eine große Rolle zum Verständnis der Substituenteneinflüsse und erlauben oftmals eine sehr exakte Abschätzung von chemischen Verschiebungen. Der direkte Vergleich von Spektren ähnlicher Verbindungen erleichtert zwar die Interpretation wesentlich, jedoch ist es notwendig, Verschiebungstrends darin zu erkennen und diese auf das zu lösende Problem zu übertragen. Eine wesentliche Hilfe kann dabei die automatische Erstellung von Inkrementtabellen für bestimmte Stoffklassen leisten, ebenso die grafische Analyse von Suchresultaten bezüglich der vorhandenen Verschiebungsdifferenzen. In Abbildung 3 sind die Spektren der monosubstituierten Halogenbenzole gegenübergestellt, wie sie von vielen Retrievalsystemen üblicherweise dargestellt werden können. Die hier presentierte Information ist jedoch meist nur eine Teilmenge der insgesamt gewünschten - eigentlich sollten nicht nur die Spektren dargestellt werden, sondern auch die Verschiebungs-inkremente interpretiert werden. Diese Interpretation kann ebenfalls mit den Algorithmen der Teilstruktursuche erfolgen, wobei korrespondierende Kohlenstoffe erkannt werden und diese Information grafisch verwertet wird, wie dies in Abbildung 4 dargestellt ist. Die große Hochfeldverschiebung des ipso-Kohlenstoffatoms innerhalb der Reihe Phe-F/Cl/Br/J ist deutlich zu erkennen. In der ortho- Position ist der gegenläufige Effekt sichtbar, während die meta- und para-Positionen vergleichsweise gering beeinflußt werden. Beim gleichzeitigen Display von 3 bis 5 Spektren werden aus Platzgründen nur die Spektren gezeigt. Bei der Eingabe von 2 Referenznummern werden sowohl die Spektren als auch die Strukturen darge-stellt, der gemeinsame Strukturteil markiert und die Verschiebungsinkremente in das Formelbild eingetragen, wie dies in Abbildung 5 am Beispiel von zwei Steroid-derivaten veranschaulicht wird. In dieser Darstellung ist der Einfluß der Acetylierung deutlich zu sehen: es sind Verschiebungsinkremente größer oder gleich 0.1 ppm erfaßt worden. Mit diesem Programmteil wird das Verständnis von Verschiebungs-inkrementen wesentlich erleichtert, da diese vollautomatisch aus dem Referenz-material abgeleitet und sehr übersichtlich dargestellt werden.

Abbildung 3 und 4

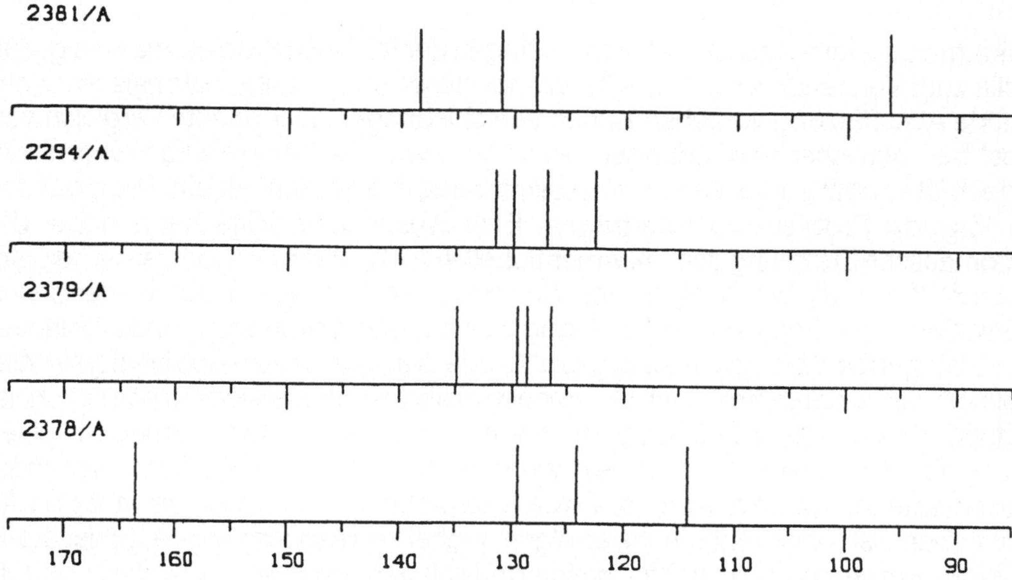

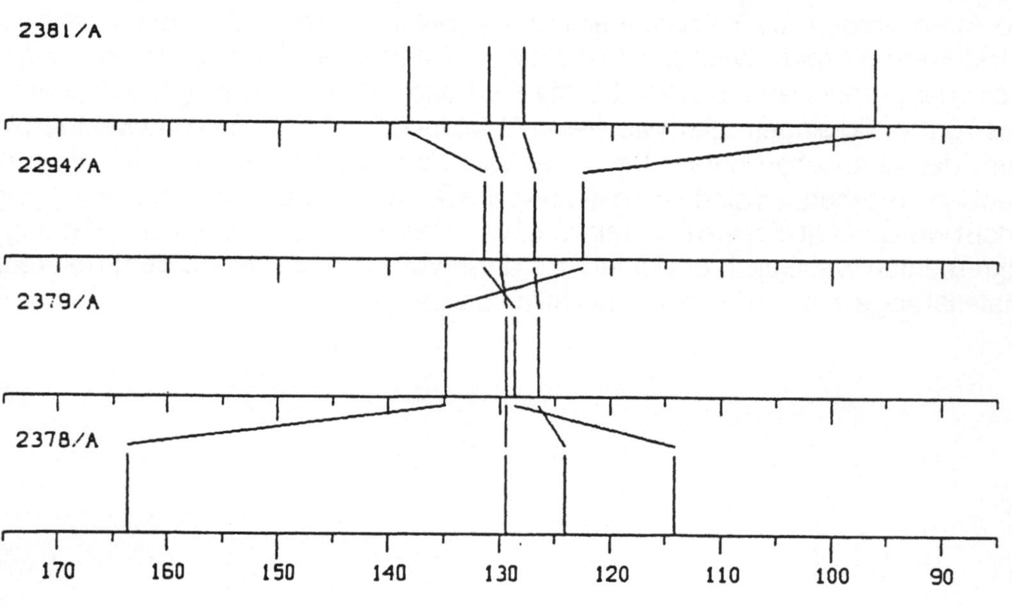

Abbildung 5

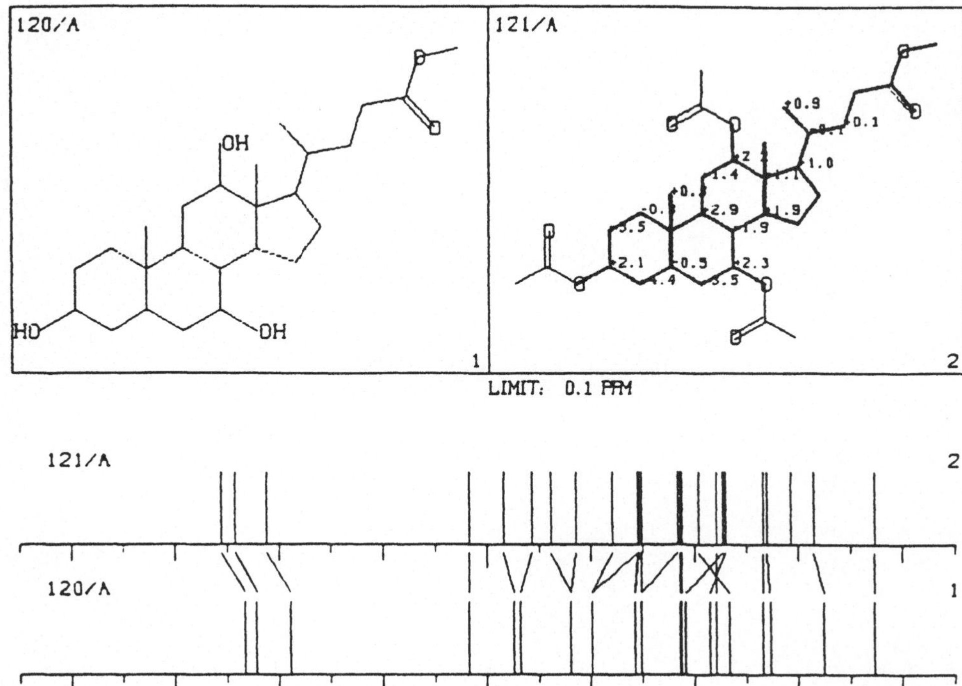

Literatur

1) M. Kriech, H. Scsibrany, W. Robien; in J. Gasteiger (Ed.)
    Software-Entwicklung in der Chemie 2, Springer-Verlag,
    Berlin, Heidelberg, New York, London, Paris, Tokyo, 1987

    W. Robien; in J. Gasteiger (Ed.)
    Software-Entwicklung in der Chemie 1, Springer-Verlag,
    Berlin, Heidelberg, New York, London, Paris, Tokyo, 1986

2) G. Strasser, W. Robien, in Vorbereitung

3) H. Scsibrany, W. Robien, in Vorbereitung

DATENBANKEN UND SCREENINGPROGRAMM
IM BEREICH DER TOXIKOLOGIE

I. Schmidt und H. Schulz

VCH Verlagsgesellschaft mbH, Software und Datenbanken,
Postfach 101161, D-6940 Weinheim

ZUSAMMENFASSUNG

Für den Bereich der praxisorientierten Toxikologie werden zwei Software-pakete vorgestellt. Das erste Paket ist das 12-dimensionale Screeningprogramm *ToxAnalysis*, in dem, aufbauend auf etwa 1700 toxikologisch relevanten Verbindungen, nach 12 Meßwerten (DC-, GC- und UV-Daten) gleichzeitig recherchiert werden kann. Die Bewertung der Ergebnisse erfolgt hierbei nach statistischen Methoden. Das zweite Softwarepaket ist die Datenbank *GC/MS-Tox*, die zu etwa 1800 toxikologisch relevanten Verbindungen Strukturen, Massenspektren, gaschromatographische Retentionsindices, CAS-Registry-Nummern und andere Daten enthält. Mit dem Programm *Datendokumentation II* kann nach all diesen Substanzangaben recherchiert werden. Die vorgestellten Programme und Datenbanken können auf allen marktgängigen Mikrocomputern angewendet werden.

1 EINLEITUNG

In Instituten und analytischen Labors der klinischen Chemie, der Gerichtsmedizin und der Vergiftungszentralen ist es das Hauptproblem, oft unter höchstem Zeitdruck unbekannte Substanzen in Körperflüssigkeiten zu bestimmen. Heute müssen häufig verschiedene Medien zu Rate gezogen werden, z.B. die Spektrometerrechner für die Suche nach Spektrendaten, Bücher, um Strukturformeln und toxikologische Hinweise zu ermitteln, wieder andere Bücher mit Tabellen der dünnschichtchromatographischen und gaschromatographischen Daten. Diese verschiedenen Arbeitsschritte verzögern die Bestimmung und bergen Fehlerquellen in sich. Somit ist es fast unerläßlich, die verschiedenen Datensammlungen von unterschiedlichen Meßmethoden in einem Softwarepaket zu vereinigen und durch Screeningverfahren mehrdimensional diese Daten zu durchsuchen. Dadurch erhält man die Vorschläge für eine gesuchte Verbindung schneller, zuverlässiger, und die Ergebnisse sind eindeutiger und besser vergleichbar. Das Screeningprogramm *ToxAnalysis* (1) zusammen mit der Datenbank *GC/MS-Tox* (2) und dem Programm *Datendokumentation* (3) bilden den Grundstock, um solch ein effektives Bestimmungsverfahren für den Bereich der

G. Gauglitz (Hrsg.)
Software-Entwicklung in der Chemie 3
© Springer-Verlag Berlin Heidelberg 1989

Toxikologie auf dem Mikrocomputer aufzubauen und gegebenenfalls für spezielle Anwendungen mit eigenen Daten zu erweitern.

Die Softwarepakete sind auf verschiedenen marktgängigen Mikrocomputern einsetzbar, z.B. auf IBM-PC/XT/AT und dazu kompatible, IBM PS/2 und dazu kompatible, Olivetti, Atari, Macintosh und KWS.

2 TOXANALYSIS

ToxAnalysis ist ein 12-dimensionales Screeningprogramm mit Datenbank, das die Bestimmung und Identifizierung von toxikologisch relevanten Substanzen anhand von dünnschichtchromatographischen (DC-), gaschromatographischen (GC-) und UV-Daten ermöglicht. *ToxAnalysis* kann überall dort eingesetzt werden, wo Identifizierungen von Arzneimitteln, Giften und deren Metaboliten häufig, schnell, sicher und kostengünstig durchgeführt werden müssen, sei es an Krankenhäusern und Vergiftungszentralen, an Gesundheitsämtern oder in der Gerichtsmedizin. Gerade für die nächste Zukunft werden besonders in den USA, aber auch bald in Europa, Serienuntersuchungen in verschiedenen Berufszweigen angekündigt, um Arzneimittel- und Drogenmißbrauch zu ermitteln. Die Dünnschichtchromatographie ist das preisgünstigste und am besten standardisierte Verfahren, um diese Stoffe in Körperflüssigkeiten nachzuweisen. *ToxAnalysis* erleichtert die Substanzbestimmung, indem die erhaltenen DC-, GC- und UV-Daten nicht mehr in Büchern verglichen werden müssen, sondern die Meßdaten in den Mikrocomputer eingegeben, mit den Daten in der Datenbank mehrdimensional verglichen und als bewertete Ergebnis- und Vorschlagslisten vom Programm ausgegeben werden.

Die zu *ToxAnalysis* mitgelieferte Datenbank enthält etwa 1700 toxikologisch relevante Substanzen. Diese Datenbank wurde in den letzten Jahren von der TIAFT (The International Association of Forensic Toxicologists) zusammen mit der Kommission für Klinisch-Toxikologische Analytik der DFG erarbeitet (4, 5), von De Zeeuw und Franke (6) um UV-Werte ergänzt und zu einer maschinenlesbaren Datenbank zusammengestellt. Im einzelnen sind in der Datenbank zu *ToxAnalysis* zu jeder Substanz folgende Daten gespeichert, wenn sie gemessen und geprüft sind (Abb. 1):

- der Internationale Freiname (Trivialname, INN),
- der systematische Verbindungsname nach den CAS-Nomenklaturregeln,
- 12 Meßwerte aus standardisierten Methoden:

$$10\ R_f\text{-Werte aus 10 Systemen der Dünnschichtchromatographie}$$
$$(DC)\text{ für saure, neutrale und basische Substanzen,}$$
$$1\text{ Wert für den Retentionsindex der Gaschromatographie (GC)}$$
$$\text{nach Kovats (7),}$$

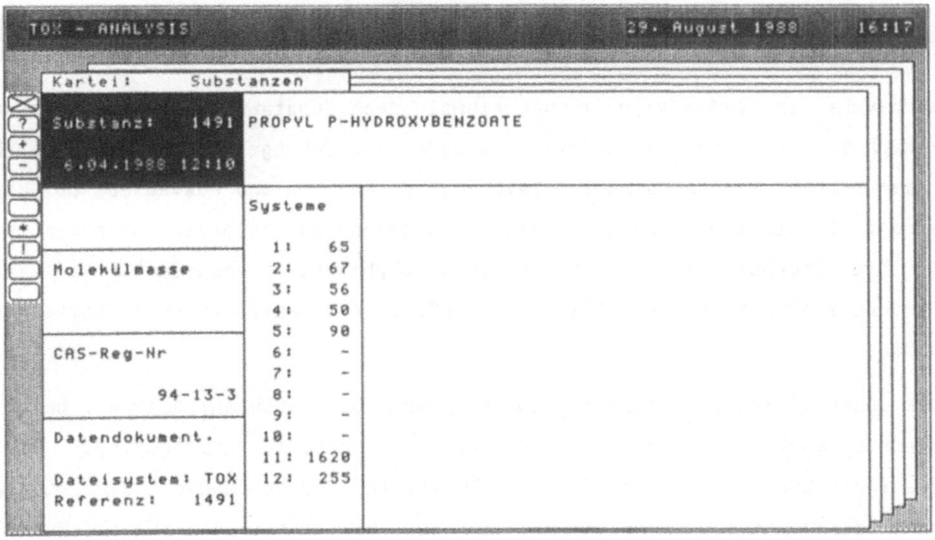

Abb. 1
ToxAnalysis: Gespeicherte Substanzdaten (Karteikarte) in der Datenbank

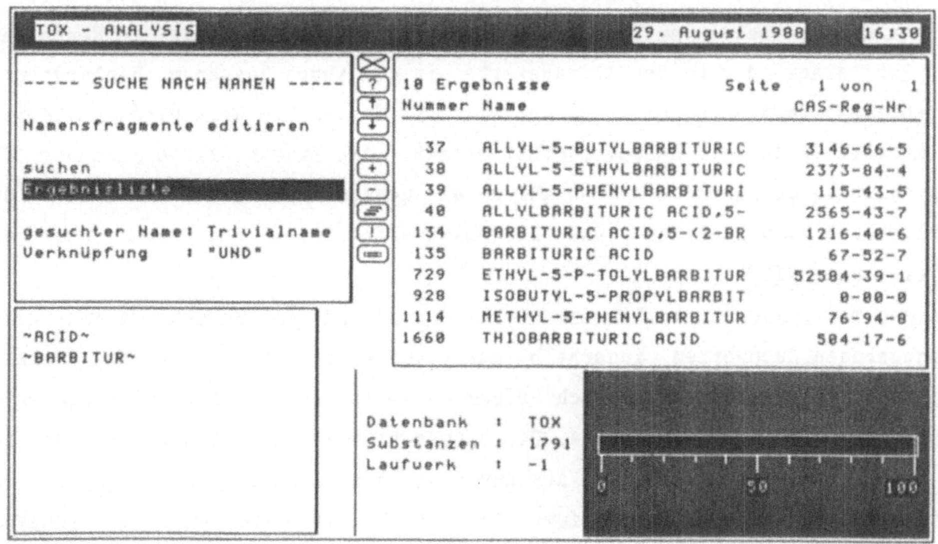

Abb. 2
ToxAnalysis: Ergebnisliste nach einer Namenssuche

1 Wert für die Wellenlänge der langwelligsten UV-Absorptions-
bande.

Recherchen in *ToxAnalysis* können einmal nach Substanznamen (Abb. 2), und zwar nach Trivialnamen und CAS-Verbindungsnamen, durchgeführt werden. Hierbei kann man mehrere Namensfragmente gleichzeitig angeben und auswählen, ob diese *alle* oder ob *mindestens einer* in den gefundenen Substanznamen vorhanden sein soll. Die Ergebnisliste erscheint dann alphabetisch geordnet. Zu jeder Verbindung aus der Ergebnisliste ist sofort die entsprechende Karteikarte abrufbar.

Der zentrale Punkt in *ToxAnalysis* ist jedoch die "Substanzanalyse", bei der Recherchen nach bis zu 12 Meßwerten gleichzeitig durchgeführt werden (Screening), und zwar nach maximal 10 DC-Werten, dem GC- und dem UV-Wert. Die gefundenen Ergebnisse werden vom Programm bewertet, wobei statistische Methoden herangezogen werden. Die Ergebnisliste wird dann nach dem Grad der besten Übereinstimmung mit den Ausgangsdaten bewertet, sortiert und in dieser Reihenfolge ausgegeben. Bei der Anfrage zur Suche kann zwischen Minimal- und Maximalsuche gewählt werden:

- Bei der Minimalsuche sollen die Werte der gefundenen Substanzen mit *mindestens einem* der vorgegebenen Suchwerte übereinstimmen, wobei die Fehlergrenzen selbst festgelegt werden können. Abb. 3 zeigt die Ergebnisliste nach einer Minimalsuche mit zwei Anfragewerten (Systeme 6 und 11). Der beste "Treffer" ist selbstverständlich diejenige Substanz, deren beide Werte am besten mit den beiden Anfragewerten übereinstimmen. Die Fälle, in denen nur ein Wert einem der beiden Anfragewerte in den zugegelassenen Fehlergrenzen entspricht, werden anschließend aufgelistet; der andere Wert wird statistisch nicht berücksichtigt. Zusammengefaßt gesagt, die Ergebnisliste wird bei der Minimalsuche geordnet nach: Anzahl n der gemeinsamen Werte, dann nach der Ähnlichkeit von Anfrage- und Datenbankwert in % und dann nach dem Trivialnamen (INN).
- Bei der Maximalsuche sollen die Werte der gefundenen Substanzen mit *allen* vorgegebenen Suchwerten innerhalb der vorgegebenen Fehlergrenzen übereinstimmen. Die Ergebnisliste nach einer Maximalsuche von zwei Anfragewerten (Systeme 6 und 11) zeigt Abb. 4. Der Unterschied zur Minimalsuche ist ab der vierten Substanz zu sehen, ab der nur noch ein Datenbankwert mit einem der beiden Anfragewerte übereinstimmt. Bei der Maximalsuche wird der fehlende Wert statistisch berücksichtigt, d.h. er wird als völlig falsch angesehen, so daß die betreffende Substanz durch diese Bewertung in der Ergebnisliste weiter nach unten rutschen kann. Nach der Maximalsuche werden die Substanzen in der Ergebnisliste nach folgenden Gesichtspunkten geordnet: nach der Wahrscheinlichkeit in %, daß die Substanz die gesuchte ist,

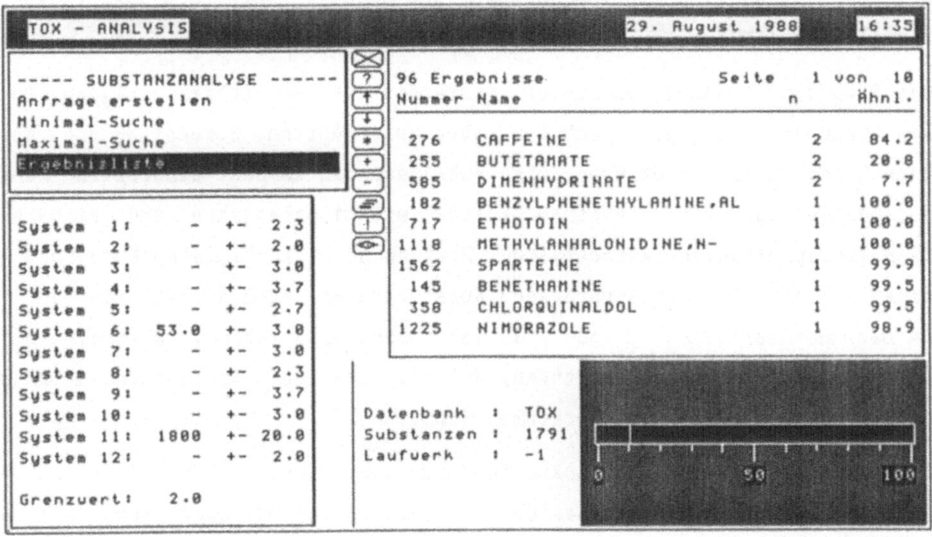

Abb. 3
ToxAnalysis: Ergebnisliste nach einer Minimalsuche (Screening)

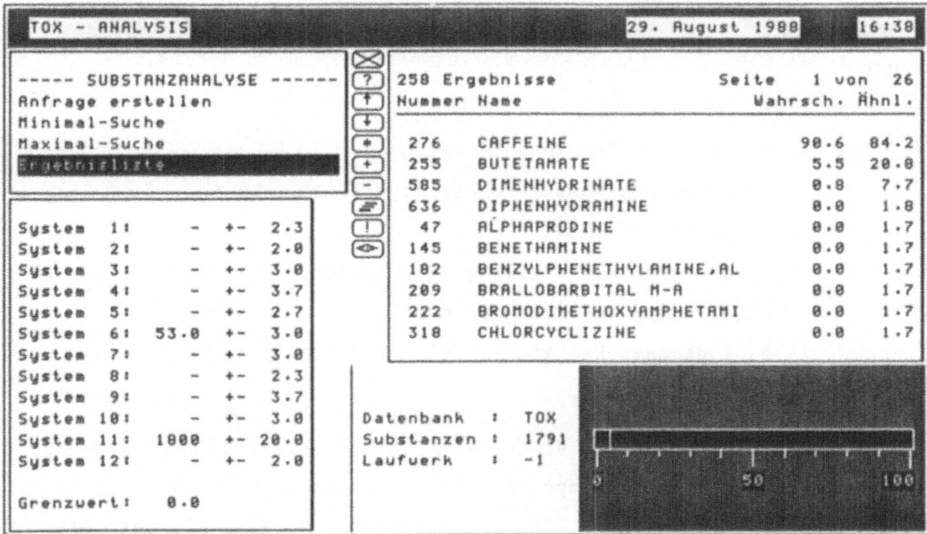

Abb. 4
ToxAnalysis: Ergebnisliste nach einer Maximalsuche (Screening)

dann nach der Ähnlichkeit von Anfrage- und Datenbankwert in % sowie nach dem Trivialnamen (INN).

Das Programm *ToxAnalysis* bietet weiterhin die Möglichkeit, eigene Datenbanken aufzubauen und sie nach den eben aufgeführten Screening- und Bewertungsmethoden zu recherchieren. Die Substanzdaten können einerseits manuell eingegeben werden, d.h. in einem Editor mit Eingabemasken und Eingabekontrollen (beispielsweise automatische Prüfung der CAS-Registry-Nummern). Andererseits können die entsprechenden Substanzdaten auch direkt aus dem Programm *Datendokumentation I* oder *II* (3) übernommen werden. Hierbei ist es möglich, zusätzlich noch Strukturen, Molekülmassen und Summenformeln in eine Datenbank zu *ToxAnalysis* zu übernehmen (Abb. 5).

Die Daten für eigene Datenbanken in *ToxAnalysis* müssen nicht unbedingt DC-, GC- und UV-Daten sein. Es können HPLC-, IR-, massenspektrometrische oder oder ganz andere Daten sein, die der Benutzer innerhalb der vorgegebenen Zahlenbereiche definieren kann.

3 DATENBANK GC/MS-TOX

Die Datenbank umfaßt etwa 1800 Arzneimittel, Gifte und ihre Metabolite (8). Zu jeder Substanz sind im einzelnen gespeichert (Abbn. 6-8):
- Substanzname, und zwar der INN-Name, der allgemeine oder chemische Name,
- CAS-Registry-Nummer,
- Summenformel,
- Molekülmasse,
- Struktur,
- Massenspektrum,
- verschiedene toxikologisch relevante Daten:
>   typische massenspektrometrische Ionen,
>   GC-Retentionsindex,
>   toxikologische Kategorie (z.B. Sedativa),
>   Angabe über die Reinheit des Massenspektrums,
>   biologischer Nachweis (z.B. Urinprobe),
>   Derivatisierung.

Zum Arbeiten mit *GC/MS-Tox* wird das Programm *Datendokumentation II* benötigt. Hiermit sind alle gespeicherten Substanzdaten recherchierbar, d.h. Substanznamen bzw. Teile davon, CAS-Registry-Nummern, Summenformeln bzw. Teile davon, Molekülmassen innerhalb vorgegebener Bereiche, Strukturen und Teilstrukturen, einzelne oder mehrere Peaks in den Massenspektren und sämtliche toxikologisch relevanten Daten. Außerdem können die Massenspektren auf dem Bildschirm verglichen, addiert oder subtrahiert werden.

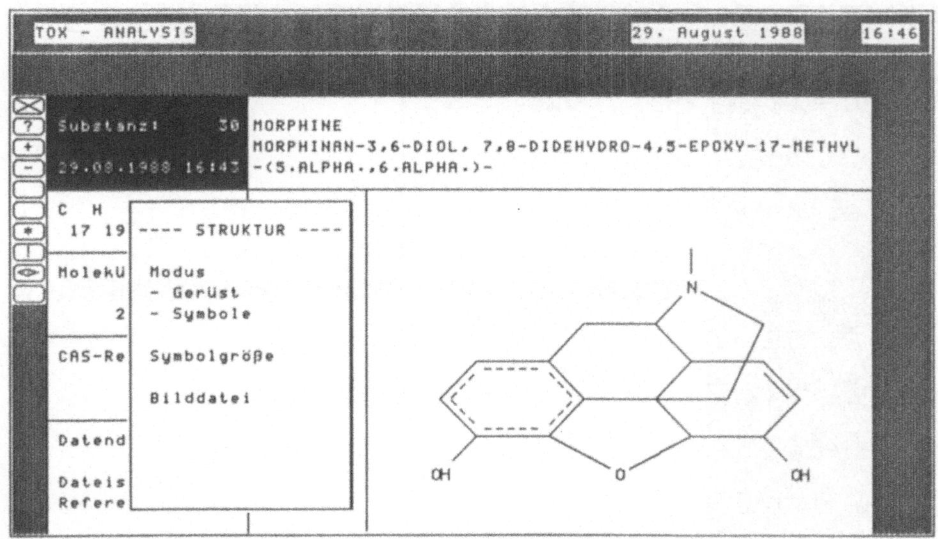

Abb. 5
ToxAnalysis: Karteikarte nach Übernahme einer Struktur aus dem Programm
           Datendokumentation

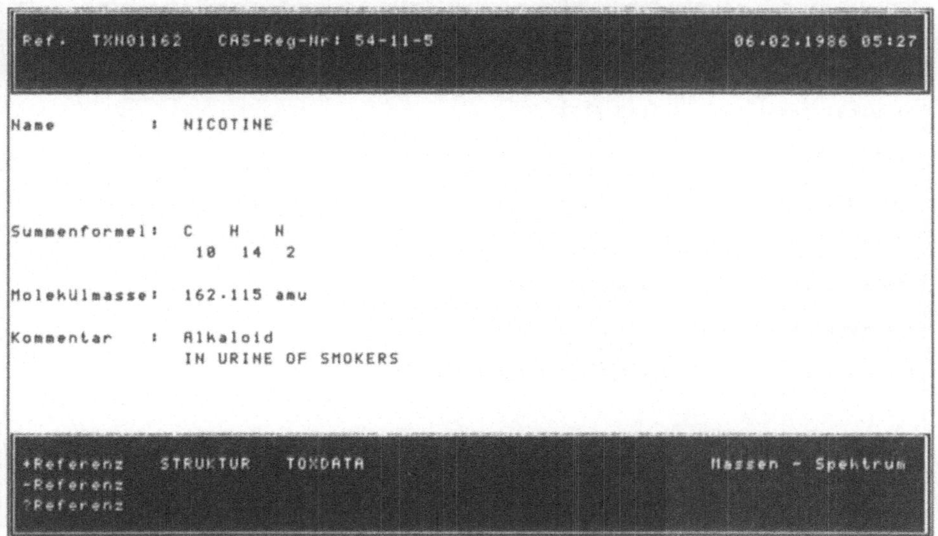

Abb. 6
GC/MS-Tox: Gespeicherte Substanzdaten in der Datenbank

84
133
92
161
162
20
40
60
80
100
120
140
160
180
N
N

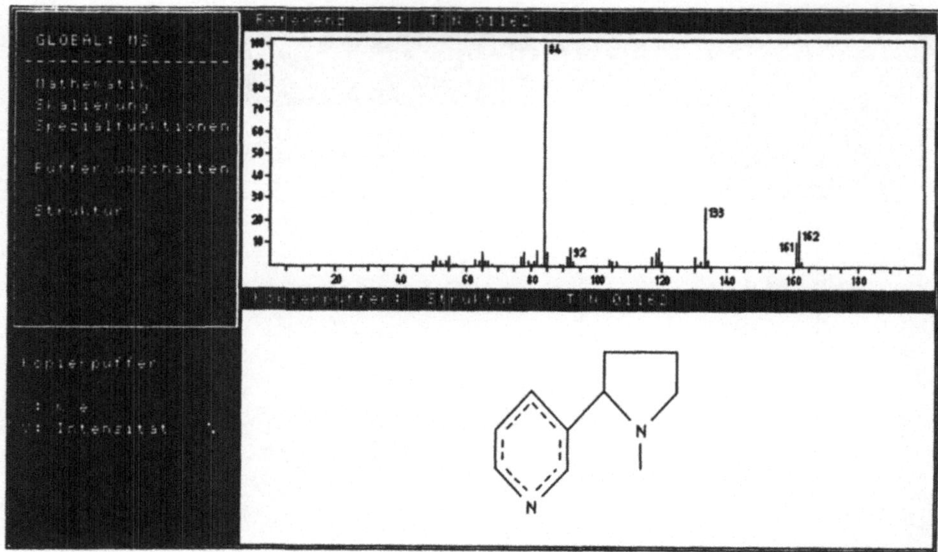

Abb. 7
GC/MS-Tox: Massenspektrum und Struktur in der Datenbank

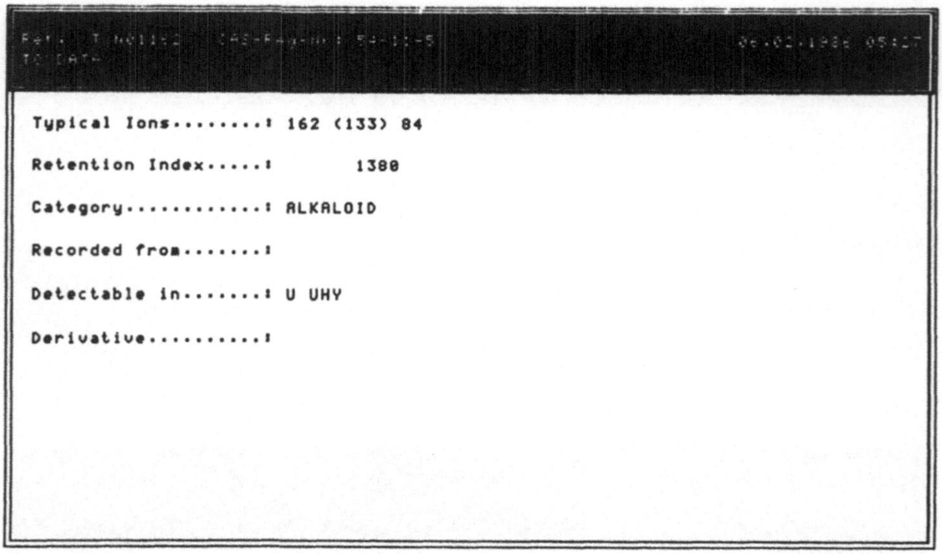

Typical Ions........: 162 (133) 84
Retention Index.....: 1380
Category............: ALKALOID
Recorded from.......:
Detectable in.......: U UHY
Derivative..........:

Abb. 8
GC/MS-Tox: Toxikologisch relevante Daten in der Datenbank

4 AUSBLICK

Das Zusammenführen verschiedener Datenbanken und unterschiedlicher Such- und Bewertungsprogramme auf einem Mikrocomputer bietet dem Toxikologen das Werkzeug, an seinem Arbeitsplatz - unabhängig von Rechnern an Meßgeräten - unbekannte Substanzen in Ruhe zu bestimmen und Suchergebnisse auszuwerten. Hierzu sind besonders die Softwarepakete *ToxAnalysis*, *Datendokumentation I* und *II* und *GC/MS-Tox* geeignet, denn sie enthalten die Voraussetzungen, um eigene Datenbanken aufzubauen. Das Zusatzprogramm *Dateipflege* (9) bietet weiterhin die Möglichkeit, fremde Daten, die in ASCII-Code vorliegen, in die *Datendokumentation* zu übertragen. Von dort können Substanzdaten in das Screeningprogramm *ToxAnalysis* übernommen werden. Zahlen und Texte, die in den vorgestellten Softwarepaketen statt auf den Drucker in eine Datei ausgeschrieben werden, sind dort in ASCII-Code dargestellt; diese Dateien können einerseits in dem Zusatzprogramm *Schreibmaschine* (10), mit dem auch dieses Manuskript erfaßt wurde, weiterverarbeitet oder andererseits in andere Textprogramme eingelesen und verändert werden.

LITERATURVERZEICHNIS

(1) R.A. de Zeeuw, J.-P. Franke, B. Wittig, M. Zeitler, W. Schmidt, M. Saß: *ToxAnalysis* (Softwarepaket). VCH Verlagsgesellschaft mbH, Weinheim, 1988.

(2) K. Pfleger, H. Maurer, A. Weber: *GC/MS-TOX* (Datenbank auf Diskette). VCH Verlagsgesellschaft mbH, Weinheim, voraussichtlich Ende 1988.

(3) W. Bremser, W. Fachinger, W. Schmidt, B. Wittig, M. Zeitler: *Datendokumentation I* und *Datendokumentation II* (Softwarepakete). VCH Verlagsgesellschaft mbH, Weinheim, 1987.

(4) DFG Deutsche Forschungsgemeinschaft, TIAFT The International Association of Forensic Toxicologists: *Thin-Layer Chromatographic R_f Values of Toxigically relevant Substances of Standardized Systems.* Report VII of the DFG Commission for Clinical-Toxicological Analysis, Special Issue of the TIAFT Bulletin. VCH Verlagsgesellschaft mbH, Weinheim, 1987.

(5) DFG Deutsche Forschungsgemeinschaft, TIAFT The International Association of Forensic Toxicologists: *Gas-Chromatographic Retention Indices of Toxicologically Relevant Substances on SE-30 or OV-1.* Report II of the DFG Commission for Clinical-Toxicological Analysis, Special Issue of the TIAFT Bulletin. VCH Verlagsgesellschaft mbH, Weinheim, 1985.

(6) R.A. de Zeeuw, J.-P. Franke, State University Groningen, Department of Analytical Chemistry and Toxicology, Groningen, The Netherlands.

(7) E. Kovats, Helv. Chim. Acta *41* (1958) 1915.

(8) K. Pfleger, H. Maurer, A. Weber: *Mass Spectral and GC Data of Drugs, Poisons and Their Metabolites*, Part I and II. VCH Verlagsgesellschaft mbH, Weinheim, 1985.

(9) M. Zeitler, W. Schmidt: *Datendokumentation, Dateipflege* (Softwarepaket). VCH Verlagsgesellschaft mbH, Weinheim, 1987.

(10) W. Goldammer, W. Schmidt: *Schreibmaschine* (Teil des Softwarepakets Zusatzprogramme). VCH Verlagsgesellschaft mbH, Weinheim, 1986.

IST EINE EFFIZIENTE LITERATURVERWALTUNG AUF DEM PC MÖGLICH? - VCH BIBLIO, EIN LÖSUNGSWEG

M. Kreutzer und K. Krohn

Institut für Organische Chemie
Technische Universität Braunschweig
Hagenring 30, D-3300 Braunschweig

Zusammenfassung: Ein Anforderungskatalog an eine moderne Literaturverwaltung wird aufgestellt und die Verwirklichung anhand von VCH Biblio demonstriert.

EINLEITUNG

An eine moderne Literaturverwaltung werden vielfältige Forderungen gestellt, die über reine Datenbankfunktionen[1)] hinaus gehen. PC-Benutzer schätzen die bequeme Handhabung ihres PCs hoch ein. Ein Literaturverwaltungsprogramm sollte diese Bequemlichkeit unterstützen. Manche Nachteile von Mehrplatzsystemen (Rechenzentren), wo es darauf ankommt, CPU-Zeit an jeder Stelle zu sparen und Zugriffsrechte zu prüfen, müssen vermieden werden. Eine Literaturverwaltung auf dem PC kann nicht die Aufgaben einer Online-Massendatenbank erfüllen, da diese Aufgabe ohne teure CD-ROMs noch die Speicherkapazität überfordert, sondern muß sich gerade an den persönlichen Erfordernissen des Nutzers orientieren. Die Literaturverwaltung dient dazu, Literatur zu ganz bestimmten Sachgebieten zu sammeln und zu verwerten (Recherche, Publikation). Sie kann den alt hergebrachten Karteikasten ersetzen. Dabei können die Literaturdaten aus Massendatenbanken entnommen werden.

ANFORDERUNGEN AN EINE LITERATURVERWALTUNG AUF DEM PC

Zugriff

Der Zugriff auf Datensätze (Literaturstellen) muß rasch erfolgen können. Er soll nicht nur durch Rechercheanfragen, sondern auch durch 'Blättern' in den Literaturstellen möglich sein. So werden die Vorzüge des vertrauten Karteikastens beibehalten. Ein Karteikasten kann in beliebiger Weise manuell sortiert werden. Dies muß genauso für die Da-

G. Gauglitz (Hrsg.)
Software-Entwicklung in der Chemie 3
© Springer-Verlag Berlin Heidelberg 1989

tenbank auf dem PC gelten. Nach Sortierung muß der Zugriff durch Blättern in der sortierten Reihenfolge möglich sein.

Eingabe und Änderungen

Die Einspeicherung von Datensätzen muß sowohl manuell über die Tastatur, als auch durch Datenimport aus fremden Datenbanken möglich sein. Für die manuelle Eingabe sollte eine komfortable Textverabeitung bereitgestellt werden. Für den Import muß eine Schnittstelle implementiert werden, die gängige Formate (z. B. CAS ONLINE, VTB, dBase, DIMDI, BIOSIS) umsetzen kann. Dadurch wird die Verwertung von Rechercheergebnissen aus Massendatenbanken in der persönlichen Literaturverwaltung gewährleistet. Datensätze müssen jederzeit änderbar sein, da manuelle Eingaben mit Fehlern behaftet sind und Ergänzungen (z. B. Stichwörter) notwendig werden können. Die Änderungen müssen sofort in die Organisation des Systems ohne Zeitverzögerung übernommen werden. Nur so bleibt die Datenbank ständig aktuell.

Recherche

Die Abfragesprache soll an bekannte Abfragesprachen (z. B. STN, SQL) angelehnt sein. Die Ergebnisse müssen sofort verfügbar sein. Die Booleschen Operatoren 'und', 'oder' und 'nicht' zur logischen Verknüpfung von Termen müssen implementiert werden. Neben der Deskriptorensuche (Suche nach in einem Index abgelegten Schlüsselwörtern) darf die Bedeutung der Volltextsuche in kleinen bis mittleren Datenbanken nicht unterschätzt werden. Oft können so die Ergebnisse von Online-Recherchen in einer Massendatenbank im PC weiter diskriminiert werden.

Ausgabe in Literaturlisten

Die Verwertung der gespeicherten Literatur in Publikationen als Referenzlisten ist eine wichtige Anwendung. Dazu sollten Literaturlisten in beliebigen, selbst erstellbaren Formaten generiert werden können. Um zeitschriftenkonformes Zitieren zu ermöglichen, müssen viele optionelle Zusatzvorschriften entwickelt werden.

Unterstützung von Publikationen

Der Autor soll durch das Literaturverwaltungsprogramm bei der Erstellung von Manuskripten unterstützt werden. Gerade die Numerierung und Sortierung von Referenzlisten sind Tätigkeiten, die der Computer übernehmen kann. Die Unterstützung soll soweit gehen, daß der Autor sich nicht mehr um das Literaturregister kümmern muß, sondern nur noch durch Kennzeichnungen im Manuskript dem Programm mitteilt, an welcher Stelle ein Literaturzitat erfolgen soll.

Schnittstellen

Die Datenerfassung und Unterstützung von Publikationen sind die Bereiche, die möglichst offene Schnittstellen zu anderen Programmen und Datenbanken verlangen. Auf der Datenbankseite ist ein Programmteil zu entwickeln, das aus verschiedensten Quellen Daten importieren kann. Auf der Publikationsseite muß eine Anbindung an verbreitete Textverarbeitungssysteme geschaffen werden, so daß ein Zusammenspiel von Literaturverwaltung und Manuskripterstellung erzielt wird.

DATENBANKKONSTRUKTION

VCH Biblio benutzt eine Konstruktion mit konstanter, jedoch für jede Datenbank wählbarer Satzlänge. Innerhalb eines Datensatzes verteilt sich der Platz dynamisch auf alle Datenfelder. Mit dieser Entscheidung wurde bewußt eine ungünstigere Speicherausnutzung in Kauf genommen, jedoch kann so die Geschwindigkeit bei der sequentiellen Volltextsuche und die Überarbeitungszeit bei Änderungen gesteigert werden. Datenbanken mit variabler Satzlänge benötigen zuviel Zeit für die Überarbeitung, wenn sich die Satzlänge ändert. Bei vielen Information-Retrieval-Systemen (IRS)[2] muß sogar nach Änderungen die gesamte Datenbank neu 'geladen' werden. Das heißt, daß die geänderten Rohdaten insgesamt neu organisiert werden müssen.

Recherche

Zwei prinzipiell unterschiedliche Suchmodi wurden realisiert. Eine sequentielle Volltextsuche und eine indexbinäre Deskriptorensuche. Letztere wird in VCH Biblio kurz Blitzsuche genannt. Als Deskriptoren werden standardmäßig die eingegebenen Stichwörter indexiert, die dann in der Blitzsuche recherchierbar sind. Es können nach Wunsch durch ein Hilfsprogramm die Wörter aus beliebigen Feldern indexiert werden. Die Deskriptoren mit den physischen Nummern der zugehörigen Einträge werden in einer Datei abgespeichert. Auf diese Datei wird über einen Index zugegriffen, der alphabetisch sortiert auf die Deskriptoren verweist. So ist eine indexbinäre Suche möglich. Werden Änderungen in den Stichwörtern vorgenommen, so kann in diesen beiden Dateien sehr schnell eine Änderung vorgenommen werden.

Die Operatoren 'und', 'oder', 'nicht', 'bis' werden in der Abfrage realisiert. Als Joker dient das Fragezeichen '?'. Die Klammerung von Termen ist mit den geschweiften Klammern '{', '}' möglich. Feldangaben erfolgen in spitzen Klammern vor dem Suchbegriff, z. B. '<Autor>'.

Formatierung

Das Problem der vielseitigen Literaturlistenformatierung wurde durch sogenannte Formattexte realisiert, in denen die Abfolge der Felder, Zwischentexte und Schriftarten und bestimmt werden. Durch ein Zusatzmenü mit speziellen Formatierungsvorschriften werden die Formattexte ergänzt. Die Prüfung von ca. 60 Zeitschriftenformaten aus dem naturwissenschaftlichen Bereich ergab, daß diese Art fast allen Ansprüchen genügt.

PROGRAMMBESCHREIBUNG

Der aufgestellte Anforderungskatalog macht deutlich, an welche Punkte während der Entwicklung des Programms gedacht wurde. Die Beschreibung des Programms beschränkt sich auf wenige Punkte, die den Bedienungskomfort, die Formatierung von Literaturlisten und die Einbindung von Referenzen in Manuskripte betreffen.

Bedienungskomfort

Eine einfache Bedienung wurde durch eine beschränkte Befehlsauswahl mit Lichtmarke oder Funktionstasten, deren Bedeutung immer am rechten Rand der Eingabemaske eingeblendet wird, erreicht. Auf Programmierbarkeit des Systems wurde verzichtet. Das System soll nicht ein allgemeines Datenbankmanagementsystem (DBMS) sein, sondern die spezielle Problematik der Literaturverwaltung optimal lösen.

Die vorgegebenen Eingabemasken enthalten alle zur Erfassung bibliographischen Angaben relevanten Felder (zusätzlich zwei benennbare Felder). Die Reihenfolge ist so angeordnet, wie sie in Zeitschriftenartikeln vorgegeben ist (Abb. 1). Für den Normalfall reicht der verfügbare Platz aus (z. B. drei Zeilen für den Titel, zwei für die Autoren etc.). Für Bücher und Serien, die vom bibliographischen Standpunkt nicht scharf voneinander abgegrenzt sind, und für Patente sind gesonderte Eingabemasken vorgegeben, die mit einer Funktionstate aufgerufen werden. Diese Art der Maskengestaltung hat für den Nutzer eine Reihe entscheidender Vorteile. Der Bildschirm gibt das vertraute Bild der Karteikarte wieder, alle wichtigen Angaben erscheinen auf nur einer Bildschirmseite. (Ist ein Feld länger, kann es mit einer Zoom-Funktion auf dem Bildschirm temporär ausgedehnt werden.) Die Aufteilung in Zeitschriften, Bücher/Serien und Patente vermeidet das zeitraubende Durcharbeiten langer Listen von bibliographischen Angaben, in der die meisten Felder leer bleiben. Die Textverarbeitung zur Eingabe ist komfortabel gehalten und bietet neben den üblichen Korrekturmöglichkeiten auch den automatischen Zeilenumbruch und Makros für häufig wiederkehrende Texte (z. B. Zeitschriftenkürzel oder Stichworte).

```
*S *M        Einfügen        63 Zeichen frei  Zeitschr Nr      387
┌────────────────────────────────────────────────────┐┌────────┐
│Titel:                                              ││        │
│ Synthetische Anthracyclinone, XIV. Synthese neuer Derivate des│
│ Daunomycinons und des β-Rhodomycinons♦             ││Esc Ende│
│                                                    ││1 Neu   │
│Autor:                                              ││2 Suche │
│ K. Krohn* und K. Tolkiehn♦                         ││3 Hit   │
│                                                    ││  zurück│
│Quelle:                                             ││4 Hit   │
│ Chem. Ber.♦                                        ││  weiter│
│                                                    ││5 Merke │
│Band:      113♦        Jahr:      1980♦    Heft: ♦  ││6 Aus-  │
│Seite:                 2976-2993♦                   ││  gabe  │
│Text:                                               ││7 Zoom  │
│ Ausweitung des Verfahrens der zweifachen Diels-Alder-Addition an│8 GeheZu│
│ Naphthazarin, Variation im Dien-Teil (D-Ring Analoga), Bildung │9 Typ   │
│ bicyclischen Halbacetale mit Methanol/HCl, Rhodomycinone durch │10 Hilfe│
│ Grignard mit EtMgBr, Stereochemie♦                 ││ Alt:   │
│Stichwort:                                          ││ mehr...│
│ Grignard, Naphthazarin, Diels-Alder, Regio, Daunomycinon,      │
│Kopie:      +           Ablage: Synthese 387♦       ││PgUp,   │
│     : ♦                                            ││ PgDn:  │
│     : ♦                 Datum:17.12.1987♦          ││Blättern│
└────────────────────────────────────────────────────┘└────────┘
```

Abb. 1: Eintragsmake für Zeitschriftenartikel

Mit dem Zusatzprogramm VCH Biblio Import können Daten als Alternative zur manuellen Eingabe eingelesen werden (CAS ONLINE, VtB, DIMDI, dBase-III und ASCII; BIOSIS und MEDLINE on Silverplatter sind in Vorbereitung).

Von der Befehlstruktur her kann man VCH-Biblio in zwei Bereiche unterteilen. Operationen wie Eingabe, Suche, Druck etc. geschehen aus dem Bearbeitungsmenü. Für die Organisation sind Zusätze wie Druckeranpassung, Dateinamen und Verzeichnisse etc. notwendig. Diese Voreinstellungen erfolgen im Eingangs- und Installationsmenü. Die Voreinstellung von Dateinamen spart Routineeingaben nach Programmstart.

Suche

Die Suche mit VCH Biblio ist deshalb besonders einfach, weil der Suchmodus (Volltextsuche, Blitzsuche, Richtung, Auswahl einzelner Felder etc.) durch Auswahl mit der Lichtmarke erfolgt und nur der Suchbegriff und die Verknüpfung eingegeben zu werden brauchen. Die Blitzsuche (Suche nach indexierten Wörtern) läuft auch bei großen Dateien in Sekundenschnelle ab. Der Nutzer kann selbst die Felder zur Indexierung für die Blitzsuchliste auswählen. Eine Negativliste (auch Stopwortliste genannt) hilft, für die Suche wertlose Wörter auszufiltern.

Die Geschwindigkeit der Volltextsuche ist im Wesentlichen vom Zugriff auf das Speichermedium abhängig. Um auch mittelgroße Dateien mit dieser Suchart schnell durchsuchen zu können, wurde ein virtuelles Multitasking implementiert. Während der sequentiellen Suche kann der Nutzer die Bearbeitung in jeder Hinsicht fortsetzen und z. B. bereits gefundene Hits sichten. Die Literaturdatei wird im Hauptspeicher gepuffert, das heißt, so viele Einträge wie möglich werden im Hauptspeicher gehalten. Dadurch wird eine zweite Suche besonders schnell. Das Programm unterstützt EMS-Speichererweiterungen, die zur Datenpufferung benutzt werden. So kann eine bis zu 4 MB große Datei vollständig im RAM verarbeitet werden. Gemessene Geschwindigkeiten der Volltextsuche bewegen sich zwischen 40 (IBM PC/XT mit Festplatte 120 ms) und 450 (Compaq Deskpro 386/20 mit 4 MB EMS-Speicher) Einträgen pro Sekunde (Eintragslänge: 630 Zeichen). Abb. 2 zeigt ein Beispiel für das Ergebnis einer Blitzsuche.

```
Suchergebnisse:

KRO                              :    73 gefunden
DIEL                             :   138 gefunden
DAUNO                            :   128 gefunden


Gesamt :      4 gefunden

Wenn bereit, Taste drücken..
```

Abb. 2: Ergebnis einer Blitzsuche

Formatierung

Formate legen den Inhalt und das Aussehen von Literaturlisten fest[3]). Die Formatierung dient zur Erstellung von zeitschriftenkonformen Literaturlisten. Layout, Inhalt und Schriftarten sowie zahlreiche Sondervorschriften werden durch die Formate erfaßt.

Die Auswahl der Datenfelder und die Eingabe der Zwischentexte erfolgt in sogenannten Formattexten. Diese Texte (für jeden Dokumententyp einen) können mit der Textverarbeitung ediert werden. Die Festlegung der Schriftarten und Einfügung bzw. Löschung von Datenfeldern erfolgt über Funktionstasten. Die speziellen Formatierungsvorschriften dienen z. B. zur Festlegung der Reihenfolge von Vor- und Zunamen.

Einbindung von Referenzen in Publikationen

Literaturstellen, die in einer Publikation zitiert werden sollen, müssen in einer Literaturdatenbank selektiert, sortiert und als Liste ausgegeben werden. Diese drei Schritte werden in VCH Biblio weitgehend automatisiert. Dabei geht man so vor, daß man beim Schreiben des Manuskriptes die Eintragsnummern der Datenbank als vorläufige Referenznummern verwendet. Sie werden mit einem Zeichen (z. B. einem Stern '*') gekennzeichnet. Ein Hilfsprogramm sucht anschließend die gekennzeichneten Referenznummern heraus und faßt die zugehörigen Literaturstellen in einem Literaturlistenkonzept in der Reihenfolge des Erscheinens zusammen. Ein Literaturlistenkonzept kann beliebig sortiert (z. B. nach dem Namen-Datum-System) und mit Refernznummern versehen werden. Damit ist die Literaturliste, die an die Publikation angehängt werden kann, fertiggestellt. Ein weiteres Zusatzprogramm ersetzt im letzten Schritt die gekennzeichneten Eintragsnummern im Manuskript durch die im Konzept festgelegten Nummern. Das Programm beseitigt also eine Hemmschwelle bei der Aktualisierung von Literaturangaben bei Publikationen, da der Autor sie bis zur Einsendung mühelos auf dem aktuellsten Stand halten kann. Dies spart insbesondere bei langen Manuskripten viel Zeit. Die erwähnten Programmteile arbeiten mit verschiedenen Textverarbeitungsprogrammen (Word, WordStar, WordPerfect) zusammen.

ZUKÜNFTIGE ENTWICKLUNGEN

Das in der oben beschriebenen Form vorliegende Programm hat viel Anklang gefunden. Es treten einige neue Forderungen auf, die in der Zukunft in das Programm integriert werden.

Besonders die Netzwerkfähigkeit wird verlangt. Auch die Dublettenprüfung nach Datenimport und die Erstellung eigener Masken für andere als die implementierten Dokumententypen werden gefordert. Dabei gilt es aber, die einfache Bedienungsstruktur beizubehalten. Der Import von Graphiken aus Datenbanken (z. B. Strukturformeln aus CAS ONLINE) ist im Gespräch.

LITERATUR

1 Barth A (1988) In: Gasteiger J (ed) Software-Entwicklung in der Chemie 2. Springer, Berlin Heidelberg New York S. 107
2 Mresse M (1984) Information Retrieval - Eine Einführung. Teubner, Stuttgart
3 Ebel HF, Bliefert C, Russey WE (1987) The Art of Scientific Writing, VCH Verlagsgesellschaft, Weinheim

Dortmunder Datenbank - Entwicklung und Struktur eines
menüorientierten Programmsystems für thermodynamische Datenbanken
und Berechnungspakete unter dem Betriebssystem MS-DOS

J.Menke, J.R.Rarey-Nies, J.Gmehling

Lehrstuhl Technische Chemie B, Fachbereich Chemietechnik
Universität Dortmund, 4600 Dortmund 50, Postfach 50 05 00

<u>Zusammenfassung:</u> Seit 1973 wird am Lehrstuhl für Technische Chemie B der Universität Dortmund am Aufbau einer Datenbank für Phasengleichgewichtsdaten von Nichtelektrolytsystemen (DDB) gearbeitet. Damit wurde erstmals der Versuch unternommen, die Vielzahl publizierter Phasengleichgewichtsdaten elektronisch zu speichern und damit das Handwerkszeug für die Modellentwicklung zu schaffen. Weiterhin werden die Daten intensiv für die Auslegung, Synthese, Simulation und Optimierung industrieller Prozesse genutzt. Diese Datenbank stellt heute die größte computerisierte Datensammlung ihrer Art dar. Mit der breiten Verfügbarkeit von Mikrocomputern ausreichender Leistungsfähigkeit und Speicherkapazität wurde es möglich, die Datenbanken auf solchen Geräten zu installieren. Gleichzeitig wurde ein speziell auf die Struktur der DDB abgestimmtes Datenbanksystem entwickelt und in eine menüorientierte Benutzerführung integriert. Dieses System wurde durch Einbau einer großen Zahl von Korrelations- und Berechnungspaketen erweitert und ermöglicht damit die Bearbeitung vieler Fragestellungen von praktischem Interesse im Bereich der Prozeßsynthese, der Trenntechnik, des Umweltschutzes und vieler anderer Gebiete.

EINLEITUNG

Viele Probleme von praktischem Interesse erfordern die Kenntnis des realen Gleichgewichtverhaltens von Gemischen, welches entweder mit Hilfe des Aktivitätskoeffizienten γ (bei g^E-Modellen) oder des Fugazitätskoeffizienten φ (im Fall von Zustandsgleichungen) beschrieben werden kann. In der Prozeßsynthese benötigt man beispielsweise Informationen über das Auftreten azeotroper Punkte oder Mischungslücken, weiterhin ist die Kenntnis des realen Verhaltens wichtig für die Auswahl von Zusatzstoffen für die Rektifikation, Extraktion und Absorption sowie zur Bearbeitung vieler Probleme aus den Bereichen

G. Gauglitz (Hrsg.)
Software-Entwicklung in der Chemie 3
© Springer-Verlag Berlin Heidelberg 1989

Sicherheitstechnik, Umweltschutz etc.. Abb. 1 gibt einen Überblick über die wichtigsten Anwendungsgebiete. Ein Beispiel von besonderer ökonomischer Bedeutung stellt die Reinigung der Ausgangs-, Zwischen- und Endprodukte in Chemieanlagen dar. Bei organischen Großprodukten macht dieser Verfahrensteil häufig 80% der gesamten Investitionskosten und einen bedeutenden Teil der Produktionskosten aus.

Die Simulation von Rektifikations- oder Extraktionsanlagen kann ausgehend vom Konzept der idealen Trennstufen durch Lösung eines stark nichtlinearen Gleichungssystems (Mengen- und Enthalpiebilanz unter Berücksichtigung der Phasengleichgewichtsbeziehungen) erfolgen. Abb. 2 zeigt eine schematische Darstellung einer Gleichgewichtsstufe sowie die zu ihrer Beschreibung erforderlichen Gleichungen (MESH-Gleichungen). Dabei steht der Index i für die jeweilige Komponente in der Mischung und j für die jeweilige Stufe.

Obwohl dabei häufig mehrere tausend Gleichungen mit ebensovielen Unbekannten vorliegen, bereitet die Lösung der mathematischen Probleme unter Verwendung geeigneter numerischer Verfahren und moderner Computer im allgemeinen keine besonderen Schwierigkeiten. Die Genauigkeit einer solchen Berechnung hängt im wesentlichen von der Güte der Dar-

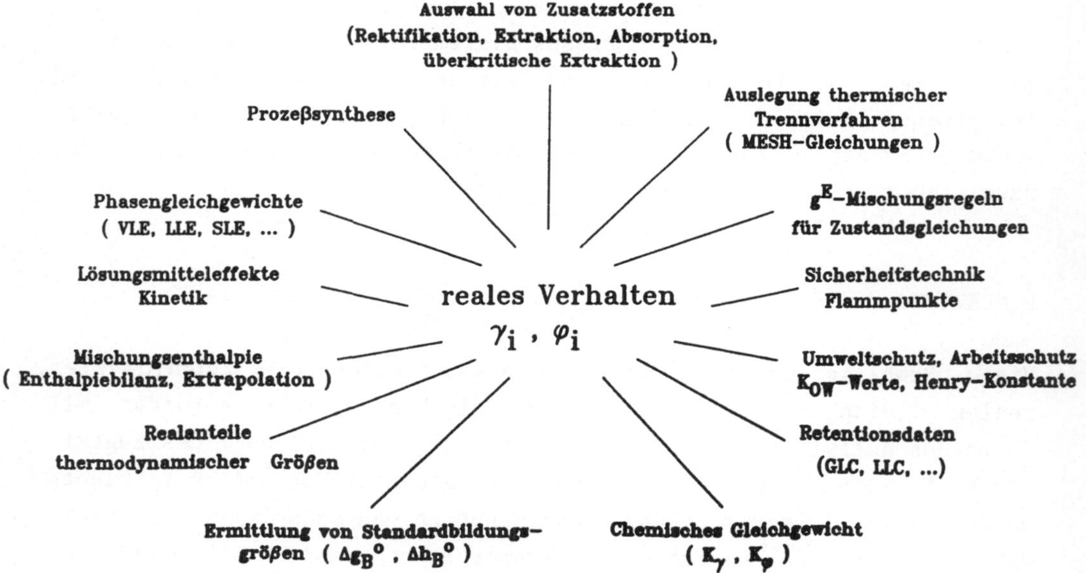

Abb. 1 Reales Verhalten von Gemischen in verschiedenen Anwendungsbereichen

stellung des Phasengleichgewichtverhaltens der beteiligten Gemische und in geringerem Maße von den berechneten Enthalpien ab. Aus diesem Grund wurden schon früh große Anstrengungen in die Entwicklung von Modellen zur Beschreibung dieses Verhaltens investiert.

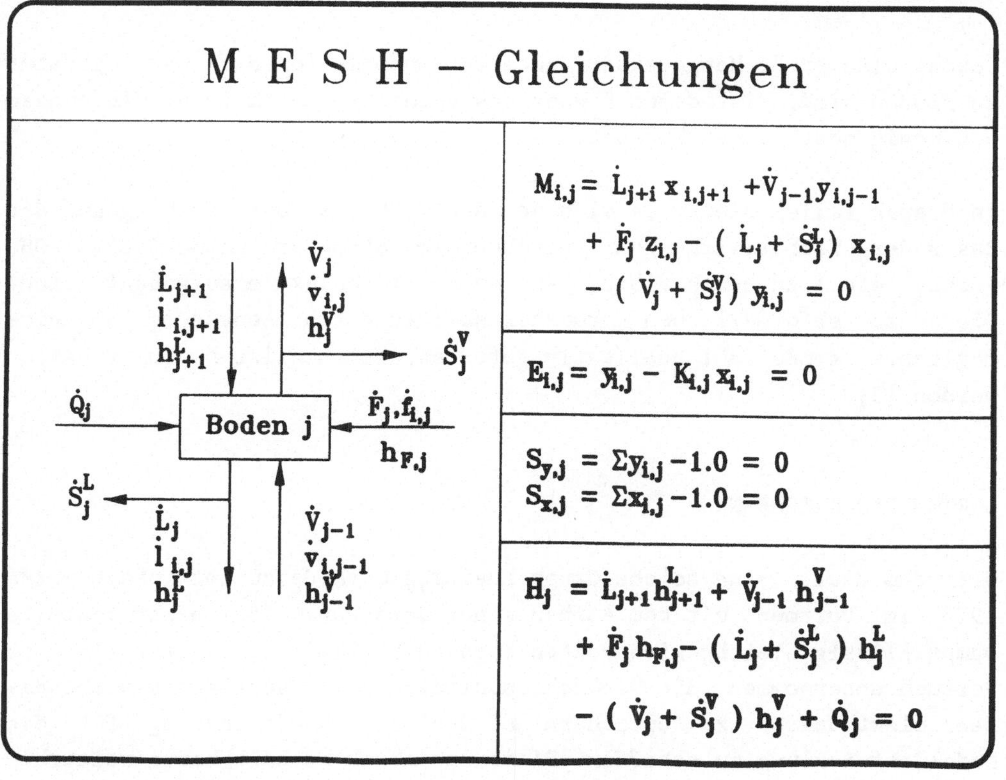

Abb. 1   MESH-Gleichungen

THERMODYNAMISCHE ANSÄTZE ZUR BESCHREIBUNG DES PHASENGLEICHGEWICHTVERHALTENS

Während die Beschreibung der Dampfphase aufgrund des größeren Abstandes der Moleküle und der daraus sich ergebenden geringeren Wechselwirkungen wenig Probleme bereitet, stellt die Beschreibung der Flüssigphase mit den darin vorliegenden starken sterischen und energetischen Effekten noch heute den schwierigsten Teil des Phasengleichgewichtproblems dar.

Mit der Entwicklung moderner Modelle (Wilson, NRTL, UNIQUAC) ist man allerdings in der Lage, das Verhalten eines Multikomponentengemisches auf der Basis des Verhaltens der binären Randsysteme zu beschreiben [1,2]. Leider läßt sich auch das Verhalten der Zweistoffsysteme nur für sehr wenige Gemische von meist geringer praktischer Bedeutung aus rein theoretischen Überlegungen ableiten. Deshalb ist es erforderlich, Modellparameter durch Anpassung an experimentelle Daten zu erhalten.

Obwohl eine große Menge experimenteller Informationen in der Literatur zu finden sind, ist dennoch über das Verhalten der meisten Mischungen nur wenig oder nichts bekannt.

In diesen Fällen bietet es sich an, das Verhalten der Mischung auf der Basis der Wechselwirkungen zwischen den Strukturgruppen (-CH$_3$, -OH, -COCH$_3$ etc.) zu beschreiben, aus denen die Moleküle aufgebaut sind. Die dazu erforderlichen Parameter sollten durch Anpassung an eine möglichst große Zahl qualitativ guter experimenteller Daten erhalten werden [3].

DORTMUNDER DATENBANK

Mit dem Ziel, eine solche Gruppenbeitragsmethode zu entwickeln wurde 1973 in Dortmund mit dem Aufbau einer Datenbank für experimentelle Dampf-Flüssig-Gleichgewichtsdaten begonnen. Damit wurde erstmals der Versuch unternommen, die Vielzahl publizierter Phasengleichgewichtsdaten elektronisch zu speichern und damit das Handwerkszeug für die Modellentwicklung zu schaffen. Diese Datenbank enthält heute weiterhin neben den Dateien mit den benötigten Reinstoffdaten auch Daten über Mischungsenthalpien, Exzeßmolwärmen, Flüssig-Flüssig-Gleichgewichte, Gaslöslichkeiten, Aktivitätskoeffizienten bei unendlicher Verdünnung und demnächst auch azeotrope Punkte sowie Verteilungskoeffizienten bei unendlicher Verdünnung. Sie stellt die mit Abstand größte Sammlung ihrer Art in der Welt dar und ist online, in gedruckter Form oder als inhouse-Version verfügbar [4,5,6,7,8]. Einen Überblick über den Stand der Dortmunder Datenbank gibt Abb. 3. Mit Hilfe der darin gespeicherten Daten wurde die Gruppenbeitragsmethode UNIFAC entwickelt [9] und später mit der Arbeit an der allgemeiner anwendbaren Methode mod. UNIFAC begonnen [10]. UNIFAC ist heute die weltweit bekannteste und häufigst verwendete Methode zur Vorhersage des realen Verhaltens flüssiger Mischungen.

Daneben wird die Dortmunder Datenbank intensiv zur Entwicklung und Beurteilung neuer Modelle (g^E-Modelle, Zustandsgleichungen) und zur Bearbeitung anwendungsorientierter Fragestellungen eingesetzt. Mit dem

Übergang von einem Mainframe (IBM 370) auf einen eigenen Minicomputer (HP 1000) vor einigen Jahren ergab sich die Möglichkeit, die große Zahl an Berechnungs-, Anpassungs- und Dienstprogrammen in einem Menü-system zusammenzufassen und durch interaktive grafische Ausgaben zu

Reinstoffdaten   **File : Stoff (DA)**

enthält z.Zt. ca.2200 Verbindungen

Literaturstellen   **Files : XXXLIT (DA)**

**für jede Art von Gemischdaten , XXX=VLE,LLE,HE,GAM,GLE,CPE
ca. 6000 Literaturstellen**

Zeitschriften (ca. 580)   **File : JOUR (DA)**

Gemischdaten   **PDA-File : XXX**

	Beginn	Anzahl der Meßreihen
Dampf–Flüssig–Gleichgewichte (VLE)	1973	13000
Flüssig–Flüssig–Gleichgewichte (LLE)	1977	3000
Mischungsenthalpien (HE)	1980	6000
Aktivitätskoeffizienten bei unendlicher Verdünnung (GAM)	1984	23000 Werte
Gaslöslichkeiten (GLE)	1985	5000
Exzeßmolwärmen (CPE)	1986	400
azeotrope Daten (AZE)	1988	geplant
Feststofflöslichkeiten (SLE)	1989	geplant
Verteilungskoeffizienten (KI)	1989	geplant

Abb. 3   Aktueller Stand der Dortmunder Datenbank

erweitern. Dabei wurde besonderer Wert darauf gelegt, Eingaben des Benutzers auf das notwendige Minimum zu reduzieren und benötigte Reinstoff- und Gemischdaten direkt aus der Datenbank einzulesen. Viele rechnerische Abläufe erfordern die Beteiligung mehrerer Programme, welche über wenige standardisierte Daten- und Parameterfiles miteinander kommunizieren. Diese Abläufe werden durch interaktive Menüprogramme gesteuert und koordiniert (programmatic schedule). Damit steht ein Werkzeug zur Verfügung, welches es nicht nur dem Spezialisten erlaubt, komplexe Korrelationen und Berechnungen mit minimalem Aufwand und hoher Sicherheit durchzuführen.

ENTWICKLUNG EINES INTERAKTIVEN DATENBANK- UND BERECHNUNGSSYSTEMS FÜR MIKROCOMPUTER UNTER DEM BETRIEBSSYSTEM MS-DOS

Mikrocomputer sind in den letzten Jahren erheblich schneller und leistungsfähiger geworden. Inzwischen stehen diese Rechner Minirechnern in Bezug auf Rechenzeit und Plattenplatz kaum noch nach. Sollen Daten und Programme für den Benutzer leicht zugänglich sein, sind diese Rechner eine ideale Lösung. Bei Rechnern des Typs IBM-XT/AT unter dem Betriebssystem MS-DOS ergeben sich allerdings schwerwiegende Beschränkungen durch die Begrenzung des verfügbaren Hauptspeichers auf 512 oder 640 KB. Man sollte deshalb auf die Erstellung großer integrierter Programme verzichten, da deren Ausbau und Erweiterung ab einem gewissen Punkt an der Grenze des verfügbaren Hauptspeichers scheitern muß. Sind viele unterschiedliche Programme vorhanden, so sollte unbedingt eine menüorientierte Benutzerführung realisiert werden.

Ein solches System wurde in den letzten Jahren entwickelt. Darin sind einerseits die Files der Dortmunder Datenbank (Reinstoffe, Literatur, Zeitschriften, Gemischdaten, Modellparameter) als auch die benötigten Programme für Verwaltung, Prüfung und Abruf der Daten enthalten. Zur Sicherstellung einer hohen Datensicherheit wurden entsprechende Redundanzen und eine automatisch Protokollierung der Editierungsvorgänge implementiert. Da die Gemischdaten stark unterschiedliche Datensatzgrößen aufweisen, wurde ein zeigerorientiertes (Pointer-DA-File) Zugriffsverfahren gewählt. Das Menüsystem wurde in Form eines allgemeinen Programms realisiert, welches die Menüinhalte von entsprechenden Files liest und somit eine Erweiterung des Menüs ohne erhöhten Platzbedarf im Speicher und ohne eine Änderung des Programms ermöglicht. Die Menüstruktur erlaubt eine problemlose Änderung oder Erweiterung durch den Benutzer und damit die Integration benutzereigener oder kommerzieller Software.

Programmiertechnisch wurde auf eine strikte Einhaltung der MS-DOS-Konventionen geachtet. Zur Einbindung grafischer Ausgaben wurde ein flexibles Grafikprogramm erstellt, welches nur wenige Routinen in den Grafiktreibern erfordert und somit eine leichte Portabilität des Systems gewährleistet. Es wurde durchgehend die Programmiersprache FORTRAN 77 verwendet. Eine Ausnahme bilden nur die Routinen zum Aufruf der MS-DOS-Interrupts, welche in Assembler programmiert werden mußten.

Einen Überblick über die Struktur des Menüsystems gibt Abb. 4. Die in der Abbildung aufgeführten Programme sind allerdings zum jetzigen Zeitpunkt noch nicht vollständig integriert.

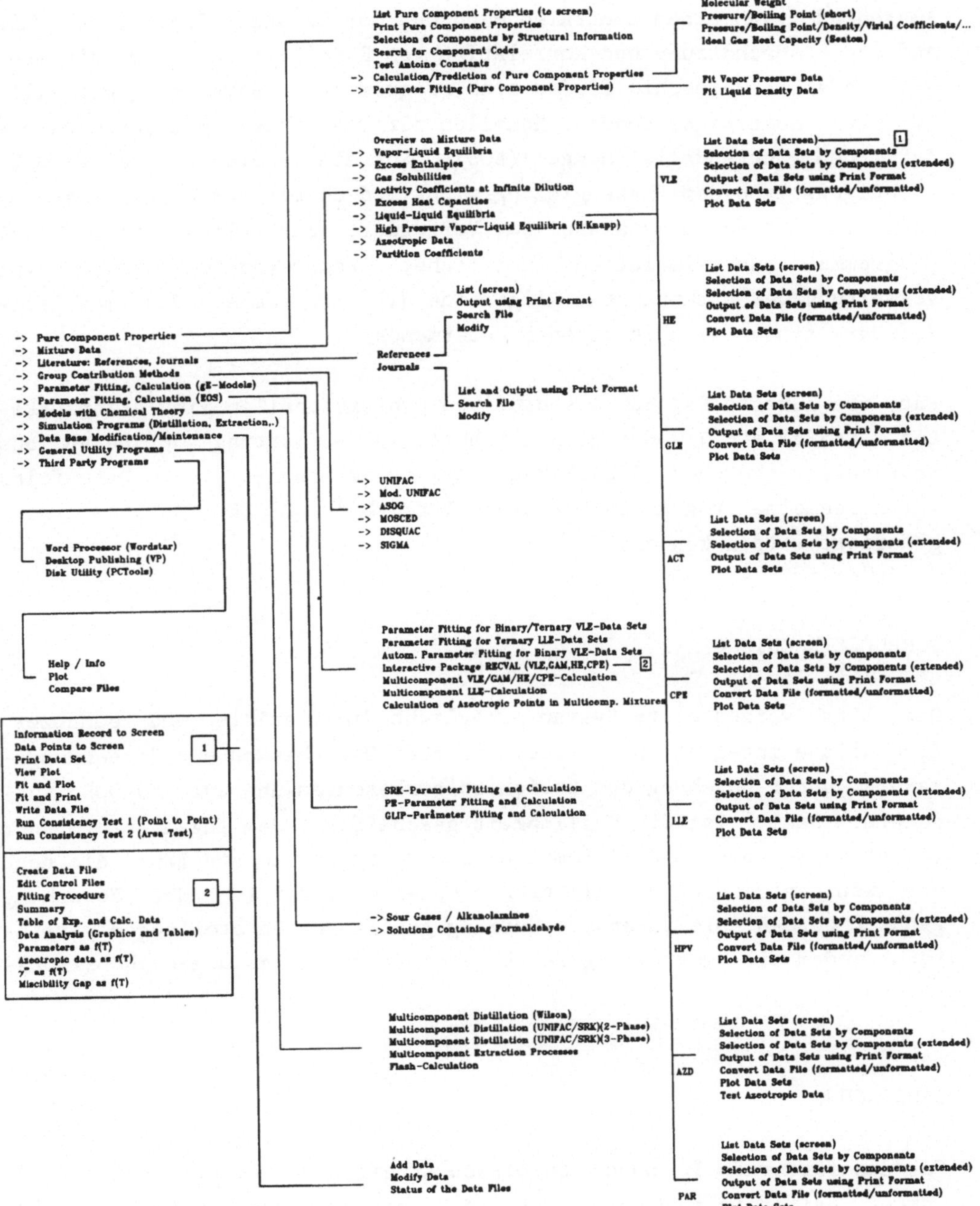

Abb. 4 Überblick über die Struktur des Menüsystems für thermodynamische Datenbanken und Berechnungssysteme

Ausgehend von einem zentralen Menü hat der Benutzer Zugriff auf die Abfrage, Abschätzung und Korrelation von Reinstoff- und verschiedenen Gemischdaten. Weiterhin finden sich Programme zur Berechnung mit Hilfe von Gruppenbeitragsmethoden, Modellen für die Gibbssche Exzeßenthalpie (g^E) und Zustandsgleichungen (EOS). Für die gleichzeitige Berücksichtigung von dem Phasengleichgewicht und chemischer Reaktion stehen spezielle Berechnungspakete zur Verfügung. Zusätzlich finden sich Programme zur Simulation thermischer Trennverfahren sowie zur Verwaltung der Datenbanken. Allgemeine Hilfsprogramme und kommerzielle Software finden sich in eigenen Untermenüs.

Für die Zukunft ist der Anschluß von professionellen Simulationspaketen (ASPEN etc.) und eine Möglichkeit zur Auswertung von Daten aus Stoffdatenrecherchen (FIZ-CHEMIE) geplant. Weiterhin sollen Datenfiles für allgemeine Programmpakete wie LOTUS 1-2-3, DBASE, AutoCAD, etc. generiert werden können.

SCHLUßBETRACHTUNG

Das hier vorgestellte System ermöglicht die flexible und benutzerfreundliche Integration thermodynamischer Datenbanken und Berechnungspakete unter Umgehung der Speicherplatzbeschränkung auf MS-DOS Computern. Damit ist die Möglichkeit geschaffen, dem Ingenieur in der Industrie Methoden und Hilfsmittel zur Verfügung zu stellen, die noch vor wenigen Jahren nur mit großem Aufwand im Bereich der Forschung genutzt wurden. Die intensive Nutzung grafischer Darstellungen vereinfacht zudem die Beurteilung der Ergebnisse von Anpassungen und Simulationen.

DANKSAGUNG

Für das fördernde Interesse an diesen Arbeiten danken wir Prof. Dr. U. Onken. Weiterhin möchten wir es nicht versäumen dem Bundesministerium für Forschung und Technologie für die finanzielle Förderung beim Aufbau der Datenbanken für Exzeßmolwärmen und Gaslöslichkeiten zu danken.

LITERATUR

1 Prausnitz J M (1969)
  Molecular Thermodynamics of Fluid-Phase Equilibria.
  Prentice-Hall, Englewood Cliffs, New Jersey
2 Gmehling J, Kolbe B, (1988) Thermodynamik.
  Georg Thieme Verlag, Stuttgart
3 Gmehling J, Tiegs D, Weidlich U (1988) Chem.-Ing.-Tech. 60:759
4 Gmehling J, Onken U, Arlt W, Grenzheuser P, Kolbe B, Weidlich U,
  Rarey-Nies J R (1977-1988) Vapor-Liquid-Equilibrium Data Collection,
  Vol. I, 13 Bände, Supplements (7 Bände) im Druck.
  DECHEMA Chemistry Data Series, Frankfurt
5 Sørensen J M, Arlt W (1979) Liquid-Liquid Equilibrium Data Collection, Vol. V, 3 Bände. DECHEMA Chemistry Data Series, Frankfurt
6 Gmehling J, Christensen C, Rasmussen P, Weidlich U (1984) Heats of
  Mixing Data Collection, Vol. III, 2 Bände. DECHEMA Chemistry Data
  Series, Frankfurt
7 Tiegs D, Gmehling J, Bastos J, Medina A G, Soares M, Alessi P,
  Kikić I (1986) γ^∞-Data Collection, Vol. IX, 2 Bände. DECHEMA
  Chemistry Data Series, Frankfurt
8 Gmehling J (1985) CODATA Bulletin 58:56. Pergamon Press, Oxford
9 Fredenslund A, Gmehling J, Rasmussen P (1977) Vapor-Liquid Equilibria Using UNIFAC. Elsevier, Amsterdam
10 Weidlich U, Gmehling J (1987) Ind. Eng. Chem. Res. 26:1372

VORSTELLUNG EINES PROGRAMMS ZUR BERECHNUNG THERMODYNAMISCHER EIGENSCHAFTEN VON ORGANISCHEN MOLEKÜLEN

Ursula Klages und Jörg Fleischhauer,

Lehr- und Forschungsgebiet Theoretische Chemie

im Institut für Organische Chemie der RWTH Aachen

Im Programm TGAP (<u>T</u>hermochemical <u>G</u>roup <u>A</u>ddivity Computer <u>P</u>rogram) wird das Gruppeninkrementverfahren nach Benson[1] angewandt. Nach dieser Methode wird ein Molekül in Gruppen aufgeteilt, die jeweils einen bestimmten Anteil zu einer thermodynamischen Eigenschaft wie z.B. der Standardbildungs- enthalpie beisteuern. Das Molekül Ethan z.B. besitzt die zwei identischen Gruppen $-C-(C)(H)_3$ und wird somit über zwei Gruppeninkremente beschrieben.

TGAP berechnet die thermochemischen Eigenschaften von Molekülen im idealen Gaszustand als Funktion der Temperatur und bei einem Druck von 1 atm. Es behandelt in seiner Grundform, die von Maria Ramos Martinez[2] entwickelt wurde, ungeladene aus H-, C-, O- und N- Atomen bestehende Moleküle. Das Originalprogramm, welches in der FORTRAN IV - Version vorlag, wurde auf dem IBM - PC/XT installiert und dem quantenchemischen Austauschdienst (QCPE) zur Verfügung gestellt[3].

Wichtige in der Zwischenzeit vorgenommene Erweiterungen des Programms sind:

- Vergrößerung der Inkrementenbank auf halogenhaltige Gruppen,
- Bestimmung der Standardreaktionsenthalpien von Gasphasen- reaktionen, wobei nun auch Moleküle, die nur ein Zentral- atom, wie z.B. Wasser oder Ammoniak, besitzen, behandelt werden können,
- Unterscheidungsmöglichkeit der Standardbildungsenthalpien von meta- und parasubstituierten Benzolderivaten,
- Betrachtung von Hydrolyse- und Protonierungsreaktionen von Säuren und Aminen. Dies ist möglich, da eine Ionenkorrektur eingeführt wurde.

G. Gauglitz (Hrsg.)
Software-Entwicklung in der Chemie 3
© Springer-Verlag Berlin Heidelberg 1989

UNTERSCHEIDUNGSMÖGLICHKEITEN DER BILDUNGSENTHALPIEN 1,3 - UND 1,4 - SUBSTITUIERTER BENZOLDERIVATE NACH 3 VERFAHREN

Zwischen den experimentellen Standardbildungsenthalpien para- und meta- substituierter Verbindungen bestehen häufig recht große Unterschiede, z.B. betragen die Standardbildungsenthalpien für p - Jodtoluol 121.84 kJ mol^{-1} und m - Jodtoluol 133.84 kJ mol^{-1}.

Beim ersten Verfahren wird, falls die experimentelle Enthalpie in einer entsprechenden Datei vorhanden ist, diese dem Benutzer mitgeteilt.

Falls keine experimentellen Daten vorhanden sind, wird beim zweiten Verfahren in einer weiteren Datei gesucht, in der mit *ab initio* - Verfahren berechnete Gesamtenergien für die meta- und para- Form abgelegt sind (s. Tab.1). Von der nach Benson ermittelten Standardbildungsenthalpie wird die Hälfte des Betrags der Gesamtenergiedifferenz subtrahiert, um die Enthalpie der energetisch stabileren Form zu erhalten. Durch Addition erhält man dann analog den Wert für die instabilere Form.

Bei dieser Vorgehensweise wird angenommen, daß die unkorrigierte TGAP - Enthalpie der arithmetische Mittelwert ist.

Tab.1

Differenzen der Gesamtenergien zwischen einigen para- und meta- substituierten Benzolen nach *ab initio* - Rechnungen[4)] in kJ/mol

	F	OH	NH2	CN
CH3	+1.72	+2.85	+2.68	-1.26
NH2	+5.77	+9.83	+10.25	-5.73
OH	+5.65	+9.54	+9.83	-4.98
F	+3.01	+5.46	+5.77	-3.56
NO2	-5.57	-7.36	-9.00	+0.54
CN	-3.56	-4.98	-5.73	+0.55
OCH3		+9.33	-2.59	
CHO		-3.01	-4.06	
CF3		-2.55	-2.80	

Eine negative Differenz bedeutet, daß die para - Form die stabilere ist.

In der Abb.1 sind die experimentellen ΔH_f^o - Werte[5] von einigen p - und m - Benzolderivaten gegen die so ermittelten TGAP - Werte aufgetragen (r =0.9989).

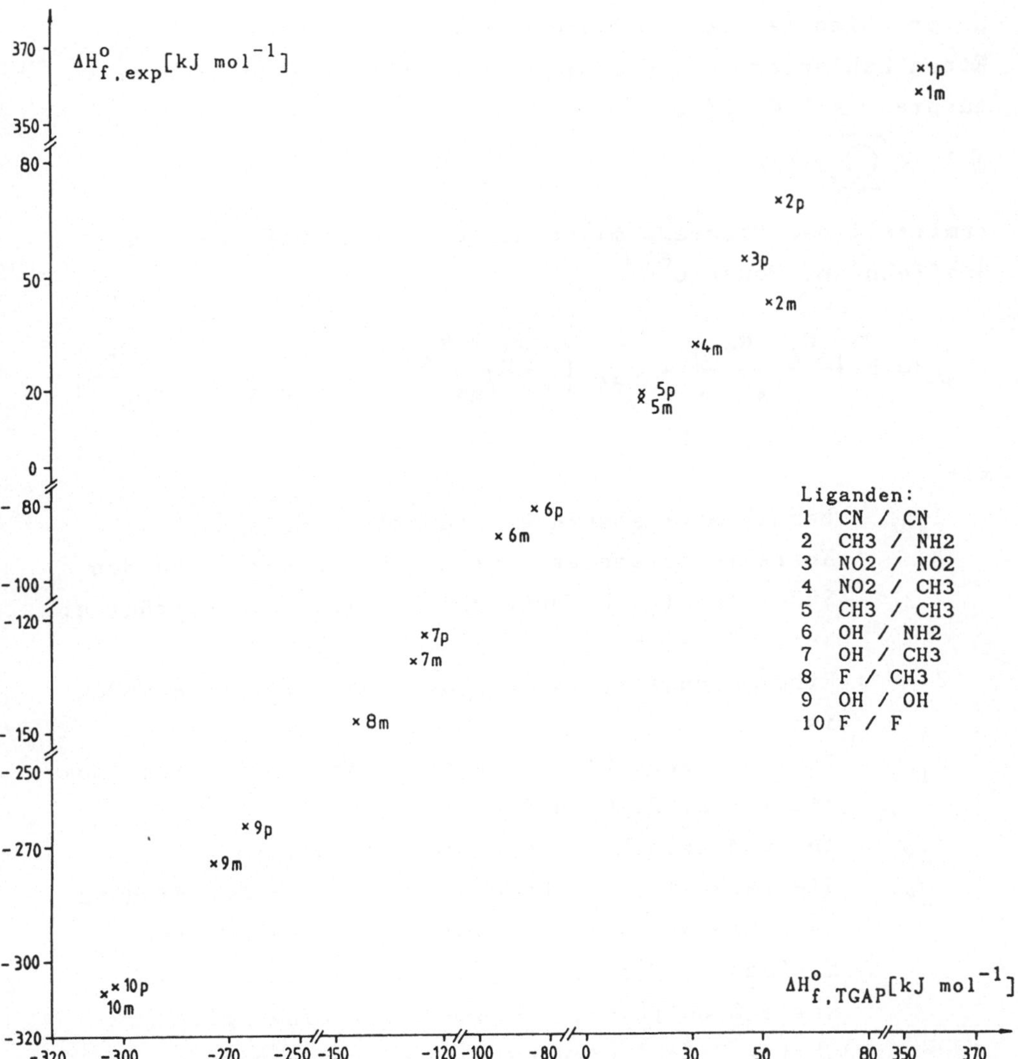

<u>Abb.1</u>   Im Diagramm sind experimentelle Standardbildungs-
enthalpien gegen die mit *ab initio* - Gesamtenergien
korrigierten TGAP - Werte aufgetragen

Beim dritten Verfahren werden, falls weder experimentelle noch *ab initio* - Korrekturdaten vorhanden sind, zuerst die induktiven und mesomeren Effekte der beiden Substituenten betrachtet, um eine qualitative Aussage über den Enthalpieunterschied der beiden Formen vorzunehmen.

Einen Zahlenwert für den induktiven Effekt eines Substituenten -A-B-C auf den Benzolring

$$\langle\bigcirc\rangle\text{-A-B-C}$$

ermittelt das Programm mit einer empirischen Formel von Draffehn und Ponsold[6]:

$$I_{ABC} = P + \left[\frac{\aleph_A - \aleph_Z}{r_{AZ}} \right] + \epsilon_{BA} \left[\frac{\aleph_B - \aleph_A}{r_{BA}} \right] + \epsilon_{CB}^2 \left[\frac{\aleph_C - \aleph_B}{r_{CB}} \right]$$

mit

I_{ABC} : berechneter absoluter induktiver Effekt.

P : Korrekturparameter, der nur bei stark ziehenden Substituenten berücksichtigt wird, z.B beträgt er bei $-CF_3$ -1.5.

Z : Ringkohlenstoff, an den der Substituent gebunden ist.

$\aleph_i$: Pauling' sche Elektronegativität des i - ten Atoms, mit $i =$ A, B, C, und Z.

r_{XY} : Abstand zwischen den Atomen X und Y in Å.

ϵ_{XY} : die Parameter ϵ_{XY} hängen von der Art der Bindung zwischen den Atomen X und Y ab (0.48 für eine Einfach- , 0.67 für eine Doppel- und Dreifach- , sowie 0.60 für eine aromatische Bindung).

Dieser induktive Effekt wird auf denjenigen des Wasserstoffs ($I_H = + 0.523$) als Vergleichswert bezogen. Das Programm ordnet einem Substituenten R einen ausgeprägten induktiven Charakter zu, falls $|I_R - I_H| > 0.25$ ist.

Um den mesomeren Effekt eines Substituenten zu bestimmen, werden den Gruppen empirische Zahlenwerte zugeordnet,

z.B. $M(-C\equiv C-)$ = +2

$M(-O-R)$ = +3   (für beliebige Reste R)

$M(-NO_2)$ = -6

$M(-CN)$ = -4.

Ein Substituent hat einen ausgeprägten mesomeren Charakter, falls $|M| > 1$ ist.

Nach einem einfachen Modell von Pross und Radom[4] kann mit diesen Werten I und M für das Substituentenpaar X und Y nun bestimmt werden, welche der beiden Formen die energetisch stabilere ist.

Das Ergebnis ist für den Fall, daß die Substituenten X und Y einen ausgeprägten mesomeren und induktiven Charakter besitzen, der Tab.2 zu entnehmen.

<u>Tab.2</u>

X \\ Y	+I,+M	+I,-M	-I,+M	-I,-M
+I,+M	meta	para	meta	para
+I,-M	para	meta	para	meta
-I,+M	meta	para	meta	para
-I,-M	para	meta	para	meta

Um die TGAP - Enthalpien der beiden Formen zu erhalten, wird etwas willkürlich eine Differenz von 1.68 kJ mol^{-1} (0.4 kcal mol^{-1}) angegenommen und dann analog wie beim zweiten Verfahren vorgegangen.

Für alle in der Abb.1 berücksichtigten Moleküle stimmen die mit diesem qualitativen Modell vorgenommenen Stabilitätsaussagen überein.

<u>Gegenüberstellung der drei Verfahren am Beispiel der</u>
<u>Bildungsenthalpien (kJ/mol) des Resorcins und des</u>
<u>Hydrochinons</u>

Bei diesen Molekülen besitzen die OH – Substituenten einen
ausgeprägten -I (-0.444) – und +M – Effekt (+3). Nach dem
dritten Verfahren (s.Tab.2) sollte die Bildungsenthalpie der
meta – Form kleiner als die der para – Form sein.

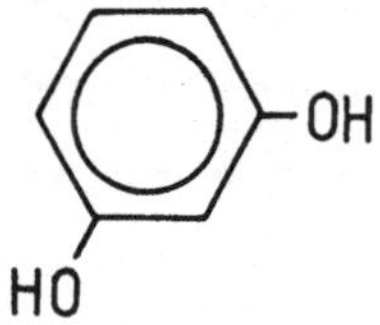

Resorcin    Hydrochinon

Die unkorrigierte Bildungsenthalpie $\Delta H^o_{f,TGAP}$ für diese
Verbindungen ist -269.45 kJ mol^{-1}.

---

1. Verfahren: Die experimentellen Werte für die meta- bzw.
      para- From sind:
   -274.7   bzw.   -265.3

2. Verfahren: Mit Hilfe der *ab initio* Werte für die
      Gesamtenergien erhält man:
   -274.2   bzw.   -264.7

3. Verfahren: Die Enthalpien der beiden Formen betragen:
   -270.3   bzw.   -268.6

Betrachtung von Hydrolyse- und Protonierungsreaktionen von Säuren und Aminen

Bisher konnten derartige Reaktionen von TGAP nicht behandelt werden, da das Programm keine Ionen berechnen konnte.
Die Ermittlung der Bildungsenthalpie von Ionen erfolgt jetzt in Anlehnung an das von Jorgensen und Mitarbeitern entwickelte Programm CAMEO[7]. Um den Verhältnissen in der idealen Gasphase möglichst nahe zu kommen, wird die Ionenkorrektur im Lösungsmittel Dimethylsulfoxid (DMSO) durchgeführt.
Bei der Bestimmung der freien Reaktionsenthalpie besteht, wie Arnett[8] zeigte, übrigens gerade in DMSO eine gute Übereinstimmung zur Reaktionsenthalpie der Deprotonierung von Benzoesäure- und Phenolderivaten, d.h. man kann hier die Reaktionsentropie vernachlässigen. Die Berechnung der Bildungsenthalpien für Baseanionen bzw. Säurekationen erfolgt nach TGAP über folgende Ausdrücke:

Anionen :

$$\Delta H^o_{f,DMSO}(A^-) = \Delta H^o_{f,g}(HA) - \Delta H^o_{f,g}(H^+) + 2.303 * R * T * pK_{a,DMSO}(HA)$$

Kationen :

$$\Delta H^o_{f,DMSO}(HB^+) = \Delta H^o_{f,g}(B) + \Delta H^o_{f,g}(H^+) - 2.303 * R * T * pK_{a,DMSO}(HB^+)$$

Bei den in TGAP in einer Datei abgelegten pK_a - Werten handelt es sich entweder um experimentell bestimmte[9] oder nach einem Algorithmus von Gushurst und Jorgensen[10] berechnete Werte.

Als ein Beispiel sei die folgende Säure/Base - Reaktion
betrachtet:

$$F-C_6H_4-COOH + C_6H_5-COO^- \rightleftharpoons F-C_6H_4-COO^- + C_6H_5-COOH$$

Mit TGAP erhält man für die Gasphasenreaktionsenthalpien
-5.7 kJ mol^{-1}.
Der experimentelle Wert[8] in DMSO beträgt -2.1 kJ mol^{-1}.

<u>Literatur</u>

1)   S.W.Benson, J.H.Buss, Addivity Rules for the Estimation
      of Molecular Properties, J.chem.phys. 29 (3), 550
      (1958).

2a)   Maria Ramos Martinez, REPORT NO.MDC G 4388, Estimation
      of gas - phase thermokinetic parameter,
      MC DONNELL DOUGLAS ASTRONAUTICS COMPANY, 1973.

2b)   TGAP, QCPE Programm Nr.244, 1973.

3)   U.Klages, W.Schleker, J.Fleischhauer, TGAP No. QCMO20,
      QCPE Bulletin 6 (4), Nov. 1986.

4)   A.Pross, L.Radom, Prog.phys.Org.Chem. 13, 18 (1981).

5)   J.B.Pedley, R.D.Naylor, S.P.Kirby, Thermochemical Data
      of Organic Compounds, Verlag Chapman and Hall, New York
      1986.

6)   J.Draffehn, K.Ponsold, J.Prakt.Chem. 320 (2), 249
      (1978).

7)   W.L.Jorgensen, T.D. Salatin, J.Org.Chem. 45, 2043
      (1980).

8)   E.M.Arnett, L.E.Small, D.Oancea, D.Johnston,
      J.Am.Chem.Soc. 98, 7346 (1976).

9)   F.G.Bordwell, H.E.Fried, J.Org.Chem.46, 4327 (1981).

10)   A.J.Gushurst, W.L.Jorgensen, J.Org.Chem.51, 3113 (1986).

D A T E N B A N K E N   I N   D E R

H P L C / U V - K O P P L U N G

S. Ebel und W. Mück

Universität Würzburg

Institut für Pharmazie und Lebensmittelchemie

Am Hubland, D-8700 WÜRZBURG

__Abstract:__ Die Einführung der Photodiodenarray-Detektoren in der HPLC ermöglicht es, während der chromatographischen Trennung praktisch unverzerrte Spektren der getrennten Substanzen aufzunehmen. Damit ergibt sich die Möglichkeit, Spektren-Datenbanken aufzubauen, die eine Identifizierung erlauben. Als charakteristische Daten bieten sich zunächst die Absorptionsmaxima und -minima (evtl. auch in der Ableitung der Spektren) an. Dieses einfache Verfahren versagt jedoch einmal wegen des Mangels an Information und ist wegen des schlechten Signal/Rausch-Verhältnisses im unteren Substanzmengenbereich nicht anwendbar. Es werden deshalb integrale Kennzahlen verwendet. Diese werden lediglich zur Vorauswahl herangezogen. Die endgültige Identifizierung wird über die Differenz entsprechend normierter Spektren, über den Rang der Matrix und mit Hilfe von Korrelationsfunktionen vorgenommen. Dabei werden statistisch definierbare Ähnlichkeitsschranken verwendet. Das Datenbankkonzept mit Vorauswahl aufgrund spektraler (Kennzahlen) und chromatographischer Daten (Retentionsvolumen) wird vorgestellt.

EINFÜHRUNG

Die Identifizierung von Substanzen über eine Bestätigung spektraler

Eigenschaften, d.h. ein Vergleich eines Analysenspektrums mit Biblio-

theksspektren (Referenzspektren) ist nur möglich, falls unterschied-

liche Aufnahmebedingungen keinen Einfluß auf die Qualität und Aus-

sagekraft der Spektren und damit auf den Sucherfolg haben. Für die

GC/MS- und GC/IR-Kopplung ergeben sich hier kaum Probleme, da die

Chromatographie mit Inertgasen als mobile Phase in der IR-Spektrome-

trie sowie im Hochvakuum des Massenspektrometers praktisch keine

Auswirkung hat. In der HPLC/UV-Kopplung liegen die Verhältnisse ganz

G. Gauglitz (Hrsg.)
Software-Entwicklung in der Chemie 3
© Springer-Verlag Berlin Heidelberg 1989

anders. Die keinesfalls inerten Elutionsmittel sind gleichzeitig Solvatationsmittel und ergeben einen unmittelbaren Einfluß auf die aufgenommenen Spektren. Aber nicht nur Typ und Menge des organischen Anteils der mobilen Phase in der reversed phase HPLC sondern auch pH-Wert, Art und Konzentration von Puffern, Ionenstärke und Ionenpaarbildner verändern unmittelbar die spektralen Eigenschaften der getrennten Substanzen. Ein wesentlicher Unterschied zwischen GC und HPLC besteht im prinzipiellen Stellenwert der mobilen Phase. Während die GC mit einigen Standardsäulen und den Möglichkeiten der Temperaturgradienten-Technik auskommt und die mobile Gasphase kaum einen Einfluß auf den Trennprozeß nimmt, benötigt die HPLC ebenfalls bei Verwendung weniger Standardsäulen gerade die Variation des Elutionsmittels, um die gewünschte Trennleistung zur Verfügung zu stellen.

Ein weiteres chromatographisch bedingtes Problem ergibt sich aus der chemischen Definition der stationären Phase. Die technologisch bedingte Streuung der Sorbentien (Derivatisierungsgrad, Porenvolumen, Korngrößenverteilung) und unterschiedliche Qualität der Packung der Säulen führen zu wesentlich größeren Streuungen von Retentionsdaten in der HPLC als in der GC. Die Nutzung der Kenngröße Retentionsdaten bedarf deshalb besonderer Beachtung.

Bei der Nutzung der Spektren ist weiterhin zu beachten, daß praktisch alle UV-Detektoren in der HPLC nach dem Einstrahlprinzip arbeiten. Somit ergibt sich das Problem einer Untergrundkorrektur.

Im Gegensatz zur IR- oder Massenspektrometrie treten in der UV-Spektrometrie große Probleme bei der Normierung der Spektren auf, da oftmals keine ausgeprägten Banden auftreten und das Spektrum praktisch nur aus der unspezifischen sog. Endabsorption besteht. Hinzu kommt der insgesamt sehr geringe Informationsgehalt von UV-Spektren, der in der HPLC/UV-Kopplung durch die begrenzte Auflösung der Photodiodenarray-Detektoren noch weiter limitiert wird.

Alle diese Punkte sind der Grund dafür, daß bislang nur relativ wenige Versuche unternommen wurden, reale und wirklichkeitsorientierte HPLC/UV-Datenbanken aufzubauen.

RETENTIONSDATEN

Da das Hauptaugenmerk der vorliegenden Arbeit der Nutzung der spektralen Information bei der Peakzuordnung galt, wurden zu dem gesamten Themenkomplex "Retentionsdaten in der HPLC" keine ausführlichen eigenen Untersuchungen vorgenommen. Hier sei auf die Arbeiten von GILL und Mitarbeitern verwiesen ([1],[2] und dort zit. Lit.), die sich seit Jahren mit der Substanzidentifizierung mittels HPLC im toxikologischen Screening beschäftigen.

Jedes Kopplungsverfahren Chromatographie-Spektrometrie wird als erstes Identifizierungshilfsmittel die qualitative chromatographische Kenngröße Retentionszeit t_R bzw. -volumen v_R nutzen. Das in der GC, besonders vor Aufkommen der Kopplungsverfahren GC/MS und GC/IR, bedeutende Konzept der Kovats-Indizes, das sogar qualitative Substanzinterpretation gestattet, hat sich in der HPLC in dieser generellen Form nicht entwickeln können, da sich die allgemeine Deutung von Retentionszeitänderungen durch den starken Einfluß der mobilen Phase schwierig gestaltet [3]-[6]. Während in der GC Listen tabellierter Retentionszeiten auf Standardsäulen weit verbreitet und ein wertvolles Hilfsmittel beim Screening unbekannter Substanzen darstellen, gibt es in der HPLC bis heute erhebliche Schwierigkeiten, Retentionszeiten von Labor zu Labor zu übertragen. Dies liegt nicht an der Präzision der Retentionszeit-Aquisition, wie Tab.1 zeigt, und auch nicht an der Langzeit- Reproduzierbarkeit, die wohl bei ca. 2-3 % anzusiedeln ist, wenn die Säule adäquat behandelt wird. Hauptursache für dieses Phänomen sind die z.T. gravierenden Unterschiede in der Trennleistung von gleichen Säulenfüllmaterialien verschiedener Hersteller [7] und deren Probleme, das eigene Produkt unter hohen Qualitätsanforderungen zu reproduzieren; auch das know-how des Säulenfüllvorganges ist unterschiedlich. Eine Möglichkeit zur teilweisen Kompensation dieser Problematik ist die Verwendung relativer Retentionszeit-Größen [8].

Tab.1: Präzision der Retentionszeit an einem Tag [9],[10]

Injektionszahl:	48
t (Mittelwert):	1.9205 min
relsdv(t) :	0.0033 ≙ 0.33 %

Die praktische Vorgehensweise sieht nun vor, daß für jede der aufgebauten Datenbanken eine Substanz als Standard definiert wird. Nach Vorgabe der für jede Säule experimentell bestimmten Totzeit t_0 (z.B. nach der Kaliumnitrat-Methode [11] und der Retentionszeit des Standards $t_R(R)$ wird die relative Retention $\alpha(S)$ nach Gl.(1) für jedes Mitglied des Spektrenarchives bei der Aufnahme berechnet und zusammen mit der spektralen Kenn-Nummer in einer separaten Retentionszeit-Datei abgespeichert.

$$(1) \qquad \alpha(S) = \frac{(t_R(S) - t_0)}{(t_R(R) - t_0)} = \frac{k'(S)}{k'(R)}$$

Nach Durchführung einer chronologischen Ordnung dieser $\alpha(S)$-Datei ist bei der Bibliothekssuche über t_R ein schneller Zugriff mittels einer Binärschachtelung auf die im vorgegebenen Retentionszeitfenster (in der Regel 10 %) liegenden spektralen Kenn-Nummern und damit auf die interessierenden Spektren möglich. CHILCOTE [12] empfiehlt die Verwendung mehrerer Standards, die gleichmäßig über den gesamten genutzten chromatographischen Bereich verteilt sein sollen. Obwohl diese Idee hier nicht realisiert wurde, erscheint sie recht sinnvoll; außerdem wäre durch Verwendung eines Standardgemisches zusätzlich eine permanente Überprüfung der Leistungsfähigkeit des chromatographischen Trennsystems möglich.

Durch die gewählte Vorgehensweise war die Übertragung von Retentionszeiten von 25cm auf 12.5cm-Säulen ohne weiteres möglich; auch die zeitweise Verwendung von Hypersil-C_{18} (5μm/12.5cm-Säulen) an Stelle der üblicherweise eingesetzten Nucleosil-Materialien bereitete keine Probleme.

UNTERGRUNDKOMPENSATION

Peakspektren aus einem Gradientenlauf werden, insbesondere im unteren UV-Bereich, durch die Eigenabsorption der mobilen Phase verzerrt, da der Basislinien-Ausgleich nur die zur Injektionszeit vorherrschende Fließmittelzusammensetzung berücksichtigen kann. Abb. 1 zeigt das

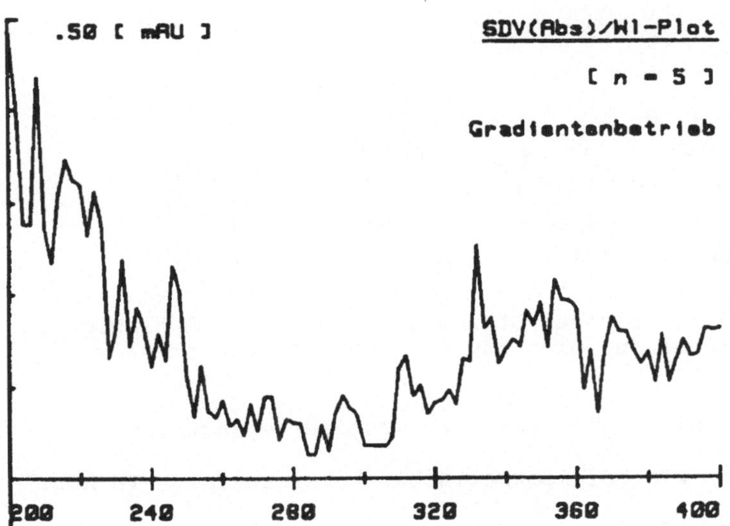

Abb.1: Abhängigkeit der Standardabweichung der Basislinie
beim Gradientenbetrieb

Ergebnis eines Basislinienspektren-Reproduzierbarkeits-Versuches bei Gradientenbetrieb [9],[11]. Deutlich sind die systematischen Abweichungen von 200-250 nm zu erkennen, die auf eine mangelnde Reproduzierbarkeit des Gradientenlaufes zurückzuführen sind. Dieser Einfluß des Untergrundspektrums des Eluenten auf das Probenspektrum kann durch Subtraktion eines Referenzspektrums aus dem Chromatogramm kompensiert werden. Dieses Referenzspektrum muß jedoch möglichst nahe am Probenspektrum genommen werden, um die Konstanz des Untergrundes während dieses Zeitraumes annähernd sicherzustellen. Im hier vorgestellten System besteht die Möglichkeit, ein Basislinienspektrum am Peakanfang, am Peakende oder das Mittelwertspektrum der beiden zur Korrektur heranzuziehen. In Abb. 2 ist die Präzision für Oxazepam aus fünf Wiederholeinspritzungen bei Gradientenbetrieb wiedergegeben.

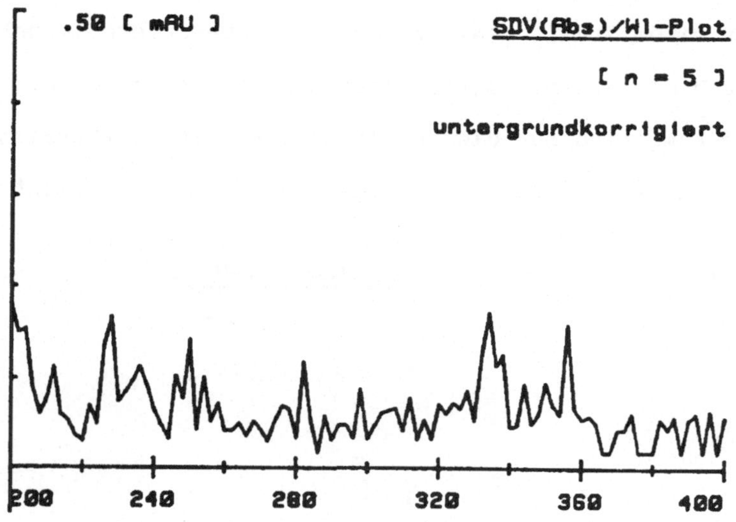

Abb.2: Abhängigkeit der Standardabweichung in Abhängigkeit von der Wellenlänge für Oxazepam nach Untergrungkorrektur

Durch die Berücksichtigung des Untergrundes gelangt man in die gleiche Größenordnung wie bei isokratischer Arbeitsweise. In Abb.3 sind ein originäres und ein korrigiertes UV/VIS-Spektrum von Patentblau [12] gegenübergestellt, um noch einmal die Notwendigkeit dieses Verfahrens zu demonstrieren.

Sämtliche aufgebauten Datenbanken wurden sowohl ohne Untergrundkorrektur als auch unter Verwendung der beiden genannten Techniken erstellt. Während bei isokratischer Arbeitsweise keine signifikanten

Unterschiede in der Leistungsfähigkeit festgestellt werden konnten, arbeiteten die mit Gradientenbetrieb kombinierten Spektrenbibliotheken bei Berücksichtigung des sich verändernden Untergrundes deutlich zuverlässiger.

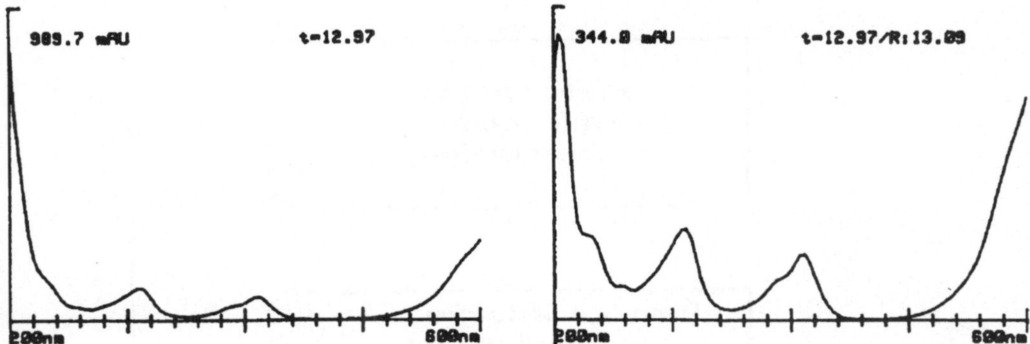

Abb.3: UV/VIS-Spektrum von Patantblau aus Gradientenelution vor und nach Untergrundkorrektur [12]

SPEKTRENAUFNAHME

Der Datenbankaufbau erfolgte durch Einspritzung der Reinsubstanzen mit vorgegebener Masse (1-2μg); nach den Erkenntnissen der Spektren-Reproduzierbarkeitsuntersuchungen [13] und der Funktionsweise der Spektrenvergleichsalgorithmen [14] wird heute empfohlen, die injizierte Masse so zu wählen, daß für alle Spekten einer Datenbank die maximale Absorption etwa bei einer maximalen Absorption von A=0.1 liegt, d.h. nicht ein massen-, sondern ein absorptions-ähnliches Verhalten der Archivspektren wird bevorzugt.

Nach Eingabe der Parameter-Totzeit t_0, der Standard-Retentionszeit t_R(R), des Substanznamens und der injizierten Masse, die zur halb-quantitativen Abschätzung mit abgespeichert wird, wird die Berechnung der relativen Retention α(S) und der Kennzahlen KZ [15] durchgeführt. Nach einer letzten Freigabe werden die Daten unter der spektralen Kenn-Nummer in der Spektrenbibliothek abgelegt.

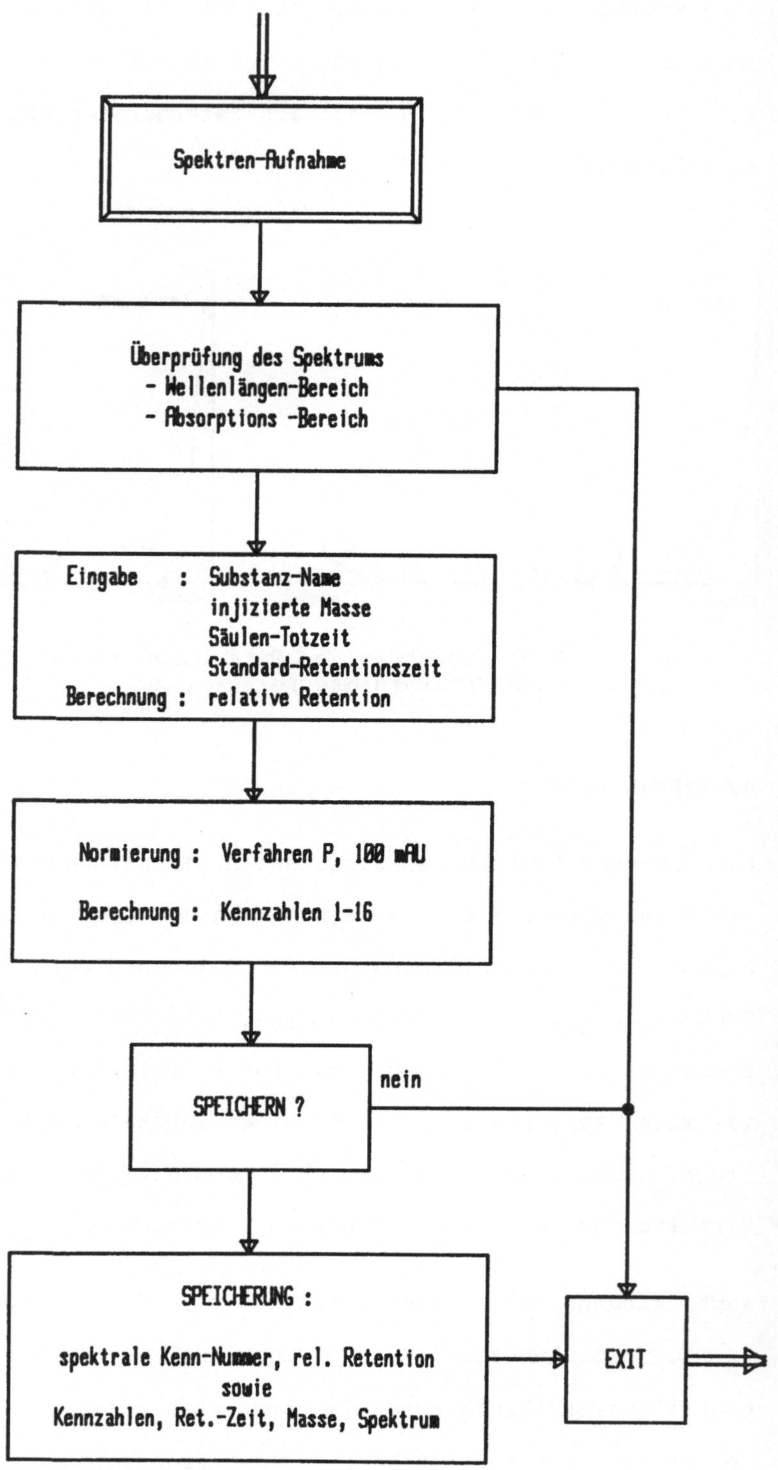

Abb.4: Schema zu Aufnahme eines Spektrums in die
Datenbank

SPEKTRENNORMIERUNG

Aufgrund des Bouguer-Lambert-Beerschen Gesetzes besteht an jeder Wellenlänge zwischen zwei identischen Spektren a_S und a_R folgender Zusammenhang:

$$(2) \qquad a_S = c_S \, \epsilon \qquad \text{und} \qquad a_R = c_R \, \epsilon$$

$$(3) \qquad a_S = \frac{c_S}{c_R} \, a_R = N \, a_R$$

Das Verhältnis der Konzentrationen ist vor einem Vergleich, der in fast allen Fällen über einen Kongruenzbeweis der beiden "geometrischen Figuren" a_S und a_R in der Wellenlängen/Absorptions-Ebene verläuft, als Normierungsfaktor N zu ermitteln. Falls beide Spektren bei gleicher Konzentration aufgenommen wurden, gilt N=1; in der HPLC ist jedoch aufgrund von Schwankungen der Retentionszeit auch bei der Injektion gleicher Massen nicht gewährleistet, daß die im Peakmaximum genommenen Spektren die gleichen Absorptionswerte aufweisen. Bei unbekannten Proben ist die Konzentration in der Durchflußzelle vorher nicht bekannt; eine Normierung der Spektren ist deshalb vor dem eigentlichen Vergleich notwendig. Der Normierung kommt deshalb eine besondere Bedeutung zu [13]. Hier bieten sich drei Verfahren an:

1. Punktnormierung: Die maximale Absorption erhält den Wert A=1, alle anderen Absorptionsdaten werden als relative Absorption hierauf bezogen (vorteilhaft ist ein Mittelwert der maximalen Absorption und der beiden benachbarten Absorptionswerte).

2. Flächennormierung: die integrale Absorption im gewählten spektralen Bereich wird zur Normierung herangezogen.

3. Normierung über eine lineare Regression von Analysen- und Referenz spektrum (mit oder ohne Berücksichtigung eines additiven Versatzes).

Eine ausführliche Diskussion und fehlertheoretische Betrachtungen finden sich in [9] und [13].

Das von uns hier vorgestellte Datenbankkonzept arbeitet für die Spektrenvorauswahl mit Hilfe spektraler Kennzahlen [15] mit der modifizierten Punktnormierung, bei dem unmittelbaren Spektrenvergleich dagegen mit der aufwendigeren, aber zuverlässigeren Normierung über die lineare Regression. Darüberhinaus besteht jedoch auch die Möglichkeit, die Orthogonalregression (Korrelation) [16] einzusetzen.

SPEKTRALE KENNZAHLEN UND VORAUSWAHL

Erste Versuche zu HPLC/UV-Datenbanken arbeiten mit der Lage von Absorptionsbanden und deren relativer Intensität. Zur besseren Nutzung der spektralen Information wird auch die Verwendung der Derivativ - Spektroskopie diskutiert [17]. Der geringe Informationsgehalt und bei der Derivativ-Spektroskopie zusätzlich die Verschlechterung des Signal/Rausch-Verhältnisses setzen hierbei sehr enge Grenzen. Hinzu kommt, daß gerade bei pharmazeutisch relevanten Substanzen wegen der oftmals lediglich vorhandenen Endabsorption der Informationsgehalt gegen Null strebt. Aus diesem Grunde wurden die integrale (mittlere) Absorption in definierten Spektralbereichen und die Kreuzkorrelation in definierten Spektralbereichen als numerische Kenngrößen bzw. Kennzahlen für eine Vorauswahl von uns eingeführt [15], [18], [19]. Diese Kennzahlen ermöglichen es, sogar so ähnliche Spektren wie diejenigen von Carbromal, Ephedrin, Pethidin, Lidocain und Atropin zu unterscheiden [15]. Für eine Vorauswahl ergeben sich somit sehr effektive Möglichkeiten.

SPEKTRENVERGLEICH

Für den Feinvergleich des Analysen- mit dem vorausgewählten Referenz-(Bibliotheks)- Spektrum sind ebenfalls verschiedene Algorithmen be-

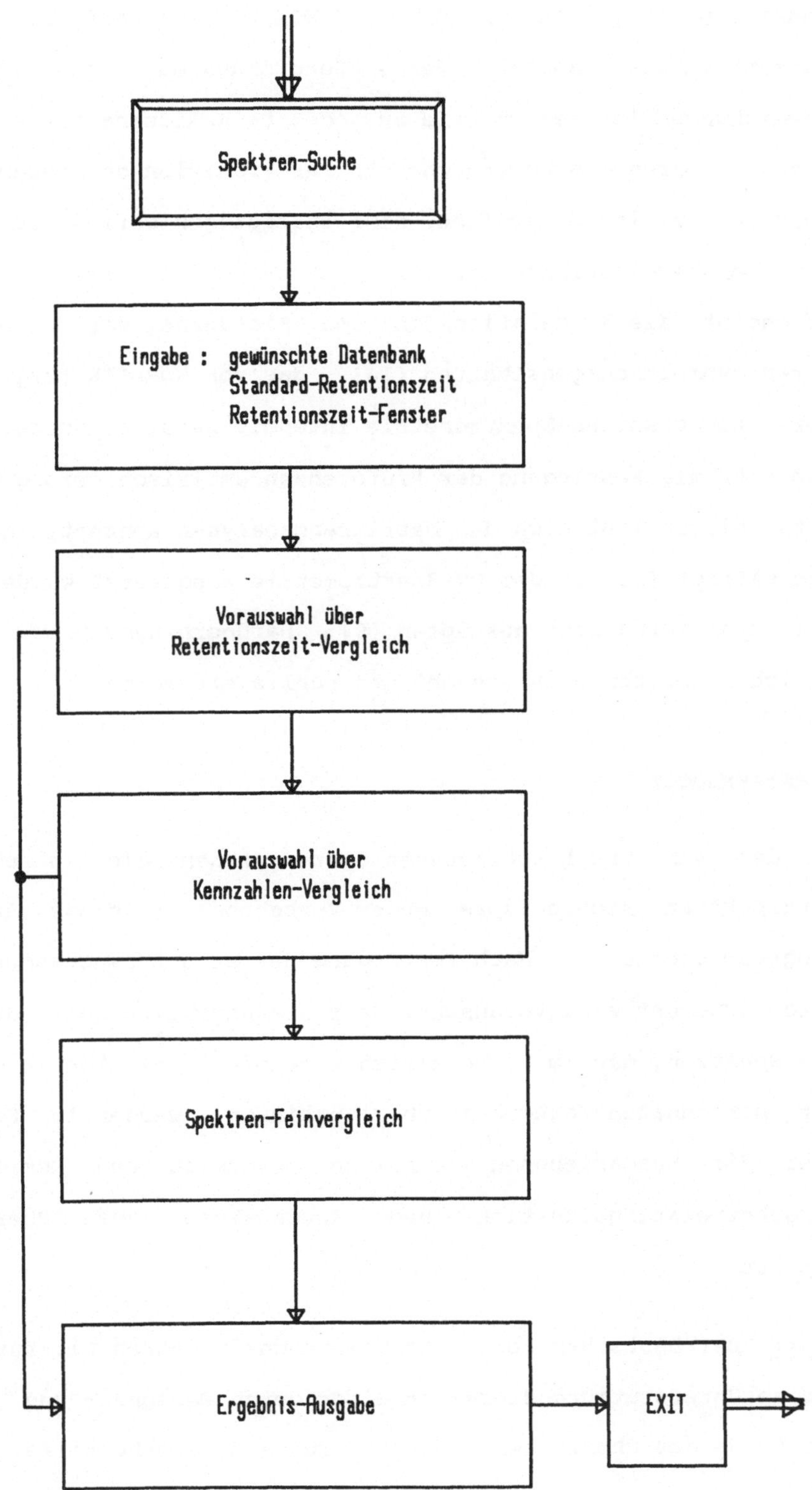

Abb.5: Schema zur Datenbank-Suche

schrieben [14]. Auf WEITKAMP und WORTIG [20] geht das Regressions-
konzept zurück. Anstelle der Größenordnung der Summe der quadrierten
Abweichungen ist jedoch eine ausgedehnte Residuenanalyse [21] vorzuziehen. Durch die Untersuchungen zur Präzision der gesamten HPLC/UV-
Kopplung [9] ist es möglich, eine statistisch definierte Entscheidung
für die Übereinstimmung zweier Spektren zu definieren. Interessanter
erscheint die Korrelationsfunktion (Einführung vgl. z.B. [21]) mit
ihren Symmetrieeigenschaften [14], das von HORLICK [22] vor allem in
der Atomemissions-Spektrometrie intensiv genutzt wurde. Allerdings
muß hier die Festlegung der Prüfgrenzen empirisch erfolgen. Im Gegensatz hierzu läßt sich das Matrixranganalysen-Konzept, das erstmals
von WALLACE [23] in der UV-Spektrometrie eingesetzt wurde, wieder an
die Systempräzision anknüpfen [9]. Darüberhinaus sind andere Vergleichsalgorithmen untersucht und publiziert worden [24],[25],[26].

SPEKTRENSUCHE

In dem von uns beschriebenen System werden die zu überprüfenden
Peakspektren nach entsprechender Vorbehandlung in das Spektrensuch-
Programm übergeben. Nach Festlegung der zu untersuchenden Bibliothek
wird zunächst eine Vorauswahl über die Retentionszeit durchgeführt.
Nur Spektren, die im Vorvergleich über die Kennzahlen in mehr als 2/3
der berechneten Kenngrößen übereinstimmen, werden im Feinvergleich
über die beschriebenen Techniken Regression und Residuenanalyse,
Kreuzkorrelationsfunktion und Ranganalyse auf Übereinstimmung
geprüft.

<u>Dank:</u> Der Deutschen Forschungsgemeinschaft danken wir für die groß-
zügige Unterstützung dieser Arbeiten durch Personal- und Sachmittel,
dem Fonds der Chemischen Industrie für eine Sachbeihilfe.

Literatur:

[1] Gill R, Moffat AC, Smith RM, Hurdley TG (1986)
     J Chrom Sci 24:153
[2] Gill R et al (1987) J Chrom 386:65
[3] Baker JK (1979) Anal Chem 51:1693
[4] Baker JK (1980) J Chrom Sci 18:153
[5] Baker JK (1981) J Liq Chrom 4:271
[6] Laub RJ (1980) Anal Chem 52:1219
[7] Daldrup T, Kardel T (1984) Chromatographia 18:81
[8] Ettre LS (1980) J Chrom 198:229
[9] Mück W (1987) Dissertation Würzburg
[10] Ebel S, Kühnert H, Mück W (1986) Chromatographia 23:934
[11] Ebel S, Mück W (1987) unveröffentlichte Arbeiten zur Identifi-
     zierung von Psychopharmaka
[12] Ebel S, Mück W (1987) unveröffentlichte Arbeiten zur Identifi-
     zierung von Lebensmittelfarbstoffen
[13] Ebel S, Mück W (1988) Fresenius Z Anal Chem 331:351
[14] Ebel S, Mück W (1988) Fresenius Z Anal Chem 331:359
[15] Ebel S, Mück W, Werner-Busse A (1987) Fresenius Z Anal Chem
     327:794
[16] Ebel S, Weyandt-Spangenberg M, Windmann S (1988) in diesem Band
[17] Fell AF, Clark BJ, Scott HP (1984) J Chromatogr 316:423
[18] Werner-Busse A (1985) Dissertation Würzburg
[19] Ebel S, Bender R, Mück W, Werner-Busse A (1985) Fresenius Z
     Anal Chem 320:671
[20] Weitkamp H, Wortig D (1977) Mikrochim Acta II:315
[21] Doerffel K, Wundrack W (1986) in: Analytiker-Taschenbuch 6,
     Springer, Berlin Heidelberg New York
[22] Ng RCL, Horlick G (1981) Spectrochim Acta 36 B:543
[23] Wallace RM, Katz SM (1964) J Phys Chem 68:3890
[24] Hill DV, Kelley TR, Langner KJ (1987) Anal Chem 59:350
[25] König T (1986) Dissertation Saarbrücken
[26] Wegener JWM, Grünbauer HJM, Fordham RJ, Karcher W (1984)
     J Liq Chrom 7:809

SPEC

Ein Programmsystem für die Spektroskopie

H. Armitage, H. Kolbe und D. Ziessow

Iwan-N.-Stranski-Institut, TU Berlin, 1000 Berlin 12

1. Zielsetzung

Leistungsfähige Softwarewerkzeuge für die Syntheseplanung, instrumentelle Analytik und Modellierung von Energie, Struktur und Dynamik molekularer Systeme finden zunehmend Einsatz in der chemischen Praxis. Ein Grund dieser Entwicklung ist das wachsende Angebot von Arbeitsplatzrechnern ("work stations") mit gutem Preis-Leistungs-Verhältnis und schneller Graphik, ein zweiter die Möglichkeit des Anschlusses eines Arbeitsplatzrechners auch geringerer Leistung an lokale und nationale Datennetze und damit des Zugriffs auf Bereichs-, Groß- oder sogar Supercomputer. Die lokale Vernetzung erschließt auch den Zugriff auf die Instrumentenrechner analytischer Großmeßgeräte und macht damit die Auswertung spektroskopischer Daten in einer Weise möglich, die sich an dem persönlichen Arbeitsprofil des Chemikers orientiert, und nicht wie bisher ausschließlich an den Gegebenheiten des vorhandenen Gerätetyps der eingesetzten Spektroskopieart. Daraus entstand der Wunsch nach einem offenen, flexiblen Programmsystem zur Auswertung von spektroskopischen Messungen und Simulationsrechnungen mit folgenden Eigenschaften:

- Keine speziellen Anforderungen an die Hardware, leichte Portierbarkeit
- Verarbeitbarkeit großer Datensätze (bis 1 GByte)
- Für verschiedene Spektroskopiearten verwendbar
- Einfache Bedienung und Fehlertoleranz
- Eigene Benennung der Befehlsnamen
- Standardroutinen zur Verarbeitung spektroskopischer Daten
- Möglichkeit der Integration eigener Auswerteroutinen.

Mit SPEC wird ein solches Programmsystem vorgestellt, das seine Praxistauglichkeit in der NMR-Spektroskopie bereits gezeigt hat.

2. Betriebssystem und Hardware

Das Programmsystem SPEC ist in der Programmiersprache C geschrieben. Bei seiner Entwicklung wurden vor allem zwei Kriterien berücksichtigt:

1. Lauffähigkeit auf möglichst vielen Rechnertypen

2. Möglichkeit zur Verarbeitung großer Datenmengen (bis zu 1 GByte). Typische Speichergrößen sind heute 4 bis 16 MByte. Das verwendete Betriebssystem sollte deswegen eine virtuelle Speicherverwaltung besitzen.

Das Betriebssystem UNIX weist im Vergleich zu anderen Betriebssystemen die größte Herstellerunabhängigkeit auf und hat eine virtuelle Speicherverwaltung. UNIX-Portierungen

G. Gauglitz (Hrsg.)
Software-Entwicklung in der Chemie 3
© Springer-Verlag Berlin Heidelberg 1989

existieren für eine ganze Reihe von leistungsfähigen Arbeitsplatzrechnern ("work stations") und zunehmend auch für Datenstationen, die mit analytischen Meßgeräten gekoppelt sind. Zwar sind Probleme der Inkompatibilität verschiedener UNIX-Versionen bekannt, so daß bei der Portierung von SPEC auf einen UNIX-Rechner Anpassungsarbeiten notwendig sein können. Trotz dieser Einschränkung scheint jedoch UNIX das geeignetste Betriebssystem für ein allgemeines Programmsystem zur Auswertung von Spektraldaten zu sein, nicht zuletzt auch wegen seiner Möglichkeiten für den Datenfernverkehr gemäß X.25-Protokoll (Datex-P der Bundespost, DFN-Dienste). Bei der Programmierung wurde darauf geachtet, daß SPEC die UNIX System V Interface Definition erfüllt. Für die Berkeley-UNIX-Varianten, insbesondere BSD 4.2 und 4.3, wurden entsprechende Anpassungen erstellt.

Als Hardware kommen somit alle Rechner in Frage, auf denen das Betriebssystem UNIX zur Verfügung steht. Die graphische Ausgabe erfordert ein Terminal, das in einem zum Tektronix 4014 kompatiblen Graphikmodus betrieben werden kann. Verifizierte Portierungen unter UNIX existieren für SUN-4, BULL SPS 9, PCS CADMUS, BRUKER X32 und DEC VAX 780. Die Portierung auf Personalcomputer ist möglich, allerdings ist hier wegen der fehlenden virtuellen Speicherverwaltung die Größe der Datensätze durch den vorhandenen Hauptspeicherplatz beschränkt. Für die Rechner ATARI 1040 und MEGA ST ist eine lauffähige Version bereits verfügbar, an einer Implementierung für IBM-AT kompatible Rechner wird gearbeitet.

3. Eingabe der zu verarbeitenden Daten

SPEC erlaubt das Einlesen von Spektraldateien im Binär-, ASCII- oder JCAMP-DX-Format. Bis zu acht Dateien können geladen und parallel bearbeitet werden.

Eine JCAMP-DX-Datei ist eine Datei mit einem standardisierten Format, das das Joint Committee on Atomic and Molecular Physical Data (JCAMP) festgelegt hat. Eine solche Datei ist in Felder variabler Länge unterteilt. Jedes Feld beginnt mit zwei Doppelkreuzen (##) und endet mit dem Beginn des nächsten Feldes. Die Sequenz "## END=" markiert das Ende der JCAMP-DX-Datei. Nach dem "##" steht der Name des Feldes, gefolgt von einem Gleichheitszeichen, nach dem der Inhalt des Feldes in ASCII-Zeichen anzugeben ist. Inhalte sind u.a. Probenamen, Datum, Gerätetyp, Art der Messung, Meßparameter und die eigentlichen Meßdaten. Hervorzuheben ist, daß alle Meßdaten in einem Feld zusammengefaßt sind ("## XYDATA"), für das eine entsprechende Formatspezifikation nach dem Gleichheitszeichen steht.

Die ausschließliche Verwendung von ASCII-Zeichen in einer JCAMP-DX-Datei bringt folgende Vorteile mit sich:

- Die Dateien können mit einem Editor verändert und ohne Umwandlung auf einen Drucker ausgegeben werden.

- Numerische Werte können mit der erforderlichen Genauigkeit angegeben werden.

- JCAMP-DX-Dateien können problemlos in Netzwerken übertragen werden. Aufwendige Konvertierungsfunktionen für die Umwandlung zwischen verschiedenen Binär-Darstellungen der einzelnen Rechner sind nicht notwendig.

- Mit allen üblichen Programmiersprachen (Pascal, C, Fortran, u.a.) ist es möglich, ASCII-Dateien einzulesen und zu verarbeiten. Eine Kenntnis der Binärdarstellungen der Fließkommazahlen in den Programmiersprachen ist nicht erforderlich.

Nachfolgend ist ein Beispiel für eine JCAMP-DX-Datei aufgeführt:

```
## JCAMP-DX = 4.23
## DATA TYPE = NMR-1D-SPECTRUM
## SAMPLE DESCRIPTION = Cloroform
## ORIGIN = Iwan-N.-Stranski-Institut
            fuer Physikalische und Theoretische Chemie
            der Technischen Universitaet Berlin
            Str. d. 17. Juni 112
            D - 1000 Berlin 12
## OWNER = H. Armitage
## SOURCE REFERENCE = Test Serie 3.1
## SPECTROMETER/DATA SYSTEM = BRUKER WM 360 / ASPECT X32
## SAMPLING PROCEDURE = Quadratur Detection
## DATA PROCESSING = ft
                    powerspectrum
## XUNITS = HZ
## YUNITS = ABSORBANCE
## RESOLUTION = 1.0
## FIRSTX = 800.0
## LASTX = 1200.0
## NPOINTS = 1024
## XYDATA = (X++ (Y..Y))
    800.0  102  104  110   99   98
    805.0  100  110  101  101  105
    ...
    ...
## END =
```

Beliebige derartige JCAMP-DX-Dateien können von SPEC eingelesen werden.

4. Benutzeroberfläche und automatisierte Auswertung

SPEC zeichnet sich durch einfache Bedienung aus. Informationen über Befehle werden nach Eingabe des Befehls "help" auf den Bildschirm geschrieben, zunächst in Übersicht, im einzelnen in Kurzform und auf weitere Anfrage detailliert zu Unterpunkten. Die Befehle werden in Textform eingegeben, wobei die Befehlsnamen und die Namen der dazugehörigen Optionen (z.B. "read -ascii" für das Einlesen einer ASCII-Datei) die Funktion direkt bezeichnen. Auf Fehler bei der Verwendung von Befehlen reagiert SPEC mit verständlichen Meldungen auf dem Bildschirm. Fehlen bei einem Befehl notwendige Parameter, so werden voreingestellte Werte angezeigt und vom Benutzer eine Bestätigung oder ein neuer Wert abgefragt. Bei Befehlen, die destruktiv wirken, wie z.B. Spektrum löschen, verlangt der Rechner eine Bestätigung.

Für den eingearbeiteten Benutzer bestehen mehrere Möglichkeiten zur Anpassung von SPEC an sein Arbeitsprofil. Die vom Rechner geforderte Bestätigung bei voreingestellten Parametern oder destruktiven Befehlen kann unterdrückt werden. Die Namen der Befehle können, solange die Eindeutigkeit gewahrt bleibt, von hinten abgekürzt werden (siehe Kap. 5). Besteht der Wunsch, für einen Befehl einen gänzlich neuen Namen zu vereinbaren, so kann dies mit dem Befehl "setname" geschehen. Dieser neue Name gilt solange, bis SPEC verlassen wird. Sollen geänderte Namen dauernd gültig sein, so müssen die "setname"-Befehle in der

Datei ".specrc" stehen, die vom Programm SPEC unmittelbar nach seinem Start automatisch gelesen und abgearbeitet wird. Diese Datei enthält nutzerspezifische Definitionen von Befehlsnamen und andere Voreinstellungen und kann wie jede andere Datei editiert werden. In dieser Weise läßt sich SPEC den Erfahrungen des Nutzers oder dem Befehlssatz des Steuer- und Auswerteprogramms eines kommerziellen Spektrometers schnell anpassen. Zur Abkürzung häufig wiederkehrender Eingaben eines Befehls mit bestimmten Optionen und Parameterwerten dient dagegen der Befehl "alias". Entsprechende Vereinbarungen wirken bis zum Verlassen von SPEC, können aber wie "setname" in die Datei ".specrc" aufgenommen werden.

SPEC gestattet es, mehrere Befehle in einer Befehlsdatei (Batch-Datei) zusammenzufassen, um die Verarbeitung großer Datenmengen zu ermöglichen oder wiederkehrende komplexe Auswertungen zu automatisieren. Solche Dateien arbeitet SPEC hintereinander ab. Neben den Befehlen und zugehörigen Parametern und Optionen kann eine Befehlsdatei auch Programm-flußanweisungen wie IF ... ELSEIF ... ELSE ... ENDIF und WHILE ... DONE enthalten. Nachfolgend ist als einfaches Beispiel die Batch-Programm zur automatischen Auswertung einer eindimensionalen NMR-Messung gezeigt:

```
#  Mittelwertbildung fuer NMR-Messungen und Berechnung des Spektrums


DATASET 1                              # Speicherblock 1 anwaehlen
READVECTOR -DOUBLE fid.1               # Datei fid.1 einlesen
DATASET 2                              # Speicherblock 2 anwaehlen
SET ZAEHLER 2                          # Schleifenvariable
                                       # initialisieren

WHILE ( @ZAEHLER <= 10 )               # Schleife bis 10

   SET -CONCATENATE FILENAME "fid." @ZAEHLER   # Dateinamen fid.2, fid.3
                                               # usw. erzeugen

   READVECTOR -DOUBLE @FILENAME                # Datei in den Speicher-
                                               # block 2 einlesen

   ADDVECTOR 2 1                               # Addiere Speicherblock 2
                                               # zu Speicherblock 1

   SET ZAEHLER (ZAEHLER+1)                     # Schleifenvariable
                                               # erhöhen
   DONE                                        # Schleifenende

DATASET 1                              # Speicherblock 1 anwaehlen
DCCORRECTION                           # DC-Korrektur ausfuehren
PLOT fid.plt                           # Aufsummierte FIDs ausplotten
FT                                     # Fourier-Transformation
POWERSPECTRUM                          # Leistungsspektrum berechnen
PLOT spektrum.plt                      # Leistungsspektrum ausplotten
WRITEVECTOR -DOUBLE spektrum.dat       # Daten des Leistungsspektrum
                                       # in die Datei spektrum.dat
                                       # schreiben


#  Ende des Batchprogramms
```

5. Leistungsfähige Standard-Verarbeitungsbefehle

SPEC enthält eine große Zahl von Standardfunktionen zur Verarbeitung von Spektraldaten:

- Arithmetische Funktionen von Vektoren mit Konstanten oder Vektoren
- Auf Dateien anzuwendende Funktionen (log, abs, ...)
- Transformationen
- Digitale Filter und Gewichtungsfunktionen
- Phasenkorrektur und Basislinienkorrektur
- Ein- und Ausgabefunktionen
- Diverse Hilfsfunktionen

Nachfolgend sind Beispiele für die Befehlsnamen von Operationen aufgeführt:

absolutevalue	mulscalar
addscalar	mulvector
addvector	peakpicking
alias	phasecorrection
automaticphasecorrection	plot
baselinecorrection	polynomialfunction
butterworthfilter	powerof
changeworkingdirectory (cd)	powerspectrum
complex	printvector
concatenatevector	protocol
copyvector	quadraturcorrection
dataset	quit
dccorrection	read
directory	realpart
display	reversevector
divscalar	scalevector
divvector	setdata
echo	setname
exit	setparameter
exponentialfunction	shell (!)
fouriertransformation (ft)	smooth
help (?)	source
imaginarypart	subscalar
integrate	subvector
logarithm	sum
logicalshift	weightingfunction
magnitudespectrum	write
maximum-entropy-method	zerodata

Die Befehlsnamen spezifizieren weitgehend ihre Funktion und sind deswegen relativ lang. Für die Eingabe können sie allerdings gekürzt werden (siehe Kap. 4). Zum Beispiel reicht "exp" für "exponentialfunction". "ex" ist nicht möglich, da "exit" die gleichen ersten zwei Buchstaben enthält. Entspricht ein Name oder seine Abkürzung nicht dem Wunsch des Nutzers, so kann er dem Befehl einen neuen Namen geben. Er kann selbst entscheiden, ob der leichteren Lesbarkeit von Befehlsdateien oder der Eingabe kurzer Befehlsnamen der Vorrang zu geben ist. Für einige Befehle sind Abkürzungen allgemein üblich, die auch in SPEC zugelassen sind und hinter dem Befehl in Klammern angegeben sind.

6. Benutzerspezifische Erweiterungen des Programmpakets

In SPEC können weitere Verarbeitungsbefehle integriert werden. Dafür existiert eine genau beschriebene Softwareschnittstelle, mit deren Hilfe der Nutzer eigene Programme einbinden kann. Diese Programme können aus SPEC heraus aufgerufen werden, die Ergebnisse stehen zur weiteren Verarbeitung in SPEC zur Verfügung. Der Nutzer kann derart die Standardverarbeitung seiner Daten mit SPEC abwickeln und muß lediglich seine speziellen Auswertungsschritte programmieren.

7. Ausgabe von Daten und Spektren

Alle Daten und Verarbeitungsergebnisse können auf einen externen Massenspeicher als JCAMP-DX-, Binär- oder ASCII-Datei geschrieben werden. Zu jedem Zeitpunkt der Verarbeitung ist eine graphische Ausgabe auf den Bildschirm möglich. Zum Plotten werden die Daten in einem geräteunabhängigen Format in eine Datei geschrieben, die mit einem für das entsprechende Ausgabegerät spezifischen Treiber ausgeplottet werden kann. Ein solcher Treiber kann mit Hilfe der Beschreibung des geräteunabhängigen Formats für neue bzw. andere Geräte relativ einfach selbst geschrieben werden.

8. Zusammenfassung

Das Programm SPEC dient der Auswertung von beliebigen eindimensionalen Spektraldaten. Es ist ein anpassungsfähiges und offenes Programmsystem: Für den Nutzer besteht die Möglichkeit, durch eigene Wahl der Befehlsnamen und Hinzufügen neuer Befehle SPEC für seine Zwecke zu modifizieren und zu erweitern.

"B-BASE" - EINE ^{11}B-NMR-FAKTENDATENBANK FüR DEN PERSONAL COMPUTER

H. Nöth und E. Striedl

Institut für Anorganische Chemie,
Ludwig-Maximilians-Universität München,
Meiserstraße 1, 8000 München 2

Ein Vergleich von [11]B-Kernresonanzsignalen mit literaturbekannten Werten gibt meist den ersten Hinweis auf den tatsächlichen Verlauf einer Reaktion. Die Faktendatenbank "B-Base" soll helfen, Recherchezeiten zu verkürzen sowie chemisch relevante Zusammenhänge schneller zu erschließen. Der vorliegende Beitrag beschreibt den Aufbau dieser Datenbank als Applikation der kommerziell vertriebenen Datenbank-Software ChemBase, den Aufwand zur Rohdatenerfassung und Datenaufbereitung. Weiterhin werden an den Beispielen einiger Recherchen vorhandene Retrievalmöglichkeiten sowie deren neue Qualität in Relation zu bisher üblichen Literaturdatenvergleichen aufgezeigt.

EINLEITUNG

Die Alltagsarbeit im Labor erfordert oft einen Vergleich der eigenen Meßdaten mit bekannten Werten, die bisher in Monographien,[1] Review-Artikeln[2-4] oder Erstveröffentlichungen zu suchen waren. Dies war häufig mit erheblichen Zeitproblemen sowie einer nicht ausreichenden Aktualität der umfassenderen Tertiärliteratur verbunden.

Mit **"B-Base"** sollte ein einfach zugängliches elektronisches Nachschlagewerk für ^{11}B-NMR-Faktendaten entwickelt werden, das sich beliebig ergänzen oder schwerpunktmäßig abändern läßt und somit einen zeitgemäßen Lösungsansatz für praxisorientierte Rechercheprobleme darstellen kann.

AUFBAU DER DATENBANK B-BASE

Die Datenbank-Software: ChemBase[5]

Das Programm wird ausschließlich über Pull-Down-Menüs mit der Maus bedient und verfügt über eine sehr benutzerfreundliche Help-Funktion.

Die Definition der Datenfelder erfolgt mit dem entsprechenden Generator und stellt stets den ersten Schritt zu einer neuen Datenbank dar. Die weiteren Arbeitsgänge werden in verschiedenen Unterprogrammen ausgeführt:

G. Gauglitz (Hrsg.)
Software-Entwicklung in der Chemie 3
© Springer-Verlag Berlin Heidelberg 1989

Im **Molecule Editor** erfolgt die Codierung der Strukturformeln anhand von graphischen Eingaben sowie jede notwendige Aufbereitung bis zur gewünschten Darstellungsweise in einem Datensatz.

Der **Reaction Editor** wird in der Datenbank **B-Base** noch nicht verwendet. Im Prinzip zeichnet der Anwender seine Strukturen im Molekül-Editor und definiert sie dann als Edukte, Zwischenstufen oder Produkte. Die resultierende Reaktionsgleichung wird dann mit dem Reaktionseditor nachbearbeitet.

Der **Form Editor** dient zum Aufbau von Bildschirmmasken für einzelne Datensätze mit beliebigen Datenfeldern aus der jeweiligen Datenbankdefinition.

Mit dem **Table Editor** lassen sich Tabellen nach verschiedenen Kriterien zum übersichtlichen Datenvergleich erzeugen. Für einige Arbeitsgänge ist es nützlich tabellierte Daten im ASCII-Format abzuspeichern, in ChemText[6)] zu übertragen und dort die entsprechenden Korrekturen vorzunehmen. Tabellenformate lassen sich dazu mit beliebiger Spaltenbreite und Reihenfolge der Auflistung im Tabelleneditor zeichnen.

Eingaben in die einzelnen Datenfelder erfolgen mit dem speziellen **Text Editor** in ChemBase über die aktuell gewählten Bildschirmmasken.

Aufbau einer Dokumentations-Einheit in B-Base

Eine Dokumentations-Einheit erfaßt folgende Angaben:

- Chemischer Name *(falls in der Literatur angegeben!)*
- Chemical Abstracts Registry-Nummer *(falls in der Literatur angegeben!)*
- Autor(en)
- Literaturstelle
- abweichende Standards

			28.06.88
		ID	2719
BSSC	BCNO	Formula	C10 H22 B N O2 Si
		MW 227.19	CAS
		d-11B [ppm]	30.0
		LW [Hz]	180
		Solv.	
		d-14N = -325ppm, d-17O = 235.4ppm, 263.3ppm, d-29Si = 12.95	
AU			Köster, R., Seidel, G.:
SO		Angew. Chem. 96 (1984) 146	Ref. 84AN

Abb. 1: Eine Dokumentationseinheit nach Eingabe der Rohdaten

Faktendaten:

- Bruttoformel ⇒ Diese beiden Angaben werden anhand der gezeich-
- Molekülmasse ⇒ neten Strukturformel von **ChemBase** berechnet und stellen somit ein **Kontrollkriterium** für die Kongruenz der Strukturformeln mit den Literaturangaben dar.
- chemische Verschiebung von ^{11}B [ppm]
- Halbhöhenbreite [Hz]
- Lösungsmittel
- **chemische Verschiebung von Heteroatomen**
- **Kopplungskonstanten J(XB) [Hz]**
- Kommentar

Der durchschnittliche Speicherplatz für vollständige Dokumentationseinheiten beträgt ca.0,48 kB. Die einzelnen Datensätze werden mit **ChemBase** hierarchisch über eindeutige interne Registriernummern *(ID's)* verwaltet.

ROHDATENERFASSUNG

Es werden Borverbindungen mit 1-4 Boratomen der Koordinationszahl 1-4 erfaßt, daneben versuchsweise auch Metallkomplexe oder Clusterverbindungen. Zur systematischen Literaturexzerption werden nachstehende Periodica herangezogen:

AN **Ange***wandte* **Chem***ie,* **Ange***wandte* **Chem***ie, International* **Ed***ition in* **Engl***ish*

CA **Can***adian* **J***ournal of* **Chem***istry*

CH **Chem***ische* **Ber***ichte*

IN **Inorg***anic* **Chem***istry*

IT **Inorg***anica* **Chim***ica* **Acta**

JA **J***ournal of the* **Amer***ican* **Chem***ical* **Society**

JB **J***ournal of* **Chem***ical* **Res***earch* **(Sy***nopsis*)

JC **J***ournal of the* **Chem***ical* **Soc***iety,* **Chem***ical* **Commun***ications*

JD **J***ournal of the* **Chem***ical* **Soc***iety,* **Dalton** **Trans***actions*

JH **J***ournal of* **Gen***eral* **Chem***istry of the* **USSR** (**Engl***ish* **Trans***lation*)

JI **J***ournal of* **Inorg***anic and* **Nuc***lear* **Chem***istry*

JL **J***ournal of* **Magn***etic* **Resonance**

JO **J***ournal of* **Organomet***allic* **Chem***istry*

JR **J***ournal of* **Org***anic* **Chem***istry*

LA **Liebigs** **Ann***alen der* **Chem***ie*

OC **Organomet***allic* **Chem***istry*

OM **Org***anic* **Magn***etic* **Reson***onance* (seit 1984)

OR **Organometallics**

PH **Polyhedron**

RJ **Russ***ian* **J***ournal of* **Inorg***anic* **Chem***istry* (**Engl***ish* **Trans***lation*)

TH **Tetrahedron**

TL   **Tetrahedron Lett**ers (seit 1980: Volume **21**)

ZA   *Zeitschrift für* **Anorganische** *und* **Allgemeine** **Chem**ie

ZN   *Zeitschrift für* **Naturforschung, Teil B**

Das explizite Literaturzitat ist Bestandteil einer jeden Dokumentationseinheit und erscheint nach Aufruf der Bildschirmmaske **B-Base | Source**. Bei reinen Bibliographierecherchen wird eine Teilmenge der gesamten Datenbank geladen, in der jede Publikation nur einmal genannt ist.

In Listenausdrucken verweist jeweils eine Referenznummer, z.B **88AN02** auf das explizite Literaturzitat. **88AN** gibt Erscheinungsjahr und Zeitschrift der Publikation an, die abschließende **02** eine Reihenfolge innerhalb der erfaßten Veröffentlichungen eines Jahrganges. Die Ergänzung dieser Angabe zu der vierstellig eingegebenen und damit unvollständigen Referenznummer erfolgt durch Manipulation eines ASCII-Files in dem CPSS-Modul ChemText[6].

STRUKTUREINGABE

Verschiedene Zeichenmodi, eine CLEAN-Funktion, Rotieren in der Zeichenebene, Vergrößern/Verkleinern, ergänzbare Templates und ein komplettes PSE sind für den Chemiker

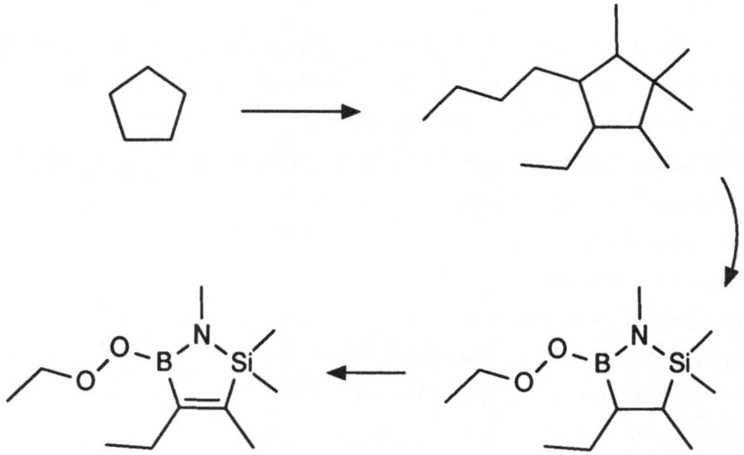

Abb. 2: Ablauf einer Struktureingabe

notwendige und selbstverständliche Hilfsmittel zum Zeichnen seiner Strukturformeln.

DATENAUFBEREITUNG

Standardkorrekturen[7]

Falls sich Meßwerte auf veraltete oder unterschiedliche Standards beziehen, werden sie auf die, entsprechend der IUPAC-Konvention gültigen Referenzstandards umgerechnet.

Zuordnung der NMR-Meßdaten

Als Nebenprodukt der Exzerptionsarbeiten ergeben sich bei ca. 25% der Dokumentationseinheiten auch NMR-Meßergebnisse zu Heterokernen, im Einzelnen bisher ^{7}Li, ^{14,15}N, ^{17}O, ^{19}F, ^{23}Na, ^{27}Al, ^{29}Si, ^{31}P, ^{45}Sc, ^{59}Co, ^{71}Ga, ^{77}Se, ^{119}Sn sowie ^{125}Te. Diese Angaben werden bei der ersten Dateneingabe als Kommentar einer Dokumentations-Einheit abgespeichert und nachträglich mit der Funktion [Atom]-[Value] den einzelnen Atomen zugeordnet. Im Hinblick auf bessere Übersichtlichkeit werden diese zugeordnete Werte wieder mit den Atomsymbolen über-

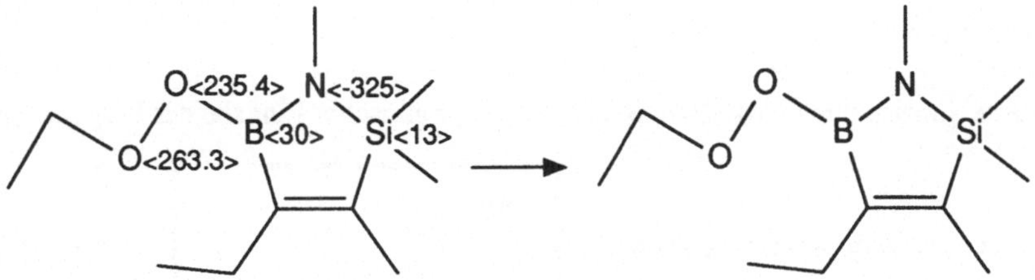

Abb. 3: Zuordnung von NMR-Meßdaten

sere Übersichtlichkeit werden diese zugeordnete Werte wieder mit den Atomsymbolen überschrieben werden. Die NMR-Verschiebungswerte sind dabei immer noch über eine entsprechende Substruktur-Recherche erfaßbar.

Strukturbereinigung / Substituentenabkürzung für übersichtliche Strukturformeln

Mit der Option **Group Abbreviate** lassen sich Substituenten mit ihren gebräuchlichen

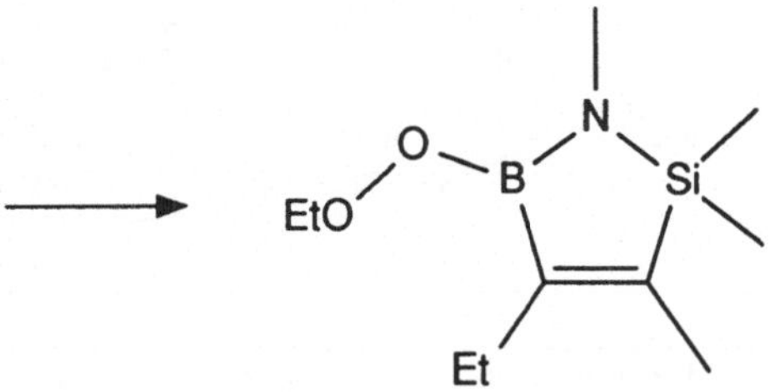

Abb. 4: Abkürzungen für Substituenten

Abkürzungen ausweisen. Auch in diesem Fall bleibt die ursprüngliche Konnektivität erhalten. Darüberhinaus kann bei Bedarf **Text** zur Erläuterung eines Sachverhalts ergänzt werden.

RETRIEVAL-MÖGLICHKEITEN

Der Zugang zu Informationen über literaturbekannte Verbindungen wird mit verschiedenen Recherche- sowie direkten Vergleichsmöglichkeiten realisiert:

- Identitätssuchlauf
- CA-Reg.-Nummer
- quantitativ numerische Abfragen
- Substruktur-Auswertung
- Bruttoformel *(exakt oder Bereich)*
- alphanumerischer Stringvergleich

Die Treffer einer Recherche werden als **Menge A** im RAM gespeichert. Bei einer nachfolgenden Suche wird die erste Hitliste als **Menge B** definiert. Beide Mengen sind für weitere Operationen austauschbar:

- Boole'sche Verknüpfungen
- verschiedene Mengenoperationen mit zwei Teilmengen
- Sortierfunktion

Beispielrecherche 1

Kombinierte Substruktur-/NMR-Datensuche mittels graphischer Eingabe der Fragestellung.

Als Recherchestruktur wird eingegeben:

Me₃C
|
N — B<50 - 57>

und einer der Ant-

wort-Datensätze erweist sich als Gleichgewichtsmischung einer intramolekularen Cyclisierung:

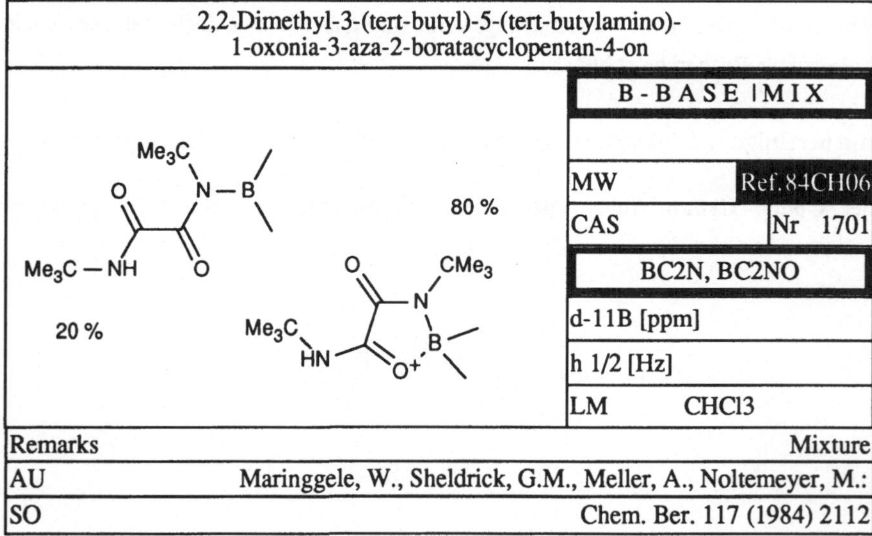

Abb. 5: Auch Substanzgemische lassen sich übersichtlich dokumentieren

Definierte Mischungen haben im Feld "Remarks" einen entsprechenden Hinweis. Im Strukturfeld erscheinen alle Komponenten der Mischung sowie nach Änderung der **Molecule Display Settings** die zugeordneten NMR-Informationen (siehe Abb. 6).

Beispielrecherche 2

Bestätigung einer experimentell gefundenen BP-Kopplungskonstante von ca. 200 Hz nach Umsetzung eines 1,3,2,4-Diazaphosphaboretidins mit Bortribromid.

- Zuerst wurde nach Molekülen mit einer B-P-Bindung gesucht: der graphische Input einer

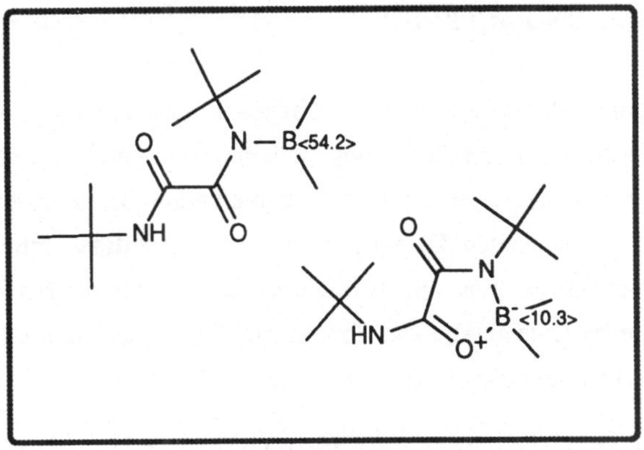

Abb. 6: Ein "Blick hinter die Kulissen" findet die gesuchten NMR-Werte

B-P-Bindung ergab eine 1. Hitliste mit 83 Treffern. Die *Dauer der Suche* betrug ca. 20 Sekunden unter Verwendung eines PC mit Intel '386-Prozessor / 20MHz bei einem Datenbankinhalt von 3.000 Datensätzen.

- Diese 83 Hits wurden als Suchbereich für die folgende Fragestellung definiert. Am Bor wurde eine Atomliste mit F, Cl und Br ergänzt und als verfeinerte Substruktur eingegeben. Nach 5-10 Sekunden erschien die 2. Hitliste mit 9 Treffern.
- Die Durchsicht dieser Datensätze erfolgt am Bildschirm oder nach der Ausgabe im Listenformat mit Struktur und Referenzdaten:

2-Chlor-1,3,4,5,6-pentamethyl-2-phosphaborazin-2-bortribromid

B-BASE | MOL	
C5 H15 B3 Br3 Cl N3 P	
MW 455.78	Ref. 80ZN05
CAS	Nr 2668
BBr3P, BCN2	
d-11B [ppm]	-12.4
LW [Hz]	
Solv.	CH2Cl2

1J(BP) = 207 Hz

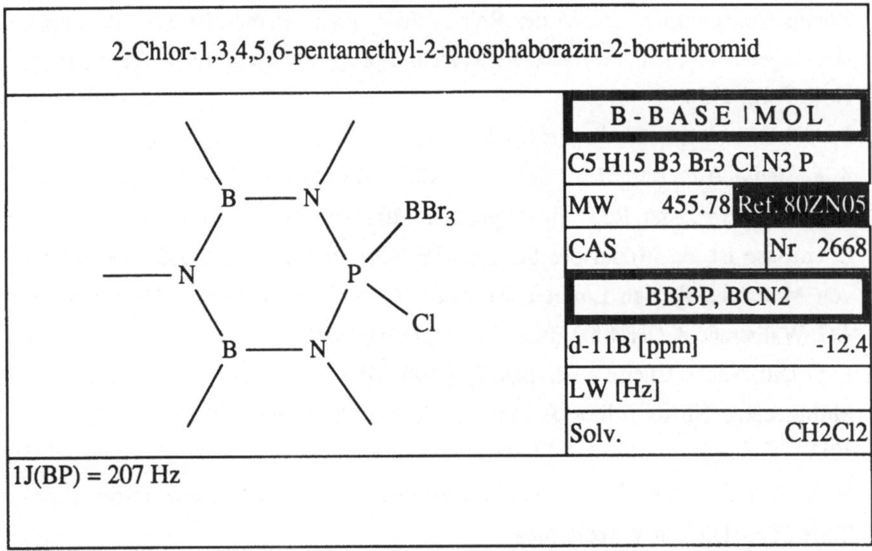

Abb. 7: Ein Datensatz aus den 9 Hits enthält auch die gewünschte Information

Nach Aufruf der Maske **B-Base | Source** ist die Literaturstelle explizit einsehbar.

ZUSAMMENFASSUNG UND AUSBLICK[8]

B-Base weist die bekannten Vorteile von elektronischen Datenbanken auf, die eine freie Wahl der Suchkriterien zulassen. Besondere Bedeutung ist dem hohen Anteil von nahezu 25% Heterokern-NMR-Meßdaten sowie deren eindeutiger Dokumentation beizumessen. Die graphische Benutzeroberfläche der verwendeten Datenbank-Software **ChemBase** ermöglicht dabei Ein- und Ausgabe von (Sub-)Strukturen am Bildschirm als natürliche Fragestellung für den Chemiker. Die vorgestellte Datenbank kann kontinuierlich erweitert werden und sichert somit eine schnelle und kritische Integration neuer Forschungsergebnisse.

Das Problem, sinnvolle Repräsentationen von Komplexen zu finden, besteht weiterhin. Teilweise sind "Notbehelfe" zu akzeptieren oder besondere Recherchefragestellungen zu beachten damit sich die chemisch relevanten Modellvorstellungen ohne größere Zugeständnisse in passende Hitlisten umsetzen lassen.

Nach Abschluß der Auswertung alter Literatur und deren vollständige Aufnahme in den Datenbestand von **B-Base** kann der Übergang zum kontinuierlichen Ergänzen aus neuen Publikationen erfolgen.

---

[1] *H. Nöth* und *B. Wrackmeyer*, **Nuclear Magnetic Resonance Spectroscopy of Boron Compounds**, Bd. 14 der Reihe **NMR, Basic Principles and Progress**, Herausgeber P. Diehl, E. Fluck, R. Kosfeld, Springer Verlag, Berlin, Heidelberg, New York, 1978.

[2] *L. J. Todd* and *A. R. Siedle,* Prog. NMR Spectrosc. **13** (1979) 87.

[3] *A. R. Siedle*, Ann. Rep. NMR Spectrosc. **12** (1982) 177.

[4] *B. Wrackmeyer*, Ann. Rep. NMR Spectrosc. **20** (1988) 61.

[5] ChemBase ist ein Modul der Serie **CPSS** (Chemists Personal Software Series) von Molecular Design Limited; Kontakt: Dr. A. Kos, Molecular Design MDL AG, Wallstraße 8, CH-4002 Basel, Tel. 0041-61-232929.

[6] *E. Striedl*, Nachr. Chem. Tech. Lab. **36** (1988) 656.

[7] Multinuclear NMR, Editor J. Mason, Plenum Press, New York and London, 1987.

[8] *H. Nöth* und *E. Striedl,* 15. Mitteilungsblatt, Fachgruppe Chemie Information, ISSN 0178-4927, in Vorbereitung.

IRTRAINS : Ein IR-Trainingssystem zur
Spektrum-Struktur-Korrelation

D.O. Hummel und J. Ebert

Institut für Physikalische Chemie , Universität Köln
Luxemburgerstraße 116 , D-5000 Köln 41

Zusammenfassung : Die Infrarotspektroskopie ist eine weitverbreitete Methode zur
Strukturaufklärung . Aus diesem Grunde enthalten die Lehrpläne für Chemiestuden-
ten im Hauptstudium fast immer einen Kurs in IR-spektroskopischer Strukturaufklärung. Könnte man den Studenten in einem solchen Kurs digital gespeicherte IR-
Spektraldaten und Strukturinformationen nebst einer geeigneten Software zur Verfügung stellen , wäre die Ausbildung sehr viel effizienter . Des weiteren könnte
durch die Verwendung eines computergestützten Lernprogramms der zunehmenden Verbreitung von Rechnern in der Chemie und den damit verbundenen Problemen in bezug
auf den Umgang mit Mikrocomputern Rechnung getragen werden .
Aus diesem Grund wurde an unserem Institut ein Trainingsprogramm entwickelt, das
für Mikrocomputer der Kategorie IBM-PC geeignet ist.
Die Möglichkeiten des Systems sollen an typischen Beispielen erläutert werden .

IRTRAINS (Infrared Training System)

Das Lern- und Trainingsprogramm IRTRAINS ist in TURBOBASIC Version 1.0 geschrieben. Die Hardwarevorausetzungen zum Betreiben des Programms IRTRAINS sind in der
Abb.1 zusammengefaßt . Durch den Befehl "Systemkonfiguration" in den verschiedenen Hauptmenüs läßt sich die Software jedoch auch an abweichende Hardwarebedin-
gungen (Festplattenlaufwerk , EGA-Monitor) anpassen .

        IBM - Personal Computer oder kompatibel
        256 KByte Hauptspeicherbereich
        Color graphic adapter (CGA)
        Color graphic monitor (640*200 Bildpunkte)
        parallele Schnittstelle
        IBM Matrixdrucker
        zwei 360 KByte Diskettenlaufwerke

Abb. 1 Hardwarevoraussetzungen zum Betreiben des Programms IRTRAINS

G. Gauglitz (Hrsg.)
Software-Entwicklung in der Chemie 3
© Springer-Verlag Berlin Heidelberg 1989

Bibliothekserstellung und Spektrentransfer

Die Qualität der gespeicherten Spektren sowie die Zusammensetzung der Spektrenbibliothek sind die wichtigsten Kriterien , die bei der Erstellung von spektroskopischen Referenzdatensammlungen berücksichtigt werden müssen . Die "sinnvoll-
ste" Größe von Spektralsammlungen wird in der Literatur ziemlich kontrovers diskutiert . Von Clerc et al. (01) wird eine Sammlung von 5000 bis 20000 sorgfältig
ausgewählten Modellspektren als ausreichend betrachtet . Die "Sadtler Standard
IR-Bibliothek" , die eine breite Auswahl von Substanzen sehr unterschiedlicher
Struktur enthält , umfaßt dagegen etwa 59000 Spektren . Neben dieser Bibliothek
bietet Sadtler Research Lab. noch weitere FT-IR Spektrenbibliotheken mit insgesamt 53000 Spektren (Commercial Libraries) an .
Für die Auswertung von spektralen Datenbanken (Suchroutinen oder statistische
Verfahren) ist die Qualität der Bibliotheksspektren entscheidend . Zur Beurteilung der Spektrenqualität wurde von Griffiths et al. (02) eine Liste mit quantitativen Bewertungskriterien aufgestellt . Der Qualitätsindex (QI) setzt sich aus
den drei Faktoren Probenreinheit , Probenpräparation und gerätespezifische Parameter zusammen .

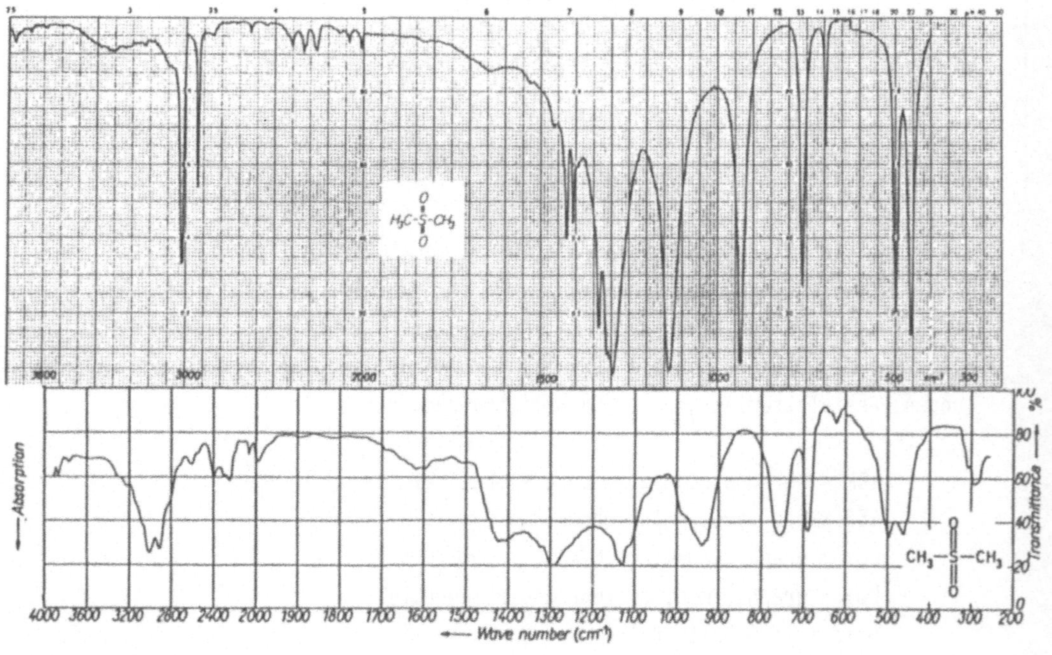

Abb. 2   Vergleich zweier Dimethylsulfonspektren

Die Abb.2 zeigt zwei Spektren von Dimethylsulfon. Das untere der beiden Spektren
stammt aus einer Sammlung des API Research Project 44 und wurde 1944 mit einem
Perkin-Elmer Modell 21 registriert . Das obere Spektrum wurde mit einem modernen
FTIR-Spektrometer (Nicolet 20SX) gemessen, untergrundkorrigiert und normiert .

Abgesehen von den gerätespezifischen Qualitätsdifferenzen (z.B. spektrale Auflösung oder Wellenzahlreproduzierbarkeit) der beiden Spektren spielt die digitale
Speicherung der spektralen Information eine entscheidende Rolle für eine bevor-
zugte Eingliederung von FTIR-Standardspektren in spektroskopische Datenbanken .
Die älteren Papierspektren lassen sich zwar nachträglich mittels eines halbauto-
matischen Gerätes digitalisieren, wobei diese aber neben den Nachteilen der Ori-
ginale noch die Fehler , die beim Punkt-für-Punkt-Digitalisieren entstehen, aufweisen . Aus den zuvor erläuterten Gründen wurden zur Erstellung der Bibliothek
für das Lernprogramm IRTRAINS nur FTIR-Spektren aus dem umfangreichen Spektrenmaterial dieses Institutes verwendet. Die Spektrenbibliothek stellt einen repräsentativen Querschnitt durch die Kategorie der organischen Chemie dar. Die Spektren wurden nach einer kritischen Sichtung (Basislinienkorrektur , Christiansen-
effekt, Signal-Rausch-Verhältnis, Artefakte) mit Hilfe des Programms SPECTRANS
vom Nicolet 20 SX auf den IBM PC transferiert . Die normierten Standardspektren
($A_{max.}$ = 1 ; Hummel Infrared Standard) enthalten neben den spektralen Daten auch
eine Kurzlegende sowie gerätespezifische Parameter (File Status Block).
Die Spektren (4000 ...400/cm) haben eine Auflösung von 1.929/cm. Zur Speicherung
der etwa 1200 Spektren auf dem IBM PC werden circa 4.7 MB benötigt .

Abkürzungsverzeichnis und Spektrenlegenden

Für die Verwendung zur Spektrum-Struktur-Korrelation innerhalb eines Lern- und
Trainingsprogramms weisen die verschiedenen , häufig benutzten Kodierungsverfah-
ren prinzipielle Nachteile auf :
- Speicherplatzbedarf
  Der Speicherplatzbedarf , der auf den verschiedenen Speichermedien (360 KByte-
  oder 1.2 MByte-Floppydisk, Festplattenlaufwerke) zur Verfügung steht , ist bei
  Microcomputern sehr begrenzt und kostspielig. Außerdem hängt die Zeitdauer ei-
  ner Recherche im wesentlichen von der Größe der Datenbank (Datensatzanzahl und
  -länge) ab . Die systematische Benennung von Verbindungen unter Beachtung der
  IUPAC-Nomenklaturregeln oder die vollständige Beschreibung einer Molekel mit
  Hilfe von HOSE- und HORD-Kodes (03) benötigen einen immensen Speicherplatz und
  kommen aus diesem Grund zur Strukturverschlüsselung nicht in Betracht .
- Eindeutigkeit und Singularität
  Zur Benennung von substituierten Verbindungen läßt die IUPAC-Kommission mehrere Nomenklatursysteme (substitutive, radikalfunktionelle, additive, subtrakti-
  ve und konjunktive) nebeneinander zu. Weiterhin sind bei der Benutzung der No-
  menklaturregeln eine Vielzahl von Ausnahmeregelungen (Trivial- und Semitrivialnamen) zu beachten.Im Gegensatz dazu entspricht bei der Wiswesser-Line-Nota-
  tion (04) jeder Struktur nur eine einzige Notation (Singularität) und umgekehrt ist jeder Notation auch nur eine Struktur zugeordnet (Eindeutigkeit) .

112

- Unvollständigkeit

Die von Hummel (05) ausgearbeitete Dezimaleinteilung für definierte Polymere
und makromolekulare Werkstoffe (Harze, polymere Natur- und Kunststoffe, Öle..)
ist hinsichtlich der zu kategorisierenden Strukturen nahezu vollständig . Die
Dezimalklassifikation für niedermolekulare Verbindungen weist jedoch beträcht-
liche Lücken bezüglich der vollständigen Dezimalisierung von anorganischen und
organischen Substanzen auf und ist in dieser Form nicht zur Strukturverschlüsselung niedermolekularer Verbindungen geeignet .

- Lesbarkeit

Insbesondere bei den Linearnotationen (Dyson-IUPAC-Notation , WLN) , aber auch
bei dem Dokumentationssystem GREMAS der IDC , steht die Verarbeitbarkeit durch
Datenverarbeitungsanlagen im Vordergrund . Die verschlüsselten Strukturen können vom Benutzer in den meisten Fällen nicht mehr "gelesen" (unmittelbar verstanden) werden. Die leichte Erlernbarkeit eines Kodierungsverfahrens und eine
einfache Decodierung durch den Benutzer sind jedoch Grundvoraussetzungen für
die Verwendung einer Verschlüsselungsmethode im Rahmen eines Lern- und Trainingsprogramms, das vor allem für Anfänger bestimmt ist .

Da den existierenden Methoden zur Strukturverschlüsselung neben den obigen Nachteilen auch der Bezug zu einer infrarotspektroskopischen Betrachtungsweise von
Molekeln fehlt , wurde ein Abkürzungsverzeichnis zur Kodierung von strukturellen
Eigenschaften entwickelt , das folgenden Anforderungen gerecht wird :
- Vollständigkeit bezüglich der zu kategorisierenden Strukturfragmente und
  funktionellen Gruppen
- Strukturverschlüsselung unter Berücksichtigung von infrarotspektroskopisch
  relevanten , schwingungsfähigen Teilgebilden
- geringer Speicherplatzbedarf
- leichte Erlernbarkeit und Lesbarkeit
- Singularität
Das Abkürzungverzeichnis basiert auf bekannten Abkürzungen für strukturelle Einheiten, wie "Me", "Et" oder "t-Bu" für die Methyl-, Ethyl- bzw. tert.-Butylgrup-
pe oder "Ac" für eine Acetylgruppierung. Die funktionellen Gruppen und Strukturfragmente einer Molekel werden durch zwei-, drei- oder vierbuchstabige Terme kodiert, die sich aus den englischen Bezeichnungen für die Gruppierungen ableiten.
Zur Strukturverschlüsselung einer Molekel werden die einzelnen Abkürzungen miteinander kombiniert. Der bei diesem Kodierungsverfahren auftretende Verlust von
struktureller Information (Isomerie, Substitutionsmuster) kann in Kauf genommen
werden , da die Interpretation von IR-Spektren stets mit einer Reduzierung von
Information verbunden ist. Einige Anwendungsbeispiele des Abkürzungsverzeichnisses sind in der Abbildung 3 zusammengestellt .
Außerdem wurde die Dezimalklassifikation für niedermolekulare Stoffe in wesentlichen Teilen erweitert und den Bedürfnissen zur vollständigen Beschreibung der
auftretenden Struktureinheiten angepaßt .

ACC	Acetic	CY	Cyclo	O	Oxy
ACT	Acetate (Salt)	EST	Ester	PT	Pent(ane/yl)
BU	But(ane/yl)	ETH	Ether	PTC	Pentanoic , Valeric
BZL	Benzyl	HO	Hydroxy	PTT	Pentanoate (Salt)
BZC	Benzoic	HXN	Hex(ane/yl)	T	Tertiary

Pentanol	HO PT
Essigsäurepentylester	ACC PT EST
Tert.-butylcyclohexylether	TBU CYHXN ETH

Abb.3 Auszug aus dem Thesaurus zur Verschlüsselung von niedermolekularen Verbindungen (Das komplette Verzeichnis umfaßt etwa 250 Abkürzungen)

Zu einer systematischen Spektrum-Struktur-Korrelationsarbeit mittels statistischer Auswerteprogramme sowie zur Sicherstellung eines raschen Zugriffs auf bestimmte Verbindungsklassen und Strukturfragmente ist neben einer repräsentativen
Spektrensammlung auch eine Speicherung von strukturellen und sonstigen Informationen (Molmasse, Summenformel, chemische Bezeichnung) zu jedem Spektrum notwendig. Die zu diesem Zweck konzipierte Spektrenlegende umfaßt neun Datenfelder :

1. Spektrennummer	(10)	4. Molmasse	(30)	7. Hersteller	(20)
2. Chemische Bezeichnung	(65)	5. Dezimalzahl	(22)	8. Präparation	(20)
3. Summenformel	(22)	6. Abkürzung	(30)	9. Notizen	(30)

Erläuterungen :
Unter dem Oberbegriff "Chemische Bezeichnung" werden sowohl Benennungen , die
entsprechend den IUPAC-Nomenklaturregeln gebildet wurden , als auch Trivial- und
Semitrivialnamen zusammengefaßt .
Für jede Verbindung wird eine Ziffernfolge zur Verschlüsselung der strukturellen
Eigenschaften gemäß der erweiterten Dezimalklassifikation abgespeichert .
Neben einer Dezimalisierung werden die Strukturen zusätzlich mit Hilfe des neuen
Abkürzungsverzeichnisses kodiert .
Durch die Beschränkung der Datensatzgröße auf 225 Zeichen können auf einer Disk
(360 KB) 1500 Spektrenlegenden gespeichert werden .
Zur Erstellung der Datenbank und zur Eingabe der Spektrenlegenden wurde das Pro-
gramm SPECLEG-IR (Programmiersprache : Turbobasic) geschrieben. Dieses Datenver-
arbeitungsprogramm ermöglicht darüber hinaus auch die Verwaltung und Bearbeitung
des Datenbestandes.

Programmaufbau

Zum Erlernen und Einüben der empirischen Spektrum-Struktur-Korrelation nimmt man
sich gewöhnlich ein Lehrbuch, das sowohl Bandenzuordnungstabellen und erklärende

Texte als auch Spektren enthält , schlägt das Inhaltsverzeichnis auf und wählt eine Verbindungsklasse aus. Das Programm IRTRAINS kopiert diese Vorgehensweise , aber es bietet gegenüber den Lehrbüchern eine Vielzahl von Vorteilen :

1. Ein Lehrbuch enthält etwa fünfzig bis sechzig Spektren in einem recht kleinen Format (4*11 cm). Die zu dem Lernprogramm IRTRAINS zusammengestellte Spektren- bibliothek umfaßt etwa 1200 FTIR-Spektren von niedermolekularen Verbindungen.

2. Zwei Spektren können auf dem Bildschirm in unterschiedlichen Farben überlagert und dann direkt miteinander verglichen werden .

3. Den dargestellten Spektrum können Korrelationstabellen , Lerntexte oder andere hilfreiche Erläuterungen (Dezimaleinteilung, Abkürzungsverzeichnis) überlagert werden .

4. Verschiedene Spektrenmanipulationen wie Ausschnittsvergrößerungen , Differenz- und Derivativspektrometrie oder wahlweise Darstellung der Spektren in Trans- mission oder Absorbanz sind möglich .

Das komplette Programm IRTRAINS ist menügesteuert , d.h. ausgehend vom Hauptmenü kann man durch die Benutzung der Pfeiltasten und Betätigen der "Enter"-Taste die nachfolgenden Untermenüs aufrufen . An den übrigen Programmstellen wird dem An- wender jeweils eine Liste von Kommandos vorgeschlagen . An einigen Programmstel- len ist die Eingabe von Zahlen oder Buchstaben (Peak- oder Textsuche) erforder- lich; dies wird dem Anwender durch einen blinkenden Balken signalisiert .


```
        MAIN MENU                              Hauptmenü
--------------------------------    ------------------------------------

-->   Learnprogram   step A        -->   DATEI ERSTELLEN
                      step B              DATEI ERGÄNZEN
                      step C              DATEI AUSDRUCKEN
                                          DATEI LÖSCHEN
      Text - search                       DATENFELDBEZEICHNUNG ÄNDERN
      View spectrum                       DATENFELDINHALT ÄNDERN
      Difference spectroscopy             DATENSÄTZE SORTIEREN
      Peak - search                       SPECTRANS
      Peak - picker                       PEAK-DATEI ERSTELLEN
      System configuration                IRTRAINS
      Program end                         SYSTEM KONFIGURIEREN
--------------------------------    ------------------------------------
```

Abb.4   Abb.5

Hauptmenü des Programms IRTRAINS   Hauptmenü des Programms SPECLEG-IR

Das Programm ist sowohl in einer deutschen als auch englischen Fassung (Menüs und Lerntexte) verfügbar .

Das gesammte Softwarepaket besteht aus den folgenden Programmen und Dateien :

1) SPECTRANS   : Spektrentransferprogramm Nicolet 20 SX - IBM PC (1865 Byte)
2) SPECLEG-IR : Datenverarbeitungsprogramm für Spektrenlegenden (76000 Byte)
3) IRTRAINS   : Lern- und Trainingsprogramm (109600 Byte)
              Spektrenbibliothek (4694400 Byte)
              Legendendatei (361600 Byte)
              Peaktabellendatei (395000 Byte)
              Lern- und sonstige Hilfstexte (78770 Byte)

Lernprogramm

Das Trainingsprogramm enthält mehrere Lernstufen (A, B und C) mit unterschiedlichen Schwierigkeitsgraden, so daß es sowohl zur Aus- und Weiterbildung an Uni-
versitäten als auch von Fachkräften in der chemischen und pharmazeutischen Industrie verwendet werden kann. Die Lernstufe A umfaßt monofunktionelle niedermolekulare Verbindungen, die Lernstufe B enthält zusätzlich Spektren von Substanzen
mit mehreren funktionellen Gruppen und anorganischen Verbindungen. Die Stufe C ,
die für Polymere vorgesehen ist, ist noch nicht implementiert. Durch Auswahl der
entsprechenden Menüs und Untermenüs wird die Suche nach bestimmten Verbindungsklassen gestartet. Jeder Auswahlmöglichkeit (z.B. aliphatisch-aromatische Ester)
ist eine entsprechende Kombination aus Dezimalzahlen und Abkürzungen zugeordnet.
Während eines Suchlaufs, der ungefähr 20 Sekunden beansprucht, werden alle Ein-

```
                     CHO - compounds
    --------------------------------------------------------

        alcohols                      ketones
          primary                       aliphatic
          secondary                     aliphatic-aromatic
          tertiary                      aromatic
        phenols                       anhydrides
        ethers                        esters
          aliphatic                     aliphatic
          aliphatic-aromatic    -->     aliphatic-aromatic
          aromatic                      aromatic
        aldehydes                     carboxylic acids
          aliphatic                     aliphatic
          aromatic                      aromatic

    --------------------------------------------------------
```

Abb.6   Untermenü CHO-Verbindungen

träge in den Spektrenlegenden der Datenbank mit den gegeben Suchkriterien verglichen und die Datensatznummern von übereinstimmenden Legenden gespeichert. Im
Anschluß an die Suche werden die vollständigen Spektrenlegenden mit Angabe der

Datensatznummer auf dem Bildschirm ausgegeben .

- Mit der Hilfsfunktion "Help" können sowohl Erläuterungen zur Dezimalzahl als auch zum Abkürzungsverzeichnis abgerufen und auf dem Bildschirm dargestellt werden .
- Mit den Befehlen "Continue" und "Backwards" ist ein Vor- und Zurückblättern in den Legenden möglich, um einen schnellen Überblick zu erhalten .
- Durch die Eingabe des Buchstabens "s" wird das Programm "Statistics" zur Erstellung von Bandenhäufigkeitsdiagrammen aufgerufen .
- Zur Berechnung der Bandenhäufigkeitskurven werden alle Spektren, bis auf die die mit dem Befehl "d" (Deleted for Statistics) gelöschten Spektren, berücksichtigt .
- Die zu jeder Verbindungsklasse abgespeicherten Bandenzuordnungstabellen sowie die Lern- und Hilfstexte sind erst nach der Darstellung der Spektren im Graphikmodus (View Spectrum) aktiviert .

```
found    : 4


 825  .record

spectr.no. : NIC    .027          BTL    BUTYRAL
abbreviat. : TRISBZOME ET         BTNC   BUTENOIC,CROTONIC
molar mass : 432.5                BTNT   BUTENOATE (SALT)
dec.number : 1833723              BTT    BUTYRATE (SALT)
chem.form. : C26H24O6             BTZL   BENZTRIAZOLE
chem.name  : 1,1,1-TRIS(BENZOYLOXYMETHYL)ETHAN  BU     BUT(ANE,YL)
manufact.  : DR.S.HVILSTED         BUO    BUTOXY
prep.      : 0.025 MM ZW.KBR       BZ     BENZO
notice     :                       BZC    BENZO(IC,YL)
                                   BZDN   BENZID(INE,YL)
                                   BZFUR  BENZOFURAN
                                   BZLN   BENZYLENE
                                   BZLO   BENZYLOXY
                                   BZN    BENZENE
                                   BZO    BENZOYLOXY
                                   BZPH   BENZOPHENONE
                                   BZT    BENZOATE (SALT)
                                   BZTHZL BENZOTHIAZ(OL,YL)
                                   CAC    CARBOXYLIC
                                   CAT    CARBOXYLATE (SALT)


Main menu : <esc>      Delete : <d>        Continue : <return>   Help : <h>
View spectrum:<v>      Statistics : <s>    Backwards : <b>
```

Abb.7 Spektrenlegende

Spektrendarstellung und -bearbeitung

Der Graphikmodus zur Darstellung von Spektren bildet einen zentralen Bestandteil des Programms IRTRAINS. Dieses Unterprogramm kann direkt aus dem Hauptmenü aufgerufen werden ("Spektrum zeigen") . Ferner kann die Graphik im Anschluß an eine

Suche in der Strukturdatenbank (Lernprogramm oder Textsuche) aktiviert werden .
Zur Darstellung der Spektren (4000 ... 400/cm) stehen drei verschiedene spektrale Auflösungen zur Verfügung. Standardmäßig wird eine geringe Auflösung gewählt
(16/cm über 2000/cm und 8/cm unter 2000/cm) , da sie in den meisten Fällen ausreicht, um einen schnellen Überblick über die Spektren zu erhalten.

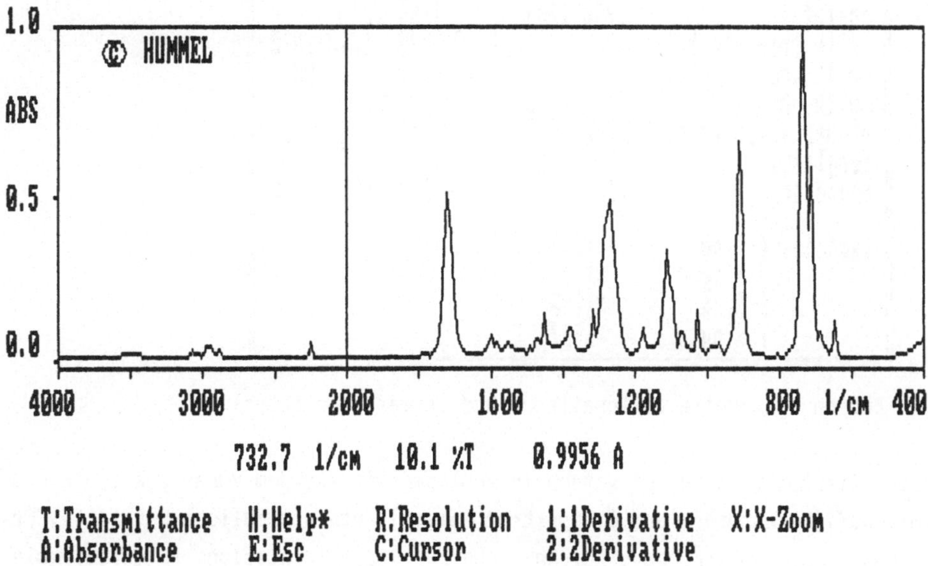

Abb.8   Spektrum in Absorbanz mit Cursor

Durch die Befehle "Absorbance" und "Transmittance" erfolgt die Spektrendarstellung wahlweise in Absorbanz oder Transmission (4000 ... 400/cm) . Die Umrechnung wird entsprechend dem Lambert-Beerschen Gesetz durchgeführt .
Bei der Benutzung des Cursors werden unabhängig von der gewählten Auflösung, die mit dem Befehl "Resolution" verändert werden kann, die Wellenzahlen und Intensitäten in %T und Abs für alle Datenpunkte angezeigt.
Da in der Standarddarstellung (4000 ...400/cm) eine graphische Auflösung von eng benachbarten Banden auf Grund eines Daten- zu Bildpunktverhältnisses von etwa 3:1 oftmals nicht gewährleistet ist, besteht die Möglichkeit über die "X-Zoom"-Funktion einzelne Wellenzahlbereiche zu vergrößern . Die Spektren werden bei den Ausschnittsvergrößerungen mit der größtmöglichen Auflösung dargestellt (2/cm) , um alle Datenpunkte zu erfassen und die maximale Information zu liefern.

Die Derivativspektoskopie ist eine nützliche Methode zur Elimination von breiten Untergrundabsorptionen sowie zur Erhöhung der Auflösung von überlappenden Banden . Im IR-Bereich ist wegen des schlechten Signal/Rausch-Verhältnisses in den meisten Fällen eine Auswertung von Derivativspektren, die über die zweite Ableitung hinausgehen, nicht sinnvoll . Aus diesem Grund wurde die Berechnung der Derivativspektren auf die erste und zweite Ableitung beschränkt. Zusätzlich zum X-Zoom besteht bei der Darstellung der abgeleiteten Spektren die Möglichkeit der Ordinatendehnung ("Y-Zoom") .

	$\nu(C=O)$ 1/cm	$\nu(C-O-C)$ 1/cm	
formiates		1200-1180	
acetates	1750-1735	1260-1230	
with prim.alcohols		1260-1230	1060-1030
with sec. alcohols		1260-1230	≈1100
with phenols	1790-1750	≈1200	
higher aliph.esters	1750-1735	1210-1160	
acrylates	1730-1715	1300-1200	
benzoates	1725-1695	1310-1250	1150-1100
lactones 4-Ring	≈1840		
5-Ring	≈1775		
6-Ring	≈1750		
7-Ring	≈1737		

Abb.9 Zuordnungstabelle (aliphatische und aromatische Ester)

Bei der Hilfsfunktion "Help" werden in Abhängigkeit von dem vorangegangenen Programmablauf (Lernstufe A und B, Spektrum zeigen) unterschiedliche Lerntexte, Erläuterungen zum Abkürzungsverzeichnis und zur Dezimaleinteilung für niedermolekulare Verbindungen oder Bandenzuordnungstabellen auf dem Bildschirm dargestellt. Insbesondere beim Lernprogramm kommt der Hilfsfunktion eine besondere Bedeutung zu. Für jede Verbindungsklasse werden die Absorptionsbereiche von charakteristischen Banden aufgezeigt und Bandenzuordnungen vorgenommen. In der Abb.9 sind die Bandenlagen zur Unterscheidung verschiedener Ester an Hand der starken ν (C=O)-Streckschwingung sowie der ν (C-O-C)-Einfachbindungsschwingung aufgelistet. Diese Zuordnungstabellen und Texte können den Spektren überlagert werden . Der Anwender hat somit die Möglichkeit sich die charakteristischen Banden einer Verbindungsklasse durch das Hin- und Herblättern zwischen verschiedenen Spektren und der Benutzung der Hilfsfunktionen zu erarbeiten .

Zur Demonstration von geringfügigen Unterschieden zwischen zwei Spektren bietet das Programm IRTRAINS die Möglichkeit der Differenzspektroskopie. Im oberen Teil des Bildschirms wird das Differenzspektrum (Spektrum I minus Spektrum II) dargestellt . Je nach angeschlossenem Monitor erfolgt die Überlagerung des Minuend- und des Subtrahendspektrums im unteren Teil entweder in Schwarz/Weiß (CGA) oder in farbiger Darstellung (EGA) .

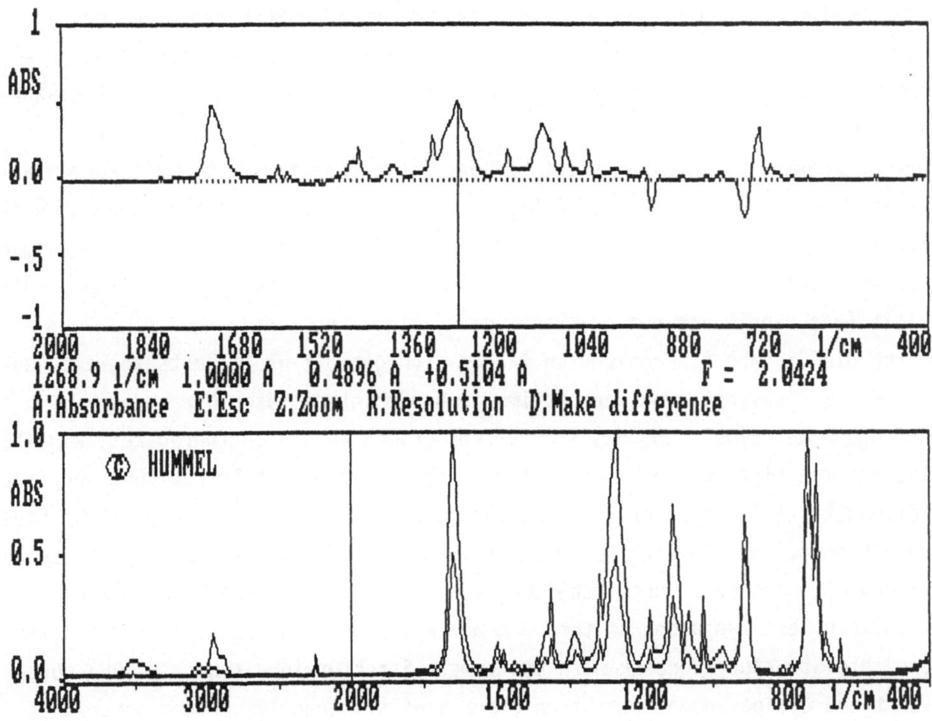

Abb.10 Differenzspektren (Ausschnittsvergrößerung mit Cursor)

Mit Hilfe der Funktion "Zoom" lassen sich beliebige Spektrenausschnitte auf dem Bildschirm vergrößert darstellen. Die Standarddarstellung des Differenzspektrums (4000 ... 400/cm) mit dem Faktor 1 (Spektrum I - F * Spektrum II) wird durch die Taste "A" aktiviert. Bei der Benutzung des Cursors werden die Wellenzahl der jeweiligen Cursorpositionen und die Absorbanzwerte aller drei Spektren angezeigt. Zusätzlich wird der Faktor F berechnet, mit dem das zweite Spektrum zu multiplizieren ist, um das Differenzspektrum an dieser Stelle auf Null zu kompensieren. Dieses neue Spektrum kann unter dem Namen "DIFF.Ext" (Ext.= 0 bis 999) abgespeichert werden, wobei die negativen Absorbanzwerte auf Null gesetzt werden.

Bandenhäufigkeitsdiagramme

Bandenhäufigkeitsdiagramme können im Anschluß an eine Textsuche oder nach einem abgeschlossenen Lernschritt erstellt werden.
Die Erstellung dieser Häufigkeitskurven dient zur Ermittlung von charakteristischen Bandenkombinationen für funktionelle Gruppen und größere Struktureinheiten. Die mit dem Programm IRTRAINS erhaltenen Bandenhäufigkeitsdiagramme weisen im wesentlichen vier Vorteile gegenüber den von Woodruff (06) berechneten Wahrscheinlichkeitshistogrammen auf :

- Die Häufungsdiagramme basieren vollständig auf FTIR-Spektren. Bei der Registrierung von FTIR-Spektren wird die Wellenzahlaufzeichnung ständig durch einen Laser kontrolliert und somit eine hohe Spektrenreproduzierbarkeit gewährleistet .

- Das Unterprogramm berücksichtigt bei der Erstellung der Häufigkeitskurven alle im Bereich von 4000/cm bis 400/cm auftretenden Peaks mit den genauen Werten für die Bandenlage (spektrale Auflösung 1.926/cm) . Bei den Histogrammen von Woodruff wurde für jédes 0.1 µm Intervall, das mindestens eine Bande enthielt (unabhängig von der exakten Lage) , eine 1 notiert .

- Durch die Eingabe vonGrenzwerten lassen sich gezielt Häufigkeitsdiagramme unter der Berücksichtigung von bestimmten Bandenintensitäten berechnen.

- Auf Grund der Einbindung des Statistikprogramms in das Softwarepaket IRTRAINS lassen sich nicht nur Wahrscheinlichkeitshistogramme zur Erarbeitung von Einteilungskriterien für verschiedene Verbindungsklassen (Säure- oder Nicht-Säureverbindung) aufstellen , sondern es können Häufungskurven zu spezifischen Fragestellungen (z.B. Unterscheidung von Carbonsäureestern) berechnet werden. Allgemein geht man dabei so vor, daß man mit Hilfe des Programmteils "Textsuche" die Strukturdatenbank nach bestimmten Struktureinheiten (z.B. BU) durchsucht und die gefundenen Spektren einer statistischen Auswertung unterwirft . Die auftretenden charakteristischen Bandenkombinationen müssen dann in einem nachfolgenden Schritt mit Hilfe des Peaksearchprogramms auf ihre Aussagekraft überprüft werden .

Bei der Interpretation von Häufungsdiagrammen sind in der Regel neben einzelnen, hohen Peaks auch Wellenzahlbereiche , in denen eine Vielzahl von kleineren Peaks auftreten , für die Ausarbeitung von charakteristischen Bandenkombinationen von Interesse, da verschiedene Effekte eine Schwingungsbeeinflussung und somit eine Bandenverschiebung zur Folge haben .

Die Abb.11 zeigt das Bandenhäufigkeitsdiagramm für anorganische Nitratverbindungen im Bereich von 2000/cm bis 400/cm. Die diesem Histogramm zugrunde liegenden sechs Nitratspektren sind in der Abb.11 zusammengestellt . In der Literatur werden drei Absorptionsbereiche zur Charakterisierung von ionischen Nitraten angegeben . Auf Grund von Symmetriebetrachtungen (Punktgruppe D h) können die drei Absorptionsbanden wie folgt zugeordnet werden :

- 1380/cm - 1350/cm asymmetrische NO_3-Streckschwingung $v_3(E´)$
- 835/cm - 815/cm nichtebene Deformationsschwingung $v_2(A_2´´)$
- 740/cm - 725/cm ebene Deformationsschwingung $v_4(E´)$

Mittels des Cursors kann man die Häufungskurve abfahren und die genaue Wellenzahl von einzelnen Peaks ermitteln. Anders als bei den normalen IR-Spektren, bei denen die Absorbanz- und Transmissionswerte angezeigt werden , gibt die Ziffer neben der Wellenzahl die Anzahl der Spektren wieder , die bei der entsprechenden Cursorposition eine Bande innerhalb des gewählten Intensitätsintervalls aufweisen.

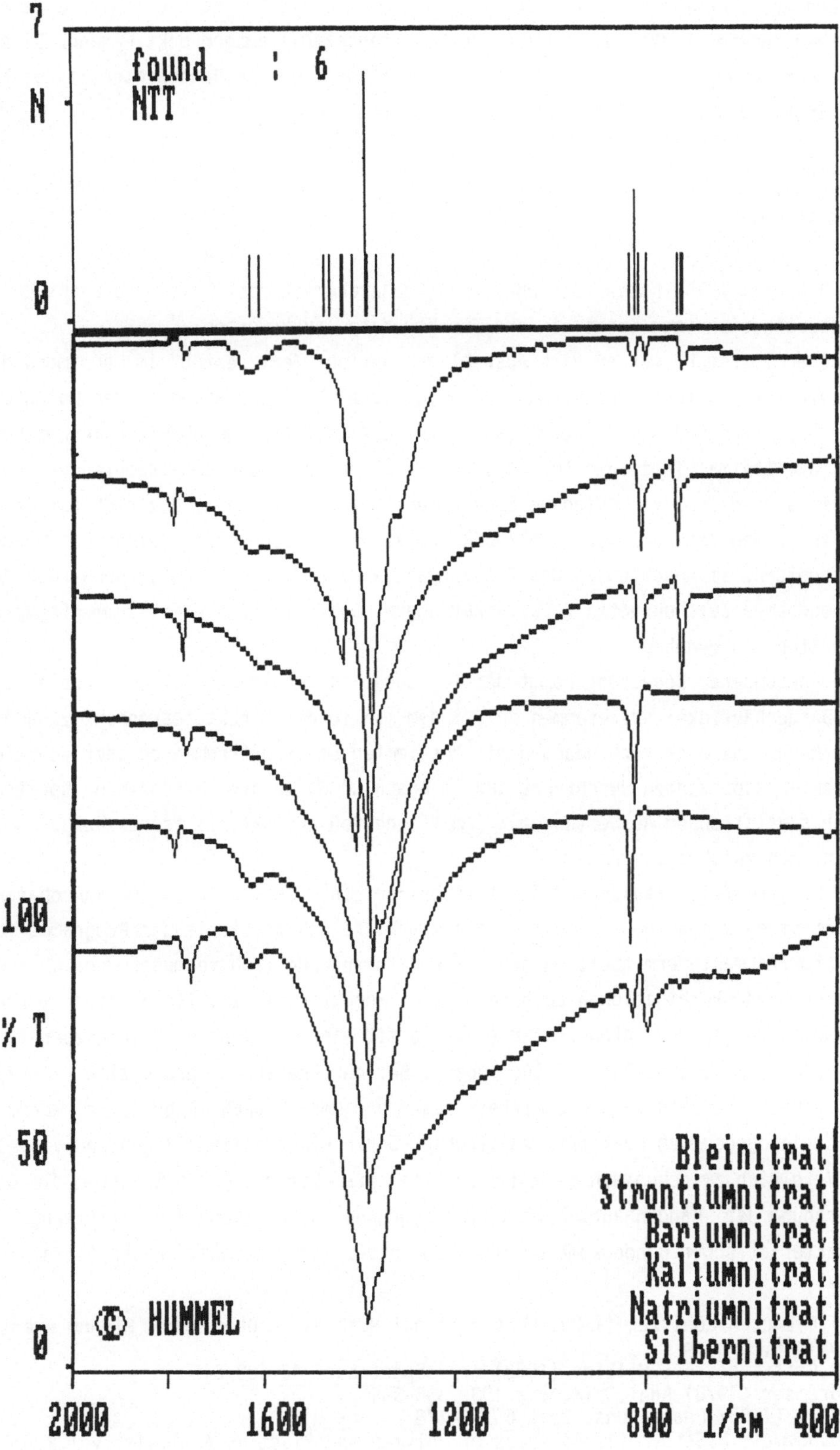

Abb.11 Bandenhäufigkeitsdiagramm und zugrunde liegende Nitratspektren

Sofern der Computer mit einem Drucker verbunden ist , können die Zahlenwerte aller berechneten Peaks (Wellenzahl und Spektrenanzahl) ausgedruckt werden. Dieser Ausdruck enthält ˙außerdem noch die Information , welche Bandenintensitäten bei der Erstellung der Häufungskurve berücksichtigt wurden .

Suchsysteme

Das Programm IRTRAINS verfügt über zwei Recherchemethoden (Text- und Peaksuche), um die gespeicherten Spektral- und Strukturdaten auszuwerten.
Zu einer Textsuche werden nach Auswahl der Option "Text search" im Hauptmenü die gespeicherten Datenfeldbezeichnungen aufgelistet. Bei der Suche in den Datenfeldern "Abkürzungen" oder "Dezimalzahl" wird das vollständige Abkürzungverzeichnis bzw. die Dezimaleinteilung für niedermolekulare Verbindungen eingeblendet. Insgesamt stehen drei verschiedene Suchvarianten zur Verfügung , die sich auf Grund der logischen Verknüpfungen (UND/ODER) zwischen den eingegeben Zeichenketten unterscheiden. Im Anschluß an den Suchvorgang werden die Spektrenlegenden, die die eingegebenen Zeichenketten (z.B. Abkürzungen, Dezimalzahlen oder Summenformeln) enthalten, ausgegeben .
Eine besondere Bedeutung kommt der Textsuche in Verbindung mit der Erstellung von Bandenhäufigkeitsdiagrammen zu , indem man in der Strukturdatenbank zunächst eine Recherche nach Verbindungen mit bestimmten Strukturfragmenten oder funktionellen Gruppierungen durchführt und im Anschluß daran die gefundenen Spektren einer statistischen Auswertung zur Ermittlung von charakteristischen Bandenkombinationen zuführt .
Der Programmteil "Peaksuche" dient in erster Linie zur Verifikation von charakteristischen Bandenkombinationen , die mit Hilfe des statistischen Programms für Strukturfragmente ermittelt wurden . Zur Untersuchung , ob vermutete charakteristische Bandenkombinationen auch in anderen Spektren wiederzufinden sind, werden die Wellenzahlen und Intensitäten (jeweils mit einem geeigneten Toleranzbereich) der zuvor ermittelten Banden eingegeben . Bei der Peaksuche werden alle Einträge in der Peaktabellendatei, die mittels des Programms SPECLEG-IR generiert wurde , mit der eingegebenen Peakliste verglichen. Durch einen zahlenmäßigen und visuellen Vergleich zwischen den gefundenden Referenzspektren und den Spektren,die der Berechnung der Bandenhäufigkeitskurven zugrunde lagen , kann die Ermittlung von charakteristischen Bandenkombinationen überprüft und gesteuert werden (trial and error).

1 J.T.Clerc, H.Könitzer (1980) Computational Methods in Chemistry, Plenum Press New York, London
2 P.R.Griffiths, C.L.Wilkins (1988) Appl.Spectrosc. <u>42</u> 538-545
3 W.Bremser (1978) Anal.Chim.Acta 103 355-365
4 L.Call (1980) Pharm. uns. Zeit 6̄ 1̄6̄1-178
5 D.O.Hummel, F.Scholl (1984) Atlās of Polymer and Plastics Analysis, vol.2 Carl Hanser/VCH, Munich and Weinheim
6 H.B.Woodruff, S.R.Lowry, T.L.Isenhour (1975) Appl. Spectrosc. <u>29</u> 226-230

SPEKTRENVERGLEICH MIT AUSGLEICHENDEN SPLINE-FUNKTIONEN

S. Ebel[*], P. Fleischer, A. Karger

Universität Würzburg

Institut für Pharmazie und Lebensmittelchemie

D-8700 Würzburg

Abstract: Ausgleichende kubische Polynom-Splines, deren optimaler Steuerparameter mithilfe der Generalized-Cross-Validation-Methode geschätzt wird, stellen ein hervorragendes parameterfreies Verfahren zur Glättung und Ableitung stark verrauschter diskreter Meßdaten dar. Die Leistungsfähigkeit dieses Verfahrens wird am Beispiel einer UV-Spektrenbibliothek mit 10 Benzodiazepinen gezeigt. Die Glättung und Ableitung eines Probenspektrums vor dem Spektrenvergleich ergibt gegenüber der Verwendung ungeglätteter Daten bzw. deren Derivativspektren eine verbesserte Richtigkeit der Vergleichskennzahlen. Die dadurch erhöhte Selektivität ist geeignet, falsch positive bzw. falsch negative Zuordnungen zu vermeiden.

EINLEITUNG

Interpolation, Approximation und insbesondere Glättung und Ableitung von diskreten Meßwerten zu Auswertezwecken gehören zu vielen analytischen Disziplinen. Der weit verbreitete Golay-Savitzky-Algorithmus und die Fourier-Transformation liefern ausgeglichene Daten und Ableitungen lediglich in den Meßstellen und verlangen die Vorgabe gewisser Parameter (Fensterbreite, Abschneidefrequenz etc.), für deren Festlegung keine allgemeingültigen Regeln existieren.

Neben diesen beiden Verfahren stehen dem Analytiker nur sehr wenige Möglichkeiten zur Glättung und Ableitung zur Verfügung. Spline-Funktionen sind bisher recht selten für die Behandlung solcher Fragestellungen eingesetzt worden, obwohl für sie eine parameterfreie, d.h. automatisierbare und damit objektivierbare Berechnungsmethode existiert, sie eine geschlossene mathematische Funktion für den gesamten Meßbereich liefern und hervorragende Glättungseigenschaften besitzen.

SPLINE-FUNKTIONEN

Kubische Polynom-Splines [1] sind stückweise aus kubischen Polynomen zusammengesetzte Funktionen, die an den Nahtstellen glatt verheftet sind. Dabei stimmen Funktionswert, erste und zweite Ableitung benachbarter Teilfunktionen in den Nahtstellen überein.

G. Gauglitz (Hrsg.)
Software-Entwicklung in der Chemie 3
© Springer-Verlag Berlin Heidelberg 1989

Interpolierende Spline-Funktionen verlaufen genau durch die diskreten Meßdaten und können daher bei Daten mit geringem Rauschanteil z.B. zur Differentiation und Integration eingesetzt werden.

Ausgleichende Spline-Funktionen eignen sich hervorragend zur Datenauswertung bei stark fehlerbehafteten Meßwerten, da sie die registrierten Meßwerte approximieren und damit einen Glättungseffekt erzielen. Diese Funktionen werden über einen Parameter p gesteuert, der das Verhältnis von Datenglättung zu Approximation der Ausgleichsfunktion an die Daten bestimmt. Die Wahl dieses Parameters ist von entscheidender Bedeutung: ein zu kleiner Spline-Parameter bewirkt eine sehr gute Glättung (bei p=0 lineare Regression), aber eine starke Verfälschung des Signals; ein zu großer Parameter ergibt eine gute Anpassung an die Meßwerte (bei p=∞ Interpolation), aber ein schlechtes Glättungsergebnis. Als optimaler Parameter wird derjenige Spline-Parameter bezeichnet, der - im Sinne der Methode der kleinsten Fehlerquadrate - die beste Anpassung der ausgleichenden Spline-Funktion an die wahren, aber unbekannten Meßwerte liefert.

Mit dieser besten ausgleichenden Spline-Funktion hat man nun für den gesamten Meßbereich eine explizite mathematische Funktion berechnet, die Ableitungen, Integral sowie andere interessierende Kenngrößen eines Datensatzes in einfacher Weise liefert.

Die Abb. 1 und 2 zeigen ein optimales Glättungsergebnis für das mit einem Photodiodenarray-Photometer HP8450 registrierte UV-Spektrum von Diazepam (~10µg/100ml 0.1N -HCl) bzw. für die 1. Ableitung im Bereich von 220-400nm.

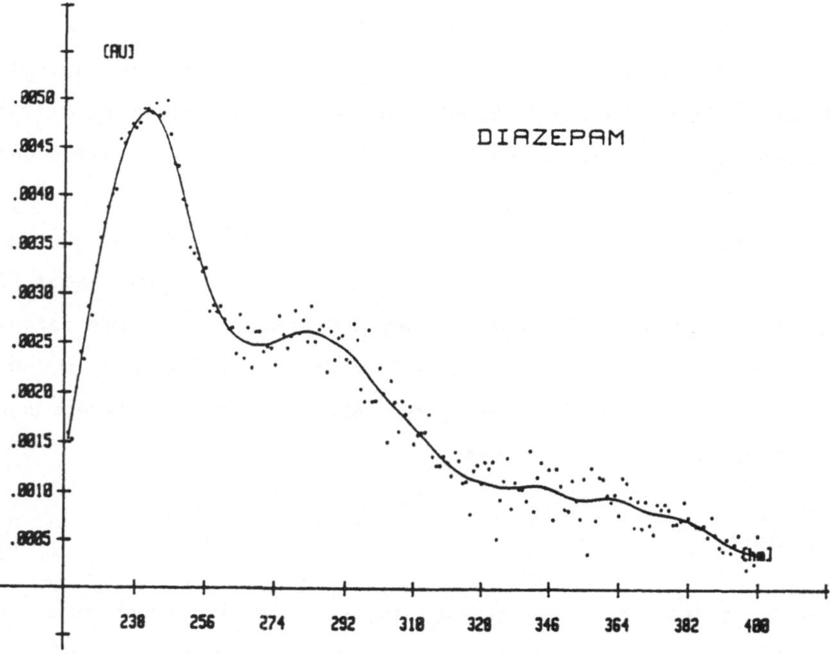

Abb. 1: Absorptionsspektrum von Diazepam (Probe 3) und optimaler ausgleichender Spline

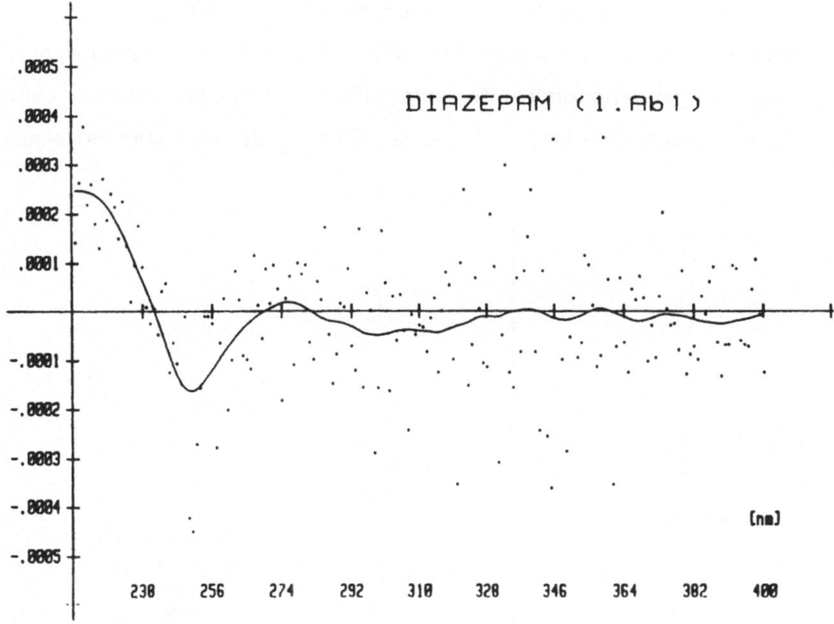

Abb. 2: Derivativspektrum des HP8450 und erste Ableitung des optimal ausgleichenden Splines des Diazepam-Probenspektrums (Probe 3)

BERECHNUNG DES OPTIMALEN SPLINE-PARAMETERS

Für äquidistante Datenpunkte (Anzahl n) läßt sich ein Schätzer des optimalen Spline- Parameters angeben. Bezeichnet man mit $y = (y_1,....,y_n)^T$ den Vektor der Meßdaten, mit $\hat{y}(p) = (\hat{y}_1(p),....,\hat{y}_n(p))^T$ den Vektor der ausgeglichenen Daten und mit H(p) diejenige n*n-Matrix, für die $\qquad \hat{y}(p) = H(p) * y \qquad$ gilt, dann ist nach [2] derjenige Parameter p^*, der die sog. "Generalized-Cross-Validation"-Funktion

$$V(p) = \frac{\frac{1}{n}\sum_{k=1}^{n}\left[y_k - \hat{y}_k(p)\right]^2}{\left[1 - \frac{1}{n}\,\mathrm{Sp}\,(H(p))\right]^2}$$

minimiert, ein unverzerrter Schätzer für den optimalen Spline-Parameter des Datensatzes y. Dabei ist Sp(H(p)) die Spur (=Summe der Diagonalelemente) von H(p).

Die Berechnung von p^* erfolgt iterativ; der Zeitaufwand beträgt für n=100 ca. 10sec (HP Serie 300, BASIC4.0) und wächst linear mit der Datenzahl. Weitere Einzelheiten und Anwendungen finden sich in [5].

Die Abb. 3 zeigt für ein simuliertes UV-Spektrum den prinzipiellen Verlauf von V(p) sowie den Verlauf der Fehlerquadratsummenfunktionen R(p) und A(p), die sich aus den wahren, d.h. unverfälschten Daten g_k bzw. deren Ableitung g'_k berechnen lassen:

$$R(p) = \frac{1}{n}\sum_{k=1}^{n}\left[g_k - \hat{y}_k(p)\right]^2 \qquad\qquad A(p) = \frac{1}{n}\sum_{k=1}^{n}\left[g'_k - \hat{y}'_k(p)\right]^2$$

Der optimale Parameter $\hat{p}$ ist derjenige Parameter, der R(p) minimiert.

Die Abb. 3 zeigt, daß der Schätzwert p* (der V(p) minimiert) sehr gut sowohl R(p) als auch A(p) minimiert; damit approximiert der so erhaltene Spline bzw. dessen Ableitung die wahren Daten bzw. deren 1. Ableitung im Sinne der Methode der kleinsten Fehlerquadrate.

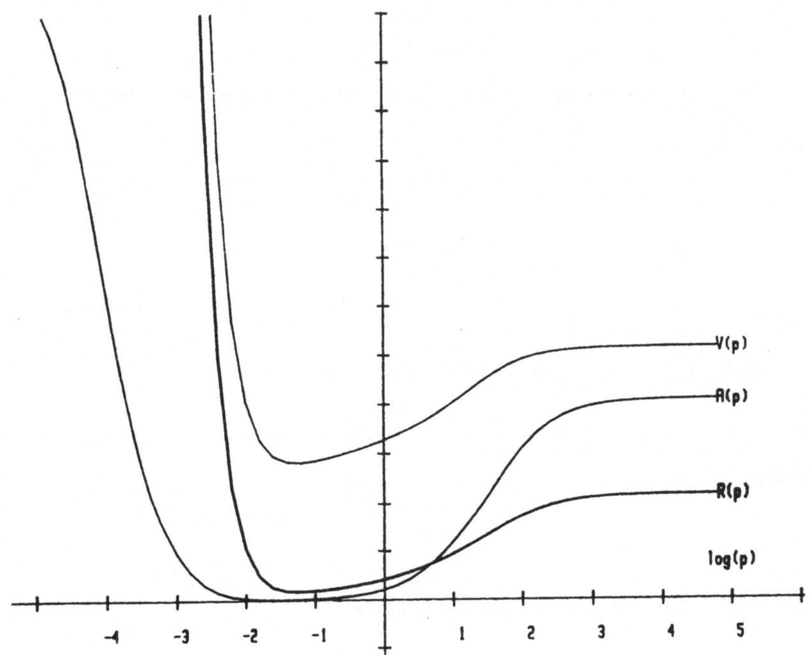

Abb. 3: Verlauf der Schätzfunktion V(p) sowie von R(p) und A(p) gegen log(p)

EXPERIMENTELLES

Als eine mögliche Anwendung der Glättung mit Spline-Funktionen wird der Vergleich von UV-Probenspektren mit Referenzspektren einer Bibliothek dargestellt. Die benutzte UV-Spektrenbibliothek besteht aus den mit dem Photodiodenarray-Photometer HP8450 erhaltenen und mit einem HP300 Tischrechner gespeicherten und ausgewerteten Absorptions- und Derivativspektren von 10 Benzodiazepin-Tranquillizern im Bereich von 220-400nm. Die Lösungen der Referenzen enthielten 1 - 2 mg Substanz in 100ml 0.1N-HCl. Der Vergleich von Spektren im optimalen Absorptionsbereich ist trivial. Es wurden deshalb Probenspektren aus stark verdünnten Lösungen aufgenommen (1:100 der Referenzlösungen). Während bei den Referenzspektren der Absorptionsbereich bei etwa 1 liegt und das Signal/ Rausch-Verhältnis größer als 1000:1 ist, zeigen die Probenspektren eine maximale Absorption von 0.005- 0.01 und ein Signal/Rausch-Verhältnis von 5:1 bis 10:1(Abb.1). Abb. 4 zeigt die normierten Spektren aller in der Bibliothek vorhandenen Substanzen.

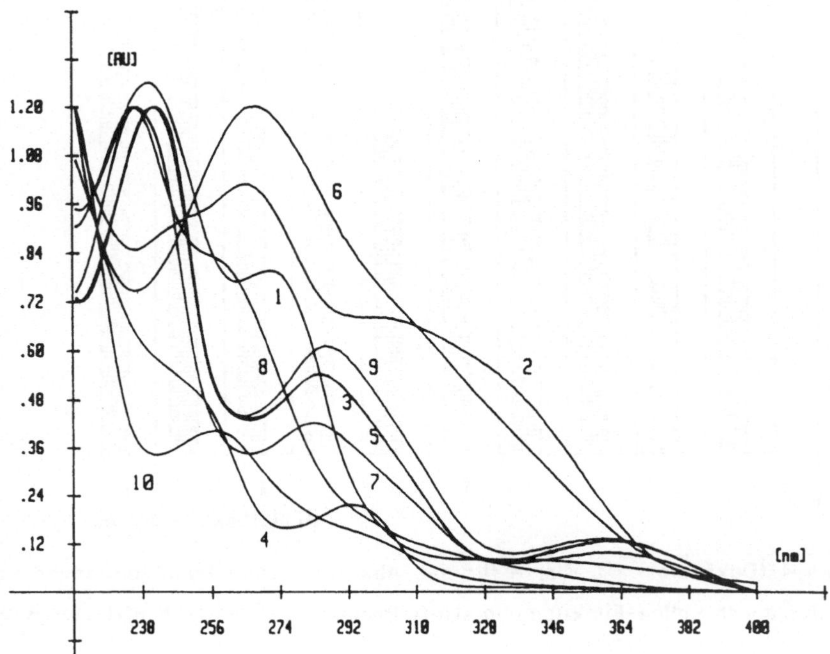

Abb. 4: Normierte Absorptionsspektren der Tranquillizer-Bibliothek (siehe Text)

Der Spektrenvergleich erfolgt durch die Berechnung des einfachen Korrelationskoeffizienten r_{yy} [3] zwischen einem Bibliotheksspektrum und dem untersuchten Probenspektrum, bzw. deren 1.Ableitung. Dazu werden die beiden Spektren standardisiert, so daß für beide Spektren

$$\sum_{k=1}^{n} y_k = 0 \qquad \text{und} \qquad \sum_{k=1}^{n} y_k * y_k = 1 \qquad \text{gilt.}$$

Die einfache Korrelation r_{yy} zwischen dem standardisierten Referenzspektrum y_{ref} und dem standardisierten Probenspektrum y_{sam} ist durch

$$r_{yy} = \sum_{k=1}^{n} y_{ref,k} * y_{sam,k} \qquad \text{gegeben.}$$

Der Wert des einfachen Korrelationskoeffizienten bewegt sich im Bereich $-1 < r_{yy} < 1$; r_{yy} nimmt bei einem Vergleich meßfehlerfreier Referenz- und Probenspektren der gleichen Substanz den Wert 1 an. Als weiteres Maß für die Übereinstimmung der zu vergleichenden Spektren kommen der Korrelationskoeffizient oder die Standardabweichung [4], die bei einer linearen Regression der beiden Spektren gegeneinander erhalten werden, in Frage. Weitere Vergleichskennzahlen, wie sie auch zur Spektrenidentifizierung in HPLC/UV-Datenbanken verwendet werden, finden sich in [6] und [7].

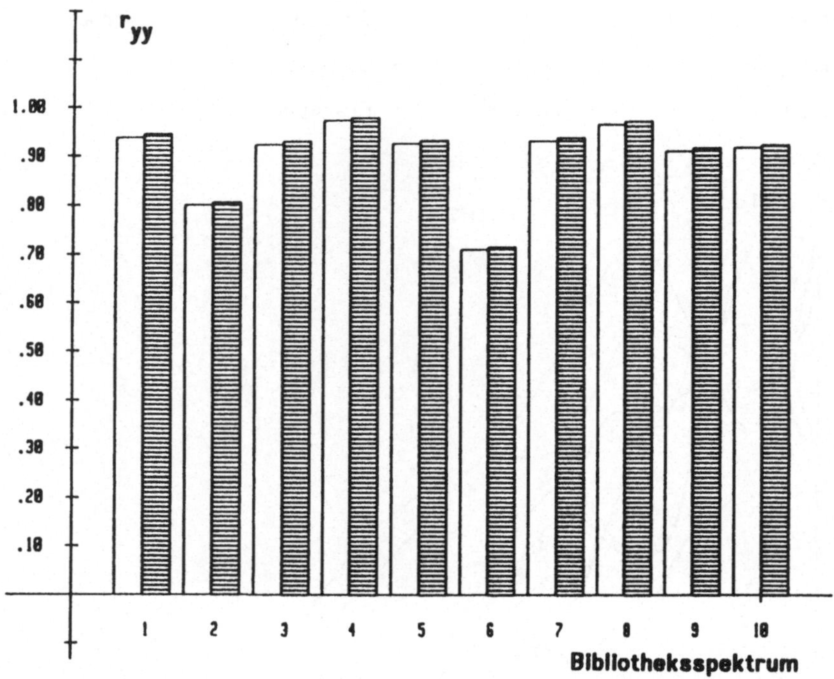

Abb. 5: Probe 4 (Doxepam): r_{yy}-Werte für das Absorptionsspektrum (einfacher Balken) und das durch Spline-Funktion geglättete Probenspektrum (schraffierter Balken)

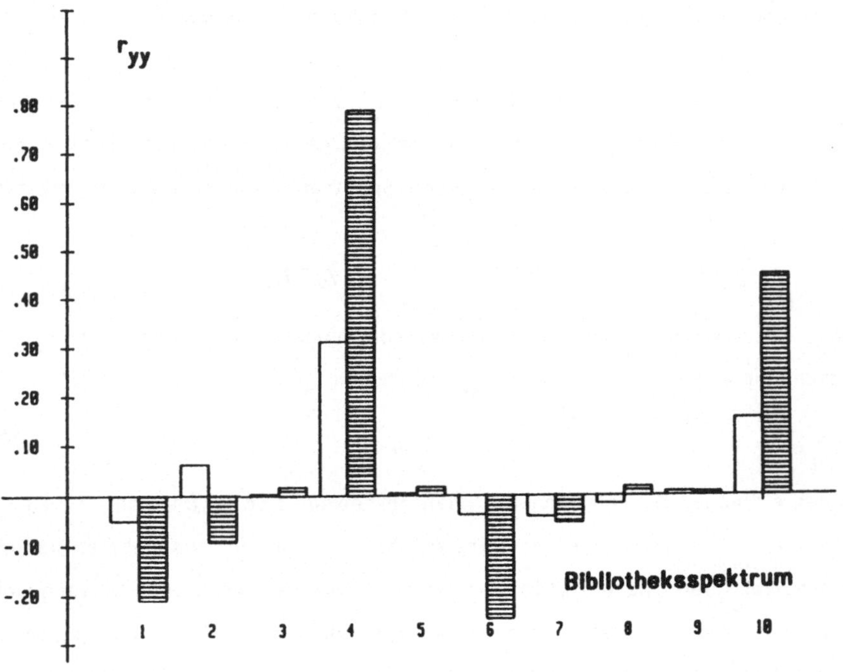

Abb. 6: Probe 4 (Doxepam): r_{yy}-Werte für das Derivativspektrum durch den HP8450 (einfacher Balken) und durch ausgleichenden Spline berechnet (schraffierter Balken)

Tabelle 1: r_{yy}-Werte zwischen den 10 Absorptionsspektren der Tranquillizerbibliothek und den Probenspektren dieser Substanzen.

Bibliotheks-spektrum	Probenspektrum									
	1	2	3	4	5	6	7	8	9	10
1	**0.995**	0.892	0.911	0.937	0.972	0.759	0.959	0.979	0.937	0.869
2	0.823	**0.975**	0.787	0.799	0.868	0.960	0.799	0.846	0.823	0.848
3	0.941	0.844	**0.955**	0.923	0.951	0.693	0.984	0.921	0.978	0.787
4	0.858	0.800	0.763	**0.972**	0.903	0.618	0.899	0.864	0.842	0.926
5	0.943	0.846	0.956	0.925	**0.952**	0.695	0.985	0.923	0.979	0.789
6	0.776	0.922	0.739	0.709	0.826	**0.998**	0.713	0.781	0.784	0.786
7	0.915	0.807	0.903	0.929	0.924	0.616	**0.980**	0.904	0.936	0.796
8	0.974	0.890	0.889	0.963	0.955	0.725	0.962	**0.983**	0.916	0.893
9	0.924	0.852	0.956	0.908	0.946	0.720	0.978	0.906	**0.982**	0.776
10	0.796	0.798	0.632	0.915	0.860	0.676	0.791	0.804	0.740	**0.971**

Tabelle 2: Vergleich der r_{yy}-Werte zwischen den 10 Derivativspektren der Tranquillizerbibliothek und den durch den HP8450 (Tab. 2a) bzw. durch die Splinefunktion (Tab. 2b) berechneten Derivativspektren der Proben .(r_{yy} <0 : -)

Tab. 2a:

Bibliotheks-derivativsp.	1. Ableitung der Probenspektren durch HP8450									
	1	2	3	4	5	6	7	8	9	10
1	**0.775**	0.031	0.352	-	0.283	-	0.473	0.368	0.299	-
2	—	**0.133**	-	0.061	-	0.525	-	-	-	0.217
3	0.570	-	**0.467**	0.004	0.302	-	0.562	0.230	0.424	-
4	-	-	-	**0.311**	0.078	-	-	-	-	0.253
5	0.576	-	0.468	0.005	**0.296**	-	0.565	0.235	0.428	-
6	-	0.125	-	-	-	**0.712**	-	-	-	0.267
7	0.555	-	0.425	-	0.193	-	**0.628**	0.307	0.347	-
8	0.507	0.036	0.266	-	0.033	-	0.442	**0.516**	0.145	-
9	0.541	-	0.457	0.007	0.291	-	0.568	0.219	**0.425**	-
10	-	0.013	-	0.153	-	0.333	-	-	-	**0.519**

Tab. 2b:

Bibliotheks-derivativsp.	1. Ableitung der Probenspektren durch optimierten Spline									
	1	2	3	4	5	6	7	8	9	10
1	**0.960**	0.186	0.677	-	0.726	-	0.728	0.686	0.705	-
2	—	**0.627**	-	-	-	0.737	-	-	-	0.629
3	0.714	-	**0.825**	0.017	0.760	-	0.858	0.434	0.946	-
4	-	-	-	**0.787**	0.078	-	-	-	-	0.712
5	0.719	-	0.830	0.017	**0.757**	-	0.862	0.442	0.948	-
6	-	0.526	-	-	-	**0.987**	-	-	-	0.574
7	0.709	-	0.806	-	0.557	-	**0.946**	0.590	0.834	-
8	0.640	0.217	0.554	0.017	0.130	-	0.677	**0.927**	0.383	-
9	0.675	-	0.811	0.006	0.730	-	0.856	0.418	**0.938**	-
10	-	0.009	-	0.446	-	0.425	-	-	-	**0.960**

ERGEBNISSE

Die in Tabelle 1 zusammengestellten r_{yy}-Werte zeigen, daß die eindeutige Zuordnung eines Probenspektrums zu einem der Bibliotheksspektren durch die Ähnlichkeit der in der Bibliothek enthaltenen Spektren untereinander erschwert wird. Wie Abb. 5 anhand des Doxepam-Probenspektrums zeigt, verbessert auch eine Glättung der Probenspektren mit einem ausgleichenden Spline die Zuordnung der Absorptionsspektren nicht entscheidend.

Zieht man neben dem Absorptionsspektrum dessen 1.Ableitung zum Spektrenvergleich heran, so werden die in Tabelle 2a und 2b wiedergegebenen r_{yy}-Werte gefunden. Als Derivativspektren werden das durch numerische Differentiation durch die Rechnereinheit des Photometers HP8450 (Tab. 2a) sowie das durch die Splinefunktion (Tab. 2b) erhaltene Ableitungsspektrum verwendet. Die bessere Ableitung durch die Splinefunktion macht sich in Tabelle 2 durch einen einfachen Korrelationskoeffizienten bemerkbar, der sich dem theoretischen Wert 1 nähert, wenn Proben- und Referenzsubstanz übereinstimmen. In Abb. 6 ist die erreichte Erhöhung der Selektivität aus dem Vergleich mit den verschieden berechneten Derivativspektren für die Doxepam-Probe graphisch dargestellt.

Die Verbesserung der Richtigkeit der berechneten einfachen Korrelationskoeffizienten wird durch einen Vergleich der Diagonalen der Tabellen 2a und 2b deutlich: die r_{yy}-Werte der durch Spline abgeleiteten Spektren kommen ausnahmslos dem theoretischen Wert 1 näher als die entsprechenden Diagonalelemente der Tab. 2a. Die verbesserte Richtigkeit der Kennzahlen führt zu einer erhöhten Selektivität des Spektrenvergleichs, welche die Basis für eine zweifelsfreie Zuordnung der Proben zu den Referenzen darstellt. Auf diese Weise ist durch die Berechnung des einfachen Korrelationskoeffizienten sowohl für das Absorptions- als auch für das durch die Splinefunktion bestimmte Ableitungsspektrum in vielen Fällen (Proben 1, 2, 4, 6, 7, 8 und 10) eine eindeutige Zuordung innerhalb der Bibliothek möglich. Auf die Ähnlichkeit der Spektren von Diazepam, Ketazolam (Prodrug von Diazepam) und Prazepam (Proben 3, 5, 9) sei hingewiesen.

LITERATUR

1 Späth H (1973) Spline-Algorithmen, Oldenbourg-Verlag, München Wien
2 Wahba G (1975) Numer Math 24: 383
3 Mager H (1982) Moderne Regressionsanalyse, Verlag Sauerländer, Aarau
4 Weitkamp H, Wortig D (1977) Microchim Acta II: 315
5 Fleischer P, Dissertation, Würzburg (in Vorbereitung)
6 Ebel S, Mück W, Werner-Busse A (1987) Fres Z Anal Chem 327:794
7 Ebel S, Mück W (1988) Fres Z Anal Chem 331:359

PC-GESTÜTZTE ERFASSUNG REDUZIERTER SPEKTREN UND PEAKPROFILE IN DER MASSENSPEKTROMETRIE

M. Resch, D. Müller, G. Bergmann

Lehrstuhl für Analytische Chemie, Ruhr-Universität Bochum, Postfach 102148, D-4630 Bochum 1

Zusammenfassung

Es wurde basierend auf einem PC-AT ein Datensystem zur Erfassung von Massenspektren und zur Steuerung eines Massenspektrometers aufgebaut.

Das System erbringt zur Zeit folgende Leistungen :

— Automatische Kalibrierung des erfaßten Massenbereichs über variable, vom Anwender definierte Referenzspektren.

— Verfügbarkeit der Rohdaten. Möglichkeit der Bearbeitung und Akkumulation.

— Schnelle Erzeugung und Darstellung reduzierter Spektren. In der GC-MS-Kopplung beträgt bei einer Scanzeit von 0.75 s für einen Magnetfeldscan von 30 bis 300 amu (Gerät MAT CH-7) die Cycluszeit mit Bearbeitung, graphischer Darstellung und Sicherung des reduzierten Spektrums 1.75 s.

— Die vom Datensystem in den Rohdaten und reduzierten Spektren erfaßte Dynamik beträgt 15000, gemessen an den Isotopenpattern von Hexachlorbenzol.

Zielsetzung

Im Bereich Massenspektrometrie wird für MIKE-Spektrometrie, Hochauflösungsmessungen und FAB ein Massenspektrometer MAT 731-E genutzt. Mit einem MAT CH-5 und einem senkrechtgestellten Quadrupol als Energieanalysator werden photoneninduzierte Fragmentierungen untersucht. In der Kapillar GC-MS-Kopplung wird ein MAT CH-7 eingesetzt. Daraus folgt, daß die Datenerfassung einerseits in der GC-MS-Kopplung während einer Messung schnell reduzierte Spektren erzeugen und darstellen sollte, andererseits für die anderen Aufgabenstellungen die Möglichkeit bieten muß, große Rohdatensätze zu erfassen.

Als Grundlage der Datenverarbeitung und Reduktion sollen die gespeicherten Rohdaten dienen, um auch später problemangepaßt Akkumulations-, Glättungs- oder Reduktionsalgorithmen anwenden zu können. Es soll eine ausreichende Sampling-Rate und eine hohe Dynamik bei der Erfassung und Reduktion der Rohdaten erreicht werden (1). Das Datensystem soll den Nutzer bei der Optimierung von Peakprofilen, dem Nullpunktabgleich der Meßverstärker, der Wahl von Reduktionsparametern und der Eichung mit verschiedenen Referenzsubstanzen unterstützen. Das System sollte mit möglichst geringem Kostenaufwand erstellt werden.

G. Gauglitz (Hrsg.)
Software-Entwicklung in der Chemie 3
© Springer-Verlag Berlin Heidelberg 1989

Datensystem und Interface

Es wird ein Datensystem verwendet, das aus einem PC-AT mit 8 MHz Taktfrequenz, Coprozessor, 640 kB Kernspeicher, monochromer Graphik-Karte und 30 MB Festplatte unter MS-DOS besteht. Diese Ausstattung stellt für das entwickelte Interface und die zugehörige Verarbeitungssoftware die Minimalkonfiguration dar.

Ein Blockdiagramm des zur Datenwandlung und -übertragung auf den PC entwickelten Interface ist in Abb. 1 dargestellt. Es stehen zwei Kanäle mit jeweils 15 bit für Massenreferenz und Ionenstrom sowie ein weiterer 12 bit-Kanal mit acht Multiplex-Eingängen für Totalionenstrom und andere Parameter zur Verfügung. Die mit 15 bit mögliche digitale Auflösung begrenzt den darstellbaren Massenbereich auf 0–2048 amu (1/16 amu pro bit). Die Sampling-Rate beträgt 20 kHz pro Kanal, das entspricht einer Datenrate von 120 kB/s.

Die Speicherkapazität für Rohdaten ist 192 kB. Daraus folgt bei einer Massenauflösung R = 800 für einen exponentiellen Magnetfeldscan ein Massenbereich von 2 Dekaden für das reduzierte Spektrum (8 Meßwerte pro Peak). Die Rohdaten bleiben verfügbar. Die Scangeschwindigkeit des Massenspektrometers darf unter diesen Bedingungen maximal 0.75 s/Dekade (z.B. 30–300 amu) betragen. Das Datensystem benötigt in der GC-MS-Kopplung zur Erzeugung eines reduzierten Spektrums mit TIC-Korrektur, Massenkonvertierung, graphischer Darstellung und Sicherung auf einer Festplatte 1 s (Massenbereich 30–300 amu). Daraus folgt eine minimale Cycluszeit von 1.75 s.

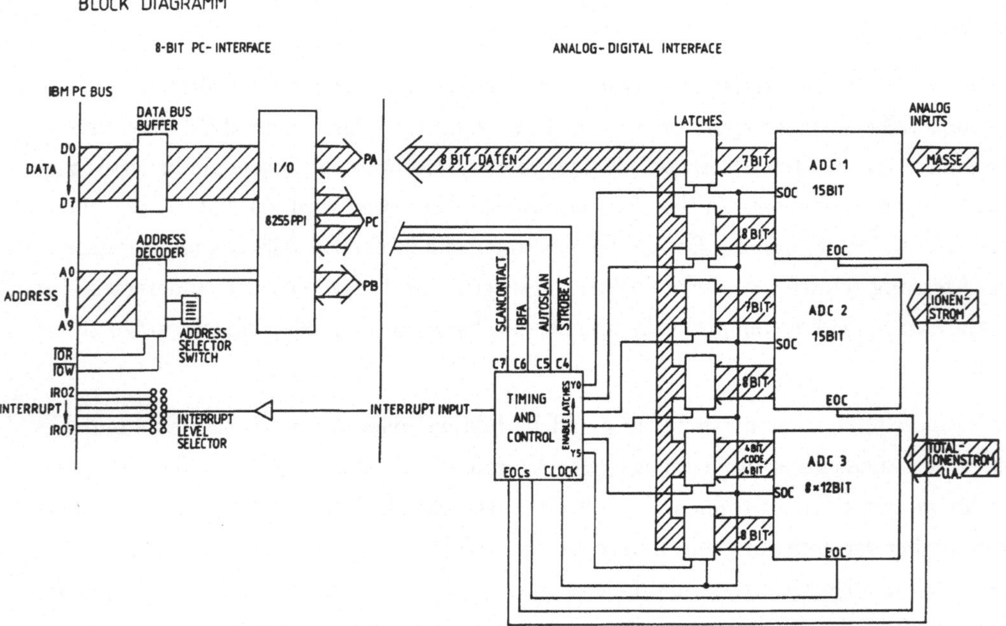

Abb. 1: Funktionsdiagramm des Interface zur Datenerfassung

Anwendungen des Datensystems

In Abb. 2 ist das Peakprofil des Basepeak m/z = 69 amu eines PFK-Spektrums darge-
stellt. Die Verfügbarkeit der Rohdaten läßt eine Beurteilung der Peakprofile hinsichtlich
Form, Auflösung, Stützpunktdichte und Signal-Rausch Verhältnis zu. Dies bietet dem
Anwender eine Kontrollmöglichkeit, ob die Rohdaten den Erfordernissen des angewandten
Reduktionsalgorithmus genügen und die nachfolgende Datenreduktion sinnvolle Ergebnisse
liefert.

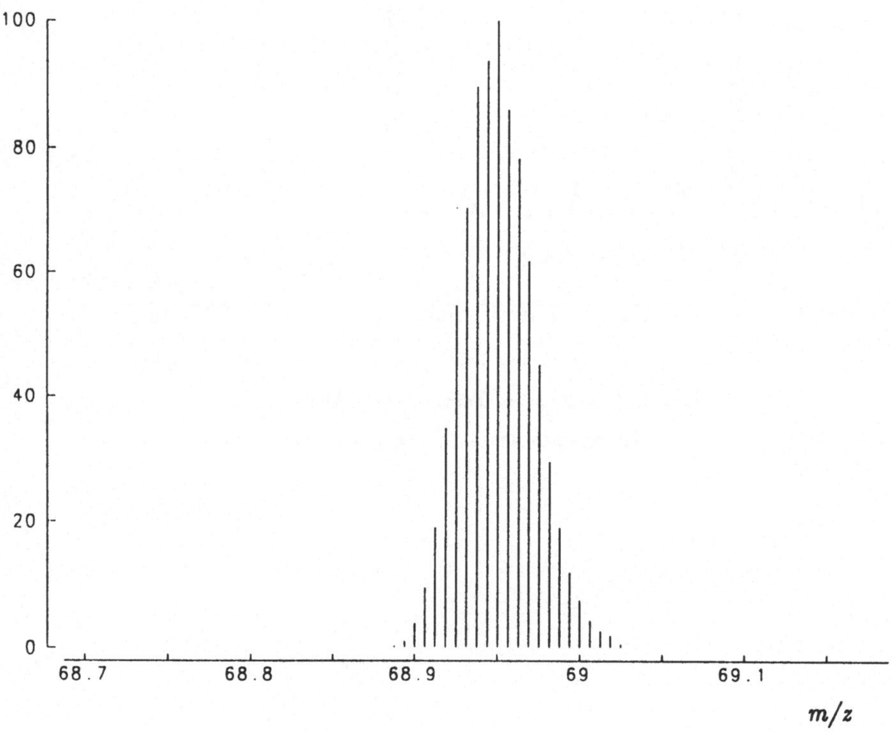

Abb. 2: Perfluorkerosin
Profil des Peaks m/z = 69 amu

In Abb. 3 ist das Totalionenstrom-Chromatogramm eines Terpengemisches, erhalten in
einem GC-MS-Experiment, dargestellt. Abb. 4 zeigt das reduzierte Massenspektrum des
Thujons. Zur Reduktion wird ein Waage-Algorithmus verwendet (2). Dieser läßt sich mit
zwei Parametern an Massenauflösung und Scangeschwindigkeit sowie das Signalrauschen
des Massenspektrometers anpassen. Während des Experiments kann jederzeit zwischen der
Darstellung des aktuellen Massenspektrums und des Totalionenstrom-Chromatogramms
umgeschaltet werden.

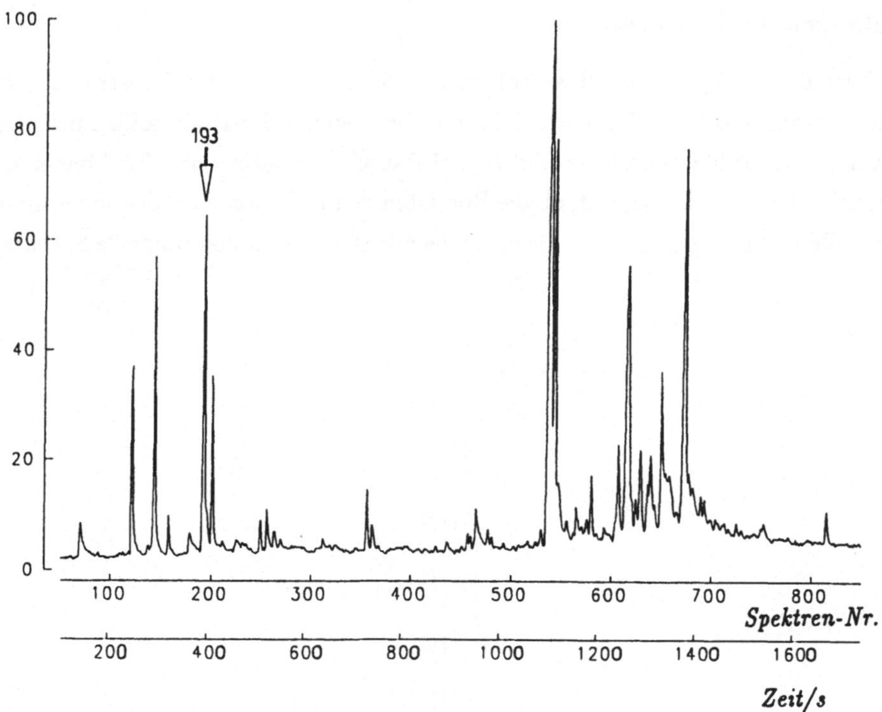

Abb. 3: GC-MS eines Terpengemisches
Totalionenstrom-Chromatogramm

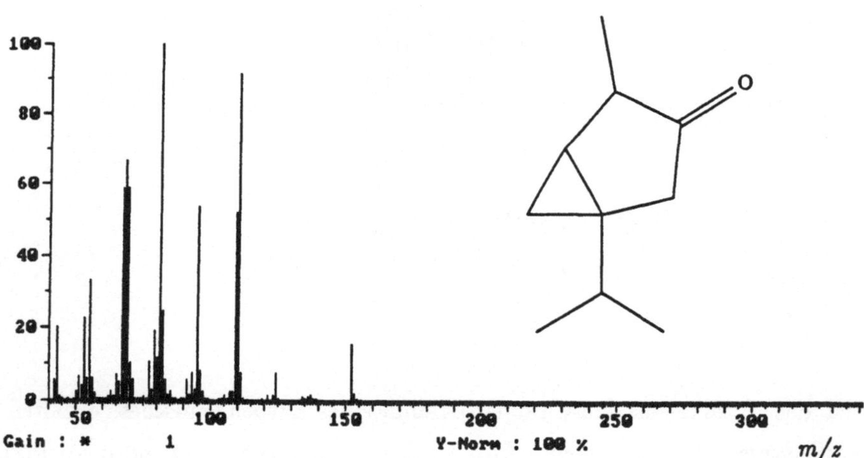

Abb. 4: GC-MS eines Terpengemisches
Massenspektrum von Thujon

Ein Beispiel für die Aufnahme des MIKE-Spektrums (mass ion kinetic energy spectrum) eines o-Trimethylsilyloxy-Acetophenons ist in Abb. 5 dargestellt (3). Ein Ausschnitt des Peakprofils bei m/z = 73 amu ist in Abb. 6 zu sehen.

Abb. 5: 2-TMSO-Acetophenon, MIKE-Spektrum des M−CH₃ Ions, m/z = 193 amu, aufgenommen an einem MAT 731-E

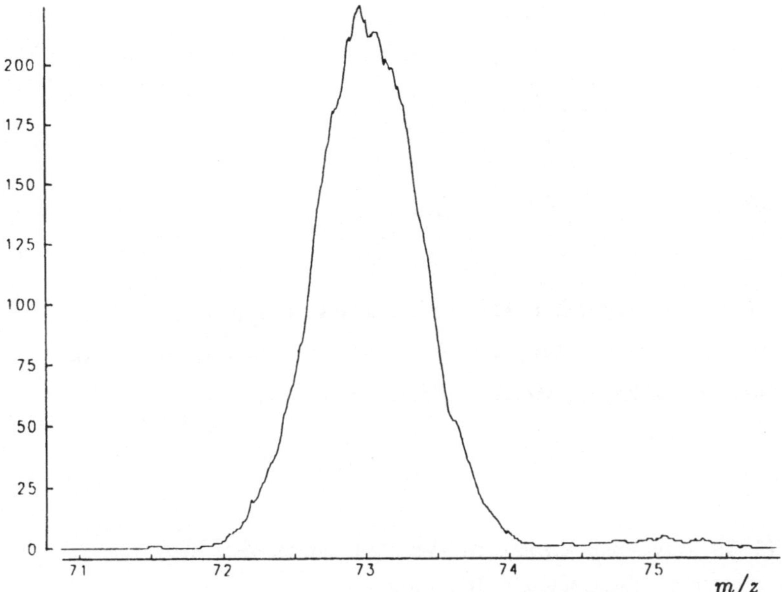

Abb. 6: Signal bei m/z = 73 amu des MIKE-Spektrums aus Abb. 4, geglättet

In den Massenspektren der Trimethylsilyl-Derivate der Hydroxy-acetophenone erscheint in Abhängigkeit der Stellung der Substituenten das Signal bei m/z = 165 amu in sehr unterschiedlicher Intensität. Hochaufgelöste Magnetfeldscans an einem MAT 731-E (Varian-SS200 Datensystem) führten beim ortho-Derivat zu keiner Massenzuordnung für das mit einer Intensität < 1% auftretende Multiplett.

Mit Hilfe des Peak-Matching-Verfahrens ließen sich die Massen der drei mittleren Signale in Abb. 7 zu 165.018, 165.037 und 165.074 amu bestimmen. Eine Aussage über die weiter außen liegenden Signale war aufgrund zu geringer Intensität nicht möglich.

In Abb. 7 ist das Ergebnis der Rohdaten-Akkumulation mehrerer exponentieller Magnetfeldscans dargestellt.

In der FAB-Massenspektrometrie ergeben sich im Niederauflösungsbereich ähnliche Probleme bei der direkten Datenreduktion von Peakgruppen geringer Intensität im höheren Massenbereich. Eine Anwendung der Rohdatenakkumulation auf FAB-Messungen ist geplant.

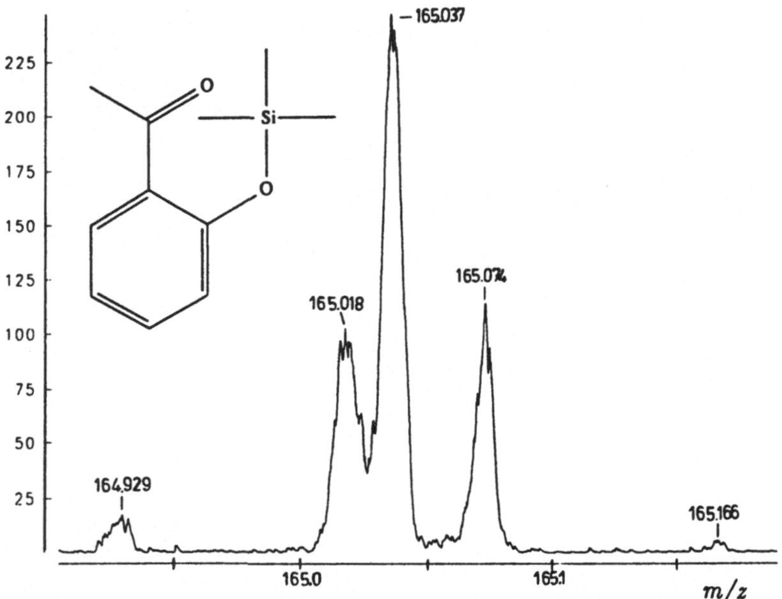

Abb. 7: 2-TMSO-Acetophenon, Akkumulation von 25 exponentiellen Magnetfeldscans der Peakgruppe bei m/z = 165 amu, gemessen an einem MAT 731-E, Massenauflösung R = 10000

Literatur

1 Kienitz H (1968) Massenspektrometrie. Verlag Chemie, Weinheim

2 Sollböhmer P (1980) Diplomarbeit. Bochum

3 Lichtenstein N, Müller D (1985) Org Mass Spectrom 20-6:432

4 Cooling JE (1986) Real-Time Interfacing. Van Nostrand Reinhold, UK

SPECTRAFILE-IR
DIE
DATENSTATION FÜR DIE IR-SPEKTROSKOPIE

K. Holland-Moritz

Heyden & Son GmHbH
Software for Science and Industry
Max-Planck-Str. 17a
5000 Köln 40

Was ist Spectrafile-IR?

SPECTRAFILE-IR hat sich mit mehr als 450 verkauften Systemen als weit verbreitete Lösung zur spektroskopischen Datenverarbeitung durchgesetzt.

Seit sich der IBM-PC als anerkannter Standard sowohl auf dem Gebiet der wissenschaftlichen als auch der geschäftlichen Datenverarbeitung herausgestellt hat, bietet dieses Software- Paket zusammen mit einem Personal Computer eine günstige und erweiterungsfähige Ausstattung für die Laboratorien, die sich mit der Infrarotspektroskopie befassen.

Zusätzlich zu SPECTRAFILE-IR können Sie Ihren PC für andere Arbeiten nutzen. Das System stellt also nicht nur eine effektive und vielseitige IR-Datenstation für Sie dar, sondern Sie können auf Ihrem PC außerdem mit SPECTRAFILE-UV oder mit anderen Software-Paketen arbeiten, wie Datenbank- oder Textverarbeitungsprogrammen.

SPECTRAFILE-IR beinhaltet alle wichtigen Funktionen für den IR-Spektroskopiker, insbesondere für die Spektrensuche, die quantitative Arbeit und den Datentransfer.
Das Programm steht zur Zeit in den drei Sprachen Deutsch, Englisch und Französisch zur Verfügung.

Einfache Handhabung

SPECTRAFILE-IR ist einfach zu verstehen, leicht anzuwenden und benutzerfreundlich, da die nach ihrer spektroskopischen Funktion geordneten Module über Bildschirm-Menüs aufgerufen werden. Jedes dieser Menüs stellt bis zu zehn spektroskopische Programmfunktionen zur Verfügung, die der Anwender einzeln auswählen kann. So sind im QUANT-MODUL quantitative Funktionen zusammengefaßt, wie:

     Konzentrationsbestimmung
     Mischungsanalyse
     Öl in Wasser Analyse
     Erstellung von Kalibrierkurven

während das SUCHE-MODUL verschiedene Bibliotheksfunktionen anbietet:

     Erstellung und Erweiterung von Spektrenbibliotheken
     Suche in eigenen oder kommerziellen Bibliotheken
     Textsuche
     Peaklisten

G. Gauglitz (Hrsg.)
Software-Entwicklung in der Chemie 3
© Springer-Verlag Berlin Heidelberg 1989

Der Einstieg in dieses Menü-System erfolgt über das HAUPTMENÜ, von dem dann alle anderen Menüseiten aufgerufen werden können.

Das Befehlseingabesystem von SPECTRAFILE-IR ist für den Anfänger und den erfahrenen Anwender gleichermaßen leicht zu handhaben. SPECTRAFILE-IR erlaubt drei Arten der Befehlseingabe:

> Auswahl der Menü-Funktion mittels der Zeiger-Tasten für den unerfahrenen Benutzer.

> Eingabe der ersten drei Buchstaben einer jeden Funktion für den erfahrenen Benutzer. Dieser Weg umgeht das Umblättern der einzelnen Menüseiten.

> Auswahl der am häufigsten verwendeten Funktionen über die Funktionstasten.

Auswahlentscheidungen innerhalb von Parametersätzen werden in der Dialogbox über die Zeigertasten durchgeführt. Texteingaben erfolgen nach Aufforderung in der Dialogbox.

Hochauflösende Graphik

Die Spektren werden in der hochauflösenden 640 x 350 Farbgrafik des EGA-Standards auf dem Bildschirm abgebildet. Zum Vergleich zweier oder mehrerer Spektren auf dem Bildschirm erweist sich diese grafische Fähigkeit als eine unverzichtbare Hilfe. Da die Spektren in unterschiedlichen Farben dargestellt werden, können selbst geringfügige Unterschiede auf den ersten Blick festgestellt werden.

Für diffizilere Diagnosen erlaubt Ihnen SPECTRAFILE-IR, mittels der FENSTERTECHNIK auch sehr kleine Ausschnitte in voller Bildschirmgröße darzustellen.

Die FENSTERTECHNIK von SPECTRAFILE-IR ermöglicht es Ihnen zwischen maximal zehn Spektrenausschnitten umzuschalten, die entsprechenden Wellenzahl- und Intensitätswerte abzuspeichern und bei späterer graphischer oder quantitativer Auswertung anderer Spektren wieder zu benutzen.

Als ergänzende Hilfe beim Vergleich von Spektren lassen sich mit dem Zeiger an jedem beliebigen Datenpunkt der dargestellten Kurven die Intensitäten in Transmissions- und Extinktionseinheiten direkt ablesen.

Alle Bildschirm-Darstellungen können per Tastendruck entweder als 'Hardcopy' auf einem Matrixdrucker oder als qualitativ hochwertiger Plot auf einem HPGL-kompatiblen Plotter ausgegeben werden. Mit einem einzigen Tastendruck können Sie einen Farbplot der Spektren des aktiven Fensters auf Ihrem Farbplotter initialisieren.

Vielseitige Plot- und Reportmöglichkeiten

SPECTRAFILE-IR bietet Ihnen eine äußerst umfangreiche Plotroutine für alle Plotter, die dem HEWLETT PACKARD GRAPHICS LANGUAGE (HPGL) Standard folgen. Sie können Spektren in verschiedenen Farben übereinanderlagern und in verschiedensten Größen zeichnen.

Das PLOT-MENÜ bietet 18 verschiedene Formate an, um die aktuell in den Spektrenspeichern befindlichen Spektren zu Papier zu bringen. Sollten diese Möglichkeiten für Sie nicht ausreichen, so ist es außerdem möglich, auf einfache Art eigene Plotformate einschließlich der Textpositionierung und der Auswahl der Farbstifte zu entwerfen.

Alle Reporte, die Spectrafile-IR von Quant- oder Suche-Routinen erstellt, werden auf dem Bildschirm ausgegeben. Zusätzlich läßt sich die Ausgabe zu einem IBM-kompatiblen Drucker leiten und/oder als ASCII-DATEI auf der Disk abspeichern. Letzteres ermöglicht Ihnen, die Berichte mit dem TEXTVERARBEITUNGSSYSTEM Ihrer Wahl an Ihre speziellen Erfordernisse anzupassen.

Subtraktion von Spektren

Die Subtraktion von Spektren ist eine sehr große Hilfe für jeden Spektroskopiker. Die interaktive Subtraktion von SPECTRAFILE-IR erlaubt, einzelne Komponenten anhand ihrer spektralen Charakteristika zu eliminieren oder Konzentrations- und Schichtdickenunterschiede, die sich in negativen Peaks niederschlagen, automatisch zu kompensieren.

Im Subtraktions-Modul stehen drei Subtraktionsroutinen zur Verfügung:

Emissionskorrektur zur Korrektur störender Emissionserscheinungen.
Buffersubtraktion zur Subtraktion zweier Spektren mit einem vorher festzulegenden konstanten Faktor.
Bildschirmsubtraktion zur interaktiven Subtraktion auf dem graphischen Bildschirm.

Bei der Bildschirmsubtraktion zeigt der obere Teil des Bildschirmes die beiden Spektren, die zur Differenzbildung benutzt werden, während auf dem unteren Teil das jeweils aktuelle Ergebnis der Subtraktion dargestellt wird. Das Ergebnis kann durch einen einzigen Tastendruck entweder als Bildschirmausdruck zum Drucker geleitet oder als zusammen mit dem Original- und Referenzspektrum in optimaler Qualität ausgeplottet werden.

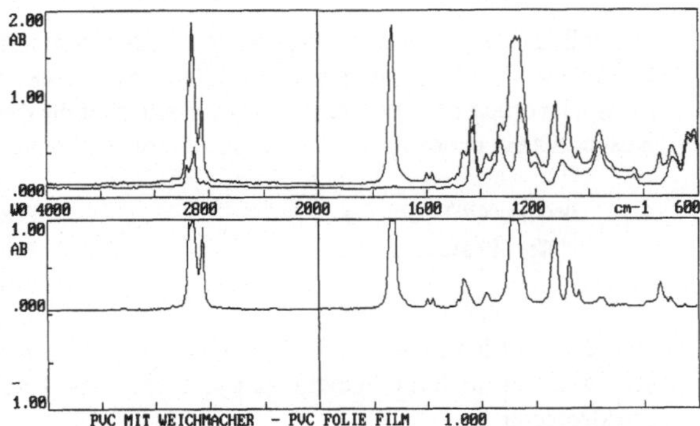

Bearbeitung von spektralen Daten

Über die Menüfunktionen oder innerhalb des Grafik-Modus können die Spektraldaten mit einem umfangreichen Satz von Kalkulationsroutinen bearbeitet werden. Folgende Funktionen stehen zur Verfügung:

Umwandlung von Extinktion in Transmission und umgekehrt
Normierung
Automatische und manuelle Basislinienkorrektur
Glätten, erste und höhere Ableitungen
Reduktion und Interpolation von Datenpunkten
Addition und Subtraktion von Konstanten
Skalierung und Multiplikation von Spektren
Division von Spektren
Logarithmierung von Extinktionsspektren
Kubelka-Munk Konvertierung
Ausschnitte von Spektren
Elimination von unerwünschten Peaks

Vollständige Spektrometersteuerung

Der IRSCAN-MODUL stellt alle Funktionen zur Verfügung, die man benötigt, um die Spektrometer-parameter zu setzen und den Ablauf der Spektrenaufnahme zu steuern. Die meisten modernen IR-Spektrometer, die mit einem Computerinterface (RS 232, IEEE usw.) ausgestattet sind, können mit SPECTRAFILE-IR betrieben werden:

Bruker IFS25	Perkin Elmer 283, 383, 583
Digilab Qualimatic	Perkin Elmer 298, 398, 598
Hitachi 270	Perkin Elmer 681, 682, 683
Lloyd FT 600	Perkin Elmer 781, 782, 783
Nicolet MX	Perkin Elmer 841, 842, 843
Philips 9500 series	Perkin Elmer 881, 882, 883
Philips 9700 series	Perkin Elmer 983
Shimadzu 435	Perkin Elmer 1320, 1330, 1410, 1420 ,1430
Shimadzu 460, 470	Perkin Elmer 1600
Shimadzu 4100, 4200, 4300	Perkin Elmer 1710, 1720, 1760

Spezielle DATENERFASSUNGSMODULE von SPECTRAFILE-IR für Analog/Digital Konverterinterfaces ermöglichen die Datenaufnahme von älteren Spektrometern. Sie bieten dann neben der Spektrenspeicherung alle anderen Auswertemöglichkeiten von SPECTRAFILE-IR zu einem Bruchteil der Kosten für ein neues Spektrometer. Zu diesen Spektrometern zählen:

Beckman 4200 series	Perkin Elmer 277, 377, 577
Philips SP3 series	Perkin Elmer 297, 397, 597
	Perkin Elmer 299, 399, 599

Der IRSCAN-MODUL ist auf die besonderen Funktionen des angeschlossenen Spektrometers zugeschnitten. Alle anderen Funktionen von SPEKTRAFILE-IR sind unabhängig vom angeschlossenen Spektrometer.
Alle spektralen Daten werden im SPECTRAFILE-IR Format abgelegt und sind unabhängig von dem jeweils angeschlossenen Spektrometer.

Datentransfer

SPECTRAFILE-IR verwendet zur internen Darstellung der Spektren ein eigenes Datenformat, um zu gewährleisten, daß die auf unterschiedlichen IR-Spektrometern aufgenommenen Spektren miteinander verglichen, ausgewertet und in Bibliotheken zusammengefaßt werden können.
Der EXP/IMP-MODUL (Export/Import) eröffnet dem Anwender den Zugang zu annähernd allen in der Spektroskopie üblichen Anlagen. Mit dem TRANSFER-MODUL können Daten anderer Formate über Disketten und Kommunikations-Schnittstellen ausgegeben und eingelesen werden. Bei Instrumenten von Herstellern, die Spektren im JCAMP-DX Format anbieten (NICOLET, BRUKER, PERKIN-ELMER, BOMEN usw.) können diese Daten direkt von SPECTRAFILE-IR gelesen oder zu dem jeweiligen Gerät übertragen werden. Weiterhin erlauben spezielle Routinen, Spektren, die auf DOS formatierten Disketten abgespeichert sind, in das SPECTRAFILE-IR Format zu konvertieren. Somit ermöglicht SPECTRAFILE-IR den Daten-Austausch zwischen Anwendern mit den unterschiedlichsten Spektrometern und Spektrometerrechnern. Die Spektraldaten können in zentralen Rechenanlagen abgelegt werden und so einem größeren Kreis von Nutzern zugänglich gemacht werden.

Spektrensuche und Bibliothekserstellung

Erfahrene Spektroskopiker wissen, daß die BIBLIOTHEKSSUCHE zu den wichtigsten Anwendungsgebieten in der IR-Spektroskopie zählt. Neben der Speicherung der kompletten Originalspektren auf Disketten und den anderen üblichen Speichermedien können Sie mit SPECTRAFILE-IR eigene Bibliotheken von DERESOLVED Spektren anlegen.

Diese Bibliotheken können sehr schnell und mit großer Präzision unter der Anwendung eines der vier zur Verfügung stehenden Vergleichsalgorithmen, kombiniert mit einer Textsuche mit vier logischen AND und/oder OR Verknüpfungen, durchsucht werden. Die Ergebnisse einer Suche werden durch einen relativen Wert - die HIT-QUALITÄT- ausgedrückt und in einer Hitliste, dem Report, auf dem Bildschirm ausgegeben. Der Report kann zusätzlich ausgedruckt und/oder als ASCII-DATEI zur Disk geschrieben werden.

```
                                          S e a r c h    M e n u
       S P E C T R A F I L E              10-01-89  14:36:24  4
                                               Immediate
       ───────────────────── P E 7 8 2 X ─────────────────────

       TOLUENE CAPILARRY
       Algorithm: 1     10-01-89     14:36:12    4 cm-1  3700-500  Window: 3700 - 500

       Hit Qual  Library    Vol/Spec    Description
       ─────────────────────────────────────────────────────────────────────
        1  1083  C:SOLVENT1  1/  69      85       TOLUOL SOLVESSOSOLVESSO TOLUOL
        2  1204  C:SOLVENT1  2/ 139      1217     SUCCINONITRILE
        3  1260  C:SOLVENT1  1/ 286      403      CHEVRON SOLVENT 230L
        4  1370  C:SOLVENT1  1/ 405      549      GLIDCO DIPENTENE-400DIPENTENE-400
        5  1383  C:SOLVENT1  2/  60      1134     ARCO NITRATION TOLUENE
        6  1384  C:SOLVENT1  1/ 291      408      ESPESOL 6
        7  1415  C:SOLVENT1  1/ 497      1066     F.O. 180
        8  1416  C:SOLVENT1  1/ 238      341      CHEVRON SOLVENT 51L
        9  1437  C:SOLVENT1  1/ 373      513      BARCHLOR 16S CETYL CHLORIDE
       10  1446  C:SOLVENT1  1/ 412      559      BENZENE, M-DICHLORO-,METADICHLOROBE

       Select #:    view text page 1   2   3   4   5   6   7   8   9   10

                    Select Using Arrow Keys and Press ENTER
```

SPECTRAFILE-IR faßt die 20 besten Hits in einem Report zusammen. Die Skala der HIT-QUALITÄT beginnt mit Null für den besten Hit. Je kleiner die HIT-QUALITÄT, umso besser ist die Übereinstimmung mit dem Bibliotheksspektrum.
Der große Vorteil des Bibliothekssuchsystems von SPECTRAFILE-IR liegt, neben seiner Genauigkeit, darin, daß bis zu 4 Spektren von der Hitliste ausgewählt und mit dem zu identifizierenden Spektrum auf dem Bildschirm überlagert dargestellt werden können. Ein einziger Tastendruck genügt dann, um alle Spektren mit der zugehörigen Textinformation auf dem Plotter auszuplotten.

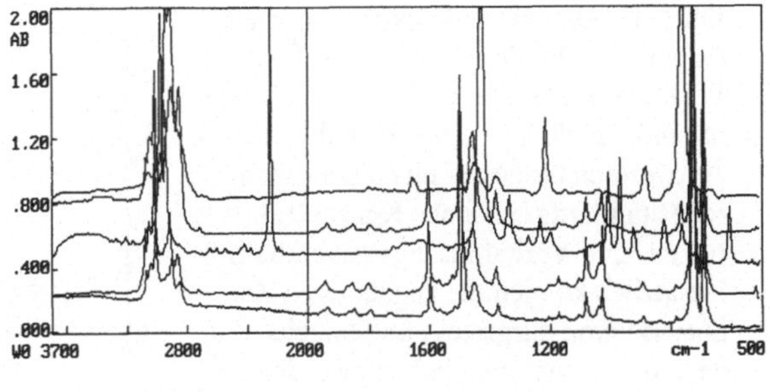

Weiterhin können die Textinformationen in den vom Benutzer erstellten Bibliotheken mit zusätzlichen Informationen ergänzt werden, die in einer DBASE-DATEI gesammelt wurden.

Diese Bibliotheken kombiniert mit kommerziellen Bibliotheken, wie sie z.B. von den Sadtler-Laboratories oder Hummel angeboten werden, bieten eine unschätzbare Hilfe bei der schnellen Analyse unbekannter Spektren.

HEYDEN & SON liefert folgende mit SPECTRAFILE-IR kompatiblen SADTLER-Bibliotheken.

Package Bibliotheken

Bibliothek	Zahl der Spektren
Adhesives & Sealants	500
Basic Monomers & Polymers	1500
Fibers & Textile Chemicals	490
Flame Retardants	600
Gases & Vaspors	150
Inorganics	250
Intermediates	500
Minerals & Clays	440
Monomers & Polymers	1800
Organometallics	350
Petroleum Chemicals	325
Polymer Additives	1500
Priority Pollutants	500
Rubber Chemicals	500
Solvents	300
Standards	2500
Steroids	250
Surface Active Agents	1800
University Standards	300
Water Treatment Chmicals	300
Georgia State Crime Lab.	1400
Enhanced EPA Vapor Phase	3245

Commercial Bibliotheken

Bibliothek	Zahl der Spektren
ATR of Polymers	1500
Adhesives & Sealants	2100
Agricultural Chemicals	700
Coating Chemicals	900
Commonly Abused Drugs	600
Controlled Pyrol. of Polymer	3000
Dyes, Pigments & Stains	2100
Fats, Waxes & Derivatives	1500
Food Additives	375
Inorganics	1000
Intermediates	840
Lubricants	900
Monomers & Polymers	9700
Pharmaceuticals	570
Plasticizers	1200
Polymer Additives	600
Polyols ·	270
Prepared & Prescription Drug	900
Rubber Chemicals	830
Solvents	920
Surface Active Agents	8800
Hummel/Sadtler Polymer	1325

Quantitative Funktionen

SPECTRAFILE-IR ermöglicht vielseitiges quantitatives Arbeiten. Neben der Basislinienkorrektur und der Peakberechnung der konventionellen quantitativen Analyse erlaubt SPECTRAFILE-IR größere Genauigkeit durch die zusätzliche Berechnung der Peakflächen. Alle diese Berechnungen werden selbstverständlich automatisch durchgeführt und das Ergebnis auf dem Monitor dargestellt.
Wenn einer oder mehrere Wellenzahlbereiche als Basis für eine quantitative Analyse dienen (Standardkonzentration, Öl in Wasser Analyse nach DIN-Norm H18, Kalibrierkurven, Peakverhältnisse), erweisen sich die Fensterfunktionen von SPECTRAFILE-IR als außerordentiich arbeitssparend. Für diese Anwendung der Funktionen des Quant-Moduls werden die auszuwertenden Wellenzahlbereiche eines Standard-Spektrums einmal in einem Fenstersatz definiert und gespeichert und können dann immer wieder benutzt werden.

Für jedes analysierte Spektrum wird ein Report erstellt, der die ausgewählten Peaks, deren Höhen und Flächen absolut und basislinienkorrigiert und je nach Auswertemethode auf einen oder mehrere Standards bezogene Konzentrationen- und Verhältnisangaben enthält. Zusätzlich können die zugehörigen Kalibrierkurven dargestellt und zwecks weiterer Auswertung benutzt werden.

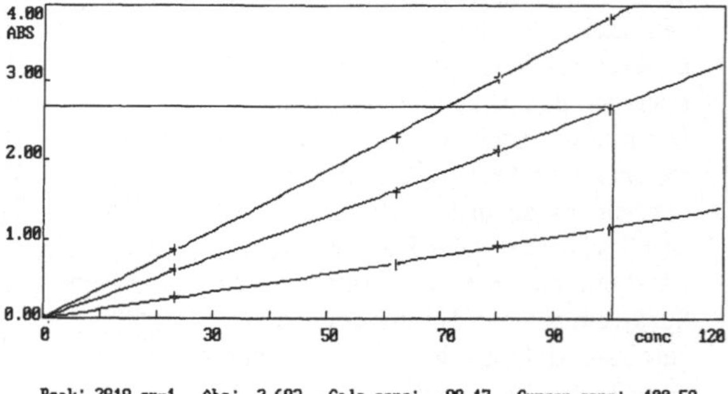

Peak: 2919 cm-1   Abs: 2.693   Calc conc: 99.17   Cursor conc: 100.59

Weiterhin bietet SPECTRAFILE-IR eine äußerst komfortable Multikomponenten-Analyse, die sowohl die prozentualen Anteile der einzelnen Komponenten einer Mischung berechnet als auch die Analyse der Eigenwerte von Spektren mit bis zu acht Komponenten beinhaltet.

Automation mittels Spectrafile-IR

SPECTRAFILE-IR hilft dem stark beschäftigten Spektroskopiker, mit Leichtigkeit den Laboralltag zu automatisieren. Alle wichtigen Funktionen von SPECTRAFILE-IR können im LERN-MODUS vom erfahrenen Spektroskopiker zu METHODEN zusammengefaßt, auf der Disk abgespeichert und später vom unerfahrenen Operator in fest vorgegebener Reihenfolge aufgerufen werden. Dies ermöglicht neben einen vollautomatischen Betrieb, daß schwierige Auswertungen von ungeschultem Personal abgearbeitet werden können.
Zur Wiederholung von Befehlsfolgen stellt das Programm die Befehle < Zyclus > und < Ende > zur Verfügung, mit denen bis zu zehn geschachtelte Schleifen mit je maximal 999 Wiederholungen programmiert werden können.

Maximal 50 Einzelmethoden können zu 'Stapeljobs' zusammengebunden werden, so daß sie automatisch in der angegebenen Reihenfolge ausgeführt werden. Weiterhin ist es möglich, SPECTRAFILE-IR direkt unter Verwendung einer solchen Methode zu starten.

Eine oft benutzte Methode für ein FTIR-Spektrometer ist:

> - > setze Zahl der Scans
> - > setze Datenintervall
> - > setze Wellenzahlbereich
> - > beginne Schleife mit n Wiederholungen
> - > messe Spektrum und speichere Spektrum zur Disk
> - > starte Suche in SADTLER-Bibliothek
> - > schreibe Suchreport zum Drucker und zur Disk
> - > bewege Probenrad zur nächsten Position
> - > springe zum Anfang Schleife bis alle n Proben gemessen

Kundenbetreuung

Die SPECTRAFILE-IR Software wird in Deutsch, Englisch oder Französisch mit einem ausführlichen Handbuch und einer vom Programm aufrufbaren HILFE-FUNKTION in der jeweiligen Sprache geliefert.

Unser technisch geschultes Personal installiert die für Ihr Spektrometer notwendige Hard- und Software auf Ihrem Rechner und führt Sie mit einer gründlichen Einweisung in den Gebrauch von SPECTRAFILE-IR ein.

In regelmäßigen Abständen veranstaltet HEYDEN & SON Anwender- und Trainingsseminare, auf denen die Anwender ihre Erfahrungen austauschen, sich über neuere Entwicklungen auf dem Gebiete der IR-Spektroskopie und spezielle Auswerteverfahren mit SPECTRAFILE-IR informieren können.

Registrierte Benutzer werden über neue Revisionen und neue Versionen von SPECTRAFILE-IR informiert.

Hardware Spezifikationen

Die SPECTRAFILE-IR Software für Spektrometer mit seriellem (RS232) oder parallelem (IEEE)
Kommunikations-Interface ist lauffähig auf allen voll IBM kompatiblen XT-, AT-, PS/2-Computern
(DOS 3.0 oder höhere Versionen) mit folgender minimaler Hardwareausstattung:

640	Kbytes Hauptspeicher
1	Coprocessor 8087, 80287, 80387
1	1.2 Mbyte 5 ¼, 360 Kbyte 5 ¼, 740 Kbyte 3 ½ Floppy-Disk
1	Harddisk, 20 Mbyte oder mehr
1	Enhanced Graphics Adapter (EGA) mit 256 Kbytes
1	Enhanced Graphics Farbmonitor
1	Paralleles, bidirektionales Interface (Centronics) für IBM kompatiblen Drucker und Softwareschutz-Modul

Zwecks optimaler Ausnutzung aller Möglichkeiten, die SPECTRAFILE-IR bietet, wird folgende zusätzliche Hardware empfohlen:

1	IBM kompatibler Drucker
1	HPGL kompatibler Farbplotter
1	Serielles (RS 232) Interface für diesen Plotter, falls dieser Plotter mit einem seriellen (RS 232) Interface ausgestattet ist oder paralleles (Centronics) Interface für diesen Plotter, falls dieser Plotter mit einem parallelen (Centronics) Interface ausgestattet ist.

ZUKUNFTSPERSPEKTIVEN IM ANALYTISCHEN LABORATORIUM

Dr. K. Schuchardt

VEBA OEL AG, Zentrale Analytik 4741,
Postfach 20 10 45, 4650 Gelsenkirchen 2

Abstract: Die Darstellung der Entwicklung der DV-Unterstützung im chemisch-analytischen Laboratorium leitet über zu den gegenwärtigen Möglichkeiten von LIMS-Systemen. Aus den diskutierten Grenzen von LIMS-Konzepten wird eine Perspektive entworfen, die eine technisch mögliche konsequente Automatisierung beschreibt. Realisierungsaussichten und mögliche Entwicklungen von DV-Unterstützungen im Laborbereich werden angesprochen.

GEGENWÄRTIGE SITUATION

Entwicklung DV-Unterstützung im Laborbereich

Kosten und Aufwand im analytischen Laboratorium ergeben sich überwiegend aus der erforderlichen Personalzeit bei Laborarbeiten. In Bereichen instrumenteller Analytik, insbesondere ausgehend von der Anwendung chromatographischer und spektroskopischer Methoden setzten frühzeitig bereits Automatisierungsüberlegungen erfolgreich ein. Aufgrund der automatisierten Meßfolge wurde eine Verwaltung der zu bearbeitenden Proben erforderlich. Hieraus entstanden laborumfassende Verwaltungssysteme (LIMS) mit den Funktionsbereichen Datenerfassung, Auswertung und Auftragsverwaltung. Die Auswirkungen waren primär Rationalisierung und Qualitätssteigerung analytischer Arbeiten. Mit der nun möglichen systematischen Datenarchivierung wurden auch die geeigneten Arbeitsmittel für statistische Bearbeitungen geschaffen. Die frühen Verwaltungssysteme waren zentrale und aufgabenintegrierte Rechnersysteme. Wegen der eingeschränkten Verfügbarkeit und der Komplexität der Lösungen wurde die zentrale Aufgabenintegration zugunsten leistungsfähiger dedizierter Anwendungen aufgegeben. Dieser Trend wurde gefördert durch die Entwicklung intelligenter Analysensysteme, so daß die zuvor mitübernommenen Aufgaben der Prozeß-(Geräte-)steuerung und der primären Datenauswertung

G. Gauglitz (Hrsg.)
Software-Entwicklung in der Chemie 3
© Springer-Verlag Berlin Heidelberg 1989

an die intelligenten und mit spezieller problemorientierter Software versehenen Analysensysteme übergeben wurde. Zentral verbleibt die Auftrags- und Probenverwaltung in LIMS-Systemen.

Durch die zunehmende Verfügbarkeit von Personal-Computer wurde eine weitere Welle der DV-Anwendungen im Laborbereich ausgelöst. Zunächst zeichneten sich Lösungen zur Datenerfassung und Datenauswertung ab; vielfach als Ersatz oder Ergänzung weniger leistungsfähiger Mikroprozessoren in Analysensystemen.
Der verfallende Preis und das extrem wachsende Leistungsvermögen von Personal-Computern ergeben diese zunehmende Verfügbarkeit. Die benutzerorientierte Standardsoftware erlaubte außerdem bald den prinzipiellen Lösungsansatz für LIMS-ähnliche Anwendungen. Hier bestehen jedoch deutliche Grenzen durch die Komplexität der Aufgabe, der Leistungsfähigkeit von Personal-Computern und der einsetzbaren Standardprogramme.

Mit der Entwicklung relationaler Datenbanksysteme wurde ein weiterer Schritt zu angemessenen, zukunftsorientierten LIMS-Lösungen getan. Durch dieses leistungsstarke DV-Arbeitsmittel gerät die Bedeutung der anwendungsbezogenen, analytischen Kenntnisse in der Realisierung z. Zt. deutlich in den Hintergrund. Ein Zeichen hierfür ist das stark expandierende Angebot von LIMS-Systemen auf der Basis relationaler Datenbanken. Zudem besteht eine deutliche Tendenz kommerzielle Software als Softwaregrundlage der LIMS-Lösung einzusetzen.

Zwar gibt es keinen LIMS-Standard für Funktion und Bedienungsoberfläche, jedoch eine weitgehende Übereinkunft über die Grundfunktionalität solcher Systeme. Damit sind die Bereiche Auftragserfassung, Ergebniserfassung, Validierung, Berichtswesen und Archivierung abzudecken. Es ist aber anzumerken, daß Funktionsunterschiede - die tatsächlich in der Laborfunktionalität nicht gegeben sind - vom Anwender unterstellt und erwartet werden. Die Unterschiedlichkeiten liegen i.a. in Datenformaten und Beschreibungsformen für z.B. Probe, Auftrag etc.

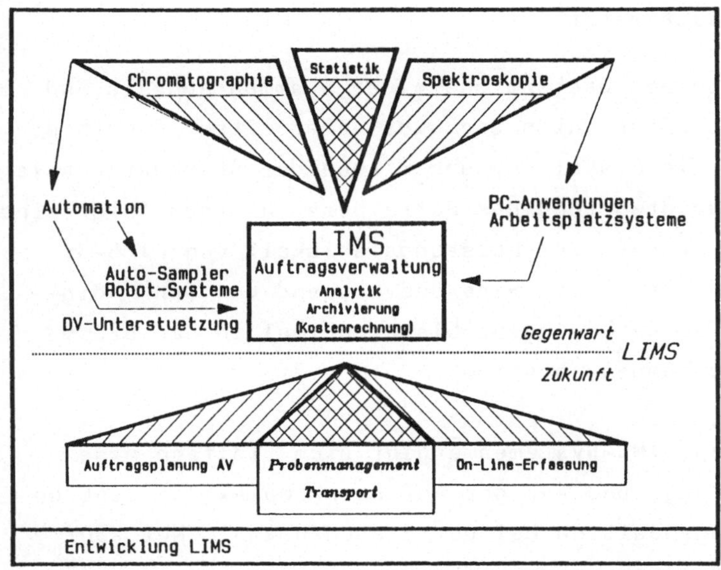

ABBILDUNG
ENTWICKLUNG LIMS

Die apparative Automatisierung hat z. Zt. etwas an Bedeutung verloren, weil hier mit klassischen Autosampler-Systemen und apparativen Lösung für spezielle Probenvorbereitung auf das Analysensystem
bereits ein hoher Entwicklungsstand erreicht ist. Neu kommt hier
eine entscheidungsorientierte Automatisierung hinzu, bei der aufgrund der Meßdaten der Arbeitsablauf (Meßvorgang) gestaltet wird.
Neben den Standardlösungen bleibt jedoch ein Bedarf an individuellen
Lösungen, bei denen methodische Besonderheiten beachtet werden müssen. Hemmend erweisen sich hier vielfach Normvorschriften mit starker Betonung manueller Arbeitsweisen.

Für diese Aufgaben bieten sich seit kurzer Zeit Robotsysteme an.
Vorteil dieser Systeme ist die Anpassung an die Aufgabe durch Software unter weitgehender Vermeidung einer Hardwarelösung. Wegen
dieser Möglichkeit, Arbeitsfolgen nachzubilden, richten sich die
aktuellen Schwerpunkte der Automatisierung nunmehr verstärkt auf
die arbeitsplatzbezogene Übernahme manueller Vorgänge durch Robot-
systeme.

Grenzen aktueller Möglichkeiten

Das klassische LIMS-Konzept besteht aus einer Stammdatenbasis und den DV-Programmen, die diese Daten geeignet verarbeiten. Erwerbbar ist das Programmwerk; die Erstellung und Pflege der Stammdatenbasis liegt jedoch in der Verantwortung des Betreibers. Hieraus folgt eine der konzeptimmanenten Grenzen der Leistungsfähigkeit von LIMS-Systemen: Der Erfolg und der Nutzen wird überwiegend von den Fähigkeiten des Anwenders, seine Lösungsprobleme optimal in der Stammdatenbasis abbilden zu können, bestimmt.

Aus dieser Dualität des LIMS-Systemes ergibt sich vielfach eine falsche Erwartungshaltung, und aus der Aufgabenkomplexität eine unzureichende Beurteilungsposition bei der Systemauswahl. Nur sehr eingeschränkt werden die bekannten LIMS-Lösungen dem Anspruch "Management" gerecht. So finden Erfordernisse von Auftrags- und Projektplanungen keine oder ungenügende Berücksichtigung. Es werden vielmehr nur integrale Auslastungszustände ohne hinreichende zeitliche Differenzierung und optimierter Anpassung an gegebene Randbedingungen (Kapazitäten, Termine, Kosten etc.) beschrieben. Dabei wird die Kontrolle des Probenverbleibes und Probentransportes ebenfalls nicht einbezogen.

Aus dieser fehlenden Funktionalität ergeben sich auch die Einschränkungen beim Einsatz für langfristige Projektverwaltungen, Abwicklung von Forschungsvorhaben und differenzierter Arbeitsvorbereitung.

Die Automatisierung manueller Arbeitsgänge bevorzugt die arbeitsplatzbezogene Einzellösung.

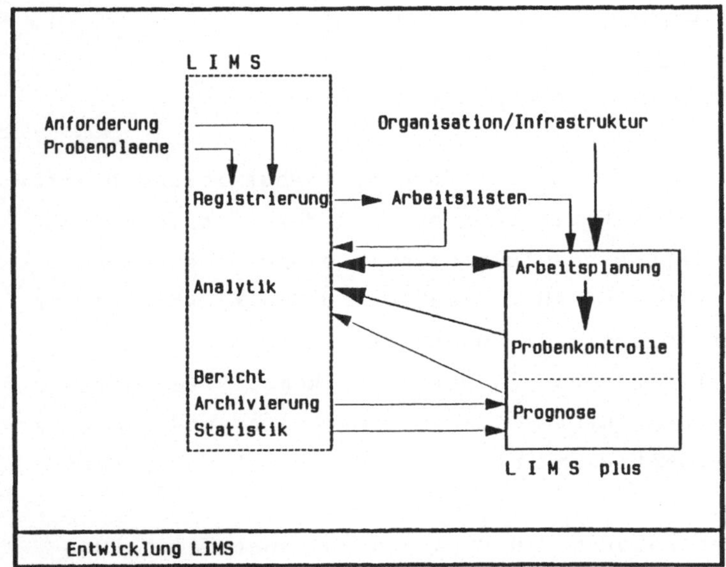

Die Erweiterung der Basisfunktionalität LIMS setzt
auf vorhandenen Funktionen auf, die jedoch im bisherigen Erscheinungs- und Funktionsbild unzureichend
sind, um die Weiterentwicklung zuzulassen. Die Weiterentwicklung der Auftragsverwaltung ist vorwiegend
programm-technischer Natur, während Prognoseaufgaben
und Systemlernfähigkeit (als Vorstufen von Expertensystemen) analytische Lösungen erwarten.

PERSPEKTIVE

Frühere Versuche einer höheren Integration von Aufgaben, resultie-
rend aus dem Laborauftrag, konnten sich nicht durchsetzen, da zum
einen die technischen Voraussetzungen noch nicht gegeben waren
oder zum anderen die Lösungsansätze nicht konsequent waren.

Moderne EDV-Konzepte, technische Möglichkeiten lassen jedoch heute
zu, die Perspektive einer weitgehend automatisierten Laborbearbei-
tung unter Verzicht auf manuelle Eingriffe zu entwickeln.

Zwei wesentliche Faktoren sind für die Planbarkeit und Automati-
sierbarkeit analytischer Aufgaben zu beachten:

    Regelmäßigkeit und Bekanntheit auszuführender Aufgaben
        Komplexität und Bearbeitungsdauer

Korrespondierend hierzu sind primäre Maßnahmen:

Automatisierung manueller Abläufe
Terminplanungen - Kapazitätsanpassung

Die Aufgabenanalyse von Auftragslabor und Prüflabor weisen hierfür
zwar eine unterschiedliche Gewichtung auf. In der zeitlichen und
inhaltlichen Reproduzierung von Aufträgen in einem produktions-
oder produktorientierten Prüflabor liegt das größere Rationalisie-
rungspotential in der apparativen Automatisierung, während das
projektorientierte Auftragslabor in der Regel komplexere Aufträge
mit weitgehend zufälligem Auftragseingang bearbeitet und damit der
Auftragsverwaltung (Arbeitsvorbereitung) mehr Bedeutung zukommt.

Tatsächlich weisen Laboratorien in unterschiedlicher Gewichtung
beide Funktionstypen auf, so daß hieraus kein Einfluß auf die Grund-
sätzlichkeit der Perspektive entsteht. So sind beide Laborformen
bei regelgerechter analytischer Arbeitsweise an wohl definierte
Analysenmethoden gebunden. Weiterhin ergibt sich die Auftrags- und
Bearbeitungswiederholung aufgrund dieser Einschränkung und des Auf-
tragsumfeldes auch für Auftragslabors.

Arbeitsplanung

Grundsätzlich ist Laborarbeit in jedem Labortyp planbar. Ausgehend
von LIMS-Konzepten wird es möglich, Laborarbeit in Netzplänen darstellbar und damit planbar zu machen; d.h. Aufträge werden in ihre
Bearbeitungspositionen zerlegt und terminlich zur Ausführung ange-
wiesen. Diese Zuweisung wird verfügbare Kapazitäten berücksichtigen
und Zielgrößen wie Kosten oder Termintreue beachten.

Für jeden Bearbeitungsschritt ist also konsequent Tätigkeit (Analysenmethode), Dauer und Ort zu benennen. Weiterhin ist erforderlich
zu wissen, welche Voraussetzungen für die Bearbeitung bestehen und
welche Folgen aus der Bearbeitung entstehen. Können Methode, Ort
und Voraussetzungen noch sehr sicher angegeben werden, bestehen
Probleme bei der Festlegung der Arbeitsdauer. Die Bearbeitungsdauer
ist deutlich probenabhängig und weiteren zufälligen Einflüssen
unterworfen. Dieser Nachteil ist bei hinreichender Erfahrung be-

herrschbar. Diese Erfahrungen selbst können vorteilhaft aus LIMS-Archivdaten gezogen werden.

Die Erstellung des Netzplanes eines größeren Auftrages verlangt abstraktes Denkvermögen, Kenntnis der Bearbeitungen und überfordert in der Regel Labormitarbeiter. Diese Überforderung folgt auch aus der beschränkten Zeit für die Bearbeitung, weil die Netzpläne gleichzeitig mit der Registrierung vorliegen sollen. Hier muß also eine vereinfachte Form praktiziert werden. Verzichtet werden kann auf die in der betrieblichen Arbeitsvorbereitung berücksichtigte Materialbeschaffung und Lagerverwaltung der Hilfsstoffe.

Ungeachtet der möglichen Vereinfachungen bleiben die grundsätzlichen Probleme bestehen:

Der stetige Eingang von Aufträgen unterschiedlicher Art (ohne vorherige Kenntnis über den möglichen Eingang) führt zu schnellen Veränderungen in der Planungsbasis.

Ein anderes Problem stellt die Frage möglicher Optimierung der Planung hinsichtlich einer Zielgröße dar. I.a. befriedigt als Lösung die Reihenfolgefestlegung ohne Optimierung. (Vermeidung von Reihenfolgeänderungen innerhalb des Planungshorizontes durch neue Aufträge.)

Trotz der geschilderten Schwierigkeiten ist die Laborarbeit erfolgreich planbar. Durch die Planung wird ein spürbarer Kapazitätsgewinn bei besser verteilter Auslastung und größerer Überschaubarkeit der Arbeitsaufgaben erreicht.

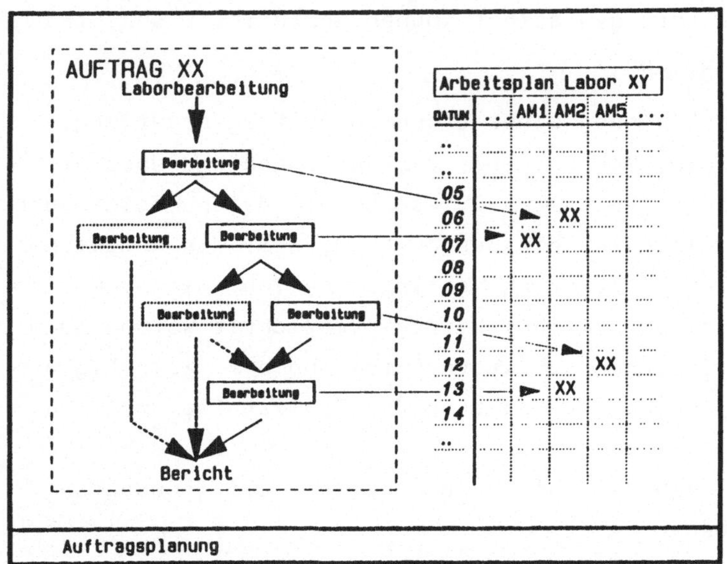

Der Auftrag läßt sich als Netzplan darstellen,
d.h. Ort, Zeit, Bearbeitung und Bedingungen der
Bearbeitung können festgelegt werden. Gegenüber-
zustellen ist ein Kapazitätsplan der Bearbei-
tungsstellen. Aus dem Abgleich ergibt sich eine
mögliche Ausführungsplanung (für einen festgelegten Planungshorizont und einer angenommenen
Zielgröße).

Projektplanung

In einer Projektplanung werden neben der Festlegung der Arbeitsaufgaben noch Projektbeschreibungen (Hypothesen etc.), Kostenabschät-
zungen und der der Bearbeitung überlagerte Projekttterminplan und
die erforderlichen Verantwortlichkeiten erfaßt. Damit wird gewährleistet, daß während des Projektablaufes zu jeder Zeit hinreichende
Informationen über Bearbeitungsstand, Projektstand und Projektkosten
verfügbar sind. Selbstverständlich erfordert die Projektbearbeitung
auch weitergehende Funktionen innerhalb LIMS, da hier in der Regel
nur die Bearbeitungssituation abgebildet ist.

Transportplanung

Aus der resultierenden Kapazitätsreservierung erfolgt ein geordneter
Probenverteilungsplan. Die Zieladressen von Proben sind also terminlich und örtlich systembekannt und werden umsetzbar in ein Proben-
transportsystem innerhalb des Laboratoriums zwischen den Meßplätzen.
Bei der Transportplanung ist natürlich auch die aktuelle verfügbare
Kapazität der angesprochenen Analysensysteme zu berücksichtigen. In
komplexen Aufträgen wird außerdem der Entstehungstermin einer Bear-
beitungsprobe berücksichtigt, da zum Zeitpunkt der Auftragsfestle-
gung nicht alle Bearbeitungsproben bereits physikalisch existent
sein müssen. Hier werden die bereits diskutierten einfacheren Verhältnisse innerhalb eines Prüflabors deutlich, da die Komplexität
der Aufträge und die Laborverweilzeiten geringer sind.

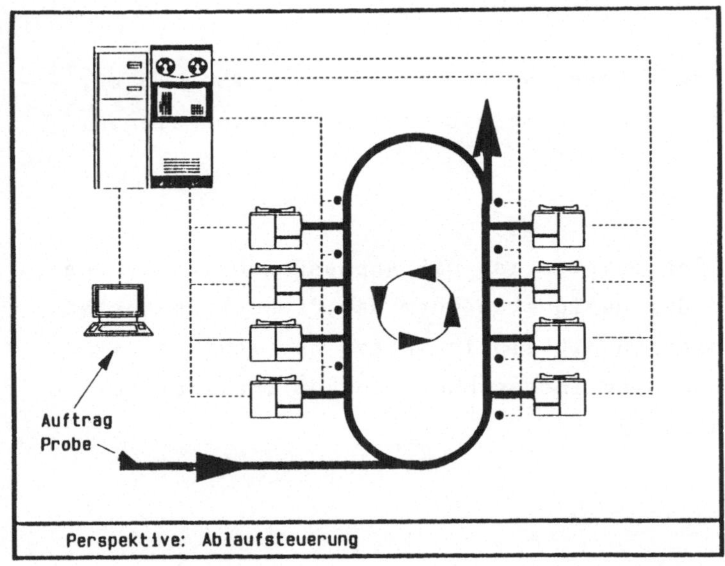

ABBILDUNG
ABLAUFSTEUERUNG

Mit der Registrierung des Auftrages wird die Abwicklung geplant und die zugehörige Probe in das
Probenverteilungssystem eingeschleust. An den Ent-
nahmestellen für die analytischen Meßplätze wird
die Probe identifiziert und ggf. zur Bearbeitung
entnommen. Aufgrund der optimierten Nutzung vorgegebener Kapazitäten ist der Verteilungsweg end-
los. Nach Auftragserledigung wird die Probe aus
dem Verteilungssystem ausgeschleust.
Die analytische Bearbeitung erfolgt bevorzugt vor
Ort durch DV-Unterstützung im Sinne analytischer
Prozeßkontrolle und primärer Ergebnisbewertung.

Probenahme

An den Meßplätzen wird der Probenbedarf für die Messungen entnommen
und die Probe an das Transportsystem zurückgegeben. Bei der Abmes-
sung der erforderlichen Menge werden jeweils Vorkehrungen (Tempe-
rierung, Mischung etc.) vorgehalten, die gewährleisten, daß zum
Entnahmezeitpunkt die Probe homogen ist.

Messung / Datenerfassung

Die Meßergebnisse eines automatisierten Meßablaufes werden vor Ort
in arbeitsplatzbezogenen DV-Systemen ausgewertet, geprüft und an
das übergeordnete LIMS-System zur übergreifenden Plausibilitätskon-
trolle, Validierung, Berichterstellung und Archivierung übergeben.

DV-ENTWICKLUNG

Die Schwerpunkte und Erwartungen werden im Auftragslabor in der Arbeitsplanung und im Prüflabor im Bereich der Automation liegen.

Realisierungsaussicht

Die hier dargestellte Perspektive ist mit Anpassungen in der analytischen Meßtechnik und der geeigneten Form des Probentransportes
mit den heutigen technischen Mitteln in weiten Bereichen analytischer Laboratorien und hier insbesondere in Routinelaboratorien
erfolgversprechend realisierbar.

LIMS-Systeme

Aufgrund des Nachholbedarfes in der Laborverwaltung und Laborar-
beitsplanung werden LIMS-Systeme herkömmlicher Art und in Weiterentwicklung jedoch entwicklungsbestimmend sein.
Ausgehend von bestehenden Konzepten werden Erweiterungen erarbeitet
werden, mit denen Arbeitsplanung und Projektabwicklung möglich
werden wird.
Den allgemeinen Laboranforderungen folgend (aber auch ausgehend
von angebotenen LIMS-Lösungen) werden sich an GLP-Regeln orientierte
Arbeitsweisen langsam weiter durchsetzen.

Automation

Die Automation wird durch die kommerzielle Verfügbarkeit und der
tatsächlichen Applikationsprobleme mittelfristig arbeitsplatzbe-
zogen bleiben. Robot-Systeme werden dabei einen neuen Automatisie-
rungsschub auslösen, da mit diesen Systemen bisher nur schwer lös-
bare manuelle Arbeitsfolgen nachgebildet werden können. Zugleich
wird dem Anwender ein experimentelles Gestaltungsmittel an die Hand
gegeben. Bremsend werden sich die erheblichen Kosten und alternativen Lösungen auswirken. Die Erweiterung des Marktangebotes mit
Preisverfall ist allerdings zu erwarten.

Integrierte Automation

Integrierte Automationslösungen, die neben der Automatisierung des
Arbeitsplatzes auch die Automatisierung des Labors im Hinblick auf
Probentransportsysteme abdecken, sind zumindest kurzfristig als
allgemein verfügbare und anwendbare Lösungen trotz der vorliegenden
technischen Möglichkeiten nicht zu erwarten. Zur Lösung ist die Zu-
sammenführung unterschiedlichen Know-how's erforderlich und entsprechende Entwicklungsarbeit zu leisten.

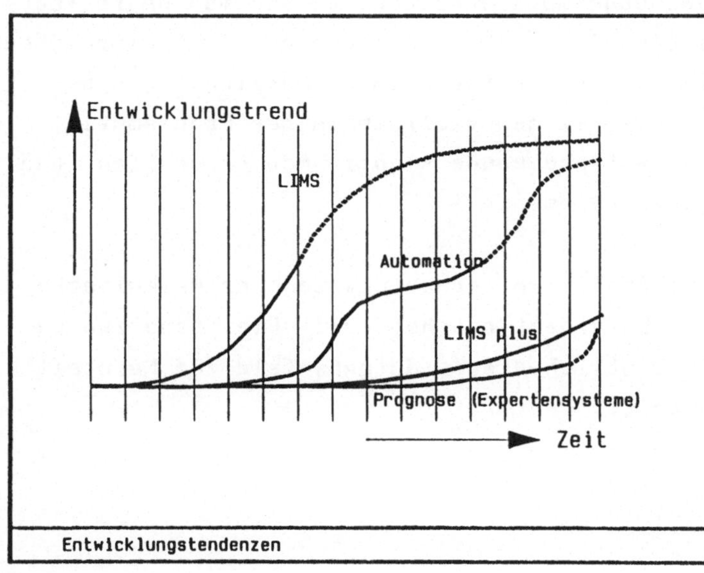

ABBILDUNG
ENTWICKLUNGS-
TENDENZEN

Prognose / Expertensystem

Die Anwendung von LIMS-Systemen wird eine umfängliche Datenbasis
für statistische Auswertungen liefern.
Innerhalb vorliegender Ergebnismatrizes kann eine mögliche analytische Redundanz ermittelt werden, die eine Verminderung analytischer Aktivitäten nach sich ziehen wird.
Die Absicherung von Ergebnissen ist aus einer globaleren Sicht zuverlässiger. Durch die verbesserten DV-gestützten Plausibilitätsprüfungen folgt ebenfalls eine Verminderung der erforderlichen
Analytik (Mehrfachmessungen etc.).
Vermutete Abhängigkeiten zwischen Eigenschaften lassen sich nunmehr
statistisch untersuchen und somit in statistischen Grenzen Eigenschaften vorhersagen. Diese Prognosen gehen über Sollwertvergleiche
oder Anpassungen an gleitende Mittelwerte und daraus abgeleitete
Extrapolation von Erwartungswerten zur Plausibilitätsprüfung einer
Eigenschaft hinaus, weil sie analytisch nicht ermittelte Eigenschaften vorhersagen.

Auch hier werden die technischen Voraussetzungen eher vorliegen
als die Befähigung, sich ihrer zu bedienen, und die Entwicklung
der Vorstellung der Anwendungsmöglichkeiten. So muß man heute fest-
stellen, daß die konventionellen LIMS-Systeme noch nicht hinreichend
aufgenommen sind und i.a. weit unterhalb ihrer Möglichkeiten betrieben werden. Die Ursachen liegen vielfach in der Problematik,
menschliche Erfahrung in entsprechende Algorithmen umzusetzen, und
vordergründigen Akzeptanzproblemen.

Umstellung wird auch vom Analytiker erwartet, wenn er kalkulierte
Werte als Ergebnis von Laborarbeit ansehen soll. Hier besetzen La-
borauftraggeber bereits deutlich dieses Aufgabenfeld zum Nachteil
konventioneller Laborarbeit.

ON LINE-ANALYTIK

Eine weitere Umstellung kann aus verstärkter Anwendung von on line-
Analytik als Alternative zur Laboranalytik im Kontrollbereich be-
trieblicher und produktbezogener Analytik erwartet werden.

KRITISCHER AUSBLICK

Die beschriebenen Möglichkeiten sind vielfach heute technisch bereits verfügbar und können - wenn der Wille besteht - geschaffen
und eingerichtet werden. Die Entwicklung und die Nutzung ist jedoch
erheblich durch die personelle Qualifikation im Laborbereich eingeschränkt. Mit den aufgezeigten Entwicklungstendenzen verschiebt sich
auch das berufliche Anforderungsprofil und das Aufgabenverständnis
im Laboratorium. Diese Entwicklung verläuft wesentlich langsamer,
gebremst durch zusätzliche psychologische Akzeptanzprobleme, als
die Entwicklung und die Nutzungsmöglichkeit verfügbarer technischer
Systeme. Obgleich DV-Unterstützungen im Labor lange bekannt sind,
befinden sich die konsequente Ausschöpfung des Leistungspotentials
noch in einem frühen Stadium.

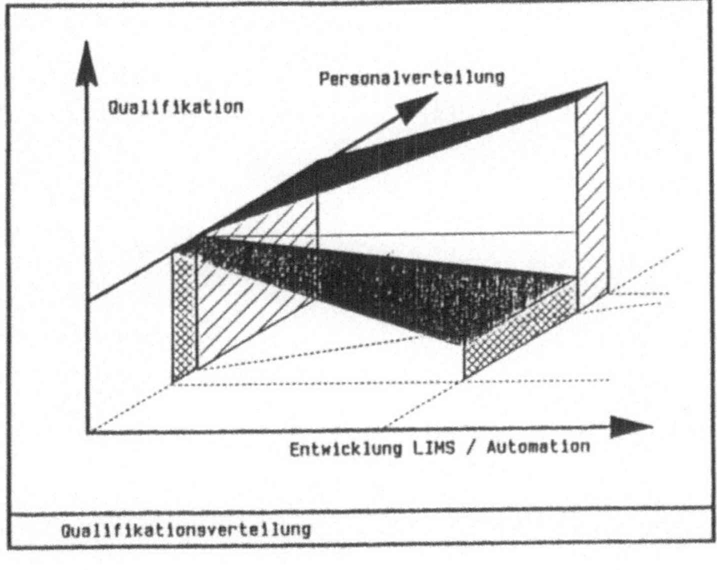

ABBILDUNG
VERTEILUNG
QUALIFIKATION

Mit zunehmender Automatisierung und Rationalisierung wird ein Prozeß der Qualifikationsverschiebung im Laborbereich eingeleitet. Bei heutiger Ähnlichkeit beruflicher Anforderungen zur Durchführung analytischer Arbeiten spreizen sich mit steigender adäquater DV-Unterstützung die Qualifikationsanforderungen zu einem, dann allerdings stärker besetztem, tieferen Niveau und zu einem erheblich höher liegenden mit geringer Besetzung. Außerdem ändern sich die fachlichen Berufsinhalte. Aus diesen Anforderungsverschiebungen, insbesondere aus der Verminderung der Bedeutung von Erfahrung, ergeben sich Autoritäts- und Akzeptanzprobleme.

E D D I S
WORKSTATION UND SOFTWAREMODUL VOLTAMMETRIE

S. Ebel und B. Mümmler

Universität Würzburg
Institut für Pharmazie und Lebensmittelchemie
Am Hubland, D-8700 Würzburg

Abstract: Es wird über die Hardware, Software und Datenstruktur einer rechnergesteuerten, voltammetrischen Workstation berichtet. Mit ihr können voltammetrische, polarographische und chronoamperometrische Experimente durchgeführt werden. Durch den Einsatz des Rechners konnten die klassischen Meß- und Auswertetechniken erweitert und flexibler gestaltet werden. Die "voltammetrische" Strukturierung gestattet eine individuelle Gestaltung der Meßreihen, die auch automatisch ablaufen können, ohne den Benutzer an ein starres und damit letztlich hemmendes Schema zu fesseln. Dies vereinfacht insbesondere die Entwicklung und Validierung von Analysenvorschriften. Auch Voltammogramme, die nicht mit der Workstation aufgezeichnet wurden, können übernommen, ausgewertet und dargestellt werden.

EINLEITUNG

EDDIS (**E**lectroanalytical **D**evelopment and **D**ata **I**nterpretation **S**ystem) ist ein Hard- und Softwarepaket, mit dem an entsprechenden Workstations die verschiedenen Meßmethoden der Elektroanalytik durchgeführt werden können. Durch gezielten Einsatz von Rechnersteuerung, numerischer Meßwertverarbeitung und graphischer Darstellung können bekannte Analysenverfahren optimiert, neue Meßmethoden und Auswertetechniken entwickelt und die in den Messungen enthaltene Information besser genutzt werden. Bisher sind mit EDDIS Meßplätze für potentiometrische Titrationen, ionensensitive Elektroden und die Voltammetrie aufgebaut worden. Sie bestehen aus der Workstation, einem speziellen Steuergerät, dem jeweiligen Meßstand und eventueller Peripherie (Bürette, Probenwechsler u.ä.). Die Meßplätze der verschiedenen Methoden unterscheiden sich praktisch nur durch das aktuell aktive Softwaremodul und den jeweiligen Meßwertaufnehmer (Elektrode). Weit-

G. Gauglitz (Hrsg.)
Software-Entwicklung in der Chemie 3
© Springer-Verlag Berlin Heidelberg 1989

gehend identisch ist bei allen das Steuergerät, welches neben den D/A- und A/D-Wandlern die Steuerungen für die Peripherie enthält.

RECHNERGESTEUERTE VOLTAMMETRIESYSTEME

Die kommerziell erhältlichen, rechnergesteuerten Voltammetriesysteme sind in erster Linie für quantitative Bestimmungen ausgelegt. Aus Gründen der Benutzerfreundlichkeit werden nur wenige Methoden implementiert. Die Auswertung läuft als "black box". Ein Zugriff auf Zwischenergebnisse (z.B. Hin- und Rückströme), die für die Entwicklung und Validierung von Analysenvorschriften sehr hilfreich sind, ist nur selten vorgesehen. Solche Systeme bieten gegenüber herkömmlichen Integratoren kaum Vorteile. Speziell für Elektrodenkinetiken und Korrosionsmessungen angebotene Systeme verfügen über eine sehr flexible und leistungsfähige Hardware. Leider ist die zugehörige Software oft sehr komplex und benutzerunfreundlich. Automatisierung der Meßreihen und der Auswertung sowie Peripheriesteuerungen sind zumeist nicht vorgesehen. Die in verschiedenen Instituten und Laboratorien als Einzelgeräte entwickelten Systeme sind in der Regel nur für eine ganz spezielle Anwendung ausgelegt. Oftmals werden auch die Funktionen der beteiligten Analoggeräte genutzt. Dies vereinfacht zwar manchmal die Realisierung, wirkt sich aber in der Regel negativ auf die Flexibilität des Systems aus. Auch die Auswertung ist, sofern sie implementiert wurde, nur für spezielle Probleme anwendbar. Die meisten dieser Systeme kommen zudem nicht ohne Assemblerroutinen aus, was ihre Programmierung sehr aufwendig macht.

Mit der EDDIS-Workstation Voltammetrie wird ein System vorgestellt, mit dem voltammetrische, polarographische und chronoamperometrische Experimente durchgeführt werden können. Hauptziel ist, die Möglichkeiten moderner Rechnersteuerung für eine Weiterentwicklung der Voltammetrie zu nutzen. Der Einsatz der Voltammetrie als quantitative Bestimmungsmethode sollte vereinfacht und verbessert werden. Die Meß- und Auswertetechniken, die zum Studium von Elektrodenreaktionen geeignet sind, sollten durch Berücksichtigung von unterschiedlichen Zeitabhängigkeiten erweitert werden. Grundlage für diese Fortschritte ist das auf allen Hard- und Softwareebenen angestrebte hohe Maß an Flexibilität und die Vielzahl der implementierten, alternativen Routinen. Bedienungskomfort, Bedienungssicherheit und Systemflexibilität wurden nicht als Gegensätze, sondern als Eckpunkte der Konzeption gesehen. Tabelle 1 zeigt stichpunktartig die wichtigsten Anforderungen an rechnergesteuerte Voltammetriesysteme.

Tab 1: Anforderungen an rechnergesteuerte Voltammetriesysteme

- Bedienungskomfort, Bedienungssicherheit und Flexibilität
- volle Rechnersteuerung der Peripherie
- Möglichkeit für automatisierte und manuelle Messungen
- große Dynamik der Meßparameter
- Datenübernahme von analogen Meßplätzen und kommerziellen Systemen

- Möglichkeit für polarographische, voltammetrische und chronoamperometrische Messungen
- Implementierung aller relevanten Anregungssignale
- Datenreduktionen, die nicht die kinetische Information vernichten
- flexible Darstellung der Voltammogramme und Rohdaten
- Transparenz der Auswertealgorithmen
- Implementierung alternativer Routinen für Messung und Auswertung

- modularer Aufbau von Hard- und Software
- Unterstützung bei der Neuentwicklung von Spannungsrampen und Auswertungen
- Erweiterbarkeit des Systems

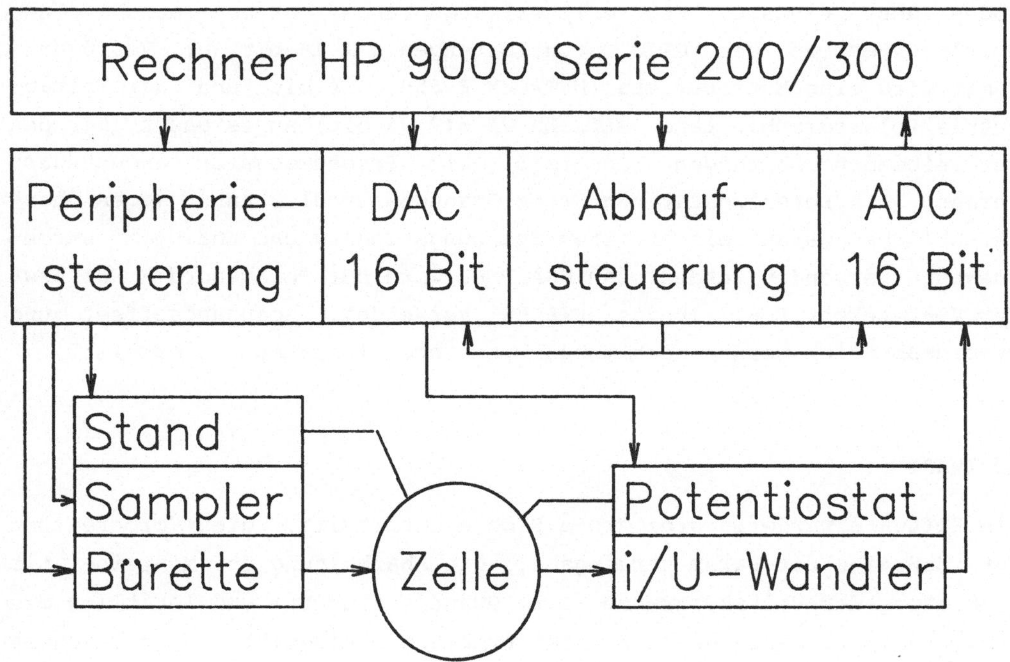

Abb. 1: Blockschaltbild des rechnergesteuerten Meßplatzes WSA P_03

HARDWARE

Die voltammetrische Workstation wurde auf einem Rechner HP 9000 Serie
200/300 (1.5 MByte, HP-BASIC 3.0) aufgebaut. Kernstück des Voltam-
metriemoduls ist zur Zeit der rechnergesteuerte Meßplatz WSA P_03 [1].
Ein D/A-Wandler (16 bit, +/-10 V, 6 μs) wird direkt vom Rechner angesteuert und synchron zur Spannungsausgabe mit einem A/D-Wandler
(16 bit, +/-5 V, 40 μs = 25 kHz) die Systemantwort gemessen. Zur Synchronisation wurde eine programmierbare Ablaufsteuerung aufgebaut,
die nach jeder Spannungsausgabe eine programmierbare Wartezeit
(0.5μs - 6s) einhält. Anschließend werden in gewünschten, konstanten
Abständen (40μs - 12s) Stromwerte (1 - 255) an den Rechner übergeben.
Für die Voltammogrammaufnahme ist ein HP-IB (IEEE-Bus) und ein GPIO
(HP 98622, 16 bit parallel I/O-Interface) nötig. Die Ausgabe der
Spannung läuft über das HP-IB. Um Spannung (16 bit) und Wartezeit
(6 bit) flexibel einstellen zu können, werden in WSA P_03 je 3 Rech-
nerausgaben a 8 bit zu einem 24 bit Datenwort zusammengefaßt. Das
Einlesen der Stromwerte läuft über das GPIO. Um auch hohe Spannungs-
änderungsgeschwindigkeiten (100 V/s) realisieren zu können, läuft die
Ausgabe der Spannung und das Einlesen der Stromwerte im TRANSFER-
Modus des HP-BASIC. Für Peripheriesteuerungen stehen durch einen
Multiplexbetrieb der GPIO Outputleitungen 3 x 16 bit zur Verfügung.
Damit wird eine Motorbürette (METROHM E 655, 14 bit) und der Voltam-
metrie/Polarographiestand (METROHM VA 647, 6 bit) angesteuert. Mit den
verbleibenden Leitungen kann z.B. ein Probenwechsler angesteuert
werden. Als Potentiostat und Strom-Spannungswandler kann jedes han-
delsübliche Gerät mit externem Spannungseingang und analogem Strom-
ausgang verwendet werden. An WSA P_03 wird der Polarecord E 506 bzw.
der VA-Detektor E 611 (beide METROHM) verwendet. Spannungsoffset und
Strommeßbereich werden noch manuell am Potentiostaten eingestellt.

SOFTWARE

Die Software wurde in drei große Blöcke unterteilt, die Vorbereitung
der Meßreihe mit Parametereingabe, die Abarbeitung der Meßreihe mit
Auswertung der Voltammogramme (z.B. Quantifizierung) und letztlich die
Auswertung der Meßreihe (z.B. Kalibrierung, Kinetik). Hierzu gehört
auch die Anbindung an allgemeine Datenverarbeitungsprogramme wie
Statistikpakete und Labordatensysteme.

Die einzelne Messung ist in Routinen unterteilt, wobei jede einem in

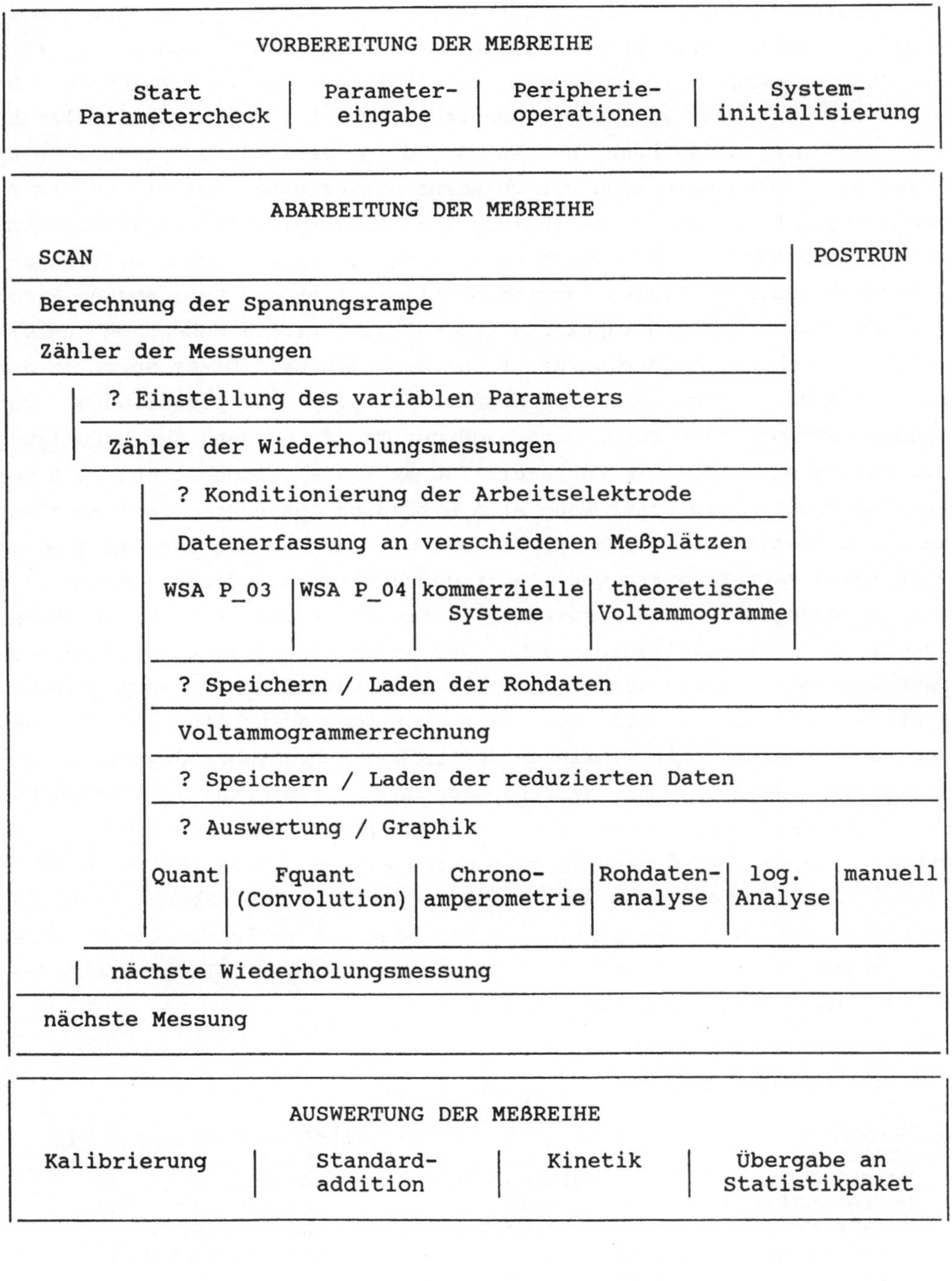

VORBEREITUNG DER MEßREIHE			
Start Parametercheck	Parameter- eingabe	Peripherie- operationen	System- initialisierung

ABARBEITUNG DER MEßREIHE	
SCAN	POSTRUN

Berechnung der Spannungsrampe

Zähler der Messungen

> ? Einstellung des variablen Parameters
>
> Zähler der Wiederholungsmessungen
>
>> ? Konditionierung der Arbeitselektrode
>>
>> Datenerfassung an verschiedenen Meßplätzen

WSA P_03	WSA P_04	kommerzielle Systeme	theoretische Voltammogramme

>> ? Speichern / Laden der Rohdaten
>>
>> Voltammogrammerrechnung
>>
>> ? Speichern / Laden der reduzierten Daten
>>
>> ? Auswertung / Graphik

Quant	Fquant (Convolution)	Chrono- amperometrie	Rohdaten- analyse	log. Analyse	manuell

> nächste Wiederholungsmessung

nächste Messung

AUSWERTUNG DER MEßREIHE			
Kalibrierung	Standard- addition	Kinetik	Übergabe an Statistikpaket

Abb. 2: Aufbau des Softwaremoduls Voltammetrie

sich geschlossenen Arbeitsgang entspricht (Errechnung des Anregungs-
signals, Konditionieren der WE, Datenaufnahme, Auswertung). Für jeden
Arbeitsgang wurde versucht, sinnvolle Alternativen zu entwickeln. So
steht z.B. bei der Voltammogrammberechnung die Integration in flexiblen Zeitintervallen neben der Anpassung an verschiedene Strom/Zeit-
Modelle. Analog dazu sind verschiedene Auswertungen für ein Voltammogramm möglich (Quant, Convolution, log. Analyse). Die Quantifizierung
des Voltammogramms ist durch Auswahl des entsprechenden Glättungs-,
Peaksuch- und Basislinienalgorithmus flexibel an das vorliegende Problem anpaßbar. Polarographische und voltammetrische Messungen unterscheiden sich nur in der aufgerufenen Scanroutine. Diese sorgt in der
Polarographie für die Synchronisation von Tropfenbildung und
Spannungsrampe. Außerdem wird nach der Tropfenbildung zur Beruhigung
der Lösung eine flexible Wartezeit (50 ms - 2 s) eingehalten. Mit der
Routine "Multicycle Scan" kann eine beliebige Spannungsrampe mehrfach
an einem Quecksilbertropfen wiederholt werden. Sie ist für das Studium
elektroaktiver Produkte von Elektrodenreaktionen gedacht. Errechnung
der Spannungsrampe und Auswertung laufen bei allen drei Scanroutinen
identisch. Inversvoltammetrische Messungen und Konditionierung von
Festelektroden werden durch den optionalen Aufruf einer entsprechenden
Routine ermöglicht. Mit ihr kann vor dem Scan ein fünfstufiges
Spannungsprogramm mit flexiblen Zeiten und Rührgeschwindigkeiten abgearbeitet werden. Jede Messung kann ohne Veränderung der Versuchs-
parameter mehrfach wiederholt werden (Wiederholungsmessung). Im
Anschluß daran wird manuell oder durch eine voreingestellte Routine
ein Parameter verändert und erneut vermessen. Die Abarbeitung der
Meßreihe kann durch Spezifizierung der Routinen vollautomatisch, aber
auch "user interacted" ablaufen, die Auswertung der Voltammogramme on-
(Scan) und offline (Postrun) erfolgen

Tab. 2: Software-Optionen

Meßmethoden:		Voltammogrammauswertung:
Staircase		Quantifizierung
Normal Puls	Polarographie	Convolutiontechniken
Differential Puls	bzw.	logarithmische Analyse
Square Wave	Voltammetrie	Rohdatenanalyse
digitale AC		Chronoamperometrie
cyclische Voltammetrie		
Chronoamperometrie		
Tropfzeitkurven		

Voltammogrammerrechnung:	vollautomatische Meßreihen:
Integration in flexiblen Zeit-intervallen	Kalibrierungen
	kinetische Messungen
Zerlegung in Komponenten unter-schiedlicher Zeitabhängigkeit	Adsorptionsstudien
	Parameteroptimierung

DATENSTRUKTUR

Moderne Voltammetrie/Polarographiesysteme arbeiten mit einer in diskrete Stufen aufgeteilten Spannungsrampe (Staircase-Methoden). Das heißt die Spannung wird jeweils um ein konstantes Inkrement erhöht und bleibt dann für eine bestimmte Zeit konstant. Analoge und mikroprozessorgesteuerte Geräte zeichnen auf jedem Potential nur einen Stromwert auf. Dieser wird meist in den letzten 20 ms der Stufe integrierend gemessen. Diese Geräte liefern das Voltammogramm als eindimensionales Datenfeld. Die Position auf dem Vektor entspricht dem Potential, der Wert des Feldelements dem gemessenen Strom. Durch Verwendung eines schnellen A/D-Wandlers ist WSA P_03 in der Lage, auf jedem Potential mehrere Stromwerte zu messen, also auf jeder Stufe den Strom/Zeit-Verlauf aufzuzeichnen. Die Daten werden in ein zweidimensionales Datenfeld eingelesen. Die Zeilen stellen jeweils gleiches Potential und die Spalten gleiche Zeiten nach Anlegen des Potentials dar. Diese Daten werden als Rohdaten bezeichnet und können als solche abgespeichert werden. Zur Errechnung des Voltammogramms wird nun aus jeder Zeile (Potential) nach einer bestimmten Rechenvorschrift ein charakteristischer Wert und ein Gütekriterium für diesen Wert berechnet. Diese Rechenvorschrift ist im einfachsten Fall die Mittelung über eine bestimmte Anzahl von Meßwerten. Als Gütekriterium wird der Vertrauensbereich des Mittelwerts herangezogen. Das zweidimensionale Datenfeld reduziert sich auf ein Eindimensionales, welches unter der Bezeichnung "reduzierte Daten" abgespeichert werden kann. Diese Datenreduktion ist der aufwendigste und zeitintensivste Schritt der Voltammogrammerrechnung. Daher bleibt aus Gründen der Einfachheit die konkrete Reihenfolge der Potentiale und damit die eigentliche Meßmethode zunächst unberücksichtigt. Wesentlich ist nur, daß auf allen Potentialen gleich verfahren wird. In einem weiteren Schritt werden nun in Abhängigkeit von den einzelnen Methoden die Meßwerte auf die Hin- und (außer DC) Rückströme sortiert. Bei mehreren Modulationscyclen werden diese gemittelt. Der Differenzstrom errechnet sich aus dem Hinstrom abzüglich dem Rückstrom.

Die Zweiteilung der Voltammogrammberechnung und Dreiteilung der Datenstruktur in Rohdaten, reduzierte Daten und Voltammogramme bringt eine Reihe von Vorteilen mit sich. Neben der Vereinfachung des aufwendigsten Schrittes kann die Speicherung von Roh- und reduzierten Daten für alle Methoden in gleicher Weise erfolgen. Vor allem aber bleibt die kinetische Information aus Hin- und Rückstrom auch in den reduzierten Daten erhalten. Dargestellt bzw. ausgewertet werden die Hin-, Rück-

oder Differenzströme. In der Routine "Rohdatenanalyse" ist es möglich, das Voltammogramm und von einem oder mehreren Potentialen die Strom/ Zeit-Verläufe gleichzeitig darzustellen (Abb. 3). Dies hat sich als wesentliches Hilfsmittel für das Verständnis der Entstehung von Staircasevoltammogrammen erwiesen.

ANBINDUNG ANALOGER MESSPLÄTZE

Für die cyclische Voltammetrie (CV) sind Analogmeßplätze weit verbreitet, die ein Digitalspeicheroszilloskop zur Voltammogrammaufzeichnung verwenden. Dies gab den Anstoß, die Software so auszulegen, daß auch anderweitig aufgezeichnete Voltammogramme verarbeitet, ausgewertet und dargestellt werden können. Bei Geräten, die speziell für das Studium von Elektrodenreaktionen gedacht sind, wird eine möglichst kontinuierliche Spannungsrampe angestrebt. Die Spannungsrampe wird meist von einem externen Funktionsgenerator erzeugt. Um jedem Stromwert einem Potential zuordnen zu können, muß sie in einem zweiten Kanal des Digitalspeicheroszilloskops aufgezeichnet werden. Man erhält also zwei eindimensionale Datenfelder, eines für die Spannung, eines für den Strom. Bei Spannungsrampen, die von linear getakteten D/A-Wandlern erzeugt werden, ist im Gegensatz dazu durch die Vorgabe bekannt, welchem Potential der jeweilige Stromwert zuzuordnen ist. Das an WSA P_04 verwendete Oszilloskop (VUKO VK 16) hat in der Zeitachse eine Auflösung von 13 bit (8192 Stufen), in der Y-Achse eine Auflösung von 8 bit (256 Stufen). Die im Vergleich zur Zeitachse geringe Auflösung der Y-Achse kann die angelegte Spannungsrampe nicht genügend auflösen. Man erhält daher trotz kontinuierlicher Rampe jeweils 10-15 aufeinanderfolgende, identische Werte. Erst nach linearer Regression über das Feld der Spannungsrampe ist es möglich, jedem Stromwert sein richtiges Potential zuzuordnen. Dadurch ist eine Auflösung der Spannungsrampe von ca. 250 μV erreichbar. Es sind Anwendungen denkbar, bei denen diese Auflösung unbedingt nötig ist, aber auch solche die mit einer Auflösung von 1-5 mV auskommen. In letzteren Fällen sollte dann durch Mittelung mehrerer Werte eine Datenreduktion möglich sein.

Die Anpassung der Voltammogramme an die zweidimensionale Datenstruktur von EDDIS kann in einfacher Weise durch Redimensionierung (REDIM, HP-BASIC) des Stromfeldes erfolgen. Soll die volle Auflösung erhalten bleiben, so besteht die zweite Dimension nur aus einem Element. Eine Datenreduktion findet nicht statt, Rohdaten, reduzierte Daten und Voltammogramm sind identisch. Ist eine Reduktion der Auflösung gewünscht, so werden die Meßwerte, die gemittelt werden sollen, in eine Zeile des Rohdatenfeldes geschrieben. Die Datenreduktion durch Mittelung kann mit der gleichen Routine erfolgen wie die Mittelung der Stromwerte bei den Staircasevoltammogrammen. Analog wird mit der Spannungsrampe vorgegangen. Aus diesem Feld wird die Start- und Stopspannung, das Inkrement für die resultierende Auflösung und die Durchlaufgeschwindigkeit errechnet. Anschließend kann das Feld "Spannungsrampe" verworfen werden. Die Speicherung der Roh- und reduzierten Daten und die Darstellung und Auswertung der Voltammogramme können mit den bei den Staircasemethoden vorgestellten Routinen erfolgen.

BERECHNUNG DES VOLTAMMOGRAMMS

Wie bereits erwähnt ist die Berechnung eines charakteristischen Wertes auf jedem Potential im einfachsten Fall die Mittelung mehrerer Stromwerte. In praxi ist dies eine Simulierung der bei Analoggeräten üblichen, integrierenden Strommessung. Gegenüber diesen sollte eine voltammetrische Workstation den Vorteil bieten, das Integrationsintervall in zeitlicher Lage und Breite frei wählen zu können (Integration in flexiblen Zeitintervallen). Für selektive Faradaystrommessungen wird dann das Integrationsintervall an das Ende der Potentialstufe gelegt (Abb.4 rechts), der Kapazitätsstrom ist hier vollständig abgeklungen [2]. Zur Erzielung eines günstigen Signal/Rausch-Verhältnisses sollte bei langsamen Messungen (<100mV/s) über 20ms integriert werden. Empfindliche Messungen von Adsorptionen und kapazitiven Effekten (Tensammetrie) sind am Anfang der Potentialstufe möglich [3]. Hier ist mit der integrierenden Strommessung aber nur die Summe aus kapazitiven und faradayschen Strömen meßbar (Abb. 4 links).

Bei der Mittelung der Stromwerte auf jeder Potentialstufe wird der Vertrauensbereich des Mittelwertes als Gütekriterium berechnet. Gegen das Potential aufgetragen erhält man den Vertrauensbereich des Voltammogramms. An Quecksilberkapillaren sind Alterungserscheinungen bekannt, die zu einer Erhöhung des Rauschens führen. Ursache hierfür sind u.a. Erosionen an der Glaswand, die das Eindringen von Flüssigkeit in die Kapillare erleichtern. Durch die Querschnittsverengung steigt der ohmsche Widerstand des Quecksilberfadens stark an. In hochohmigen Stromkreisen ist der Einfluß von Störstrahlungen wesentlich größer als in niederohmigen, das Rauschen nimmt daher zu. Der Vertrauensbereich des Voltammogramms stellt ein objektives Maß für die Größe dieses Kapillarrauschens dar. Anhand des Vertrauensbereichs kann

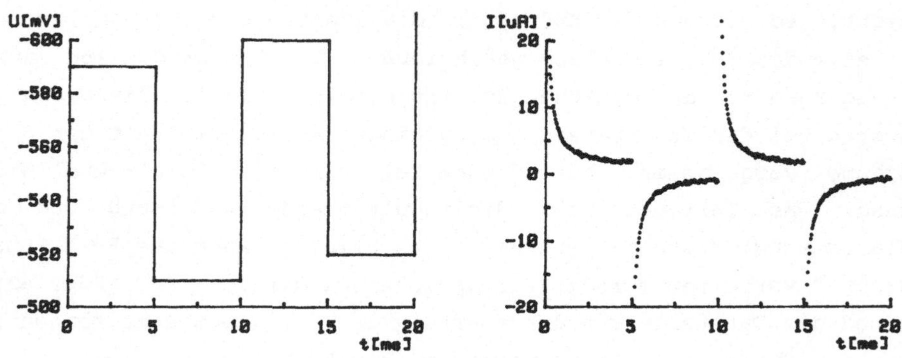

Abb. 3: Anregungssignal und Systemantwort der Square-Wave-Voltammetrie

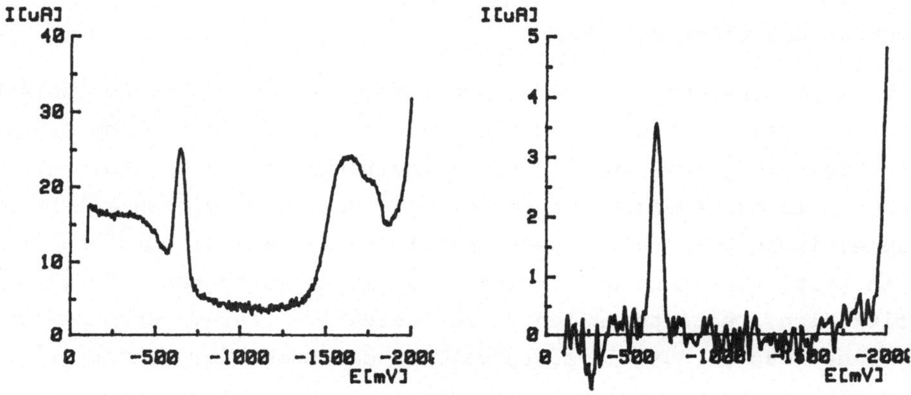

Abb. 4:   Integration in flexiblen Zeitintervallen ;   Integration am
Anfang (links) bzw. am Ende (rechts) der Potentialstufe ;
SWV, Cd neben Thesit in 0.1 M $NaClO_4$

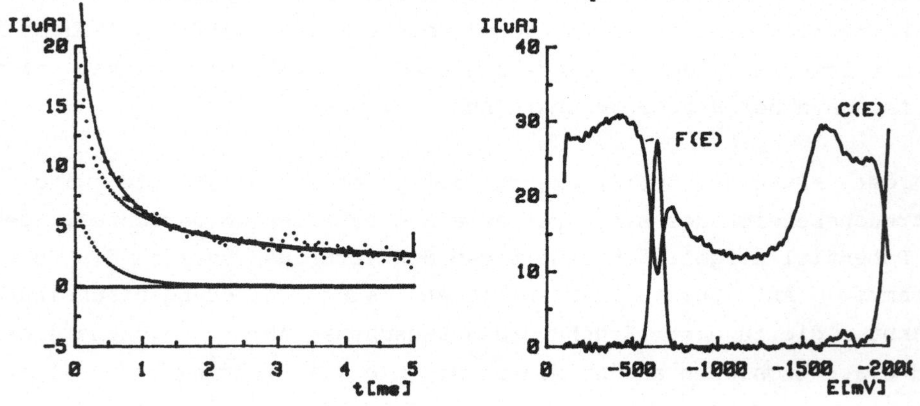

Abb. 5:   Zerlegung in Komponenten unterschiedlicher Zeitabhängigkeit
links: Anpassung des Modells FCD an I(E,t), E= -600 mV
rechts: Diffusions-(F(E)) und exponentieller (C(E)) Anteil
Rohdaten identisch mit Abb. 4

festgelegt werden, wann alte Kapillaren zu wechseln sind bzw. ob neu eingebaute voll funktionsfähig sind.

Mit der voltammetrischen Workstation ist neben einer Implementierung bekannter Meß- und Auswertetechniken auch die Entwicklung neuer Techniken möglich. Ein geeigneter Ansatz, mehr Informationen über die an der Elektrode ablaufenden Prozesse zu erhalten, ist der auf den einzelnen Potentialstufen aufgezeichnete Strom/Zeit-Verlauf. Die darin enthaltene zeitliche Information kann mit der bisherigen, integrierenden Strommessung nicht genutzt werden. Theoretische Herleitungen ergeben für diffusionskontrollierte Ströme $(I(E,t)=F(E)*^{-0.5})$, für Faradayströme, bei denen eine chemische Reaktion geschwindigkeitsbestimmend ist $(I(E,t)=const.)$, und für kapazitive Ströme $(I(E,t)=C(E)*e^{-tau(E)*t})$ eine unterschiedliche Zeitabhängigkeit. Durch Anpassung an eine Modellfunktion, die die beschriebenen Komponenten

$$\text{Modell FCD:} \quad I(E,t) = F(E)*t^{-0.5} + C(E)*e^{-tau(E)*t} + D(E)$$

berücksichtigt, ist es möglich, den Strom/Zeit-Verlauf in Komponenten unterschiedlicher Zeitabhängigkeit [4] zu zerlegen (Abb.5). Aus einer Messung sind daher Aussagen über Art, Reversibilität und Kinetik der Elektrodenreaktion und über Adsorptionen an der Arbeitselektrode möglich.

QUANTITATIVE AUSWERTUNG DER VOLTAMMOGRAMME

Die Auswertung Quant ist konzipiert für annähernd symmetrische, eventuell auf einer ansteigenden/abfallenden Grundlinie sitzende Peaks. Die Differenzströme der Differentialpuls- und Square-Wave-Voltammetrie enthalten solche Peaks. Extrem unsymmetrische Peaks, wie sie die cyclische Voltammetrie liefert, die außerdem nicht mehr auf die Grundlinie zurückgehen, werden durch Semidifferentiation [5] (Faltung mit $t^{-0.5}$ und Differentiation) in symmetrische Peaks transformiert (Abb. 6). Die wichtigsten Algorithmen für Glättung, Ableitung und Integration wurden implementiert. Bei der Peaksuche wurde besonderes Augenmerk darauf gelegt, potentielle Peaks nicht zu früh zu eliminieren. Die Peaksuche bestimmt Anfang, Maximum, Ende und die Wendepunkte der Peaks. Sie orientiert sich aber schwerpunktmäßig am Peakmaximum, das erfahrungsgemäß am wenigsten verrauscht ist. In einer zweiten Routine (Peakkorrektur) werden Anfang und Ende in Verbindung mit dem Basislinienmodell Tangente auf Plausibilität geprüft. Hierbei kann es

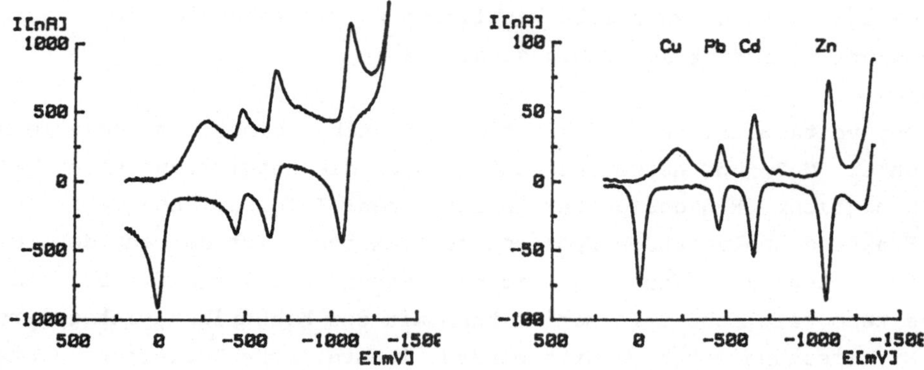

Abb. 6: Semidifferentiation und Quantifizierung eines Voltammogrammes
        links   : cyclisches Voltammogramm, 1 V/s, 0.1 M HClO$_4$
        rechts : Semidifferential mit Basislinie ausgl. Spline

zur Neufestsetzung von Anfang und Ende, aber auch zum Verwerfen des
Peaks kommen. Nachdem das gesamte Voltammogramm nach Peaks abgesucht
wurde, wird für jeden Peak eine Basislinie anhand des ausgewählten
Modells berechnet. Quantifiziert wird über die Höhe, die Fläche und
die erste Ableitung. Jeder Peak kann nach der Meßreihe mittels Kalibrierung, Standardaddition oder Kinetik ausgewertet werden. Analog
dazu ist ein Abspeichern für allgemeine Statistikpakete vorgesehen.

SCHLUSSBEMERKUNG

Rechnergesteuerte Analysensysteme können eine Vielzahl von Informationen aus den Meßdaten gewinnen, Voltammogramme gezielt weiterverarbei-
ten und durch Automatisierung die Aufnahme der Meßreihen vereinfachen.
Die Interpretation der Meßergebnisse ist die wichtigste, aber zugleich
auch schwierigste Aufgabe des Analytikers. Hierüber sollten weder die
Fortschritte in der Meßtechnik, noch die Entwicklung von Expertensystemen hinwegtäuschen. Eine wesentliche Hilfe bei der Beurteilung
der gemessenen Vorgänge sind richtige, reproduzierbare und einfach zu
gewinnende Ergebnisse. Hierzu leisten rechnergesteuerte Analysensysteme auch in der Voltammetrie einen wertvollen Beitrag.

LITERATUR

[1]   Placke FJ, (1986) Dissertation Würzburg
[2]   Barker GC, Jenkins JL, (1952) Analyst 77:685
[3]   Canterford DR, Brown RW, (1981) J Electroanal Chem 119:355
[4]   Ebel S, Mümmler B, (1988) Tagung GDCh-Fachgruppe Angew Elektrochem
      (DECHEMA-Referateband in Vorbereitung)
[5]   Oldham KB, Goto M, (1977) Anal Chem 49:1390

UNTERSUCHUNGEN ZUM ON-LINE DC-IR-TRANSFER

G. Glauninger und K.-A. Kovar
Pharmazeutisches Institut der Universität Tübingen

V. Hoffmann
Institut für Physikalische und Theoretische Chemie

Auf der Morgenstelle 8, 7400 Tübingen 1

Abstract: Es wird eine Methode zur Durchführung von on-line DC-IR Messungen vorgestellt. Durch die Kombination eines computergesteuerten Meßtisches mit einer Diffusen-Reflexions-Einheit und eines FTIR-Spektrometers können mit gängiger GC-IR-Software Chromatogramme eines dünnschichtchromatographischen Trennlaufs aufgenommen werden. Die Chromatogramme können frequenzabhängig als spektrale Fenster und frequenzunabhängig als Gram-Schmidt-Spur berechnet werden. Speichert man die während einer Messung anfallenden Interferogramme auf einer Festplatte ab, können die DC-IR-Spektren der Komponenten sofort aus dem Interferogrammfile berechnet werden. Falls erforderlich, kann sich daran eine stationäre Messung mit hoher Auflösung und Spektrenakkumulation an der Stelle des Peakmaximums anschließen. Die Qualität der erhaltenen DC-IR-Spektren reicht aus, um auch strukturell sehr ähnliche Substanzen identifizieren und diskriminieren zu können. Als übersichtliche Darstellung der anfallenden Daten dient die Abbildung der DC-IR-Spektren in Abhängigkeit von der Plattenposition als Kontur-Plot, womit auch eine rasche Prüfung auf Peakreinheit vorgenommen werden kann.

PROBLEMSTELLUNG

In der Analytik komplexer Stoffgemische traten in den letzten Jahren immer mehr gekoppelte Analysen-Methoden in den Vordergrund, vor allem

G. Gauglitz (Hrsg.)
Software-Entwicklung in der Chemie 3
© Springer-Verlag Berlin Heidelberg 1989

Kopplungen von chromatographischen Trennmethoden mit spektroskopischen Identifizierungsverfahren. Wir haben eine on-line Kopplung der Dünnschichtchromatographie mit der Infrarotspektroskopie entwickelt und haben untersucht, ob die damit erhaltenen DC-IR-Spektren genügend Information zur Identifizierung und Diskriminierung verschiedener Stoffe enthalten.

EXPERIMENTELLER TEIL

Die bei den Beispielen verwendeten DC-Platten waren Aluminiumfolien, beschichtet mit Kieselgel 60 F_{254}, Schichtdicke 200 μm, 5 × 7.5 cm oder 10 × 10 cm, bezogen von der Firma Merck. Es wurden bei unseren Untersuchungen noch zahlreiche andere Plattentypen verwendet (beschichtete Glasplatten, RP-Platten, Cellulose, Aluminiumoxid), auch Sonderanfertigungen von Kieselgel F_{254} mit Schichtdicken von 50 und 100 μm.

Für alle Messungen wurde ein Bruker IFS48 FTIR-Spektrometer mit Breit- oder Schmalband-MCT-Detektor benutzt. Es wurde in Zusammenarbeit mit der Firma Bruker, Karlsruhe, eine Einheit zur diffusen Reflexion so konstruiert, daß zwei ellipsoidförmige Spiegel auf einem computergesteuerten Meßtisch in einem Winkel von 170° zueinander angeordnet sind. Die Einheit ist seitlich am FTIR-Gerät angebracht, der IR-Strahl wird über einen externen Meßkanal aus dem FTIR-Spektrometer ausgeleitet. Der MCT-Detektor befindet sich ebenfalls in der externen Einheit. Vergleichsmessungen wurden mit einer Diffusen-Reflexions-Einheit der Firma Harrick Scientific Corp. unternommen. Die nötigen Berechnungen wurden auf einem Aspect 1000 Minicomputer der Firma Bruker mit der Spektrometer-Software durchgeführt. Zur Datenspeicherung stand eine 20 MB BASF-Festplatte zur Verfügung.

Zur Messung wurde die DC-Platte auf dem Meßtisch befestigt. Die Messung selbst erfolgte mit der GC-IR Spektrometer-Software der Firma Bruker. Am Beginn einer Messung werden an einer leeren Stelle der DC-Platte Referenzinterferogramme aufgenommen. Während der Messung bewegt sich der Probentisch mit vorgegebener Geschwindigkeit diskontinuierlich unter der Reflexionseinheit hindurch, es werden laufend Interferogramme aufgenommen und abgespeichert. Aus den Interferogrammen wird mit Hilfe des Verfahrens der Vektororthogonalisierung nach Gram-Schmidt [1], das vor allem in der GC-IR Kopplung Anwendung findet und dessen Parameter für die DC-IR Kopplung optimiert wurden, eine Chromatogrammspur berechnet, die die Lage der Substanzen anzeigt. Solche Chromatogramme können auch für einen bestimmten spektralen Bereich als "Fensterchromatogramme" erzeugt werden, wobei man durch geeignetes Setzen der Fenster ein gezieltes Screening nach bestimmten Strukturelementen vornehmen kann. Falls erforderlich, kann sich an die on-line Messung eine stationäre Messung im Peakmaximum anschließen.

ERGEBNISSE UND DISKUSSION

Bei der Harrick-Einheit können die Ein- und Ausfallswinkel des IR-Strahls durch vertikale Verschiebung der Probenoberfläche geändert werden. In Abb. 1 sind die Einkanalspektren einer Kieselgel-DC-Platte, die mit der Harrick-Einheit bei unterschiedlicher Höheneinstellung gemessen wurden, dargestellt. Auffallend ist das Verhalten der "Reststrahlenbande" bei etwa 1250 cm^{-1}. Solche Reflexionsmaxima treten bei Reflexionsspektren stark absorbierender, unverdünnter Stoffe in Wellenzahlenbereichen starker Eigenabsorptionen auf, z. B. bei Kieselgelspektren im Bereich der Si-O-Streckschwingungen bei etwa 1200 cm^{-1}. Die eigentliche spektrale Information enthält jedoch der diffus reflektierte Anteil der Strahlung, der von der Fresnel-Reflexion im Bereich $1300 - 1000$ cm^{-1} stark überlagert wird, so daß in diesem Bereich keine spektrale Information erhalten werden kann (näheres siehe [2-4]). Brimmer et al. untersuchten mit Hilfe eines Spektrogoniophotometers den Einfluß der optischen Geometrie der Diffusen-Reflexions-Einheit auf Quarz-Spektren und nahmen die Reststrahlenbande bei 1200 cm^{-1} als Maß für die Anteile an Fresnel-Reflexion [5]. Sie erhielten kleine Reststrahlenbanden für sogenannte "off-axis"-Anordnungen der Spiegel, bei denen der Azimutwinkel zwischen ein- und ausfallendem Strahl kleiner als $150°$ war. Bei unserer Meßanordnung ist dieser Win-

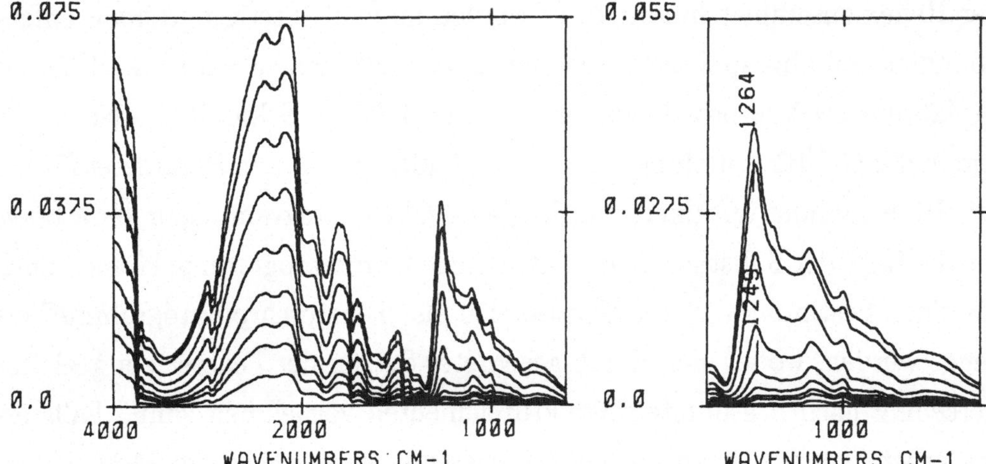

Abb. 1: Einkanalspektren einer Kieselgel-DC-Platte, gemessen mit der Harrick-Einheit bei abnehmenden Ein- und Ausfallswinkeln; das oberste Spektrum entspricht der Höhe mit dem größten Signal und Einfallswinkel, die übrigen Spektren sind durch Erniedrigung der Höhe in Abstufungen von je 0.5 mm gemessen worden.

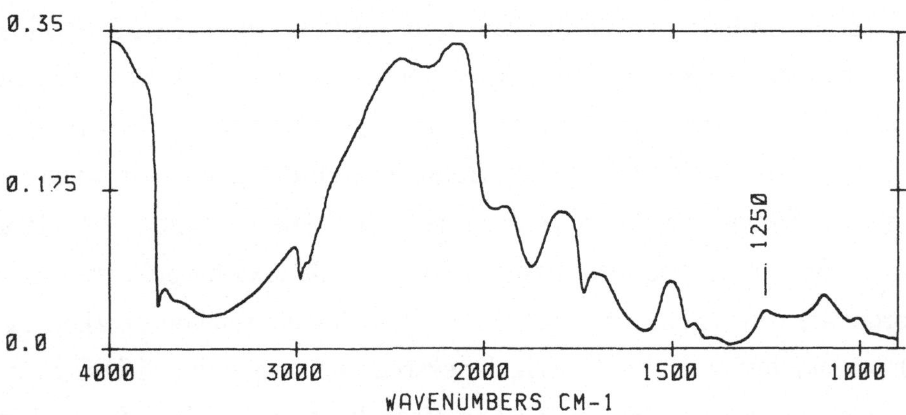

Abb. 2: DC-IR Einkanalspektrum einer Kieselgel-DC-Platte, gemessen mit der externen Einheit zur diffusen Reflexion, justiert auf maximales Signal

kel kleiner als 90°. Für qualitativ gute Reflexionsmessungen an starken Absorbern muß die gerichtete Fresnel-Reflexion reduziert werden. Bei unserer Meßanordnung wird auch bei der Justierung auf maximales Signal der Anteil an Fresnel-Reflexion ausreichend vermindert (Abb. 2), während bei Verwendung der Harrick-Einheit bei maximalem Signal große Teile der Fresnel-Reflexion miterfaßt werden (vgl. Abb. 1, oberstes Spektrum).

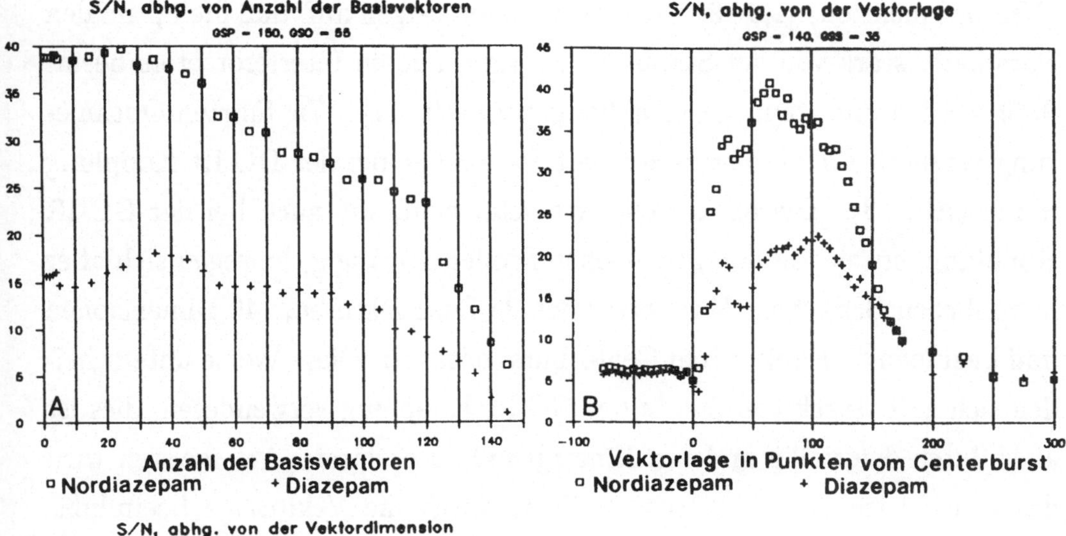

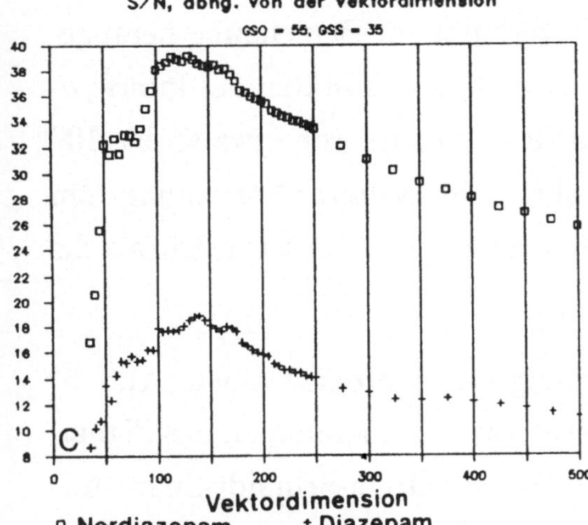

Abb. 3: Optimierung der Gram-Schmidt Parameter; GSS = Anzahl der Basisvektoren, GSP = Vektordimension, GSO = Vektorlage; A) Optimierung von GSS (GSO = 55, GSP = 150), B) Optimierung von GSO (GSS = 35, GSP = 140), C) Optimierung von GSP (GSS = 35, GSO = 55); Dünnschichtchromatogramm von 8 μg Nordiazepam und 3.5 μg Diazepam.

Bei der GC-IR Kopplung wird zur Chromatogramm-Rekonstruktion der Algorithmus zur Vektororthogonalisierung nach Gram-Schmidt verwendet, der aus dem Interferogramm eine zusammenhängende Punktmenge als Vektor extrahiert und auf einen Satz von Basisvektoren projeziert. Der Algorithmus liefert eine Maßzahl für die unspezifische integrale Gesamtabsorption. Wir untersuchten, ob dieses Verfahren auch bei der DC-IR Kopplung anwendbar ist, weil wir dort im Gegensatz zur GC-IR Kopplung einen stark absorbierenden Untergrund haben.

In der Literatur herrscht große Uneinigkeit in der Wahl der Gram-Schmidt Parameter GSS (Anzahl der Basisvektoren), GSO (Vektorlage) und GSP

(Vektordimension) [1,6–9]. Neuere Arbeiten zeigen auf, daß die optimalen Parameter stark von der Stabilität des verwendeten Interferometers beeinflußt werden und somit geräteabhängig sind [9–11]. Wir führten Optimierungsversuche für die Gram-Schmidt Parameter bei der DC-IR Kopplung durch (Abb. 3). Die optimalen Parameter sind, wie auch bei der GC-IR Kopplung, etwas von den gemessenen Stoffen abhängig, bewegen sich aber in ähnlichen Bereichen. Wir verwenden 35 Basisvektoren, 140 Dimensionen und beginnen 65 Punkte vom Centerburst entfernt. Diese Werte unterscheiden sich z. T. stark von den in der GC-IR Kopplung verwendeten, dies ist aber durch den völlig anderen Hintergrund zu erklären. Am meisten wird das erreichbare Signal-Rauschverhältnis durch die Vektorlage beeinflußt. Auf keinen Fall sollte die Region des Centerburst zur Berechnung herangezogen werden, da hier die Schwankungen durch Instabilitäten des Interferometers am stärksten sind. In einem mittleren Bereich von etwa 65 bis 100 Punkten erhält man gute Ergebnisse, während bei weiterer Entfernung vom Centerburst durch das nun rasch abnehmende Signal-Rauschverhältnis die Ergebnisse wieder schlechter werden.

Aus den Chromatogrammen einer Mischung von Benzodiazepinen (Abb. 5) erkennt man, daß bei den spektralen Fensterchromatogrammen das Signal-Rauschverhältnis meist schlechter ist als bei der Gram-Schmidt-Spur. Außerdem ist die Basislinie der Fensterchromatogramme oft sehr unregelmäßig. Das spektrale Fenster wird nach der Fouriertransformation für einen engen spektralen Bereich berechnet, so daß sich dort auftretende Störungen stark bemerkbar machen, während die Berechnung der Gram-Schmidt Spur bereits im Interferogrammbereich stattfindet und einer Mittelung über den gesamten spektralen Bereich entspricht, so daß sich Instabilitäten nicht so stark auswirken können.

Durch Coaddition der zu den einzelnen Peaks gehörenden Interferogramme und anschließende Fouriertransformation erhält man die IR-Spektren der drei Stoffe mit einer Auflösung von $8\,\mathrm{cm}^{-1}$ (Abb. 6). Das Referenzspektrum wurde aus einem Stück der Basislinie des Chromatogramms berechnet. Zum Vergleich sind die IR-Spektren der drei Stoffe, wie sie bei der stationären

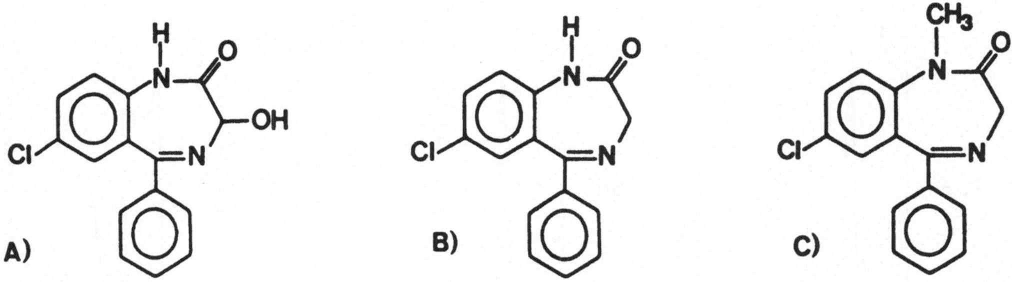

Abb. 4: Strukturformeln von a) Oxazepam, b) Desmethyldiazepam und c) Diazepam.

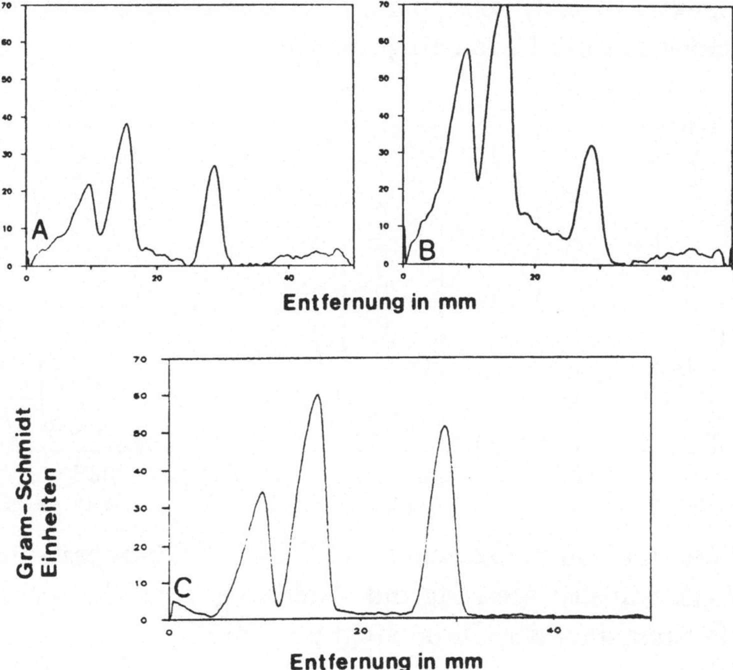

Abb. 5: Chromatogramme einer Mischung aus 10.0 μg Oxazepam (R_f = 0.19), 12.3 μg Desmethyldiazepam (R_f = 0.31) und 8.4 μg Diazepam (R_f = 0.57); a) Fensterchromatogramm von 3100−2900 cm^{-1}, b) Fensterchromatogramm von 1720−1650 cm^{-1}, c) Gram-Schmidt-Spur mit den optimierten Parametern.

Messung mit Auflösung 2 cm^{-1} erhalten wurden, abgebildet (Abb. 7). Bereits die aus der Chromatogrammspur berechneten IR-Spektren enthalten soviel Information, daß eine sichere Identifizierung und Unterscheidung der strukturell ähnlichen Stoffe möglich ist.

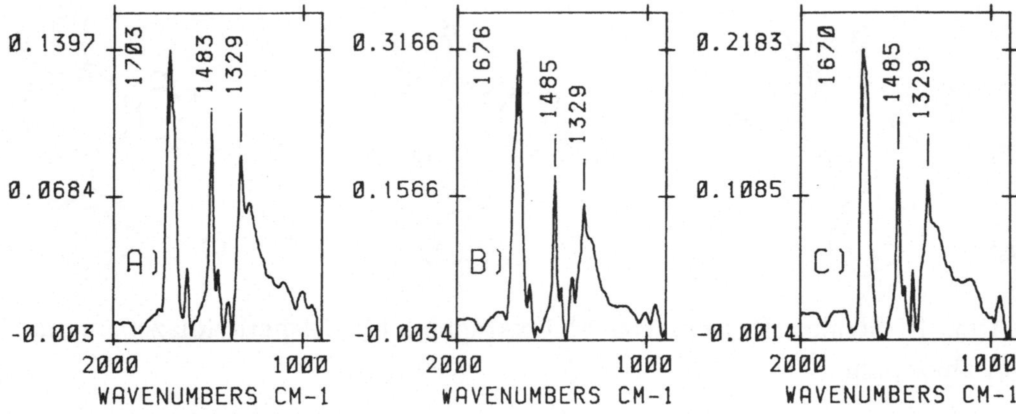

Abb. 6: IR-Spektren von a) Oxazepam, b) Desmethyldiazepam und c) Diazepam, berechnet aus der Chromatogrammspur mit Auflösung 8 cm^{-1}.

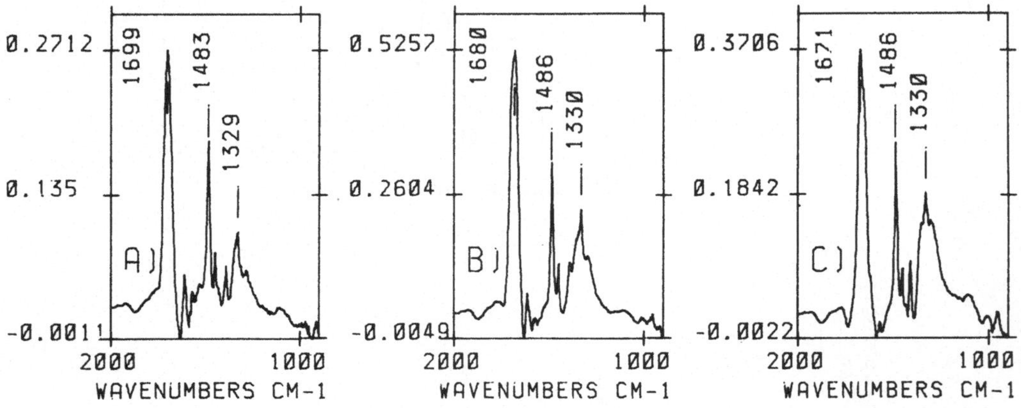

Abb. 7: IR-Spektren von a) Oxazepam, b) Desmethyldiazepam und c) Diazepam, stationäre in-situ Messung mit Auflösung 2 cm^{-1}, Positionierung anhand der Peakmaxima der Chromatogrammspur.

Eine übersichtliche Darstellung der DC-IR Messung einer Chromatogramm-spur ist der Contourplot (Abb. 8). Er eignet sich gut zur Prüfung der Peak-reinheit (Abb. 9). Peaküberlappungen im Chromatogramm äußern sich in typischen asymmetrischen Konturlinienformen im Contourplot. Änderungen des Plattenmaterials, des Trägers und der Schichtdicke beeinflußten die Meßergebnisse nicht.

Mit dem beschriebenen Verfahren kann aus Dünnschichtchromatogrammen rasch und ohne Probenvorbereitung wesentlich mehr Information gewonnen werden als bei herkömmlichen Techniken. Es handelt sich um eine echte

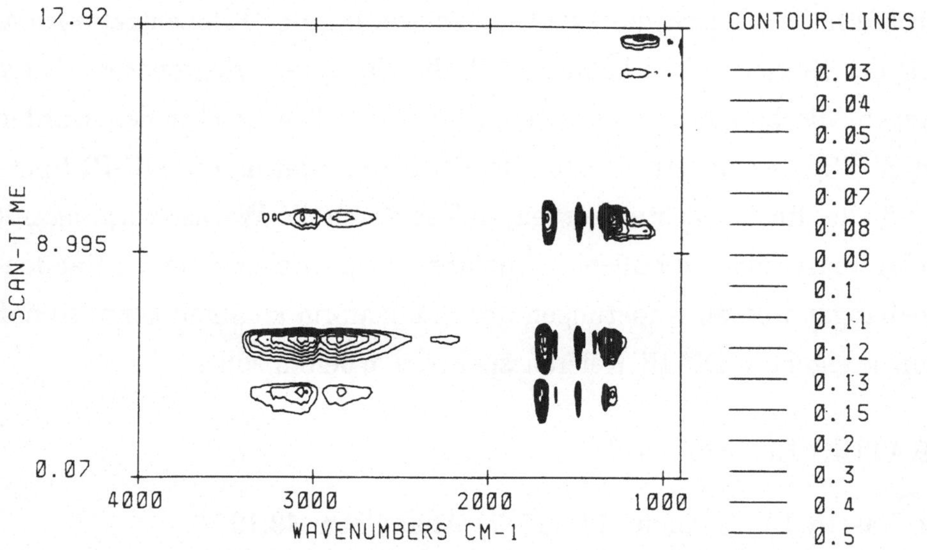

Abb. 8: DC-IR Contourplot der Chromatogrammspur von Oxazepam, Desmethyldiazepam und Diazepam, Auflösung = 8 cm^{-1}.

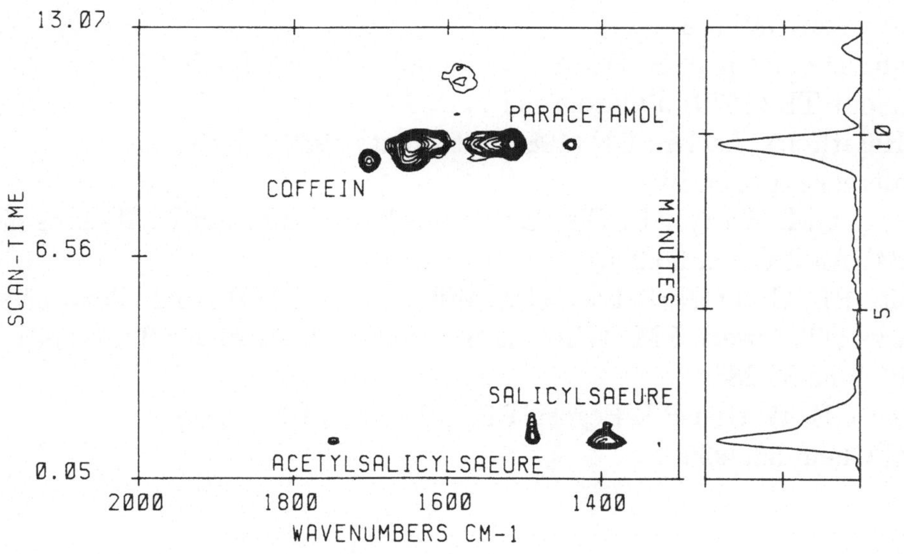

Abb. 9: DC-IR Contourplot und Gram-Schmidt-Spur einer unvollständigen Trennung von 2.5 μg Acetylsalicylsäure, daraus durch Hydrolyse mit Ammoniak während des Chromatographievorgangs entstandener Salicylsäure, 2 μg Paracetamol (p-Hydroxyacetanilid) und 500 ng Coffein. Der erste Peak enthält Acetylsalicylsäure und Salicylsäure, der zweite Peak Coffein und Paracetamol. Auflösung = 8 cm^{-1}

on-line Methode. Durch die exakte Lokalisierung des Konzentrationsmaximums der Komponenten können auch die Ergebnisse stationärer off-line Messungen, die bereits mit ausgeschnittenen Flecken beschrieben wurden (vgl. z. B. [12]), verbessert werden. Bei der Interpretation der DC-IR Spektren muß allerdings beachtet werden, daß es durch die Wechselwirkung mit den Trägermaterialien vor allem bei polaren Strukturelementen zu Bandenverschiebungen und zu Änderungen der Bandenform kommen kann, so daß man mit geeigneten DC-IR Referenzspektren arbeiten sollte.

LITERATURVERZEICHNIS

1   de Haseth JA, Isenhour TL (1977) Anal Chem 49:1977
2   Brimmer PJ, Griffiths PR (1986) Anal Chem 58:2179
3   Vincent RK, Hunt GR (1968) Appl Opt 7:53
4   Hunt GR, Vincent RK (1968) J Geoph Res 73:6039
5   Brimmer PJ, Griffiths PR, Harrick NJ (1986) Appl Spec 40:258
6   White RL, Giss GN, Brissey GM, Wilkins CL (1981)
    Anal Chem 53:1778
7   Hanna DA, Hangac G, Hohne BA, Small GW, Wieboldt RC,
    Isenhour TL (1979) J Chrom Sci 17:423
8   de Haseth JA, Leclerc DF (1982) Abstracts 1982 Pittsburgh
    Conference, paper 38
9   Brissey GM, Henry DE, Giss GN, Yang PW, Griffiths PR, Wilkins CL
    (1984) Anal Chem 56:2002
10 White RL, Giss GN, Brissey GM, Wilkins CL (1983) Anal Chem 55:998
11 Sparks DT, Owens PM, Williams SS, Wang CP, Isenhour TL (1985)
    Appl Spec 39:288
12 Zuber GE, Warren RJ, Begosh PP, O'Donnell EL (1984)
    Anal Chem 56:2935

COMPUTERGESTÜTZTE VERMESSUNG TITRATIONSABHÄNGIGER NMR-SPEKTREN
– AUCH EIN PROBLEM DER LABORDATENVERWALTUNG
ZUM DATENVERWALTUNGSKONZEPT DER τ-δ-COSY SPEKTROSKOPIE

G. Hägele und M. Grzonka

Institut für Anorganische und Strukturchemie I

Universität Düsseldorf, Universitätsstraße 1, D-4000 Düsseldorf

1 *Einleitung und Problembeschreibung*

Im vergangenen Jahr haben wir an gleicher Stelle unter dem Stichwort "τ-δ-COSY" über den Bau und erste Ergebnisse einer computergesteuerten Anlage zur automatischen stopped-flow-Vermessung von titrationsabhängigen NMR-Spektren berichtet[1].

Inzwischen sind etwa 50 ^{31}P-τ-δ-COSY-Spektren von vielfältigen Phosphon-, Aminophosphon- und Phosphinsäuren entstanden. Dies bedeutet bei ca. 32 einzelnen 1D-NMR-Spektren pro τ-δ-COSY eine Menge von etwa 1500 eindimensionalen Spektren. Anders als bei der 2D-NMR sind im vorliegenden Fall die spektralen Parameter jedes dieser 1D-Spektren für eine Interpretation der Resultate erforderlich. Da eine Auswertung von Messdaten dieses Umfanges nicht ohne eine Computerunterstützung möglich ist, entstand parallel zu der Entwicklung der eigentlichen Messapparatur ein logistisches Konzept, welches dem Chemiker bei der Aufbereitung und Dokumentation der gemessenen Daten zur Seite stehen soll. Die Prinzipien dieses "Labordaten-Management-Systems" werden im Folgenden am Beispiel der Titration von 3-Aminopropanphosphonsäure mit Tetramethylammoniumhydroxid dargestellt.

2 *Die Datensituation nach der Aufnahme eines τ-δ-COSY-Spektrums*

Das typische Spektrenmaterial für ein τ-δ-COSY-Spektrum besteht aus 32 einzelnen ^{31}P-NMR-Experimenten zu je 8K . Diese Experimente werden während der Titration bei verschie-denen Titrationsgraden als 1D-NMR-Spektren aufgenommen und gespeichert.

Zur gleichen Zeit werden für jedes dieser Experimente die dazugehörigen Größen erfasst, die die Titrationssituation beschreiben: aktuelle Laugenmenge, aktueller Titrationsgrad, aktueller pH-Wert, Nummer des Experimentes .

G. Gauglitz (Hrsg.)
Software-Entwicklung in der Chemie 3
© Springer-Verlag Berlin Heidelberg 1989

Alle Angaben zum Gesamtexperiment, also etwa die Substanzeinwaage, Konzentration des Titrators, Verbindungsname etc. , werden in einer sog. Setup-Datei abgespeichert.

3   *Anforderungen an das Verarbeitungssystem*

Primäres Ziel des Verarbeitungskonzeptes ist eine unkomplizierte und schnelle Aufbereitung der gemessenen Daten. Sie sollen in eine Form gebracht werden, die auch dem ungeübten Benutzer der τ-δ-COSY-Messanlage rasch zu Grafiken und Zahlenlisten verhilft.

Dabei soll neben einer möglichst effizienten Grobauswertung der Messergebnisse auch eine beliebige Weiterverarbeitung der Messdaten möglich bleiben, wenn in besonderen Fällen die Standard-Auswertung unzureichend erscheint. Insbesondere muß die Datenstruktur offen bleiben für neuere Entwicklungen auf theoretischem Gebiet, durch die vielleicht eine erneute Auswertung der Urdaten nötig werden kann.

4   *Aufbereitung der spektralen Daten*

Eine Verarbeitung der gemessenen Spektren ist in zwei Richtungen nötig. Zum Einen ist eine kompakte und grafisch auswertbare Darstellung eines Gesamtexperimentes nötig. Diese Darstellung erfolgt zweckmäßig in Form eines 2D-Spektrums. In der F1-Domäne ist dabei der Titrationsgrad τ, in der F2-Domäne die chemische Verschiebung δ aufgetragen. Neben diesem sog. τ-δ-COSY-Spektrum ist es erforderlich, die Angaben zur chemischen Verschiebung von jedem einzelnen Experiment in Form einer Zahlenliste zu besitzen. Zu diesem Zweck werden auf dem Spektrometer (BRUKER AM200) alle zum Spektrum gehörenden 1D-Experimente mit einem Mikroprogramm prozessiert, phasenkorrigiert, und die Signallagen mittels des Peakpicking-Befehles in eine Datei geschrieben. Diese Datei ist eine Klartextdatei im ASCII-Format. Sie kann als solche auf den Personalcomputer übertragen werden.

5   *Datenauswertung auf dem Personalcomputer*

Während der Aufnahme der 32 1D-Spektren ist auf dem PC eine Setup-Datei und eine Datei mit den Titrationsdaten erstellt worden. Zusammen mit der vom Spektrometer übertragenen Textdatei sind nun auf dem Personalcomputer alle Urdaten vorhanden, die ein τ-δ-COSY digital beschreiben.

Die Setupdaten und die Titrationsdaten umfassen je etwa eine dreiviertel Seite DINA4, die Peakliste umfasst in der übertragenen Form etwa 11 Seiten DINA4. Alle drei Listen sind über die Nummer des Experimentes miteinander verknüpfbar.

Für die weitere Auswertung werden alle 3 Dateien in einer leicht auswertbaren Liste mit hohem Dokumentationswert zusammengefasst, die alle digitalen Daten zu einem τ-δ-COSY-Spektrum enthält.

Dazu geschieht zunächst eine Komprimierung der Peaklisten-Datei mittels eines Pascal-Programmes namens PROTO. Dabei entsteht die sog. Shift-Datei, die pro Peak eine Zeile mit Angaben zu Signallage und Intensität enthält.

Schließlich werden Setup-, Titrations- und Shift-Datei mit dem Programm PS bearbeitet. Dieses Programm erzeugt die komplette Daten-Liste des Experimentes in Form einer ASCII-Datei, die entweder sofort ausgedruckt oder in jedem beliebigen Textsystem weiterverarbeitet werden kann.

Besonders der letzte Aspekt ist von Bedeutung, da zum Zeitpunkt der Messung oft noch nicht feststeht, auf welchem Rechner und mit welchem Textsystem der Diplomand oder Doktorand seine Arbeit schreiben wird.

Darüberhinaus steht dem Versand einer solchen Textdatei über DATEX-P oder ein Mailbox-System im Rahmen eines Konzeptes der verteilten Spektroskopie (z.B. DFN) nichts im Wege.

Parallel erzeugt PS zwei Zahlen-Dateien, deren Ausgabe über einen Plotter erfolgen soll. Dies ist zum Einen eine Datei, die die normale Titrationskurve der vermessenen Substanz als Auftragung von pH-Wert gegen den Titrationsgrad enthält. Die zweite Datei enthält in gleichem Format eine Auftragung der chemischen Verschiebung gegen den Titrationsgrad. Diese Dateien können mit unserem Grafikprogramm VISIDAT[2)] auf einem Plotter ausgegeben werden. VISIDAT ist darüberhinaus in der Lage, aus diesen beiden Dateien einen dritten Plot zu erzeugen, der die chemische Verschiebung als Funktion des pH-Wertes darstellt. Für die Auswertung bevorzugen wir die τ-δ-Auftragung. Die Zahlen-Dateien lassen sich aber auch als Input für Programme zur Berechnung von makroskopischen und mikroskopischen pK_S-Werten benutzen.

6   *Schlußbemerkung und Zusammenfassung*

Nur mit Hilfe von Auswertungsprogrammen ist eine akzeptable Weiterverarbeitung und Aufbereitung der τ-δ-COSY-Messdaten möglich. Die erzeugten Listen-Dateien sind Klartextdateien, die beliebig weiterbearbeitet und auf elektronischen Wege versandt werden können. Für die Archivierung ist eine Sicherung der Urdaten auf dem Personalcomputer ausreichend, da mittels der Aufbereitungsprogramme jederzeit aufbereitete Listen und Dateien aus den Urdaten erhalten werden können. Dadurch verringert sich die Menge der dauerhaft zu speichernden Daten um etwa die Hälfte. Gleichzeitig bleibt jederzeit eine erneute Bearbeitung der Urdaten unter anderen Gesichtspunkten mit neuen Auswertungsprogrammen möglich.

Die hier nicht reproduzierten Abbildungen des Posters sind bei den Autoren auf Anfrage erhältlich.

<u>**7**   *Danksagung*</u>

Der Fa. SCHOTT Geräte GmbH, Hofheim, danken wir für die zur Verfügung gestellten Titrationsgeräte. Für die IEEE-Steckkarte zur Geräte-Steuerung danken wir der Fa. INES, Monheim.

<u>**8**   *Literatur*</u>

1.) G. Hägele, M. Grzonka

"τ-δ-COSY-pseudo-2D-Spektren durch Umwandlung von 1D-Spektren: zur pH-Abhängigkeit des ^{31}P Chemical Shift" in : J. Gasteiger (Hrsg.) Softwareentwicklung in der Chemie 2, Springer Verlag 1988

2.) G.Hägele, M.Grzonka, P.Reinemer und A.Kolacki,

Datenvisualisierungsprogramm VISIDAT, unveröffentlichte Resultate 1987

HPLC/PC-KOPPLUNG ZUR UNTERSUCHUNG VON HASCHISCH

H. Linder und K.-A. Kovar

Pharmazeutisches Institut der Universität Tübingen,
Auf der Morgenstelle 8, 7400 Tübingen

Abstract: Zur Untersuchung der Chargengleichheit von Haschischproben
wird eine HPLC-Anlage mit einem Personalcomputer über einen A/D und
D/A-Wandler gekoppelt. Für die Übernahme, Auswertung und Weiterverarbeitung der Daten wurden entsprechende Programme erstellt. Die Verwendung von selbstentwickelten Programmen in Verbindung mit einem er-
worbenen integrierten Programmpaket ergibt eine preisgünstige, leistungsfähige Lösung, welche auf das spezielle Problem zugeschnitten ist. Die Sicherung der Chargengleichheit von Haschischproben und deren Dokumentation konnte damit verbessert werden.

EINLEITUNG

Zur modernen Haschischanalytik eignet sich besonders die HPLC, die von
WHEALS und SMITH [1] zuerst beschrieben wurde. Die im Harz vorhandenen Carbonsäuren decarboxylieren bei den zur GC notwendigen Tempe-
raturen [2].

Ein Haschischrohextrakt besteht aus mindestens 60 Komponenten [3] mit
phenolischer Struktur, die hohe Anforderungen an die Trennleistung der
HPLC-Methode stellen. Wie aus Abb. 1 zu entnehmen ist, handelt es sich
bei den in hoher Konzentration vorkommenden Hauptinhaltsstoffen um Ter-
penderivate. Die Analysenzeiten betragen zwischen 30 und 60 Min. Eine
Auswertung der Chromatogramme ist vor allem im Bereich der kurzen Retentionszeiten schwierig, da eine vollständige Trennung eines Rohextraktes
nicht gelingt und die nicht aufgelösten Komponenten in niedriger Konzentration als Störung der Basislinie erscheinen. Die Festlegung der Basislinie

G. Gauglitz (Hrsg.)
Software-Entwicklung in der Chemie 3
© Springer-Verlag Berlin Heidelberg 1989

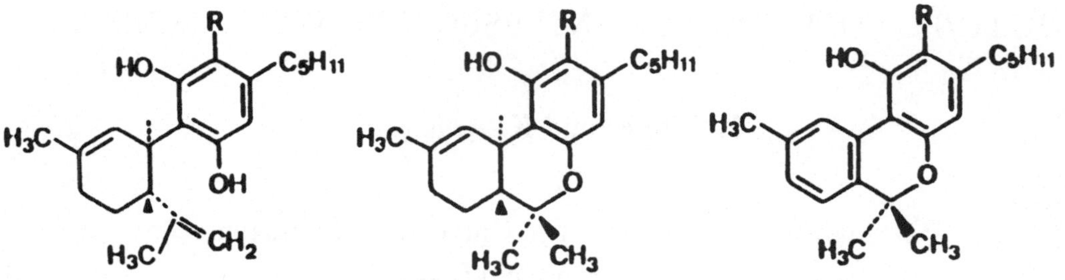

R = H CBD | R = H THC | R = H CBN

R = COOH CBDA | R = COOH THCA | R = COOH CBNA

Abb. 1: Hauptinhaltsstoffe von Haschisch

beeinflußt daher das quantitiative Ergebnis sehr stark. Bei einer Auswertung mit einem Integrator, der keine Reintegrationsmöglichkeit hat, muß man bei fehlerhafter Integratoreinstellung die Analyse öfters wiederholen. Eine mögliche Lösung dieses Problems ist die Auswertung mit dem Computer nach Übernahme der Rohdaten.

Die spezielle Fragestellung nach Chargengleichheit von verschiedenen Haschischproben kann nur durch Vergleich der Konzentration von Leitsubstanzen in Verbindung mit dem Probengesamtmuster gelöst werden [4]. Es wurde daher eine Kopplung der HPLC-Anlage mit dem Computer vorgenommen und die zur Auswertung und Prüfung auf Chargengleichheit notwendigen Programme erstellt bzw. erworben.

METHODIK

Als Computer zur Datenaufnahme dient ein IBM PC AT 02. Die Datenübernahme und Steuerung des Photometers erfolgt mit einem A/D-D/A-Wandler.

Zur UV-Detektion der Haschischinhaltsstoffe wird ein HPLC-Spektralphotometer KNAUER 8700 eingesetzt, das zur Ausnutzung der vollen Wandlerdynamik mit einem Verstärker versehen wurde. Die Steuerung des Monochromators kann mit einer extern zugeführten Spannung vorgenommen werden.

Zur gesamten Auswertung werden drei Programme benutzt. Der Daten-

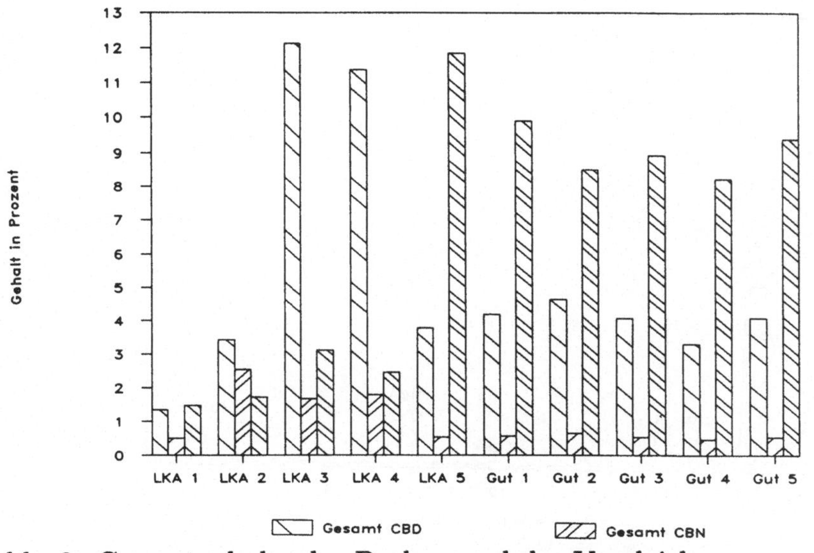

Abb. 2: Gesamtgehalte der Proben und der Vergleiche

transfer zwischen den Programmen wird über ASCII-Dateien vorgenommen. Das Programm zur Datenaufnahme stellt die Schnittstelle zum Softwaretreiber des Wandlers dar. Die Abtastrate, Aufnahmedauer und der Dateikopf mit Informationen zum Chromatogramm werden damit vom Benutzer eingegeben. Das Auswerteprogramm erlaubt die manuelle Basisliniendefinition und Integration der Peaks mit interaktiver Graphik. Eine automatische Auswertung ist nicht vorgesehen. Die damit erhaltenen Ergebnisse werden mit dem Programmpaket SYMPHONY weiterverarbeitet und in eine präsentationsfähige Form gebracht. Dabei sind sowohl die Darstellung von Endergebnissen als auch die Darstellung von Chromatogrammen möglich. Durch die eingebaute Macrofunktion [5] des Pakets lassen sich viele Funktionen automatisieren und erhöhen damit den Bedienerkomfort.

ERGEBNISSE UND DISKUSSION

In der forensischen Haschischanalytik ist die Chargengleichheit oft für gerichtliche Verfahren oder zur Ermittlung von Verteilerwegen von Interesse [6]. Eine Aussage anhand von makroskopischen Ähnlichkeiten ist unsicher und sollte in jedem Fall durch weitere Beweise belegt werden. Das Pattern an Hauptinhaltsstoffen kann eine solche Information liefern, wobei

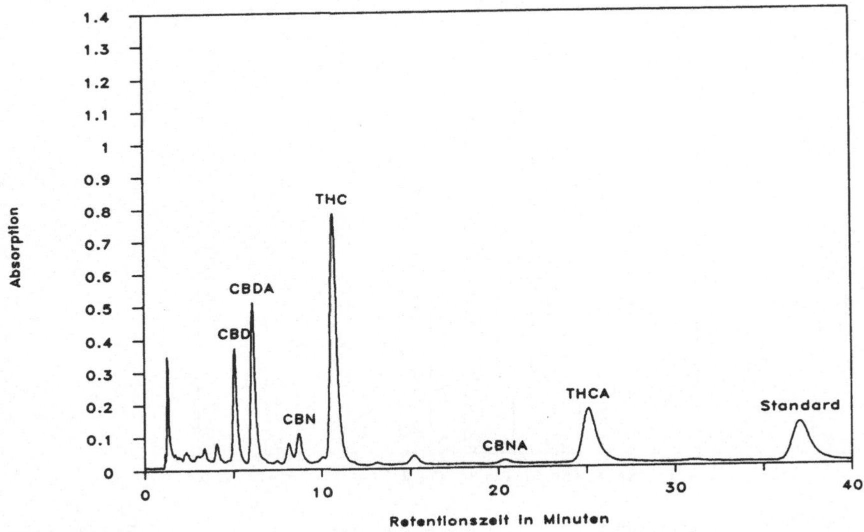

Abb. 3: Chromatogramm von Probe *Gut 1*

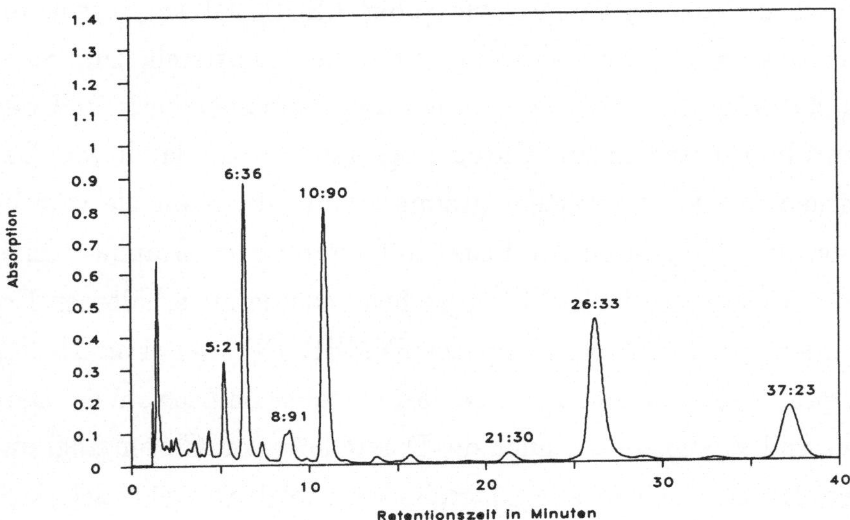

Abb. 4: Chromatogramm von Probe *LKA 5*

noch zu beachten ist, daß eine Lagerung zu Veränderungen des Musters führen kann und auch nicht identische Proben ein gleiches Pattern liefern können. Als weiteres Merkmal sollte deshalb das HPLC-Muster einer Probe mit einbezogen werden. Die Chromtagramme müssen dazu normiert werden.

Damit stehen dann zwei Beurteilungskriterien zur Verfügung, die eine recht sichere Aussage zur Chargengleichheit erlauben. Ein Beispiel kann das verdeutlichen. Zur Untersuchung kamen 5 Proben Haschisch, bei denen unter anderem auch ihre mögliche gleiche Abstammung zu beweisen war. Die Proben, in Abb. 2 mit *Gut 1-5* bezeichnet, ergaben nach quantitativer Bestimmung der Inhaltstoffe ein charakteristisches Muster mit Hinweis auf Chargengleichheit. Eine sichere Differenzierung zu Probe *LKA 5* ist damit jedoch noch nicht erreicht. Hier hilft als zusätzliches Kriterium der Vergleich der normierten Chromatogramme in Abb. 3. Damit können die Proben sicher als zusammengehörend erkannt und von anderen differenziert werden. Das Projekt zur Datenübernahme- und auswertung wurde modular gelöst. Diese Strategie hat bei den selbsterstellten Teilen den Vorteil kleiner und damit leicht validierbarer Programme. Nur die Teile wurden selber entwickelt, die nicht zu einem vernünftigen Preis erhältlich sind, und es wurden nur die notwendigen Funktionen implementiert. Das Ergebnis ist eine Programmsammlung, die auf ihre spezielle Verwendung zur Serienbearbeitung schwierig zu auszuwertender Chromatogramme zugeschnitten ist. Die Endbearbeitung mit dem Programmpaket SYMPHONY ergibt optisch ansprechende Resultate. Die Kosten des Projekts sind deutlich niedriger als eine kommerzielle Lösung. Die Lösung des Problems der Chargengleichheit wird damit besser und die im Bereich der forensischen Analytik erforderliche Datenintegrität und -sicherheit durch Auschalten der manuellen Übertragung von Daten gesichert.

LITERATUR

1   Wheals BB, Smith RN (1975) J Chrom 105:396
2   Fetterman PS, Doorenbos NJ, Keith ES, Quimby MW (1971) Experientia 27:988
3   Gadamers Lehrbuch der chemischen Toxikologie (1979) Band I Vandenbeck + Ruprecht, Göttingen
4   Linder H (1988) Dissertation Tübingen Dissertation im Druck
5   Symphony Reference Manual (1987)
6   Brenneisen R (1984) Pharm Acta Helv 59:247

REINHEITS- UND GEHALTSBESTIMMUNGEN VON ARZNEISTOFFEN MITTELS UV/VIS-SPEKTROMETRIE

S. Ebel, M. Weyandt-Spangenberg und S. Windmann

Universität Würzburg
Institut für Pharmazie und Lebensmittelchemie
Am Hubland, D-8700 Würzburg

Abstract: Es wird eine Vorgehensweise beschrieben, wie bei der Gehaltsbestimmung von Arzneistoffen mittels UV/VIS-Spektrometrie gleichzeitig eine Reinheitsprüfung durchgeführt werden kann.
Grundlage des Verfahrens ist der Vergleich des Spektrums der zu prüfenden Substanz mit dem der Reinsubstanz. Aus dem nach punktweisem Auftragen der Absorptionswerte der beiden Spektren erhaltenen Datensatz wird durch orthogonale Regression eine Ausgleichsgerade errechnet. Die Erkennung von Verunreinigungen erfolgt durch Quantifizierung der Abweichungen vom linearen Verhalten. Hierzu werden verschiedene statistische Parameter herangezogen.

1 MATHEMATISCHE GRUNDLAGEN

Nachfolgend werden zwei Regressionsverfahren einander gegenübergestellt, und es wird demonstriert, warum die orthogonale Regression beim Vergleich gleichermaßen fehlerbehafteter Datensätze das Verfahren der Wahl darstellt.

1.1 Lineare Regression

Hier erfolgt die Anpassung eines Datensatzes an eine Ausgleichsgerade (1) durch Minimierung der Summe der quadrierten Abstände $(y_i - \hat{y}_i)$ zwischen den Meßwerten und den ausgeglichenen Werten parallel zur Ordinate.

$$(1) \qquad \hat{y}(x) = \bar{y}_c + a_1(x - \bar{x}_c)$$

Regressionskoeffizienten sind die Variablen $\bar{y}_c$ und a_1.
Die Koordinaten des Datenschwerpunkts erhält man nach (2) und (3), die Steigung der Ausgleichsgeraden nach Minimierung der Fehlerquadratsum-

G. Gauglitz (Hrsg.)
Software-Entwicklung in der Chemie 3
© Springer-Verlag Berlin Heidelberg 1989

me (4) gemäß (5) [1-5].

$$(2) \qquad \bar{x}_c = \frac{1}{n} \sum_{i=1}^{n} x_i$$

$$(3) \qquad \bar{y}_c = \frac{1}{n} \sum_{i=1}^{n} y_i$$

$$(4) \qquad S_d = \sum_{i=1}^{n} (y_i - \hat{y}_i)^2$$

$$= \sum_{i=1}^{n} \left[y_i - \bar{y}_c - a_1(x_i - \bar{x}_c) \right]^2$$

$$\overset{!}{=} \min.$$

$$(4a) \qquad \frac{\delta S_d}{\delta a_1} = 0$$

$$(5) \qquad a_1 = \frac{\sum (x_i - \bar{x}_c)(y_i - \bar{y}_c)}{\sum (x_i - x_c)^2} = \frac{S_{xy}}{S_{xx}}$$

Folgende Voraussetzungen müssen gelten:

1. Es werden lediglich die Abweichungen in y betrachtet, die unabhängige Variable x gilt somit als fehlerfrei.
2. Sowohl die Meßwerte der vorliegenden Stichprobe als auch ihre Abweichungen von der Ausgleichsgeraden gehorchen einer Normalverteilung.
3. Die Streuungsmaße (Varianzen) der Einzelstichproben Y_x sind innerhalb des Arbeitsbereiches gleich groß (Homoskedastizität).
4. Die Zufallsvariablen y_i sind stochastisch unabhängig voneinander, d.h. sie dürfen keinen Trend aufweisen.
5. Zwischen der abhängigen Variablen x und der unabhängigen Variablen y besteht ein linearer Zusammenhang.

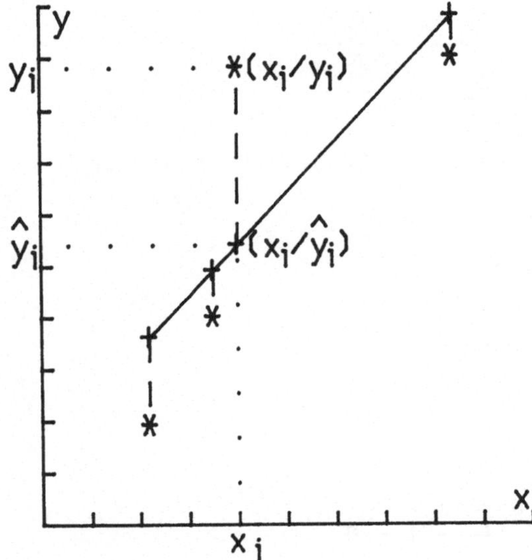

Abb. 1: Prinzip der linearen Regression (Minimierung der Summe der
quadrierten Abstände zwischen Meßwerten und ausgeglichenen
Werten parallel zur Ordinate)

1.2 Orthogonale Regression

Die hierbei erhaltene Ausgleichsgerade (6) verläuft ebenfalls durch
den Datenschwerpunkt $(\bar{x}_c/\bar{y}_c)$, besitzt aber eine andere Steigung.
Grundlage der orthogonalen Regression ist die Minimierung der quadrierten Abstände d_i zwischen den Meßwerten und den ausgeglichenen
Werten. Diese Abstände stehen jeweils senkrecht auf der Ausgleichsgeraden.

$$(6) \qquad \hat{y}(x) = \bar{y}_c + a_k(x - \bar{x}_c)$$

Vor der Berechnung von a_k wird d_i mittels trigonometrischer Rechenre-
geln ermittelt.

$$(7) \qquad \cos \varphi = \frac{d_i}{y_i - \hat{y}(x_i)}$$

$$(8) \qquad \tan \varphi = \frac{y_i - \hat{y}(x_i)}{\hat{x}(y_i) - x_i} = a_k$$

$$(9) \qquad \cos \varphi = \frac{1}{\sqrt{1 + a_k^2}}$$

$$(10) \qquad d_i = \frac{(y_i - \bar{y}_c) - a_k(x_i - \bar{x}_c)}{\sqrt{1 + a_k^2}}$$

a_k kann nun über die Minimierung von (11) errechnet werden.

$$(11) \qquad S_d = \sum_{i=1}^{n} d_i^2 \overset{!}{=} \min.$$

$$(11a) \qquad \frac{\delta S_d}{\delta a_k} = 0$$

$$(12) \qquad a_k^2 + a_k \frac{S_{xx} - S_{yy}}{S_{xy}} - 1 = 0$$

$$(13) \qquad a_k = \frac{S_{yy} - S_{xx}}{2 S_{xy}} + \sqrt{\left(\frac{S_{yy} - S_{xx}}{2 S_{xy}}\right)^2 + 1}$$

Die Ausgleichsgerade ist durch die Regressionsparameter $\bar{x}_c$, $\bar{y}_c$ und a_k bestimmt.

Der Abszissenwert des dem Meßwert (x_i/y_i) entsprechenden ausgeglichenen Werts ($\hat{x}_i/\hat{y}_i$) auf der Geraden berechnet sich nach (14), der Ordinatenwert ergibt sich durch Einsetzen von $\hat{x}_i$ in die Geradengleichung (6).

$$(14) \qquad \hat{x}_i = x_i + d_i \sin\varphi$$

Im Unterschied zur linearen Regression ist dieses spezielle Ausgleichsverfahren nur dann anwendbar, wenn die unabhängige und die abhängige Variable gleichermaßen fehlerbehaftet sind, d.h. wenn gilt:

$$(15) \qquad \mathrm{var}\,(y) \overset{\alpha}{=} \mathrm{var}\,(x)$$

Vergleicht man nun die Voraussetzungen für die beiden Ausgleichsverfahren, so ergibt sich die Konsequenz, daß für den vorliegenden Fall gleichermaßen fehlerbehafteter Datensätze die lineare Regression nicht geeignet ist, während die orthogonale Regression das Mittel der Wahl darstellt.

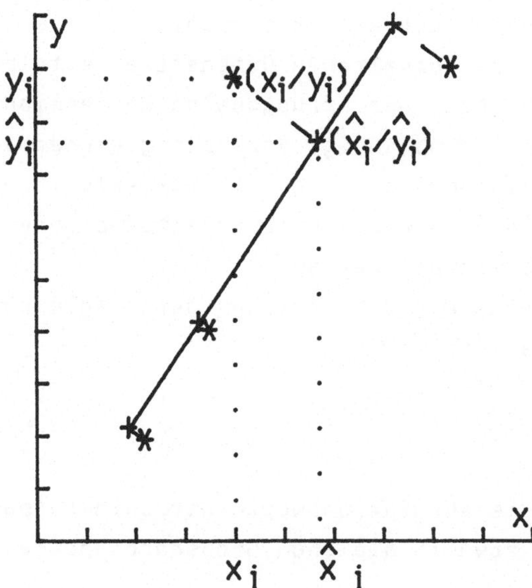

Abb. 2: Prinzip der orthogonalen Regression (Minimierung der Summe der
quadrierten Abstände zwischen Meßwerten und ausgeglichenen
Werten senkrecht zur Ausgleichsgeraden)

2 ANWENDUNG FÜR DIE REINHEITSPRÜFUNG MITTELS UV/VIS-SPEKTROMETRIE

Das Deutsche Arzneibuch [8] fordert bei der Prüfung von Arzneistoffen
neben der Gehaltsbestimmung eine Überprüfung von Identität und Rein-
heit der zu untersuchenden Substanz.
Ausgehend von der Überlegung, daß der Gehalt von Reinsubstanzen mittels UV/VIS-Spektrometrie schnell und einfach ermittelt werden kann,
liegt es nahe, bei Anwesenheit von Verunreinigungen, die im betrachteten Wellenlängenbereich ebenfalls absorbieren, sowohl die Reinheits-
als auch die Gehaltsbestimmung von Arzneistoffen spektroskopisch
durchzuführen.

2.1 Grundlage des Verfahrens

Die vorgestellte Reinheitsprüfung basiert auf einem Verfahren von
WEITKAMP und WORTIG [6,7], bei dem zum Vergleich zweier Spektren (Probenspektrum, Referenzspektrum) die Absorptionswerte für jede Wellenlänge punktweise gegeneinander aufgetragen werden. Es können auch bestimmte Wellenlängenbereiche aus den Spektren, z.B. solche mit besonders auffälligem bzw. unterschiedlichem Absorptionsverlauf für den
Vergleich herangezogen werden.
Für den Fall identischer Spektren ergibt sich ein linearer Zusammenhang, während Verunreinigungen in der Probelösung zu einer mehr oder

weniger starken Abweichung von der Linearität führen.
Die Überprüfung der Linearität des erhaltenen Datensatzes erfolgt mit
Hilfe der oben dargestellten Methode der orthogonalen Regression.
Die Bedingung, daß unabhängige und abhängige Variable gleichermaßen
fehlerbehaftet sind (15), ist im vorliegenden Fall als erfüllt anzuse-
hen, da die Meßwerte des Referenz- und des Probenspektrums unter gleichen apparativen Bedingungen ermittelt wurden.
Weiterhin muß gewährleistet sein, daß die Steigung der Ausgleichsgeraden näherungsweise gleich eins ist.

$$(16) \qquad a_k \overset{\alpha}{=} 1$$

Um dies zu erreichen, müssen die Absorptionswerte der beiden Spektren
an den einzelnen Wellenlängen etwa im gleichen Größenordnungsbereich
liegen.

2.2 Erkennung von Verunreinigungen

Zur Erkennung von Verunreinigungen wird die Güte der Anpassung der Datenpunkte an die Ausgleichsgerade und damit das Maß der Ähnlichkeit
der beiden Spektren bewertet. Hierfür können verschiedene statistische
Parameter herangezogen werden.
Sehr gut eignet sich hier die Standardabweichung von d. Diese erhält
man aus der Summe der quadrierten Abweichungen (11) bzw. (17) nach Division durch (n-3) gemäß (18), da drei fehlerbehaftete Regressionsparameter aus n Datenpunkten errechnet wurden.

$$(17) \qquad S_d = \frac{S_{yy} - 2\,a_k\,S_{xy} + a_k^2\,S_{xx}}{1 + a_k^2}$$

$$(18) \qquad sdv(d) = \sqrt{\frac{S_d}{n-3}}$$

Weiterhin von Bedeutung sind das Bestimmtheitsmaß r^2 (19) bzw. der
Korrelationskoeffizient r, die als Maß für den linearen Zusammenhang
zwischen x und y angesehen werden können.

$$(19) \qquad r^2 = \frac{S_{xy}^2}{S_{xx}\,S_{yy}}$$

Letztlich seien noch die Steigung der Ausgleichsgeraden (13) sowie deren Standardabweichung (20) als Gütekriterien genannt. Die sdv(a_k) erhält man durch Anwendung des Gauß'schen Fehlerfortpflanzungsgesetzes auf Gl. (13).

$$(20a) \quad var(a_k) = \frac{a_k^{\,2}}{S_{xy}^{\,2}} \left[\frac{var(x)\left[4\,S_{xy}^{\,2}\,S_{xx} + (S_{xx} - S_{yy})^2\,S_{yy}\right]}{4\,S_{xy}^{\,2} + (S_{xx} - S_{yy})^2} + \right.$$

$$\left. + \frac{var(y)\left[4\,S_{xy}^{\,2}\,S_{yy} + (S_{xx} - S_{yy})^2\,S_{xx}\right]}{4\,S_{xy}^{\,2} + (S_{xx} - S_{yy})^2} \right]$$

$$(20) \quad sdv(a_k) = \sqrt{var(a_k)}$$

2.3 Reinheitsprüfung von Atropinsulfat nach DAB 9

Nachfolgend soll an einem Beispiel aus dem Deutschen Arzneibuch [8] die Leistungsfähigkeit des vorgestellten Spektrenvergleichs demonstriert werden [9]. Es handelt sich dabei um die Prüfung von Atropinsulfat auf Verunreinigungen mit Apoatropin. Nach DAB 9 darf der Anteil an Apoatropin maximal 0.5 % betragen, bezogen auf die wasserfreie Substanz.

In Abb. 3 sind die Absorptionsspektren von reinem Atropinsulfat in 0.01 n HCl und von einer Lösung, die neben Atropinsulfat noch 0.38 % an Apoatropin   als Verunreinigung enthält, dargestellt.

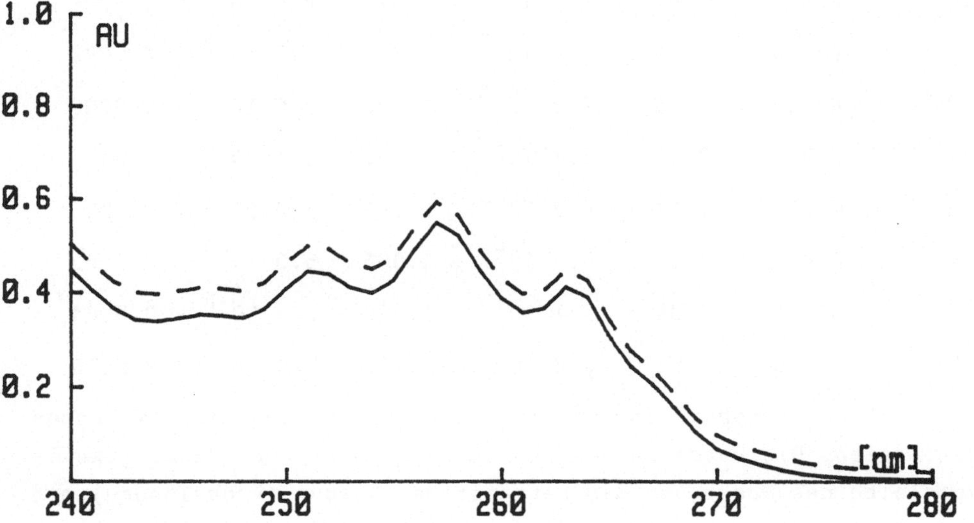

Abb. 3: Absorptionsspektren einer reinen (———) und einer verunreinigten (---) Lösung von Atropinsulfat in 0.01 n HCl

Trägt man die beiden Spektren punktweise gegeneinander auf und unterwirft den Datensatz der orthogonalen Regression, so resultiert die in Abb. 4 dargestellte Ausgleichsgerade.

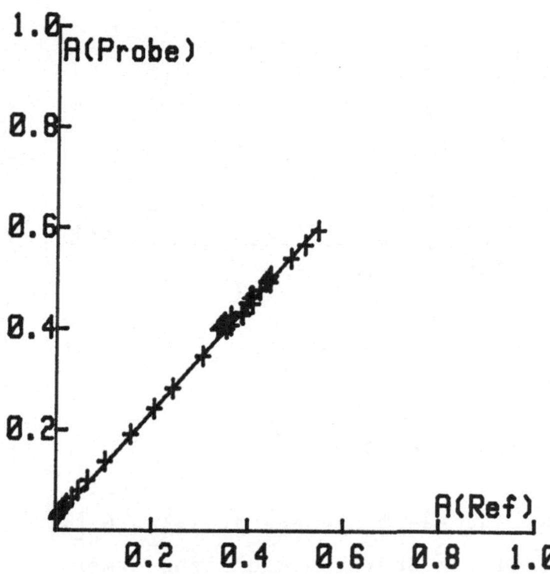

Abb. 4: Ergebnis der orthogonalen Regression (Lsg.5/Lsg.1)

Tab. 1: Statistische Daten der Reinheitsprüfung von Atropinsulfatlösungen (I: Atropin-Base, II: Apoatropin-Base)

Lsg. Nr.	c I [mg/l]	c II [mg/l]	sdv(d)	a_k	sdv(a_k)	r
1	838.1	0.0	$4.0 \cdot 10^{-4}$	1.073	$4.0 \cdot 10^{-4}$	1.0000
2	833.4	0.79	$1.9 \cdot 10^{-3}$	1.020	$1.7 \cdot 10^{-3}$	0.9999
3	830.3	1.55	$2.8 \cdot 10^{-3}$	1.033	$2.5 \cdot 10^{-3}$	0.9998
4	827.1	2.33	$3.7 \cdot 10^{-3}$	1.043	$3.4 \cdot 10^{-3}$	0.9996
5	823.7	3.14	$4.2 \cdot 10^{-3}$	1.049	$3.9 \cdot 10^{-3}$	0.9995
6	820.8	3.85	$5.4 \cdot 10^{-3}$	1.066	$5.0 \cdot 10^{-3}$	0.9992
7	811.6	6.09	$7.7 \cdot 10^{-3}$	1.095	$7.2 \cdot 10^{-3}$	0.9984
8	805.5	7.57	$9.6 \cdot 10^{-3}$	1.121	$9.0 \cdot 10^{-3}$	0.9975

Tab. 1 zeigt das Ergebnis der statistischen Auswertung nach orthogonaler Regression. Die Daten in den Spalten 4-7 entstammen dabei jeweils dem Vergleich des Spektrums der betreffenden Lösung (Probelösung) mit dem einer reinen Atropinsulfat-Lösung (Referenzlösung, Lsg.1). Für die Daten in der ersten Zeile wurden zwei reine Atropinsulfat-Lösungen von annähernd gleicher Konzentration verwendet.

Bereits bei minimaler Verunreinigung der Probelösung werden die Standardabweichungen (18) und (20) gegenüber dem Vergleich zweier reiner Lösungen deutlich größer. Mit zunehmendem Anteil an Apoatropin macht sich dieser Trend immer stärker bemerkbar. Das gleiche Verhalten zeigt der Verlauf des Korrelationskoeffizienten r, dessen Wert immer deutlicher von eins abweicht.

Betrachtet man die Steigung der Ausgleichsgeraden bei den Ergebnissen für die Lösungen 2-8, so zeigt sich auch hier ein deutlicher Trend, und zwar dahingehend, daß die berechnete Ausgleichsgerade immer steiler wird. Dies läßt sich dadurch erklären, daß die mit zunehmender Verunreinigung durch den größer werdenden Unterschied in den beiden Spektren im Absorptionsbereich von 0.4 - 0.6 resultierende "Beule" im Datensatz immer ausgeprägter wird (vgl. Abb. 4), und sich dadurch der Verlauf der Ausgleichsgeraden ändert.

Die beim Vergleich zweier Spektren von reinen Atropinsulfat-Lösungen (Daten in Zeile 1) erwartete Steigung von 1.000 ist, wie aus Tab. 1 ersichtlich, nicht erreicht worden. Dies kommt dadurch zustande, daß die verwendeten Lösungen nicht exakt die gleiche Konzentration aufweisen, so daß sich eine geringfügig abweichende Steigung ergibt. Die übrigen Kenngrößen zeigen dagegen die erwarteten Werte.

3 ZUSAMMENFASSUNG

Zusammenfassend kann festgestellt werden, daß sich das vorgestellte Verfahren der Reinheitsprüfung mittels UV/VIS-Spektrometrie auch bei geringfügigen Verunreinigungen sehr gut bewährt. Dies läßt sich an einem Beispiel aus der Arzneimittelanalytik schön demonstrieren. Grundlage ist ein Verfahren zum Vergleich von Absorptionsspektren, das von WEITKAMP und WORTIG [6,7] beschrieben wurde. Das dort verwendete Ausgleichsverfahren der linearen Regression wurde durch die orthogonale Regression ersetzt, da im ersteren Falle wichtige Voraussetzungen bei der Gegenüberstellung gleichermaßen fehlerbehafteter Datensätze nicht erfüllt werden können. Das spezielle Verfahren der orthogonalen Regression läßt sich dagegen unter den vorliegenden Bedingungen sinnvoll einsetzen.

LITERATUR

1 Doerffel K (1984) Statistik in der analytischen Chemie, VCH Verlagsgesellschaft, Weinheim
2 Draper N, Smith H (1981) Applied Regression Analysis, Wiley and Sons,
  New York
3 Hartung J, Elpelt B, Klösener KH (1982) Statistik, Oldenbourg Verlag, München
4 Sachs L (1978) Angewandte Statistik, Springer Verlag, Berlin
5 Ebel S (1988) GdCh-Kurs "Validierung, Kalibrierung und Datenverarbeitung in der Analytik", Würzburg
6 Weitkamp H, Wortig D (1977) Mikrochim Acta II:315
7 Weitkamp H, Wortig D (1983) Mikrochim Acta II:31
8 Hartke K, Mutschler E (Hrsg) (1986) Deutsches Arzneibuch, Kommentar
  9. Ausgabe, Wissenschaftliche Verlagsgesellschaft, Stuttgart
9 Windmann S, Teil der geplanten Dissertation

Die COLACHROM- Kommandosprache für chromatographische Datenverarbeitung

E. Ziegler

Max-Planck-Institut für Kohlenforschung,
Kaiser-Wilhelm-Platz 1, D-4330 Mülheim/Ruhr

Abstract: Die COLACHROM- Kommandosprache wird innerhalb eines Chromato-graphie- Softwarepakets für die Auswertung, Reporterstellung und Archivierung ein-gesetzt. Mehr als 130 unterschiedliche Befehle erlauben die Bearbeitung eines breiten Spektrums chromatographischer Fragestellungen. Die Identifizierung von Peaks kann über verschiedene Retentionsgrößen durch Vergleich mit Tabellen (oder früher aus-gewerteten Chromatogrammen) oder interaktiv erfolgen. Alle gängigen Methoden der quantitativen Bestimmung werden unterstützt, einschließlich Regressionsverfahren sowie simulierte Destillation von Rohölen, ebenso die Bestimmung von Kenngrößen zur Beurteilung von Trennsäulen. Die wichtigsten Bearbeitungsschritte können in Verbin-dung mit der graphischen Darstellung auch unterstützt durch Fadenkreuz oder Maus ausgeführt werden. Zur Bearbeitung von Chromatogrammserien können beliebige Folgen von Befehlen zu abrufbaren Prozeduren zusammengestellt werden. Die GLP-Richtlinien werden durch Datenbereiche mit unterschiedlichen Zugriffsrechten un-terstützt (z.B. nichtmodifizierbare Rohdatenspeicherbereiche), Meß- und Auswer-teparameter, wie Zeitpunkt der letzten Bearbeitung und der Name des Bearbeiters werden automatisch festgehalten. Für die numerische Bearbeitung von spektroskopischen Rohdaten eignen sich Befehle für Glättungsverfahren, für die Bildung von Ableitungen, für Fouriertransformation und Autokorrelation, für die Un-terdrückung von niederfrequentem Rauschen durch Fourieranalyse, für die Auflösungs-verbesserung durch Linienfaltung sowie die Simulation theoretischer Linienprofile.

Hintergrund

Chromatographie wird in den beiden Mülheimer Max-Planck-Instituten (MPI für Kohlenforschung und MPI für Strahlenchemie) sehr intensiv mit einer großen Anzahl von Geräten betrieben. Aus diesem Grunde begannen die chromatographischen Laboratorien schon im Jahre 1969, routinemäßig Computer für die digitale Aufzeichnung und Auswertung von Chromatogrammen einzusetzen (1). Die selbst ent-wickelte Software wurde fast kontinuierlich weiterentwickelt und neuen Möglichkeiten der Computertechnik angepaßt. Die ursprünglich für eine zentrale DECsystem-10 Rechenanlage angelegte Hard-/Softwarelösung wurde 1981 beim Ersatz des zentralen Rechners durch ein VAX-Verbundsystem völlig neu konzipiert (2,3). Seit dieser Zeit

G. Gauglitz (Hrsg.)
Software-Entwicklung in der Chemie 3
© Springer-Verlag Berlin Heidelberg 1989

wird die Software ständig weiterverbessert und in ihrem Funktionsumfang erweitert, nicht zuletzt auch durch Anregungen externer Nutzer.

Softwarestruktur und Nutzerschnittstelle

Die Software besteht aus den Teilen CHROMDAT und COLACHROM. CHROMDAT wird für die Echtzeit-Registrierung und die automatische Vorauswertung digitalisierter Chromatogramme eingesetzt, COLACHROM für die dialogorientierte Nachbearbeitung, Reporterstellung und Archivierung. Die Echtzeitdatenerfassung durch CHROMDAT ist auf Meßsatelliten ausgelagert, die sich in den Chromatographie-Labors befinden, aber in das Rechnernetz der beiden Institute integriert sind. Aufgabe der auf einem Mikroprozessor basierenden Meßsatelliten ist die Digitalisierung der Analogsignale der chromatographischen Detektoren und die Weitergabe der digitalisierten Chromatogramme (über eine RS232C-Leitung oder über ETHERNET) an einen Auswerte-

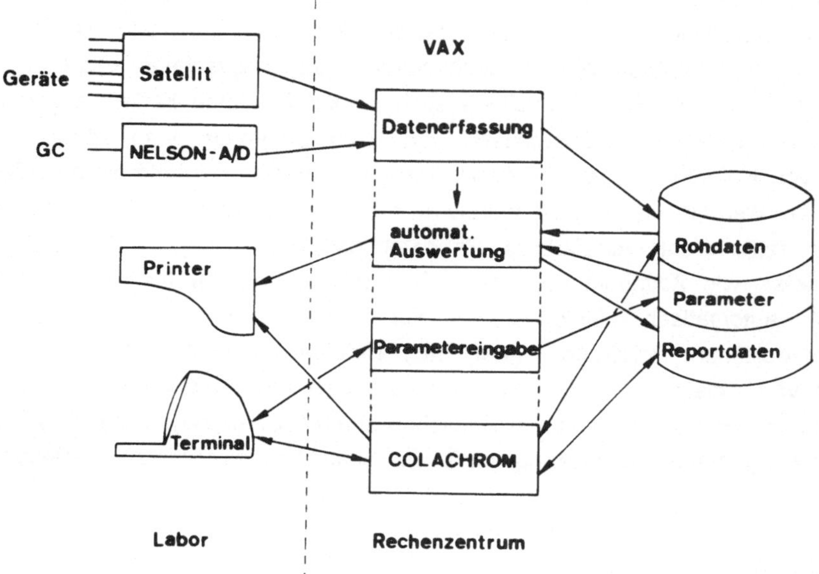

Abb.1: Datenflußschema. Ein im Labor aufgestellter Meßsatellit oder ein lokaler A/D-Wandler digitalisiert die Chromatogramme. Im Auswerterechner erfolgt eine automatische Vorauswertung, anschließend mit COLACHROM die interaktive Bearbeitung.

rechner (Abb. 1). Ein Meßsatellit bedient üblicherweise alle in einem Labor befindlichen Geräte, maximal 40 Analogeingänge. Für die Digitalisierung werden hochwertige Analog/Digitalwandlersysteme eingesetzt, die eine Meßsignaldynamik von ca. 10^7 erlauben, also z.B. Meßspannungen von 1 µV bis 10V durch automatische Bereichsumschaltung erfassen können. Isoliert aufgestellte Chromatographen können auch über einen A/D-Wandler mit Pufferspeicher (z.B. von Fa. Nelson) angeschlossen werden.

Nach dem Ende der chromatographischen Datenerfassung (Stopsignal) erfolgt auf dem Auswerterechner eine automatische Vorauswertung, die in einer Liste von Peaks resultiert, in der alle wesentlichen Peakattribute gespeichert sind. Diese Peakliste ('R-File') findet der Bearbeiter zusammen mit dem Rohdatensatz ('I-File') des unreduzierten Chromatogramms schon wenige Sekunden nach dem Stopsignal auf seinem Plattenbereich vor. Mit der COLACHROM Software kann er auf diese beiden Datensätze zugreifen und das Chromatogramm weiterbearbeiten.

Als Nutzerschnittstelle wurde eine Kommandosprache gewählt, die mittlerweile aus mehr als 130 Befehlen für ein breites Spektrum chromatographischer und auch spektroskopischer Aufgabenstellungen besteht. Eingetippte oder per Fadenkreuz oder Maus ausgelöste Befehle werden sofort ausgeführt. Diese Art der Interaktion mit dem Rechner ist direkter und schneller als eine Menütechnik oder ein Frage-und-Antwort- Dialog, setzt jedoch voraus, daß der Anwender die für ihn nötigen Befehle kennt, also die Software für seine tägliche Routinearbeit einsetzt. Für Anfänger oder gelegentliche Benutzer der Software wäre eine Menütechnik vorteilhafter. Der durchschnittliche Benutzer kommt allerdings mit einem Satz von 20 bis 30 Befehlen aus; je nach Anwendungsgebiet und Arbeitsstil können sich diese Befehlssätze sehr unterschiedlich zusammensetzen.

Befehlsformat

Ein COLACHROM-Befehl wird in einer Eingabezeile eingetippt und mit der <return>-Taste abgeschlossen. Er besteht in der Regel aus den folgenden Feldern:

Befehlsname /Datenpuffer Objekt = Wert

Befehlsnamen, ebenso wie alle Schlüsselwörter, können abgekürzt werden, solange sie eindeutig bleiben; die ersten 3 Buchstaben sind immer ausreichend.

Die Angabe eines Datenpuffers – als einstellige Zahl – ist nur dann erforderlich, wenn sich der Befehl nicht auf das eigentlich zu bearbeitende Chromatogramm, sondern auf ein Vergleichschromatogramm (oder eine Vergleichstabelle) bezieht, das in einen von 4 zusätzlichen 'Vergleichsdatenpuffern' geladen wurde.

Die Objekte, auf die sich ein Befehl bezieht, sind normalerweise chromatographische Peaks, die entweder über sequentielle Peaknummern oder über Retentionsfenster spezifiziert werden: wenn das Eingabefeld einen Dezimalpunkt enthält, wird es als Retentionsfenster interpretiert. Abhängig vom jeweiligen Befehl werden alle Peaks innerhalb des Fensters oder nur deren größter Peak als Objekt betrachtet.

Zugewiesene Werte können Zahlenwerte oder Textstrings sein. In manchen Fällen enthält dieses Feld aber auch beschreibende Peakattribute. Als Trennzeichen zwischen den Eingabefeldern *Objekt* und *Wert* kann statt '=' auch '/' benutzt werden.

Nicht immer sind alle Eingabefelder erforderlich. Neben dem *Datenpuffer-* Feld kann auch das *Objekt-* und/oder das *Wert-* Feld entfallen.

<u>Beispiele</u>: Der Befehl

     NAME 13= Cyclohexan

identifiziert Peak 13 als Cyclohexan;

     FACTOR /1　5= 1.22

ordnet dem Peak 5 des im Vergleichspuffer 1 enthaltenen Chromatogramms (oder Tabelle) den Responsefaktor 1.22 zu;

     SUPPRESS 3.5–7.4 /NONAME

schließt alle Peaks im Zeitfenster 3.5 bis 7.4 Minuten, denen noch kein Name zugeordnet ist, von der weiteren Bearbeitung aus;

     INDEX 6,9,13 /600,700,800

führt eine Kovats– Indexbestimmung aus mit den Peaks 6, 9 und 13 und ihren zugehörigen Indexwerten 600, 700 und 800 als Referenzpeaks; sollte die für diese Bestimmung erforderliche Totzeit noch nicht bekannt sein, so wird im Dialog danach gefragt.

     SEARCH /2 TIME /0.2%

vergleicht die Peaks des zu bearbeitenden Chromatogramms auf Grund ihrer Retentionszeiten mit der Peakliste im Vergleichspuffer 2. Stimmen die Zeiten innerhalb 0.2% überein, so werden die Peakattribute (Namen, Faktoren etc.) aus der Vergleichsliste übernommen.

     SAMPLE= Fraktion 3 von Versuch A23

führt eine Probenbezeichnung ein,

     CUSTID= Schmitz–HG12

eine Kundenbezeichnung.

Befehle, die sich nicht auf Peaks oder Chromatogrammausschnitte beziehen, können in ihrem Aufbau von der Standardstruktur abweichen:

     ANALYZE BTYPE=ISO,BAS=1,DRIFT=3

führt eine Rohdatenauswertung durch, wobei als Basislinientypus isothermer Verlauf angenommen wird und Parameter für die Basislinienfindung und die 'erlaubte' Drift spezifiziert werden;

     ARCHIVE CUSTID /ANUM

archiviert das Chromatogramm (Report und Rohdaten) unter einem Dateinamen, der aus Kundenbezeichnung und Analysennummer konstruiert wird.

Rohdatenbearbeitung

Aus den digitalisierten vollständigen Chromatogramme (Rohdaten) können mit Hilfe des schon erwähnten ANALYZE– Befehls Reports in Form von Peaklisten abgeleitet werden. Der eigentlichen Peakerkennung und Flächenintegration geht dabei eine Basislinienfindung voraus. Diese läßt sich durch Einstellung von Parametern optimieren. Zunächst kann grob unterschieden werden nach isothermem oder temperaturprogrammiertem oder HPLC-Chromatogramm. Eine Feinsteuerung für die Erkennung potentieller Basislinienabschnitte und für die maximal mögliche Drift kann durch Angabe weiterer Parameterwerte erfolgen. Normalerweise geht in die zugehörigen Algorithmen der durchschnittliche Rauschpegel des gemessenen Chromatogramms als wesentliche Größe ein. Dies trifft auch für die Empfindlichkeit der Peakerkennung zu. Mit einem NOISEFACTOR- Parameter läßt sich aber ein Faktor spezifizieren, mit dem der tatsächlich vorliegende Rauschpegel multipliziert wird; ein vergrößerter simulierter Rauschpegel macht z.B. die Peaksuche unempfindlicher und umgekehrt.

Die vom Computerprogramm rekonstruierte Basislinie läßt sich nachträglich von Hand korrigieren; dies kann mit Hilfe des NULL- Befehls geschehen oder aber über Fadenkreuz- oder Mauspositionierungen. Ein anschließender REANALYZE-Befehl führt die Peakfindung und Integration ohne erneute Basislinienkonstruktion durch, d.h. es gilt die zuletzt vorhandene, evtl. manuell korrigierte Basislinie.

Die Flächenbestimmung erfolgt normalerweise durch Integration zwischen per Programm gefundenem Peakanfang und Peakende. Einzelne Integrationsgrenzen können jedoch auch von Hand gesetzt werden. Überlappte Peaks werden normalerweise nach der 'Senkrecht-Lot'-Methode behandelt. Über den TANGENT- Befehl ist jedoch auch die Anwendung der Tangentenmethode möglich. Außerdem kann der Lösungsmittelpeak als Basisliniendrift behandelt werden; dadurch können Aufsetzer auf dessen Peakflanke genauer ausgewertet werden.
Der Rohdatenauswertung können evtl. andere Bearbeitungsschritte vorausgehen:
In der Software sind diverse Glättungsverfahren implementiert, die mit dem SMOOTH-Befehl aktiviert werden können. Es können Chromatogramme addiert und subtrahiert werden, rekonstruierte Basislinien können extrahiert und separat gespeichert werden. Einige Befehle eignen sich mehr für Spektroskopie, sind aber teilweise auch in der Chromatographie nützlich, z.B. Differentiation, Fourier- Transformation und Autokorrelation, Auflösungsverbesserung durch Linienfaltung, Fourierunterdrückung niedriger Frequenzen (z.B. Basislinienschwankungen) etc.. Für den Vergleich mit gemessenen Peakprofilen können mit dem SIMULATE- Befehl Peaks und Peakgruppen mit symmetrischen oder asymmetrischen Gauss-, Lorentz- oder 'GC-tailing'- Profilen berechnet werden.

Graphische Darstellungen

Die Rohdatenchromatogramme können auf Graphikbildschirmen, Plottern, Laserdruckern dargestellt werden. Beliebige Ausschnitte können über Fadenkreuz- oder Mauspositionierung gewählt werden. Wahlweise können Basislinie, Peaknummern, -namen, Integrationsgrenzen, Achsenkreuze, Überschriften eingezeichnet werden. Mehrere Chormatogramme können übereinander oder perspektivisch verschoben dargestellt werden.

Peakattribute können ebenfalls als Diagramme dargestellt werden, z.B. Halbwertszeiten in Abhängigkeit von der Retentionszeit, Bödenzahlen gegen k'- Werte, etc.. Ebenso wird das Ergebnis einer Mehr-Punkte-Eichung über Regressionsrechnung oder einer 'simulierten Destillation' (eluierte Menge gegen Temperatur) graphisch dargestellt.

Die Graphiksoftware setzt derzeit Tektronix-Kompatibilität der Terminals voraus. An der Umsetzung auf eine moderne Workstation-Umgebung (DECwindows) wird gearbeitet.

Methoden der qualitativen Auswertung

Die Identifizierung von Peaks kann manuell/visuell mit Einzelbefehlen über die sequentiellen Peaknummern oder Retentionszeitfenster oder, in Verbindung mit der graphischen Darstellung des Chromatogramms, über Fadenkreuz oder Maus erfolgen. Schneller – und mit Hilfe von Prozeduren auch automatisch – können Zuordnungen durch Tabellenvergleich vorgenommen werden, wobei als Tabellen auch bereits ausgewertete Chromatogramme in einen Vergleichsdatenpuffer geladen werden können. Als Vergleichsgrößen in einem SEARCH- Befehl können neben den gemessenen Retentionszeiten auch relative Nettoretentionszeiten, Kovats-Indices oder lineare Indices dienen. Die Befehle RRT, INDEX bzw. LINDEX dienen der vorherigen Berechnung dieser Größen durch Einführung von Referenzpeaks.

Die Fenstergröße für den Vergleich mit dem SEARCH- Befehl kann entweder als Absolutwert, oder als relative Größe angegeben werden, oder aber als variabler, peakspezifischer Wert der Vergleichstabelle entnommen werden. Für den Fall, daß mehrere 'Hits' innerhalb des Fensters vorhanden sind, kann mit dem SEARCH-Befehl ein 'Hit- Kriterium' abgesetzt werden, das besagt, ob der flächengrößte, der höchste, der erste, oder der Peak mit der besten Positionsübereinstimmung ausgewählt werden soll. Beispiele für entsprechende SEARCH- Befehle:

```
SEARCH /1   TIME(AREA) /0.05min
SEARCH /1   INDEX(HEIGHT) /0.2%
SEARCH /1   RRT(FIRST) /0.01
SEARCH /1   TIME(NEAREST) /VAR
```

Im Falle eines 'Hits' erhält der Peak die Attribute des Vergleichspeaks: Name, Responsefaktor, Indexwert; insbesondere wird die Retentionszeit des Vergleichspeaks als *korrigierte Retentionszeit* übernommen. Mit Hilfe des MCORR- Befehls können dann auch für die nicht-zugeordneten Peaks korrigierte Retentionszeiten inter- und extrapoliert werden. Wenn korrigierte Retentionszeiten für ein Chromatogramm bestimmt worden sind, so werden alle Zeitangaben, z.B. innerhalb eines Befehls, aber auch beim Tabellenvergleich nicht mehr als gemessene, sondern als korrigierte Retentionszeiten interpretiert. Die Einführung dieser Hilfsgröße erlaubt zum einen die Identifikation durch Tabellenvergleich in mehreren Schritten (die eindeutig identifizierbaren

Peaks zuerst, dann die übrigen), zum andern ist der Peak durch eine numerische Größe eindeutig kenntlich gemacht und kann auch aus einer Serie von derart vorausgewerteten Chromatogrammen, z.B. zum Zwecke der automatischen Mittelwertsbildung, wiedergefunden werden.

Quantitative Bestimmungen

In COLACHROM sind alle gängigen Methoden der quantitativen Auswertung implementiert (Tab. 1):

Tab. 1: HELP– Übersicht. Befehle für quantitative Bestimmungen.

```
**************      Quantitative analysis      ***************

RSPONSE         calculate response factor relative to reference
STANDARD        quantitative analysis with added internal standard
RSTAND            with 'reaction standard' being part of the sample
PSTAND          quantitative evaluation relative to specified peak
EXSTAND         quantitative determination with external reference peak
MEXSTAND        determination with multiple external calibration peaks
EXNORM          'spiking' method
SWEIGHT         specify weight of sample
ISDILUTE        info on prepared solution of standards
AMOUNT          specify concentration for a (calibration) peak
FACTOR          assign response factor to one or more peaks or to groups
DLIMIT          specify peak-specific limit for quantitative determination
SETUP           setup a method for multi-point calibration
CALIBRATE       calibrate by regression with a series of known concentrations
QUANTITATE      determine unknown concentration applying a previous calibration
CRUDE           simulated distillation according to ASTM D 2887
AVERAGE         means and standard deviations over series of chromatograms

More information wanted about command: _________
```

Mit dem RSPONSE– Befehl wird die Ermittlung von Responsefaktoren unterstützt, mit dem FACTOR– Befehl können sie 'von Hand' gesetzt werden; STAND, RSTAND, PSTAND, EXSTAND, EXNORM werden eingesetzt für Bestimmungen mittels internen Standard, Reaktionsstandard, externen Standard und 'Spiking'. Peaks können quantitativ zu Peakgruppen, z.B. zur Substanzklassenbildung zusammengefaßt werden. Kalibrierung und Auswertung über Regressionsverfahren sind über spezialisierte Befehle möglich. Wird die gleiche Probe wiederholt registriert, so ist eine Mittelwertsbildung nicht nur der Rohdatenfiles, sondern auch der Peaklisten durchführbar. Übereinstimmende *korrigierte Retentionszeiten*, oder Namensgleichheit, z.B. als Ergebnis eines Tabellenvergleichs, kennzeichnen hierbei identische Peaks in nacheinander aufgenommenen Chromatogrammen.

Mit dem CRUDE– Befehl wird die ASTM–Methode der *simulierten Destillation* unterstützt; das Ergebnis wird sowohl tabellarisch als auch graphisch, eluierte Menge als Funktion der Temperatur, dargestellt.

Kenngrößen von Trennsäulen

Für die Beurteilung von chromatographischen Trennungen und von Trennsäulen können mit COLACHROM theoretische und effektive Böden, k'- und HETP-Werte sowie Trennzahlen und 'coating efficiency' bestimmt werden.

Kommandoprozeduren

Eine Folge von einzelnen Befehlen kann zu Kommandoprozeduren zusammengestellt und als Datei auf dem Plattenspeicher abgelegt werden. Die Zusammenstellung der Befehle kann mit Hilfe des Texteditors des Computersystems erfolgen, der auch aus dem COLACHROM- Programm heraus aufgerufen werden kann. Darüberhinaus können die letzten 50 interaktiv ausgeführten Befehle durch einen SAVE /PROC-Befehl in eine Datei kopiert werden. Ein EXECUTE- Befehl bringt die Prozedur zur Ausführung.

Beispiel für die Anwendung einer Prozedur:

Zunächst wird eine Vergleichstabelle in den Vergleichspuffer 1 geladen sowie das erste Chromatogramm einer Serie (Lauf 101 von Instrument 25) in den Hauptpuffer, dann wird die Prozedur *eval1* ausgeführt:

```
SELECT /1 table          ; lade Vergleichstabelle table
SEL   25/101             ; und Lauf 101 von Instrument 25
EXE   eval1 /120         ; Ausführung der Prozedur eval1
                         ; mit Übergabe des Werts 120
```

Die Prozedur *eval1* besteht beispielsweise aus:

```
SEARCH /1 TIME /VAR      ; Tabellenvergleich
SAVE                     ; Ergebnis auf Platte
REPORT                   ; Reportausgabe auf Labordrucker
PLOT /OPT:B,V            ; Plot mit Basislinie und Verbindungsnamen
NSELECT 'P1'             ; nächstes Chromatogramm (bis Lauf P1)
EXE   eval1 /'P1'        ; beginne Prozedur von vorne
```

Die Prozedur *eval1* führt zunächst einen Tabellenvergleich über die Retentionszeiten aus, wobei die Fenstergröße für den Vergleich für jeden Peak in der Tabelle angegeben ist, speichert das Ergebnis auf dem Plattenspeicher, druckt den Report, fertigt eine Zeichnung an, und lädt dann das nächste Chromatogramm der Serie. Mit dem letzten Befehl ruft die Prozedur sich selbst auf, d.h. die Befehlsfolge beginnt von neuem, bis schließlich Lauf 120 der Serie bearbeitet ist. (Der Wert 120 wird beim Prozeduraufruf für den Parameter P1 eingesetzt.)

Innerhalb einer Prozedur können andere Prozeduren aufgerufen werden. Wenn eine Prozedur nicht interaktiv, sondern im Batch–Modus ablaufen soll, so werden sonst evtl. nötige Dialogabfragen durch Datenzeilen innerhalb der Prozedur ersetzt.

Reportausgabe

Für die Ergebnisausgabe sind eine Reihe unterschiedlicher Reportformen realisiert. Das Aussehen eines Reports ist abhängig vom Inhalt: Wenn für keinen der Peaks Responsefaktoren oder Substanznamen bekannt sind, so entfällt die für das jeweilige Peakattribut vorgesehene Ausgabespalte. Gleiches gilt für die Eintragungen im Report–Header, wie Probenbezeichnung, Kundenidentifizierung, Analysennummer etc.. Andererseits können durch Anwendung entsprechender Befehls–'Switches' Ausgabespalten bewußt unterdrückt, oder auch erzeugt werden. Die Anzahl der ausgegebenen Dezimalstellen richtet sich dynamisch nach dem Wertebereich eines Peakattributs. Die Reportausgabe kann sowohl auf den Bildschirm als auch auf Drucker oder Plattenspeicher, z.B. zur Weiterverarbeitung in LIMS– Systemen, erfolgen.

Dokumentation und Archivierung

Das Arbeiten nach GLP– Richtlinien wird durch verschiedene Werkzeuge unterstützt:
Meßparameter, wie Datenrate, Laufzeit, Datum und Uhrzeit der Messung, Autosamplerposition, benutzter Analogkanal werden automatisch registriert und sind vom Anwender nicht modifizierbar. Gleiches gilt für die Parameter für Basislinien– und Peakfindung. Wenn Integrationsgrenzen manuell festgelegt werden, oder die Tangentenmethode benutzt wird, so erscheint ein entsprechender Hinweis im Report. Sind Rohdaten manipuliert worden (z.B. durch vorausgegangene Glättungsverfahren), so wird dies durch einen entsprechenden Kommentar im Reportheader ausgewiesen.

Je nach gewünschtem Arbeitsstil können, durch einmaliges Setzen von logischen Zuordnungen, verschiedene Datenbereiche eingerichtet werden, die mit unterschiedlichen Zugriffsrechten versehen werden können. Mit diesem Hilfsmittel können beispielsweise der *Arbeitsbereich* eines Mitarbeiters, ein *Prozedurenspeicher*, ein *Rohdatenspeicher*, in den automatisch die unbearbeiteten Rohdaten in nichtmodifizierbarer Weise unmittelbar nach der Messung kopiert werden, sowie ein oder mehrere *Archivspeicher* voneinander getrennt werden.

Zusätzlich zu den oben beschriebenen automatisch registrierten Parametern können vom Anwender noch beschreibende Größen eingebracht werden, so z.B. die chromatographischen Aufnahmebedingungen, Probenbezeichnung, Analysen– oder Auftragsnummer, Kundenbezeichnung, Abrechnungskonto, kommentierender Text etc..

Mit dem ARCHIVE– Befehl werden Chromatogramme archiviert: Rohdaten und Reportdaten werden im Archivspeicher, einem eigenen Bereich auf dem

Plattenspeicher, abgelegt, wobei je nach La024organisation unterschiedliche, für die Wiederauffindung geeignete Dateibenennungen festgelegt werden können. Beispielsweise kann die Analysennummer oder die Probenbezeichnung oder die Kombination von zwei Headerinformationen für die Erzeugung standardisierter Dateinamen genutzt werden. In einem zweiten Archivierungsschritt wird der Archivspeicher in regelmäßigen Zeitabständen auf ein Archivmedium, z.B. ein Magnetband, ausgelagert. Für diesen Schritt kann das BACKUP-Systemprogramm des Rechners benutzt werden.

HELP und andere Hilfsmittel

Der HELP- Befehl ermöglicht Übersichten über die verfügbaren COLACHROM-Befehle (z.B. wie in Tab. 1) oder liefert auf dem Bildschirm Einzelbeschreibungen für jeden Befehl. Ein Handbuch (4) enthält neben einer Einführung in die Benutzung der Software auch diese Einzelbeschreibungen der Befehle. Für jeden Benutzer wird über die Häufigkeit der Benutzung der einzelnen Befehle buchgeführt. Viele Funktionen des VMS-Betriebssystems, sog. DCL-Kommandos wie DIRECTORY, RENAME oder COPY, sind auch innerhalb von COLACHROM zugänglich, also ohne Verlassen des Programms.
Um Schreibarbeit zu sparen, kann ein Anwender eigene Befehlsabkürzungen definieren, z.B. die Abkürzung ABL mit
          DEFINE ABL= ARCHIVE ANUM /SCODE
(zweckmäßig, da innerhalb eines Labors immer nach der gleichen Methode archiviert wird).

Derzeitige Implementierung

Die internen Puffergrößen (Neufestlegung erfordert Neukompilierung) erlauben im Hauptpuffer bis zu 52000 Rohdatenpunkte und 1000 Peaks, in den Vergleichspuffern bis zu 26000 Punkte und 500 Peaks. Alle COLACHROM- Befehle sind in ein einziges Programm integriert, das in FORTRAN-77 geschrieben ist, auf allen VAX/VMS- Rechnern lauffähig ist (also auch auf VAXstations) und derzeit 1050 kB virtuellen Adressraum belegt. Der Rechenzeitbedarf beträgt auf einer MikroVAXII-CPU ca. 3 Stunden für die Gesamtbearbeitung von 1000 Chromatogrammen. Je nach Arbeitsstil und La024organisation werden pro angeschlossenem Instrument 0.5 bis 10 MB Plattenspeicherkapazität für die Datenhaltung benötigt. Die Schnittstelle zu vorgeschalteten Datensystemen oder nachgeschalteten LIMS- Systemen ist durch die Rohdaten- bzw. die Reportdatenfiles auf dem Plattenspeicher gegeben.

LITERATUR

1 Schomburg G, Weeke F, Weimann B, Ziegler E (1971) J Chromatogr Sci 9:735
2 Ziegler E, Weimann B, Wronka I, Schomburg G, Häusig U
  (1983) Analyt Chim Acta 147:91
3 Ziegler E, Schomburg G (1984) J Chromatogr 290:339
4 Ziegler E (1987) in-house publication: COLACHROM Version 6

PLOT1

EIN GRAPHIK-PROGRAMM ZUR UNIVERSELLEN AUSWERTUNG UND DARSTELLUNG VON GC- UND LC-CHROMATOGRAMMEN

E. OTTMANN UND M. AUMANN

PHARMAKIN GMBH, GESELLSCHAFT FÜR PHARMAKOKINETIK
POSTFACH 1780, 7900 ULM

<u>Zusammenfassung:</u> PLOT1 ist ein fertiges Modul des Softwarepaketes PHARMAKO, das in unserem Hause zur Unterstützung der Auswertung von pharmakokinetischen Studien entwickelt wird. PLOT1 wird zur graphischen Auswertung und Darstellung von Chromatogrammen angewandt.

Gegenüber kommerziell erhältlichen Graphik-Programmen, wie z.B. CPLOT, das von Hewlett Packard für die HP1000 angeboten wird, hat PLOT1 folgende Vorteile:

- Einfache Befehlseingabe durch benutzerfreundliche Bedienungsoberfläche

- Handling von mehreren Chromatogrammen durch die Eingabe von nur einem Befehlsstring

- Die Befehlseingabe kann über Transferfiles erfolgen.

- Bei der Reintegration mit dem Cursor wird der neue Flächenwert direkt in den Prozeßdatenfile geschrieben.

Das Programm läuft auf dem Rechner HP 1000 RTE/VI F, Hewlett Packard. Es ist in Fortran 77 programmiert und setzt die Softwarepakete LAS (Labor-Automatisations-Software) und AGP (Advanced Graphics Package) voraus.

1. BESCHREIBUNG VON PLOT1

1.1 Allgemeines

Die Befehlseingabe erfolgt über Runstring, Labelmenü oder Transferfile. Es können außerdem die Utilities CRSEQ (Kreiren einer Probensequenz), UPSEQ (Aktualisieren der Probensequenz), LISEQ (Listen der Probensequenz), LIRAW (Listen von Rohdatenfiles), LIPRO (Listen von Prozeßdatenfiles), ANALYSE

G. Gauglitz (Hrsg.)
Software-Entwicklung in der Chemie 3
© Springer-Verlag Berlin Heidelberg 1989

(Reanalysieren von Chromatogrammen mit einer geänderten Methode) und CHANNEL (Listen des Status der LAS-Channel) aufgerufen werden.

1.2   Handling von Chromatogrammen

Mit PLOT1 können mehrere Chromatogramme nacheinander auf dem Bildschirm gesichtet werden, z.B. um die Integrationsmarken zu überprüfen. Es können mehrere Chromatogramme nacheinander auf einem Ausgabegerät (graphigfähiger Drucker, Plotter) graphisch dargestellt werden.

Ein oder mehrere Peaks können wahlweise mit Retentionszeit, Fläche und/oder Namen beschriftet werden. Mit dem Kommando OVERLAY können beliebig viele Plots übereinander oder nebeneinander gezeichnet werden.

1.3   Achsenmanipulationen

Im Normalfall werden die folgenden Achsen parameter automatisch berechnet:

>   Achsenminimum
>   Achsenmaximum
>   Ticabstand
>   Achse logarithmisch oder linear
>   Achsenbeschriftung ein/aus

Sie können aber auch manuell gesetzt werden.

Bei der Y-Achse können zur Formatierung auch Abschwächung (AT) und Vergrößerung (EN) eingesetzt werden. Die Größe der Tics und deren Zeichenrichtung sowie die Positon des Achsenkreuzes sind frei wählbar.

Für alle Beschriftungen können Schriftgöße, Schriftbreite, Schrägstellung, Stift, Farbe und Zeichensatz gewählt werden. Die Überschrift kann bis zu 10 Zeilen umfassen.

2.   BEISPIELE FÜR DIE ANWENDUNG VON PLOT1

Da die Vielzahl der Anwendungsmöglichkeiten in diesem Rahmen nicht komplett aufgezeigt werden kann, sollen nun einige Beispiele die Handhabung von PLOT1 erläutern. Für die Befehlseingabe gilt, daß alle drei Möglichkeiten (Runstring, Labelmenü, Transferfile) verwendet werden können. In den Beispielen wird die Befehlseingabe verwendet, die sich am besten für den jeweiligen Fall eignet.

2.1 Ausgabe auf dem Bildschirm

Es soll das Chromatogramm PTE101 auf dem Bildschirm ausgegeben werden. Für die Befehlseingabe wird das Labelmenü verwendet. Die Ausgabe wird in Abb. 1 gezeigt.

Auf dem Bildschirm erscheint das Labelmenü:
FILE NEXT PREV ACT INTEGRATE DEVICE OVERLAY UTILITIES BESCHRIFTUNG EIN-TEILUNG

Eingabe: F(=File)

Auf dem Bildschirm erscheint das Labelmenü:
RAWFILE PROCFILE

Eingabe: P(=Procfile)
            PTE101

Auf dem Bildschirm erscheint das Labelmenü:
FILE NEXT RPEV ACT INTEGRATE DEVICE OVERLAY UTILITIES BESCHRIFTUNG EIN-TEILUNG

Eingabe: A(=ACTual)

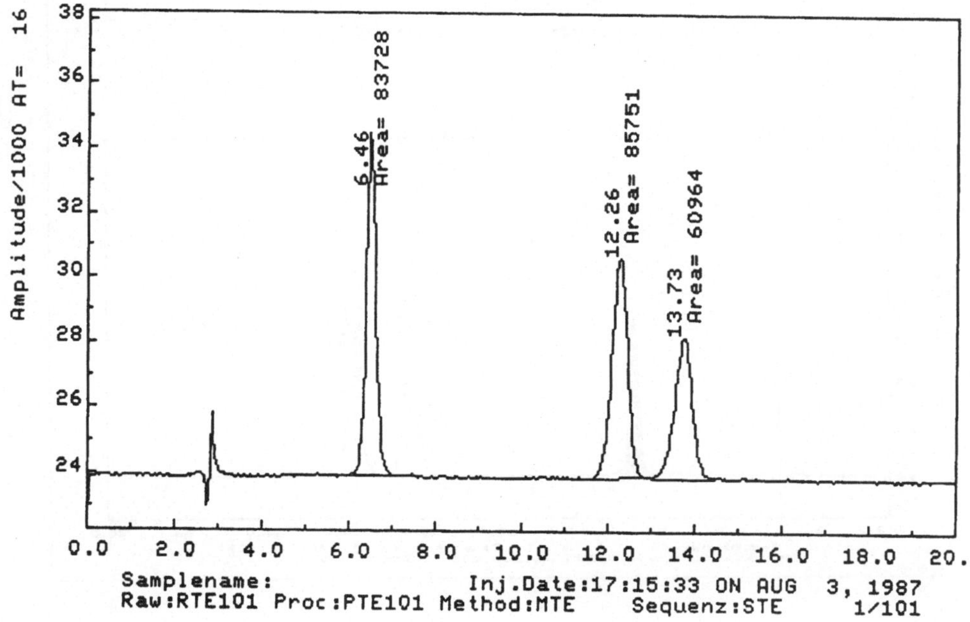

Abb. 1: Darstellung eines Chromatogramms auf dem Bildschirm.

2.2. Ausgabe auf dem Drucker

Die Chromatogramme PTE102 bis PTE104 sollen auf dem Drucker ausgegeben werden. Für die Befehlseingabe wird der Runstring verwendet. Die Ausgabe erfolgt als Rasterdump des Bildschirmes (siehe Abb 1).

Eingabe: PTE102..104,

            LU=1S, (Ausgabegerät serieller Drucker)

            CHR (Ausgabe wird gestartet)

2.3. Manuelles Reintegrieren

In dem Chromatogramm PTE105 soll der Peak zwischen 6.0 und 8.0 Minuten reintegriert werden. Für die Befehlseingabe wird der Runstring verwendet.

Eingabe: PTE105,

            INT, (manuelles Reintegrieren)

            CHR (Befehl ausführen)

Auf dem Bildschirm erscheint das Chromatogramm. Man bestimmt mit dem Cursor den Peakanfang und drückt RETURN. Nun führt man den Cursor zum Peakende und drückt erneut RETURN.

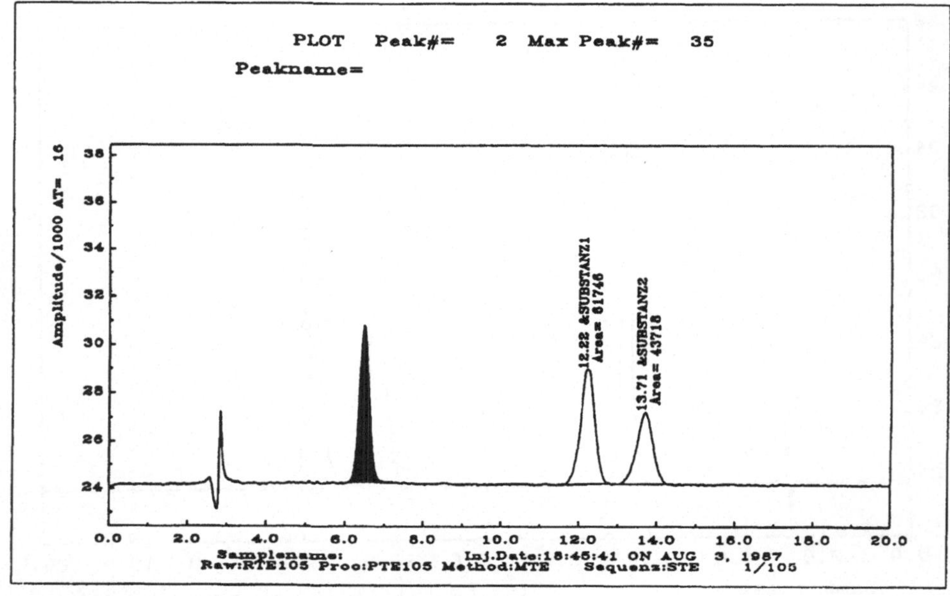

Abb. 2: Manulles Reintegrieren

Die integrierte Fläche wird dann auf dem Bildschirm farbig ausgefüllt wurde (Abb.2). Danach kann der Peak benannt werden. Wird kein Name eingegeben, so bleibt die vorhergehende Bezeichnung bestehen. Die Fläche des Peaks wird in den Prozeßdatenfile PTE105 geschrieben.

2.4 Dokumentation auf dem Plotter

Als Beispiel, wie das Programm PLOT1 die Dokumentation unterstützt, wird das Chromatogramm PTE101 mit drei Ausschnitten in einer Darstellung auf dem Plotter ausgegeben (Abb. 3). Die Ausgabe erfolgt im Format DIN A3. Für die Befehlseingabe wird wieder der Transferfile verwendet. Der Transferfile wird mit einem Texteditor erstellt.

Listing des Files:

```
lu=7              wo=w7550
axfont=font3      pkfont=font3      hdfont=font3
axpen=2           pkpen=1           hdpen=3
din=3             overlay=on
xtext=on          ytext=on
axwith=4.5        axheight=5.4
pkwith=//         pkweight=//
area=off          name=off          ret=on
proc=pte101
xlimit=0..390     ylimit=0..280
xhd=30..330       yhd=240..261
xloc=40..336      yloc=135..210
xax=//            at=16
hdtext=on         hdtext=?          chrom
hdtext=off        xtext=off         ytext=off
axwith=3.5        axheight=4.2
xloc=40..130      yloc=30..105
xax=5.9..7.2      yax=23.0..25.0
chrom
xax=11.5..13.0    yax=23.0..25.0
xloc=150..240     yloc=30..105
chrom
xax=13.0..15.0    yax=23.0..25.0
xloc=260..366     yloc=30..105
chrom
```

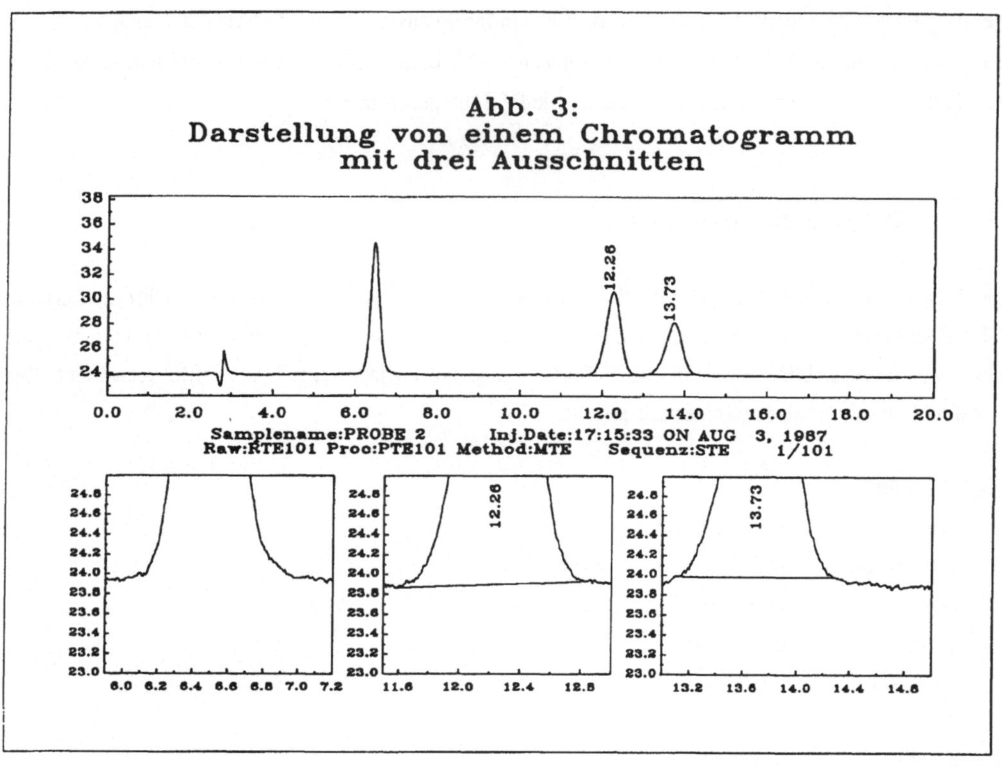

3. DIE UTILITIES

3.1 CRSEQ

Wenn man im LAS Sequenzen erstellt, muß man für jede Probe die Angaben per Hand eingeben. Um die Arbeit zu verringern, werden die Probensequenzen mit der Utility UPSEQ halbautomatisch erstellt. Es soll als Beispiel die Sequenz STE mit zwei Subsequenzen kreiert werden. Die erste Sequenz hat 499 Datenfiles mit den Namen RTE1 bis RTE499 bzw. PTE1 bis PTE499. Die zweite Subsequenz umfasst 999 Files mit den Namen RTS1 bis RTS999 bzw. PTS1 bis PTS999. Als Integrationsmethode wird der File MTE verwendet.

Im folgenden wird die Programmabfrage für dieses Beispiel gelistet. Die Angaben hinter dem Doppelpunkt sind vom Operator einzugeben.

```
Sequenzfile?            : STE
Channel?                : 6
Subsequenz 1
Methodenname?           : MTE
Procfilename?           : PTE
```

Rawfilename?	: RTE
Von?	: 1
Bis?	: 499

Subsequenz 2

Methodenname?	: MTE
Procfilename?	: PTS
Rawfilename?	: RTS
Von?	: 1
Bis?	: 999

Subseqeunz 3

Methodenname?   :

Sequenz wird angelegt .... [ok]

3.2.   UPSEQ

Das Programm dient zur Aktualisierung und Korrektur von Probennamen. Wenn ein Probenname in einer Sequenz für Proben, die bereits analysiert worden sind, geändert werden soll, so erfolgt keine automatische Aktualisierung im Prozeß- und Rohdatenfile durch die Software LAS. In diesen Files steht der neue Probenname erst nach Ablauf des Programms UPSEQ.

Im folgenden Beispiel werden die Proben-Namen der Proben 100 und 101 geändert.

Es ist der Name der Probensequenz, die Nummer der Subsequenz, die Nummer der ersten Probe, die Nummer der letzten Probe und die Ausgabeeinheit für das Listing einzugeben.

No	Sample_Name	Proc :SC	Raw :SC
100	Probe1	PTE100:—	RTE100:—
101	Probe2	PTE101:—	RTE101:—

Die Proben-Namen werden im LAS wie folgt geändert:

Probe1 —-> Sample1

Probe2 —-> Sample2

Programmaufruf:

UPSEQ

Auf dem Bildschirm erscheint (Angaben hinter dem ? sind die Eingaben des Operators):

Sequenzfilename?   STE

LISTING OF SEQUFILE

Channel No: 6	Subsequenzen: 2

Subsequenz?

1

```
Sample No Von?
100
Sample No Bis?
101
LU?
1
Proc File:  PTE100:——>  Samplename: Sample1
Raw File:   PTE100:——>  Samplename: Sample1
Proc File:  PTE101:——>  Samplename: Sample2
Raw File:   PTE100:-——>  Samplename: Sample2
```

3.3.   Weitere Utilities

CHANNEL

Das Programm listet den Status der einzelnen LAS-Channels. Es kann mit dem Befehl CHA im PLOT1 aufgerufen werden. Wird es aus der Benutzeroberfläche mit CHANNEL aufgerufen, so zeigt es auf einem Terminal ständig den aktuellen Status der LAS-Channels an.

LISEQ

Das Programm listet Teile einer Probensequenz. Es ist der Name der Sequenz, die Nummer der Subsequenz, die Nummer der ersten Probe, die Nummer der letzten Probe und die Ausgabeeinheit für das Listing anzugeben.

CRLST

Das Programm zeigt die maximale und die verbrauchte Speicherkapazität an. Die verbrauchte Kapazität wird in MByte, % und als Histogramm gelistet.

LIRAW und LIPRO

Das Programm LIRAW listet Angaben zur Integrationsmethode, Probe und Auswertung. Beim Programm LIPRO werden zusätzlich Angaben zu den gefundenen Peaks gelistet.

Simulation Dynamischer Prozesse in der Gaschromatographie

Bernhard Koppenhoefer, Lin Bingcheng, Institut für Organische Chemie der Universität, Auf der Morgenstelle 18, D-7400 Tübingen.

Zusammenfassung

Der Wanderungsprozess von Komponenten entlang einer GC-Säule bei Anlegen eines Temperaturprogramms kann mit Hilfe unseres in Basic und Fortran77 geschriebenen Programms auf einem Personal Computer simuliert werden. Der Aufenthaltsort x (in relativen Einheiten der Säulenlänge), die Geschwindigkeit dx/dt und die Beschleunigung d^2x/dt^2 in Abhängigkeit von der Zeit t werden für verschiedene Stoffklassen untersucht und zur präzisen Vorhersage von Retentionsdaten herangezogen.

Einleitung

Eine Reihe von Publikationen haben sich mit der Simulation des chromatographischen Prozesses befasst /1/, aber meist wurde lediglich die Retentionszeit t_r vorhersagt, gelegentlich auch für die Temperaturprogrammierung. Wir müssen aber an dieser Stelle ausdrücklich auf den fundamentalen Unterschied zwischen der Beobachtung der Eigenschaft t_r am Säulenende und der Verfolgung des gesamten chromatographischen Prozesses hinweisen. Mit dem zunehmenden Einsatz mehrdimensionaler Systeme gewinnen solche Simulationen auch an praktischer Bedeutung.

Ergebnisse und Diskussion

In vorhergehenden Publikationen /2-3/ haben wir die Chromatographiesäule als black box behandelt. Basierend auf einem mathematischen Modell wurde durch das x-t-Diagramm der Wanderungsprozess der Komponenten entlang einer Säule unter Einwirkung eines Temperaturprogramms beschrieben. Hier sei x der Aufenthaltsort der Komponente in der Säule, ausgedrückt in Einheiten der Säulenlänge, und t die vorgegebene Zeit. Die vorliegende Untersuchung soll nun aufzeigen, dass sich die bei Temperaturprogrammierung beobachteten dynamischen Phänomene aus

G. Gauglitz (Hrsg.)
Software-Entwicklung in der Chemie 3
© Springer-Verlag Berlin Heidelberg 1989

den thermodynamischen Parametern der Wechselwirkung mit der stationären Phase ableiten lassen. Als ein besonders interessantes Beispiel für solche Zusammenhänge werden Kriterien für Überholmaneuver /2/ abgeleitet.

Kürzlich haben wir sowohl durch numerische Analyse als auch durch das Experiment gezeigt, dass sich mit Gleichung (1) die Wanderungsgeschwindigkeit der Komponenten entlang der Säule berechnen lässt /2,3/.

$$\frac{dx}{dt} = \frac{U}{1 + \exp\left(- \Delta H/(R(a+bt)) + \Delta S/R - \ln \beta\right)} \tag{1}$$

Die Beschleunigung einer Komponenten auf Grund eines linearen Temperaturprogramms für einen beliebigen Aufenthaltsort x ist gegeben durch die Gleichung (2), wobei der Term dU/dt vernachlässigt wird und $k' \gg 1$ angenommen wird.

$$A = \frac{d^2 x}{dt^2} = \frac{- U\, b\, \Delta H/(R(a+bt)^2)}{\exp(-\Delta H/R((a+bt)) + \Delta S/R - \ln \beta)} \tag{2}$$

Zum Vergleich der Beschleunigungen A_i und A_j zweier Komponenten i und j sei

$$F_2 = \frac{A_j}{A_i} = \exp\left(\frac{- \Delta\Delta H}{R(a+bt)} + \frac{\Delta\Delta S}{R}\right) * \frac{\Delta H_j}{\Delta H_i} * \frac{U_j}{U_i} \tag{3}$$

mit $- \Delta\Delta G = -(\Delta G_i - \Delta G_j)$

Somit kann das dynamische Verhalten der Komponenten auf der Basis der thermodynamischen Parameter der Solut-Solvens-Wechselwirkung diskutiert werden. Für ein Komponentenpaar i und j hängt die Möglichkeit eines Überholmaneuvers von drei Faktoren ab: 1) Einem exponentiellen Term, der die Differenz in der Freien Energie nach Gibbs bei einer gegebenen Temperatur, $-(\Delta G_i - \Delta G_j)$, enthält; 2) dem Verhältnis der Wechselwirkungsenthalpien, $\Delta H_j/ \Delta H_i$; 3) dem Verhältnis der Trägergasgeschwindigkeiten an den Aufenthaltsorten der Komponenten i und j, U_j/U_i.

Eine hinreichende Bedingung zur Vorhersage des Überholtwerdens von Komponente i durch Komponente j wird in Gleichung (4) vorgestellt.

$$\int_{t=0}^{t_1} f_{1i}\,dt + \int_{t_1}^{t_2} f_{2i}\,dt \ldots + \int_{t_{x-1}}^{t_x} f_{xi}\,dt = \int_{t=0}^{t_1} f_{1j}\,dt + \int_{t_1}^{t_2} f_{2j}\,dt \ldots + \int_{t_{x-1}}^{t_x} f_{xj}\,dt \quad (4)$$

Hier repräsentiert jedes Integral eine gewisse Distanz x_{ni} für Komponente i bzw. x_{nj} für Komponente j, die in den einzelnen Intervallen eines mehrschrittigen Temperaturprogramms (n = 1, 2, ... x) durchlaufen werden. Die Funktionen f_{ni} bzw. f_{nj} sind die entsprechenden Geschwindigkeiten.

Da selbst mit relativ einfachen Temperaturprogrammen keine einfache analytische Lösung für Gl. (4) existiert, muss der Einfluss der variablen chromatographischen Bedingungen entweder experimentell oder eleganter und schneller durch numerische Simulation untersucht werden. Gemäss der beschriebenen Methode /2/ haben wir Computersimulationen von zwei verschiedenen chromatographischen Systemen durchgeführt, von denen eines chiral (Chromatogramm von N-Acetylaminosäureisopropylestern an Chirasil-Val /4/, siehe Figur 1 A und 1 B) und das andere achiral ist. Die für die weiteren Berechnungen benötigten thermodynamischen Daten wurden aus isothermen Messungen von k' gewonnen. Während bei 50 °C die Enantiomeren 2 (D) und 3 (L) des Prolins die kleinsten Freien Enthalpien der Wechselwirkung aufweisen, überrunden sie oberhalb von 150 °C dem Wert des D-Serinderivats 1, im Gegensatz zum L-Leucinderivat 4. Daraus schliessen wir, dass 1 eher als 4 in der Lage sein dürfte, 2 und 3 zu überrunden.

Bei den homologen geradkettigen 1-Alkanolen an der unpolaren Methylethenylpolysiloxan-Phase wird die Elutionsreihenfolge unabhängig von den jeweiligen chromatographischen Bedingungen durch die stetige Zunahme des Molgewichts bestimmt. Eine Temperaturzunahme hat auf $-\Delta G_i$ und $-\Delta G_j$ zweier Komponenten mit Kohlenstoffzahlen i bzw. j=i+1 einen gleichsinnigen Effekt ähnlicher Grössenordnung.

Die Überholkriterien F_2 werden in Tabelle I für die N-TFA-Aminosäureisopropylester 1 bis 4 an L-Chirasil-Val und in Tabelle II für die homologen n-Alkanole 5 bis 12 (entsprechend $C_5H_{11}OH$ bis $C_{12}H_{23}OH$ an immobilisiertem Methylethenylpolysiloxan aufgelistet.

Tabelle I. Kriterium F_2 und Quotient der Enthalpien $\Delta H_j/\Delta H_i$ und der Flussraten U_j/U_i für Aminosäurederivate an L-Chirasil-Val. 100°C für 5 min, Heizrate 12°C/min

t (min)		1/2	1/3	3/2	4/3	4/2
5.73	F_2	1.13[a]	1.15	.98	1.06	1.04[b]
7.28	F_2	1.28	1.30	.98	1.25	1.23
8.40	F_2	1.40	1.41	.99	1.39	1.37
9.31	F_2	1.50[c]	1.51	.99	1.51	1.49[d]
$\Delta H_j/\Delta H_i$		1.18	1.17	1.01	1.22	1.23

[a] $U_j/U_i=1.00$; [b] $U_j/U_i=0.99$; [c] $U_j/U_i=1.01$; [d] $U_j/U_i=0.99$

Tabelle II. wie Tabelle I, für 1-Alkanole an Methylethenyl-polysiloxan. 77°C für 3 min, Heizrate 5°C/min

t (min)		8/7	9/8	10/9	11/10	12/11
4.71	F_2	.50[a]	.52	.54	.50	.52[b]
10.70	F_2	--	.54	.57	.53	.56
14.03	F_2	--	--	.57	.53	.58
17.00	F_2	--	--	--	.52	.59[c]
$\Delta H_j/\Delta H_i$		1.06	1.07	1.07	1.05	1.06

[a] $U_j/U_i=0.95$; [b] $U_j/U_i=1.00$; [c] $U_j/U_i=0.96$

Das Kriterium $F_2 > 1$ aus Tabelle I wird im x-t-Diagramm (Figur 2 A) bestätigt. Im isothermen Teil (100 °C für 5 min) ergeben alle vier Komponenten Geraden, deren Steigungen den konstanten Geschwindigkeiten entsprechen, welche unter isothermen Bedingungen durch die konstanten Verteilungskoeffizienten K_i, und somit die Freien Enthalpien der Wechselwirkung - ΔG, bestimmt werden. Bei der geringeren Heizrate werden 3 und 2 lediglich von 1 überholt, bei der höheren Heizrate (Figur 1 B) auch durch 4.

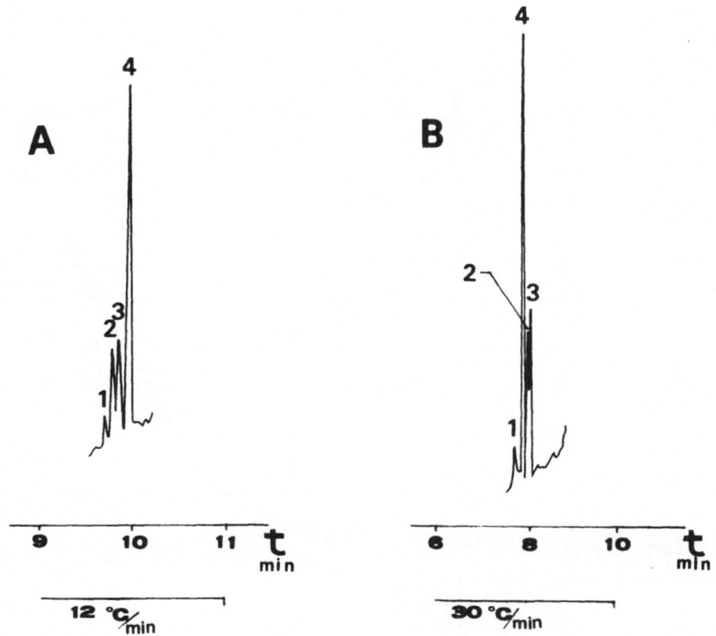

Figur 1. Gaschromatogramm einiger N-TFA-Aminosäureisopropylester auf L-Chirasil-Val, 5 min bei 100°C.

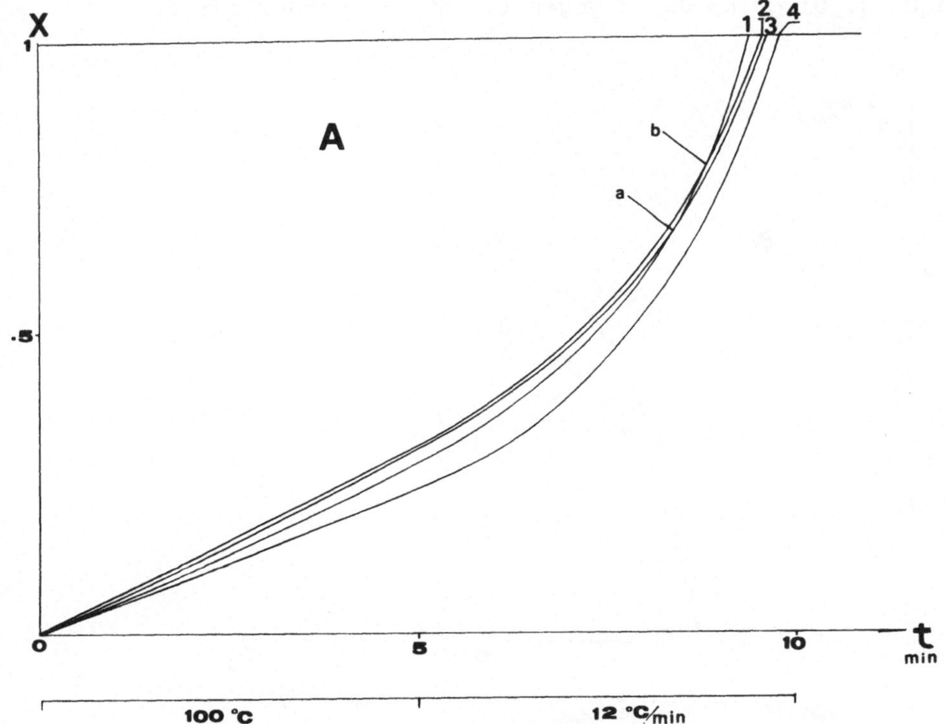

Figur 2. Diagramm x gegen t, entsprechend Figur 1.

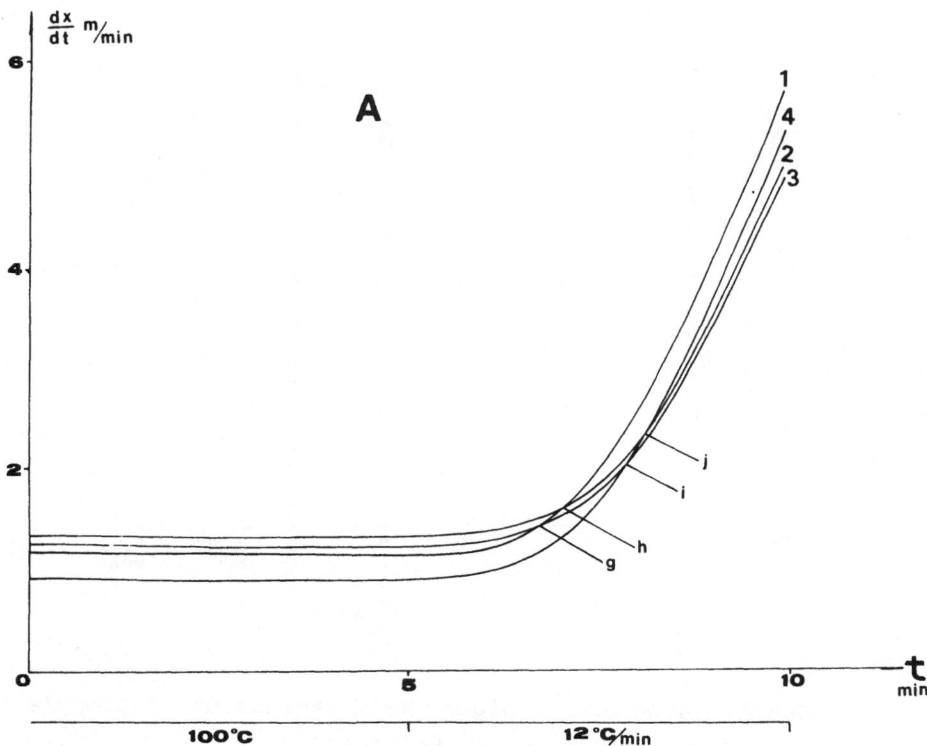

Figur 3. Diagramm dx/dt gegen t, entsprechend Figur 1.

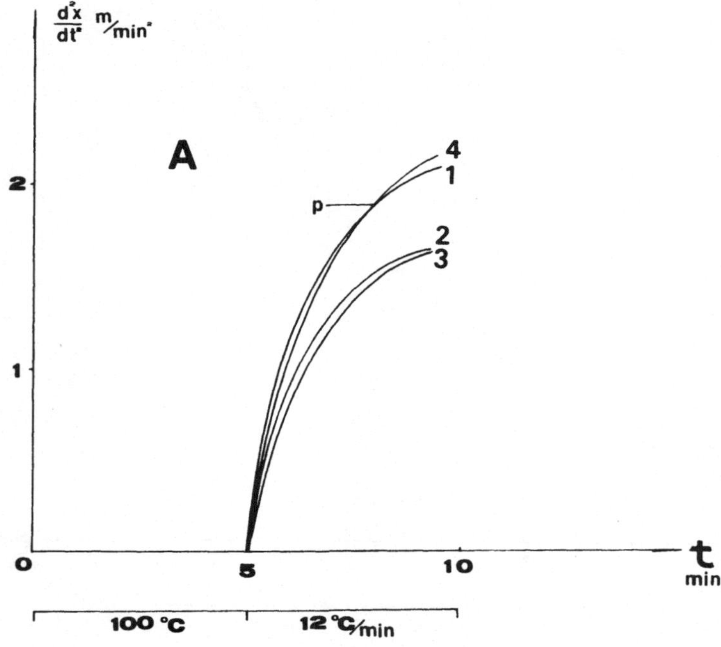

Figur 4. Diagramm d^2x/dt^2 gegen t, entsprechend Figur 1.

Die Geschwindigkeit dx/dt ist in Figur 3 A abgetragen. Auf Grund der isothermen Periode bleiben die Werte während der ersten 5 Minuten konstant. Im Gegensatz zum x-t-Diagramm erscheinen die Überkreuzungspunkte hier viel früher.

Wie Figur 4 A zeigt, ist die Beschleunigung d^2x/dt^2 während der isothermen Periode der ersten 5 Minuten gleich null, steigt aber mit dem Einsetzen des Heizvorgangs rasch an. Bereits kurz danach ist die Beschleunigung von **1** höher als jene von **2** und **3**, und dementsprechend sind die F_2-Werte von **1/2** und **1/3** grösser als 1. Die am Säulenende beobachtete Reihenfolge gut stimmt gut mit den für x = 1 simulierten Retentionsdaten t_r überein /2/.

Auch bei den Homologen sind die Unterschiede in der Freien Enthalpie der Solut-Solvens-Wechselwirkung entscheidend. Hier ist der erste Term von Gl. (3) unter allen Bedingungen zu weit unterhalb von 1, um noch durch die relativ kleinen Verhältnisse $\Delta H_{i+1}/ \Delta H_i$ (1.05 bis 1.07) kompensiert zu werden. Mit $-(\Delta G_i - \Delta G_{i+1})$ im Bereich von - 0.4 bis -0.6 kcal/Mol liegt der erste Term zwischen 0.36 und 0.44 für den Temperaturbereich 100 - 200 °C, und die Werte für U_2/U_1 liegen auch hier nahe an 1.

Als aufschlussreich erwiesen sich systematische Untersuchungen über den Einfluss der Form eines lineares Temperaturprogramms T = a + bt auf Geschwindigkeit und Beschleunigung von Homologen. Die Heizrate b scheint wichtiger zu sein als die Anfangstemperatur a. Entsprechende Diagramme für homologe n-Alkanole können hier aus Platzgründen nicht abgebildet werden. Für genügend grosse Kohlenstoffzahlen approximieren sowohl die Geschwindigkeit als auch die Beschleunigung einen konstanten Wert, wenn sich die Substanzen dem Ende der Säule nähern. Wo auch immer eine Komponente i sich gerade in der Säule befindet (x_i), hat die entsprechende Komponente i+1 stets ungefähr die Hälfte dieser Strecke zurückgelegt ($x_{i+1} = x_i * 0.5$), und wenn eine Komponente i gerade eluiert wird (x_i = 1), befindet sich die Komponente i+1 dementsprechend etwa in der Säulenmitte (x_{i+1} = 0.5). Im Verlauf des Temperaturprogramms werden alle Komponenten stark beschleunigt, und das Verhältnis der Strecken x_i und x_{i+1} wird zunehmend durch das Verhältnis der Beschleunigungen $F_2 = A_{i+1} / A_i$ (etwas grösser als 0.5) bestimmt.

Zusammenfassend möchten wir nochmals betonen, dass nur die Computersimulation des gesamten Wanderungsprozesses entlang der

Säule einen umfassenden Einblick in die zu Grunde liegenden dynamischen Phänomene ermöglicht.

Danksagung

Dr. Lin Bingcheng ist der Alexander von Humboldt-Stiftung und der Krupp-Stiftung für die Gewährung eines Stipendiums zu Dank verpflichtet.

Literatur

/1/ Dose, E. V. Anal. Chem. 1987, **59**, 2414; und cit. Lit..

/2/ Lin, Bingcheng; Lin, Bingchang; Koppenhoefer, B. Anal. Chem. 1988, **60**, 2135.

/3/ Lin, Bingcheng; Koppenhoefer, B. Abstracts of the 4th International Symposium on Chemometrics in Analytical Chemistry, Amsterdam, The Netherlands, 1988.

/4/ Koppenhoefer, B.; Bayer, E.; in Bruner, F. (Editor) The Science of Chromatography, Elsevier, Amsterdam, 1985, p. 1.

FUZZY REASONING IN CHEMICAL DATA BASES

Matthias Otto[1]   and Ronald R. Yager[2]

[1]
   Department of Chemistry, Bergakademie Freiberg, Akademiestr. 6,
   9200 Freiberg, G.D.R.

[2]
   Machine Intelligence Institute, Iona College, New Rochelle,
   New York 10801, U.S.A.

Abstract: Approximate reasoning is applied to predict chemical and physical properties of chemical compounds from information in a chemical data base. Crisp or fuzzy reasoning can be
applied to handle chemical data and verbal compound features.
If no information is available within the data base chemical
properties can be infered by default reasoning where commonsense
chemical knowledge is explored.

In general, representation and manipulation of chemical knowledge

can be approached either in a numerical and algorithmic way or

symbolically by means of logic and other artificial intelligence

(AI) tools. In spite of the fact that quite powerful methods have

been developped in recent years to estimate chemical reactivity,

to model chemical structure-activity relationships, to design

chemical syntheses or to predict properties of chemical com-

pounds [1,2] it is agreed among chemists that not all the che-

mistry can be converted into numbers, mathematical models and

numerical dependencies.

Therefore, the increasing use of AI-tools for storing and hand-

ling chemical knowledge can be envisaged as a logical conse-

quence to further integrate the computer in the chemical labo-

ratory.

In the present work we address two objectives of working with

chemical data bases:

G. Gauglitz (Hrsg.)
Software-Entwicklung in der Chemie 3
© Springer-Verlag Berlin Heidelberg 1989

i) predicting physical and chemical properties of compounds by
taking into account available information in the data base, and
ii) reasoning about possible properties by considering commonsense chemical knowledge.

Fuzzy theroy of approximate reasoning [3] is applied which enables
crisp and/or uncertain and vague (fuzzy) knowledge to be manipulated. Examples are based upon a data base of organic indicator
dyes.

INFERING ABOUT CHEMICAL PROPERTIES BY APPROXIMATE REASONING

Properties of chemical compounds are characterized by numerical
attributes, such as "bonding energy" or "boiling point", by
linguistic variables, such as "color" or "solubility" or by descri-
bing their reactivity by more or less qualitative concepts, such as
"the theory of hard and soft acids and bases" or "inductive" and
"mesomeric" effects.

In the past most of effort has been put into attempts to quantify
these properties by numerical values and to reason about, e.g. the
reactivity, in an algorithmic manner.

With the methods of approximate reasoning there is no need to
restrict chemical knowledge manipulation to numerical approaches
since linguistic quantifiers and qualitative concepts can be
handled either symbolically [4] or by representing these variables
as fuzzy sets [5] in a mathematically exact way.

Consider chemical compounds with attributes V_1, V_2, U

taking their values in the sets X_1, X_2, Y. If $A, A_1, A_2, ..., A_n$

and $B, B_1, B_2, \ldots, B_n$ and $D, D_1, D_2, \ldots, D_n$ are subsets in X_1, X_2, Y, respectively, then the chemical data base is:

compound no.	V_1	V_2	U
0	A	B	D
1	A_1	B_1	D_1
2	A_2	B_2	D_2
.	.	.	.
.	.	.	.
n	A_n	B_n	D_n

$$(1)$$

Here for compound number 0 only the attributes A and B are known but D is unknown and is to be estimated.

Typical implication statements are

$$\text{IF } V_1 \text{ is } A_1 \text{ AND } V_2 \text{ is } B_1 \text{ THEN } U \text{ is } D_1$$

$$\text{IF } V_1 \text{ is } A_2 \text{ AND } V_2 \text{ is } B_2 \text{ THEN } U \text{ is } D_2 \qquad (2)$$

$$\vdots$$

$$\text{IF } V_1 \text{ is } A_n \text{ AND } V_2 \text{ is } B_n \text{ THEN } U \text{ is } D_n$$

In addition, we have the propositions

$$V_1 \text{ is } A$$

$$V_2 \text{ is } B \qquad (3)$$

To reason about the unknown value $D(y)$ every implication induces a relation $H(y)$ on $X_1 \times X_2 \times Y$ such that

$$H_1(y) = \text{Poss}(\overline{A}_1/A) \lor \text{Poss}(\overline{B}_1/B) \lor D_1(y)$$

$$H_2(y) = \text{Poss}(\overline{A}_2/A) \lor \text{Poss}(\overline{B}_2/B) \lor D_2(y) \tag{4}$$

$$\vdots$$

$$H_n(y) = \text{Poss}(\overline{A}_n/A) \lor \text{Poss}(\overline{B}_n/B) \lor D_n(Y)$$

with $\overline{A}(x) = 1 - A(x)$, $\text{Poss}(A/B) = \underset{x}{\text{Max}}\,[A(x) \land B(x)]$ and $\land = \min$, $\lor = \max$.

Combining the infered values $H(y)$ is performed by ANDing them according to

$$D = H_1 \land H_2 \land \ldots \land H_n \tag{5}$$

To understand the inference pattern in equ. (4) we discuss it in a crisp sense in some more detail. The possibility for not A_1 given A $(\text{Poss}(\overline{A}_1/A))$ will be 1 if $\overline{A}_1 \cap A = \emptyset$ what means nothing can be infered from the implication since the value A is far from the considered attribute value A_1 and, therefore, $H_1(y) = 1$.

If $\overline{A}_1 \cap A \neq \emptyset$ then the $\text{Poss}(\overline{A}_1/A) = 0$ and we get $H_1(y) = D_1(y)$.

Finally $D(y)$ is obtained by intersecting the infered values $H_1(y)$ to $H_n(y)$. As example we refer to the chemical data of Table 1.

In order to evaluate the performance of the method colors of different indicators are estimated with using known values about the maximum absorbance coefficient, $\mathcal{E}_{max}$, and the wavelength of maximum absorbance, λ_{max}. (The "solubility in water" and the negative logarithm of the dissociation constants, pK-values, are not considered within the frame of this task since they obviously do not influence the color of an indicator dye.)

The precision for measuring the ε_{max}-value is ± 20% relative to the actual value. Maximum deviations for the wavelength, λ_{max}, can be taken as ± 20 nm.

Table 1. Part of a data base of pH-indicators

Compound name	solubility in water	pK	ε_{max}	λ_{max}	color
1 Bromocresol green	more or less high	4.66	35040	616.5	blue
2 Bromothymol blue	very low	7.10	32400	616.5	blue
3 Thymol blue	very low	8.90	4224	597.5	blue
4 Phenol red	low	7.81	37740	558.7	red
5 Bromocresol purple	more or less low	6.12	63650	590	purple
6 Bromophenol blue	low	3.85	67840	590	purple
7 m-Cresol purple	low	8.3	9560	580	purple
8 Cresol red	low	8.25	24378	572	purple
9 Xylenol blue	low	8.8	16000	595	blue
10 Chlorophenol red	very low	5.6	23280	575	orange
11 Bromocresol green	more or less low	4.66	16370	438	yellow
12 Bromothymol blue	very low	7.10	16990	431	yellow
13 Thymol blue	very low	8.90	2007	433.7	yellow
14 Phenol red	low	7.81	16640	432	yellow

So the approximate values are characterized, at first, by the so-called hard window approach, i.e. a membership value of 1 is assigned to values within the uncertainty range of the given values and a membership value of 0 is assigned elsewhere.

As a first example the color of bromophenol blue (no. 6, Table 1) is estimated by the reasoning scheme in equ. (4) and (5). Table 2 reveals the results of applying equ. (4) where ε_{max} stands for variable V_1 and λ_{max} for V_2.

Table 2. Results for estimating the color (spectrum) of bromophenol blue (compound no. 6 in Table 1)

Compound no.	Poss($\overline{A}_i$/A)	Poss($\overline{B}_i$/B)	D_i
1	1 (1) [a]	1 (1)	1
2	1 (1)	1 (1)	1
3	1 (1)	0 (0.141)	1
4	1 (1)	1 (1)	1
5	0 (0.095)	0 (0)	purple(max[0.095,spectrum 5])
7	1 (1)	0 (0.25)	1
8	1 (1)	0 (0.81)	1
9	1 (1)	0 (0.063)	1
10	1 (1)	0 (0.563)	1
11	1 (1)	1 (1)	1
12	1 (1)	1 (1)	1
13	1 (1)	1 (1)	1
14	1 (1)	1 (1)	1

[a] data in brackets refer to the fuzzy case

By applying equ. (5) we get as the final result

D = { purple }.

In our data base the color is not only given by a verbal expression but can be considered a linguistic variable characterized by a fuzzy set. This fuzzy set is based on the measurable visible

spetrum as the membership function renormed to the interval [0,1].

Thus the approximate reasoning scheme allows not only the retrieval

of the most similar color name but can be also used to derive the

most possible electronic spectrum.

Reasoning at H_i and D is then carried out at every position of

the spectrum, Y, i.e. $H_i(y)$ and $D(y)$.

If we also describe the uncertainty for measuring the ε_{max} -values

with a fuzzy set, i.e. "about $\pm$ 20%" relative to the given ε_{max} -value,
the following membership function can be assigned

$$m(x_1) = [\ 1 - c\ |\ x_1 - a\ |\ ^2\ ]^+ \tag{6}$$

where x_1 stands for ε_{max} ; the constant c renorms the membership

function to the interval [0,1] and is set to 1/(0.2*0.2); a repre-

sents the x_1 - value with a membership value of 1 and the + sign

denotes truncation of membership values to 0 at negative values.

Impreciseness for the wavelength, λ_{max} , is taken as "about $\pm$ 20nm"

expressed by the same type of membership function as in equ. (6)

with a constant c = 1/(20*20).

The results for reasoning about the sought spectrum gives the bracke-

ted values in Table 2. The infered spectrum for D is given in Fig. 1

(curve 2). This spectrum compares very well with the real spectrum

of compound 6 as given in Fig. 1 with curve 1.

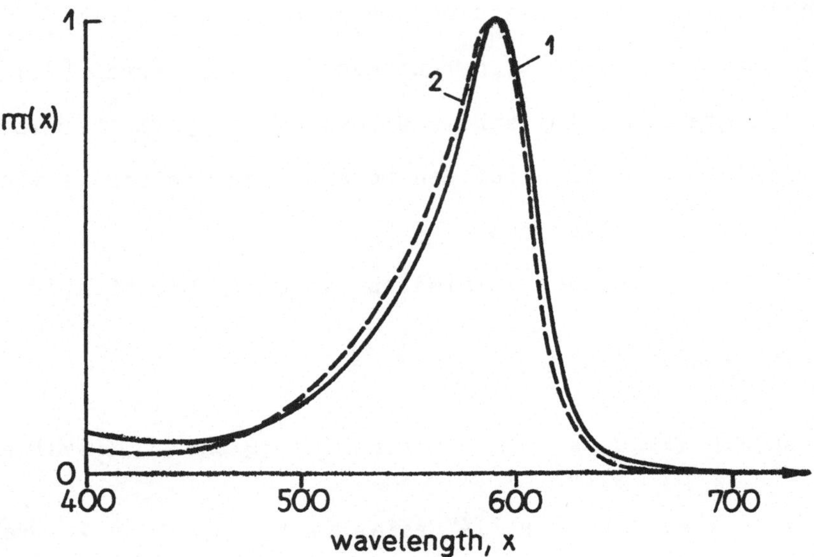

Fig. 1. Measured (curve 1) and infered (curve 2) spectrum for compound no. 6 in Table 1, bromophenol blue.

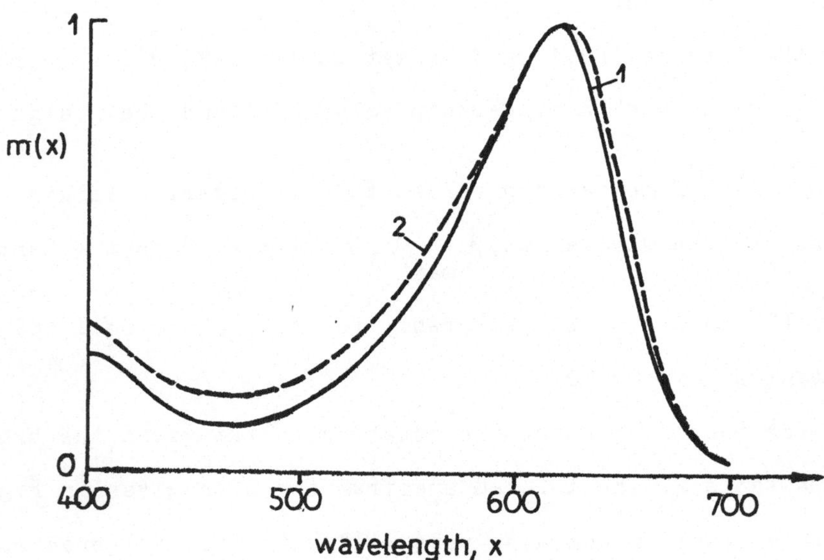

Fig. 2. Comparison of measured (curve 1) and infered (curve 2) spectra for compound no. 1 in Table 1, bromocresol green.

Searching for the spectrum of the alkaline form of bromocresol green (no. 1 in Table 1) also retrieves a quite similar spectrum compared to the real spectrum as given in Fig. 2.

If one attempts to derive spectral informations about the acidic forms of the indicators (compounds 11-14) two alternatives are found for phenol red by reasoning at $H_i(y)$ (cf. Table 3).

Combining these alternatives by the minimum operator (equ. (5)) reveals a spectrum that again is highly similar to the spectrum expected for phenol red (Fig. 3).

Table 3. Estimation of the spectrum of phenol red in its acidic form (compound no. 14 in Table 1)

Compound no.	$Poss(\overline{A}_i/A)$	$Poss(\overline{B}_i/B)$	D_i
1	1	1	1
2	1	1	1
3	1	1	1
4	1	1	1
5	1	1	1
7	1	1	1
8	1	1	1
9	0.037	1	1
10	1	1	1
11	0.0066	0.09	max[0.09,spectrum 11]
12	0.011	0.0025	max[0.011,spectrum 12]
13	1	0.0072	1

The reasoning method works well in all cases where similar compound
objects are present in the data base. It may happen, however,
that an attribute is to be estimated at a position in the data
space where no neighbouring compounds are available. As a conse-

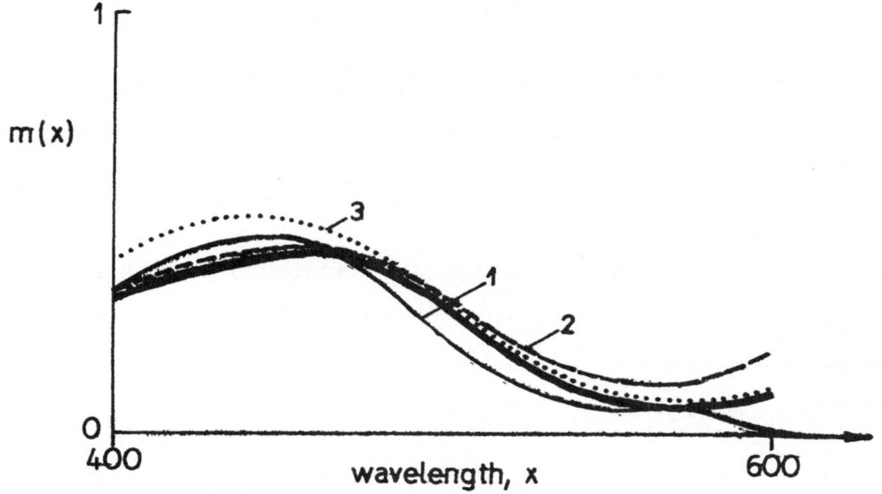

Fig. 3. Measured (cruve 1) and infered alternative spectra for
the acidic form of phenol red, compound no. 14, curve 2 refers
to the spectrum of compound no. 11 and curve 3 to no. 12, respectively. The result of infering at D(y) is given by the bold curve.

quence the infered answer will be not too close to the real values
and therefore, it is recommended to apply in such cases an interpolation method based on fuzzy arithmetics as described elsewhere [6].

Sometimes the estimation of unknown properties may be impossible because no correlation (dependency) does exist between the attributes.
This is the situation, e.g. for the pK-value in the small data
base of Table 1. The acid dissociation constants of the indicators
can neither be correlated with optical properties of the compound
nor with their solubility in water. Applying the reasoning mecha-

nisms according to equ. (4) and (5) would always infer 1 as the result for the sought attribute, i.e. nothing could be infered. In such situations additional chemical knowledge should be available in the data base to enable the attributes to be estimated by default reasoning.

DEFAULT REASONING ABOUT CHEMICAL PROPERTIES

As an example we consider the estimation of the acid dissociation constants, i.e. the pK-values.

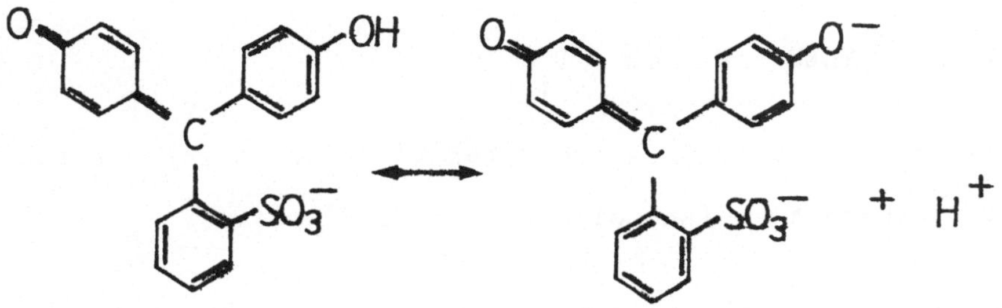

Fig. 4. Acidic and alkaline form of phenol read

A chemists' reasoning would be as follows: All the compounds possess the same functional acidic group (cf. Fig. 4), i.e. the phenol group. Although the pK-value of pure phenol is exactly known to be 9.89 the dissociation constants of phenols in general may range between pK-values of 3.5 and 11.5 depending on the chemical environment, especially the number and kind of substituents and the degree of conjugation in the molecule. If additional conjugation of the phenolate anion occurs than the pK-value is expected to drop by about two pK-units. Substituents will further

change this value mainly in dependence on their inductive effect
and they either will increase the pK-value (higher degree of
dissociation) if they push electron density to the phenolate ion
(+I - effect) or they will decrease the pK-value if they with-
draw electron density (-I - effect).

Let us try to convert this knowledge into the approximate reasoning
scheme.

V is a variable indicating the type of substituent. This variable
takes its values in the set of all acidic groups $X = \{-phenol, -COOH,
-OH, -SO_3H, -NR_3^+ ...\}$. The variable to be reasoned about is again U
in the set of all pK-values, Y. Then consider the rule

$$IF \quad V \quad is \quad A_1 \quad THEN \quad U \quad is \quad D_1 \tag{7}$$

The antecedent condition V is the "phenol" group is represented
by V is A_1, where $A_1 = \{phenol\}$, $A_2 = \{-COOH\}$ etc.

Given the data V is C the infered value of U, U is F, is in
analogy to equ. (4)

$$F = Poss(\overline{A_1}/C) \vee D_1(y) \tag{8}$$

In the case where $C = \{phenol\}$ the infered value is $F(y) = D_1(y)$
because the set $\overline{A_1}$ being "not phenol", $Poss(\overline{A_1}/C) = 0$ and
$max[0, D_1(y)] = D_1(y)$.

Otherwise if $C \neq \{phenol\}$ we infer $F(y) = 1$, i.e. nothing can be
infered about U.

The infered value for $D_1(y)$ lies in the range between 3.5 and 11.5

pK-values, Y, as already mentioned above. Therefore, the additional rules should be considered in order to sharpen the up to now very unspecific result.

Additional Conjugation in the Molecule:

Reasoning at additional conjugation of the phenol group can be performed by:

IF W is B THEN U is E   (9)

W is the variable that takes its values in the set $X' = \{x'_1 , x'_2\}$

where x'_1 is "additional conjugation" and x'_2 is "no additional conjugation" and the possibility distribution for the set E = { about 2 pK-units less than for the unconjugated phenols}.

With the data W is C the infered value for W becomes

W is G

where $G = Poss(\overline{B}/C) \vee E$ (10)

Considering the condition a default condition the general reasoning scheme can be formulated as [3]:

$$H_o = Poss(\overline{B}/C) \vee ((1 - Poss(E/F)) \vee E) \wedge F \qquad (11)$$

The infered value will be F if no additional conjugation of the phenol group occurs since then C $\neq$ {additional conjugation}, $Poss(\overline{B}/C) = 1$, ORed with $(1 - Poss(E/F))$ gives 1 independent on what $(1 - Poss(E/F))$ will be and ANDed with F results in F.

In case there is C = {additional conjugation}, the $Poss(\overline{B}/C) = 0$, $(1 - Poss(E/F)) = 0$ since $\underset{y}{Max}[E(y) \wedge F(y)] = 1$ (the sets E and F intersect) and as the consequence the infered value for H_o = $E(y) \wedge F(y)$.

Thus, if additional conjugation can be observed in the molecule then it is taken into account by further specifying the possible range for the pK-value otherwise the original pK-range will be preserved (cf. Fig. 5).

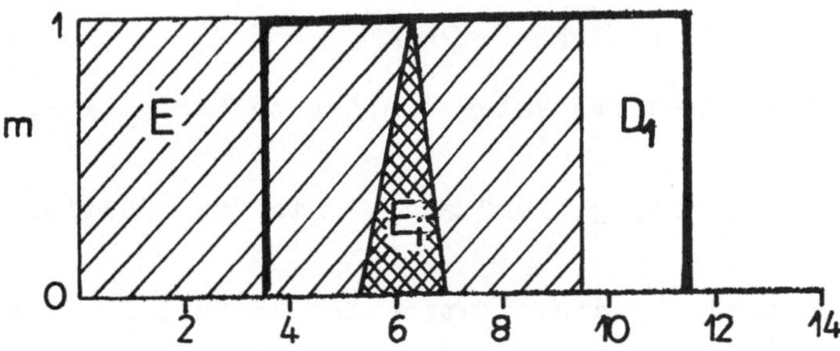

Fig. 5. Possibility ranges for pK-values of phenols (set D_1), of additional conjugated phenols (set E) and of a triphenylmethan indicator dye (Fig. 4) substituted with 4 CH_3 - groups (set E_i).

Inductive Effects:

The influence of substituents on the acidity of the phenol group is formulated as a second default condition for infering about the pK-value of the indicator. Qualitatively, the inductive effect of different substituents can be expressed, e.g. by LUCAS' series [7]

$(-I)$ NO_2 > CN> SO_2 > COOH > Cl > Br > H > $NHCOCH_3$ > CH_3 > $OCOCH_3$ ..$(-I)$

In the present data base example only Br, CH_3 and $R\ HC_2$ are to be considered as substituents for H.

Let Z be the variable taking its value in the set of all possible substituents $\{NO_2, CN, SO_2 ...\}$.

Then we define the rules

$$\begin{array}{llll}
\text{IF} & Z \text{ is } B_1 & \text{THEN} & U \text{ is } E_1 \\
\text{IF} & Z \text{ is } B_2 & \text{THEN} & U \text{ is } E_2 \\
& \quad \vdots & & \\
\text{IF} & Z \text{ is } B_n & \text{THEN} & U \text{ is } E_n
\end{array} \qquad (11)$$

In order to express the consequence U is E_i for a certain substituent B_i we know at least for the substituents of interest that the substituent Br decreases the pK-value compared to the unsubstituted phenol by about 1 pK-unit ($-I$ - effect), and the substituents CH_3 and $R\,HC_2$ increase the pK-value by about 0.25 pK-units ($+I$ - effect). Fig. 5 gives an example for the approximate pK-value obtained in case of a molecule that contains apart from additional conjugation 4 CH_3 - groups, i.e. $pK'_{phenol} + 4*\,0.25$.

The uncertainty about the exact value is described by a membership function of the form

$$m(y) = [1 - (1/(0.5*0.5))(y - b)]^{+} \qquad (12)$$

with b being the most possible y-value with $m(y) = 1$.

Thus reasoning about U is E_i can be undertaken the same way as with the first default condition, i.e. one obtains with the data V is C for the infered value H_i

$$H_i = Poss(\overline{B_i}/C) \vee ((1 - Poss(E_i/H_{i-1})) \vee E_i) \wedge H_{i-1} \qquad (13)$$

In this inference pattern the infered value H$_o$ for considering additional conjugation in the system is taken into account as is the presence of several equal or different substituents.

Table 4 gives the results for infering about the pK-values by default reasoning and compares them with the experimentally measured pK-values.

The agreement between measured and infered pK-values is satis- factory and these values could be used as good approximations for solving different chemical tasks. Also the reasoning system is open to incorporate additional rules for further specifying the knowledge about this chemical property.

Table 4. Comparison of measured pK-values with infered pK-values by default reasoning

Compound no.	substituents	measured pK-value	infered pK-value
1	4 Br, 2 CH$_3$	4.66	4.4
2	2 CH$_3$, 2 R HC$_2$, 2 Br	7.10	6.9
3	2 CH$_3$, 2 R HC$_2$	8.90	8.9
4	without (H)	7.81	7.9
5	2 Br, 2 CH$_3$	6.12	6.4
6	4 Br	3.85	3.9
7	2 CH$_3$	8.3	8.4
8	2 CH$_3$	8.25	8.4
9	4 CH$_3$	8.8	8.9

CONCLUSION

Approximate reasoning can be considered a very promising tool
for manipulating chemical knowledge in knowledge-based systems.
This is due to its well established capabilities to handle uncertain and imprecise chemical observations, linguistic quantifiers of chemical properties or to enable partial matching of
knowledge. More complicated inference patterns can be easily constructed and also aggregation of different rules could be carried
out in a more sophisticated manner, e.g. by applying the ordered
weighted averaging (OWA) - operator [8].

REFERENCES

1 Ziegler E (Ed.)(1985) Computer in der Chemie. Springer, Berlin
  Heidelberg New York

2 Massart DL, Vandeginste BGM, Deming SN, Michotte Y, Kaufman L (1988)
  Chemometrics: A Textbook, Data Handling in Science and Technology.
  Vol. 2, Elsevier, Amsterdam

3 Yager RR (1987) Artificial Intelligence 31:99

4 Charniak E, McDermott D (1985) Introduction to Artificial
  Intelligence. Edison Wesley, Reading

5 Zadeh LA (1979) In: Hayes JE, Michie D, Kulich LI (eds.) (1979)
  Machine Intelligence, 9:149. John Wiley, New York

6 Otto M, Bandemer H (in press) Proceedings of the Beilstein-Workshop
  on Estimation of Physical Data for Organic Compounds. Springer,
  Berlin Heidelberg New York

7 Brdicka R (1970) Grundlagen der physikalischen Chemie. VEB Dt. Verlag
  Wiss., Berlin, p. 168

8 Yager RR (1988) IEEE Transactions on Systems, Man&Cybernetics 18:118

PRINZIPIEN UND ANWENDUNGEN DER FAKTORANALYSE ZUR CHARAKTERISIERUNG VON MULTIKOMPONENTEN–SYSTEMEN MIT HILFE IHRER INFRAROTSPEKTREN

Joachim Oelichmann

Bodenseewerk Perkin–Elmer & Co. GmbH

Askaniaweg, D – 7770 Überlingen

Zusammenfassung: Die Faktoranalyse von Infrarotspektren bietet einen interessanten Ansatz für die quantitative Analyse von Mehrkomponenten–Systemen, insbesondere für komplexe Mischungen. Bei diesem Verfahren werden anhand eines Satzes von Kalibrierungsspektren Korrelationen zwischen den Änderungen in diesen Spektren und den chemischen oder physikalischen Eigenschaften der zugehörigen Standardproben ermittelt, die dann auf die Analysenproben übertragen werden können. Die Infrarotspektroskopie in Verbindung mit der Faktoranalyse ist in der Lage, andere physikalische oder chemische Untersuchungsmethoden, die oft zeitaufwendig und teuer sind, zu ersetzen. Die Anwendungen reichen von klassischen quantitativen Bestimmungen bis hin zur Ermittlung von physikalischen Eigenschaften.

EINLEITUNG

Die Infrarotspektroskopie galt lange Zeit als eine vornehmlich qualitative Analysenmethode. Diese Ansicht gehört endgültig der Vergangenheit an. Den gerätetechnischen Entwicklungen, die eine höhere Ordinatengenauigkeit und –richtigkeit mit sich gebracht haben, stehen auch Software–Entwicklungen gegenüber, die kaum vorstellbare Anwendungen für die IR–Spektroskopie erschließen.

Grundlage der quantitativen infrarotspektroskopischen Analyse ist das bekannte Lambert–Beer'sche Gesetz, dessen Anwendung für die Bestimmung von einer Komponente trivial ist. Seine Erweiterung für Mehrkomponentenanalysen führt zu den bekannten K– und P–Matrix Ansätzen [1]. Da hierbei für jede einzelne Komponente eine Schlüsselbande gefunden werden muß, müssen diese an sich bewährten Aus–wertealgorithmen jedoch versagen, sobald Multikomponentensysteme mit stark überlappenden Absorptionsbanden zu analysieren sind. Mit der zunehmenden Leistungsfähigkeit der Rechner ist es möglich geworden, ganze Spektren oder größere Spektralbereiche für die quantitative Analyse auszuwerten. Diese Möglichkeit wird von dem Kurvenanpassungsverfahren [1,2] und der Faktoranalyse [3,4] genutzt. Gerade für die Analyse von komplexen Systemen oder für die Ermittlung beliebiger chemischer oder physikalischer Probeneigenschaften bietet die Faktoranalyse eine Fülle von Möglichkeiten.

PRINZIPIEN DER FAKTORANALYSE

Die Faktoranalyse ist ein "geradliniger" Ansatz für die quantitative Analyse. Die grundlegende Idee besteht darin, in einem Satz von Kalibrierungsspektren Korrelationen zwischen Änderungen in diesen Spektren und den Variationen in den bekannten Eigenschaften der zugehörigen Standardproben festzustellen.

G. Gauglitz (Hrsg.)
Software-Entwicklung in der Chemie 3
© Springer-Verlag Berlin Heidelberg 1989

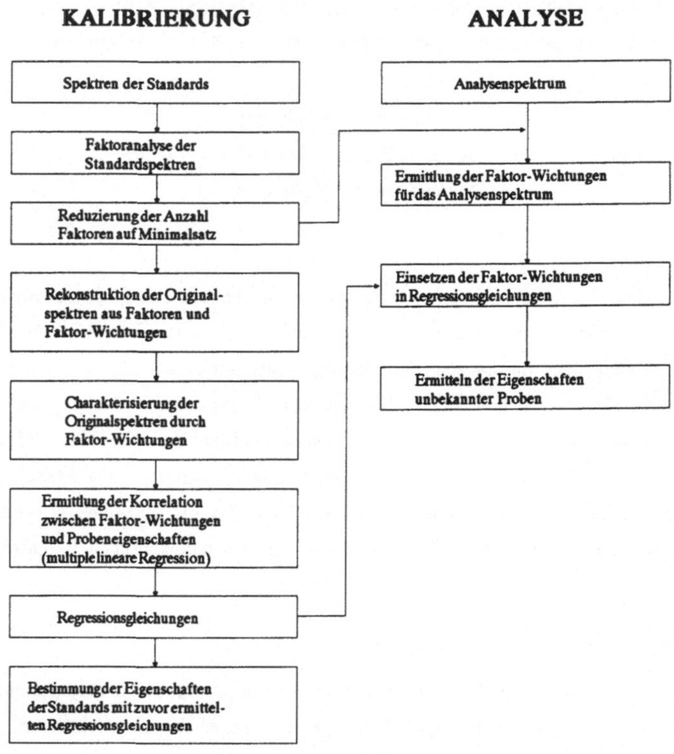

Abb. 1: Schematische Darstellung des Verlaufs einer Faktoranalysen – Methode

Der prinzipielle Ablauf einer Faktoranalyse – Methode ist in Abb 1 dargestellt. Sie zeigt die einzelnen Schritte des Kalibrierungsverfahrens und der Analyse unbekannter Proben sowie deren Verknüpfung untereinander. Um die einzelnen Schritte der Faktoranalyse zu verdeutlichen, wird der mathematische Hintergrund zusammen mit den Ergebnissen für die Bestimmung des Wassergehaltes in Aceton beschrieben [5]. Ausführliche Darstellungen der zugrundeliegenden Algorithmen finden sich in der Literatur [3,4].

Kalibrierung

Aufstellen der Methode: Ein wesentlicher Punkt bei jeder Methodenentwicklung für quantitative Analysen ist, die Spektralbereiche festzulegen, die für die Bestimmung benutzt werden sollen. Dabei sollten Bereiche ausgewählt werden, deren spektrale Änderungen in Beziehung zu den interessierenden Probeneigenschaften stehen. Insbesondere für komplexe Mischungen und für die Bestimmung ungewöhnlicher Eigenschaften, wie z. B. dem Heizwert von Kohle [4], ist dies nicht offensichtlich. Eigenschaftsspektren, die die Kodierung der Probeneigenschaften in den Spektren hervorheben, können diese Aufgabe wesentlich vereinfachen [6].

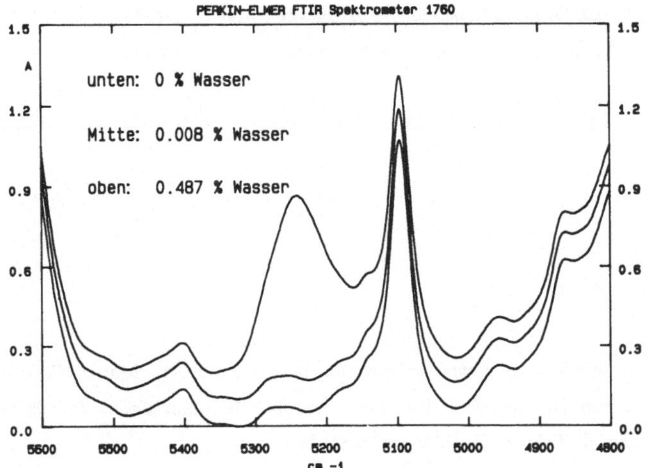

Abb. 2: Spektren von Aceton mit unterschiedlichem Wassergehalt

Bei dem hier behandelten Anwendungsbeispiel ist die Auswahl des richtigen Spektralbereiches ohne Probleme möglich. Abb. 2 zeigt die Spektren von Aceton mit unterschiedlichem Wassergehalt im Bereich von 5600 – 4800 cm^{-1}. Bei etwa 5250 cm^{-1} ist deutlich die Absorptionsbande des Wassers, ein Kombinationston zwischen der OH – Valenzschwingung und der Deformationsschwingung des Wassers, zu erkennen. Die Intensität dieser Bande hängt stark vom Wassergehalt ab. Der hier gezeigte Spektralbereich ist daher für die Konzentrationsbestimmung des Wassers gut geeignet.

Faktoranalyse: Die Originalspektren des Kalibrierungssatzes werden in einer Matrix D mit n_r Zeilen und n_c Spalten zusammengefaßt. Jede Spalte repräsentiert ein Spektrum mit n_r Extinktionwerten.

$$
\begin{matrix}
A_{11} & A_{21} & A_{31} & \cdots & A_{nc1} \\
A_{12} & A_{22} & A_{32} & \cdots & A_{nc2} \\
A_{13} & A_{23} & A_{33} & \cdots & A_{nc3} & = D \\
\cdot & \cdot & \cdot & & \cdot \\
\cdot & \cdot & \cdot & & \cdot \\
\cdot & \cdot & \cdot & & \cdot \\
A_{1nr} & A_{2nr} & A_{3nr} & \cdots & A_{ncnr}
\end{matrix}
\tag{1}
$$

Die Faktoranalyse wird nicht anhand der Rohdaten durchgeführt; vielmehr werden diese zunächst in die Kovarianz – Matrix umgeformt, indem die Datenmatrix D mit ihrer Transponierten multipliziert wird.

$$
Z = D^{\mathsf{T}} D
\tag{2}
$$

Diagonalisierung der Kovarianz – Matrix Z liefert die Eigenvektor – Matrix L.

$$
L^{\mathsf{T}} Z L = [\lambda]
\tag{3}
$$

[λ] ist eine Diagonalmatrix, deren Diagonalelemente die Eigenwerte von Z darstellen. Die korrespondierenden Eigenvektoren werden durch die Spalten der Diagonalisierungsmatrix L beschrieben.

Multiplikation der Datenmatrix D mit der Eigenvektor–Matrix L bewirkt eine Faktorisierung der Oridinaldaten.

$$F \quad = DL \tag{4a}$$

$$FL^\mathsf{T} \quad = DLL^\mathsf{T} \tag{4b}$$

$$FL^\mathsf{T} \quad = D \tag{4c}$$

Die Originalspektren können durch eine Linearkombination der Spalten der Matrix F, den orthogonalen Faktoren oder Eigenspektren von D, reproduziert werden. Die Koeffizienten dafür sind in den Zeilen der Matrix L enthalten. Sie werden als Faktor–Wichtungen bezeichnet.

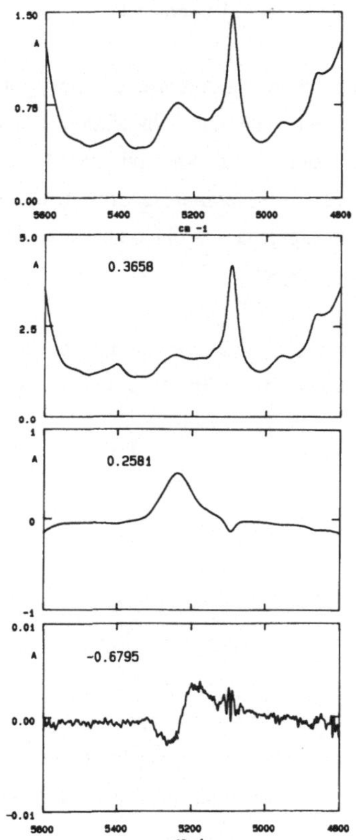

Abb. 3: Typisches Spektrum von Aceton mit geringem Wassergehalt mit den zugehörigen ersten drei Faktor– Spektren (Die unterschiedlichen Ordinatenskalen sind zu beachten!)

Abb. 3 zeigt ein typisches Spektrum von Aceton mit einem geringen Wassergehalt zusammen mit den ersten drei Faktor–Spektren. Die zugehörigen Faktor–Wichtungen sind jeweils angegeben. Das erste Faktor–Spektrum ist mit einem Vielfachen des Mittelwertes aller Standardspektren identisch. Der zweite Faktor zeigt die Variation im Spektrum aufgrund von Änderungen im Wassergehalt an. Die übrigen Faktoren beschreiben die weiteren Variationen im Datensatz.

Für eine exakte Reproduktion der Originaldaten werden genau so viele Faktoren benötigt wie Standardspektren benutzt wurden. Wenn die Spektren jedoch irgendwelche Gemeinsamkeiten haben, werden manche Faktoren lediglich das Rauschen in den Spektren beschreiben. Solche Faktoren können vernachlässigt werden. Für die Identifizierung der signifikanten Faktoren wird die Indikatorfunktion IND benutzt, die von E.R. Malinowski [3] eingeführt wurde. Sie hängt ab vom Fehler bei der Datenreproduktion RE sowie von der Anzahl der berücksichtigten Faktoren n und der Gesamtzahl der Faktoren c [3].

$$IND = \frac{RE}{(c-n)^2} \tag{5}$$

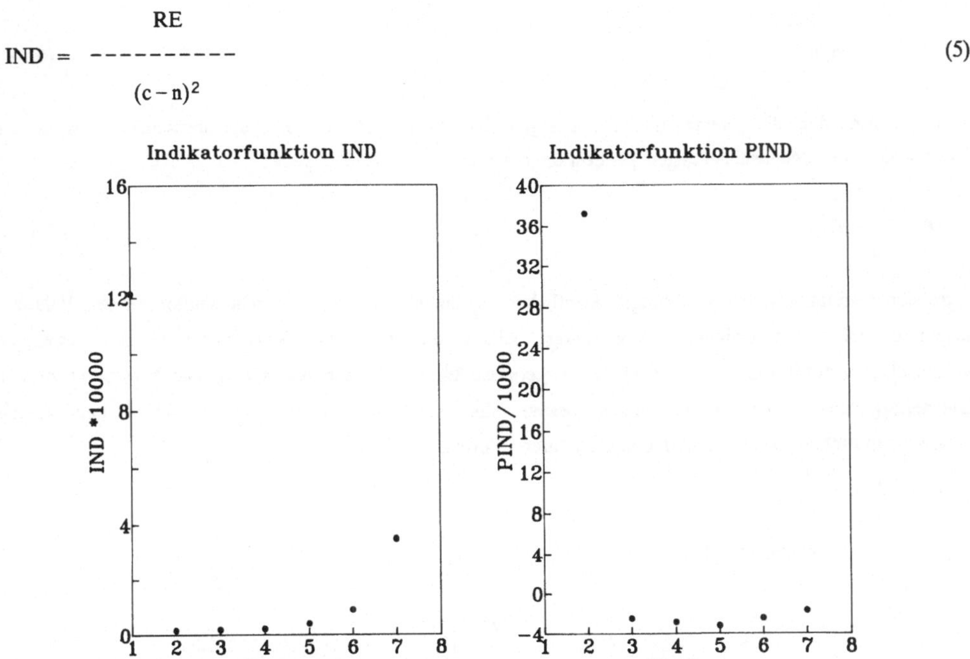

Abb. 4: Indikatorfunktionen IND und PIND (genauere Beschreibung im Text)

Die IND–Funktion erreicht ein Minimum, wenn die notwendige Anzahl von Faktoren erreicht ist (Abb. 4). Als eine zweite Indikatorfunktion wird ein modifizierter "Bartlett chi–Quadrat–Test", die PIND–Funktion, benutzt [4]. Die PIND–Funktion weist bei der benötigten Anzahl von Faktoren einen Vorzeichenwechsel auf (Abb. 4). Die Auswahl der berücksichtigten Faktoren ist konservativ: von den durch die IND– und PIND–Funktionen ermittelten Anzahlen an Faktoren wird immer der jeweils größere Wert übernommen. Für die

Bestimmung des Wassergehaltes in Aceton werden drei Faktoren berücksichtigt, die in diesem Fall durch die PIND – Funktion ermittelt wurden.

<u>Multiple lineare Regression</u>: Ziel der Untersuchungen ist es, Konzentrationen bzw. generell Probeneigenscheften aus den Spektren zu ermitteln, die durch die Gehalte der einzelnen Komponenten in den Mischungen bestimmt werden.

Jedes Spektrum wird durch eine Linearkombination der gleichen, signifikanten Faktoren rekonstruiert, wobei ihre Faktor–Wichtungen dafür als Koeffizienten dienen. Deshalb kann jedes Spektrum allein durch seinen spezifischen Satz der Faktor–Wichtungen charakterisiert werden. Gegenüber der Berücksichtigung der ganzen Spektren oder Faktoren bewirkt dies eine weitere erhebliche Datenreduktion. Mit Hilfe der multiplen linearen Regression ist es nun möglich, Korrelationen zwischen den Faktor–Wichtungen l_{ij} und den gemessenen Werten der Probeneigenschaften p_i zu ermitteln.

$$p = \beta^T L \tag{6}$$

p ist ein Vektor, der die Werte der Probeneigenschaften enthält. Im Kalibrierungsschritt müssen die Koeffizienten der Regressionsgleichungen β_{ij} bestimmt werden.

$$\beta = L^T p \tag{7}$$

Die Regression beginnt mit den Wichtungen sämtlicher signifikanter Faktoren. Nacheinander werden Faktor–Wichtungen eliminiert bis lediglich solche übrig bleiben, die eine gute Korrelation zu den jeweiligen Probeneigenschaften aufweisen. Abb. 5 zeigt die Ergebnisse für die Gehaltsbestimmung von Wasser in Aceton im Kalibrierungschritt. Beide Darstellungen zeigen eine sehr gute Korrelation zwischen den mittels Faktoranalyse ermittelten Gehalten und den bekannten Werten.

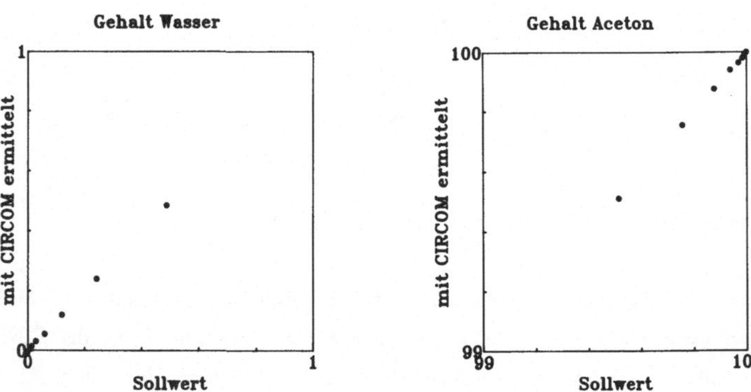

Abb. 5: Ergebnisse der Gehaltsbestimmung von Wasser und Aceton im Kalibrierungsschritt

Analyse unbekannter Proben

Sowohl die Faktoren als auch die Regressionsgleichungen, die im Kalibrierungsschritt ermittelt wurden, werden für die Analyse unbekannter Proben benötigt. Wurde einmal eine Kalibrierung vorgenommen, so ist die Analyse unbekannter Proben ein sehr einfaches Verfahren.

Im ersten Schritt der Analyse müssen die Faktor–Wichtungen für die Reproduktion des Spektrums u einer unbekannten Probe bestimmt werden.

$$
\begin{aligned}
l \quad &= (F^{\mathrm{T}}F)^{-1}F^{\mathrm{T}}u \quad &\text{(8a)}\\
&= [\lambda]^{-1}F^{\mathrm{T}}u \quad &\text{(8b)}
\end{aligned}
$$

l repräsentiert einen Vektor, der die Faktor–Wichtungen als Elemente enthält. Anschließend werden diese Faktor–Wichtungen zur Berechnung der Probeneigenschaften in die während der Kalibrierung ermittelten Regressionsgleichungen eingesetzt.

$$
\begin{aligned}
p_i \quad &= \beta^{\mathrm{T}}l \\
&= \beta_{i\,1}l_1 + \beta_{i\,2}l_2 + \beta_{i\,3}l_3 \cdots \quad &\text{(9)}
\end{aligned}
$$

Tabelle 1: Ergebnisprotokoll der Analyse einer unbekannten Probe

```
Method title: Wasserbestimmung in Aceton
 Sample name: pr03
RMS error:        .000543      Peak-to-peak error:    .00501

  Property            Conc in %
1) Aceton               99.9
2) Wasser                .0578
```

Tabelle 1 zeigt beispielhaft das Ergebnis einer Bestimmung. Anhand der statistischen Größen (rms– und peak–to–peak–Fehler) kann die Richtigkeit und Genauigkeit der ermittelten Werte abgeschätzt werden.

Allgemeine Erfahrungen mit der Faktoranalyse

Der entscheidende Schritt in der Methodenentwicklung ist die Auswahl des Kalibrierungssatzes. Es ist schwierig, allgemeingültige Aussagen dazu zu machen, da die Anforderungen durch die Art des analytischen Problems bestimmt werden. Wichtig ist, daß die Standards alle Variationsmöglichkeiten der Analysenproben enthalten. Darüber hinaus müssen die interessierenden Eigenschaften im Spektrum unabhängig voneinander kodiert sein. Die Anzahl der notwendigen Kalibrierungs–Proben wird durch die Art der Proben bestimmt. Sind alle Komponenten bekannt und die Wechselwirkungen zwischen ihnen klein, so braucht die Anzahl der Standards die der Komponenten nicht wesentlich zu übersteigen. In anderen Anwendungen, bei denen schwer

Tabelle 2: Ergebnisse der quantitativen IR-spektroskopischen Analyse von Kontrollmilch mit Hilfe des Faktor-Analyse-Programms CIRCOM (15 Standards, Option: covariance about the mean [6])

Probe	Fett soll	ber.	Eiweiß soll	ber.	Lactose soll	ber.	Fehler rms	p/p
KM001	4.16	4.06	3.56	3.42	4.63	4.72	.000740	.00644
KM002	4.13	4.05	3.52	3.44	4.64	4.70	.000655	.00671
KM003	4.14	4.04	3.47	3.42	4.57	4.73	.000991	.00990
KM004	4.00	4.11	3.44	3.40	4.58	4.73	.000835	.00851
KM005	?	3.94	?	3.24	?	4.75	.000959	.00853
KM006	4.08	4.11	3.39	3.46	4.78	4.53	.001150	.01220
KM007	4.12	4.01	3.34	3.30	4.73	4.75	.000715	.00845
KM008	4.06	4.11	3.33	3.42	4.74	4.68	.000617	.00491
KM009*	4.08	4.04	3.31	3.29	4.76	4.71	.002790	.01800
KM010*	4.12	3.90	3.28	3.14	4.79	4.67	.004980	.02420
KM011	4.06	3.92	3.25	3.13	4.81	4.77	.000981	.00915
KM012	3.99	4.03	3.24	3.21	4.70	4.79	.001550	.01070
KM013	3.91	4.06	3.20	3.28	4.61	4.77	.001580	.01090
KM014	3.92	4.03	3.22	3.26	4.77	4.76	.000557	.00587
KM015	3.92	4.05	3.21	3.28	4.84	4.70	.000802	.00561
KM016	3.95	4.05	3.23	3.30	4.80	4.71	.000887	.01360
KM017	3.91	4.01	3.23	3.31	4.74	4.73	.000649	.00787
KM018	3.94	4.05	3.25	3.24	4.77	4.78	.000929	.00780
KM019	4.09	4.03	3.27	3.26	4.79	4.77	.000531	.00684
KM020	4.00	4.00	3.24	3.26	4.84	4.77	.001040	.01640
KM021	3.99	3.98	3.27	3.26	4.76	4.79	.000708	.00751
KM022	4.07	3.97	3.22	3.24	4.82	4.84	.000720	.00742
KM023*	4.08	3.78	3.21	3.02	4.76	4.99	.005840	.06450
KM024	4.04	3.98	3.22	3.24	4.78	4.79	.000864	.00811

* Diese Proben wurden bei den Untersuchungen mittels CIRCOM als Ausreißer erkannt.

kontrollierbare Variationen innerhalb der Proben auftreten, können sehr große Probensätze notwendig sein. Beispielsweise haben P.M. Fredericks et al. für die Untersuchung von Mineralerzen und Kohlen Kalibrierungen mit nahezu einhundert Proben durchgeführt [4]. Prinzipiell wird man bei Benutzung eines größeren Kalibrierungssatzes bessere Korrelationen erhalten; jedoch ist es nicht ausreichend, sich auf die im Kalibrierungsverfahren erhaltenen Korrelationen zu verlassen. Es ist notwendig, die Kalibrierung mit einem unabhängigen Satz von genau bekannten Proben zu überprüfen. Bei einer guten Kalibrierung darf die Standardabweichung der ermittelten Eigenschaften für diesen Validierungssatz nur geringfügig größer sein als die für die Kalibrierungs − Proben.

ANWENDUNGEN DER FAKTORANALYSE

<u>Quantitative Bestimmung von Milchinhaltsstoffen</u> : Auch heute noch ist die infrarotspektroskopische Analyse wässriger Systeme keine ganz leichte Aufgabe. Die Verhältnisse können noch dadurch erschwert werden, daß verschiedene Komponenten als Kolloide oder als Emulsion vorliegen. Dies ist bei der Milch gleich beides der Fall. Sie gehört damit zu den schwierigsten Matrices für die Infrarotspektroskopie. Für die hier beschriebenen Untersuchungen [7] wurden die Spektren von Kontrollmilch − Proben verwendet, deren Gehalte an Fett, Eiweiß und Lactose mit Referenzmethoden naßchemisch bestimmt wurden. Die Ergebnisse dieser Analysen sind in Tabelle 2 zusammengefaßt. Es zeigt sich, daß die Milchinhaltsstoffe mit hoher Genauigkeit mit der Infrarotspektroskopie in Kombination mit der Faktoranalyse bestimmt werden können.

<u>Infrarotspektroskopische Harnsteinanalyse [8]</u>: Die primäre Aufgabe der Harnsteinanalyse ist zunächst der qualitative Nachweis aller Bestandteile eines Steines. Darüber hinaus ist bei Gemischsteinen auch eine quantitative Abschätzung notwendig, für die eine Differenzierung in 5 − 10 % Abstufungen ausreichend ist. Sowohl für die qualitative als auch die quantitative Auswertung ist ein Vergleich mit entsprechenden Referenzspektren von Reinsubstanzen und Gemischen die einfachste Methode, die Sorgfalt und Erfahrung erfordert, da selbst kleine Veränderungen in den Spektren beachtet werden müssen. Die rechnerunterstütze Auswertung des Analysenspektrums vereinfacht diese Aufgabe und führt darüber hinaus zu einer Erhöhung der Genauigkeit. Grundlage der konventionellen als auch der rechnerunterstützten Auswertung ist eine Spektrensammlung, die alle relevanten Reinsubstanzen und Gemische enthalten soll. Die automatisierte Auswertung der Harnsteinspektren wurde mit Hilfe der Faktoranalyse durchgeführt.

Dieses Verfahren wurde bisher anhand von mehr als einhundert Harnsteinproben getestet. Die dabei erhaltenen Ergebnisse sind in Abb. 6 zusammengefaßt. Insgesamt ergibt sich eine sehr gute Korrelation zwischen den mittels Röntgendiffraktometrie ermittelten Referenzwerten und den mit Hilfe der Infrarotspektroskopie und Faktoranalyse bestimmten Werten. Es zeigt sich, daß auf diese Weise eine automatisierte Harnsteinanalyse möglich ist, die gegenüber alternativen Verfahren (naßchemische Analyse, Röntgendiffraktometrie) viele Vorteile aufweist.

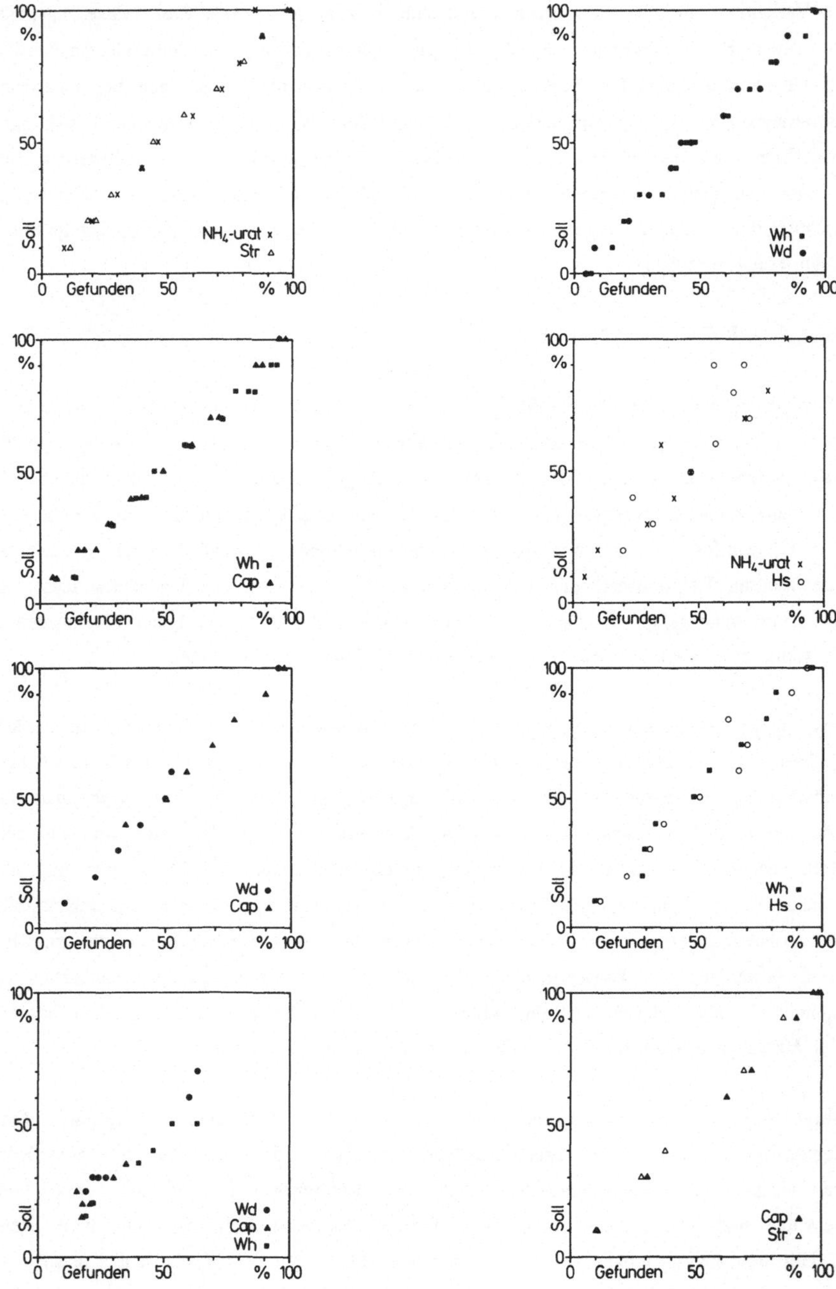

Abb. 6: Ergebnisse der Harnsteinanalysen mit Hilfe der Faktoranalyse im Vergleich zu den bekannten Werten für unterschiedliche Steinzusammensetzungen (NH$_4$ – urat = Ammoniumurat, Str = Struvit, Wh = Whewellit, Wd = Weddelit, Cap = Carbonat – apatit, Hs = Harnsäure)

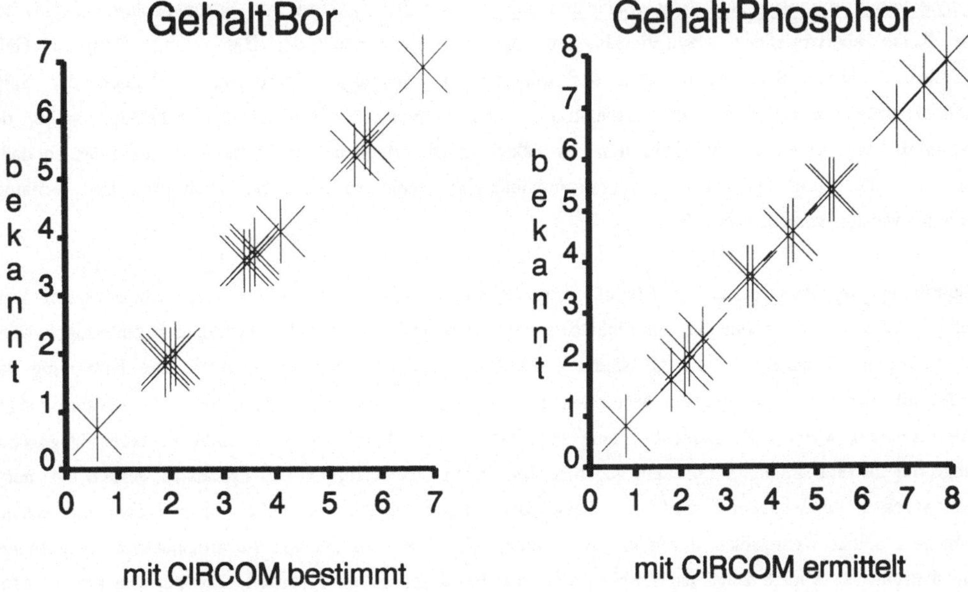

Abb. 7: Ergebnisse der Gehaltsbestimmung von Bor und Phosphor in Borophosphorsilikatglas – Schichten

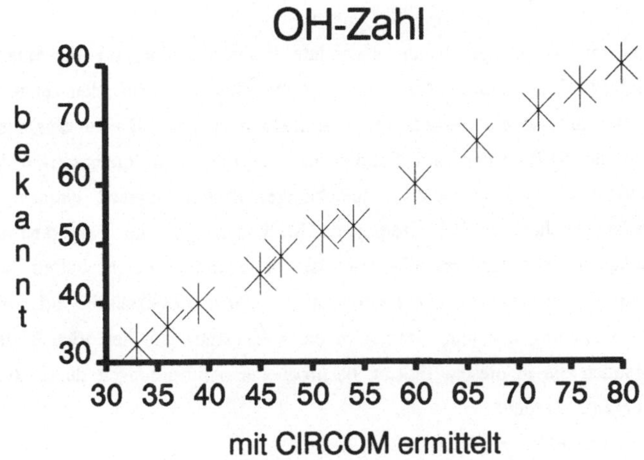

Abb. 8: Ergebnisse der Bestimmung von Hydroxyl – Zahlen mittels Faktoranalyse im Vergleich zu den klassisch ermittelten Werten

<u>Analyse von Borophosphorsilikatglas – Schichten auf Silicium</u>: Die Spektren von Borophosphorsilikatglas zeigen eine Reihe überlappender Absorptionsbanden, die die Bestimmung der Bor – und Phosphor – Gehalte beeinflussen. Diese Beeinträchtigungen der quantitativen Genauigkeit wird durch Banden der Silicium Phononenabsorptionen, durch die Sauerstoff – und Kohlenstoff – Gehalte des Siliciums sowie durch Siliciumoxid verursacht. Die Möglichkeiten der Faktoranalyse erlauben eine Methodenoptimierung, so daß die Bor – und Phosphor – Gehalte in Borophosphorsilikatglas – Schichten mit hoher Richtigkeit und Genauigkeit bestimmt werden können (Abb. 7).

<u>Bestimmung von Kennzahlen</u>: Zur Charakterisierung von technischen Produkten verschiedenster Art werden häufig Kennzahlen verwendet, die zur Quantifizierung bestimmter funktioneller Gruppen herangezogen werden. Die wichtigsten Kennzahlen sind die Säure –, die Jod – und die Hydroxyl – Zahlen. Die Ermittlung dieser Werte mit klassischen chemischen Methoden ist ein relativ langwieriges Verfahren. Zur Bestimmung der Hydroxyl – Zahl wird z. B. zunächst eine definierte Menge Säure im Überschuß zu einer vorgegebenen Menge der zu bestimmenden Produkte gegeben. Die freien OH – Gruppen des Produktes werden nun mit der Säure verestert. Anschließend wird die überschüssige Säure rücktitriert. Sehr viel einfacher und schneller lassen sich solche Kennzahlen durch die Anwendung der Faktoranalyse von Infrarotspektren entsprechender Proben ermitteln. Abb. 8 zeigt als Beispiel dafür die Bestimmung von Hydroxyl – Zahlen. Die hierbei erzielte Genauigkeit steht in keiner Weise dem des klassischen Verfahrens nach.

SCHLUSSFOLGERUNG

Die Faktoranalyse von Infrarotspektren bietet einen interessanten Ansatz für die quantitative Analyse von Mehrkomponentensystemen, insbesondere für komplexe Mischungen. Auf den ersten Blick scheint die Durchführung einer Faktoranalyse ein aufwendiges Unterfangen zu sein. Bis zu einem bestimmten Punkt ist dies richtig, da gerade die Kalibrierung und Validierung, wie bei jedem quantitativen Verfahren, besondere Sorgfalt erfordert. Andererseits ist die Analyse unbekannter Proben äusserst einfach und deshalb in den meisten Fällen deutlich schneller als bei alternativen Methoden. Da die Faktoranalyse in der Lage ist, spektrale Charakteristika zu identifizieren, die mit den betrachteten Eigenschaften korrelieren, kann die Infrarotspektroskopie in Verbindung mit der Faktoranalyse andere physikalische oder chemische Methoden ersetzen, die häufig zeitaufwendig und teuer sind. Um einen Eindruck von der Vielfalt der Möglichkeiten des Verfahrens zu geben, sollen die in diesem Beitrag besprochenen Anwendungen durch die Auflistung weiterer Anwendungsbeispiele ergänzt werden:
- quantitative Analyse von Flüssigreinigern
- Bestimmung des Anteils von trans – Konformeren in Fettsäuren
- Bestimmung der Jod – Zahl von Fettsäuren
- Bestimmung des Ethylen/Propylen – Verhältnisses in Copolymeren
- Bestimmung des Kohlenstoff – und Sauerstoff – Gehaltes in Silicium
- Bestimmung der Oxidationsbeständigkeit von Schmierstoffen [9].

Über die hier aufgeführten Beispiele hinaus bieten sich noch viele interessante Anwendungsmöglichkeiten für dieses neue Verfahren.

LITERATUR

[1] McClure GL, Roush PB, Williams JF, Lehmann CA (1987) In: McClure GL (ed) Computerized Quantitative Infrared Analysis. ASTM Special Technical Publication 934, ASTM, Philadelphia

[2] McClure GL (1987) In: Willis HA, van der Maas JH, Miller RGJ (eds) Laboratory Methods in Vibrational Spectroscopy. John Wiley & Sons, Chichester

[3] Malinowski ER, Howery DG (1980) Factor Analysis in Chemistry. John Wiley & Sons, New York

[4] Fredericks PM, Lee JB, Osborn PR, Swinkels DAJ (1985) Appl Spectrosc 39:303, 39:311

[5] Oelichmann J (1988) Labor Praxis 12:932

[6] CIRCOM Operators Manual (1986) Perkin – Elmer Ltd., Beaconsfield, Supplement for Software Revision C (1988) Perkin – Elmer Ltd., Beaconsfield

[7] Oelichmann J (1988) Applications of Infrared Spectroscopy No. 36. Bodenseewerk Perkin – Elmer, Überlingen

[8] Hesse A, Sanders G, Döring R, Oelichmann J (1988) Fresenius Z Anal Chem 330:372

[9] Svensson K, Spiekermann M, Oelichmann J, in Vorbereitung

HELGA

EIN EXPERTENSYSTEM ZUR METHODENWAHL
UND PROBLEMBERATUNG BEI KARL-FISCHER TITRATIONEN

G.Wünsch und M.Gansen

Institut für Anorganische Chemie
Universität Hannover
Callinstr.9, D-3000 Hannover 1

DIE KARL-FISCHER - DOMÄNE

Die Karl-Fischer Titration ist ein iodometrisches Verfahren zur Bestimmung von Wasser in den unterschiedlichsten Matrices. Es spannt sich der Bogen von organischen und anorganischen Labor- und Industriechemikalien über Mineralölprodukte und Kunststoffe bis hin zu Lebensmitteln und kosmetischen Artikeln. Überall ist der Wassergehalt der Produkte von großer Bedeutung und oftmals auf einen engen Bereich festgelegt. Hier hat sich die Karl-Fischer Titration gegenüber der zeit- und arbeitsaufwendigen, mit systematischen Fehlern behafteten Ofentrocknung in vielen Bereichen durchgesetzt und ist so zur Routinemethode geworden (1,2). Schätzungen gehen von ca. 500 000 Titrationen aus, die weltweit täglich durchgeführt werden (3); Karl-Fischer Reagentien, sowohl in der ursprünglichen als auch in unterschiedlich modifizierter Form, tragen zu einem nicht unerheblichen Teil zum Umsatz der Laborchemikalien-Hersteller bei. Mikroprozessorgesteuerte Titratoren vereinfachen die Handhabung und sind auf die spezifischen Anforderungen des Routinebetriebes zugeschnitten, sodaß auch weniger qualifiziertes, angelerntes Personal zur Bedienung eingesetzt werden kann.

Treten aber unvorhergesehene Probleme oder Störungen auf, zu deren Lösung die Berücksichtigung der chemischen und physikalischen Grundlagen der Karl-Fischer Reaktion erforderlich ist, oder die bei der Konzeption der für die Routineanalysen optimierten Methoden nicht berücksichtigt worden sind, so ist das Bedienungspersonal häufig überfordert. Kommen außerdem noch neue, bis dahin noch nicht bearbeitete Probenmatrices, die u.U. einer besonderen Behandlung bedürfen, hinzu, ist in der Regel die Hilfe und Beratung durch die Applikationslaboratorien der Geräte- und Reagentienhersteller nötig, da dort echte Spezialisten vorhanden sind (4).

Ein Teil dieser Beratungstätigkeit kann durch die Integration eines wissensbasierten Systemes in die Analysenautomaten direkt "vor Ort" zugänglich gemacht werden. An ein solches, "intelligentes" Titrationssystem müssen, soll es in der Praxis eine echte Hilfe sein, folgende Anforderungen gestellt werden:

G. Gauglitz (Hrsg.)
Software-Entwicklung in der Chemie 3
© Springer-Verlag Berlin Heidelberg 1989

- Im Routinebetrieb ist ein hoher Probendurchsatz möglich, der Funktionsumfang muß dem der herkömmlichen Geräte entsprechen; die Bedienung darf keinen höheren Aufwand verlangen.
- Bei neuartigen Proben wird eine vorhandene Arbeitsanweisung ausgewählt oder eine neue erstellt.
- Der Titrationsverlauf wird überwacht und bewertet, Störungen oder Fehlfunktionen werden erkannt und Vorschläge zur Beseitigung generiert.
- Alle Dialoge sowie die Programmoberfläche sind dem Qualifikationsniveau des Benutzers angepaßt.

Im folgenden wird ein Gesamtkonzept für einen solchen Karl-Fischer Titrator vorgestellt und die Funktionsweise ausgewählter Systemkomponenten erläutert.

DAS KONZEPT EINES WISSENSBASIERTEN ANALYSENAUTOMATEN

Basis ist ein Titrator, der neben den üblichen Funktionen eines Routinegerätes zum einen die Möglichkeit bietet, Steueranweisungen eines externen Gerätes zu empfangen, zum anderen aber auch Rohdaten über den Verlauf der Titration bereitzustellen. Obwohl die Karl-Fischer Titration traditionell als Dead-Stop Titration durchgeführt wird, ist die Aufnahme einer Zeit - Volumenkurve notwendig, da sie Hinweise auf physikalische oder chemische Störungen liefert. Die Auswertung dieser Daten erfolgt durch eine übergeordnete Funktionseinheit, die bei ungestörtem Titrationsverlauf dem Benutzer das Ergebnis präsentiert und zur Weiterbearbeitung durch Datenbanken oder LIM Systeme bereitstellt. Bei gestörtem Titrationsverlauf wird automatisch ein Expertensystem aktiviert, welches die bekannten Eigenschaften der Matrix mit den beobachteten Phänomenen verknüpft, gegebenenfalls zusätzliche Informationen vom Benutzer erfragt und die Ursache der Störung feststellt. Ausführliche Hinweise und Erklärungen unterrichten den Benutzer über die an dieser Stelle notwendigen Schritte. Bei der Bearbeitung von Routineproben steht das System also "im Hintergrund" und meldet sich erst, wenn es Unregelmäßigkeiten bemerkt.

Bei der Methodenkonfiguration, also der Anpassung des Routineverfahrens an die Eigenschaften einer neuen Probe, fordert das System Informationen über die Matrix an. Anhand dieser Daten wird eine detaillierte Arbeitsvorschrift erzeugt und der Titrator entsprechend eingestellt. Der Bewertung des Titrationsverlaufes kommt nun eine besondere Bedeutung zu: während im zuvor diskutierten Fall die Fehlerursachen nicht in der Arbeitsvorschrift, sondern im experimentell-technischen Teil vermutet werden, kann hier nun auch die generierte neue Methode fehlerhaft sein.
Dies gilt besonderes, wenn der Benutzer nur unsichere Angaben machen kann, oder wenn aufgrund fehlender Informationen auf Default-Werte zurückgegriffen werden mußte. Der

"Störungsbeistand" überprüft die abgeleiteten Matrixeigenschaften, korrigiert sie falls nötig und veranlaßt eine Nachbesserung der Arbeitsanweisung durch den "Methodenkonfigurator". Dieser Zyklus wird solange wiederholt, bis eine, aus der Sicht des Systems, korrekte Verfahrensweise zur Analyse der Probe generiert worden ist. Dieses Verfahren kann nun, um bei später anfallenden, gleichartigen Proben die gesamte Konsultation abzukürzen, in einer Falldatenverwaltung abgelegt werden.

Neben dem System selber hat auch der Benutzer die Möglichkeit, verdächtige Beobachtungen mitzuteilen oder Zweifel am Ergebnis der Titration zu äußern. Die Auswertung dieser Angaben liefert Hinweise auf Phänomene, die das System mit seinen Sensoren nicht erfassen kann.

Ein weiteres Beratungssystem steht für Probleme allgemeiner Natur zur Verfügung und ist nicht an den Verlauf einer konkreten Titration gebunden. Es gibt allgemeine Ratschläge und Hinweise zur Karl-Fischer-Titration und dient als letzte Möglichkeit, ein Problem zu lösen, bevor die Hilfe eines wirklichen Spezialisten in Anspruch genommen werden muß. Der Anschluß an ein externes System zur Verwaltung der Analysenergebnisse ist naheliegend, entsprechende Schnittstellen sind vorhanden.

REALISIERUNG AUSGEWÄHLTER SYSTEMKOMPONENTEN

Das Gesamtsystem besteht z.Z aus fünf unterschiedlichen Programmen, die sich, vom Benutzer unbemerkt, gegenseitig aktivieren und untereinander Daten austauschen. Die im Blockdiagramm als Regelsystem bezeichneten Teile sind in Form von Produktionsregeln im Expertensystem-Shell INSIGHT 2+ (Fa.Level Five Research) implementiert, die Datenbanksysteme und der Titratorteil sind kompilierte BASIC-Programme.

Titrator

Die z.Z. auf dem Markt erhältlichen Karl-Fischer Analysenautomaten stellen an ihren Datenschnittstellen nur Informationen zur Verfügung, die zwar zur Archivierung der Ergebnisse in Datenverwaltungs-Systemen notwendig sind (Datum/Uhrzeit, Bearbeiter, Einwaage u.ä.), aber die Bewertung einer Titration im obigen Sinne nicht ermöglichen. Die Änderung wesentlicher Parameter wie z.B. Abschaltverzögerung oder Dosiergeschwindigkeit im Remote-Betrieb ist i.d.Regel ebenfalls nicht möglich. So war es nötig, zunächst einen in das Gesamtkonzept integrierbaren Titrator zu entwickeln. Dieser besteht aus einer zum Industriestandard kompatiblen Einsteckkarte, auf der die hardwarenahen Funktionen realisiert sind und einem Steuerprogramm, welches die Titration und den Datenaustausch mit den übrigen Komponenten übernimmt. Im Verlauf der Titration werden zahlreiche Meßpunkte aufgenommen, die zu einem späteren Zeitpunkt zur Bewertung herangezogen werden. Hier kommt, wie bereits erwähnt, vor allem der Reagenz-Zeit Kurve eine besondere

Bedeutung zu, da sie Rückschlüsse auf Nebenreaktionen der Probe mit dem KF-Reagenz oder auf eine schleppende Wasserabgabe zuläßt(6).

Fakten-Akquisition

Dieser Systemteil ist der Ausgangspunkt sowohl für die Generierung neuer als auch für die sachgerechte Auswahl bereits bekannter Verfahren. Die Routinemethoden, aber auch die bereits früher von dem System generierten und validierten Arbeitsvorschriften sind in einer datenbankähnlichen Struktur gespeichert. Der Zugriff auf diese Methoden kann schnell erfolgen, es ist nur ein kurzen Dialog mit dem Benutzer nötig. Dies entspricht in etwa dem Methodenspeicher, mit dem auch die kommerziell erhältlichen Titratoren modernerer Bauart ausgerüstet sind.

Bei neuen Proben wird eine Liste der für die Karl-Fischer-Titration relevanten Matrixeigenschaften erzeugt, anhand derer der nachfolgende "Methodenkonfigurator" eine Arbeitsvorschrift erstellt. Entsprechend der Vielzahl der möglichen Matrices ist dieser Teil stärker strukturiert. So wird zunächst eine Einordnung in weit gefaßte Oberklassen wie z.B. Lebensmittel, technische Produkte, organische oder anorganische Stoffe vorgenommen. So ist zum einen eine Unterteilung in einzelne, voneinander unabhängige Wissensbasen möglich, zum anderen lassen sich innerhalb der Klassen von vorneherein Eigenschaften festlegen oder auschließen. Diese Einteilung in Klasse und Unterklasse lehnt sich an ein hierarchisches Frame-Konzept an, bei dem die Eigenschaften eines Ober-Frames an die untergeordneten Frames vererbt werden (5). Die Gruppe der organischen Matrices kann mit einem solchen Konzept jedoch nur schlecht strukturiert werden, da aufgrund der Vielzahl der möglichen Verbindungen für eine hinreichend genaue Beschreibung der Matrix eine große Anzahl von Klassen erforderlich ist. Außerdem ist eine Einordnung der Probe in die einzelnen Klassen nicht immer eindeutig möglich. So kann ein chloriertes Phenolderivat von einem Benutzer in die Klasse "Chlorierte KW-Stoffe", von einem anderen in die der Alkohole oder Phenol eingeordnet werden. So ist, soll für die Klassifizierung eine verbindliche Reihenfolge nicht vorgegeben werden, die Wissensbasis mit redundanten Fakten belastet; die Erstellung oder Modifizierung eines solch umfangreichen und mit zahlreichen Querverweisen versehenen Regelwerkes ist aufwendig und fehlerträchtig. So wurde ein Parser entwickelt, der aus dem Nomenklaturnamen der Substanz ihre Strukturmerkmale erkennt, aus denen dann von einem Produktionsregelsystem die Matrixeigenschaften abgeleitet werden.

Methodenkonfigurator

Die von der "Fakten-Akquisitiom" abgeleiteten Matrixeigenschaften sind die Eingangsinformationen für die Generierung einer neuen Arbeitsanweisung. Zunächst wird, unter Berücksichtigung der laborspezifischen Randbedingungen (z.B. Gerätepark), ein Basisverfahren ausgewählt. Ist aufgrund fehlender Geräte die Anwendung des optimalen Verfahrens nicht möglich, wird auf die zweitbeste Alternative ausgewichen und ein entsprechender Hinweis erzeugt. Dieses Basisverfahren wird weiter schrittweise an die Probe angepaßt, etwa durch Zugabe von Pufferlösung oder Lösungsvermittlern. Anweisungen zur Probenvorbereitung, Handhabung und Dosierung ergänzen das Verfahren zur kompletten Arbeitsanweisung. Außerdem wird eine Reihe von Steueranweisungen erzeugt, die den Titratorteil des Systems an die Bedürfnisse der Matrix anpassen. Dieser Teil ist ebenfalls als Produktionsregelsystem ausgeführt.

1 Scholz E (1984) Karl-Fischer-Titration. Springer, Berlin Heidelberg

2 Wieland G (1985) Wasserbestimmung durch Karl-Fischer-Titration.
 GIT-Verlag, Darmstadt

3 Scholz E (1987) HYDRANAL-Praktikum. Riedel-de Haën AG, Seelze

4 Helga Hoffmann, Hydranal-Labor Riedel-de Haën AG, D-3016 Seelze;
 Tel (05137) 707-353

5 Savory SF (1985) Künstliche Intelligenz und Expertensysteme.
 2.Aufl. Oldenbourg, München

6 Schumnig K (1989) Diplomarbeit. Hannover

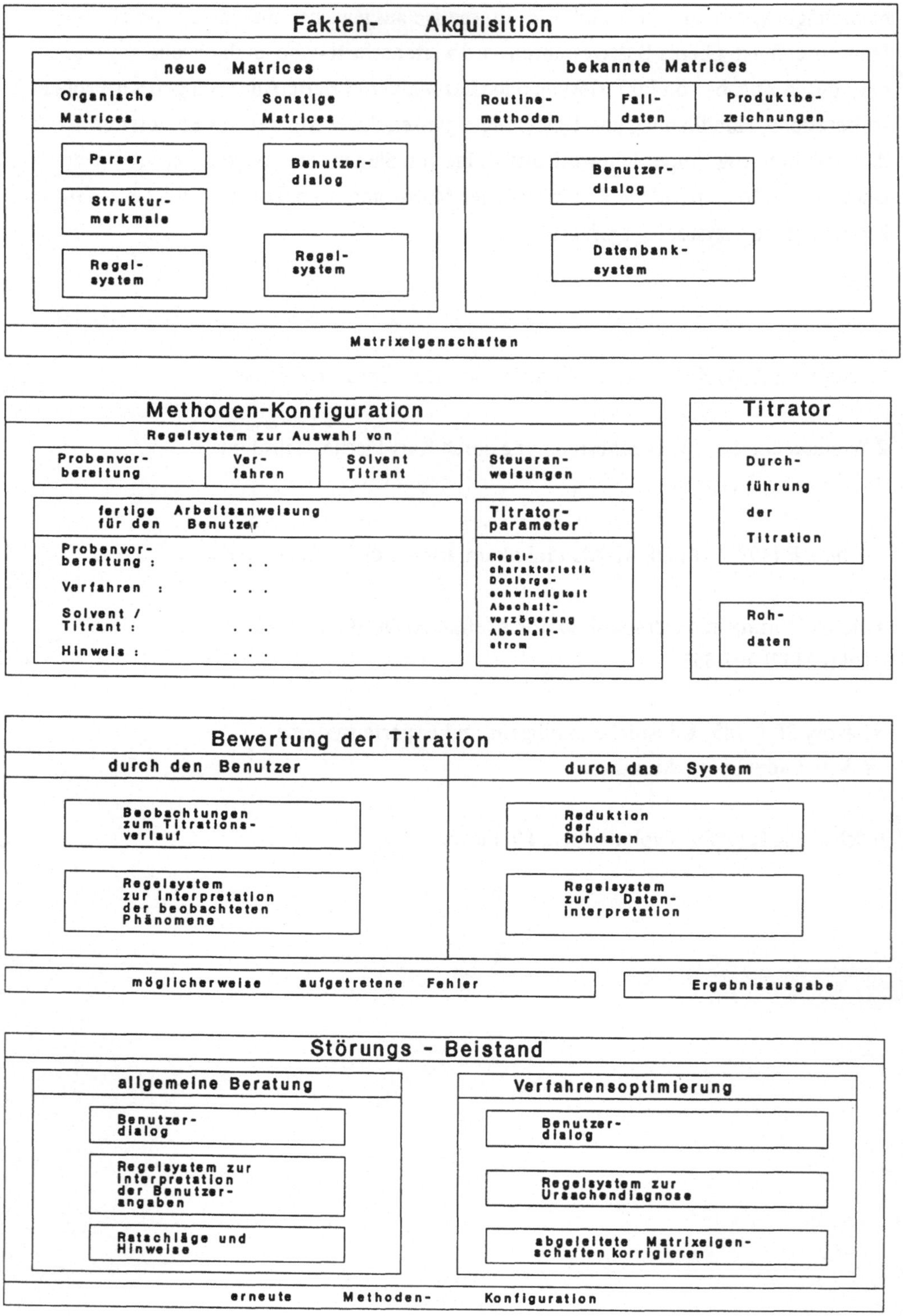

Abb.1 Die Komponenten des Gesamtsystemes

ANWENDUNG CHEMOMETRISCHER METHODEN ZUR UNTERSUCHUNG VON MASSENSPEKTREN - STRUKTUR - BEZIEHUNGEN

K. Varmuza[*], W. Werther und H. Lohninger

Technische Universität Wien, Institut für Allgemeine Chemie
Lehargasse 4/152, A-1060 Wien, Österreich

Abstract: Aus Stichproben von Massenspektren können mit Methoden der explorativen Datenanalyse Beziehungen zwischen spektralen Merkmalen und strukturellen Eigenschaften abgeleitet werden. Die verwendeten Mapping-Methoden werden vorgestellt und auf Massenspektren von aliphatischen Alkoholen und Alkenen angewandt.

EINLEITUNG

Weitere Fortschritte auf dem Gebiet der computerunterstützten Interpretation von Massenspektren erfordern eine bessere Kenntnis der Zusammenhänge zwischen Spektren und Strukturen. Die allgemeine Beziehung

$$\text{Gesamtstruktur} = f \,(\text{Spektrum, spektroskopische Bedingungen})$$

ist für praktisch interessierende Probleme unbekannt. Man ist daher zu der Vereinfachung gezwungen

$$\text{Teilstruktur}_i = g_i \,(\text{Teilspektrum}_i)$$

wobei die spektroskopischen Bedingungen als konstant oder ohne nennenswerten Einfluß angesehen werden. Diese Vereinfachung ist insbesondere in der Massenspektrometrie sehr problematisch, da oft kein direkter Zusammenhang zwischen einer Teilstruktur des Moleküls und einem Teil des Spektrums besteht. Es ist daher notwendig, diese Beziehung allgemeiner zu formulieren:

$$\text{Struktur-Eigenschaft}_i = g_i \,(\text{spektrale Merkmale}_i)$$

Die "spektralen Merkmale" sind Zahlen, die aus dem Spektrum automatisch abgeleitet werden können. Im einfachsten Fall sind es die Spektrendaten selbst (Massenzahl, Peakhöhe). Es haben sich aber auch mathematische Transformationen bewährt (wie etwa die "modulo-

G. Gauglitz (Hrsg.)
Software-Entwicklung in der Chemie 3
© Springer-Verlag Berlin Heidelberg 1989·

14-Summation" oder die Autokorrelation). Besonders erfolgversprechend ist die Anwendung spektroskopischen Wissens für die Generierung spektraler Merkmale [1,2].

Die "Struktur-Eigenschaft" ist eine Aussage über die Molekülstruktur. Meist wird das nicht die Angabe einer - in der organischen
Chemie üblichen - Teilstruktur sein, sondern eher eine Aussage zu
einem komplexeren Sachverhalt. Es ist kein triviales Problem, mehrere derartige Aussagen zu konkreten Vorschlägen über die Gesamtstruk-
tur zu vereinigen.

Die Beziehung g_i kann eine mathematische Formel oder ein mehr
oder weniger komplizierter Algorithmus sein. Diese Arbeit beschäf-
tigt sich mit einer Methode zum Auffinden solcher Beziehungen. Da
die massenspektrometrischen Fragmentierungsreaktionen derzeit nicht
ausreichend bekannt sind, erscheint die explorative Datenanalyse,
basierend auf Methoden der multivariaten Statistik ein aussichtsrei-
ches Verfahren zur Erstellung von Massenspektren-Struktur-Beziehun-
gen zu sein [3,4,5,6].

Zur Anwendung statistischer Methoden benötigt man eine geeignete
Stichprobe von Spektren. Um Spektren-Struktur-Beziehungen untersuchen zu können muß die Auswahl der Substanzen nach strukturellen
Kriterien erfolgen. Besonders geeignet für diese Arbeiten ist daher
ein struktur-orientiertes Spektren-Informationssystem, wie es in
SPECINFO realisiert ist [7,8]. Die Auswahl einer geeigneten Stichprobe erfolgt über eine Substruktursuche, eventuell unterstützt
durch die Angabe anderer Suchkriterien (z.B. Teile der Summenformel,
Teile des Substanznamens). Die hier vorgestellte Methode der "Explorativen Datenanalyse von Spektren" ("EDAS") wird in SPECINFO implementiert werden und ist nicht nur für die Massenspektrometrie sondern auch für andere spektroskopische Methoden oder Kombinationen
von Methoden einsetzbar.

METHODE

Für eine Stichprobe mit n Substanzen werden für jedes Spektrum p
spektrale Merkmale berechnet; die Ausgangsdaten für die Datenanalyse
liegen also in einer p.n-Matrix vor. Jede Substanz kann als Punkt in
einem p-dimensionalen Raum aufgefaßt werden, wobei die Merkmale den
Koordinaten des Punktes entsprechen. Zur Untersuchung der Datenstruktur werden "Mapping-Methoden" verwendet, die den p-dimensionalen Raum in einer zwei-dimensionalen Ebene abbilden. In dieser

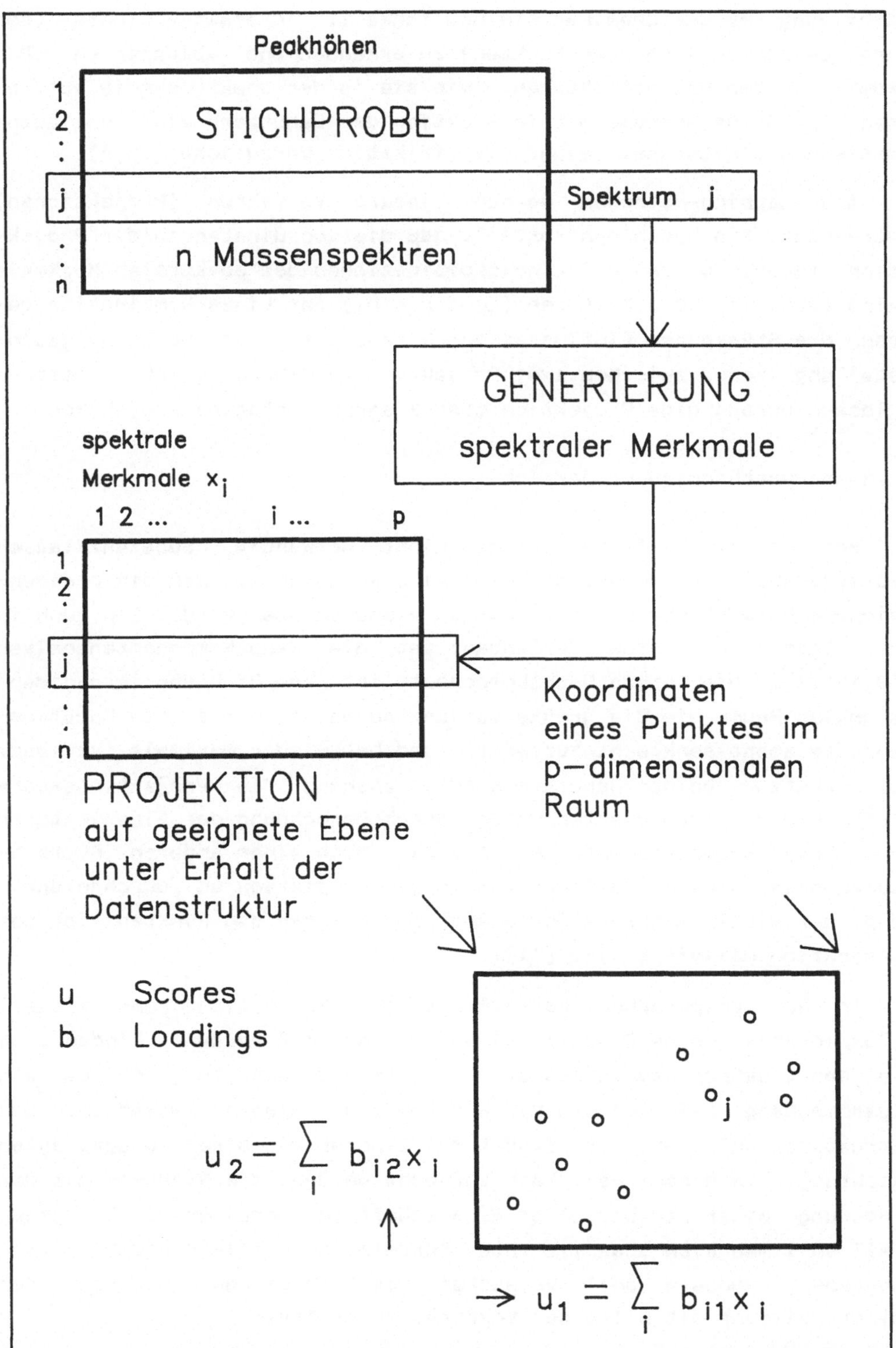

Abb. 1: Generierung spektraler Merkmale aus einer Stichprobe von Spektren und explorative Datenanalyse durch Projektion der multivariaten Daten.

Abbildung hat der Chemiker die Möglichkeit, interaktiv Cluster (von eng beisammen liegenden Punkten) zu erkennen und abzugrenzen. Bei komplizierten Datenstrukturen, wie sie in der Spektroskopie auftreten, ist diese Methode mit Interaktion des Benutzers einer vollautomatischen Clusteranalyse und Klassifikation vorzuziehen [3,9].

Als Mapping-Methoden werden lineare Verfahren (Projektionen) verwendet. Sie haben den Vorteil, daß die Koordinaten in der Projektion (Scores u_1 und u_2) Linearkombinationen der spektralen Merkmale sind (Abb. 1). Die Faktoren (Loadings b_i) der Linearkombination geben die Stärke des Einflusses der Merkmale an. Je nach Aufgabenstellung kann zwischen zwei Projektionsverfahren gewählt werden: klassen-unabhängige Projektion oder klassen-abhängige Projektion.

Klassen-unabhängige Projektion

Bei diesem Verfahren ist es nicht notwendig, Substanzklassen vorzugeben. Die Projektionsebene wird so gewählt, daß die p-dimensionale Datenstruktur möglichst gut wiedergegeben wird. Ein auch in der Chemie bewährtes Verfahren ist die Hauptkomponentenanalyse [9,10,11]. Die erste Hauptkomponente ist jene Richtung im p-dimensionalen Raum, die die größte Varianz aufweist; die zweite Hauptkomponente steht senkrecht zur ersten und hat wieder maximale Varianz. Die ersten beiden Hauptkomponenten spannen die Projektionsebene auf. Die Hauptkomponenten werden durch Berechnung der Eigenvektoren der Kovarianzmatrix gefunden [12,13]. Nach einer anderen Betrachtungsweise dieses Verfahrens wird die Projektion so durchgeführt, daß der mittlere quadratische Abstand zwischen den Punkten in der Projektion maximiert wird [11].

In der graphischen Darstellung der Projektion kann visuell ("explorativ") eine Clusteranalyse durchgeführt werden. Finden sich in den Clustern gemeinsame strukturelle Eigenschaften, so ist ein Zusammenhang zwischen den verwendeten spektralen Merkmalen und den Strukturen gefunden. Oft findet man Cluster mit einer ausgeprägten Richtung. In diesem Fall kann versucht werden, die Richtung mit der Änderung einer strukturellen Eigenschaft zu korrelieren. In jedem Fall soll man sich aber mit guten Korrelationen allein nicht zufriedengeben, sondern soll versuchen die "treibenden Faktoren" der Clusterbildung mit Hilfe der Loadings zu erklären.

Klassen-abhängige Projektion

Wenn bekannt ist, daß die Stichprobe Substanzen aus genau zwei Klassen enthält (die auf Grund der Spektren unterschieden werden sollen), so kann die Projektion so durchgeführt werden, daß die beiden Klassen möglichst gut separiert werden (Diskriminanzanalyse). Die Projektionsebene wird so gewählt, daß in der Projektion Punkte (Substanzen, Spektren) aus unterschiedlichen Klassen einen möglichst großen Abstand haben und Punkte, die der gleichen Klasse angehören einen möglichst kleinen Abstand haben [11,14].

In der graphischen Darstellung der Projektion ersieht man, wie gut die beiden Klassen getrennt sind. Bei ausreichender Separierung können die beiden Klassen durch eine Gerade (oder einen Polygonzug) abgegrenzt werden. Die so definierten Klassengrenzen entsprechen einem Spektren-Klassifikator, der auf unbekannte Spektren angewendet werden kann. Eine andere Möglichkeit der Klassifikation unbekannter Spektren besteht darin, sie in das vorhandene Bild zu projizieren und visuell einer der Klassen zuzuordnen.

EXPERIMENTELLES

Zur Berechnung spektraler Merkmale und zur Datenanalyse wurden FORTRAN-Programme geschrieben. Die Eigenvektoranalyse erfolgte nach dem Jacobi-Verfahren [12,13]. Die Rechendauer für 60 Spektren mit 14 Merkmalen beträgt auf einer Microvax II etwa 3 Sekunden.

BEISPIEL

Die Massenspektren von aliphatischen Alkoholen und von Alkenen zeigen Ähnlichkeiten, da Alkohole leicht Wasser abspalten und in der Folge wie Alkene zerfallen. Die beschriebene Methode der Explorativen Datenanalyse von Spektren wurde für zwei Fragestellungen eingesetzt: 1. Ist eine Separierung der Alkohole von den Alkenen möglich ? 2. Welche (literaturbekannten) Spektren-Struktur-Beziehungen lassen sich erkennen ?

Daten

Tab. 1 zeigt die verwendete Stichprobe von Spektren (30 Alkene, 30 aliphatische Alkohole, alle monofunktional) [15]. Zur Berechnung

Tab. 1: Liste der Substanznamen in der Alkohol/Alken-Stichprobe.

Nr	Alkohole	Nr	Alkene
1	1-HEXANOL, 3-METHYL-	31	1-HEPTADECENE
2	1-HEPTADECANOL	32	2-BUTENE, (E)-
3	1-PENTANOL	33	2-BUTENE, (Z)-
4	1-PENTANOL, 2-METHYL-	34	1-BUTENE, 3-METHYL-
5	1-NONANOL	35	1-HEXENE
6	1-OCTANOL, 2-BUTYL-	36	2-PENTENE, 3-METHYL-, (Z)
7	1-BUTANOL, 3-METHYL-	37	2-BUTENE, (Z)-
8	1-BUTANOL	38	1-PENTENE
9	1-DODECANOL	39	1-DECENE
10	2-HEPTANOL, 5-ETHYL-	40	1-UNDECENE
11	2-HEXANOL	41	2-PENTENE, 4,4-DIMETHYL-, (Z)-
12	2-HEXANOL, 3-METHYL-	42	3-OCTENE, 4-ETHYL-
13	4-HEPTANOL, 3-METHYL-	43	1-HEXENE, 2-METHYL-
14	2-HEXANOL, 3,4-DIMETHYL-	44	1-TETRADECENE
15	3-PENTANOL, 2,2-DIMETHYL-	45	1-PENTENE, 3-ETHYL-
16	1-NONACOSANOL	46	3-HEXENE, 2,5-DIMETHYL-, (E)-
17	1-TETRADECANOL	47	3-HEXENE, 2,2,5,5-TETRAMETHYL-, (Z)-
18	1-OCTANOL, 3,7-DIMETHYL-	48	2-PENTENE, 3,4,4-TRIMETHYL-
19	4-HEPTANOL, 2,6-DIMETHYL-	49	4-NONENE, 5-BUTYL-
20	3-OCTANOL	50	2-HEPTENE, (Z)-
21	1-BUTANOL, 2-ETHYL-	51	1-UNDECENE
22	3-PENTANOL, 3-METHYL-	52	1-DODECENE
23	1-PROPANOL, 2-METHYL	53	3-HEPTENE, 2,6-DIMETHYL-
24	2-OCTANOL	54	1-OCTADECENE
25	4-NONANOL	55	1-HEXENE
26	METHANOL	56	2-PENTENE, 3-METHYL-, (Z)-
27	3-PENTANOL, 2,3,4-TRIMETHYL	57	2-PENTENE, 4-METHYL-, (Z)-
28	3-HEXANOL	58	2-HEXENE, 2-METHYL-
29	1-DODECANOL	59	2-PENTENE, 2,4,4-TRIMETHYL-
30	2-HEPTANOL	60	1-OCTENE, 2,6-DIMETHYL-

der spektralen Merkmale wurde die "modulo-14-Summation" verwendet:
Es entstehen dabei 14 spektrale Merkmale; Merkmal 1 ist die Summe
der Peakhöhen bei den Massenzahlen 0, 14, 28, 42, ...; Merkmal 2 ist
die Summe der Peakhöhen bei den Massenzahlen 1, 15, 29, 43, ...;
usw. Die 14 Merkmale wurden so normiert, daß die Summe der 14 Werte
für jedes Spektrum 1 ist.

Projektion

Obwohl die zwei Klassen in den Daten bekannt sind, wurde die
Projektion klassen-unabhängig durchgeführt um eine objektive Datenanalyse zu gewährleisten. Abb. 2 zeigt die Projektion auf die Ebene,
die durch die ersten beiden Hauptkomponenten definiert ist; die
einzelnen Substanzen können über die Substanznummer aus Tab. 1 iden-

tifiziert werden. Die erste Hauptkomponenten enthält 64 %, die zweite 21 % der Gesamtvarianz der Ausgangsdaten (zusammen 85 %); es ist also anzunehmen, daß die Datenstruktur des 14-dimensionalen Raumes in der Projektion gut wiedergegeben wird. Die Datenstruktur besteht aus zwei Ästen, die im linken unteren Viertel der Projektion zusammenstoßen und nach oben schräg auseinander gehen. Zwei Substanzen (Nr. 26 und 29) liegen (rechts) etwas abseits der kompakten Cluster und können eventuell als Ausreißer (Outlier) betrachtet werden.

In Abb. 3 sind Alkene und Alkohole unterschiedlich eingezeichnet. Die beiden Klassen sind nahezu vollständig separiert; die Richtung der ersten Hauptkomponente kann als Diskriminanzvariable zur Unterscheidung von Alkenen und Alkoholen verwendet werden.

Bei einer eingehenderen Untersuchung der strukturellen Ähnlichkeiten ist eine weitere Beziehung zwischen den verwendeten spektralen Merkmalen und den Strukturen ersichtlich. In der Richtung der

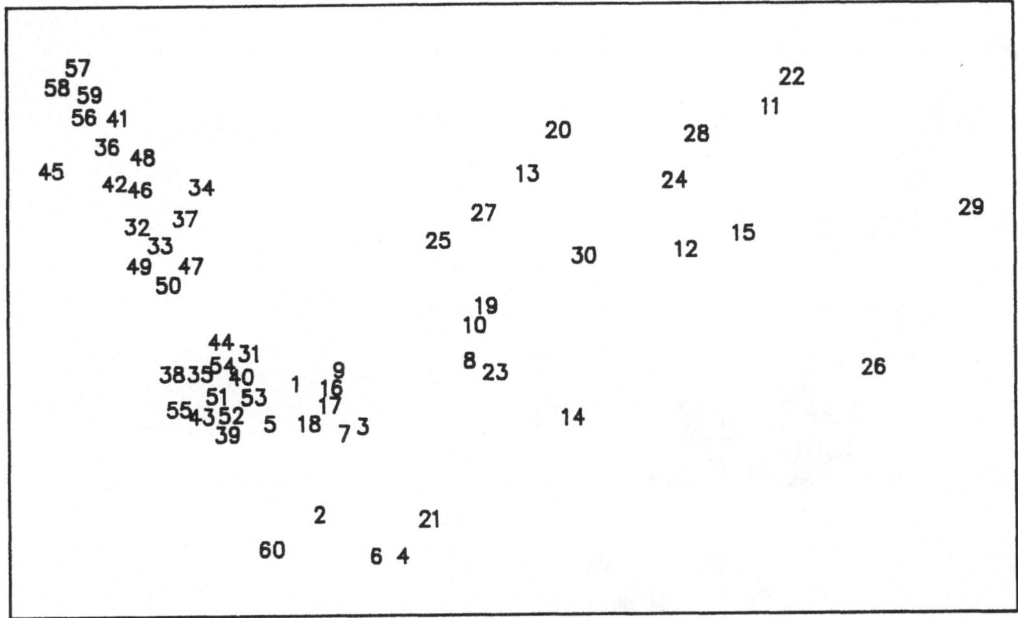

Abb. 2: Hauptkomponenten-Projektion der transformierten Massenspektren von 30 aliphatischen Alkoholen und 30 Alkenen. Die Zahlen entsprechen den Substanznummern in Tab. 1. Erste Hauptkomponente: horizontal, 64 % der Gesamtvarianz, zweite Hauptkomponente: vertikal, 21 % der Gesamtvarianz (beide Achsen im gleichen Maßstab).

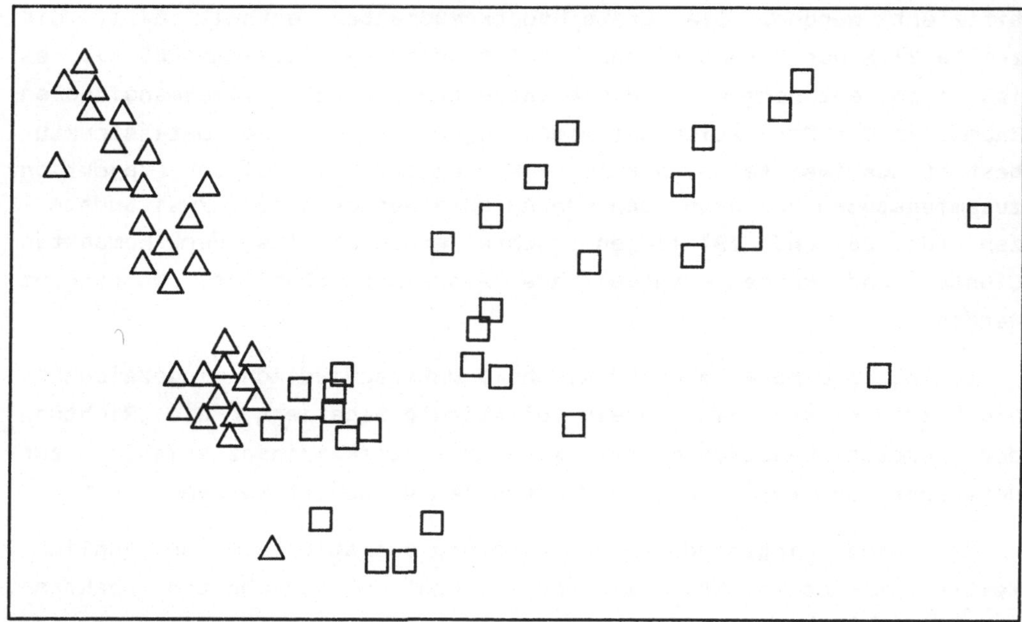

Abb 3.: Separierung der Alkohole (□) von den Alkenen (△). Hauptkomponenten-Projektion wie in Abb. 2.

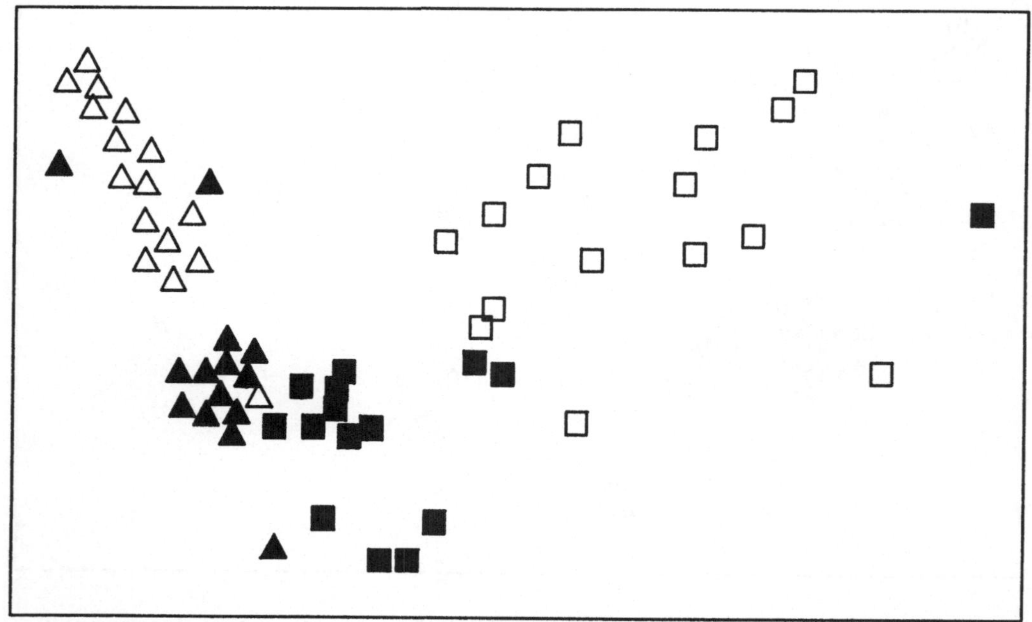

Abb 4.: Separierung der Gruppe primärer Alkohole (■) und 1-Alkene (▲) von den übrigen Substanzen (□△). Hauptkomponenten-Projektion wie in Abb. 2.

Tab. 2 Klassifikationsergebnisse bei Verwendung der ersten und zweiten Hauptkomponente als Diskriminanzvariable (ohne Berücksichtigung
der beiden Ausreißer Nr. 26 und 29).

Substanzklasse	Anzahl Subst.	Anzahl richtig	Anzahl falsch	Subst.nummern falsch
primäre Alkohole	15	15	0	
andere Alkohole	13	12	1	Nr. 14
1-Alkene	14	12	2	Nr. 34, 45
andere Alkene	16	15	1	Nr. 53
Summe	58	54	4	

zweiten Hauptkomponente werden zwei Gruppen separiert: im unteren
Teil der Projektion (Abb. 4) liegen die primären Alkohole und Alkene
mit endständiger Doppelbindung, im oberen Teil der Projektion liegen
die übrigen Verbindungen. Berücksichtigt man die beiden Ausreißer
nicht mehr, so befinden sich von den 58 Spektren nur 4 in einem
"falschen" Cluster (Tab. 2).

Ausreißer

Die Spektren von Methanol (Nr. 26) und 1-Dodecanol (Nr. 29) liegen außerhalb der kompakten Cluster. Das Massenspektrum von Methanol
nimmt eine Sonderstellung ein, da das Molekül im Vergleich zu den
anderen Alkoholen klein ist. Das Massenspektrum von 1-Dodecanol
erwies sich als ein fehlerhaftes Bibliotheksspektrum.

Interpretation der Loadings

In Abb. 5 sind die Loadings der ersten und zweiten Hauptkomponente numerisch und als Balkendiagramm dargestellt. Im folgenden werden
jene spektrale Merkmale, die die (absolut) größten Loadings besitzen
im Hinblick auf bekannte Fragmentierungsreaktionen diskutiert.

In der ersten Hauptkomponente hat das Merkmal 4 ein hohes posi-
tives Loading. Merkmal 4 entsteht durch Summierung der Peakhöhen bei
den Massenzahlen 31, 45, 59, usw.. Treten in einem Spektrum bei
diesen Massenzahlen hohe Peaks auf, so liegt der entsprechende Punkt
in der Projektion in der Gruppe der Alkohole. Tatsächlich entsprechen diesen Massenzahlen Fragmentionen, die für Alkohole charakteristisch sind: $CH_2=OH^+$ (m/e 31), $C_2H_4=OH^+$ (m/e 45), $C_3H_6=OH^+$ (m/e
59), usw.. Diese Ionen sind entweder direkte Produkte der alpha-

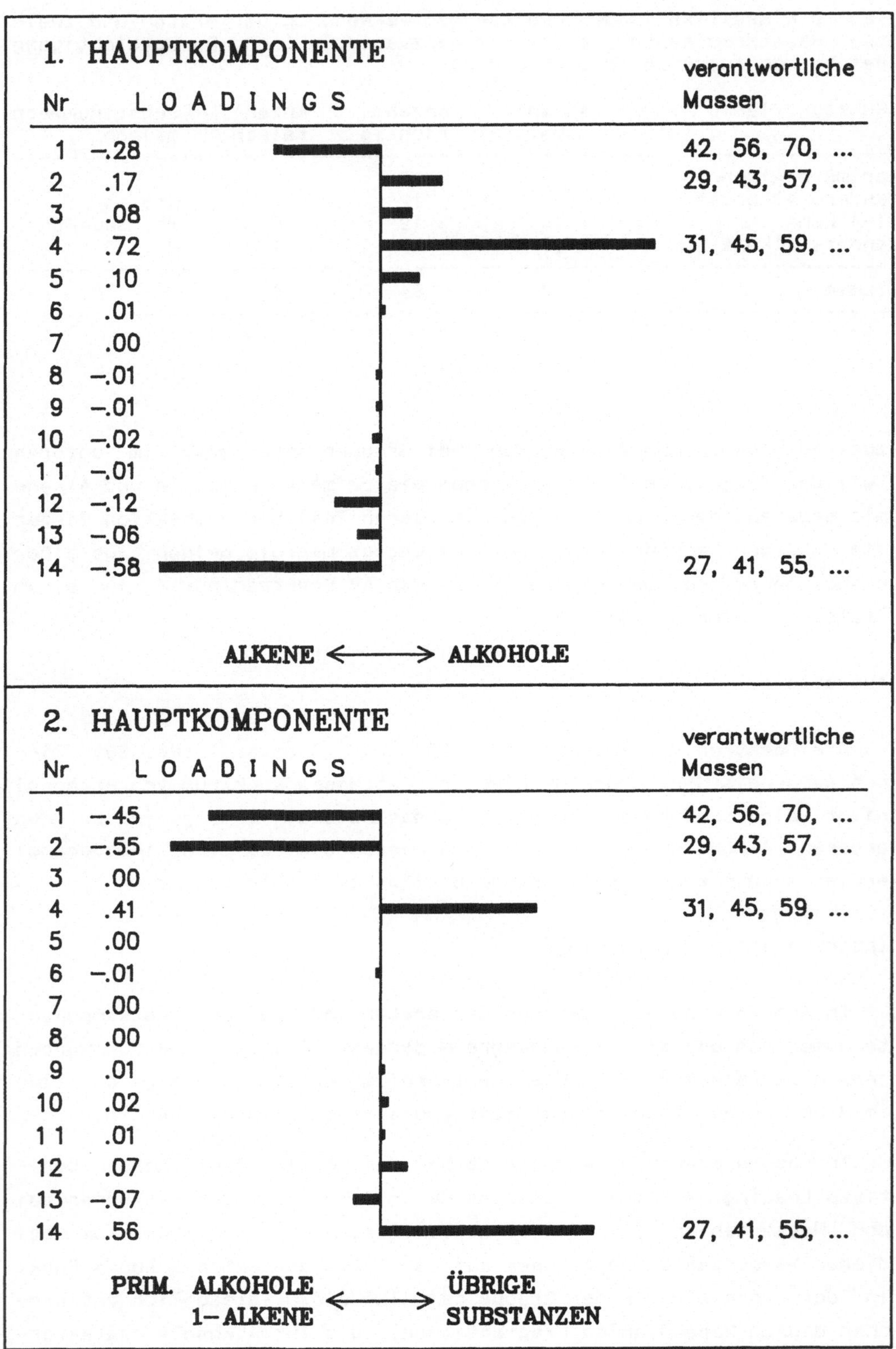

Abb. 5.: Loadings der ersten und zweiten Hauptkomponente.

Spaltung des Molekülions oder entstehen aus diesen Primärfragmenten durch Wasserstoff-Umlagerung und Eliminierung eines Alkens [16].

Das hohe negative Loading für Merkmal 14 ist charakteristisch für Alkene. Die für dieses Merkmal verantwortlichen Massenzahlen sind 27, 41, 55, usw.. Diesen Massenzahlen entsprechen die Fragmente $C_2H_3^+$, $C_3H_5^+$ und $C_4H_7^+$, die bei Alkenen mit größerer Intensität auftreten als bei Alkoholen.

Diese Beziehungen zwischen spektralen Merkmalen und strukturellen Eigenschaften ergaben sich aus der objektiven Datenanalyse einer Spektrenstichprobe, ohne daß spektroskopisches Wissen eingebracht wurde.

Die in der zweiten Hauptkomponente auftretenden hohen Loadings können derzeit nicht alle befriedigend erklärt werden. In der Richtung der zweiten Hauptkomponente werden die Substanzen in die Gruppe primäre Alkohole + 1-Alkene und die übrigen Verbindungen separiert.

1-Alkene mit ausreichend langer Kette zeigen beim Zerfall des Molekülions die McLafferty-Umlagerung [16]. Diese Reaktion führt, je nach Substituent R_2, zu intensiven Peaks mit den Massen 42, 56, 70. Diesen Massenzahlen entsprechend hat das Merkmal 1 ein hohes Loading für 1-Alkene. Bei 1-Butenen ist wegen der kurzen Kettenlänge eine McLafferty-Umlagerung nicht möglich; folgerichtig liegt 3-Methyl-1-buten (Nr. 34) "fälschlich" nicht in der Gruppe der übrigen 1-Alkene. Auch bei 3-Ethyl-1-penten (Nr. 45) tritt diese Umlagerung nicht auf, was zu einer falschen Klassifizierung in der Projektion führt.

Bei primären Alkoholen tritt verstärkt eine Wasser-Abspaltung vom Molekülion auf. Dadurch entstehen Spektren, die den 1-Alkenen ähnlich sind. Die alpha-Spaltung (Bildung des Ions CH_2OH^+, m/e 31) ist bei primären Alkoholen daher nicht so stark ausgeprägt wie bei den anderen Alkoholen. Damit übereinstimmend ist das Loading des entsprechenden Merkmals 4 in die Richtung "nicht-primärer" Alkohole gerichtet.

ZUSAMMENFASSUNG

Die Anwendung der Hauptkomponentenanalyse auf eine Stichprobe der Massenspektren von aliphatischen Alkoholen und Alkenen ergab eine fast vollständige Separierung der beiden Klassen. Aus der graphischen Darstellung der Projektion konnte weiters die enge Verwandschaft der Massenspektren von 1-Alkenen und primären Alkoholen abgelesen werden. Ausreißer wurden entweder als fehlerhafte Spektren identifiziert oder es handelte sich um Substanzen, die anders fragmentieren, als die übrigen Vertreter dieser Klasse. Die Loadings der ersten beiden Hauptkomponenten konnten zufriedenstellend durch die Fragmentierungsreaktionen erklärt werden, die in den untersuchten Substanzklassen auftreten.

Ähnlich gute Erfahrungen wurden auch bei der Interpretation anderer Stichproben von Massenspektren, die andere Klassen enthielten, gemacht. Die Resultate der chemometrischen Methode standen im Einklang mit den massenspektrometrischen Fragmentierungsreaktionen. Diese Ergebnisse lassen hoffen, daß die Methode der Explorativen Datenanalyse von Spektren auch für anspruchsvollere Probleme geeignet ist, um Spektren-Struktur-Beziehungen zu erkennen.

LITERATUR

1 Lohninger H, Varmuza K (1987) Anal Chem 59:236
2 Varmuza K, Lohninger H, Werther W (1988) In: Gasteiger J (ed) Software-Entwicklung in der Chemie 2, S. 211, Springer, Berlin
3 Varmuza K (1980) Pattern Recognition in Chemistry, Springer, Berlin
4 Weber JJ, VanThuijl J, DeJong HJ (1986) Anal Chim Acta 188:195
5 Bartoszek M, Salzwedel D, Stumm G, Niclas HJ (1987) Org Mass Spectrom 22:259
6 Gu Yuan (1988) Org Mass Spectrom 23:487
7 Bremser W (1988) Angew Chem 100:252
8 Neudert R, Bremser W (1987) In: Gasteiger J (ed) Software-Entwicklung in der Chemie 1, S. 127, Springer, Berlin
9 Sharaf MA, Illman DL, Kowalski BR (1986) Chemometrics, John Wiley, New York
10 Flury B, Riedwyl H (1983) Angewandte multivariate Statistik, Gustav Fischer, Stuttgart
11 Niemann H (1974) Methoden der Mustererkennung, Akademische Verlags Gesellschaft, Frankfurt/Main
12 Johnson KJ (1980) Numerical Methods in Chemistry, Marcel Dekker, New York
13 Press WH, Flannery BP, Teukolsky SA, Vetterling WT (1987) Numerical Recipes, Cambridge University Press, Cambridge, UK
14 Rotter H (1976) Beitrag zur computerunterstützten Interpretation von Steroid-Massenspektren, Dissertation, Technische Universität Wien
15 Spektrenbibliothek (1977) Mass Spectrometry Data Centre, Aldermaston, Reading, UK
16 McLafferty FW (1980) Interpretation of Mass Spectra, University Science Books, Mill Valley, CA, USA

DANK: Wir danken dem Bundesministerium für Forschung und Technologie in Bonn für die Förderung dieser Arbeit (Projekt 1063218-7).

MUSTERERKENNUNG – METHODE ZUR BEHANDLUNG VON
VIELPARAMETERPROBLEMEN

P. Schwarzmann

Inst. für Physikalische Elektronik, Univ. Stuttgart,
Pfaffenwaldring 47, 7000 Stuttgart 80

Zusammenfassung: Der Beitrag beschreibt wie aus einer geeignet ausgewählten Stichprobe von Beobachtungen eines Systems mit Hilfe statistischer Modelle Aussagen über das Verhalten einer Zielgröße dieses
Systems gemacht werden können, ohne daß ein expliziter Zusammenhang
zwischen den Meßgrößen der Beobachtung und der Zielgröße bekannt ist.

Die beschriebenen Methoden stammen aus dem Gebiet der statistischen
Mustererkennung. Erläutert werden die Methoden der Klassifikation,
der Regressionsanalyse und der Clusteranalyse.

Als Beispiele für die Anwendung der Methoden werden Experimente zur
Bestimmung der Globalstrahlung aus Satellitenbildern, zur Bestimmung
der NOx-Konzentration aus Flammenbildern und zur Klassifikation von
Zellbildern kurz beschrieben.

1. EINLEITUNG

Ein häufig auftretendes Problem in den Naturwissenschaften ist die
Bestimmung von Parametern bzw. von Modellen eines Systems aus direkten oder indirekten Beobachtungen (Messungen), oder die Vorhersage
des Systemverhaltens auf Grund von vorausgegangenen Beobachtungen.

Das Beispiel einer Verbrennung in einer Flamme soll den Sachverhalt etwas erläutern:

Aus Beobachtungsgrößen wie: Strahlungstemperatur, Form, Struktur,
Farbverteilung, Brennstoffzufuhr usw., soll die Menge eines Verbren-
nungsprodukts wie z.B. NOx bestimmt werden.

Für komplexe Systeme ist dabei davon auszugehen, daß die verfügbaren Messungen meist keine eindeutige physikalische Modellierung zulassen, so daß mit diesen Messungen nur unvollständige Modelle aufgebaut werden können.

Vor ähnlichen Aufgaben steht die Mustererkennung, da sie aus Bildern Aussagen über die in ihnen enthaltenen Objekte machen soll.

G. Gauglitz (Hrsg.)
Software-Entwicklung in der Chemie 3
© Springer-Verlag Berlin Heidelberg 1989

Die klassischen Probleme der Mustererkennung wie Schriftzeichenerkennung und Objektfindung in Bildern haben zur Entwicklung von Methoden und Werkzeugen geführt, welche erfolgreich auch auf andere Gebiete angewandt werden können.

Der Begriff Muster darf dabei verallgemeinert werden, z.B. auf Temperaturverteilungen, Chromatographiemuster, Konzentrationsverteilungen usw.

Ziel der Mustererkennung ist es dann, Aussagen über eine Zielgröße auf Grund der vorliegenden Messungen zu machen, ohne daß eine explizite Formel zur Gewinnung dieser Größe vorliegt. Es soll z.B. versucht werden aus Temperaturmessungen an 10 Stellen einer Flamme deren CO-Produktion (Zielgröße) zu schätzen. Diese Zielgröße kann dabei verschiedene Grade der Abstraktion besitzen:

- als physikalische Größe (Temperatur, Länge, Helligkeit usw.)
- als symbolische Größe (Buchstabe A, Zylinder, turbulent usw.)
- als semantische Größe (gesund, Stuhl, schön usw.).

Aus der Vielzahl der Methoden zur Mustererkennung sollen im Folgenden 3 Methoden näher erläutert werden:

- die Klassifikation
- die multivariate Regressionsanalyse
- die Clusteranalyse.

Im Anschluß daran sollen noch Beispiele für die Anwendung gezeigt werden.

2. METHODEN DER MUSTERERKENNUNG

Die im Folgenden angeführten Verfahren gehören zum Gebiet der statistischen Mustererkennung (1)(2). Die dabei eingeschlagene Auswertestrategie lautet:

Man gewinne so viel wie möglich der zugänglichen Information über das Problem. Die einzelnen Zusammenhänge dürfen dabei zunächst noch unbekannt bleiben. In einem hypothetischen jedoch genügend flexiblen Modell werden sodann heuristische Ansätze über die unbekannten Zusammenhänge gemacht, deren Parameter in einem Adaptionsschritt angepaßt werden. Ein Beispiel hierfür ist die bekannte Methode der Linearisierung eines Modells innerhalb eines beschränkten Wertebereichs der Meßgrößen, in dem ein linearer Zusammenhang zwischen Zielgröße und Meßwerten postuliert wird.

Einen systematischen Ansatz auch für nichtlineare Zusammenhänge bieten die Methoden der statistischen Mustererkennung. Die Kenntnisse über die Zusammenhänge werden hier durch die Auswertung einer genügend großen und geeignet ausgesuchten Stichprobe vcn Beobachtungen gewonnen (Lernen an Beispielen).

Dieses Lernen an Beispielen kann durch überwachtes Lernen (s. Abschnitt 2.1 und 2.2) oder aber durch unüberwachtes Lernen geschehen (s. Abschnitt 2.3).

Eine Beobachtung besteht dabei meist aus mehreren Einzelmessungen (z.B. Helligkeit, Strahlungstemperatur, Länge usw.), die in Form eines vieldimensionalen Vektors X mit den Komponenten xn dargestellt werden.

$$X = (x1,x2,\ldots,xn)$$

Die Auswahl der Meßgrößen bleibt dabei dem Anwender überlassen. Bei dieser Auswahl ist jedoch auf folgende Punkte zu achten:
- Die Meßgrößen sollen voneinander unabhängig sein,
  d.h. wenig korreliert und damit neue Entscheidungs-
  kriterien enthaltend.
- Die Meßgrößen sollen für die Entscheidung relevant
  sein, d.h. sie sollen für die Entscheidung wichtige
  Fakten widerspiegeln und damit mit der Zielgröße
  korreliert sein.

Die Verfahren für diese Strategie sind ausgereift und als Programm-pakete für übliche Rechenanlagen erhältlich (3). Die Benutzung der Programme und die Interpretation der Ergebnisse verlangen jedoch vom Anwender Kenntnisse über die Eigenschaften und Grenzen der Verfahren.

2.1. Die Erkennung Qualitativer Muster Durch Klassifikation

Zu Beginn sei ein Beispiel angeführt:

Aus einer Beobachtung X mit den Meßgrößen x1,...,xn soll festgestellt werden ob eine Flamme mit Gas, Öl oder Kohlenstaub betrieben wird. Als Ergebnis wird daher die Zuordnung der Beobachtung zu einer der 3 Klassen: Gas, Öl, Kohlenstaub erwartet.

In einer Lernphase werden "genügend viele" Beobachtungen mit bekanntem Ergebnis gesammelt. In Abb.1 ist eine solche Beobachtungs-serie (Merkmalsraum) skizziert.

"Genügend viele" bedeutet in diesem Zusammenhang: die Anzahl der Beobachtungen muß groß gegenüber der Anzahl der Klassen und der An-zahl der Merkmale (Meßgrößen) sein.

Aufgabe des Klassifikators ist es nun in diesem Merkmalsraum Trenn-flächen so einzufügen, daß die einzelnen Klassen dadurch möglichst gut getrennt werden (Abb.1).

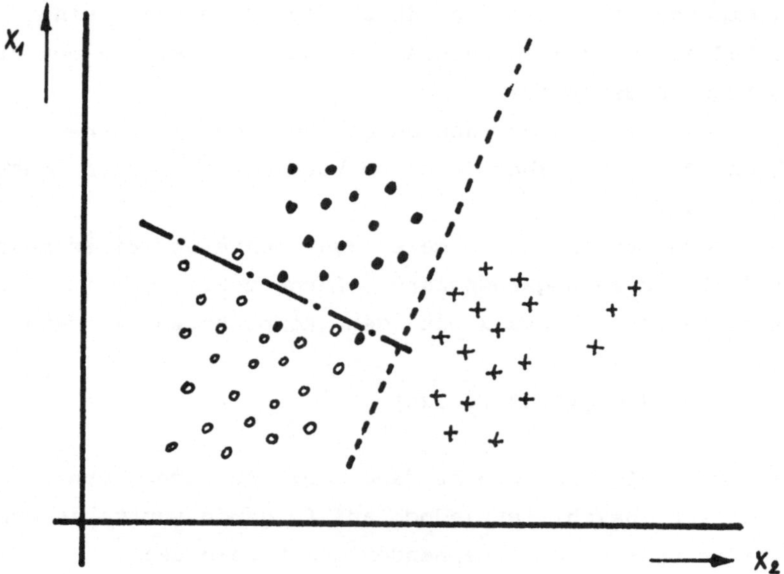

Abb.1. Merkmalsraum für 3-Klassen-Fall (o,+,●) mit 2 Merkmalen
x1, x2 und Trennflächen.

Hierfür gibt es verschiedene Strategien, von denen als Beispiele
die Fisher'sche Diskriminanzanalyse (1) und der Polynomklassifikator
nach Schürmann (4) angeführt seien.

Bei allen Verfahren muß der Typ der Trennfläche angegeben werden
(z.B. Ebene, Fläche n-ter Ordnung).

Die mathematische Form der Trennflächen stellt somit ein statisti-
sches Modell zur Kennzeichnung der für die Unterscheidung der Klassen
wichtigen Systemeigenschaften dar.

Im einfachsten Fall wird eine solche Trennfläche eine Hyperebene
der Form

$$o = ao + a1*x1 + \ldots + an*xn$$

sein; d.h. es wird ein linearer Zusammenhang postuliert. Der Übergang
zu nichtlinearen Modellen findet statt, indem ein Merkmal xm durch
eine beliebige Funktion der anderen Merkmale ersetzt wird:

$$xm' = f(x1, \ldots ,xn)$$

Damit wird es möglich, Vorabwissen (a priori-Wissen) in den Model-

lierungsprozeß einzubringen. Ist z.B. bekannt, daß ein bestimmter Zusammenhang zwischen den Meßgrößen xk und xl auf die zu modellierende
Größe einen großen Einfluß hat, so wird man diese Funktion als neues
Merkmal einführen (z.B. in der quantitativen Mikroskopie die Extinktion xm'=l*ln(k) aus der Beleuchtung l und der Absorption k).

Die Qualität der gefundenen Entscheidungsregel kann einfach beurteilt werden, einmal durch den Anteil der falsch zugeordneten Beobachtungen des zur Adaption verwandten Lerndatensatzes (Reklassifi-
kation), zum anderen durch die Fehlerraten von neu hinzugekommenen
Beobachtungen. Ist das Ergebnis unbefriedigend, so müssen andere
Merkmale (Meßgrößen) gesucht werden, die für die Entscheidungsfindung
besser geeignet sind.

2.2. Die Erkennung Quantitativer Muster Durch Regressionsanalyse

Das Ziel soll auch am Beispiel einer Verbrennung erläutert werden:
Es wird jetzt beispielsweise nach der Konzentration eines Verbren-
nungsprodukts (z.B. NOx) gefragt; d.h. die Zielgröße ist eine kontinuierliche Größe.
Wie im vorhergehenden Abschnitt wird wieder ein "genügend großer"
Satz von Beobachtungen mit bekanntem Wert der Zielgröße gesammelt und
in einem vieldimensionalen Merkmalsraum eingetragen. In Abb.2 ist eine solche Beobachtungsserie für 2 Merkmale x1 und x2 dargestellt.

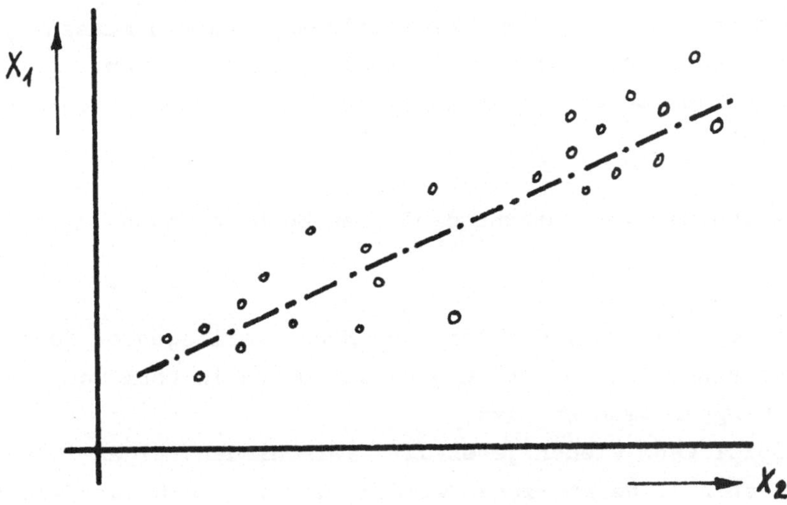

Abb.2. Merkmalsraum für eine Beobachtungsgröße mit 2 Meßwerten.

Ziel der multivariaten Regressionsanalyse ist es eine Funktion f zu finden, die eine bestmögliche (im Sinne kleinster Fehlerquadrate) An-Anpassung an die Beobachtungsmenge ergibt.

$$y = f(x1, x2, \ldots ,xn)$$

Auch hier ist der einfachste Fall die lineare Regression

$$y = ao + a1*x1 + \ldots + an*xn$$

Zum nichtlinearen Fall kann wie unter 2.1. übergegangen werden, wenn die Meßgröße xm ersetzt wird durch eine beliebige Funktion

$$m' = g(x1,x2, \ldots ,xn)$$

aus mehreren Meßgrößen. Für die Auswahl dieser Funktionen gilt das im vorigen Abschnitt dargelegte entsprechend.

Als Maß für die Güte der Modellierung kann die Korrelation zwischen den berechneten und den gemessenen Zielgrößen herangezogen werden.

$$R = \frac{\sum_i (w_i - \overline{w}) * (y_i - \overline{y})}{\sqrt{\sum_i (w_i - \overline{w})^2 * \sum_i (y_i - \overline{y})^2}}$$

dabei sind w die wahren (gemessenen) Zielgrößen y die berechne-ten; $\overline{w}$ und $\overline{y}$ sind die Mittelwerte über alle Beobachtungen.

Bei ungenügenden Werten der Korrelationskonstanten müssen auch hier das System besser beschreibende Merkmale gesucht werden.

Auch dieses Verfahren ist in gängigen statistischen Programmpaketen enthalten (3).

2.3. Das Aufsuchen Von Zusammengehörigen Beobachtungen Durch Cluster-analyse

Oft liegt der Fall vor, daß für eine Menge vorliegender Beobach-tungen nach einer inneren Ordnung dieser Daten in Form von zusammen-gehörigen Gruppen gesucht wird.

Als Beispiel kann wieder jenes der verschiedenartigen Brennstoffe aus Abschnitt 2.1. herangezogen werden, wobei jedoch auch während des Lernprozesses unbekannt sein soll, welcher Fall vorliegt (unüberwach-tes Lernen). Unterscheiden sich die Beobachtungen der einzelnen Grup-pen wesentlich, wird im Merkmalsraum eine Gruppenbildung erwartet.

Ein solcher Fall ist in Abb.3 wieder für 2 Merkmale skizziert.

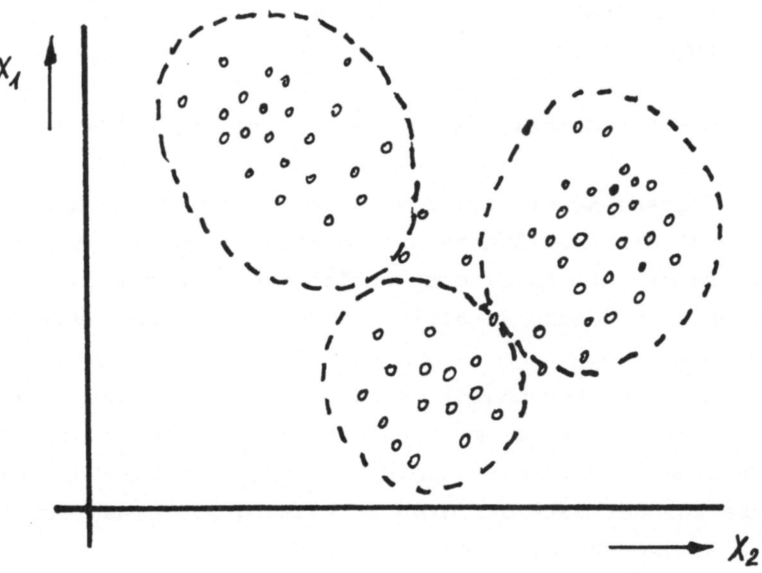

Abb.3. Merkmalsraum für die Clusteranalyse.

Clusterverfahren versuchen nun nach vorgebbaren Kriterien die Beobachtungswerte zu gruppieren. Als Beispiel seien 2 iterative Strategien angeführt:
  - fortlaufende bestmögliche Unterteilung der Gesamtmenge
  - fortlaufende bestmögliche Zusammenfassung von Einzelpunkten
Auch diese Prozeduren sind in Programpaketen verfügbar (3).
Als zusätzliches Ergebnis zu den Gruppierungsvorschlägen erhält der Benutzer meist Maßzahlen für die Güte der Ergebnisse. Aus ihnen kann entnommen werden, ob die Daten überhaupt signifikante Gruppierungen enthalten oder ob sie bei Verwendung der gegebenen Merkmale als kontinuierlich ineinander übergehend zu betrachten sind.

3. BEISPIELE

Zur Verdeutlichung sollen im Folgenden 3 Anwendungsbeispiele etwas näher beschrieben werden:
Zur Regressionsanalyse: Schätzung der Globalstrahlung aus Satellitenbildern
Schätzung der NOx-Emission einer Großfeuerung

Zur Klassifikation: Analyse von Zellbildern

Ziel dieses Abschnitts soll es weniger sein die Ergebnisse der Beispiele darzustellen, als vielmehr die freizügige Auswahl der Meßwerte (Merkmale) zu demonstrieren. Sie sollen Beispiele für sehr indirekte Messungen bzw. Schätzung einer Zielgröße sein.

3.1. Schätzung Der Globalstrahlung Aus Satellitenbildern

Ziel des Vorhabens war es, aus Satellitenbildern der NOAA-Serie (polumlaufend) die Globalstrahlung (Solarenergie im sichtbaren und nahen Infrarotgebiet) in Europa örtlich zu schätzen (5).

Abb.4 gibt eine solche Satellitenbildszene mit den zugehörigen Daten wieder.

Für die Adaption (Lernphase) standen die gemessenen Globalstrahlungswerte von 104 europäischen Wetterstationen für einen Monat und für die Zeit des jeweiligen Satellitenüberfluges zur Verfügung.

Zielgröße war der Wert der Globalstrahlung für einen Ort im Intervall von 3 Stunden um den Satellitendurchgang.

Die für diesen Ort bestimmten Merkmale sind einem Gesichtsfeld von 64 x 64 Bildpunkten um den Ort aus den Spektralkanälen des Satellitenbildes entnommen. Diese Merkmale setzen sich zusammen aus:
- den Grauwerten des zentralen Punktes des Gesichtsfeldes,
- den Grauwertverhältnissen der zentralen Punkte aus verschiedenen Spektralkanälen,
- Kontrast im Gesichtsfeld (hellste und dunkelste Werte),
- Strukturmaße der Gesichtsfelder (Minkowski-Maße).

Als Merkmale, die a priori Wissen über das Problem enthalten, kamen hinzu:
- Elevationswinkel der Sonne während des Satellitenüberfluges,
- Winkel zwischen Satellit und Sonne,
- rechnerische Globalstrahlung ohne Beeinflussung durch die Erdatmosphäre zum Zeitpunkt des Satellitendurchganges.

Aus so bestimmten 300 Merkmalen wurden die 25 besten ausgesucht und in einer Regressionsanalyse für 6000 Beobachtungen mit den zugehörigen wahren Bodenwerten korreliert.

Das Ergebnis dieser Analyse ist in Abb.5 wiedergegeben als der Vergleich der aus der Regressionsanalyse geschätzten und der am Boden tatsächlich gemessenen Werte. Für den 3-Stundenwert der Globalstrahlung ergab sich für die Korrelation dieser beiden Werte ca. 94%.

NOAA - 9   OSTPASSAGE

vom 4. 8. 86 12^{29} h

Kanal 3

DER AVHRR - SENSOR VON NOAA - 9 UND NOAA - 10

Das Advanced Very High Resolution Radiometer (AVHRR) ist ein optomechanischer abbildender Scanner mit 5 Kanälen. Die Daten werden direkt an die Bodenstationen übermittelt.

Das Auflösungsvermögen im Nadir beträgt ca. 1 km. Auf Grund der hohen radiometrischen Auflösung (10 bit), sowie des hohen Signal / Rauschverhältnisses, lassen sich Temperaturveränderungen recht genau bestimmen.

GESICHTSFELD .... ca. 110°

STREIFENBREITE .... ca. 3000 km

PIXELGÖSSE .... 1,09 km

SPEKTRALKANÄLE:

1	0,61 μm (0,55 - 0,7)	
2	0,91 μm (0,7 - 1,1)	
3	3,74 μm (3,6 - 3,7)	
4	11,0 μm (10,3 - 11,3)	
5 *)	12,0 μm (11,5 - 12,5)	

*) nur NOAA - 9

DIE BAHN VON NOAA - 9 UND NOAA - 10

FLUGHÖHE .... ca. 850 km

ORBIT .... sonnensynchron

INKLINATION .... 99°

DAUER EINES ORBITS .... ca. 102 Min.

ANZAHL DER ORBITS/TAG 14,2

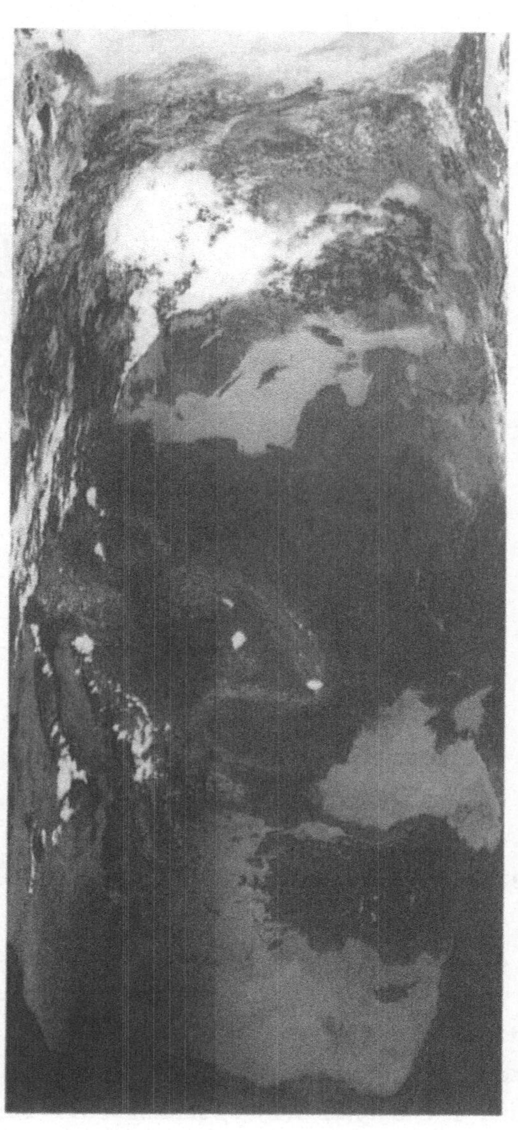

Abb.4. Satellitenbildszene mit Bahndaten (Quelle DFVLR).

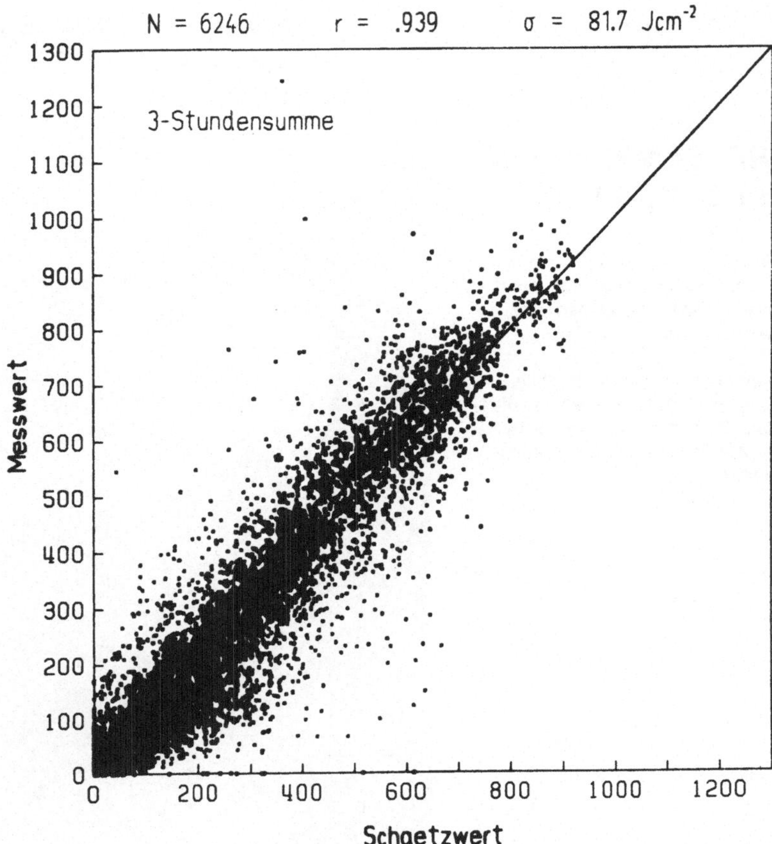

Abb.5. Vergleich der wahren und geschätzten Globalstrahlungswerte.

3.2. Schätzung Der NOx-Emission Einer Großfeuerung

Aus der Beobachtung von Ausschnitten des Flammbildes einer Großfeuerung (800 MW) über Fernsehkamerabilder soll auf die NOx-Produktion dieser Feuerung geschlossen werden. Dieses Beispiel wurde als Vertreter für sehr indirekte Meßgrößen bezüglich einer Zielgröße gewählt und ist sicher ein extremer Fall für die Anwendung der Regressionsanalyse. Abb.6 gibt eine Skizze der Versuchsanordnung wieder.

Aus dem Kessel werden über ein gekühltes Endoskop mit angeschlossenem Strahlteiler gleichzeitig Bilder in 2 Spektralkanälen von Ausschnitten der Feuerung mit einer Fernsehkamera aufgezeichnet. Für die Adaption standen am Kamin gemessene NOx-Konzentrationen zur Verfügung.

Die aus den Bildern entnommenen 11 Merkmale bestanden aus:
- Kennwerten von Grauwerthistogrammen der Bilder (Mittelwert, Varianz, Kurtosis usw.)

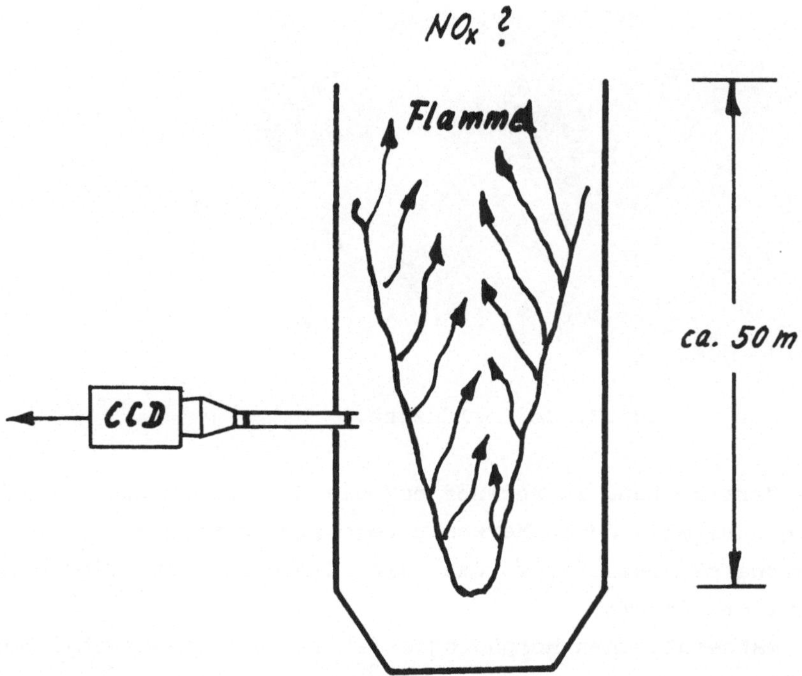

Abb.6. Versuchsanordnung für die Messungen an der Großfeuerung.

- Kennwerten von Helligkeitsschwankungen für die gleichen Punkte
  in zeitlich aufeinanderfolgenden Fernsehbildern.

Aus betriebstechnischen Gründen konnten nur sehr wenige Betriebszu-
stände zur Adaption verwendet werden, so daß die Ergebnisse nur ori-
entierenden Charakter haben. Es ist jedoch erstaunlich, daß auch diese bezüglich der Zielgröße sehr indirekten Beobachtungsgrößen sehr
hohe Korrelationswerte ergaben.

3.3. Zellbildanalyse

Aus dem Erscheinungsbild von Zellen im Mikroskop können Krebser-
krankungen und teilweise deren Vorstufen diagnostiziert werden (6).
Dieses Beispiel wurde ausgewählt, da es sich bei der Zielgröße um se-
mantisch definierte Klassen, in diesem Falle die Klassen: gesund,
krank, dysplastisch handelt.

Der Pathologe beurteilt das Zellbild hinsichtlich der Morphologie
und der Textur des Zellkerns. Abb.7 zeigt als Beispiel eine Zellbildszene im Mikroskop, wobei zu beachten ist, daß die Zellkernstruktur im Druck nicht mehr sichtbar ist.

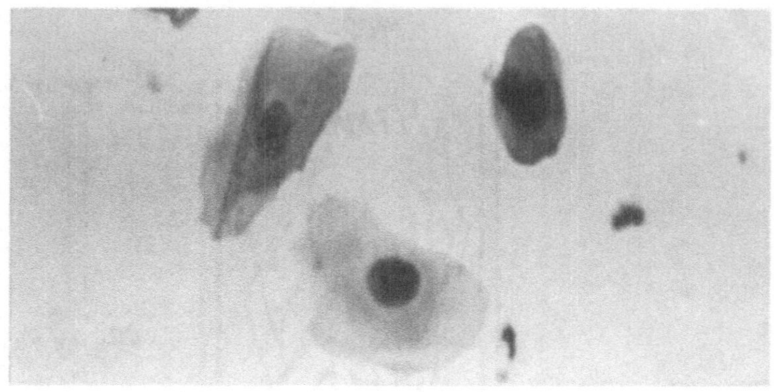

Abb.7. Zellbildszene.

Für die Verarbeitung im Rechner muß die Kerntextur und die Kernmorphologie quantitativ durch Merkmale beschrieben werden. Dazu werden
die Zellkerne segmentiert, so daß die Merkmale nur die Kerneigenschaften widerspiegeln.

Aus der mathematischen Morphologie (7) ist ein systematischer Ansatz für die Strukturbeschreibung bekannt:

Das Grautonbild wird für alle möglichen Schwellwerte in eine Folge
von Binärbildern umgewandelt. In diesen Binärbildern (s. Abb.8) ist
das Trippel der Minkowskimaße wie folgt erklärt:

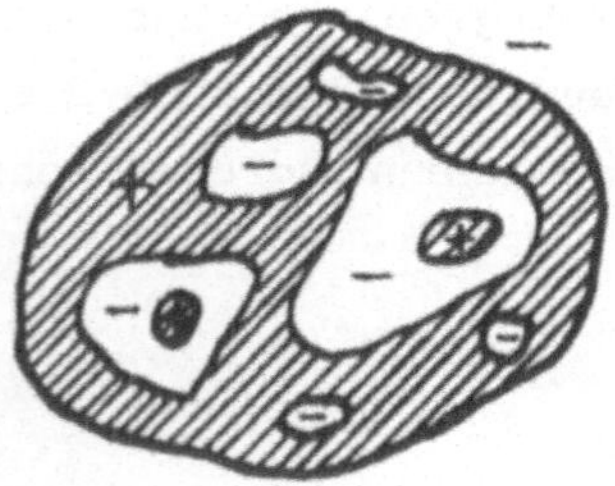

Fläche: Anzahl der Bildpunkte in dunklen
        Gebieten
Umfang: Anzahl der dunklen Bildpunkte mit
        einem hellen Nachbarn
Konnexität: Differenz der Anzahl der
        schwarzen und weißen Gebiete

Abb.8. Zellkernbinärbild

Werden außer den Originalbildern auch noch gefilterte Bilder benutzt, können leicht sehr viele den Zellkern beschreibende Merkmale
gewonnen werden.

Wegen der großen zu erwartenden Vielfalt der Erscheinungsformen der
Zellkernstruktur wurden im vorliegenden Falle zur Adaption eines linearen Polynomklassifikators 360 Merkmale pro Zellkern und 50 000

vom Zytologen klassifizierte Zellkerne (überwacht lernendes Verfahren) zur Adaption verwendet.

Diese Zahlen zeigen, daß die Methoden der Klassifikation durchaus auch an sehr umfangreichen Stichproben mit sehr vielen Merkmalen durchführbar sind.

Ergebnisse des Polynomklassifikators sind Wahrscheinlichkeiten der Zugehörigkeit zu den 3 Zellklassen (gesund, krank, dysplastisch). In Abb.9 ist das Ergebnis für die Zellen eines Präparates wiedergegeben:

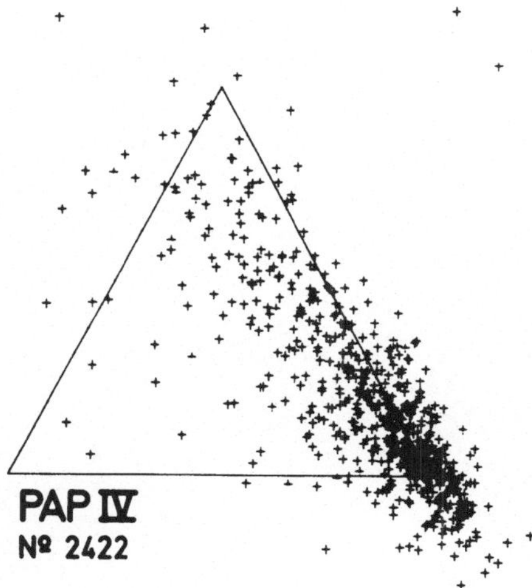

Abb.9. Ergebnis der Zellklassifikation.

Die 3 Eckpunkte des Dreiecks stellen die 3 Punkte dar, für welche die Wahrscheinlichkeit der Zugehörigkeit zu einer Klasse 100% beträgt (links unten: dysplastisch, rechts unten: gesund, oben: krank).

Die Darstellung zeigt, daß der Polynomklassifikator die Eigenschaft besitzt, die Qualität der Zuordnung mit zu berücksichtigen (Plazierung zwischen den Klassenschwerpunkten).

4. LITERATUR

1 Duda R., Hart P. (1973) Pattern Classification and Scene Analysis. Wiley, New York

2 Niemann H. (1983) Klassifikation von Mustern. Springer Verlag, Berlin, Heidelberg, New York, Tokyo

3 Beutel P., Küffner H., Röck E., Schubö W. (1976) SPSS - Statistik Programmsystem für die Sozialwissenschaften. Gustav Fischer Verlag Stuttgart, New York

4 Schürmann J. (1977) Polynomklassifikatoren für die Zeichenerkennung. R. Oldenbourg Verlag München, Wien

5 Schwarzmann P., Reinhardt E., Palz W. (ed) (1981) Solar Energy R&D in the European Community, Solar Radiation Data. Series F, Vol 1. D. Reidel Publishing Comp.

6 Bloss W.H., Greiner W., Kringler W., Schlipf W., Schwarzmann P., Straub B. (1987) FAZYTAN-IPS Prescreening System. In Clinical Cytometry and Histometry. Academic Press Inc., London, New York, Tokyo

7 Serra J. (1981) Image Analysis and Mathematical Morphology. Academic Press Inc., London, New York, Tokyo.

REAKTIVITÄTSVORHERSAGE BEI GASPHASENELIMINIERUNGEN

W. Witzenbichler, J. Gasteiger

Organisch Chemisches Institut,

Technische Universität München

Lichtenbergstr. 4

D-8046 Garching

Computerprogramme zur Reaktionsvorhersage und Syntheseplanung in der organischen Chemie gewinnen immer mehr an Bedeutung[1]. Dabei ist die Vorhersage der chemischen Reaktivität der beteiligten Reaktionspartner eine zentrale Aufgabenstellung.

Für eine allgemeingültige Vorhersage chemischer Reaktivität gibt es bis heute nur wenige Ansätze. Quantenmechanische Verfahren (ab initio oder semiempirisch) sind für die computerunterstützte Syntheseplanung zur Zeit noch nicht praktikabel, da sie für die große Anzahl an Strukturen, die zu berücksichtigen sind, noch zu viel Rechenzeit verbrauchen. Aus diesem Grund wurde versucht, einfache empirische Modelle mit leicht zu berechnenden Parametern zur Beschreibung der chemischen Reaktivität zu finden.

In der vorliegenden Studie wurde als chemische Reaktion die Eliminierung in der Gasphase untersucht:

G. Gauglitz (Hrsg.)
Software-Entwicklung in der Chemie 3
© Springer-Verlag Berlin Heidelberg 1989

Dieses System wurde gewählt, weil

- in der Gasphase die Reaktivität einzelner Verbindungen frei von Lösungsmitteleinflüssen studiert werden kann,

- eine Reihe genauer experimenteller Daten vorliegt,

- alternative Reaktionsmechanismen diskutiert werden können.

Die Reaktivitätsstudien von Eliminierungsreaktionen sind an folgenden Systemen durchgeführt worden:

1. Die Eliminierung von Chlorwasserstoff aus Alkylchloriden,

2. die Eliminierung von Bromwasserstoff aus Alkylbromiden und

3. die Eliminierung von Essigsäure aus Essigsäurealkylestern.

Der Mechanismus der Eliminierungsreaktion kann prinzipiell nach zwei Möglichkeiten verlaufen, dem unimolekularen E1-Mechanismus und dem bimolekularen E2-Mechanismus. Beide Mechanismen werden sowohl für Lösungsreaktionen als auch für die Gasphase diskutiert.

Beim E2-Mechanismus werden die Bindungen der beiden beteiligten Atome H und X im Übergangszustand teilweise gespalten, die Abspaltung von HX erfolgt unter gleichzeitiger Ausbildung der Doppelbindung.
Beim E1-Mechanismus ist der geschwindigkeitsbestimmende Schritt der Bruch der Kohlenstoff-X-Bindung. Dabei entsteht eine Zwischenstufe mit einer positiven Ladung am Kohlenstoffatom, einem Carbeniumion.

Wir gingen nun so vor, daß wir einen E1-Mechanismus bei den drei Eliminierungsreaktionen postulierten und dann untersuchten, ob sich quantitative Modelle zur Beschreibung der experimentellen Daten aufstellen lassen. Die erfolgreiche Entwicklung einer quantitativen Reaktivitätsbeziehung wurde als

Stütze für einen E1-Mechanismus angesehen; ein Versagen als Hinweis auf einen E2-Mechanismus.

Für die Stabilität von Carbeniumionen sind vier Effekte maßgebend: der induktive Effekt, der mesomere Effekt, die Polarisierbarkeit und die Hyperkonjugation. Werte für diese vier Einflüsse können mit Methoden, die in unserer Gruppe entwickelt wurden, näherungsweise berechnet werden[2-4].

Um die gewünschte Parametergleichung zu erhalten, wurden kinetische Daten, in diesem Fall der Logarithmus der Reaktionsgeschwindigkeitskonstanten, aus der Literatur entnommen und mit den bereits erwähnten vier Einflüssen korreliert. Daraus erhält man für die drei verschiedenen Eliminierungsreaktionen jeweils eine Parametergleichung.

Alle Rechnungen wurden mit Hilfe der multilinearen Regressionsanalyse durchgeführt:

Für jeden Datenpunkt setzt man eine Gleichung der folgenden Form an:

$$\hat{y} = c_0 + c_1 x_1 + c_2 x_2 + \ldots + c_n x_n$$

Dadurch erhält man ein lineares Gleichungssystem mit den unabhängigen Variablen x_1 bis x_n. Dieses Gleichungssystem wird nach der Methode der kleinsten Fehlerquadrate (least squares fit) so bestimmt, daß die Abweichungen der berechneten $\hat{y}$-Werte von den eingegebenen y-Werten minimal werden.
Neben den Koeffizienten c_0 bis c_n berechnet dieses Modell auch den Korrelationskoeffizienten r und die Standardabweichung der Fehler s.

Erstellung einer Parametergleichung:

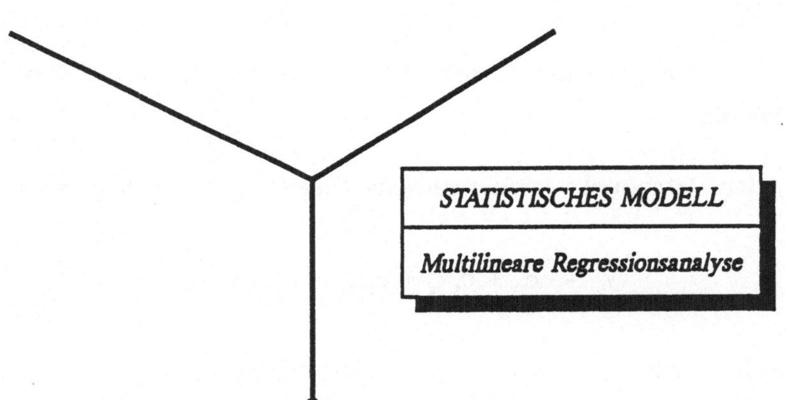

Parametergleichung:

$$\log k = c_0 + c_1 \cdot \alpha + c_2 \cdot R + c_3 \cdot \Delta X_\sigma$$

Dabei bedeuten:

α = Maß für den Polarisierbarkeitseffekt[2]

R = Maß für den mesomeren Effekt + Hyperkonjugation[3]

ΔX_σ = Maß für den induktiven Effekt (Unterschied in der σ-Elektro-negativität der in der Reaktion gebrochenen C-X-Bindung)[4]

1. Eliminierung von Chlorwasserstoff aus Alkylchloriden

Aus der Literatur standen für 56 Verbindungen die experimentellen log k-Werte zur Verfügung. Die Korrelationen mit Hilfe der multilinearen Regressionsanalyse wurden in allen Fällen mit drei Parametern durchgeführt:

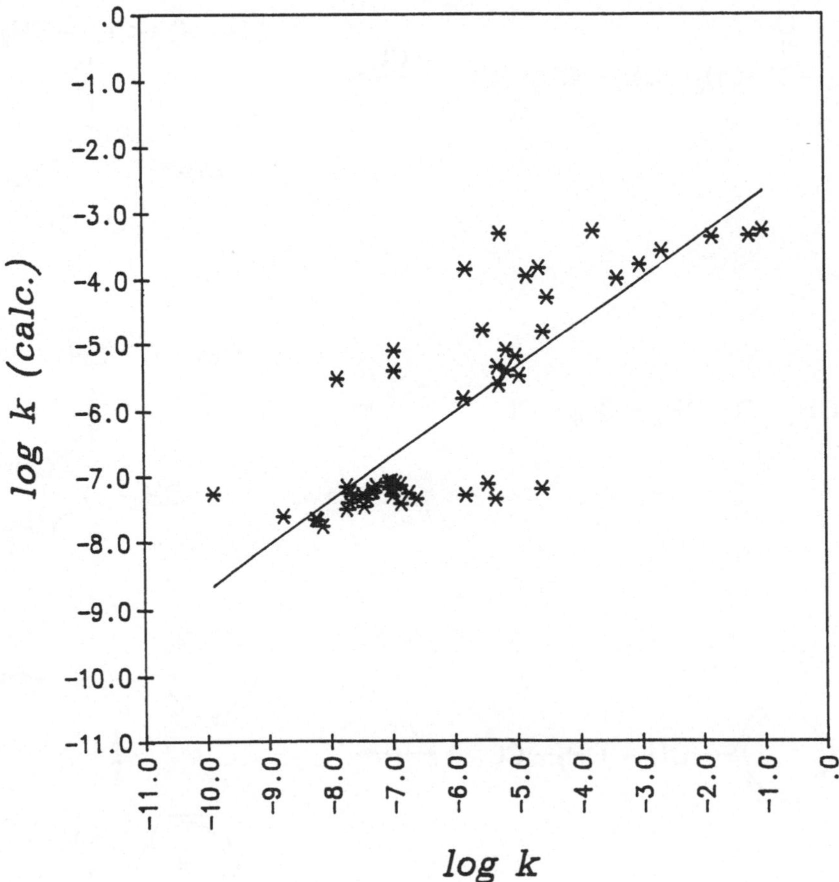

Abbildung 1.1 Experimentelle und berechnete log k-Werte für die Eliminierung aus Alkylchloriden (gesamter Datensatz)

Die graphische Auftragung läßt deutlich erkennen, daß die Streuung der einzelnen Datenpunkte beträchtlich ist.

Eine genauere Untersuchung des vorliegenden Datensatzes ergab, daß Moleküle mit Nachbargruppenbeteiligung für die ungenügende Berechnung der log k-Werte verantwortlich sind.

Beispiele für Moleküle mit Nachbargruppenbeteiligung:

1.

$$CH_3-C(=O)-CH_2-CH_2-CH_2-Cl \quad \xrightarrow{-Cl^-} \quad CH_3-C(=O)-CH_2-CH_2-CH_2^{\oplus} \leftrightarrow$$

2.

$$CH_3-O-CH_2-CH_2-Cl \quad \xrightarrow{-Cl^-} \quad CH_3-O-CH_2-CH_2^{\oplus} \leftrightarrow$$

3.

$$C_6H_5-CH_2-CH_2-Cl \quad \xrightarrow{-Cl^-} \quad C_6H_5-CH_2-CH_2^{\oplus} \leftrightarrow$$

Abweichungen bei Nachbargruppenbeteiligung sind zu erwarten, da in diesen Fällen ein weiterer Effekt zur Stabilisierung des Carbeniumions beiträgt, der in den drei betrachteten Parametern nicht berücksichtigt ist. Daher wurden alle Verbindungen, bei denen Nachbargruppeneffekte auftreten können entfernt, und der Datensatz auf 39 Moleküle reduziert.

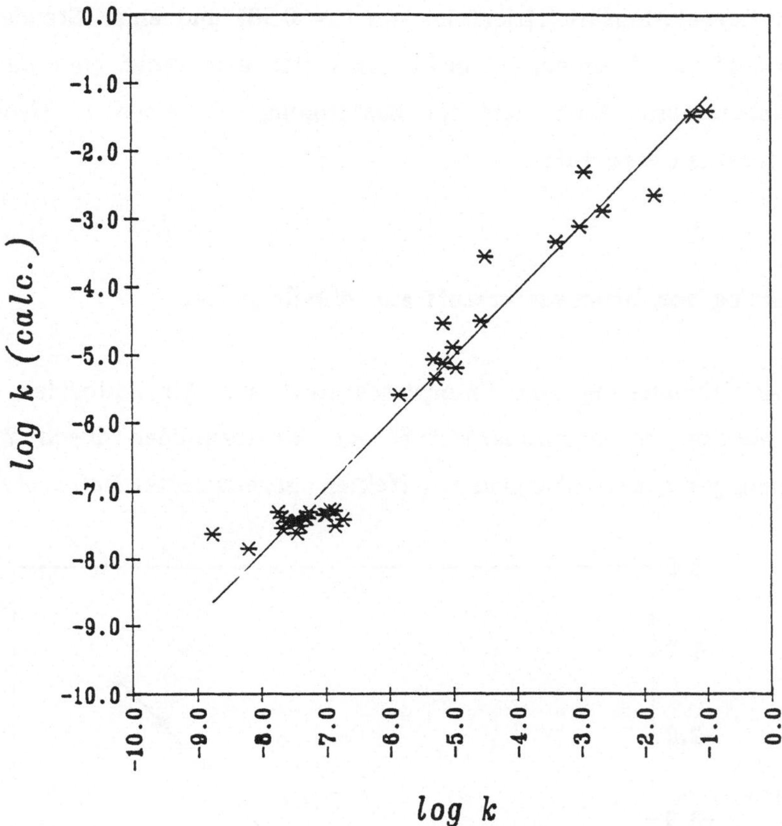

Abbildung 1.2 Experimentelle und berechnete log k-Werte für die Eliminierung aus Alkylchloriden (reduzierter Datensatz).

Für die Reaktivität bei der Eliminierung aus Alkylchloriden ergibt sich für
den reduzierten Datensatz folgende Parametergleichung:

$$\log k = -8.9\ (\pm 1.7) + 0.47\ (\pm 0.14) \cdot \alpha + 0.45\ (\pm 0.1) \cdot R - 1.45\ (\pm 0.9) \cdot \Delta\chi_\sigma$$

Mit einem Korrelationskoeffizientens von r = 0.981 und einer Standardabweichung s = 0.44 (log k Einheiten) ergibt sich also eine recht gute quantitative Reaktivitätsbeziehung. Dies wird als Bestätigung für einen E1-Mechanismus bei Alkylchloriden aufgefaßt.

2. Eliminierung von Bromwasserstoff aus Alkylbromiden

Analog der Eliminierung von Chlorwasserstoff aus Alkylchloriden wird bei der Eliminierung von Bromwasserstoff aus Alkylbromiden durch Weglassen der Verbindungen mit Nachbargruppeneffekten ein reduzierter Datensatz erstellt:

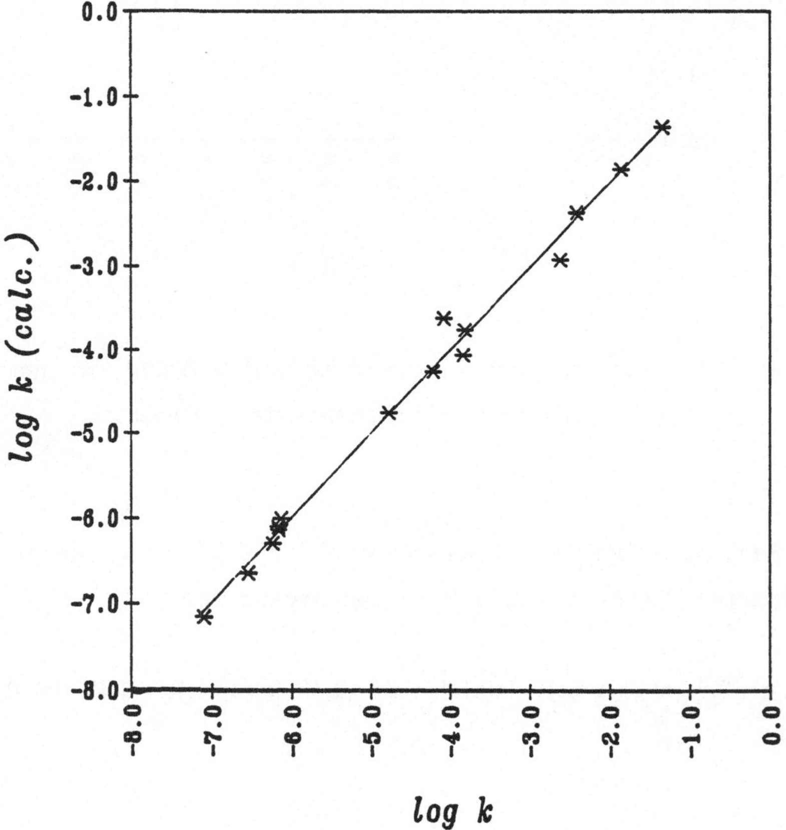

Abbildung 2. Experimentelle und berechnete log k-Werte für die Eliminierung aus Alkylbromiden (reduzierter Datensatz).

Für die Eliminierung aus Alkylbromiden ergibt sich folgenden Parametergleichung:

$$\log k = -42.1 \, (\pm 16.0) + 14.7 \, (\pm 0.3) \cdot \alpha + 0.36 \, (\pm 0.04) \cdot R + 12.3 \, (\pm 7.4) \cdot \Delta\chi_\sigma$$

Für diesen Fall ergibt sich ein Korrelationskoeffizient von r = 0.992 und eine Standardabweichung von s = 0.19. Es ergaben sich somit noch etwas bessere Werte für r und s als bei der Eliminierung aus Alkylchloriden.

Dadurch bestätigt sich auch hier die getroffene Annahme eines E1-Mechanismus.

3. Eliminierung von Essigsäure aus Essigsäurealkylestern

Auch hier wurden die Verbindungen mit Nachbargruppeneffekten entfernt. Der ursprüngliche Datensatz mit 35 Molekülen verringerte sich auf 18 Verbindungen:

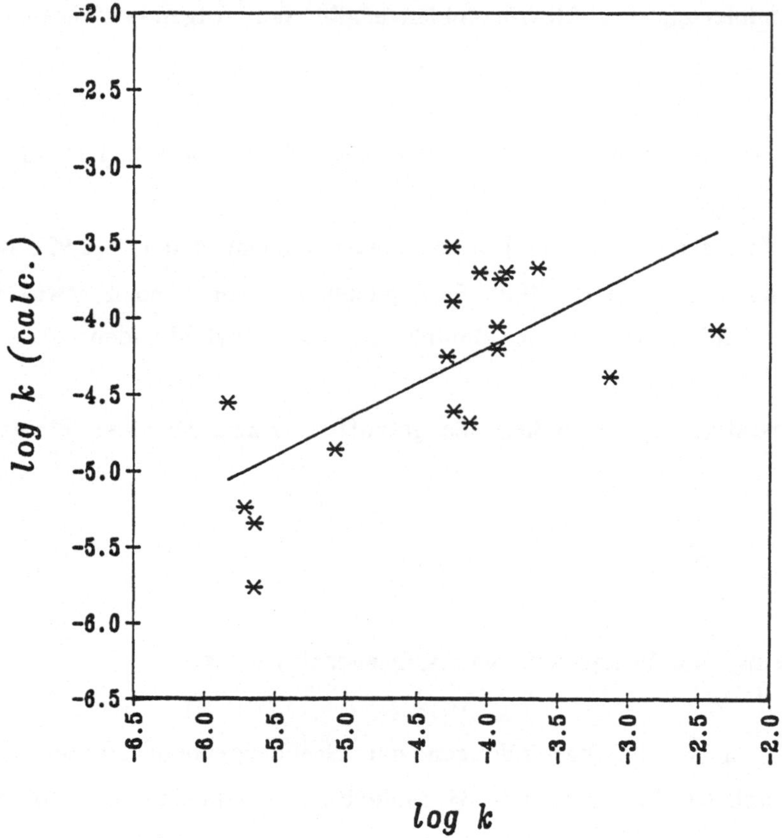

Abbildung 3. Experimentelle und berechnete log k-Werte für die Eliminierung aus Essigsäurealkylestern (reduzierter Datensatz).

Bei den Eliminierungsreaktionen von Alkylchloriden und Alkylbromiden wurde von einem unimolekularen Eliminierungsmechanismus ausgegangen. Dieser Mechanismus lieferte bei diesen beiden Datensätzen sehr gute Ergebnisse. Die Regressionsanalysen mit dem Datensatz Essigsäurealkylester zeigen sehr schlechte Resultate, die Parameter zur Beschreibung der elektronischen Einflüsse auf die Stabilität von Carbeniumionen sind also nicht ausreichend zur quantitativen Modellierung der Eliminierung von Essigsäure aus Essigsäure-alkylestern.

Daraus kann man schließen, daß diese Eliminierungsreaktion nach einem anderen Mechanismus, dem E2-Mechanismus ablaufen sollte.

4. Zusammenfassung

In der vorliegenden Arbeit gelang für die Eliminierung aus Alkylchloriden und Alkylbromiden unter Postulierung eines E1-Mechanismus die erfolgreiche Entwicklung einer quantitativen Reaktivitätsbeziehung. Dies zeigt, daß die Werte, die für den induktiven, mesomeren, Hyperkonjugations- und Polarisierbarkeitseffekt berechnet werden, sich gut zur quantitativen Beschreibung von Reaktivitätsdaten eignen. Analoges war bereits für die Protonierung von Aminen, Alkoholen und Ethern, Thiolen und Thioethern und Carbonylverbindungen sowie für die Acidität von Alkoholen gefunden worden[4-6].
Bei der Eliminierung aus Essigsäurealkylestern konnte eine analoge Reaktivitätsbeziehung nicht aufgestellt werden. Aufgrund dieses Ergebnisses wurde hier auf einen E2-Mechanismus geschlossen.
Besonders danken möchten wir Dr. H. Saller und Dr. M. G. Hutchings für die wertvollen Vorstudien.

5. Literaturstellen

1. A New Treatment of Chemical Reactivity: Development of EROS, an Expert System for Reaction Prediction and Synthesis Design

J. Gasteiger, M. G. Hutchings, B. Christoph, L. Gann, C. Hiller, P. Löw, M. Marsili, H. Saller, K. Yuki, Topics in Current Chemistry, Vol. 137, 19-73 (1987)

2. **Residual Electronegativity - An Empirical Quantification of Polar Influenzes and its Application to the Proton Affinity of Amines**

   M. G. Hutchings, J. Gasteiger, Tetrahedron Lett. 24, 2541-4 (1983)

3. **Berechnung der Ladungsverteilung in konjugierten Systemen durch eine Quantifizierung des Mesomeriekonzeptes**

   J. Gasteiger, H. Saller, Angew. Chem. 97, 699-701 (1985); Angew. Chem. Intern Ed. Engl. 24, 687-9 (1985)

4. **Quantification of Effective Polarisability. Applications to Studies of X-Ray Photoelectron Spectroscopy and Alkylamine Protonation**

   J. Gasteiger, M. G. Hutchings, J. Chem. Soc. Perkin 2, 559-564 (1984)

5. **Quantitative Models of Gas-Phase Proton-Transfer Reactions Involving Alcohols, Ethers, and Their Thio Analogues. Correlation Analyses Based on Residual Electronegativity and Effective Polarizability**

   J. Gasteiger, M. G. Hutchings, J, Am. Chem. Soc., 106, 6489 (1984)

6. **A Quantitative Description of Fundamental Polar Reaction Types. Proton- and Hydride-transfer Reactions connecting Alcohols and Carbonyl Compounds in the Gas Phase**

   M. G. Hutchings, J. Gasteiger, J. Chem. Soc. Perkin Trans. II, 447 (1986)

BERECHNUNG DER OKTANZAHLEN VON ALKANEN MIT HILFE TOPOLOGISCHER INDIZES NACH RANDIC

Winfried Degen

DAIMLER BENZ AG
D-7000 Stuttgart 60
Postfach 60202

Zusammenfassung : Der Zusammenhang der Oktanzahlen reiner Alkane mit physikalischen Stoffparametern , einfachen Gruppenparametern sowie den topologischen Strukturparametern nach RANDIC wird untersucht. Die physikalischen Stoffparamter und einfache Gruppenparameter liefern keine befriedigende Berechnungsgrundlage. Dagegen können die Oktanzahlen mit nur vier topologischen Indizes vom Path-Typ gut beschrieben werden.

Einleitung : Die Oktanzahl mißt die Neigung eines Kraftstoffs zur Selbstzündung bei der motorischen Verbrennung (sogenannte "klopfende Verbrennung "). Kraftstoffe mit geringer Zündungwilligkeit weisen hohe Oktanzahlen auf. Sie erlauben den Betrieb von Ottomotoren mit hoher Verdichtung und damit hohem Wirkungsgrad.

Im API Projekt 45 (1) wurden die Oktanzahlen der Alkane von Methan bis zu den isomeren Oktanen (jedoch nicht : 3-Ethylpentan und 2,2,3,3-Tetramethylbutan) bestimmt. Zur gleichen Zeit wurden auch in Europa Research- bzw. Motoroktanzahlen (ROZ nach ASTM-R, MOZ nach ASTM-M) reiner Alkane gemessen (2), so daß eine Abschätzung der Genauigkeit der Daten möglich ist. Zwischen den Daten beider Untersuchungsreihen ergeben sich für die 32 flüssigen Alkane zwischen C5 und C8, die auch in dieser Untersuchung benutzt werden, $\sigma = 7.385$ und $r = 0.9746$. Die Meßfehler nehmen zu hohen Oktanzahlen hin zu. Da die API-Oktanzahlen alle in der gleichen Untersuchungsreihe bestimmt wurden, dürfte ihr statistischer Fehler kleiner sein.

Die früheren Versuche, die Oktanzahlen aus physikalischen Eigenschaften oder der Struktur der Alkane zu berechnen (3) waren wenig erfolgreich. Gefunden wurde qualitativ, daß die ROZ mit steigender Kettenlänge der Alkane abnimmt, mit wachsendem Grad der Verzweigung dagegen zunimmt. Es gab jedoch für den Verzweigungsgrad von Isoalkanen kein geeignetes quantitatives Maß, so daß man aus diesem Zusammenhang keine Berechnungsvorschrift herleiten konnte.

G. Gauglitz (Hrsg.)
Software-Entwicklung in der Chemie 3
© Springer-Verlag Berlin Heidelberg 1989

<u>Untersuchte Größen</u> : Um die Zusammenhänge zwischen Struktur und Oktanzahl zu quantifiziernen, werden verschiedene physikalische Stoffgrößen , einfache Gruppenparameter sowie Strukturparameter nach RANDIC (Tab. 1) mit Hilfe multivarianter statistischer Verfahren untersucht. Bevor versucht wird, mittels multipler linearer Regression Modellgleichungen zu gewinnen, wird die Interkorrelation der Variablen und das Bestimmtheitsmaß der Korrelation mit Hilfe der Faktorenanalyse abgeschätzt.

Parameter	Abkürzung	Korrelation mit ROZ
Physikalische Größen		
1. Siedepunkt	BP	-0.292
2. Dichte	DICHTE	-0.024
3. Molpolarisation	MOLPOL	-0.144
4. Molvolumen	MOLVOL	+0.159
5. Molare Bildungswärme	DELTAHF	+0.056
Molekül- und Gruppenparameter		
6. Anzahl der C-Atome im Molekül	n	-0.130
7. C : H -Verhältnis	CVSH	-0.128
8. Methylgruppen	CH3	+0.821
9. Methylengruppen	CH2	-0.936
10. tert. Kohlenstoffe	CH1	+0.318
11. quarternäre Kohlenstoffe	CH0	+0.507
RANDIC-Parameter		
Pfad-Typ		
12.	CHI0	+0.062
13.	CHI1	-0.384
14.	CHI2	+0.465
15.	CHI3P	+0.214
16.	CHI4P	-0.339
Cluster-Typ		
17.	CHI3C	+0.706
Pfad-Cluster-Typ		
18.	CHI4PC	+0.714
19.	CHI5PC	+0.566

Tabelle 1. Verwendete physikalische Stoffgrößen und Molekülparameter.

ROZ und physikalische Stoffparamter : Das Faktorenmuster (Abb.1) der physikalischen Größen, der Kohlenstoffzahl n und der ROZ zeigt, daß alle untersuchten physikalischen Stoffgrößen sehr hoch mit n korrelieren. Die ROZ korreliert dagegen nicht mit n bzw. den Stoffgrößen.

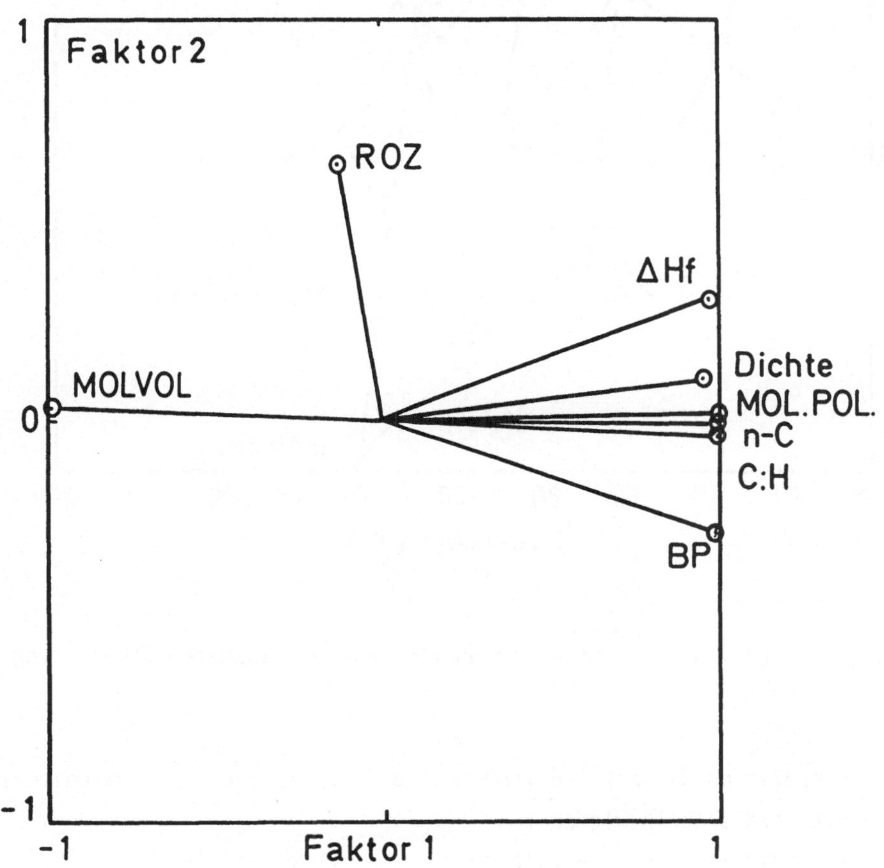

Abbildung 1. Faktorenmuster der physikalischen Stoffkonstanten , ROZ und n.

Die Oktanzahlen der isomeren Oktane streuen z.B. im gesamten Bereich zwischen ROZ = 110 (2,2,4 Trimethylpentan) und ROZ = -18 (n-Octan). Trägt man die ROZ gegen eine beliebige von n bestimmte physikalische Größe auf (z.B. Siedepunkte in Abb. 2), so liegen die Punkte auf zwei Kurvenscharen. Danach beeinflußt die Anzahl der Methylseitenketten, sowie die Länge des Grundgerüsts, beides indirekte Verzweigungsmaße , die Oktanzahl stärker, als die Anzahl der Kohlenstoffe.

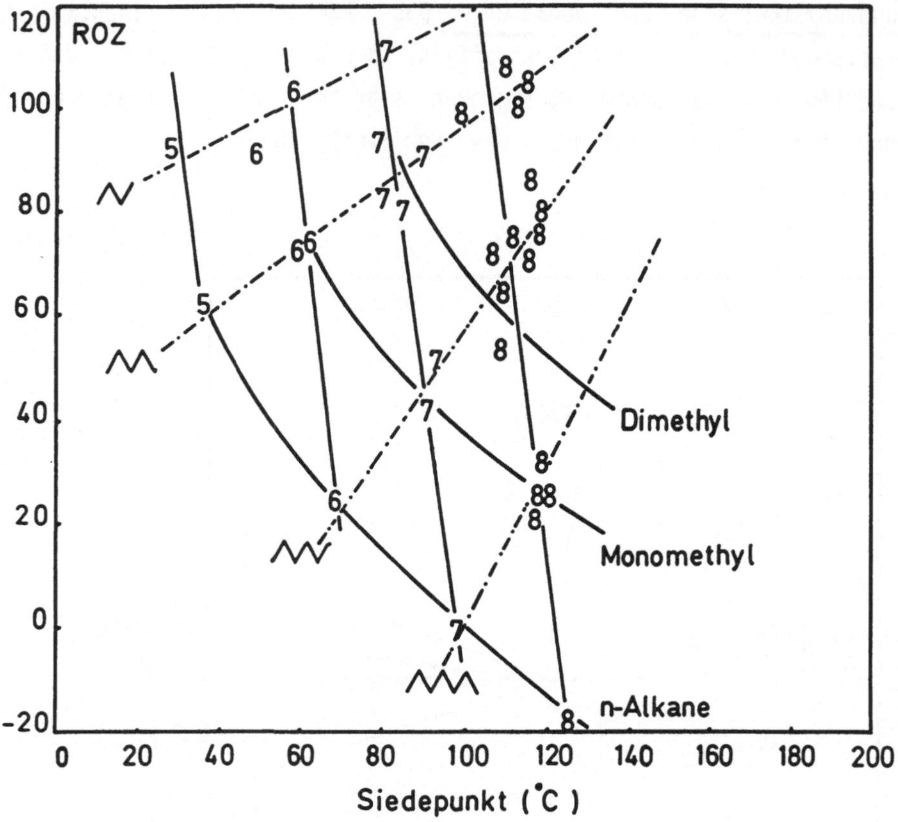

Abbildung 2. ROZ - Siedepunktsdiagramm für die 32 flüssigen Alkane von C5 bis C8.

Die hohe Korrelation der physikalischen Stoffparameter mit n spiegelt einfache Additivitätsregeln wieder :
- Additivität der Bindungspolarisationen   -   Molpolarisation
- Additivität der Bindungsenergien   -   Bildungswärmen
- Additivität der Atomvolumina   -   Molvolumen

Die Struktur und der Verzweigungsgrad   spielen bei diesen einfachen Additivitätsregeln als Größen " zweiter Ordnung " nur eine untergeordnete Rolle. Die Stoffparameter charakterisieren das Molekül als intakte Einheit. Die ROZ ist dagegen von der Kinetik der thermischen Fragmentarisierung des Moleküls in der Verbrennungsinitialphase abhängig. Die Fragmentarisierungskinetik hängt wenig von n, dagegen stark von der Molekülstruktur ab. Alle physikalischen Stoffparameter, die sich mit Hilfe einfacher Additivitätsregeln berechnen lassen, und die das intakte Molekül charakterisieren, eignen sich daher wenig zur Berechnung der ROZ.

ROZ und einfache Gruppenparameter : Es liegt nahe, einfache Gruppenparameter, wie die Anzahl der Methyl-, Methylen- u.s.w Gruppen, zur Berechnung
der Oktanzahl zu benutzen. Das Faktorenmuster der fünf Parameter (n, CH3-,
-CH2-, =CH-, =C=) zeigt (Abbildung 3), daß die ROZ wie erwartet am höchsten mit der Anzahl der Methylen- , sowie der Methylgruppen korreliert.

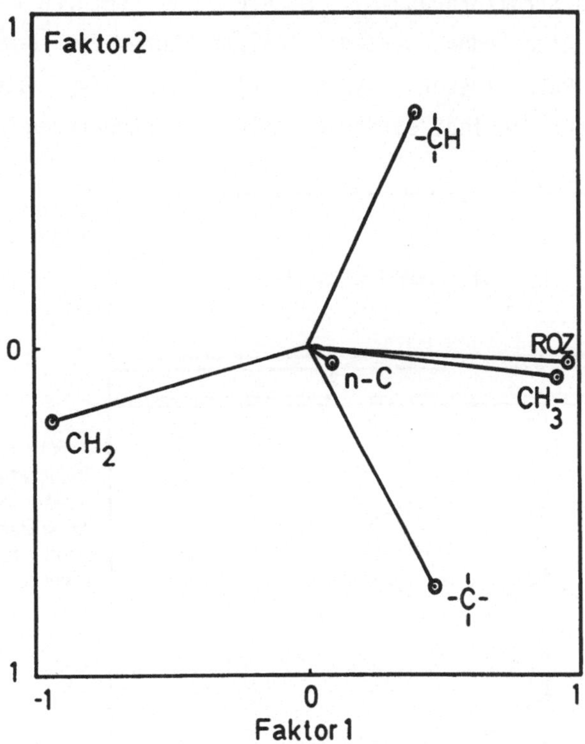

Abbildung 3. Faktorenmuster der Gruppenparameter , n und ROZ

Die fünf Parameter sind für Alkane durch zwei Zwangsbedingungen verknüpft,
so daß in der multiplen Regressionsrechnung nur drei, ansonsten aber beliebige dieser Größen verwendet werden dürfen. Man erhält:

$$ROZ = 72.13 + 36.83\ CH_3 - 0.8821\ CH_2 - 18.73\ n$$
$$\text{mit}\quad n = 32\ ,\ r = 0.9689\ ,\ F = 143.18\ ,\ \sigma = 8.4365.$$

Eine Verbesserung ist mit diesen einfachen Strukturparametern nicht mehr
möglich.

ROZ und Strukturparameter nach RANDIC : Die von RANDIC (4) vorgeschlagenen,
und von KIER und HALL (5)   verallgemeinerten "Molecular Connectivitiy" -
Indizes erlauben besser als die einfachen Gruppenparameter, den Einfluß von
Molekülsubstrukturen auf die Stoffeigenschaften zu beschreiben. Die Struk-
tur jedes Alkanmoleküls wird dazu   in Teilstrukturen zerlegt. Einfachste
Teilstrukturen sind die Atome (Knoten des Strukturgraphen) und die Bin-
dungen (Kanten des Strukturgraphen). Höhere Teilstrukturen können in ver-
schiedene Klassen eingeordnet werden: Teilstrukturen vom Path - Typ, vom
Cluster - Typ, vom Path-Cluster - Typ und vom Chain - Typ. Abb. 4 zeigt das
Berechnungsschema für die Indizes der einzelnen Substrukturen .

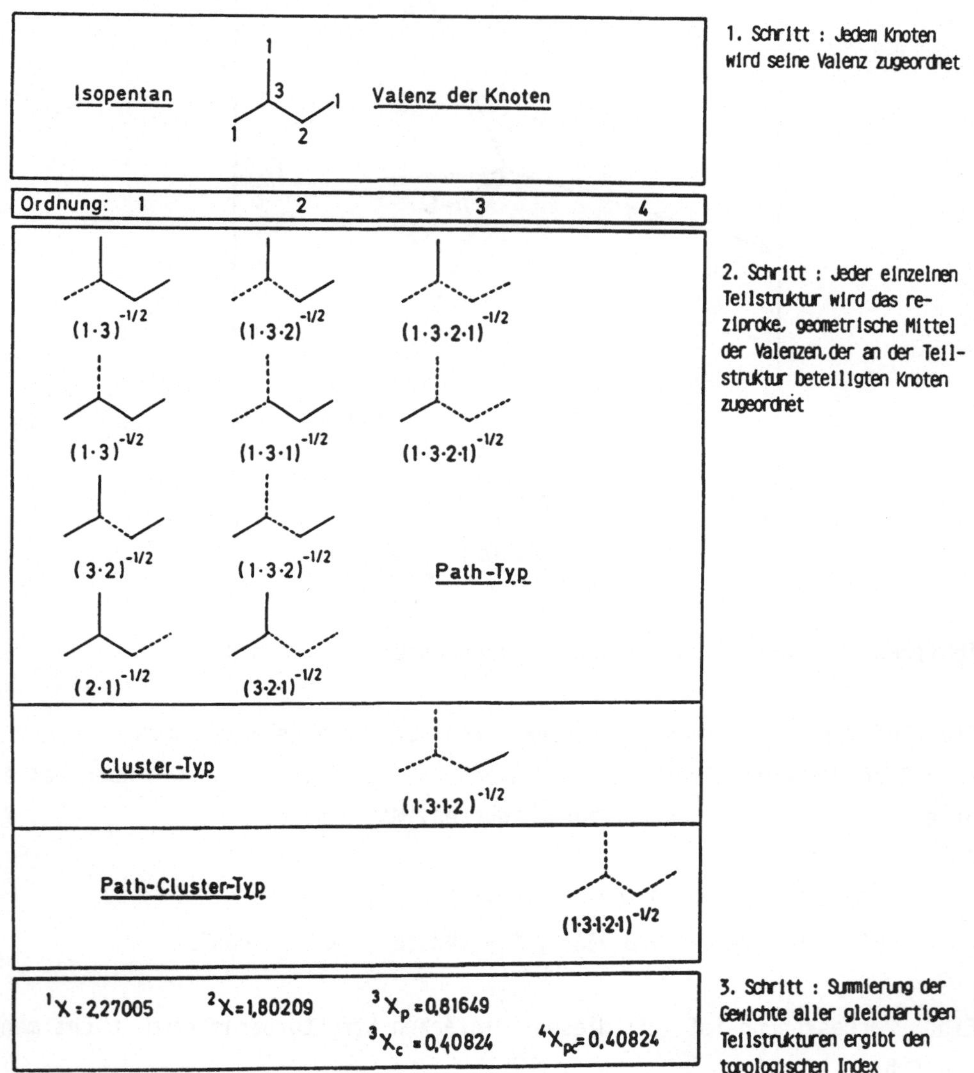

Abbildung 4. Berechnungsschema für die topologischen Indizes nach RANDIC.

Die topologischen Indizes sind für die untersuchten Alkane z.T. ebenfalls hoch korreliert (Abb. 5). Die Faktorenanalyse liefert nur vier signifikante Eigenwerte, so daß auch für eine Modellgleichung höchstens vier Indizes benutzt werden dürfen.

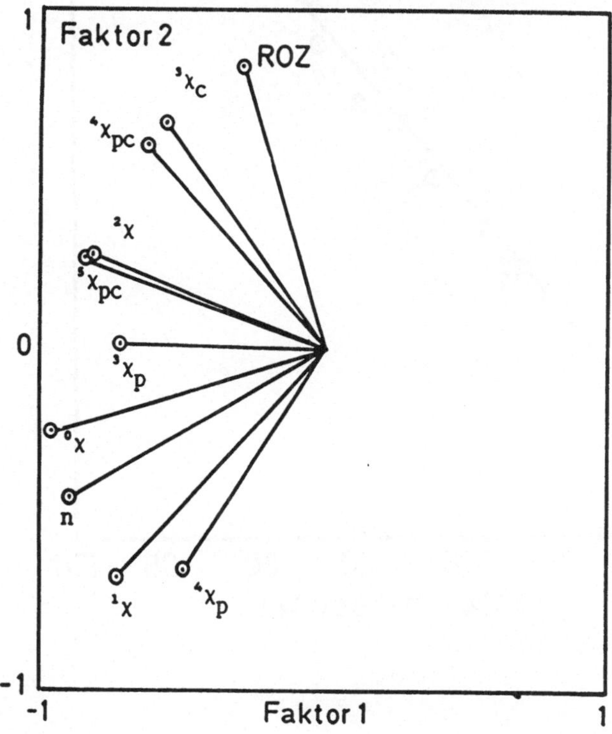

Abbildung 5. Faktorenmuster der Strukturparamter nach RANDIC , ROZ und n.

Als beste Modellgleichung ergab sich (Abb. 6) :

$$ROZ = -143.24 + 332.00\ ^0x - 384.83\ ^1x - 155.37\ ^2x - 44.74\ ^3x_\rho$$

$$\text{mit } n = 32\ ,\ r = 0.9865\ ,\ F = 254.03\ ,\ \sigma = 5.677$$

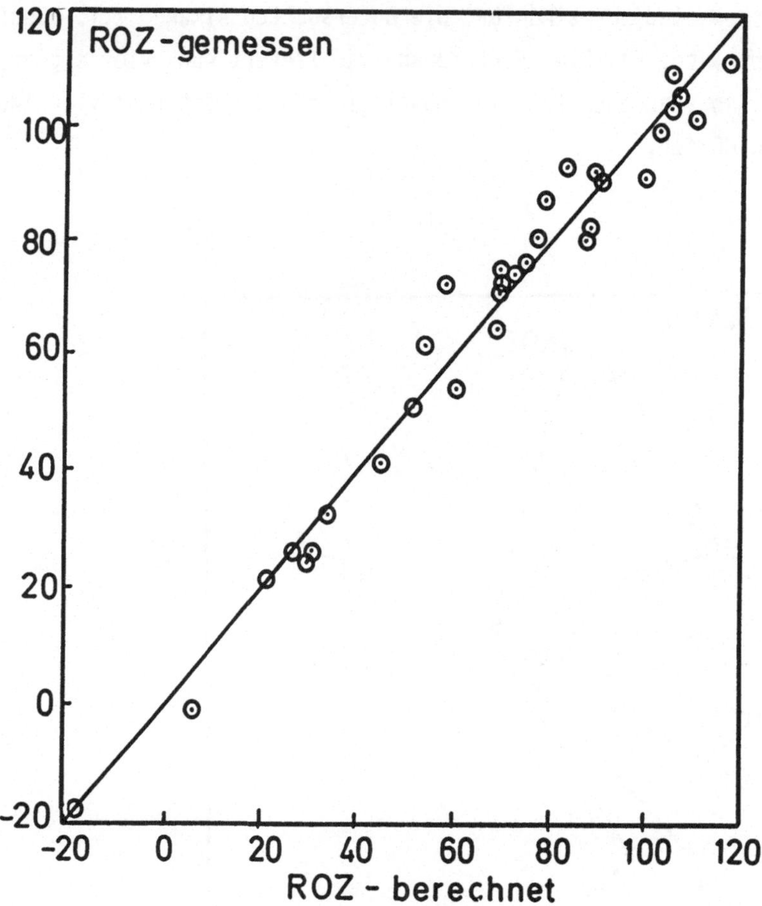

Abbildung 6. Vergleich der gemessenen ROZ und der mit Hilfe von RANDIC Paramtern berechneten ROZ.

Literatur

1 American Petroleum Insitut Research Projekt 45
  ASTM Special Technical Publication No. 225
2 Francis AW (1941) Ind. Engng. Chem. 33 : 554
3 Spausta F (1953) in : Treibstoffe fr Verbrennungsmotoren,
  Band 2, Springer , Wien
4 Randic M   (1975) J.Am.Chem.Soc. 97 : 6609
5 Kier LB, Hall LH, Murray WJ, Randic M (1975) J.Pharm.Sci. 65 : 1806

Ein CIP-Konzept für die BASF

Paul Hofmann

Zentrale Informatik
BASF AG, 6700 Ludwigshafen

Abstract: In der Fertigungsindustrie werden bereits praktische Erfahrungen mit CIM-Konzepten (Computer Integrated Manufacturing) gesammelt (z.B. in der Maschinen- oder Automobilindustrie [1,2]). Anders sieht das in der chemischen Industrie aus. Hier ist die Suche nach leistungsfähigen CIP-Konzepten (Computer Integrated Processing) noch nicht abgeschlossen. Dies liegt unter anderem darin begründet, daß sich die chemische Produktion wesentlich von der Stückgutfertigung unterscheidet. Es wird ein CIP-Konzept vorgestellt, das in der BASF für die BASF entwickelt wurde.

HINTERGRUND

Die Produktion in der Chemie ist durch komplexe Stoff- und Energieflüsse über viele Produktionsstufen hinweg gekennzeichnet. Dies bedingt deutliche Unterschiede zur Stückgutfertigung. Die Stoffstammdaten in der Chemie müssen neben den Artikelstammdaten auch chemische und physikalische Eigenschaften der Stoffe enthalten. Es gibt neben Rezepturen auch Stücklisten und Arbeitspläne, um Verpackungs- und Transportvorgänge beschreiben zu können. Der Verfahrensablauf in der Chargenproduktion wird durch Grundoperationen beschrieben [3]. Die Kapazitätsplanung ist sehr komplex. Falls sie automatisch gemacht werden soll, muß sie zusätzlich zu Kapazitätsbedarfen und Terminen auch Anlagenbelegung und Reihenfolgebildung bestimmen. Dabei erschweren Stoffverträglichkeiten das Planen von Umrüst- und Reinigungsarbeiten. In der Chemie sind die Lagerkapazitäten beschränkt und manche Stoffe sind nur begrenzt haltbar. Dies stellt hohe Anforderungen an die Produktionsplanung. Sie muß auf der einen Seite so flexibel sein, daß kurzfristige Aufträge berücksichtigt und alternative Produktionspläne unter neuen Rahmenbedingungen erstellt werden können. Auf der anderen Seite ist ein Entkoppeln über Läger praktisch kaum möglich. Der Qualitätssicherung kommt in der Chemie eine ganz besondere Rolle zu. Vom Markt kommen Anforderungen, wie die nach konstanter Qualität, welche nur statistisch innerhalb der Spezifikation schwankt (statistische Qualitätskontrolle SQC). Eine ähnliche Forderung kann an die Prozeßüberwachung gestellt werden (statisti-

G. Gauglitz (Hrsg.)
Software-Entwicklung in der Chemie 3
© Springer-Verlag Berlin Heidelberg 1989

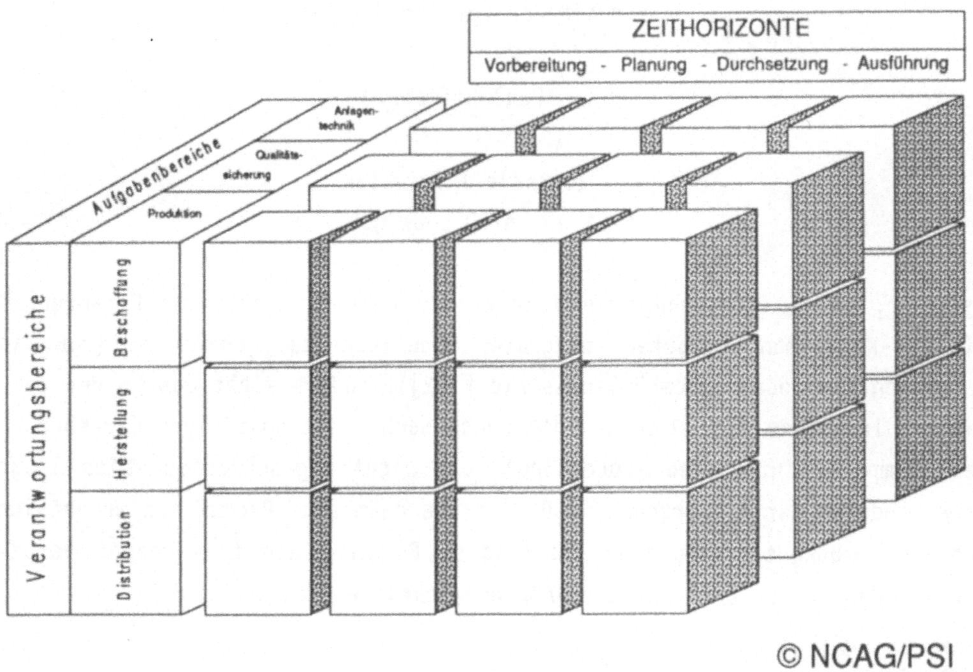

Abbildung 1: Der CIM-Würfel ist ein ganzheitliches Modell der Fabrik. Er ist in Funktionsbereiche strukturiert mit definierten Schnittstellen zu logisch zentralen Datenbasen.

Wie aus Abb. 1 ersichtlich erfolgt Datenaustausch auch zwischen nicht benachbarten Funktionsblöcken. Dafür bieten sich logisch zentrale Datenstrukturen an. Sie treten da auf, wo verschiedene Sichten aufeinander treffen. Die Integration der Sicht des Chemikers, des Betriebskaufmannes und des Qualitätssicherungsmannes durch zentrale Datenträger, wie Rezeptur, Qualitätsmodell und Stammdaten zeigt Abb. 3. Jeder kann die Daten, die er braucht, holen und verarbeiten. Ebenso können die Daten, die für andere Sichten benötigt werden, über diese Datenstrukturen weitergegeben werden. Die Rezeptur als zentraler Informationsträger ist in Abb. 4 gezeigt. Die Produkte werden chargengenau geplant und die Bestände an Einsatzstoffen werden portionsgenau geführt. Die Kapazitätsplanung ordnet dem in der Rezeptur geforderten Anlagentyp eine reale Anlage zu. Die Qualitätssicherung beschreibt die Probennahmen während der Rezepturausführung, welche Analysen gemacht und wie sie ausgeführt werden.

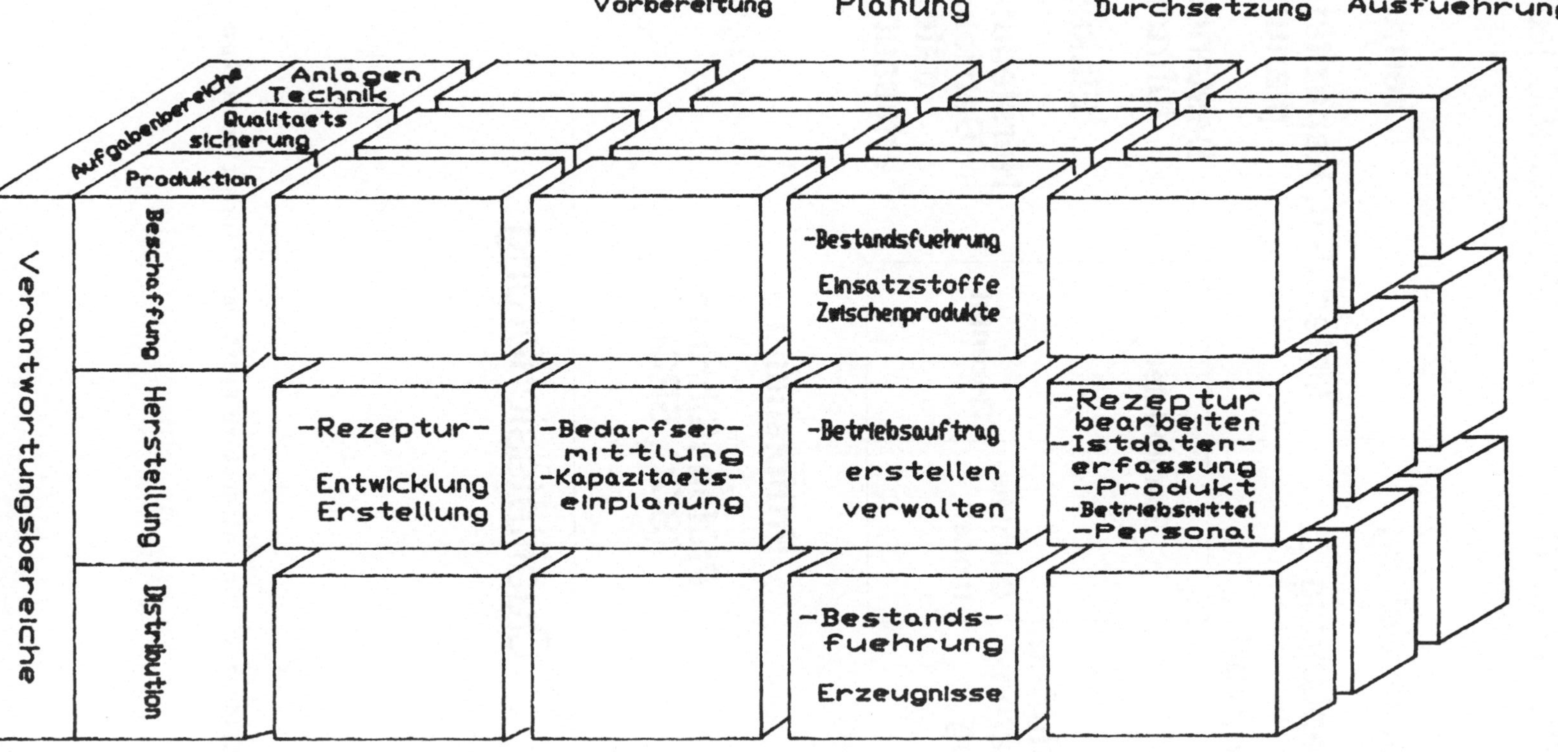

Abbildung 2: Funktionen der Produktion

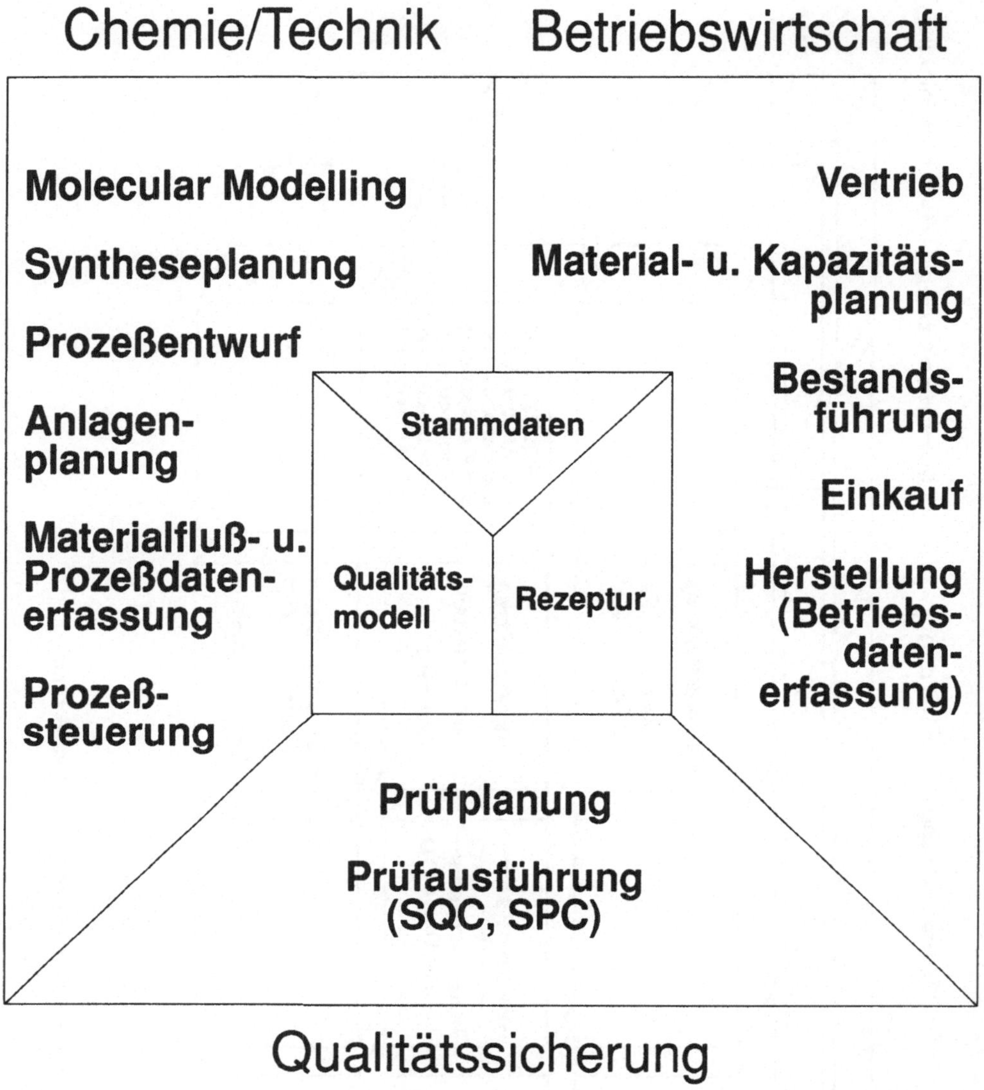

Abbildung 3: Die integrative Kraft der Informationstechnik

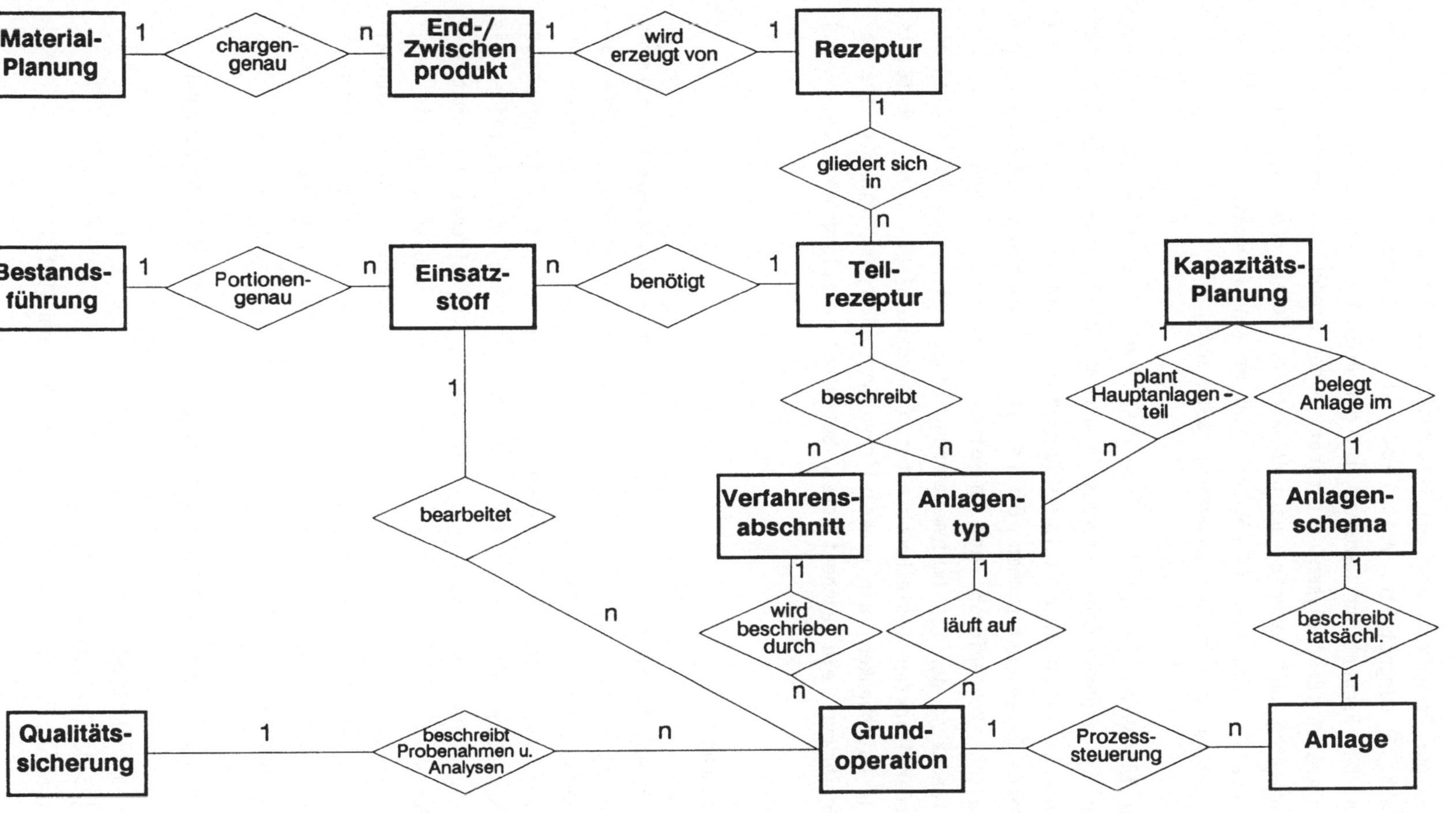

Abbildung 4: Die Rezeptur als ein zentraler Informationsträger in der Produktion

Die Abläufe der Produktion und Qualitätssicherung, sowie ihr Zusammenwirken sind in Abb. 5 dargestellt. Auffallend ist die Symmetrie dieser beiden Funktionen. Das Pendant zur Rezeptur ist der Prüfplan. Ähnlich wie für die Produktion müssen für Analysen, die nicht in der Produktion gemacht werden, auch Kapazitäten und Material geplant werden. Neben den Solldaten, wie Qualitätsmodell, Prüfplan und Rezeptur, gibt es eine Produkthistorie in der alle Istdaten für ein Produkt zusammengefaßt werden.

Der ganzheitliche Ansatz auf der Ebene des Konzepts ist eine Voraussetzung um auf der Systemebene eine integrierte und offene Informationsarchitektur zu schaffen. In integrierten Informationssystemen kann jedes Teilsystem mit jedem anderen Daten austauschen. Offene Systeme können noch zusätzlich zum Datenaustausch kooperieren und gemeinsame Aufgaben lösen [4]. Die Leistungsfähigkeit der CIP-Implementierung hängt wesentlich vom Vorhandensein standardisierter Systemkomponenten (standardisierte LANs, verteilte relationale Datenbanken, ein einheitliches Betriebssytem, einheitliche Benutzeroberflächen, ein einheitliches Softwareentwicklungswerkzeug, usw.) ab.

ZUSAMMENFASSUNG

Von einem ganzheitlichen Ansatz ausgehend wurden verschiedene Betriebe im Unternehmen funktional betrachtet. Ihre Funktionen, Daten und Begriffe wurden auf zwei Referenzmodelle abgebildet. Diese beiden Refernzbetriebe werden in Form zweier Rahmenpflichtenhefte beschrieben. Auf diese Weise erfolgt eine Standardisierung, der Funktionen, Daten und Begriffe als Vorraussetzung für ein zukünftiges integriertes und offenes Informationssystem. Der Vorteil dieses Vorgehens besteht darin, daß so erstellte Teilsysteme wiederverwendbar und ausbaubar sind. Dies führt zu einer schnelleren und konsistenten Erstellung von Pflichtenheften, zu generier- und parametrisierbarer Software, sowie zu einer betriebsübergreifenden Kommunikation über definierte Datenstrukturen.

Der Darstellung liegen Ergebnisse des ehemaligen INFONORM-Teams zugrunde.

Mitglieder des INFONORM-Teams:
H. Ensle (PSI), Ch. Roenick (PSI),
G. König (BASF), F. Steinlechner (BASF), P. Hofmann (BASF).

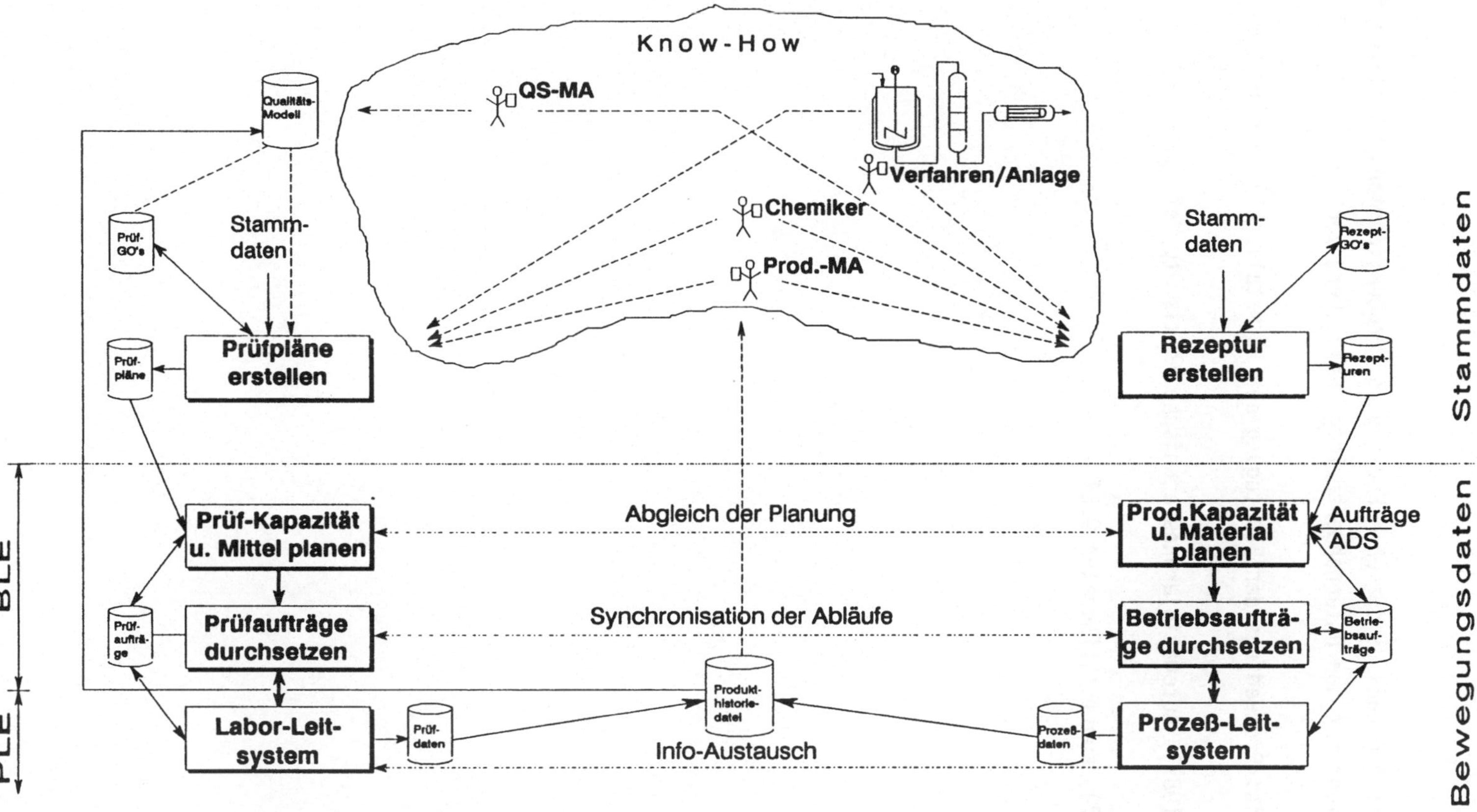

Abbildung 5: Abläufe und Zusammenwirken der Produktion und Qualitätssicherung

LITERATUR

1 Lindner O. in: Proceedings der GF+M Fachtagung: Produktionsmanagement Strategisches Instrument für den Unternehmenserfolg, Heidelberg 1988.

2 Tünschel L. in: Proceedings der Fachtagung der IG-Metall: CIM, Berlin 1986.

3 Uhlig R.J. (1987), Automatisierungstechnische Praxis atp Heft 1: S. 17

4 Götz E. (1987), Kunststoffberater 9:54

EASIEST – EIN PROGRAMMSYSTEM ZUR SIMULATION VON UND PARAMETERBESTIMMUNG AUS ELEKTROANALYTISCHEN EXPERIMENTEN [1]

Bernd Speiser

Institut für Organische Chemie, Auf der Morgenstelle 18, D-7400 Tübingen 1

Abstract: Ein Programmsystem EASIEST zur Simulation elektroanalytischer Experimente und zur Analyse experimenteller Daten mit Hilfe der *multi-parameter estimation*-Methode wird beschrieben. Details einer Implementation auf einer CONVEX C1-XP werden diskutiert. Die Verwendung der Programme wird am Beispiel der Untersuchung der anodischen Oxidation von 2,6-Di-*tert*-butyl-4-phenylanilin in saurem Acetonitril an einer Pt-Anode gezeigt.

EINLEITUNG

Elektroanalytische Experimente (im Folgenden beispielhaft cyclisch-voltammetrische Messungen [1,2]) werden durchgeführt, um Elektronenübertragungsreaktionen an der Phasengrenzfläche Elektrode/Elektrolyt zu charakterisieren sowie vor- bzw. nachgelagerte Reaktions-, Diffusions- oder Adsorptionsphänomene zu untersuchen. Zur Auswertung werden üblicherweise Werte charakteristischer *Merkmale* (z.B. Potentiale und Ströme von Peaks in der Stromspannungskurve) in Abhängigkeit von *experimentellen Parametern* (z.B. Spannungsvorschubgeschwindigkeit, Konzentration, Temperatur etc.) herangezogen. Sie werden mit dem theoretisch berechneten Verhalten von *Modellen* verglichen. Als Ergebnis sind *Systemparameter* (z.B. formale Potentiale für die Elektrodenreaktion, Geschwindigkeits- bzw. Gleichgewichtskonstanten chemischer Reaktionen oder Diffusionskoeffizienten) zugänglich [3].

Die Bestimmung der Systemparameter bringt mehrere Probleme mit sich:

1. das cyclisch-voltammetrische Experiment läßt sich auch im einfachsten Fall nicht mit einer geschlossenen mathematischen Formel beschreiben.

2. der Zusammenhang zwischen den experimentellen Merkmalswerten und den zu bestimmenden Systemparametern ist im allgemeinen *nicht-linear*.

---

[1]Teil 2 der Serie "EASIEST – a Program System for Electroanalytical Simulation and Parameter Estimation", Teil 1: Speiser B, Comput Chem, zur Veröffentlichung eingereicht

G. Gauglitz (Hrsg.)
Software-Entwicklung in der Chemie 3
© Springer-Verlag Berlin Heidelberg 1989

3. alle Systemparameter bis auf einen müssen bekannt sein.

4. die kinetische Information ist nicht in einem einzelnen experimentellen Ergebnis sondern in einem *Ensemble von Meßergebnissen unter variierenden experimentellen Bedingungen* enthalten. In der Praxis erweist sich die gleichzeitige Anpassung an mehrere solcher Kurven insbesondere bei Mehrparametersystemen als schwierig.

Zur Behebung des ersten Problems wird allgemein die numerische Simulation verwendet [4,5,6]. Für die Punkte 2 – 4 wurde kürzlich eine Methode vorgeschlagen, die auf der Anwendung der multiplen linearen Regression und der nicht-linearen Optimierung beruht (*multi-parameter estimation*) [3]. Die Auswertung gliedert sich dabei im Wesentlichen in drei Teile:

1. *Simulation* eines mathematischen Modells des Elektrodenvorgangs in Abhängigkeit von *Modellparametern* (z.B. dimensionslosen Geschwindigkeitskonstanten)

2. Entnahme von Merkmalswerten und *Anpassung einer Funktion* in Abhängigkeit von diesen Modellparametern

3. *Aufsuchen derjenigen Kombination von Systemparametern*, die optimale Übereinstimmung zwischen experimentellen Daten und der theoretischen Anpassungsfunktion liefert.

Hier soll eine Implementierung dieser Methode in einem Programmsystem EASIEST (*electroanalytical simulation and parameter estimation*) vorgestellt sowie das Zusammenwirken der Einzelprogramme in diesem Paket diskutiert werden.

THEORIE

Die Theorie, auf der die Programme von EASIEST basieren, ist für einzelne Fälle im Detail beschrieben worden (siehe z.B. [3,5,7]).

Zur *Simulation* müssen zunächst die Transport- und Reaktionsprozesse des Elektrodenvorgangs als mathematisches Modell beschrieben werden. Dies gelingt in Form eines Systems von partiellen Differentialgleichungen (PDE's) vom Typ

$$\frac{\partial c^*}{\partial T'} = \beta \frac{\partial^2 c^*}{\partial X^2} - \rho \tag{1}$$

mit Anfangs- und Randbedingungen. Jede PDE gibt die Abhängigkeit der Konzentration c^* einer Spezies [alle Größen in Gleichung (1) sind normiert] von Ort X und Zeit T' an. Dabei stellt β einen dimensionslosen Diffusionskoeffizienten dar, ρ beschreibt die Kinetik gekoppelter chemischer Reaktionen. Die Anfangsbedingungen definieren die Verhältnisse zu Beginn der Simulation, die

Randbedingungen beschreiben die Konzentrationen in großer Entfernung von der Elektrode und an der Oberfläche selbst.

Zur Integration eines solchen PDE-Systems kann eine Reihe von Methoden verwendet werden [6]. EASIEST benutzt die *orthogonale Collocation* [5], bei der jede PDE in ein System gewöhnlicher Differentialgleichungen (ODE's) umgewandelt wird. Letzteres wird über die Zeit integriert und liefert so die Konzentrationen aller Spezies in Abhängigkeit von Ort (*Konzentrationsprofile*) und Zeit. Daraus läßt sich schließlich das cyclische Voltammogramm berechnen.

Um sehr schnelle gekoppelte Reaktionen zu simulieren, wurde die *Spline-Collocation* [7] eingesetzt, bei der die Konzentrationen in der Reaktions- und der Diffusionsschicht getrennt berechnet werden. Für die Grenze zwischen diesen Schichten werden Kontinuitätsbedingungen definiert.

Bei Experimenten an stationären Elektroden dehnt sich die Diffusionsschicht mit $T'^{-1/2}$ aus. Die Simulation solcher Vorgänge wird im Simulationsteil von EASIEST dadurch erleichtert, daß im Modell ebenfalls eine entsprechend anwachsende Schicht berücksichtigt wird [8].

In die Simulation gehen die Werte der Modellparameter y ein. Dabei handelt es sich um dimensionslose (normierte) Größen, die in der Realität den Systemparametern x entsprechen [3]:

$$y = h(x) \tag{2}$$

Führt man eine Reihe von n Simulationen unter Variation der y aus, lassen sich oft Merkmale finden, die sich charakteristisch mit diesen Parametern ändern. Eine quantitative Beschreibung der Variation von Merkmalswerten w_j mit den y_j kann durch *Anpassung eines Polynoms*

$$w_j^* = \sum_{r=1}^{s} a_r [g(y_j)]^{r-1} \qquad j = 1, ..., n \tag{3}$$

des Grades $s - 1$ erfolgen (w_j^* stellt dabei den durch das Polynom vorhergesagten Merkmalswert dar [9]). Dies gelingt auch im mehrdimensionalen Fall, wenn w_j von mehreren Modellparametern abhängt [3]. Die Anpassung ist für den Fall der Methode der kleinsten Fehlerquadrate auf die Lösung eines überbestimmten linearen Gleichungssystems [10] mit den Regressionskoeffizienten a_r als Unbekannten zurückzuführen. Das resultierende Polynom (3) liefert eine kompakte Beschreibung der Simulationsergebnisse. Transformationen g der Modellparameter, beispielsweise

$$g(y_j) = \log(y_j + c) \tag{4}$$

erweisen sich in vielen Fällen als vorteilhaft, so etwa wenn y_j einer Geschwindigkeitskonstanten entspricht und im Modell über mehrere Größenordnungen variiert wird.

Da die Modellparameter über (2) mit den Systemparametern zusammenhängen, können sie in (3) ersetzt werden:

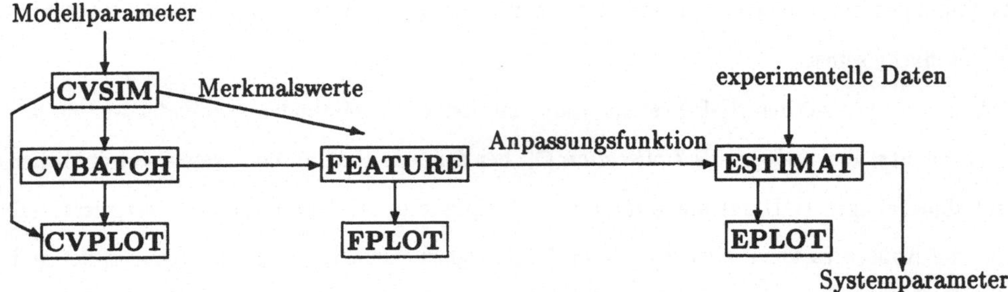

Abbildung 1: Zusammenspiel der Programme im Programmpaket EASIEST

$$z_l = \sum_{r=1}^{s} a_r \{g[h_l(x)]\}^{r-1} \qquad l = 1, ..., q \tag{5}$$

Gleichung (5) gibt den (nicht-linearen) Zusammenhang zwischen den experimentellen Werten z für das Merkmal und den gewünschten Systemparametern x wieder. Für jedes experimentelle Ergebnis z_l kann eine solche Gleichung aufgestellt werden. Die Bestimmung der optimalen Systemparameter kann dann auf die Lösung eines Systems von q algebraischen (nicht-linearen) Gleichungen (5) zurückgeführt werden. Auch dies ist im Fall mehrerer Systemparameter möglich [3].

IMPLEMENTIERUNG

Das Programmsystem EASIEST ist zur Zeit auf einer CONVEX C1-XP unter UNIX implementiert. Das Zusammenspiel der Programme (symbolisiert durch Rechtecke) ist in Abbildung 1 dargestellt. Den drei Auswertungschritten entsprechen drei Typen von Programmen:

- **Programme zur Simulation von elektroanalytischen Experimenten:** Das Simulationsprogramm CVSIM erfragt vom Benutzer im Dialog die relevanten Modellparameter. Dann berechnet CVSIM ein entsprechendes cyclisches Voltammogramm. Die Abarbeitung von Simulationen unabhängig von einem Benutzerterminal erlaubt – nach vorheriger Eingabe der Modellparameter – das Programm CVBATCH. Ergebnisse können in gedruckter Form oder über CVPLOT als Graphik ausgegeben werden. Entsprechende Programme werden für die Simulation von chronoamperometrischen Experimenten und deren graphische Darstellung benutzt.

- **Programme zur Anpassung einer Merkmalsfunktion:** Die Tabelle mit den Merkmalswerten als Funktion der Modellparameter kann über einen speziellen Eingabeeditor an FEATURE übergeben werden. Mit Hilfe dieses Programms werden dann die Anpassungsfunktionen für das entsprechende Merkmal berechnet. Die Funktionen können mit FPLOT graphisch dargestellt werden.

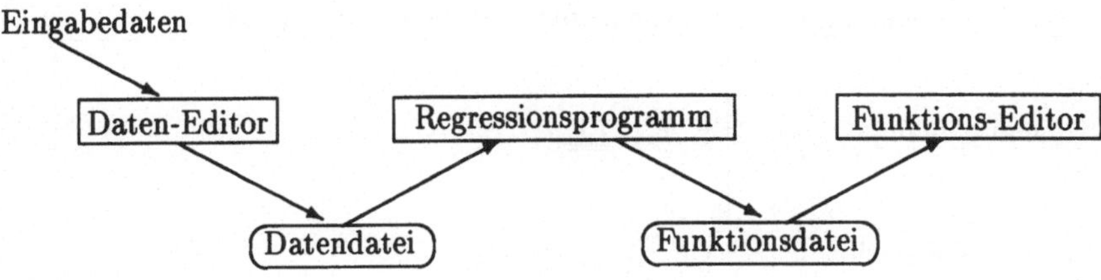

Abbildung 2: Struktur des Anpassungsprogramms FEATURE

- **Programme zur Bestimmung der Systemparameter:** Die Anpassungsfunktionen können in Form der Regressionskoeffizienten in einer Datei abgespeichert werden, die vom Programm ESTIMAT gelesen werden kann. ESTIMAT bestimmt dann die Systemparameter durch Vergleich der Anpassungsfunktion mit experimentellen Daten. Hier ist eine graphische Ausgabe von Ergebnissen mit Hilfe von EPLOT möglich.

Die Programme sind in FORTRAN 77 geschrieben und verwenden durchgehend doppeltgenaue Arithmetik. An Bibliotheksroutinen werden Unterprogramme aus der SLATEC-, der LINPACK-, der MINPACK- sowie der NAG-Bibliothek verwendet.

Die *Simulationsprogramme* können das nach Anwendung der orthogonalen Collocation erhaltene System von ODE's mit verschiedenen Integratoren lösen (HPCGL aus der SSP-Library – nur für nicht-steife ODE-Systeme; DDEBDF aus der SLATEC-Library – allgemein verwendbares "backward differentiation algorithm"-Programm [11]; LSODA ebenfalls aus der SLATEC-Library – erkennt die Steifheit des zu integrierenden Systems und verwendet entsprechend verschiedene Algorithmen; METAN – ein semi-impliziter Algorithmus nach Deuflhard et al. [12]).

Zur Zeit können elektroanalytische Experimente für 26 verschiedene Modelle simuliert werden. Eine Zusammenfassung der damit zugänglichen Mechanismen ist in Tabelle 1 gegeben (zur Nomenklatur siehe auch [13]). Im Verlauf der Integration besteht die Möglichkeit, die Ergebnisse nach jedem Integrationsschritt ausgeben zu lassen. Nach Berechnung des vollständigen Voltammogramms sind die Resultate in graphischer oder tabellarischer Form zugänglich. Sowohl Strom/Spannungskurven als auch Konzentrationsprofile können ausgegeben werden. Bei Parametervariationen werden alle Eingabeparameter bis auf einen konstant gehalten. Letzterer wird – wie vom Benutzer angegeben – variiert. Damit können sehr einfach ganze Simulationsreihen berechnet werden.

Die Struktur des *Anpassungsprogramms* FEATURE ist in Abbildung 2 wiedergegeben. Die Eingabedaten bestehen aus Merkmalswerten in Abhängigkeit von einem oder mehreren Modellpara-

Tabelle 1: Modelle in den Simulationsprogrammen von EASIEST

einfache Elektronenübergänge	$\underline{E}$, E_{qr}, $\underline{EE}$
vorgelagerte chemische Reaktionen	$\underline{CE}$, $\underline{C}_{-D}\underline{E}$, $\underline{C}_{-D}E$
nachgeschaltete chemische Reaktionen	$\underline{EC}$, $\underline{EC}_2$, $E_{qr}\underline{C}$, $\underline{EC}$, $\underline{EC}_{cat}$, $\underline{EC}_{cat,2.Ordnung}$, $\underline{ED}$, $\underline{ED}$, $\underline{EEC}$, $\underline{EECC}_{cat}$
ECE-Reaktionen	$\underline{EC}\underline{EC}$, $\underline{ECE}$, ECE/DISP, ECE/SET
Adsorptionsvorgänge	$\underline{E}$, $\underline{EC}$, $\underline{ECE}$ jeweils mit Adsorption einer oder mehrerer Spezies
komplexere Reaktionen	Phenoloxidation, Anilinoxidation

metern. Sie werden für jedes Merkmal (und jedes Modell) aus den durchgeführten Simulationen entnommen.

Mit Hilfe des *Daten-Editors* werden die Eingabedaten eingelesen. Dieser Editor wurde speziell für die Bedürfnisse des Programms FEATURE konzipiert und programmiert. Er prüft zunächst die Konsistenz der eingegebenen Daten. Die Eingabedaten werden dann nach den Werten der Modellparameter geordnet in einer Datendatei abgelegt und stehen für Regressionsrechnungen zur Verfügung. Der Editor erlaubt weiterhin das Löschen, Korrigieren und Suchen einzelner Datensätze sowie eine formatierte Druckausgabe der Eingabedaten in Form einer Matrix.

Die Regressionsrechnungen werden im *Regressionsteil* des Programms ausgeführt. Die Aufgabe dieses Programmteils besteht darin, die Regressionskoeffizienten einer Polynomanpassung an die Datentabelle (je nach der Zahl der Modellparameter unter Umständen in mehreren Dimensionen) zu finden. Vor der eigentlichen Regression besteht die Möglichkeit, die Modellparameterwerte zu transformieren [3]. Auch die Transformation der Merkmalswerte ist möglich. Als Regressionsroutine wurde das Unterprogramm HFTI aus der Lawson-Hanson-Software verwendet, das auf einer Householder-Transformation beruht [10]. Ergebnis ist ein Satz von Regressionskoeffizienten a_r sowie eine Tabelle von Residuen. Die Residuen werden im Rahmen der Optimierung der Anpassung zur Gütekontrolle verwendet.

Die Regressionskoeffizienten können in einer Funktionsdatei abgelegt werden. Ein zweiter Editor, der *Funktionseditor*, erlaubt Manipulation dieser Daten. Funktionsdatensätze können gelöscht, gedruckt und graphisch dargestellt werden. Die Funktionsdatei kann zudem von ESTIMAT gelesen werden.

Sind die Anpassungsfunktionen bestimmt, die die Abhängigkeit der Merkmalswerte von den Modellparametern beschreiben, können sie im Rahmen des Programms ESTIMAT benutzt werden, um aus experimentellen Daten optimale Systemparameter zu bestimmen [3]. Das Programm erlaubt zunächst das Einlesen und Editieren der experimentellen Daten. Vollständige experimentelle Datensätze werden mit Hilfe der MINPACK-Routine LMDIF1 [14] mit den Anpassungsfunktionen verglichen. Als Ergebnis können unter anderem die Systemparameter, die Abweichungen zwischen Experiment und Theorie an den einzelnen Datenpunkten sowie die "Residuenfläche" ausgegeben werden. In letzterer ist die Abhängigkeit der Residuenquadratsumme von den Systemparametern dargestellt. Die optimale Parameterkombination liegt im Minimum einer solchen Fläche. Diese Form der Darstellung erlaubt sehr leicht die Erkennung mehrerer (lokaler) Minima.

ERGEBNISSE und DISKUSSION

Die Simulationsprogramme wurden durch Vergleich der Ergebnisse mit Literaturdaten für die Modellmechanismen verifiziert. Einzelheiten für einige Mechanismen wurden publiziert (siehe z.B. [7,15,16]). Dabei zeigt sich, daß die Spline-Collocation eine Lösungsmethode darstellt, die in weiten Bereichen der Modellparameter (insbesondere auch bei großen Geschwindigkeitskonstanten chemischer Reaktionen) anwendbar ist. Die Notwendigkeit, bei Simulationen eines Modells mit verschiedenen Werten der Modellparameter den Algorithmus zu wechseln, entfällt. Dies ist bei Simulationen auf Basis von Grenzfallbetrachtungen die Regel. Zudem werden keine vereinfachenden Annahmen gemacht [6].

Numerische Probleme wurden in Fällen beobachtet, bei denen schnelle Reaktionen zweiter Ordnung an die Elektronenübertragung gekoppelt sind. Hier ist zur Simulation ein System *nicht-linearer* ODE's zu lösen. Es ist bekannt, daß dies zu Instabilitäten und Oszillationen der Lösung führen kann [17]. Im Rahmen von EASIEST konnte mit nicht-linearen Transformationen der X-Achse Verbesserungen erzielt werden [18].

Bei hohen Werten der dimensionslosen Geschwindigkeitskonstanten erwies sich die Verwendung doppelt genauer Arithmetik als nötig. Auf Grund des iterativen Charakters der Integrationsalgorithmen akkumulieren sich bei einfacher Rechengenauigkeit Rundungsfehler. Die Rechenzeiten steigen an und Geschwindigkeitskonstanten $> 10^6$ sind meist nicht mehr verwendbar.

Das Anpassungsprogramm FEATURE wurde bisher benutzt, um Anpassungsfunktionen in Abhängigkeit von *einem* (Modelle: $\underline{EC}$, $\underline{ED}$) bzw. *zwei* (Modelle: E_{qr}, $\underline{C}$-$_D\underline{E}$, $\underline{CE}$, $\underline{EC}$) Modellparameter(n) zu finden. Für die Verwendung von Polynomen mit Grad 10 oder niedriger erweist sich der Algorithmus HFTI als stabil. Für größere s treten – wie zu erwarten [19] – Stabilitätsprobleme auf: die Anpassung an die Datenpunkte ist zwar weiterhin sehr gut, dazwischen werden jedoch in manchen Fällen Fluktuationen beobachtet. Hier ist eine Transformation der Modellparameter auf [-1,1] [19] hilfreich.

ESTIMAT wurde mit theoretischen Datensätzen verifiziert. Dazu simuliert man eine Reihe von cyclischen Voltammogrammen mit definierten Werten der Systemparameter und variiert die experimentellen Parameter (z.B. die Spannungsvorschubgeschwindigkeit) in einem Bereich, wie dies auch in realen Experimenten der Fall ist. Aus den simulierten Voltammogrammen entnimmt man Werte für die verschiedenen Merkmale in Abhängigkeit von den experimentellen Parametern. Die erhaltenen Tabellen werden zur Bestimmung der Systemparameter benutzt.

Die "synthetischen" Datensätze können mit einem definierten Rauschen versehen werden [3,20], was eine kontrollierte Untersuchung des Effekts von Meßdaten mit experimentellen Fehlern erlaubt. Dazu werden normal verteilte Zufallszahlen mit einem Standardabweichung von 1.0 um den Wert 0.0 erzeugt, mit einem "Rauschpegel" multipliziert und zu den synthetischen Merkmalswerten addiert.

Bei der gleichzeitigen Verwendung mehrerer Merkmale, etwas des Peakpotentials und des Peakstroms, deren Werte sich um Größenordnungen unterscheiden (Peakpotentiale im ungefähren Bereich 1 - 10^3 mV; Peakströme – je nach Substrat, Konzentration und Elektrodenfläche – im Bereich von 10^{-6} bis 10^{-3} A), tritt dabei ein Normierungsproblem auf: die Residuen verschiedener Merkmalswerte können nicht mehr direkt miteinander verglichen und aufsummiert werden. Aus diesem Grund können für diese Fälle alle Residuen auf den Absolutwert des entsprechenden Merkmalswertes bezogen werden ("relative Residuen").

Bei der Auswertung von cyclisch-voltammetrischen Experimenten mit Hilfe von EASIEST sollte es auch möglich sein, mehrere Systemparameter gleichzeitig zu bestimmen. Dies ist mit klassischen Auswerteverfahren ("working curve"-Methode) nicht möglich. Tatsächlich gelingt im Fall des E_{qr}-Mechanismus die gleichzeitige Bestimmung von insgesamt 4 Systemparametern: dem Formalpotential E^0, dem Diffusionskoeffizienten D, der Geschwindigkeitskonstanten k_s und dem Transferkoeffizienten α [20].

Im Folgenden soll beispielhaft die Analyse von CV-Daten der anodischen Oxidation des 2,6-Di-

tert-butyl-4-phenylanilins **B** in saurem Acetonitril an Pt-Elektroden besprochen werden. Hier ist dem reversiblen Elektronenübergang zum Radikalkation **C** das Protonierungsgleichgewicht mit dem Anilinium-Ion **A** vorgeschaltet:

$$(CH_3)_3C \overset{NH_3^+}{\diagdown}\!\!\!- \!\!\!\diagup C(CH_3)_3 \quad\overset{k_1}{\underset{k_{-1}}{\rightleftharpoons}}\quad (CH_3)_3C \overset{NH_2}{\diagdown}\!\!\!- \!\!\!\diagup C(CH_3)_3 \;+\; H^+$$

$$\mathbf{A} \qquad\qquad \mathbf{B}$$

$$(CH_3)_3C \overset{NH_2}{\diagdown}\!\!\!- \!\!\!\diagup C(CH_3)_3 \quad\overset{\dot{e}^-}{\rightleftharpoons}\quad (CH_3)_3C \overset{NH_2^{\bullet+}}{\diagdown}\!\!\!- \!\!\!\diagup C(CH_3)_3$$

$$\mathbf{B} \qquad\qquad \mathbf{C}$$

Wird die Protonierung als Reaktion zweiter Ordnung betrachtet, kann das $\underline{C}_{-D}\underline{E}$ Modell zur Beschreibung dienen [16]. Mit den Modellparametern

$$\kappa_1 = k_1/a \tag{6}$$

und

$$\kappa_{-1} = \frac{k_{-1}c_B^0}{a} \tag{7}$$

(wobei c_B^0 die Anfangskonzentration der Spezies **B** darstellt) mit [21]

$$a = \frac{F}{RT}v \qquad (v=\text{Spannungsvorschubgeschwindigkeit}) \tag{8}$$

ergibt sich das PDE-System zu (Spezies **D** entspricht den Protonen)

$$\frac{\partial c_A^*}{\partial T'} = \beta\frac{\partial^2 c_A^*}{\partial X^2} - \kappa_1 c_A^* + \kappa_{-1}c_B^* c_D^* \qquad\qquad \frac{\partial c_B^*}{\partial T'} = \beta\frac{\partial^2 c_B^*}{\partial X^2} + \kappa_1 c_A^* - \kappa_{-1}c_B^* c_D^*$$

$$\frac{\partial c_C^*}{\partial T'} = \beta\frac{\partial^2 c_C^*}{\partial X^2} \qquad\qquad\qquad\qquad \frac{\partial c_D^*}{\partial T'} = \beta\frac{\partial^2 c_D^*}{\partial X^2} + \kappa_1 c_A^* - \kappa_{-1}c_B^* c_D^*$$

$$T' > 0, X \to 1 : \quad c_A^*(1, T') \to c_A^*(X, 0) \qquad T' > 0, X = 0 : \quad \frac{c_B^*(0, T')}{c_C^*(0, T')} = \theta S_\lambda(T')$$

$$c_B^*(1, T') \to c_B^*(X, 0) \qquad \left(\frac{\partial c_B^*}{\partial X}\right)_{X=0} = -\left(\frac{\partial c_C^*}{\partial X}\right)_{X=0}$$

$$c_C^*(1, T') \to c_C^*(X, 0) \qquad \left(\frac{\partial c_A^*}{\partial X}\right)_{X=0} = 0$$

$$c_D^*(1, T') \to c_D^*(X, 0) \qquad \left(\frac{\partial c_D^*}{\partial X}\right)_{X=0} = 0$$

$$\theta = \exp\left[\tfrac{F}{RT}(E^0 - E_{\text{start}})\right] \qquad S_\lambda(T') = \begin{cases} \exp(-T') & \text{for } 0 \leq T' \leq T'_\lambda \\ \exp(T' - 2T'_\lambda) & \text{for } T'_\lambda \leq T' \leq 2T'_\lambda \end{cases}$$

Dieses Modell wurde im Rahmen von CVSIM implementiert.

Über 1000 Simulationsrechnungen wurden unter Variation von κ_1 und κ_{-1} berechnet. Aus den Ergebnissen wurden Werte für das Merkmal Halbpeakpotential ($E_{p/2}$) bezogen auf das Formalpotential E^0 entnommen. Mit Hilfe von FEATURE wurde ein Polynom der Form

$$(E_{p/2} - E^0)^* = \sum_{r_1=1}^{17} \sum_{r_2=1}^{11} a_{r_1,r_2}[\log(\kappa_1)]^{r_1-1}[\log(\kappa_{-1} + 1.)]^{r_2-1} \tag{9}$$

angepaßt. Das Ergebnis ist in Abbildung 3 graphisch dargestellt. Die Regressionskoeffizienten

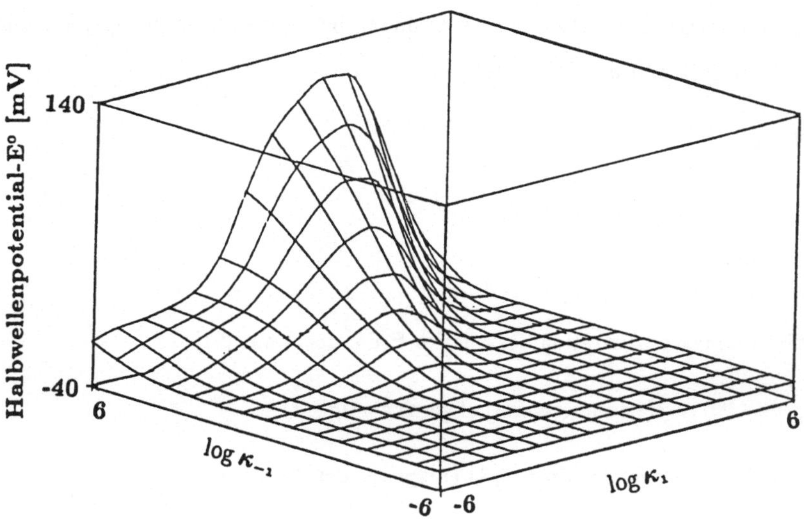

Abbildung 3: Graphische Darstellung der Anpassungsfunktion für das $\underline{C}$-D$\underline{E}$ Modell

a_{r_1,r_2} wurden in einer Datei abgelegt. ESTIMAT wurde benutzt, um experimentelle Datensätze zu

Tabelle 2: Experimentelle Daten für das 2,6-Di-*tert*-butyl-4-phenylanilin in saurem CH_3CN an einer Pt-Elektrode

v	$E_{p/2}^{exp}-E^0$
V/s	mV
0.02	31.
0.05	27.
0.10	24.
0.20	21.
0.50	17.

analysieren. Ein Beispiel gibt Tabelle 2. In diesem Fall wurde als Ergebnis $k_1 = 327(+15, -14)$ s^{-1}, $k_{-1} = [4.9(\pm 0.2)] \times 10^6$ 1/mol×s und damit $pK_a = 4.14$ erhalten.

Der gleiche Satz von Regressionskoeffizienten wurde auch zur Auswertung der Daten von 9 anderen Anilinen angewandt. Da das Modell von konkreten chemischen Substanzen unabhängig ist, können damit zudem Daten anderer $\underline{C}_{-D}\underline{E}$-Reaktionen ausgewertet werden.

ZUSAMMENFASSUNG

Die Programme des Programmsystems EASIEST erlauben die Simulation und Auswertung elektroanalytischer Experimente. Die Benutzung allgemeiner Algorithmen gestattet die Anwendung auf eine breite Palette von Modellmechanismen.

Die simulierten Daten werden mit Hilfe von Polynomanpassungen beschrieben, die für den Vergleich mit experimentellen Daten verwendet werden. Ist das Polynom für einen bestimmten Mechanismus vorhanden, können auch experimentellen Datensätze analoger Reaktion analysiert werden.

Die Dialogführung erlaubt es auch dem mit den verwendeten Algorithmen nicht vertrauten Benutzer, mit geringem Aufwand Ergebnisse zu erhalten.

DANK

Der Autor dankt der Deutschen Forschungsgemeinschaft für die Gewährung von Stipendien.

Literaturverzeichnis

[1] Speiser B (1981) Chem in uns Zeit 15:62

[2] Heinze J (1984) Angew Chem 96:823

[3] Speiser B (1985) Anal Chem 57:1390

[4] Feldberg S W (1969) In: Bard A J (ed) Electroanalytical Chemistry 3:199

[5] Pons S (1984) In: Bard A J (ed) Electroanalytical Chemistry 13:115

[6] Britz D (1988) Digital Simulation in Electrochemisty, Springer, Berlin Heidelberg New York

[7] Hertl P, Speiser B (1987) J Electroanal Chem Interfac Electrochem 217:225

[8] Urban P, Speiser B (1988) J Electroanal Chem Interfac Electrochem 241:17

[9] Draper N R, Smith H (1966) Applied Regression Analysis, Wiley, New York

[10] Lawson C L, Hanson R J (1974) Solving Least Squares Problems, Prentice-Hall, Englewood Cliffs

[11] Rice J R (1983) Numerical Methods, Software, and Analysis, McGraw-Hill, New York

[12] Deufhard P, Bader G, Nowak U (1981) In: Ebert K H, Deufhard P, Jäger W (eds) Modelling of Chemical Reaction Systems, Springer Ser Chem Phys 18:38

[13] Vieil E, Cauquis C (1983) J Electroanal Chem Interfac Electrochem 148:183

[14] Moré J J, Garbow B S, Hillstrom K E (1980), User Guide for MINPACK-1, Argonne National Laboratory, Argonne

[15] Speiser B (1984) J Electroanal Chem Interfacial Electrochem 171:95

[16] Hertl P, Speiser B (1988) J Electroanal Chem Interfac Electrochem 250:237

[17] Eddowes M J (1983) J Electroanal Chem Interfacial Electrochem 159:1

[18] Speiser B, Manuskript in Vorbereitung

[19] Hayes, J G (1970) In: Hayes, J G (ed) Numerical Approximation to Functions and Data, Athlone Press, London, 43

[20] Scharbert B, Speiser B (1988) J Chemomet 3:61

[21] Nicholson R S, Shain I (1964) Anal Chem 36:706

Simulationen elektrochemischer Prozesse auf der Basis des Crank-Nicolson-Algorithmus

M. Störzbach, J. Heinze

Institut für physikalische Chemie der Universität Freiburg,

Albertstr. 21, D-7800 Freiburg/Brsg, GERMANY

Inhalt: Der Crank-Nicolson-Algorithmus, eine Variante der Methode der finiten Differenzen, bildet die Grundlage für genaue und schnelle Programme zur Simulation elektrochemischer Prozesse. Die Auslegung auf spezielle Reaktionsmechanismen ist auf verschiedene Arten durchführbar. Die ADI-Variante erweitert den Anwendungsbereich auf zweidimensionale Anwendungen (Mikroelektroden).

Einleitung

In der Elektrochemie haben in jüngster Zeit numerische Verfahren zur Beschreibung von Transportvorgängen und zur Analyse von Reaktionsmechanismen verbreitet Anwendung gefunden. Eine der wichtigsten Methoden hierfür ist die finite Differenzennäherung, die in ihrer expliziten Form unter dem Begriff der "digitalen Simulation" erstmals von Feldberg[1] zur Lösung elektrochemischer Problemstellungen benutzt wurde. Mit der zunehmenden Kenntnis über die Vorgänge in einer elektrochemischen Zelle wachsen auch die Anforderungen an die Simulationstechniken. Neben der selbstverständlichen Forderung nach Genauigkeit sind Geschwindigkeit und Anpassungsfähigkeit an bestehende Probleme gefordert.

Grundlagen

Die Simulation der Vorgänge in einer elektrochemischen Zelle mit ruhendem Medium und stationärer Elektrode basiert auf der Lösung der Diffusionsdifferentialgleichung. Sie hat bei linearer Diffusion die Form:

$$\frac{\partial c}{\partial t} = D \frac{\partial^2 c}{\partial x^2} \qquad (1)$$

Da während der elektrochemischen Reaktion neue Spezies entstehen und homogene

---

[1] S. Feldberg in A. Bard (Ed.), Electroanalytical Chemistry, Vol. 3, Marcel Dekker, New York, 1969, S. 199

G. Gauglitz (Hrsg.)
Software-Entwicklung in der Chemie 3
© Springer-Verlag Berlin Heidelberg 1989

Folgereaktionen eintreten können, muß die Gleichung für jeden Stoff (Index s) aufgestellt und um einen Reaktionsterm erweitert werden:

$$\frac{\partial c_s}{\partial t} = D\,\frac{\partial^2 c_s}{\partial x^2} + g_s\,, \qquad s = 1, \ldots, S \qquad (2)$$

(S : Gesamtzahl aktiver Spezies im System)

g_s ist normalerweise eine Polynom von maximal 2. Ordnung, und kann auch Mischprodukte der Konzentrationen zweier Spezies enthalten.

Ein einfacher Weg für die numerische Bearbeitung ist die Integration über die Trapezregel, wie sie der Crank-Nicolson-Algorithmus[2] (CNA) beschreibt. Raum ($0 \le x \le X$) und Zeit ($0 \le t \le T$) werden in diskrete Werte mit dem Abstand Δx bzw. Δt eingeteilt. Die Ortskoordinate $x = 0$ entspricht der Elektrodenoberfläche, der Zeitpunkt $t = 0$ dem Anfangszustand. Da jeder Integrationsschritt das System um genau Δt fortschreiten läßt, genügt es, nur je 2 Zustände zu betrachten: zum Zeitpunkt t_1 (jetzt) und zum Zeitpunkt $t_2 = t_1 + \Delta t$). Größen, die sich auf den Zeitpunkt t_2 beziehen, werden im folgenden durch einen Apostroph gekennzeichnet. Der Zustand des Systems wird durch die lokalen Konzentrationswerte $c_{i,s}$ festgelegt, der Index i bestimmt den Ort ($0 \le i \le I$). $c_{0,s}$ liegt auf der Elektrodenoberfläche und $c_{I,s}$ gibt den elektrodenfernsten Konzentrationswert an. Für unser Modell beträgt der Abstand zwischen den Stützstellen i = 0 bzw. i = 1 nur $\frac{\Delta x}{2}$, wodurch sich für $c_{0,s}$ und $c_{1,s}$ etwas andere Gleichungen ergeben (s.u.).

Die Differentialgleichung (1) kann damit in die folgende Differenzengleichung überführt werden:

$$\frac{c'_{i,s} - c_{i,s}}{\Delta t} = \frac{D}{2} * \left(\frac{c'_{i+1,s} - 2c'_{i,s} + c'_{i-1,s}}{\Delta x^2} + \frac{c_{i+1,s} - 2c_{i,s} + c_{i-1,s}}{\Delta x^2} \right) \qquad (3)$$
$$+\, g_s\,,\ 2 \le i \le I\,.$$

Die Mittelwertbildung zwischen dem status quo und dem Zustand nach dem Zeitschritt ist das Charakteristikum des CNA.

Die elektrodenferne Randbedingung lautet:

$$\frac{c'_{I,s} - c_{I,s}}{\Delta t} = \frac{D}{2} * \left(\frac{- c'_{I,s} + c'_{I-1,s}}{\Delta x^2} + \frac{- c_{I,s} - c_{I-1,s}}{\Delta x^2} \right) + g_s \qquad (4)$$

Für i = 0 muß in Richtung Elektrode anstatt der Diffusion der Teilchenfluß eingesetzt werden, der durch die elektrochemische Reaktion herbeigeführt wird. Die Geschwindigkeitskonstanten für diese erhält man mittels der Butler-Volmer-Gleichung :

---

[2] J. Crank und P. Nicolson, Proc. Cambridge Philos. Soc., 43 (1947) 50

$$\cdots \quad \overset{k^f_{s-1}}{\underset{k^b_{s-1}}{\rightleftarrows}} \quad A^{(s-1)-}_s \quad \overset{k^f_{s}}{\underset{k^b_{s}}{\rightleftarrows}} \quad A^{s-}_{s+1} \quad \overset{k^f_{s+1}}{\underset{k^b_{s+1}}{\rightleftarrows}} \quad \cdots \qquad (5a)$$

$$k^f_s = k^0_s * \exp[\, -\alpha * B * (E - E^0_s)\,] \qquad (5b)$$

$$k^b_s = k^0_s * \exp[\, (1-\alpha) * B * (E - E^0_s)\,] \qquad (5c)$$

mit: $B = \dfrac{n\,F}{RT}$

k^0_s : Durchtrittsgeschwindigkeitskonstante [m/s]

E^0_s : Normalpotential für $A^{(s-1)-}_s \longrightarrow A^{s-}_{s+1}$

$E = E\,(t)$: das angelegte Potential

$\alpha\ (= 0.5\,)$: Durchtrittssymmetriefaktor

$n\ (= 1\,)$: die Anzahl übertragener Elektronen

$F\ (= 96497\ C/mol\,)$: Faradaykonstante

$R\ (= 8.314\ J/(mol\ K\,))$: universelle Gaskonstante

T : Temperatur [K]

Der Fluß ergibt sich zur Zeit t_2:

$$j'_s = k^{f\cdot}_s * c'_{O,s+1} - (\,k^{f\cdot}_s + k^{b\cdot}_{s-1}\,) * c'_{O,s} + k^{f\cdot}_s * c'_{O,s-1} \qquad (6)$$

Der aktuelle Umsatz an der Elektrodenoberfläche wird aus dem Konzentrationsgradienten berechnet. Da dieser direkt als Differenzenkoeffizient nicht zugänglich ist, wird er durch eine Polynomentwicklung aus den elektrodennächsten Konzentrationen bestimmt[3]. Unter Berücksichtigung der Halbschritte zwischen c_1 und c_0 erhält man:

$$j_s = -\frac{1}{A_O}\left(\frac{\partial n}{\partial t}\right) = -D\left(\frac{\partial c}{\partial x}\right)_0 \approx -\frac{D}{3\Delta x}\left(-8c_{0,s} + 9c_{1,s} - c_{2,s}\right) \qquad (7)$$

A_O : Fläche der Elektrode

Die Gleichungen für c_1 und c_0 lauten damit:

$$\frac{c'_{1,s} - c_{1,s}}{\Delta t} = \frac{4*D}{3*2} * \left(\frac{c'_{2,s} - 3c'_{1,s} + 2c'_{0,s}}{\Delta x^2} + \frac{c_{2,s} - 3c_{1,s} + 2c_{0,s}}{\Delta x^2}\right) + g_s \qquad (8a)$$

$$\frac{c'_{0,s} - c_{0,s}}{\Delta t} = \frac{8D}{2} * \left(\frac{c'_{1,s} - c'_{0,s}}{\Delta x^2} + \frac{c_{1,s} - c_{0,s}}{\Delta x^2}\right) + 2\,\Delta x * \left(j'_s + j_s\right) + g_s \qquad (8b)$$

---

[3] D. Britz, J. Heinze, J. Mortensen und M. Störzbach, J. Electroanal. Chem., 240 (1988) 27-43

Aus den Gleichungen (2), (3) und (7) läßt sich ein lineares Gleichungssystem aufbauen[4]. In diesem Gleichungssystem sind im einfachsten Fall nur die heterogenen Geschwindigkeitskonstanten vom angelegten Potential abhängig. Durch entsprechende Programmierung kann erreicht werden, daß die Diagonalisierung der Koeffizientenmatrix in jedem Zeitschritt auf den Teil beschränkt ist, der die potentialabhängigen Werte enthält. Die Diagonalisierung der gesamten Matrix erfolgt nur noch, wenn neue Stützstellen infolge einer Ausdehnung der Diffusionsschicht in das System aufgenommen werden müssen. Semiinfinite Diffusionsbedingungen erhält man, wenn der Algorithmus theoretisch über beliebig viele Stützstellen verfügen kann, während eine Begrenzung der Stützstellenzahl zu finiter Diffusion führt.

Der Reaktionsterm g_S beschreibt den durch die homogenen Folgereaktionen hervorgerufenen zusätzlichen Umsatz. Im Falle einer homogenen Reaktion 1. Ordnung ergibt sich z.B.:

$$A \underset{k_r}{\overset{k_v}{\rightleftharpoons}} B \qquad (9a)$$

$$g_{i,A} = \left[-k_v \frac{1}{2}\left(c'_{1,A} + c_{1,A}\right) + k_r \frac{1}{2}\left(c'_{1,B} + c_{1,B}\right) \right] * \Delta t \qquad (9b)$$

$$g_{i,B} = g_{i,A} \qquad (9c)$$

Die angegebene Formulierung kompliziert jedoch die Lösung des Gleichungssystems, da jetzt sowohl bei Stoff A wie auch bei Stoff B zusätzlich die Konzentration des jeweils anderen Stoffes als Unbekannte auftritt. Umgehen läßt sich dies, wenn man den homogenen Umsatz explizit berechnet, d.h. ausgehend vom status quo:

$$g_{i,A} = \left(-k_v * c_{1,A} + k_r * c_{1,B}\right) * \Delta t \quad , \text{und} \qquad (10a)$$

$$g_{i,B} = -g_{i,A} \qquad (10b)$$

oder nur das Edukt nach CNA und das Produkt explizit (z.B. Abb. 1) :

$$g_{i,A} = \left[-k_v \frac{1}{2}\left(c_{i,a} + c'_{i,a}\right) + k_r f_t\, c_{i,b} \right] * \Delta t \qquad (11a)$$

$$g_{i,B} = \left[-f_t k_v\, c_{i,a} + k_r \frac{1}{2}\left(c_{i,b} + c'_{i,b}\right) \right] * \Delta t \qquad (11b)$$

$$f_t = \begin{cases} 0.5, & t = 0 \lor t = T \\ 1.0, & t \neq 0 \land t \neq T \end{cases} \qquad (11c)$$

---

[4] J. Heinze, M. Störzbach und J. Mortensen, J. Electroanal. Chem. 165 (1984) 61-70

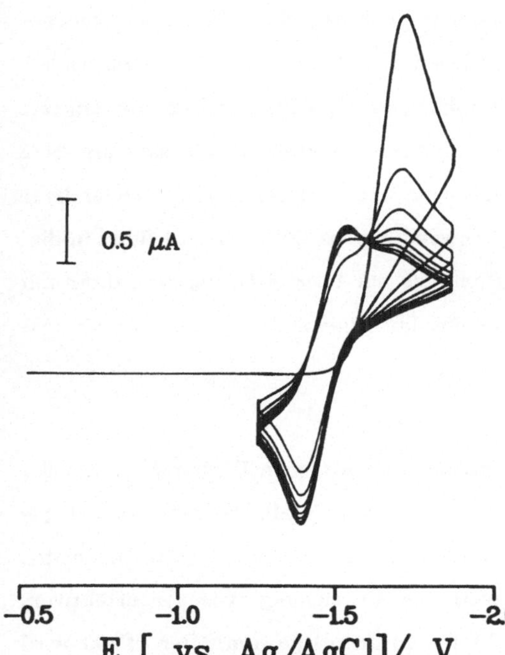

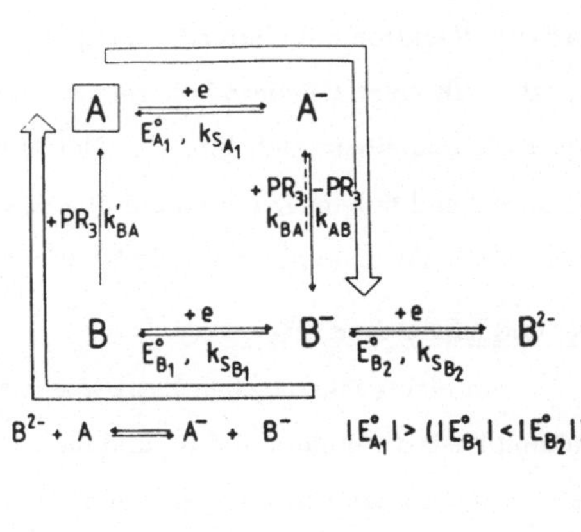

Abb. 1a: Experimentelles Cyclovoltammogramm von $CH_3CCo_3(CO)_6(PR_3)_3$

Abb. 1b: Mechanismus für die Simulation: ECE/EEC – Disp

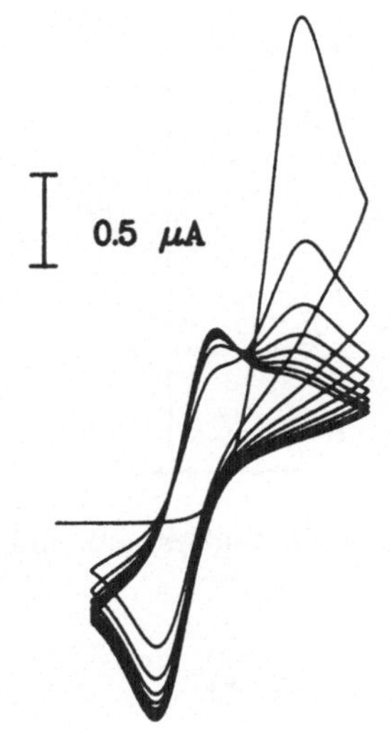

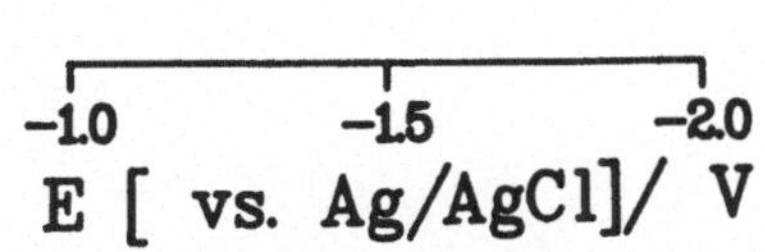

Abb. 1c: Simuliertes Cyclovoltammogramm; ECE/EEC-Mechanismus mit Disproportionierung

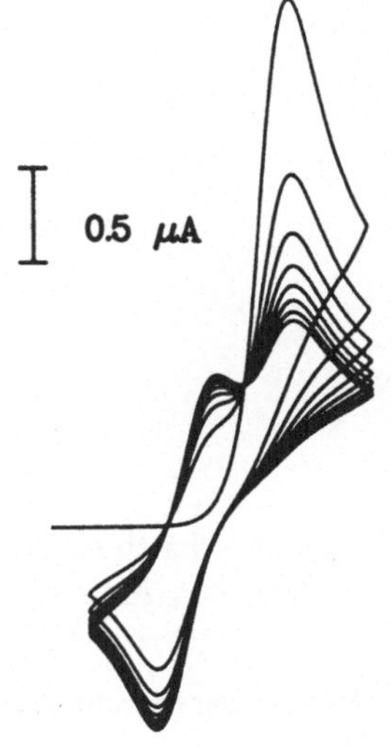

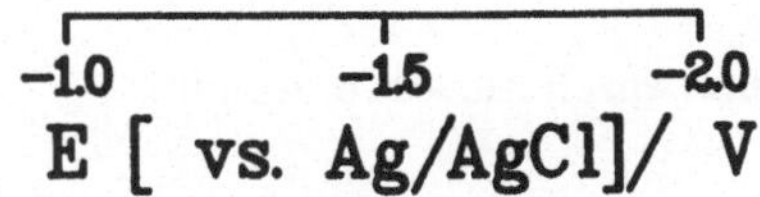

Abb. 1d: Simuliertes Cyclovoltammogramm; ECE/EEC-Mechanismus ohne Disproportionierung

Beide Verfahren schränken jedoch die Zeitschrittweite nach oben ein, da der homogene Umsatz klein sein muß gegenüber der vorhandenen Konzentration (<10%, empirisch). Beim Verfahren nach Gl. 10 resultiert diese Beschränkung aus dem Umstand, daß der Umsatz von Produkt und Edukt auf verschiedene Art berechnet wird, und ein Zeitversatz um $\Delta t/2$ auftritt. Reaktionen höherer Ordnung wie Dimerisierung und Reaktionen mit einer anderen Spezies führen zu Gliedern höherer Ordnung. Die Anwendung des CNA (Gl. 8) führt in diesen Fällen zu einem nichtlinearen Gleichungssystem, das nur über Näherungsverfahren mit entsprechend hohem Zeitaufwand gelöst werden kann. Im Allgemeinen empfiehlt sich deshalb, die Reaktion explizit analog Gl. (9) einzuführen.

iR- und kapazitiver Effekt

Im elektrochemischen Experiment an der stromdurchflossenen Elektrode treten der unkompensierte Widerstand R_u und die Doppelschichtkapazität C_d als Störfaktoren auf. Sie bewirken, daß das effektive Potential E auch eine Funktion des durch die Zelle fließenden Stromes, d.h. der elektrochemischen Reaktion, wird. Die Abweichung zwischen effektivem (E) und angelegtem Potential (E^a) wird iR- Abfall (iR-drop) genannt. Der Effekt wird noch durch die Kapazität der elektrischen Doppelschicht verstärkt, wodurch z.B. die Cyclovoltammetrie bei hohen Vorschubgeschwindigkeiten erschwert bis unöglich gemacht wird.

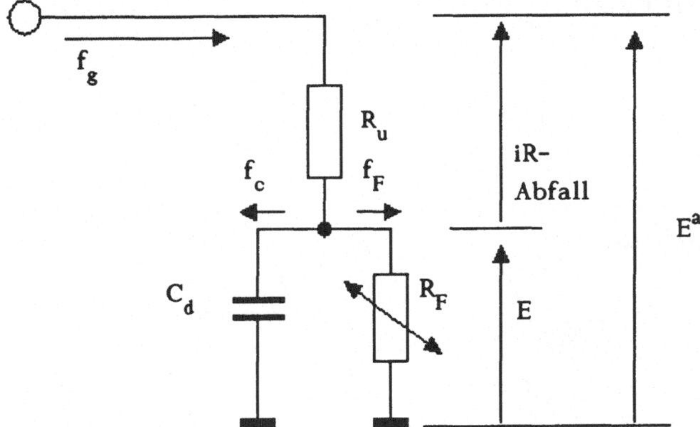

Abb. 2: Ersatzschaltbild für den Einfluß von unkompensiertem Widerstand und Doppelschichtkapazität

Für die Bestimmung des iR-Abfalls für $t = t_2$ erhält man aus Abb. 2 :

$$E' = E^{a'} - R_u * \left(f_F + \frac{(E' - E)\,C_d}{\Delta t\,F\,A_0} \right) \qquad (12)$$

und durch Auflösen nach E':

$$E' = \left[\; E^{a'} + R_u * \left(-f_F + \frac{E * C_d}{\Delta t * A_0}\;\right)\right] * \frac{1}{1 + R_u * C_d / (\Delta t * A_0 * F)} \qquad (13)$$

f_F in dieser Gleichung führt zu einem nichtlinearen Gleichungssystem. Da dieses aber auf die Konzentrationen in der Nähe der Elektrode beschränkt ist, kann es mit relativ geringem Aufwand von Standardroutinen gelöst werden. Zudem ist ein guter Startwert für das Näherungsverfahren in Form des ungestörten Potentials vorhanden.

Mikroelektroden

Die Simulation der Vorgänge an sehr kleinen Elektroden verlangt die Berechnung der Diffusion in 2 Raumrichtungen. Auch diese kann ohne Verlust der Vorteile des CNA durchgeführt werden, wenn die Mittelwertbildung zur Bestimmung von $\frac{\partial^2 c}{\partial x^2}$ mit wechselnder Richtung geschieht (ADI-Technik[5]).

Bei einer Mikroscheibenelektrode kann ein kartesisches Gitter verwendet werden, welches durch Degeneration eines zylindrischen Gitters erhalten wird. Der Ursprung des Gitters liegt im Zentrum der Scheibe, eine Achse (x) steht senkrecht auf der Elektrode (axial), die andere (r) liegt in der Elektrodenebene (radial). Als Näherung wird nun abwechselnd eingesetzt:

$$\frac{\partial^2 c}{\partial x^2} \approx \frac{1}{2}\left[\left(\frac{\Delta^2 c}{\Delta x^2}\right)_{axial,\ t} + \left(\frac{\partial^2 c'}{\partial r^2}\right)_{radial,\ t+\Delta t/2}\right], \text{ und} \qquad (12a)$$

$$\frac{\partial^2 c}{\partial x^2} \approx \frac{1}{2}\left[\left(\frac{\Delta^2 c'}{\Delta x^2}\right)_{axial,\ t+\Delta t} + \left(\frac{\partial^2 c}{\partial r^2}\right)_{radial,\ t+\Delta t/2}\right]. \qquad (12b)$$

Man betrachtet einen solchen Zyklus als einen Zeitschritt. Die Elektrodenrandbedingungen sind jetzt für die aktive Fläche und den umgebenden Isolator unterschiedlich. Für erstere gelten die elektrochemischen Reaktionsbedingungen, für letztere die Nullflußbedingung. Auf der gesamten Oberfläche der Elektrode wird keine Radialdiffusion eingerechnet. Wegen des Sprungs in der Randbedingung kann die Stromberechnung nicht einfach durch Addition der Einzelflüsse im aktiven Gebiet erfolgen, da starke Nichtlinearitäten auftreten, sondern Splinefunktionen werden für die drei elektrodennächsten Konzentrationen berechnet und für die Bestimmung von Zwischenwerten im Sprungbereich verwendet.

Realisierung und Praxis

Für die Rechengeschwindigkeit ist die effiziente Lösung des inhomogenen Gleichungssystems entscheidend. Von Vorteil ist hier, daß die Diagonalform, bis auf die den

---

[5] J. Heinze, Ber. Bunsenges. Phys. Chemie. 85 (1981) 1096-1103
J. Heinze und M. Störzbach, Ber. Bunsenges. Phys. Chemie 90 (1986) 1043-1048

Elektrodenprozeß beschreibenden Gleichungen, vorab berechnet werden kann. Eine Neuberechnung ist nur nötig, wenn sich die Raumaufteilung ändert, was durch die stufenweise Erweiterung der Diffusionsschicht gesteuert wird. Für einen Zeitschritt sind so noch 3 Rechenschritte durchzuführen:

1.)   Berechnung der Gleichungskonstanten

2.)   Vollendung der Diagonalform

3.)   Berechnung der neuen Konzentrationswerte.

Der zweite Schritt erfordert u. U. kompliziertere Rechenschritte, spielt jedoch für die Rechenzeit im Normalfall nur eine untergeordnete Rolle. Für die Berechnung von Widerstands- und kapazitivem Effekt wird hier z.B. die Lösung eines nichtlinearen Gleichungssystems durch Iteration durchgeführt, ohne die Rechenzeit merklich zu beeinflussen.

Im dritten Schritt ist die Division durch den Hauptdiagonalkoeffizienten der Diagonalform nötig. Diese Operation ist besonders bei Kleinrechnern ohne feste Fließkommaarithmetik aufwendig und läßt sich durch Abspeichern der Kehrwerte vermeiden.

Als Rechengenauigkeit sind 32 Bit nur in einfachsten Fällen ausreichend In den meisten Fällen genügen bereits 36 Bit. Höhere Genauigkeit erweitert die Freiheit in der Wahl der Rechenparameter, speziell des Stützstellenabstands, sodaß sich die Rechenzeit sogar vermindern kann. Die Präzision kann leicht über das Verhalten der Konzentrationsprofile überprüft werden. Die Abweichung von der Anfangskonzentration an _jedem_ Punkt sollte bei einer einfachen Elektronenübertragung unter 0,01 % liegen. Konzentrationsverschiebungen dürfen nicht auftreten.

Der Speicherbedarf steigt bei der Simulation der linearen Diffusion umgekehrt proportional zu Δx und proportinal zur Stoffzahl. Homogene Folgereaktionen erfordern teilweise zusätzliche Teilmatrizen. Der Speicherbedarf der ADI-Variante ist dazu noch umgekehrt proportional zu Δr. Für in diesem Punkt anspruchsvolle Rechnungen wird daher ein expandierendes Gitter eingesetzt. Das Verfahren eignet sich sehr gut für Vektorrechner. Auf der Cray 1 wurden Beschleunigungswerte zwischen 20 und 30 gegenüber einer Sperry 1180 festgestellt (zum Vergleich: eine einfache Schleife erzielt Beschleunigungswerte um 50).

Zusammenfassung

Der Crank-Nicolson-Algorithmus ist universell einsetzbar zur Simulation elektrochemischer Prozesse unter verschiedenen Bedingungen. Aufgrund seiner unbegrenzten Stabilität und hohen Genauigkeit ist es möglich, die Rechenparameter in weiten Grenzen zu variieren.

SIMULATION DER SCHWINGUNGSSPEKTREN
(S P S I M)

P. Fischer, D. Bougeard, B. Schrader

Institut für Physikalische und Theoretische Chemie
Universität Essen-GHS · Postfach 103764 · 4300 Essen 1

Die Simulation der Schwingungsspektren ist sowohl in der Lehre als auch in der Forschung sehr nützlich. Einerseits kann man solche Begriffe wie Normalkoordinate, charakteristische Frequenz, Kopplung oder Isotopenverschiebung mit Beispielen illustrieren; andererseits lassen sich Informationen über Bindungsverhältnisse, Struktur und Strukturänderung (Konformation, Phasenübergänge) und Kräfte gewinnen. Weiterhin liefern solche Simulationen Hilfe bei der Zuordnung der Spektren.

Das Programmpaket SPSIM (SPektrenSIMulation) berechnet nacheinander beide Koordinaten des Spektrums. In einer ersten Stufe werden die Frequenzen und Schwingungsformen (Normalkoordinaten) berechnet. Anschließend besteht die Möglichkeit, die Intensitäten auszuwerten. Alle Programme sind zur Gewährung der Übertragbarkeit in FORTRAN 77 geschrieben worden. Zur Zeit laufen sie einerseits auf ATARI 1040ST unter Benutzung der GEM-Grafik, andererseits auf Großrechnern (IBM 4341 mit Erlanger Grafik System). Die Anpassung auf MS-DOS-Rechner ist geplant. Das Paket soll auch in Zukunft zur Benutzung über DATEX-P im Rahmen der Nutzergruppe Chemie des DFN zugänglich gemacht werden. Die Struktur des Paketes ist in der Abbildung 1 dargestellt.

Die Berechnung der Frequenzen und Normalkoordinaten basiert auf dem klassischen Model der GF-Matrix-Methode (1) in einer umgewandelten Version nach Shimanouchi (2). Die Lösung erfolgt über ein lineares Gleichungssystem und liefert die gesuchten Werte in der harmonischen Näherung. Als Daten werden benötigt: die Struktur und ein Kraftfeld. Die Struktur kann aus experimentellen Untersuchungen (Mikrowellen, Elektronenstreuung oder Röntgenuntersuchung) stammen oder theoretisch bestimmt werden (MM2, NDO-Verfahren oder *ab initio*). Daten in inneren Koordinaten (Bindungslängen und Winkel) werden im Modul CTR zu den in den übrigen Modulen benutzten kartesischen Koordinaten im System der Trägheitsachsen umgewandelt. Die eigentliche Normalkoordinatenanalyse wird in den Modulen AXS und NCF durchgeführt. In AXS finden alle Berechnungen statt, die unabhängig von den numerischen Werten der Kraftkonstanten sind. Dadurch kann man bei Änderung solcher Werte die Berechnung sofort im Modul NCA beginnen. NCA liefert außerdem die Jacobi-Matrix ($\delta\nu_i/\delta f_j$: Abhängigkeit zwischen Frequenz i und Kraftkonstante j), die Verteilung der Potentiellen Energie für jede Schwingung und die Schwingungsform im System der kartesischen Koordinaten.

G. Gauglitz (Hrsg.)
Software-Entwicklung in der Chemie 3
© Springer-Verlag Berlin Heidelberg 1989

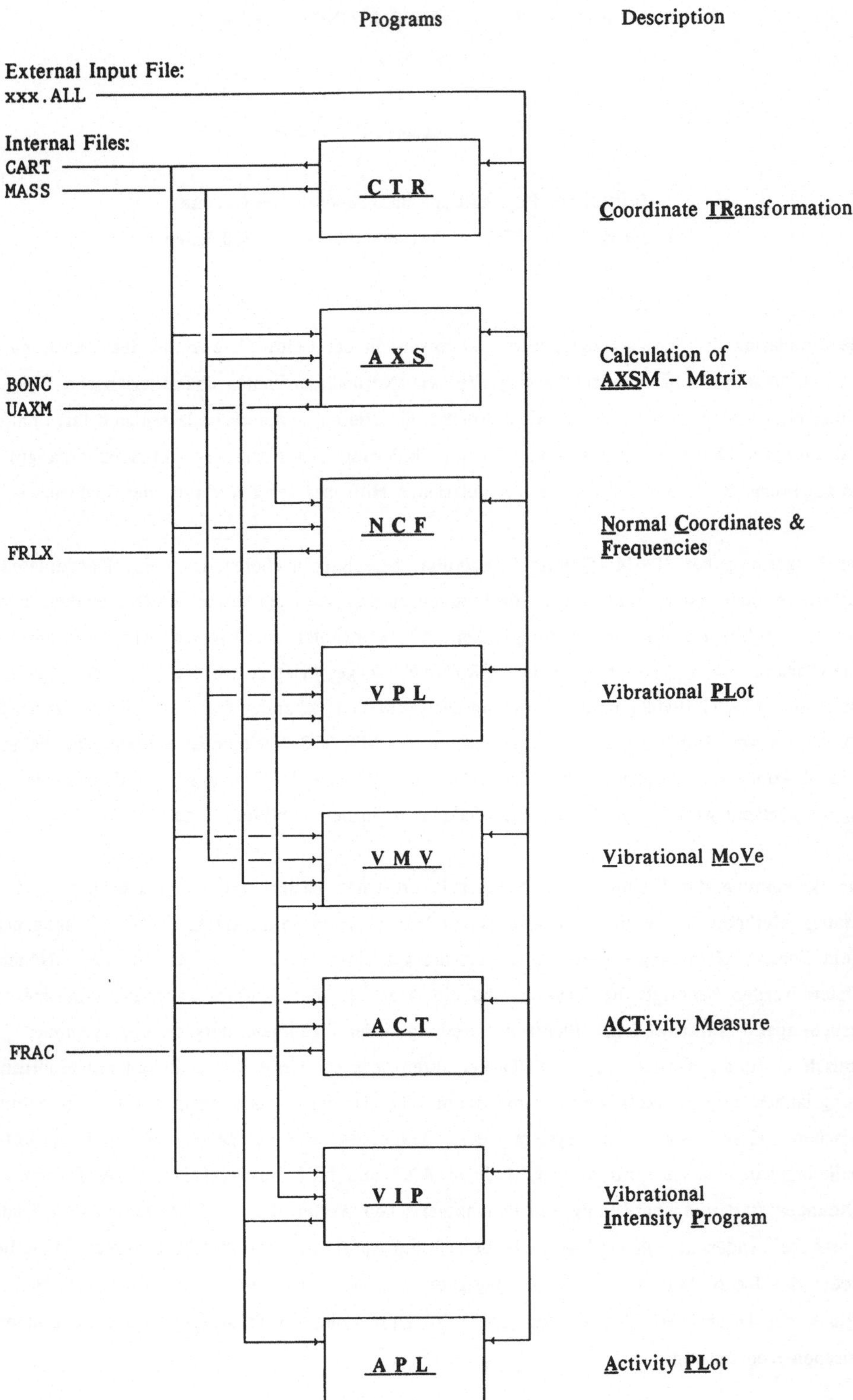

<u>Abb. 1</u> Struktur des Programms SPSIM

Die Schwingungsform kann auf zwei verschiedenen Weisen graphisch dargestellt werden. Das Modul VPL liefert eine statische Darstellung, in der die Auslenkungen durch Pfeile gezeigt werden (s. Abbildung 2). VMV gibt eine Animation des Moleküls entsprechend der betrachteten Normalkoordinate.

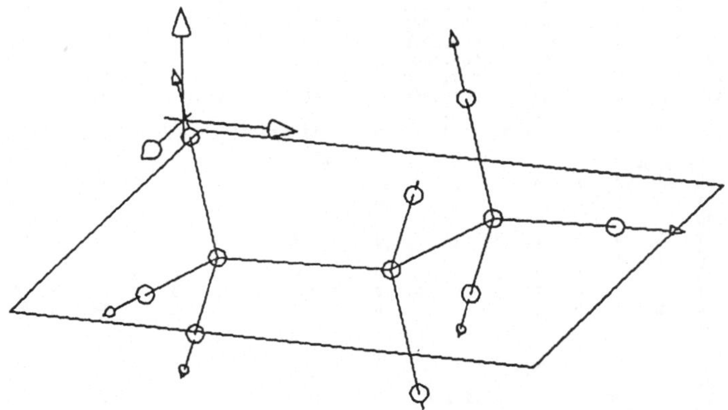

Abb. 2   Darstellung der Schwingung bei 2882.6 cm^{-1} des Propans durch VPL

Die Berechnung der Intensitäten ist die zweite Stufe einer solchen Analyse. Da die Intensitäten proportional sind zum Quadrat der Änderung des Dipolmomentes μ (IR) oder der Polarisierbarkeit α (Raman) mit der Normalkoordinate, müssen μ und α bestimmt werden. Dies ist möglich entweder mit Hilfe der Quantenmechanik (3,4) oder für grössere Systeme mit parametrischen Methoden (5). Die erste Alternative ist im Modul VIP realisiert, wo eine "finite field perturbation" in die MNDOmethode eingebaut ist. In ACT wird nur die "Activity Measure" (5) berechnet, die mit Hilfe von Atom-Ladungen (IR) und einer Analogie zwischen Polarisierbarkeit und Trägheitsmoment (Raman) die mögliche Aktivität einer Bande abschätzt. Die Ergebnisse beider Module ACT und VIP können zum Zweck des Vergleichs mit experimentellen Spektren graphisch durch APL ausgegeben werden (Abbildung 3).

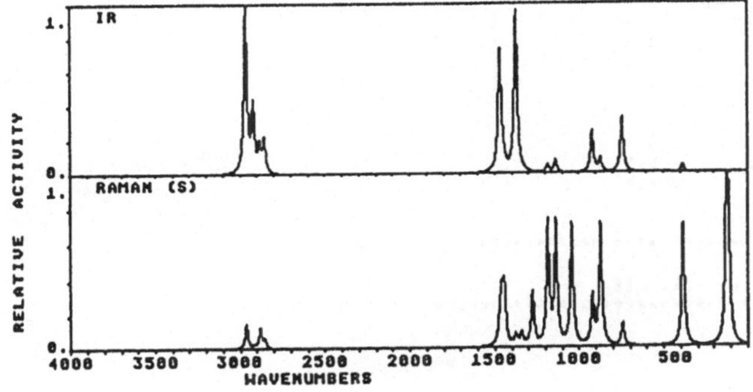

Abb. 3   Berechnetes Spektrum des Propans gezeichnet durch APL.

```
      Input for SPSIM

*CTR **********************************************
   1   2   3
  11   0   0
PROPAN
   1   0   0   0                                    C 00    12.011
   2   1   0   0    1.543                           C 00    12.011
   3   2   1   0    1.543         000.0000          C 00    12.011
   4   1   2   3    1.093         000.0000   180.0000   H  0    1.0079
   5   1   2   3    1.093         000.0000   300.0000   H  0    1.0079
   6   1   2   3    1.093         000.0000    60.0000   H  0    1.0079
   7   2   1   4    1.093         000.0000    60.0000   H  0    1.0079
   8   2   1   6    1.093         000.0000   180.0000   H  0    1.0079
   9   3   2   1    1.093         000.0000   180.0000   H  0    1.0079
  10   3   2   7    1.093         000.0000   180.0000   H  0    1.0079
  11   3   2   8    1.093         000.0000   180.0000   H  0    1.0079
 -99
*AXS *VMV *******************************************
   1
       PROPAN
  11  30  10  18   0   0   2   1  11   0
   1
  33
   1   2   2   3   1   4   1   5   1   6   2   7   2   8   3   9   3  10
   3  11  -1
   1   2   3   4   1   2   5   1   2   6   1   2   7   2   1   8   2   1
   7   2   3   8   2   3   9   3   2  10   3   2  11   3   2   4   1   5
   4   1   6   5   1   6   7   2   8   9   3  10   9   3  11  10   3  11
  -1
   3   2   2   3
   1   2   4   5   6   7   8   2   3   7   8   9  10  11  -1
  98  28
  1  1   1 1.0        1   2 12 1.0        1 11 16 1.0        1 12 13 1.0
  1 13 13 1.0        1 14 13 1.0        1 15 14 1.0        1 16 14 1.0
  1 17 15 1.0        1 18 15 1.0        2  2  1 1.0        2 11 16 1.0
     .......
     .......
     .......
 21 21  5 1.0       22 22  7 1.0       23 23  7 1.0       24 24  7 1.0
 25 25  8 1.0       26 26  7 1.0       27 27  7 1.0       28 28  7 1.0
 29 29  9 1.0       30 30  9 1.0
*NCF ********************************************
   1
propan
  28   1  33  11
   1   1   1   1
C-C      C-H3     C-H2     C-C-C    H3-C-C   H2-C-C   H-C-H    H-C-H'   HCCH
Fd       FR       FRbeta   FRgam    F'Rgam   FRomeg   Fbeta    Fgama    F'gama
21       22       23       24       25       26       27       28
  4.7450  4.7030  4.5450  0.9440  0.6060  0.6650  0.541   0.519   0.024
  0.0150  0.1380  0.1200  0.1200 -0.1640  0.2790 -0.0510 -0.0140  0.015
  0.0100 -0.0760  0.0630 -0.0620 -0.010  -0.005   0.0220  0.014
*VPL ********************************************
   0   1   1   0   1   0
   6.
  11  10  27  27   00.000   000.000   +40.000      2.500     7.000
  +1  +1  +1         -00.000   +0.000   00.000
       1.0
*ACT ********************************************
Propan
   1
Propan test

  11
   3   0   0   0   0   1   0
  27  -1  -1
    0.1          1.5          0.1
    0.1          1.5          0.1
    0.1          1.5          0.1
    0.11         0.5          0.1
      ........
      ........
      ........
    0.11         0.5          0.1
20000.0       300.0
0.200000E+17
0.200000E+17
*APL ********************************************
   2   1   4.0
4000   0  11  14
*VIP ********************************************
   0   1
 1                  9
   0                  0          PROPAN

   1
*END SPSIM INPUT *******************************
```

Abb. 4 Eingabefile für SPSIM

Die Eingaben für alle Module werden in einem einzigen File zusammengefaßt (Abbildung 4). Die Dimensionierung ist flexibel und kann im File SPSIM.DIM leicht geändert werden. Die Module müssen dann aber neu compiliert werden. Mit einer Speicherkapazität von 1 MB und einer Diskettenkapazität von 2x750 Kbytes können Moleküle in der Größenordnung von 50 Atomen berechnet werden, je nach Kompliziertheit des Kraftfeldes. Eine Mustereingabedatei für Propan ist in der Abbildung 4 angegeben.

Unter den Beschränkungen des "giant molecule"-Models (6) ist das Programmpaket auch geeignet, um Probleme mit Translationssymmetrie zu behandeln (Polymere oder Kristalle).

LITERATUR

1) E.B. Wilson, J.C. Decius, P.C.; Cross Molecular Vibrations, Dover Publication Inc., New York (1980).

2) T. Shimanouchi; Programs for the Normal Coordinate Treatment of Polyatomic Molecules, University of Tokyo, Tokyo (1968).

3) M. Spiekermann, D. Bougeard, H.-J. Oelichmann, B. Schrader; Theoret. Chim. Acta $\underline{54}$ 301 (1980).

4) P. Fischer, A. Grunenberg, D. Bougeard, B. Schrader; J. Mol. Struct. $\underline{146}$ 51 (1986).

5) B. Schrader, M. Spiekermann, L. Hecht, D. Bougeard; J. Mol. Struct. $\underline{113}$ 49 (1984).

6) T. Shimanouchi M. Tsuboi, T. Miyazawa; J. Chem. Phys. $\underline{35}$ 1597 (1961).

<u>AUTOMATISIERTE MESSUNGEN, AUSWERTUNGEN UND SIMULATIONEN
IN DER ANALYTISCHEN CHEMIE.</u>

G. Hägele*, A. Bier, K.Strang, J. Peters+ und A. Kolacki

*Institut für Anorganische Chemie und Strukturchemie der
Universität Düsseldorf, Universitätsstraße 1, 4000 Düsseldorf
+SCHOTT Geräte GmbH, im Langgewann 5, 6238 Hofheim Ts.

<u>Kurzfassung:</u> <u>AUTO-T</u> und <u>TR600</u>, PC-gesteuerte Systeme zur Aufnahme
und Auswertung von Titrationen, sowie <u>GENTIT</u>, ein Programm zur
Simulation von SB-Titrationskurven werden beschrieben.

Titrations-Automat AUTO-T

Das modulare <u>AUTO-T</u>-System wird aufgebaut aus einem PC (IBM PC
oder kompatibel) sowie einem IEC-Bus-System mit Interface IEEE-488
(INES). Über ein SCHOTT-Interface TI143 werden pH-Meter CG804/5,
Kolbenbüretten T90/100, Pt1000-Temperatur-Meßfühler, Arbeits- und
Bezugselektroden angeschlossen. Jeweils ein oder mehrere pH-Meter
können mit ein oder mehreren Kolbenbüretten zu "Meßstraßen" verknüpft und gesteuert werden. Die derzeit verfügbare Konzeption
sieht den Anschluß von bis zu 6 Geräten pro TI143 vor. Insgesamt
können maximal 14 Geräte an den PC-Rechner gekoppelt werden. Die
Anlage wird durch Rührer und Titrationsgefäß (temperierbar, Inert-
gas) ergänzt.

Mit <u>AUTO-T</u> lassen sich lineare und dynamische Titrationen durchführen. Dynamik wird durch speziell entwickelte Algorithmen behandelt. Variable Delayfunktionen berücksichtigen die Einstell-
geschwindigkeiten der Elektrodenpotentiale und der untersuchten
Reaktion. Eichungen der Arbeitselektroden können durch Regressionsanalyse erfolgen. Registriert man parallel zur eigentlichen
Titration die Temperatur, so lässt sich das Elektrodenpotential,
damit auch der pH-Wert, korrigieren. Dies garantiert optimale
Meßwerterfassung.

G. Gauglitz (Hrsg.)
Software-Entwicklung in der Chemie 3
© Springer-Verlag Berlin Heidelberg 1989

<u>AUTO-T</u> speichert die Meßwerte auf Festplatte oder Diskette. Nach Abschluß der Messung können die so gesicherten Daten dem Auswerteprogramm zur Verfügung stehen. Ein rascher Vergleich von Meßserien ist möglich. Darüberhinaus können die Daten an andere Rechner oder Programmsysteme weitergegeben werden.

<u>AUTO-T</u> bietet arbeitserleichternde Hilfen in Menuetechnik: problemspezifisch gespeicherte Konzepte für Meßstraßen, Meß- und Auswerteverfahren lassen ökonomische Serienmessungen zu. Optionen können neu aufgenommen, geändert oder gelöscht werden. Bei der laufenden Messung kann der Fortschritt der Titration graphisch auf Bildschirm verfolgt werden. Im Auswerte-Menue kann dann anschliessend die übliche Titrationskurve als pH(ml)- oder mV(ml)-Diagramm sowie der ersten Ableitung aufgezeichnet werden. <u>AUTO-T</u> erkennt selbstständig die Äquivalenzpunkte. Kompliziertere Fälle können über GRAN-Graphiken oder GRAN-Plots in getrennten Dienstprogrammen bearbeitet werden.
Die <u>AUTO-T</u> Software ist z. Zt. in TURBO PASCAL gestaltet. Durch Menuetechnik gelangt der Benutzer zu den Grundoperationen: Initialisieren der Geräte, Einrichten der Meßstraßen, pH-Eichung, pH-Messung am aktuellen Titrationsversuch, Darstellung der Resultate in Bildschirm- und Plottergraphik sowie Datenausgabe auf Drucker.

Wir demonstrieren <u>AUTO-T</u> am Beispiel einer Titration von Phosphorsäure gegen Natronlauge.

<u>Titrations-System TR600</u>

Im vorangegangenen Beitrag sowie in (1) haben wir über die Entwicklung eines PC-gesteuerten Titrationsautomaten <u>AUTO-T</u> berichtet. Im Rahmen der industriellen Weiterentwicklung dieser Anlage entstand das computergesteuerte Titrationssystem <u>TR600</u> der Fa. SCHOTT GERÄTE GmbH.

<u>TR600</u> besteht aus einem IBM 50-T PS2-Computer, der das intelligente Titrations-Interface TR 250 S über eine serielle Schnittstelle steuert. An das Titrations-Interface TR 250 S lassen sich

über ein Steckkartensystem bis zu 4 Titrations- oder Dosier-Büretten, ein XY-Schreiber und ein Probenwechsler mit Waage anschliessen.

Es steht eine Reihe praxisnah geprüfter "Methoden", ablauffähige Problemlösungen, zur Verfügung. Die Neu-Entwicklung Benutzereigener Methoden ist durch einen komfortablen Methoden-Editor mit zahlreichen Methodenbausteinen leicht möglich. Durch sein komfortables Menue-System eignet sich der TR600 für Präzisions- und routinemässige Serienanalysen. TR600 macht optimalen Nutzen von der Genauigkeit und Bedienerfreundlichkeit seiner analytischen Bausteine und verbindet diese mit dem breiten Angebot eines ausgezeichneten Rechners.

Unser Posterbeitrag demonstriert den Aufbau des TR600.

Titrations-Simulator GENTIT

Rechenprogramme zur Simulation von Titrationskurven können zur Planung und Auswertung von Experimenten sowie der wissenschaftlichen Schulung von Fachkräften dienen.

Über TITRAT-PC, ein TURBO PASCAL-Programm, berichteten wir in (2) und (3). Hier stellen wir wesentliche Fortschritte in der Weiterentwicklung unserer Software vor. GENTIT berechnet in völlig allgemeiner Weise SB-Titrationsgleichgewichte in Reinstoffen oder Gemischen. Hierbei können sowohl Titrator als auch auch Titrand ein- oder mehrfunktionelle Säuren oder Basen sein. GENTIT kann Konzentrationen oder mithilfe verschiedener Modellvorstellungen auch Aktivitäten in den Gleichgewichtssystemen berücksichtigen. GENTIT arbeitet effizient in TURBO C.

GENTIT ist ein nützliches Instrument zur Präparation und Analyse von Säuren, Basen und Salzen. Unser Poster zeigt den grundlegenden Algorithmus zur Berechnung des Konzentrationsmodells und stellt als Beispiel die Titration von Ethylendiamin mit Phosphorsäure dar.

Details zu Programmierfragen, Datentabellen und Plots berechneter
Beispiele werden auf Anfrage mitgeteilt.

Literatur:
1 Hägele G GIT Fachz. Lab. 3/88 S. 229
2 Hägele G, Kolacki A "Software-Entwicklungen in der Chemie 2",
  Springer-Verlag Berlin Heidelberg New York, 1988, S.321-329),
  Proceedings des Workshops "Computer in der Chemie", Hochfilzen
  Tirol, 18.-20.11.1987, J. Gasteiger (Ed.)
3. Hägele G GIT Fachz. Lab. 10/88 S. 1082

SIMULATION VON FÄRBEVORGÄNGEN

O. Barriga, N. Fieles-Kahl, F. Szabo

Transferzentrum CAD/CAM in der Textiltechnik
Pestalozzistr. 73, 7410 Reutlingen

1. EINLEITUNG

Das Farbdarstellungs und Farbmetrik-CAD-System (kurz CAC = Computer
Aided Colouring genannt) löst viele Probleme, die mit Farbgebungs-
vorgängen zusammenhängen, am Computer mit einer Simulation. Dabei ist
das System in der Lage die Farben "echt" auf dem Bildschirm
darzustellen.

Mit dem Begriff Farbe verbinden sich eine Reihe von Begriffen und
Problemen in der Farbgebung:

- Der physikalische Vorgang des Farbsehens und die Bestimmung der
  Farbwerte X, Y, Z (Farbmetrik) (1,2,3,4).
- Wahrnehmung von Farben unter verschiedenen Umgebungseinflüssen.
- Die Mischung von Farben nach verschiedenen Gesetzmäßigkeiten je nach
  Färbeverfahren.
- Die Erstellung von Farbkollektionen und Trends für neue Entwürfe.
- Die Wirkung von Farben unter verschiedenen Lichtarten.
- Die Darstellung von Farbtoleranzen nach verschiedenen Berechnungs-
  arten
- Die Nachstellung von Vorlagen mit verschiedenen Färbeverfahren.
- Die Auswahl von Farbstoffen für Färbeverfahren nach Kosten oder
  verfahrenstechnischen Gesichtspunkten.
- Rezepturberechnungen für verschiedene Färbeverfahren.
- Darstellung von verschiedenen Farbsystemen.
- Festlegung von Trends aus Farbsystemen und Überprüfung auf
  Produzierbarkeit

Alle diese Probleme lassen sich mit dem System CAC-System lösen bzw.
visualisieren. Als Datenbasis benötigt das System Eichfärbungen, wie
sie üblicherweise für Rezepturberechnungen von verschiedenen Rezeptur-
systemen verwendet werden. Dazu werden 16 Remissionswerte mit einem
Spektralphotometer gemessen. Hier sind alle auf dem Markt verfügbaren

G. Gauglitz (Hrsg.)
Software-Entwicklung in der Chemie 3
© Springer-Verlag Berlin Heidelberg 1989

Geräte anschließbar.

2. "ECHTE DARSTELLUNG" VON FARBEN

Die Farbe eines Stoffes, die das menschliche Auge wahrnimmt, wird durch die folgenden physikalischen Komponenten bestimmt:

- Die spektrale Intensitätsverteilung der Lichtquelle (Genormt: A, C, D65, ...)
- Die spektrale Verteilung des Reflexionsvermögens des Stoffes (Remissionskurve)
- Die spektralen Empfindlichkeitskurven der drei Zapfenarten im Auge (Genormt: xquer, yquer, zquer)

Die Farbe, die auf dem Bildschirm entsteht, ist eine additive Mischung der drei Grundfarben Rot, Grün und Blau. Dabei läßt sich die Intensität, nicht aber die spektrale Intensitätsverteilung der Grundfarben verändern. Die Farbe eines Stoffes muß also additiv mit den drei Grundfarben nachgemischt werden.

Der Farbeindruck auf dem Bildschirm und der Farbeindruck eines Stoffes kann also nur bei einer Lichtart gleich sein. Es werden durch die Nachmischung die gleichen XYZ-Werte erzeugt.
Damit bei jedem Bildschirm der Farbeindruck gleich ist, müssen die Bildschirme individuell geeicht werden. Jeder Bildschirm benötigt seine eigene Eichkurve. Es handelt sich also bei der Farbdarstellung am Bildschirm um metamere Farben.

3. FARBMETRISCHE ZUSAMMENHÄNGE

Für die Ausbildung von Mitarbeitern in der Farbmetrik und für das Verständnis der farbmetrischen Zusammenhänge gibt es einen Modul mit dem man Farberscheinungen mit allen physikalischen Zusammenhängen am Bildschirm darstellen kann. Die wesentlichen Einflußgrößen, wie Lichtart und Remmisionskurve kann man am Bildschirm interaktiv verändern. Die Bewertung dieser Größen durch das Auge (Berechnung der Farbwerte) sowie die entstehende Farbe ist auf dem Bildschirm sofort sichtbar.
Der Bediener kann interaktiv sowohl die Lichtart, als auch punktweise

die Remissionskurve ändern, die Ergebnisse mit den Farbwerten und der
sichtbaren Farbe erscheinen sofort auf dem Bildschirm.

4. EICHFÄRBUNGEN DIE DATENBASIS DER FARBSIMULATION

Farbmischungen können nur aus Eichfärbungen berechnet werden, die mit
dem gleichen Färbeverfahren und dem gleichen Substrat erstellt worden
sind. Dazu wird mit einem Spektralphotometer die Remissionskurve in
Schritten von 20 nm im Bereich von 400 bis 700 nm ausgemessen. Diese
16 Remmissionswerte werden zur Berechnung der Farbwerte und der
Mischung von Farben eingesetzt. Fehler, die bei der Erstellung der
Datenbasis gemacht werden, haben weitreichende Folgen. Das System
stellt eine Reihe von Prüfverfahren der Datenbasis zur Verfügung. Die
Plausibilitätsprüfungen werden in vielen Fällen in Grafiken auf dem
Schwarz-Weiß-Bildschirm durchgeführt, sodaß man mit einem Blick Fehler
erkennen kann. Die Farbwerke haben die Daten zum Teil zur Verfügung
gestellt, sodaß alle wichtigen Textilfarben im System vorhanden sind.
Die Anzahl der Eichfärbungen ist nicht vorgeschrieben. Das System paßt
sich an die Datenbasis an, sodaß Eichreihen mit vier bis acht Meßreihen verarbeitet werden können.

5. MISCHEN AUS VORGEGEBENEN KOMPONENTEN

Die Farbfestlegung für neue Kollektionen findet immer häufiger am
Bildschirm statt. Die Gefahr dabei ist, daß Farben ausgesucht werden,
die bei bestimmten Substraten und bestimmten Färbeverfahren nicht
herstellbar sind.

Beim CAC-System werden vor der Farbfestlegung die Farbstoffe, die bei
den vorgesehenen Substraten angewendet werden sollen, festgelegt. Bei
dieser Festlegung können verschiedene Gesichtspunkte eine Rolle
spielen:

- Die Kosten für die Farbstoffe für ein bestimmtes Produkt
- Verfahrenstechnische Besonderheiten eines Produkts
- Besondere Anforderungen in der Farbechteit eines Produkts
- Besondere technische Anforderungen wie schwer entflammbar oder
  ähnliche.

Durch die Auswahl der Grundfarbstoffe vor der Farbmischung ist gewähr-
leistet, daß "produzierbare" Farben entstehen. Der Designer mischt die
Farben nach visuellen Kriterien, der Färber erhält vom Designer eine
Remissionskurve bzw. die 16 Remissionswerte oder gleich das bei der
Mischung erstellte Rezept.
Farbfestlegungen für neue Kollektionen werden erst getroffen, wenn der
Designer durch viele Versuche in seiner Auswahl sicher ist.
Sind Farben auf diese Weise quantitativ festgelegt, kann man syste-
matisch nach gleichen Farben im Archiv suchen bzw. neu rezeptieren.

6. FESTLEGUNG VON KOLLEKTIONSFARBEN AUS FARBTAFELN

Farbtafeln werden von realen Farbstoffen und Substraten gemischt.
Ausgehend von zwei oder drei Grundfarben, die mit dem Cursor in ihrer
Farbstärke festgelegt werden, mischt das System ein Farbrechteck oder
Farbdreieck aus. Dabei können verschiedene Regeln für die Abstände der
Konzentration der einzelnen Farbkomponenten in den Feldern festgelegt
werden. Nach Auswahl einer Farbe ist auch die Konzentration der Kom-
ponenten bekannt. Für korrigierende Rezepturberechnungen sind auch die
Remissionswerte bekannt.

7. FESTLEGUNG VON KOLLEKTIONSFARBEN AUS FARBSYSTEMEN

Bei der Festlegung von Farbtrends und neuen Kollektionen werden die
Farben vielfach aus Farbatlanten oder Farbtafeln ausgesucht. Das
System stellt verschieden Farbsysteme, wie die DIN-Farbenkarte, das
NCS (Natural Color System) und SCOTDIC, zur Verfügung. Mit einer
erstellten Farb-Kollektion können die Farben auf ihre Darstellbarkeit
in der Produktion überprüft werden. Dazu gibt es eine Rezeptur-
berechnung, die aus vorgegebenen Komponenten Rezepte erstellt.
Korrekturen können noch während der Kollektionserstellung vorgenommen
werden. Probefärbungen werden erst notwendig, wenn die Kollektion
vollständig am Bildschirm erstellt ist.

8. VERWALTUNG EINER REZEPTUR- UND FARBDATENBANK

Alle vorhandenen Rezepte können mit dem System archiviert werden. Dabei werden die Farben mit ihren Remissionskurven gespeichert. Die Farbe und alle farbmetrischen Daten können am Bildschirm angezeigt werden. Farben können nach verschiedenen Gesichtspunkten wie nächster Farbwert oder nächste Remissionskurve gesucht werden. Die Ergebnisse können mit der Vorlage am Bildschirm verglichen werden.

9. INTEGRATION DER SYSTEME

Daten aus dem CAC-Farbmetrik-CAD-System können an folgende Produktionsbereiche und deren Systeme übertragen werden:

Färberei: Datacolor Integratet Color Network, ICS Farbmetriksysteme und weitere (ACS, Keiltronix).

Weberei: HTS-Schaftwebsystem, Entwurf, Mustersimulation, Steuerung der Musterweberei und Vernetzung mit der Produktion (5).

Weberei: HTS-Jacquard-Websystem. Perfekte Mustersimulation am Bildschirm und Vernetzung mit der Produktion.

Textildruckerei: HTS-CAP-System Erstellung von Farbauszügen, colorieren am Bildschirm, Vernetzung mit Farbküche und Schablonenherstellung.

10. FARBFERNÜBERTRAGUNG, "FARBFAX"

CAC-Systeme können über ein Telefon-Modem miteinander Farben austauschen. Dabei müssen pro Farbe lediglich 16 Zahlenwerte übertragen werden. Entwurfsatelier und Produktionsstätte können so, sehr schnell, bei Produkten mit geringen Farbabweichungen Entscheidungen fällen. Einige Textilbetriebe und auch ein großer Farbenhersteller plant den Einsatz dieses Mediums für die Übertragung von Farben und Entwürfen zwischen den einzelnen Geschäftsstellen.

11. ERSTE ERFAHRUNG IM EINSATZ DES SYSTEMS

In der Tuchfabrik Gaenslen und Völter in Metzingen ist das System in der Dessinatur und in der Färberei eingesetzt. Bei der Kommunikation dieser beiden Abteilungen hat sich gezeigt, daß ca 50% der Probefärbungen bei der Farbfindung in der Kollektionserstellungsphase eingespart werden können.

In der Niederlassung von Ciba-Geigy in USA ist das System in der Kundenberatung in der Farbmetrikabteilung eingesetzt. Dabei hat sich in den ersten 4 Monaten, trotz der Einarbeitungsphase gezeigt, daß 35% der Probefärbungen eingespart werden konnten.

1 Lang, H (1978) Farbmetrik und Farbfernsehen, Oldenbourg Verlag
2 McDonald, R (1987) Colour physics for industry, Society of Dyers and Colourists
3 McLaren, K (1986) The Colour Scienc of Dyes and Pigments, Adam Hilger Verlag
4 Richter, M (1980) Einführung in die Farbmetrik, Walter de Gruyter
5 Fieles-Kahl, N, Herrmann, A, Roth, H (1986) CAD/CAM für die Weberei textil praxis international, Konradin-Verlag

MOLCAD – NEUE ENTWICKLUNGEN VON MOLECULAR MODELLING SOFTWARE FÜR SUPERWORKSTATIONS

Martin Knoblauch, Michael Waldherr-Teschner

Institut für Physikalische Chemie
Technische Hochschule Darmstadt
Petersenstr. 20
6100 Darmstadt

Die Visualisierung im Bereich des wissenschaftlichen Rechnens nimmt an Bedeutung zu. Es ist notwendig geworden, die enormen Datenmengen, die die heutigen Supercomputer produzieren, in entsprechender Weise graphisch aufzuarbeiten und so dem Wissenschaftler einfach und schnell zugänglich zu machen.

Mit Hilfe von Computergraphik ist es heutzutage möglich, daß man ohne große Schulung mit Rechnern arbeiten kann. Befehle und Datenstrukturen werden durch leicht verständliche Symbole dargestellt und können auf einfache Weise dem Benutzer zugänglich gemacht werden. Die Visualisierung im Bereich des wissenschaftlichen Rechnens dagegen ist zur Zeit nicht auf dem Stand, der mit moderner Hardware zu erreichen ist. So ist zwar das graphisch interaktive Arbeiten im Bereich der Chemie ein fester Bestandteil geworden, aber es handelt sich hierbei meist um die Eingabe und Manipulation von Molekülstrukturen. Die zeitaufwendigen Rechnungen werden dann in der Regel als Hintergrundprozesse durchgeführt. Genau an diesem Punkt kann die Visualisierung dem Wissenschafler neue Wege und Methoden eröffnen, die die Effizienz seiner Arbeit steigern.

Die Visualisierung ist eine eigene Methode der Computeranwendung. Symbolische Information wird in geometrische Information umgewandelt, und hierdurch werden Wissenschaftler in die Lage versetzt, ihre Simulationen und Rechnungen zu beobachten.

Das menschliche Gehirn kann visuelle Daten schneller als irgendeine andere Form des Sinneseindrucks analysieren und verstehen. Auf den Computer übertragen, kann der für das Sehen zuständige Teil des Gehirns allein etwa eine Million Operationen pro Sekunde durchführen. Die Computer fangen an, Daten mit diesen Geschwindigkeiten zu produzieren. Die Visualisierung ist deshalb die zur Zeit beste Möglichkeit, Mensch und Maschine zu koppeln. Richard Hamming stellte schon vor Jahren fest 'the purpose of (scientific) computing is insight, not numbers'.

G. Gauglitz (Hrsg.)
Software-Entwicklung in der Chemie 3
© Springer-Verlag Berlin Heidelberg 1989

In den USA gibt es eine Initiative namens VISC (Visualisation in scientific computing) [1], bei der es darum geht, den Stand dieses neuen Forschungsgebietes herauszuarbeiten und neue Konzepte dafür zu entwickeln.

Hardware:

Im Laufe des Jahres 1988 ist eine neue Klasse von Workstations auf dem Markt erschienen. Diese neue Klasse wird geprägt durch hohe Prozessorleistung und eine sehr leistungsfähige Graphik. Diese Komponenten werden dabei durch Bussysteme mit sehr hohen Bandbreiten gekoppelt. Auf der Seite der Rechenleistung verschwimmen die Grenzen zwischen diesen Workstations und den sogenannten Super-Mini's, d.h. die Rechner am Arbeitsplatz warten mit Rechenleistungen auf, die noch vor wenigen Jahren den Mainframes vorbehalten waren. Durch die enorme Graphikleistung ist man in der Lage, komplexe Strukturen und Objekte in flächenfüllender Darstellung (solid model) in Echtzeit zu manipulieren.
Es gibt nun eine Reihe von Firmen, deren Produkte in diese Reihe der Superworkstations passen. Marktführer ist zur Zeit sicherlich die Firma SILICON GRAPHICS (SGI). Mit ihrer 4D Familie bietet SGI die zur Zeit leistungsstärkste Graphikhardware in einem breiten Preisbereich. Hinzukommt, daß diese Workstations in der Chemie schon längere Zeit im Einsatz sind, und dadurch auch ein breites und umfassendes Softwareangebot existiert. Neue Firmen wie ARDENT und STELLAR besitzen etwas andere Hardwarekonzepte, die durchaus interessant erscheinen. Hier liegt die Situation zur Zeit so, daß diese Systeme in Deutschland erst kurze Zeit auf dem Markt sind, und im Bereich der Chemie ein sehr beschränktes Softwareangebot besteht. Andere Workstations, wie etwa von HP oder TEKTRONIX sind im Prinzip auch für Anwendungen in der Chemie geeignet, sind aber, obwohl sie in anderen Anwendungsbereichen gut vertreten sind, auf dem Markt für Molecular Modelling quasi nicht präsent.
Eines wird bei der Betrachtung des Marktes deutlich: Das ist der Trend hin zu Standards, wobei vor allem der Graphikstandard noch heftig diskutiert wird.

Oberflächendarstellungen:

Bei der Visualisierung von wissenschaftlichen Rechenergebnissen ist es notwendig, komplexe Strukturen flächenfüllend darstellen und in Echtzeit manipulieren zu können. Durch die Entwicklung von spezieller Graphikhardware ist dies möglich geworden, allerdings muß man hierbei solche Strategien verwenden, mit denen man diese Hardware richtig ausnutzen kann.

Um raumfüllende Darstellungen von Molekülen zu erreichen gibt es zwei Möglichkeiten. Die eine ist die Darstellung als Kalottenmodell (CPK). Hierbei werden um die Atomlagen jeweils Kugeln mit dem entsprechenden Van der Waals (VdW) Radius dargestellt. Der Vorteil liegt hier in dem geringen Aufwand der Generierung. Ein Nachteil entsteht dadurch, daß man damit keine wohldefinierte Oberfläche erzeugt, sondern nur ein Bild der Oberfläche. Um eine Obefläche zu erhalten, mit der man dann noch Berechnungen ausführen kann, muß man die Oberfläche durch ein Punktraster beschreiben. In der Regel nimmt man dafür das von Richards [2] vorgeschlagene Verfahren, auf der VdW Oberfläche des Moleküls eine Kugel abzurollen, deren Radius etwa dem eines Lösungsmittelmoleküls entspricht. Diese so erhaltene Oberfläche nennt man dann die 'solvent accessible surface'.

Die so gewonnene und aus Punkten aufgebaute, sogenannte 'dotted surface' konnte auch schon von Vektor-Systemen dargestellt und interaktiv manipuliert werden. Der 3-D Eindruck bei diesen Oberflächen wird durch das sogenannte depth-cueing erreicht, d.h. die Punkte werden in Richtung der negativen Z-Achse mit abnehmender Intensität dargestellt. Diese Oberflächendarstellung besitzt aber einige Nachteile, vor allem dann, wenn die dargestellte Situation unübersichtlich wird, beispielsweise bei der Überschneidung mehrerer Moleküloberflächen.

Bei den 'solid surfaces' muß, um einen möglichst echten 3-D Eindruck zu bekommen, ein erheblich größerer Aufwand betrieben werden. Prinzipiell wird für jeden Rasterpunkt, der einen Punkt der Oberfläche darstellt, eine Lichtintensität berechnet, die von verschiedenen Parametern abhängt [3]. Diese Methode der pixelorientierten Oberflächendarstellung ist sehr zeitaufwendig und ist für interaktives Arbeiten unbrauchbar.

Moderne Workstations besitzen in ihrer Graphik-Hardware Bauteile, die beim Darstellen von Polygonen eine Reihe von Aufgaben übernehmen: Berechnung der Beleuchtung, z-buffering, clipping und das Füllen. Diese Hardware kann man allerdings nur ausnutzen, wenn man die Oberflächen aus Polygonen aufgebaut hat. Der rechenzeitaufwendige Teil der Arbeit wird dann von der Spezialhardware übernommen, und man hat damit die Möglichkeit, flächenfüllende Modelle in Echtzeit zu manipulieren.

MOLCAD :

MOLCAD ist ein interaktives Programm zum Aufbau und zur Manipulation von Molekülen und molekularen Systemen. Als Datenbasis wurde für MOLCAD das Format der BROOKHAVEN PROTEIN DATA BANK (PDB) [4] gewählt, weil dieses Format zur Zeit von vielen gebräuchlichen Programmen verstanden wird. Das dem PDB zugrundeliegende Konzept der Definition von Molekülen aus repetitiven Einheiten kann, muß aber nicht verwendet werden. Im Falle der standardmäßigen Benutzung können die im Programm vorhandenen Möglichkeiten für die Handhabung von Biopolymeren genutzt werden.

Neben dem PDB Format kann auch das Datenformat der BIOSYM Software gelesen und geschrieben werden. Eine Schnittstelle zu CCDF ist in Arbeit.

Bei der von uns verwendeten Hardware handelt es sich um die IRIS Workstation-Familie von Silicon Graphics und den Personal Computer AMIGA von Commodore. Obwohl sich beide Systeme in der Leistung sehr stark unterscheiden, findet man beim AMIGA schon die meisten Konzepte von moderner Raster-Hardware, die für eine 3-D Programmumgebung sehr wichtig sind. Trotz der geringen Rechenleistung ist der AMIGA in der Lage, Moleküle bis zu etwa 80 Atomen interaktiv zu handhaben.

Ein wichtiger Punkt bei der Entwicklung von MOLCAD war, daß für den Benutzer auf beiden Systemen die gleiche Benutzeroberfläche vorhanden ist, und daß die grundlegenden Operationen die gleiche Funktionalität besitzen. Der PC soll dabei nicht die Workstation ersetzen, sondern im Low-End Bereich sinnvoll ergänzen [5]. Daneben stand am Anfang der Entwicklung die Schaffung von Möglichkeiten zum transparenten Datenzugriff innerhalb eines lokalen Netzwerks (LAN) im Vordergrund [6].

MOLCAD bietet neben den gebräuchlichsten Operationen im Molecular Modelling (Scalierung, Translation, Rotation, usw.) vor allem die Möglichkeit zur interaktiven Generierung und Handhabung von flächenfüllenden Modellen. Neben einfachen CPK-Modellen können frei definierbare Oberflächen mit verschiedenen Oberflächenqualitäten flächenfüllend dargestellt und manipuliert werden. Bei entsprechender Hardware-Konfiguration (IRIS 4D/GT mit Alpha-Blending) ist die transparente Darstellung von Moleküloberflächen möglich. Diese Darstellungsart bietet besonders bei der Untersuchung von Rezeptor-Substrat-

Wechselwirkungen Vorteile.

Der eigentliche Kern von MOLCAD ist eine hardwareunabhängige Beschreibung von Molekülen und Moleküleigenschaften. Durch die Anwendung von dynamischer Speicherverwaltung werden künstliche Grenzen für die Anzahl der Bindungen, Atomen, Residuen usw. vermieden. Das Programm ist komplett in C geschrieben und umfasst zur Zeit etwa 40000 Programmzeilen. Ein Haupziel bei der Implementierung von MOLCAD war die Schaffung einer komfortablen, interaktiven Benutzerschnittstelle, in die neue Applikationen einfach einzubinden sind. Dies wird in MOLCAD durch die saubere Trennung von Graphikmodulen und Anwendungsroutinen erreicht. Die Anbindung neuer Programme kann entweder im Programm erfolgen, oder aber mittels Prozeßkommunikation. Auf die zweite Art konnte z.B. das Originalprogramm von M.Conolly [7] zur Berechnung von 'dotted surfaces' mit nur minimalen Änderungen in MOLCAD eingebunden werden. Die Einbettung weiterer Standardprogramme wie AMPAC und AMBER ist geplant.

Zur Zeit wird vor allem an den Möglichkeiten des 'solid modellings', der Kommunikation zwischen Prozessen, einer 3-D Multiwindow-Umgebung und an der Anbindung an ein Datenbanksystem gearbeitet.

LITERATUR

1 McCormick,B.H. et al. VISC Comp. Graph. **21,6**, (1987) .

2 Richards,F.M. Ann. Rev. Biophys. Bioeng. 6, (1977), 159 .

3 Brickmann,J.J. Mol. Graph. 1, (1983), 62 .

4 Bernstein,F.C. et al. J. Mol. Biol. **112**, (1977), 535 .

5 Waldherr-Teschner,M. BMFT 'Molecular Modelling' Broschüre (1988).

6 Knoblauch,M. BMFT 'Molecular Modelling' Broschüre (1988).

7 Connolly,M.L Science, **221**, (1983), 709 .

Modellierung des "Nukleosid bindenden Loops" der Herpes Simplex Virus 1 Thymidinkinase auf der Basis von Homologieuntersuchungen

Gerd Folkers, Sabine Krickl, Michael Krug und Susanne Trumpp

Pharmazeutisches Institut der Universität Tübingen
Auf der Morgenstelle 8, D-7400 Tübingen

EINLEITUNG

Für die Entwicklung eines Wirkstoffes mit optimalem therapeutischem Index finden verschiedenste Strategien Anwendung. Zu den ambitioniertesten Ansätzen gehört vielleicht das Design eines neuen Pharmakons aus der Kenntnis seiner exakten molekularen Wechselwirkungen mit seinem biologischen Komplement.

Zielenzym unserer Untersuchungen ist eine von Herpes Simplex Virus codierte Thymidinkinase (HSV1-TK), die eines der Schlüsselenzyme für die antivirale Wirkung von Nukleosidanaloga darstellt(1). Voraussetzung für die theoretische Untersuchung der Arzneistoff - Protein - Wechselwirkung ist die Kenntnis der dreidimensionalen Struktur des Zielproteins. Im Fall der HSV-TK's sind diese 3D-Strukturen wegen der Instabilität der hochgereinigten Enzyme(2) bisher nicht zugänglich. Unser Ziel ist es daher, aufgrund bekannter Gesetzmäßigkeiten der Nukleosid - Protein Interaktion mittels theoretischer Verfahren ein Computermodell der Nukleosidbindungsregion der HSV1-TK zu erstellen. Ein immer wiederkehrender Bestandteil einer solchen Region ist ein Glycinhaltiger Loop aus sieben Aminosäuren, dessen 3D-Rekonstruktion der Inhalt dieser Studie ist.

G. Gauglitz (Hrsg.)
Software-Entwicklung in der Chemie 3
© Springer-Verlag Berlin Heidelberg 1989

VORGEHENSWEISE

Der einzige Ansatz, der heute zur 3D-Rekonstruktion eines Proteins oder eines Teilstückes desselben zur Verfügung steht, ist die kombinierte Anwendung von empirischen Regeln und theoretischen Methoden der Chemie(3). (Abb.1)

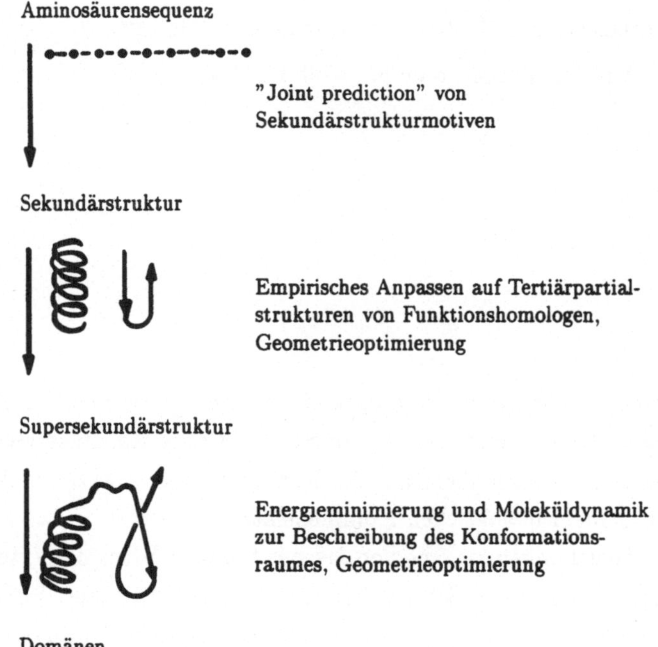

<u>Abb.1</u> *Kombinatorischer Ansatz zur Proteinstruktur-Vorhersage*

Ausgehend von der Aminosäuresequenz werden funktionshomologe Proteine auf identische Loopsequenzen untersucht. Danach erfolgt eine Vorhersage der Sekundärstruktur und ein Alignment unter Berücksichtigung von Primär- und Sekundärstruktur. Die im Alignment mit Funktionshomologen (deren Tertiärstruktur bekannt ist) gefundenen Identitäten werden über der 3D-Struktur als Schablone modelliert. Da die HSV1-TK im Unterschied zur zellulären TK Purinnukleoside als Substrat akzeptiert, boten sich als Schablone für die Modellierung des Loops die entsprechenden Bereiche der Kristallstrukturen von Adenylatkinase(4) (ADK) und EF-Tu(5) an. Das Modell des HSV1-TK-Loops wurde dann einer Geometrieoptimierung in einem eigens für Proteine parametrisierten Kraftfeld unterworfen. Moleküldynamiksimulationen (MDS) der Loopregion sollten Aufschluß geben über die Flexibilität der Struktur , die für die Hypothese der Phosphatübertragung von Bedeutung ist. Zum Aufbau, zur Manipulation und zur allgemeinen Darstellung der Strukturen haben wir SYBYL+5.1(6) verwendet, zur Geometrieoptimierung , Energieberechnung und MDS diente AMBER 3.0 (7). Die Programme sind installiert auf einer Vax 3500 und einer CONVEX C2-XP, das Display erfolgte auf einem E&S PS390 System(8).

ERGEBNISSE UND DISKUSSION

1.Vergleich von Sequenz und Sekundärstruktur

Die allgemeine Form des konservierten Loops einer Nukleosidbindungsdomäne ist die Glycin reiche Sequenz $\boxed{\text{G–X–X–X(G)–X–G–K}}$. Sie besteht meist aus sieben Aminosäuren, wobei der erste und der letzte Rest immer ein Glycin (G) ist und der Loop C-terminal immer von einem Lysinrest (K) abgeschlossen wird. Die Sequenz verbindet normalerweise den ersten β-strand des Proteins mit der ersten α-Helix. In Abb.2 ist

					I		
HSV-1	(49)	LLRVYID-	G	PHGM	G K	TTTT	(66)
HSV-2	(49)	LLRVYID-	G	PHGV	G K	TTTS	(66)
Marmoset HV	(10)	ILRVYLD-	G	PHGV	G K	STTA	(27)
Epstein–Barr	(43)	SL--FLE-	G	APGV	G K	GTQC	(59)
Varizella Zoster	(13)	VLRIYLD-	G	AYGI	G K	TTAA	(29)
Human	(18)	RGQIQVIL	G	PMFS	G K	STEL	(36)
Chicken	(18)	RGQIQVIF	G	PMFS	G K	STEL	(36)
Chinese hamster	(18)	RGQIQVIL	G	PMFS	G K	STEL	(36)
Maus	(18)	RGQIQVIL	G	PMFS	G K	STEL	(36)
Monkeypox	(9)	GGHIQLII	G	PMFS	G K	STEL	(21)
Vaccinia	(3)	GGHIQLII	G	PMFS	G K	STEL	(21)
Variola	(3)	GGHIQLII	G	PMFS	G K	STEL	(21)
Fowlpox	(3)	SGSIHVIT	G	PMFS	G K	STEL	(21)
Shopefibroma	(3)	GGHIHLII	G	PMFA	G K	TSEL	(21)
Adenylatkinase	(8)	KSKIIFVV	G	GPGS	G K	GTQC	(25)
P21 (onkogen)	(3)	EYKLVVV-	G	ASGV	G K	SALT	(20)
EF-TU	(11)	HVGVNIT-	G	HVDH	G K	TTLT	(28)

Abb.2 *Alignment des N-terminalen Bereiches verschiedener Thymidinkinasen mit Adenylatkinase, p21 und EF-Tu. Der phosphatbindende Loop ist hervorgehoben.*

das Alignment bezüglich des Loops für 13 TK's unterschiedlicher Spezies sowie für Adenylatkinase, p21 und EF-Tu dargestellt. Neben der hohen Homologie der Primärstruktur zeigt die Sekundärstrukturvorhersage für alle Sequenzen eine nach dem Lysin (K) beginnende α-Helix und einen dem Loop vorgelagerten β-strand. Die ersten beiden Aminosäuren der α-Helix S(T) und T sind ebenfalls hochkonserviert.

2. Übertragung des Alignments in die dreidimensionale Struktur

Von ADK und EF-Tu standen uns die Daten der Kristallstrukturanalyse zur Verfügung. Abb.3 zeigt den 3D-Fit der Loopregion der beiden Proteine. Links liegt jeweils die erste Helix, die durch den Loop mit dem ersten β-strand (rechts) verbunden ist. Über dieser Schablone wurde im folgenden der HSV1-TK Loop entsprechend den im Alignment gefundenen Homologien aufgebaut.

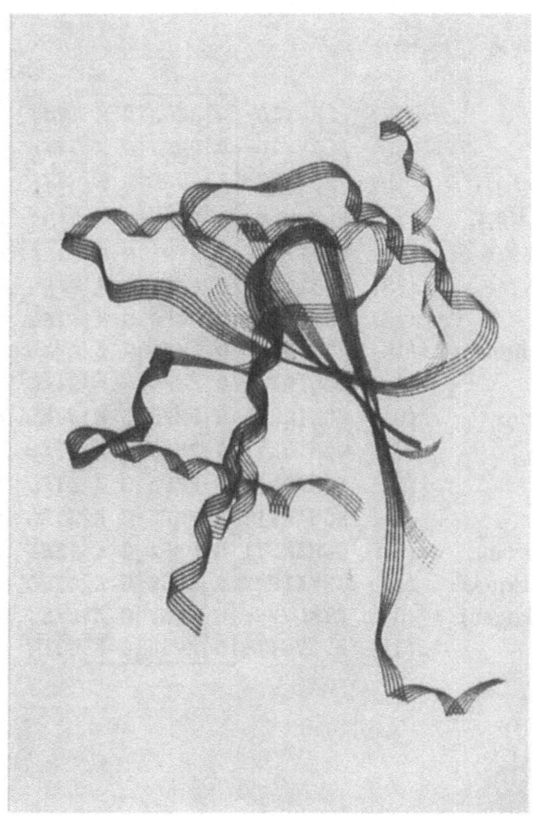

<u>Abb.3</u> *3D-Fit des Loopbereichs aus den Röntgenstrukturen von EF-Tu und ADK.*

3. Aufbau des HSV-TK-Loops über ADK

Grundlage der Konstruktion war die Kristallstruktur der cytosolischen ADK vom Schwein. Das in allen Kinasen konservierte Lysin (K) vor Beginn der Helix und am Ende des Loops diente als Fixpunkt. Das Alignment zeigt Abb.4.

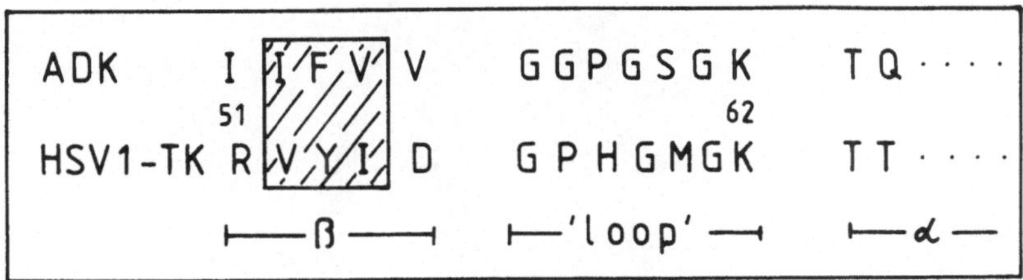

Abb.4 *Alignment des Loops für ADK und HSV1-TK.*

Die Position des rigidisierenden Prolins ist in der HSV1-TK um eine Aminosäure in N-terminaler Richtung gegenüber ADK verschoben, so daß die Backbone- Geometrie nicht erhalten blieb. Bei der nachfolgenden Geometrieoptimierung zeigte sich jedoch, daß das gesamte Strukturelement Helix - Loop - β-strand (HSV1-TK) in einer energetisch günstigen Konformation auf das homologe Element der ADK angepaßt werden kann.(Abb.5)

4. Die mögliche Funktion des Loops

Hinweise auf die Funktion des Loops geben sowohl Mutageneseexperimente als auch kristallographische Daten. Werden einzelne Glycine oder Lysin im Loop ausgetauscht, verliert das Enzym seine Phosphorylierungsfähigkeit.(9). In Kristallstrukturen wie EF-Tu, in denen auch das Substrat lokalisiert werden kann, findet sich ein Phosphatrest immer im Loopbereich. Der Phosphatrest wird offensichtlich durch Wechselwirkungen mit dem Loopbackbone, über das Lysin und die Threonine am Beginn der Helix, sowie im Feld des Helixdipols an deren N-Terminus fixiert(10). In der von uns als Vergleich verwendeten ADK bindet ein Sulfation in ganz ähnlicher Weise in der Loopregion,(Abb.6).

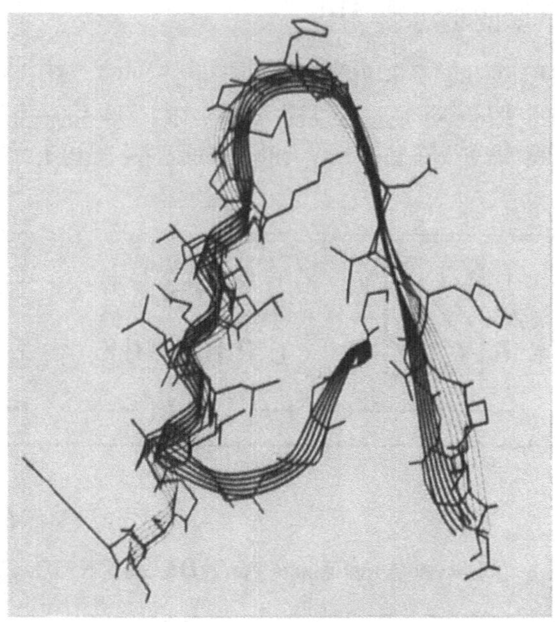

Abb.5 *3D-Fit des modellierten Loopbereichs mit α-Hellix und β-strand nach Geometrieoptimierung auf den homologen Bereich der ADK.*

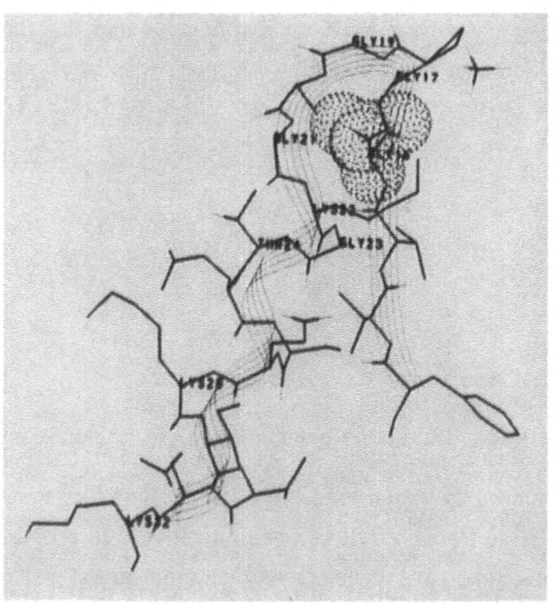

Abb.6 *ADK-Loopregion (Helix–Loop–β-strand) mit eingebautem Sulfatrest (mit vdW-Volumina).*

Die analoge Situation läßt sich für die HSV1-TK konstruieren. Abb.7 zeigt den Loop in
Seitenansicht, umgeben von seinem vdW-Volumen. Wird ein Guanosinmonophosphat-
molekül analog der Position im EF-Tu lokalisiert, befindet sich der Phosphatrest am
Eingang des Loop. Nun könnten Histidin(H) und Lysin(K) an seiner Basis das Phosphat
umgreifen, fixieren und durch eine Bewegung der gesamten Struktur auch transportie-
ren.

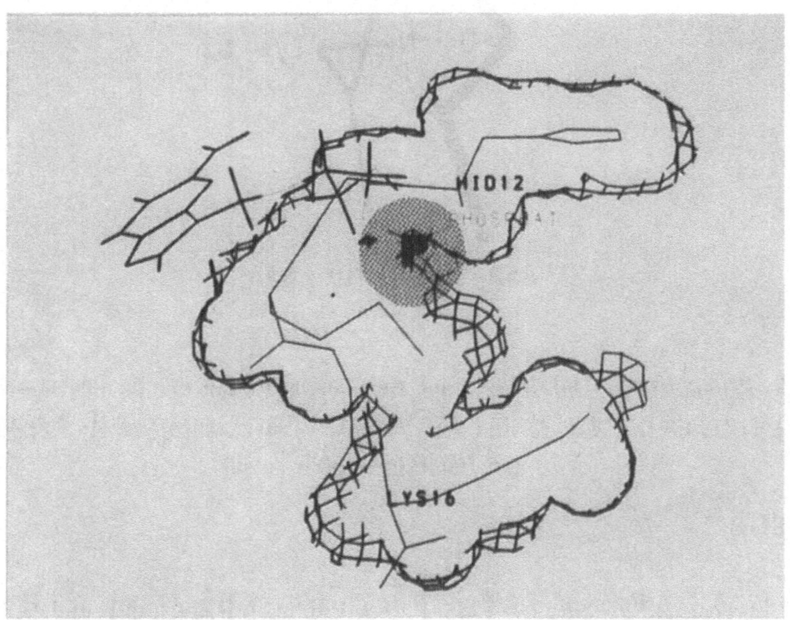

Abb.7 *Phosphatbindung im Loopvolumen. Die Phosphatgruppe ist vor der
Loopöffnung lokalisiert, die von Histidin (HID) oben und Lysin (LYS) seitlich unten
begrenzt wird.*

Moleküldynamiksimulationen der Loopregion zeigen, daß der Histidinrest eine Bewegung um 90° vollführen kann, wie in Abb.8 schematisch dargestellt. Die Loopbewegung
könnte als "induced fit" für den Einbau des Phosphats gedeutet werden. Lysin löst
dafür seine H-Brücken innerhalb des Loops und umschließt zusammen mit Histidin den
Phosphatrest, der zusätzlich wie oben beschrieben fixiert wird. Entsprechende Simula-
tionsversuche sind im Gange.

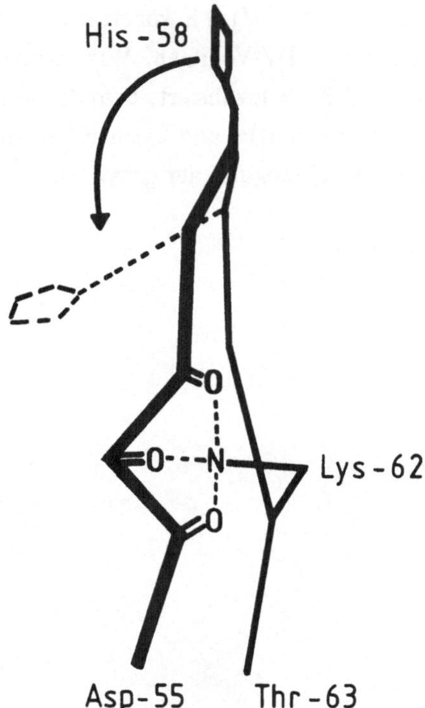

Abb.8 *Schematische Darstellung der Extrempostitionen der Loopbewegung aus der MDS. Cα-Atome von Asp-55 und Thr-63 waren fixiert, cutoff 12 Å, Kopplungszeit zu den Referenzatomen 0,1 ps.*

LITERATUR

1 G.B.Elion, P.A.Furman, J.A.Fyfe, P.de Miranda, L.Beauchamp und H.J.Schaeffer (1977) Proc.Natl.Acad.Sci., USA, 74, 5716

2 R. Beck, G. Folkers und K. Eger (1988) Pharm.i.u.Z. (im Druck)

3 R. Jaenicke (1987) Prog.Biophys.molec.Biol.49, 117

4 D. Dreusicke, P.A. Karplus und G.E. Schulz (1988) J.Mol.Biol.199, 359

5 F.T.M.la Cour, J. Nyborg, S.Thirup und B.F.C. Clark (1985) EMBO J. 4, 2385

6 E&S/Tripos, St.Louis, München

7 P.A. Kollman, Dept. Pharmaceutical Chemistry, UCSF, San Francisco

8 Evans & Sutherland Computer, Salt Lake City, München

9 Q.Lin und W.C. Summers (1988) Virology 163, 638

10 W.G.J. Hol, P.T.van Duijnen und H.C. Berendsen (1978) Nature 273, 443

CARBHYD – ein computergrafisches Interface zur Konstruktion, Wiedergabe und Konformationsberechnung von Poly- und Oligosacchariden.

C.W.v.d.Lieth (*), M.Schmitz (*), L. Poppe (#), M.Hauck (#), J. Dabrowski (#)

(*) Deutsches Krebsforschungszentrum BRD-6900 Heidelberg
   Im Neuenheimer Feld 280, 6900 Heidelberg
(#) Max-Planck-Institut für Medizinische Forschung
   Jahnstraße, 6900 Heidelberg

Zusammenfassung

Dargestellt wird die interaktive Verknüpfung verschiedener Programm-Module, die zur geometrischen Konstruktion, zur grafischen Wiedergabe und zur Berechnung von Oligosacchariden dienen. Verschiedene Methoden zur Konformationsanalyse von Sacchariden werden diskutiert. Die Möglichkeit, durch die Kombination von NMR-Spektroskopie und den Methoden des Molecular Modeling verläßliche Informationen über Oligosaccharidkonformationen in Lösung zu erhalten, wird an 3 Beispielen demonstriert.

Einleitung und Problemstellung

Zucker sind bekannt als Energiespeichersubstanzen. Als wesentliche Bestandteile von zellulären Glycoproteinen und Glycolipiden scheinen sie jedoch andere Aufgaben zu erfüllen. Diskutiert wird derzeit die Vorstellung, daß in der Anordnung der Zuckermonomere von Glycokonjugaten und der 3-dimensionalen Struktur Informationen gespeichert sind, die für den fehlerfreien Ablauf von Erkennungsprozessen benötigt werden. Bei der Verknüpfung der Monosaccharide über glycosidische Bindungen zu Oligosacchariden ergeben sich durch den Ort der Verknüpfung sowie die Anomerie vielfältige Möglichkeiten der strukturellen Variation, die offensichtlich zur Informationsspeicherung geeignet sind. Wie u.a. das Beispiel der Blutgruppenerkennung belegt, sind Oligosaccharide vergleichsweise kurzer Sequenz schon prädestiniert für eine derartige Informationsspeicherung (1 und hierin zitierte Literatur).

Ein wesentlicher Schlüssel zum vertieften Verständnis dieser Vorgänge in der Zelle liegt in der möglichst genauen Kenntnis der räumlichen Struktur der Zuckerstrukturen und deren Flexibilität. Sowohl die rasche methodische Entwicklung auf dem Gebiet der NMR-Spektroskopie als auch bei den Methoden des computergestützten Molecular Modeling haben es ermöglicht, Konformationsanalysen definierter Oligosaccharide und Glycopeptide in Lösung durchzuführen.

Ziel dieser Arbeit ist die exemplarische Darstellung der Möglichkeit, durch die Kombination von Informationen aus NMR-Spektren und verschiedenen empirischen Rechenverfahren zur Konformationsberechnung verläßliche Aussagen über die möglichen räumlichen Strukturen von Oligosacchariden in Lösung zu gewinnen. Dabei wird im ersten Teil dieser Arbeit der Schwerpunkt auf die Darstellung und Beschreibung der benutzten Computerprogramme und Rechenverfahren gelegt, so wie sie in dem am Deutschen Krebsforschungszentrum entwickelten Programmsystem CARBHYD implementiert sind. Im 2. Teil werden dann einige Anwendungsbeispiele diskutiert. Eine

G. Gauglitz (Hrsg.)
Software-Entwicklung in der Chemie 3
© Springer-Verlag Berlin Heidelberg 1989

ausführliche Darstellung der NMR–Methoden würde den Rahmen dieser Arbeit sprengen. Es sei auf die Literatur verwiesen.

Methoden zur Berechnung von Oligosaccharid–Konformationen

Die Berechung von Oligosaccharidkonformationen und deren Energien kann sowohl mittels quantenmechanischer Verfahren, molekularer Mechanik und Dynamik als auch mittels empirischer Energiefunktionen erfolgen.

Die meisten bis heute publizierten Konformationsanalysen basieren auf den letzteren Verfahren, wobei die Monosaccharide als starre Einheiten betrachtet werden, alle Bindungslängen und –winkel konstant bleiben und lediglich die van–der–Waals–Interaktionen sowie der anomere und exo–anomere Effekt berücksichtigt werden (HSEA–Berechnungen (2)).

Molekular–mechanische Berechnungen sind wesentlich aufwendiger als reine Hard–Sphere– Kalkulationen, da sie nicht von starren Saccharid–Ringen ausgehen, sondern die Relaxation aller inneren Freiheitsgrade (Bindungslängen, Bindungswinkel, Torsionswinkel, van–der–Waals– und dipolare Wechselwirkungen) eines Moleküls ermöglichen. MM2(85) (3,4) berücksichtigt ebenfalls den anomeren Effekt.

Der Vergleich der Ergebnisse von verschiedenen empirischen Energiefunktionen sowie MM2 mit experimentellen Daten hat ergeben, daß MM2 sowohl die verläßlichsten Konformationsgeometrien als auch –energien liefert (5). Die einfachen empirischen Verfahren sollten nur zu einer qualitativen Beschreibung der Energiehyperfläche benutzt werden. Tvaroska und Perez raten davon ab, die HSEA–Methode (2) zu verwenden, da die Parametrisierung des exo–anomeren Effekts die Oligosaccharide zu starr erscheinen läßt.

Verschiedene quantenchemische Verfahren wurden zur Konformationsanalyse von Mono– und Disacchariden verwendet. Ein Überblick über diese Arbeiten ist in (6) enthalten. Aufgrund der benötigten Rechenzeiten und des Speicherplatzbedarfs wird die Berechnung von größeren Oligosacchariden sicherlich die Ausnahme bleiben. Die häufigste Anwendung quantenmechanischer Verfahren wird vermutlich in der Berechnung von Ladungsverteilungen gegebener Konformationen liegen.

Alle bisher erwähnten Verfahren betrachten isolierte Moleküle im Vakuum. Die Einflüsse des Lösungsmittels zur Stabilisierung oder Destabilisierung bestimmter Konformationen werden in die Berechnung nicht mit einbezogen. Auch der Einfluß von H–Brückenbindungen für die Stabilisierung einer Oligosaccharid–Konformation kann sinnvoll nur erfaßt werden, wenn Lösungsmitteleinflüsse mit berücksichtigt werden.

Molekular–dynamische Rechenverfahren erlauben es, Moleküle und ihre Flexibilität in Lösungen zu simulieren und so die oben beschriebenen Unzulänglichkeiten zu überwinden. Allerdings sind die benötigten Rechenzeiten so enorm, daß es bei weitem noch nicht möglich ist, die Dynamik von Molekülen in Lösung so lange zu simulieren, daß man die relativ langsame Zeitskala von NMR–Messungen errreichen kann. Es ist zu hoffen, mit molekular–dynamischen Simulationen den konformationellen Raum von Oligosacchariden besser abtasten zu können als mit den statischen Verfahren.

Die verschiedenen in CARBHYD verknüpften Programme

In Abbildung 1 wird schematisch dargestellt, wie die in CARBHYD

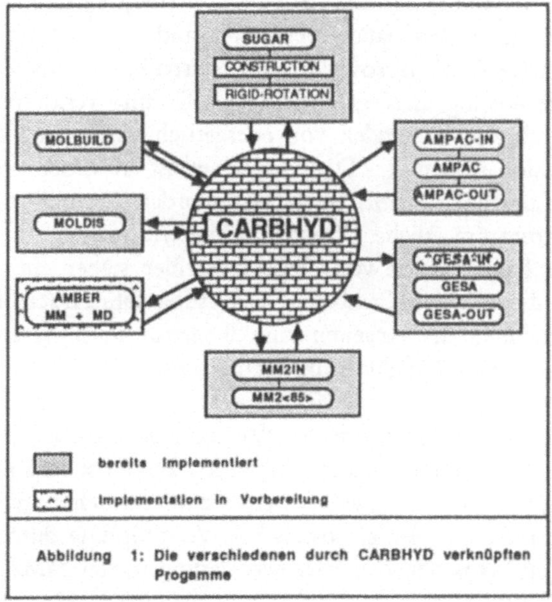

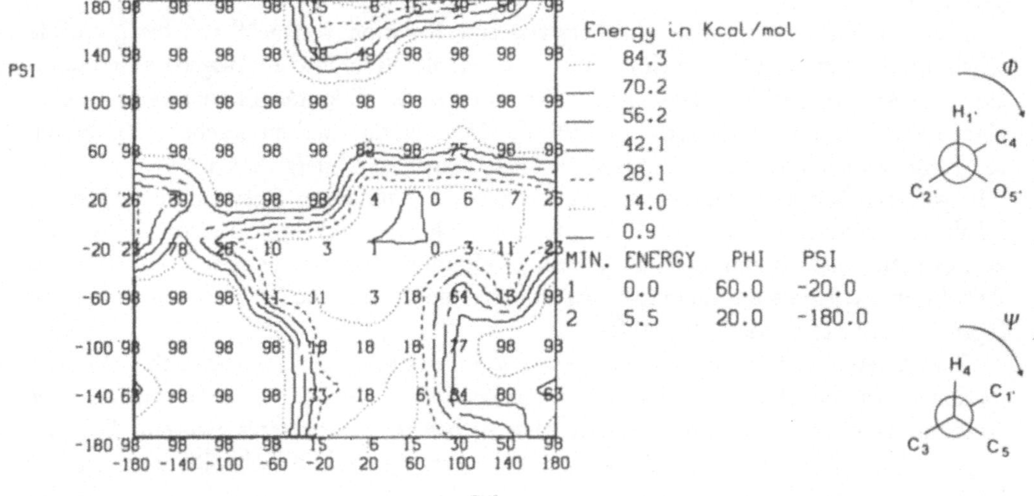

Abbildung 2

Energiediagramm für die Rotation um 360° in 40°-Schritten im Disaccharid Glcß(1-4)Glc . Die im Diagramm eingezeichneten Werte geben die relativen Energien für die entsprechenden PHI- und PSI-Winkel wieder. Alle Werte > 99 Kcal/Mol werden zu 99 Kcal/Mol gesetzt. Die Bedeutung der isoenergetischen Linien ist in der Seitenlegende wiedergegeben, ebenso die mit dem Programm MINIMI automatisch gefundenen Energieminima. Die Definition der Winkel PHI und PSI ist in der Form eines NEWMAN-Plots dargestellt.

zusammengefaßten Programme zur Konstruktion, Wiedergabe und Berechnung von Oligo- und Polysacchariden untereinander verknüpft sind.

Das Programm SUGAR dient sowohl zur Konstruktion von Oligosacchariden, in dem Monosaccharide entlang ihrer glycosidischen Bindung verknüpft werden, als auch zum schnellen, interaktiven Auffinden von energetisch günstigen Konformationen mittels der Rigid–Rotation–Technik. Das Programm ist in seiner ursprünglichen Form an der Universität Lund (Schweden) entwickelt worden (7) und wurde am Deutschen Krebsforschungszentrum um etliche Optionen erweitert.

Als Datenbasis zur Konstruktion von Oligosacchariden stehen eine Reihe von Furanosen und Pyranosen, die z.T. den Cambridge Crystallographic Data Files (8) entnommen sind und z.T. im Rahmen der Arbeiten zum Konstruktionsprogramm von Ringsystemen (RINGS (9)) mit dem Molekülbauprogramm MOLBUILD (10) konstruiert wurden.

Bei der Konstruktion der Saccharide werden die Zuckerbausteine Schritt für Schritt in frei zu wählender Reihenfolge zusammengesetzt. Zunächst lädt man zwei Monosaccharide und verknüpft sie in der gewünschten Weise. Danach wird eine 'Rigid Rotation' um die beiden Bindungen der glycosidischen Verknüpfung durchgeführt. Dabei hat der Benutzer die Wahl zwischen den Parametrisierungen von MM2 (leicht modifizierte EVDW–Routine), Scott–Sheraga (11) oder Kitaygorodsky (12) . Berücksichtigt wird außerdem der anomere Effekt, wobei die Parametrisierung des HSEA – Programms (2) verwendet wurde.

Im ersten Schritt führt man üblicherweise eine Rotation von 360° um die glycosidischen Bindungen in 40°–Schritten aus. Man erhält als grafische Ausgabe eine Ramachandra–Mappe (siehe Abbildung 2). Die Minima der diskreten Energiewerte werden automatisch mittels des Programms MINIMI (13) gefunden und ausgegeben. Der Benutzer kann wählen zwischen verschiedenen Skalierungen der Energiekonturen.

In weiteren Schritten der Berechnung können die gefundenen Energieminima genauer lokalisiert werden, indem man PHI und PSI in kleinen Schritten ändert und so den konformationellen Raum um das jeweilige Minimum herum genauer abtastet. Alle Berechnungsschritte sind interaktiv auszuführen und können beliebig oft und mit beliebiger Schrittweite wiederholt werden.

Ein anderer, rein geometrischer Ansatz zur Bestimmung wahrscheinlicher Konformationen ist ebenfalls in SUGAR implementiert. Gelingt es experimentell, die Abstände zwischen möglichst vielen Atomen zu bestimmen, so kann man ein "Distance mapping" durchführen. Während der Rotation um die glykosidische Bindung werden hierbei nicht die Energien berechnet, sondern die jeweiligen Abstände zwischen den vom Benutzer indizierten Atomen berechnet. Die so gewonnenen Abstände werden dann – analog der Ramachandra–Mappe – in ein PHI/PSI Diagramm aufgetragen, wobei der Benutzer den jeweiligen minimalen und maximalen Wert des Abstands eines Atompaares entsprechend dem experimentellen Befund definiert (Abbildung 3). Im Idealfall ergeben die Schnittflächen zwischen dem minimalen und maximalen Abstand aller Atompaare die möglichen Konformationen. Diese sollten anschließend durch eine Berechnung der Konformationsenergien überprüft werden.

Der Molekülbildner MOLBUILD (10,11) bietet die Möglichkeit, Saccharide zu substituieren und so z.B. Glycokonjugate (Glycoproteine, Glycolipide und Proteoglycane) zu konstruieren.

Mit dem Programm MOLDIS ist es einerseits möglich, verschiedene Moleküldarstellungen zu erzeugen (Ball and Stick, PLUTO−Plot, Kalottenmodell, Punktwolkendarstellung, Stereo−Plot, elektrostatische Potentiale). Andererseits werden Routinen angeboten, die es erlauben, Abstände, Bindungswinkel und Torsionswinkel zwischen verschiedenen vom Benutzer zu definierenden Atomen oder Arten von Atomen zu berechnen.

MM2(85) und AMPAC (14) sind allgemein verfügbare Programme für molekular−mechanische und quantenchemische Berechnungen. AMBER (15) erlaubt molekular−mechanische und molekular−dynamische Berechnungen, ist aber z.Zt. noch nicht direkt und interaktiv von CARBHYD aus anzusprechen. GESA (16) ist ein in der Literatur häufig zitiertes Programm, das auf dem HSEA−Ansatz aufbaut.

Die mit SUGAR konstruierten und eventuell mit MOLBUILD substituierten Saccharide dienen direkt als Eingabe für MM2 und AMPAC, die Eingabe der Programm−Steuervariablen erfolgt menügesteuert. Die Ergebnisse von MM2− und AMPAC−Rechnungen werden automatisch wieder in das interne Format überführt, so daß man sie mit MOLDIS, SUGAR und MOLBUILD weiterbearbeiten kann.

Spektroskopische Information

Die Vorbedingung zur Konformationsberechnung von Oligosacchariden ist, daß die Sequenz und die Art der Verknüpfung der Mono−Saccharideinheiten bekannt ist, wobei spektroskopische Messungen eine wichtige Rolle spielen.

Zur Bestimmung der Konformation können alle spektroskopischen Informationen herangezogen werden, die bestimmte Grenzen für geometrische Parameter wie Abstände zwischen 2 Atomen oder Torsionswinkel in einer kovalenten Bindung setzen. NMR−Spektren haben sich als besonders nützlich erwiesen, solche Nebenbedingungen abzuleiten. Man erhält Informationen über Atomabstände durch den Nuklear Overhauser Effekt (NOE) und Torsionswinkel von kovalenten Bindungen aus den Kopplungskonstanten. In (17) ist ein Überblick aller Parameter gegeben, die aus NMR−Spektren gewonnen und als Nebenbedingungen für Konformationsberechnungen verwendet werden können.

3 Anwendungsbeispiele

Wir haben bisher etwa 10 verschiedene Oligo− und Polysaccharide untersucht und festgestellt, daß die experimentellen Befunde und die berechneten Werte zumeist recht gut übereinstimmen (18−20). Dies soll an 3 Beispielen demonstriert werden.

Die Tabelle 1 zeigt die gute Übereinstimmung von berechneten und gemessenen Abständen für das Polysaccharid ($--> 2_D$GLc $1--> 3_D$GlcNAcyl $1--> 4_D$GalNAc $1--> 3_D$GalNac $--$) $_n$, das aus dem Bakterium Hafnia alvei 1187 isoliert wurde.

Bei dem aus dem Bakterium Citrobacter O4 isolierten Polysaccharid wurde mittels NOE− Messungen ein relativ kurzer Abstand zwischen dem anomeren Proton und dem axialen Proton in Position 4 gemessen, der weder als Intraring−NOE noch als Interring−NOE zwischen zwei direkt verknüpften Zuckereinheiten interpretiert werden konnte. Hier ergab die Konformationsberechnung eine regelmäßige Anordnung

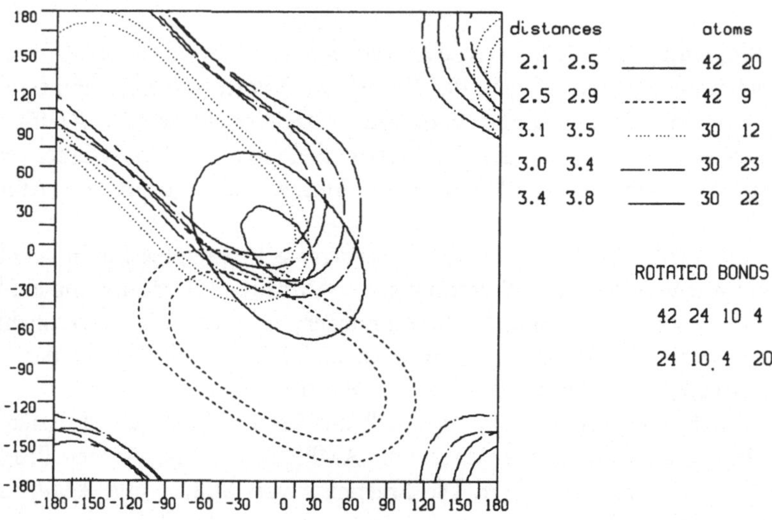

Abbildung 3

Abstandsdiagramm bestimmter Atompaare für die Rotation um 360° um die glycosidische Bindung. Die Atompaare sowie der minimale und der maximale zu zeichnende Abstand für jedes Paar sind vom Benutzer frei wählbar und werden im Plot wiedergegeben. Die Schnittflächen zwischen dem mininalen und dem maximalen Abstand aller Atompaare deuten auf mögliche Konformationen hin.

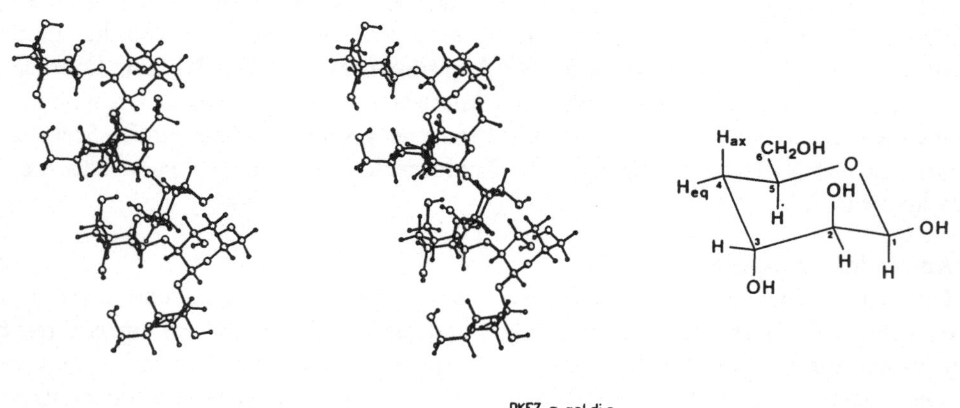

Abbildung 4

Die modellierte Struktur des Polysaccharids, isoliert aus Citrobacter O4. Die monomere Einheit ist ß–4–Desoxy–D–arabino–hexopyranose (oben rechts). Der gemessene NOE des anomeren Protons und des axialen Protons in Position 4 konnte weder als Interring–NOE noch als Intraring–NOE mit der nächsten monomeren Einheit erklärt werden. Das Modellieren ergab eine reguläre helikal–artige Struktur der ploymeren Kette, wobei die anomeren Protonen jeder Einheit etwa einen Abstand von 3 Å zu den axialen Protonen in Position 4 des übernächsten Monosaccharids haben.

der polymeren Kette in der Weise, daß jeweils das anomere Proton einer Zuckereinheit in einem Anstand von etwa 3 Å zu H–4 $_{ax}$ des übernächsten Zuckerrestes steht (Abbildung 4).

Die theoretische Konformationsanalyse des Zuckeranteils von G_{M4} Ganglosid (NeuAc 2–3Galß1–1Cermid) ergab 3 Konformationen, die im folgenden mit A, B und C bezeichnet werden, mit recht ähnlichen Energien. ^{1}H–NMR Untersuchungen unterstützen diesen Befund im Falle des G_{M4}, wohingegen das Disaccharid allein nur in 2 Konformationen zu bestehen scheint. In Tabelle 2 sind die PHI– und PSI–Winkel der glycosidischen Verknüpfung, die mit MM2 berechneten relativen Konformationsenergien sowie die berechneten und gefundenen Populationen der Konformationen A, B und C von G_{M4} und dem reinen Zuckeranteil wiedergegeben (20). Die berechneten und gefundenen Populationen für G_{M4} stimmen von der Tendenz her überein. Die bevorzugten Konformationen der Neuraminsäure sind jedoch offensichtlich stark von der jeweiligen sterischen Umgebung abhängig, so daß es wichtig ist, die Flexibilität von Neuraminsäure und die Lösungsmitteleinflüsse in die Berechnung mit einzubeziehen.

Tabelle 1 : experimentelle und berechnete Abstände des energetisch
minimierten Polysaccharids aus Hafnia alvei 1187.[a]
(--> 2$_D$GLc 1-->3$_D$GlcNAcyl 1-->4$_D$GalNAc 1-->3$_D$GalNac --)$_n$

Atome	Abstand(Å) berechnet	Abstand(Å) experimentell (ROESY)
IV-1 / III-3	2.81	2.90
III-1/ II-4	2.40	2.56
II-1 / I-3	2.33	2.48
II-1 / I-4	2.47	2.46
I-1 / IV'-2	2.20	2.35
I-1 / IV'-1	3.97	3.44

[a] Tabelle wurde (18) entnommen

Tabelle 2 : PHI- und PSI-Winkel der glycosidischen Verknüpfung,
relative Energien und Populationen der Konformere A, B und C.

Konfor.	PHI (Grad)	PSI (Grad)	E (Kcal/Mol)	Population (%) theor.	experimentell G_{M4}	Zucker allein
A	-153	-26	0.0	66	46	40
B	- 85	12	0.7	21	43	60
C	61	-14	1.0	13	11	-

[a] Tabelle wurde (20) entnommen

Folgerungen und Ausblick

Unsere Untersuchungen haben gezeigt, daß es möglich ist, verläßliche Informationen über Konformationsgeometrien und Konformationsenergien von Oligosacchariden in Lösung durch die Kombination von verschiedenen empirischen Methoden zur Konformationsanalyse und NMR-Untersuchungen zu erhalten. Alle geometrischen Nebenbedingungen, die aus NMR-Messungen erhalten werden, dienen dazu, die theoretisch berechneten Konformationen zu bestätigen oder zu verwerfen. Bei der Konformationsanalyse wird zunächst der konformationelle Raum grob abgetastet, indem lediglich die van-der Waals-Interaktionen berechnen werden. Sodann werden die gefundenen Minima genauer mit MM2 oder quantenmechanisch untersucht.

Der Hauptmangel bei dieser Art der Berechnung ist jedoch, daß sie von isolierten Molekülen im Vakuum ausgeht und mögliche Lösungsmitteleinflüsse unberücksichtigt läßt, die bestimmte Konformationen stabilisieren und andere destabilisieren können. Auch die Dynamik des Moleküls und die Ausbildung von H-Brückenbindungen fließt nicht in die Rechnung ein. Es ist deshalb notwendig, auch an Oligosacchariden molekular-dynamische Rechnungen durchzuführen, wie das heute schon bei den Proteinen mit Erfolg getan wird. So sollte es möglich sein, den Einfluß des Lösungsmittels sowie die Bedeutung von H-Brückenbindungen für die Stabilisierung von Konformationen genauer zu untersuchen.

Literatur:
1) H.J. Gabius, Angew. Chem. 100, 1321 (1988)
2) H. Thogersen, R. U. Lemieux, K. Bock and B. Meyer,
   Can. J. Chem., 60, 44 (1982)
3) U.Burkert, N.L. Allinger (1982) Molecular Mechanics
   ACS Monograph 177, American Society, Washington, DC
4) L. Norskov-Lauritsen, N.L. Allinger, J. Comput. Chem 4, 326 (1984)
5) I. Tvaroska, S. Perez, Carbohydr. Res. 149, 389 (1986)
6) I. Tvaroska in G.Naray-Szabo (Ed), Theoretical Chemistry in
   Biological Systems, Elsevier, Amsterdam, 283 (1986)
7) A.Sundin, R.E. Carter, T. Liljefors, G. Magnusson
   unveröffentlicht
8) F. H. Allen et al, Acta Cryst B35, 2231 (1979)
9) C.W.v.d.Lieth, R.E. Carter, D.P. Dolata and T. Liljefors
   J.Mol. Graphics 2, 111 (1984)
10) T. Liljefors, J.Mol. Graphics 1, 111 (1983)
11) R.A. Scott, H.A. Scheraga, J.Chem. Phys. 42, 2209 (1965)
12) A.I. Kitaygorodsky, Chem. Soc. Rev. 7, 133 (1978)
13) M.Schmitz, C.W.v.d.Lieth unveröffentlicht
14) J.P.Stewart QCPE 527 , AMPAC enthält die Programme MNDO, MINDO/3
   und AM1
15) U. Chandra Singh, P.A. Kollman, J. Comput. Chem. 7,718 (1986)
16) B.Meyer, IXth International Crabohydrate Symposium, Vancouver,
   Abstract II/25
17) H.Kessler, Angew. Chem. Int. Ed. Engl. 21, 512 (1983)
18) M.Hauck, Dissertation Heidelberg 1988
19) E.Romanowska, A. Gamain, C. Lugowski, A. Romanowska,
   J.Dabrowski, M.Hauck, H.J. Opferkuch and C.W.v.d.Lieth
   Biochem. 27, 4153 (1988)
20) L.Poppe, J. Dabrowski, C.W.v.d.Lieth, M. Numata, T. Ogawa
   Europ. J. of Biochem. eingereicht

"EMPIRISCHE" AB INITIO RECHNUNGEN FÜR EINIGE PEROXIDE: HOOH, CH₃OOCH₃ UND FOOF.

H.-G. Mack und H. Oberhammer

Institut für Physikalische und Theoretische Chemie,
Auf der Morgenstelle 8, D-7400 Tübingen

Abstract: Die geometrischen Strukturen von HOOH, CH$_3$OOCH$_3$ und FOOF wurden mit verschiedenen Basissätzen (3-21G, 6-31G$^{*(*)}$ und D95$^{*(*)}$) und unterschiedlichen Rechenmethoden (HF, MP2, MP3, MP4, CI und CCD) optimiert. HF/3-21G-Optimierungen ergeben für HOOH und CH$_3$OOCH$_3$ planare trans-Strukturen. HF/6-31G**-Rechnungen führen bei HOOH zu einer "skew"-Konformation, der Diederwinkel im Dimethylperoxid ist weiterhin 180°. Optimierungen der Struktur des Wasserstoffperoxids unter Berücksichtigung der Elektronenkorrelation liefern verbesserte Werte für die Bindungsabstände und den OOH-Winkel, der Diederwinkel ist aber um 3-8° zu groß. Ähnliche Rechnungen führen beim Dimethylperoxid jedoch zu einer planaren trans-Struktur, die experimentell beobachtete "skew"-Konformation wird nicht wiedergegeben. Auf der anderen Seite resultieren MP4 single point Rechnungen mit MP2-optimierten Parametern beim CH$_3$OOCH$_3$ in einer richtigen "skew"-Geometrie. Eine sogenannte "ökonomische" Methode, nämlich MP2 oder MP4 single point Rechnungen mit HF/3-21G-optimierten Parametern, ergibt bei HOOH und CH$_3$OOCH$_3$ eine befriedigende Übereinstimmung mit dem Experiment. HF-Optimierungen und die ökonomische Methode versagen im Falle des FOOFs. Hier wird das Experiment am besten durch eine MP2-Optimierung mit dem Dunning-Basissatz, der einen Satz von d-Funktionen am F und zwei Sätze von d-Funktionen am O enthält, wiedergegeben. Für alle drei Peroxide muß die experimentelle Struktur bekannt sein, um die Wahl der geeigneten Rechenmethode treffen zu können.

EINLEITUNG

Die in dieser Arbeit untersuchten Peroxide sind kleine Moleküle, die experimentelle und theoretische Bestimmung ihrer Strukturen stellt jedoch erhebliche Probleme dar, und sie sind somit eine große Herausforderung für Strukturchemiker. Für den Gleichgewichtsdiederwinkel Θ_e(HOOH) im Wasserstoffperoxid (PO) werden in der Literatur zwei unterschiedliche Werte angegeben. Hunt et al. (1) bestimmte für Θ_e einen Wert von 111.5° aus IR-Daten. Khachkuruzov et al. (2) ermittelten einen Diederwinkel von 119.1(18)$^{\circ}$ aus Mikrowellenergebnissen. Diese Diskrepanz wurde kürzlich von J. Koput geklärt (3), der durch gleichzeitige An-

G. Gauglitz (Hrsg.)
Software-Entwicklung in der Chemie 3
© Springer-Verlag Berlin Heidelberg 1989

passung von IR- und Mikrowellendaten einen Wert für Θ_e von 111.8° erhielt. Diese Analyse bestätigte somit das Ergebnis von Hunt et al.. In umfangreichen ab initio Rechnungen untersuchte D. Cremer (4) den Einfluß von Basissatz und Elektronenkorrelation auf die Struktur und die Torsionsbarrieren von PO. Hartree-Fock-Rechnungen mit einem 11s6p2d/6s2p-Basissatz ergaben Θ_e = 111.2°. Dieser Wert vergrößerte sich unter Berücksichtigung des Einflusses der Elektronenkorrelation in der MP2-Näherung mit einem 4s3p1d/2s1p-Basissatz auf 119.1°. Da Cremer den Diederwinkel von Khachkuruzov et al. ($119.1(18)^\circ$) für den korrekten experimentellen Wert hielt, nahm er an, daß die Strukturoptimierung mit dem obigen Basissatz und der MP2-Methode zu einer korrekten theoretischen Voraussage der Geometrie des POs führt. Carpenter und Weinhold (5) haben jedoch gezeigt, daß zusätzliche Polarisationsfunktionen notwendig sind, um einen richtigen theoretischen Wert für den Diederwinkel zu erhalten. Mit einer 6-311G(3d,2p)-Basis wird die experimentelle Struktur von Koput in der MP2-Näherung ausgezeichnet wiedergegeben: Θ_e = 111.8° und O-O = 1.450 Å (Tabelle 1).

Beim Dimethylperoxid (DMPO) deuteten photoelektronenspektroskopische Untersuchungen (6,7) darauf hin, daß eine planare trans-Konformation (C_{2h}-Symmetrie mit Θ_e = 180°) vorliegt, während schwingungsspektroskopische Daten (8) eine "skew"-Struktur mit C_2-Symmetrie voraussagten. Aufwendige ab initio Rechnungen mit dem GVB-CI-Verfahren (9) ergaben eine ebene trans-Struktur (Θ_e = 180°, Tabelle 2). Im Gegensatz dazu führte eine spätere Elektronenbeugungsanalyse (10) zu einer "skew"-Struktur mit einem Diederwinkel von $119(4)^\circ$. Dieses Ergebnis wird bestätigt durch eine kürzliche Untersuchung des FIR-Spektrums (Auflösung 0.1 cm^{-1}) des DMPOs (11). Eine Anpassung von 300 Linien ergab eine sehr gute Übereinstimmung der geometrischen Parameter mit der Elektronenbeugung (Tabelle 2).

Eine außergewöhnliche Struktur wurde mit Hilfe der Mikrowellenspektroskopie und der Elektronenbeugung für das Difluorperoxid (DFPO) ermittelt (12,13). Der O-O-Abstand (1.214(2) Å) entspricht nahezu dem O-O-Doppelbindungsabstand in molekularem Sauerstoff (1.211 Å) (14), und die O-F-Bindung (1.582(2) Å) ist beträchtlich länger als die O-F-Einfachbindung in F_2O (1.4087 Å) (15). Eine große Anzahl von ab initio Rechnungen für diese Verbindung werden in der Literatur berichtet (16-19), sie können jedoch die experimentelle Struktur nicht korrekt reproduzieren. Dabei wurde die Größe der Basissätze variiert und der Einfluß der Elektronenkorrelation wurde in unterschiedlichen Näherungen berücksichtigt.

Dieser historische Überblick zeigt, daß es keineswegs einfach ist, für diese einfachen Peroxide ab initio Rechnungen durchzuführen, die die **richtige** experimentelle Struktur **richtig** wiedergeben. In dieser Arbeit berichten wir Rechnungen für DMPO und DFPO mit verschiedenen Basissätzen und mit unterschiedlichen Näherungsmethoden. Das Ziel ist dabei, das geeignete Verfahren zu finden, welches die experimentellen Ergebnisse am besten reproduziert.

Obwohl das Problem für PO bereits von Carpenter und Weinhold gelöst wurde, haben wir dennoch auch für dieses kleinste Peroxid zusätzlich Rechnungen durchgeführt, um die Einflüsse von Basissatz und Näherungsverfahren auf die einzelnen geometrischen Parameter systematisch zu erfassen.

RECHENTECHNISCHE EINZELHEITEN

Die Rechnungen wurden durchgeführt mit dem GAUSSIAN 82 Programmpaket (20) auf einem BASF 7/88 und auf einem CONVEX C-1 XP Rechner an der Universität Tübingen. Es wurden die Standardbasissätze 3-21G und 6-31G$^{*(*)}$ (20) sowie der Dunning-Huzinaga (9s5p/ 4s2p)-Basissatz (21) mit Polarisationsfunktionen (D95$^{*(*)}$, zusätzliche d-Schalen an C, F und O, p-Schale an H) verwendet. Im Falle des DFPOs wurden noch weitere p- oder d-Funktionen zu diesem Basissatz hinzugefügt. Um Konvergenzprobleme aufgrund eines sehr flachen Torsionspotentials zu vermeiden, wurden beim DMPO die geometrischen Parameter für festgehaltene Diederwinkel optimiert und die Energieminima wurden durch Interpolation bestimmt. Der Einfluß der Elektronenkorrelation auf Struktur und Torsionsbarrieren wurde in verschiedenen Näherungen berücksichtigt: MP2 (22), MP3, MP4SD(T)Q, CI oder CCD. Dabei wurde entweder die Struktur direkt optimiert (PO, DMPO, DFPO) oder es wurden single point Korrelationsrechnungen mit der entsprechenden Hartree-Fock-optimierten Struktur durchgeführt (PO, DMPO).

WASSERSTOFFPEROXID

Testrechnungen für PO zeigen, daß die HF-Methode mit einem kleinen Basissatz (3-21G) Bindungsabstände und den Bindungswinkel richtig wiedergibt, jedoch eine planare trans-Konformation (Θ_e = 180°) voraussagt (Tabelle 1). HF-Rechnungen mit großen Basissätzen inklusive Polarisationsfunktionen (6-31G** oder D95**) ergeben Diederwinkel, die sich nur geringfügig von den experimentellen Werten unterscheiden, die berechneten Bindungsabstände, insbesondere der O-O-Abstand, sind jedoch erheblich zu kurz.. Weitere Rechnungen mit diesen Basissätzen unter Berücksichtigung der Elektronenkorrelation in verschiedenen Näherungen (MP2, MP3, MP4, CISD und CCD) führen zu verbesserten aber unterschiedlichen Werten für die Bindungsabstände und den OOH-Winkel, der Diederwinkel ist aber um 3-8° zu groß (Tabelle 1). MP2 oder MP4 single point Rechnungen (6-31G**- oder D95**-Basis) mit einer HF/3-21G-optimierten Struktur für verschiedene Diederwinkel reproduzieren die Struktur von PO ebenfalls korrekt (Tabelle 1). Dieses Vorgehen wird im weiteren als ökonomische Methode bezeichnet, da es erheblich weniger Rechenaufwand erfordert als die Rechnungen von Carpenter und Weinhold (5).

Tabelle 1: HOOH. Vollständig optimierte geometrische Strukturen mit verschiedenen Basissätzen. HF-Rechnungen und unterschiedliche Näherungen für die Elektronenkorrelation (Bindungslängen in $\overset{\circ}{A}$, Winkel in Grad).

Methode/Basissatz	O-O	O-H	OOH	Θ_e	E_{tot}[a]
HF/3-21G	1.473	0.970	99.5	180	-149.945820
HF/6-31G**[b]	1.396	0.946	102.3	116.2	-150.776965
HF/D95**	1.391	0.947	102.8	113.8	-150.820105
MP2/6-31G**	1.468	0.969	98.6	120.3	-151.152040
MP2/D95**	1.465	0.970	99.1	117.7	-151.218783
MP3/D95**	1.448	0.966	100.3	114.5	-151.191792
MP4SDTQ/D95**	1.471	0.970	99.3	116.3	-151.214285
CISD/D95**	1.437	0.962	100.7	114.5	-151.174038
CCD/D95**[c]	1.451	0.968	100.2	114.8	-151.201651
GVB-CI[d]	1.464	0.967	99.9	119.1	-151.0216
MP2/6-311G (3d/2p)[e]	1.450	0.962	99.5	111.1	-
MP4SDTQ/D95** //HF/3-21G[f]	1.467	0.972	100.9	115	-151.214129
Experiment[g]	1.464	0.965	99.4	111.8	

[a] : Absolute Energien in Hartree. [b] : ** bedeutet eine d-Schale am O und eine p-Schale am H. [c] : Coupled cluster Rechnung mit doppelten Substitutionen der HF-Determinante. [d] : Lit. 9. [e] : Lit. 5, keine absolute Energie angegeben. [f] : MP4 single point Rechnung mit HF/3-21G-optimierten Parametern. [g] : Lit. 3.

DIMETHYLPEROXID

HF/3-21G-Strukturoptimierungen führen auch hier zu einer planaren trans-Struktur. Im Gegensatz zum PO ergeben HF-Rechnungen mit großen Basissätzen (6-31G** oder D95**) wieder Energieminima bei Θ_e - 180° (Tabelle 2). Erstaunlicherweise liefern HF-Rechnungen mit der kleinen 4-21G-Basis und zusätzlichen Polarisationsfunktionen am Sauerstoff eine richtige "skew"-Konformation (23). Der O-O-Abstand ist dabei aber um etwa 0.04 $\overset{\circ}{A}$ kürzer als der der experimentelle Wert (Tabelle 2). Die ökonomische Methode ergibt, in Abhängigkeit vom

Näherungsverfahren (MP2 oder MP4), Energieminima bei Diederwinkeln von 123 oder 116° und somit eine befriedigende Übereinstimmung mit dem Experiment. Werden die 6-31G**-optimierten Parameter bei single point Korrelationsrechnungen verwendet, so führt dies zu einem Diederwinkel von 122°, die Werte für die Bindungslängen verschlechtern sich jedoch

Tabelle 2: CH$_3$OOCH$_3$. Optimierte "Skelett"-Geometrien mit verschiedenen Basissätzen. HF-Rechnungen und unterschiedliche Näherungen für die Elektronenkorrelation (Bindungslängen in Å, Winkel in Grad).

Methode / Basissatz	O-O	O-C	OOC	Θ_e	V_{trans}[a]	E_{tot}[b]
HF / 3-21G	1.464	1.445	104.3	180	-	-227.580306
HF / 6-31G**	1.399	1.397	106	180	-	-228.838203
HF / 4-21G[c]	1.411	1.422	105.4	115.5	0.52	-228.368522
MP4SDTQ / 6-31G*						
// HF / 3-21G	1.462	1.448	105.1	116	0.22	-229.503770
MP4SDQ / 6-31G**						
// HF / 6-31G**	1.393	1.399	107.3	122	0.13	-229.533131
MP2 / 6-31G*	1.478	1.419	103.2	180	-	-229.465520
CISD / 6-31G*	1.450	1.417	104.2	180	-	-229.405618
GVB-CI[d]	1.450	1.444	104.1	180	-	-229.0391
MP4SDTQ / 6-31G*						
// MP2 / 6-31G*	1.471	1.421	104.3	121	0.10	-229.505476
Elektronenbeugung[e]	1.457(12)	1.420(7)	105.2(5)	119(4)	0.25(+25/-15)	
FIR-Spektrum[f]	1.449(1)	1.420	103.92(4)	120.01(3)	0.223(3)	

[a] : V_{trans} in kcal/Mol. [b] : Absolute Energien in Hartree. [c] : Lit. 23. [d] : Lit. 9. [e] : Lit. 10, r_a-Werte. [f] : Lit. 11, r_o-Werte, der O-C-Abstand wurde aus Lit. 10 übernommen.

(Tabelle 2). Eine direkte MP2-Optimierung der Geometrie (6-31G**-Basis) resultiert in einem sehr flachen single minimum Potential. Dies entspricht einer planaren trans-Gleichgewichtsstruktur, die man auch durch eine CI-Optimierung erhält. Diese qualitativ falschen Ergebnisse von Strukturoptimierungen unter Berücksichtigung der Elektronenkorrelation entsprechen den Daten, die Bair und Goddard mit der GVB-CI-Methode berechnet haben (9). Single point MP4-Rechnungen mit den MP2-optimierten Parametern ergeben wieder eine "skew"-Konformation (Tabelle 2).

DIFLUORPEROXID

Die ökonomische Methode führt beim DFPO zu völlig falschen Ergebnissen, da HF-Rechnungen die Bindungsabstände in diesem Molekül in keiner Weise richtig wiedergeben. Eine Anzahl von Rechnungen mit $6\text{-}31G^*$- und $D95^*$-Basissätzen sowie verschiedenen Methoden (HF, MP2, MP3 und MP4) zeigen (Tabelle 3), daß bei gleichzeitiger Optimierung aller geometrischer Parameter MP2-Rechnungen mit dem $D95^*$-Basissatz die experimentelle Struktur am ehesten reproduzieren. Strukturoptimierungen mit aufwendigeren Näherungen für die Elektronenkorrelation führen zu schlechteren Ergebnissen. Verbesserte Strukturen erhält man mit um p- oder d-Funktionen erweiterten $D95^*$-Basissätzen (Tabelle 3). Eine nahezu vollständige Übereinstimmung zwischen experimenteller und berechneter Geometrie ergibt sich mit einer zusätzlichen d-Schale (Exponent α_d = 1.0) am Sauerstoff und der MP2-Methode: O-O = 1.219 Å, O-F = 1.562 Å, OOF = 109° und $\Theta(FOOF)$ = 87.6° (Tabelle 3). In der Literatur werden neuere Rechnungen berichtet (24), die ähnlich gute Werte für die Bindungsabstände liefern, es wurde dabei aber nur eine partielle Strukturoptimierung durchgeführt, die Winkel wurden bei den entsprechenden experimentellen Werten festgehalten.

__Tabelle 3__: FOOF. Vollständig optimierte Strukturen mit verschiedenen Rechenmethoden (HF, MP2, MP3 und MP4) und Basissätzen ($6\text{-}31G^*$, $D95^*$ und $D95^*$ mit zusätzlichen p- oder d-Funktionen), Bindungslängen in Å, Winkel in Grad.

Methode/Basissatz	O-O	O-F	OOF	Θ
HF / $6\text{-}31G^*$	1.311	1.367	105.8	84.1
MP2 / $6\text{-}31G^*$	1.293	1.494	106.9	85.8
MP3 / $6\text{-}31G^*$	1.326	1.447	105.6	85.3
MP4SDQ / $6\text{-}31G^*$	1.320	1.470	106.2	85.7
HF / $D95^*$	1.309	1.362	106.1	85
MP2 / $D95^*$	1.264	1.524	108	87
MP4SDQ / $D95^*$	1.313	1.474	106.6	85.5
MP2 / $D95^*$, $\alpha_p(O)$ = 0.01	1.260	1.528	108.1	86.9
MP2 / $D95^*$, $\alpha_p(O)$ = 0.06	1.249	1.541	108.5	87.4

MP2/D95*, $\alpha_p(O) = 0.14$	1.257	1.530	108.1	87.2
MP2/D95*, $\alpha_d(O) = 0.7$	1.227	1.557	108.8	87.4
HF/D95*, $\alpha_d(O) = 1.0$	1.304	1.362	106.2	84.9
MP2/D95*, $\alpha_d(O) = 1.0$	1.219	1.562	109	87.6
Experiment[a]	1.214(2)	1.582(2)	109.2(2)	88.1(4)

[a] : Lit. 13, r_a^0-Werte.

DISKUSSION

Die Werte für die Diederwinkel bei PO und DMPO hängen sehr stark von den verwendeten Rechenverfahren ab. Der Unterschied zwischen einer planaren und einer "skew"-Konformation mit Θ_e von etwa 120° ist nicht nur quantitativer sondern qualitativer Natur. HF-Rechnungen mit kleinen Basissätzen ohne Polarisationsfunktionen ergeben für PO eine planare trans-Struktur, während größere Basissätze mit Polarisationsfunktionen eine "skew"-Konformation mit zu kurzen Bindungsabständen voraussagen. Im Falle des POs ist gezeigt worden (5), daß die Berücksichtigung der Elektronenkorrelation durch die MP2-Näherung und erweiterte Basissätze eine sehr gute Beschreibung aller geometrischer Parameter ergibt. Die oben skizzierte ökonomische Methode führt bei PO ebenfalls zu einer befriedigenden Übereinstimmung mit dem Experiment. Für DMPO sagen HF/6-31G*-Rechnungen eine qualtitativ falsche trans-Struktur voraus. Weiterhin ergeben MP2- und CI-Optimierungen Energieminima bei Θ_e = 180°. Äußerst aufwendige Rechnungen mit dem Standard-6-31G*-Basissatz (MP4/6-31G*// MP2/6-31G*) sind notwendig, um eine Übereinstimmung mit der experimentellen Geometrie zu erreichen. die sich auf der anderen Seite auch mit der ökonomischen Methode erzielen läßt. Das Ergebnis von Gase und Boggs (23), das eine richtige Voraussage des Diederwinkels darstellt, scheint eine zufällige Ausnahme darzustellen. Die ökonomische Methode versagt beim DFPO vollständig. Aus einem Vergleich der r_0- und der r_e-Struktur von F_2O und O_2 kann man für DFPO die experimentellen r_e-Werte für O-O (1.211(3) Å) und O-F (1.575 (3) Å) abschätzen. Vergleicht man diese geschätzten r_e-Werte mit der besten berechneten r_e-Struktur (O-O = 1.219 Å, O-F = 1.562 Å, OOF = 109° und FOOF = 87.6°), so kann man sagen, daß die Rechnung die Bindungsabstände innerhalb von 0.013 Å und die Winkel innerhalb von 0.5°, was den experimentellen Fehlern entspricht, wiedergibt. Die ab initio Rechnungen für diese Verbindungen zeigen, daß die berechneten Strukturen sehr stark von der Wahl der Rechenmethode abhängen. Dabei ist diese Wahl des geeigneten rechnerischen Vorgehens nur dann möglich, wenn die experimentelle Geometrie bekannt ist. Dies wird ganz deutlich durch frühere Berechnungen von PO und DMPO. Strukturen mit Diederwinkeln von 119° für PO (4,9) und 180° für DMPO (9) wurden als korrekt angesehen, weil sie diejenigen experimentellen Werte richtig wiedergaben, die zum Vergleich herangezogen wurden. In beiden Fällen waren diese Werte jedoch falsch. Die Wahl anderer experimenteller Vergleichsdaten, das heißt, der Wert von Hunt (1) für Θ_e beim PO anstelle des Wertes von Khachkuruzov (2) und die Interpretation der Schwingungsspektren (8) anstelle der Interpretation der Photoelektronenspektren (7) beim DMPO, hätte zu einer völlig anderen Bewertung der Qualität dieser Rechnungen geführt. Die in dieser Arbeit durchgeführten ab initio Rechnungen sind somit als rein **"empirische"** Verfahren zu bezeichnen.

<u>Literatur:</u>

1   Hunt RH, Leacock RA, Peters CW, Hecht KT (1965) J Chem Phys 42:1931

2   Khachkuruzov GA, Przhevalskii I (1978) Opt Spectrosc 44:112

3   Koput J (1986) J Mol Spectry 115:438

4   Cremer D (1978) J Chem Phys 69:4440

5   Carpenter JE, Weinhold F (1986) J Phys Chem 90:6405

6   Kimura K, Osafune K (1975) Bull Chem Soc Jpn 48:2412

7   Rademacher P, Elling W (1979) Liebigs Ann Chem 1473

8   Christe KO (1971) Spectrochim Acta Part A 27:463

9   Bair RA, Goddard WA III (1982) J Am Chem Soc 104:2719

10 Haas B, Oberhammer H (1984) J Am Chem Soc 106:6146

11 Christen D (1988) private Mitteilung, vorläufige Ergebnisse

12 Jackson RH (1962) J Chem Soc 4585

13 Hedberg K (1988) Inorg Chem 27:232

14 McKnight JS, Gordy W (1968) Phys Rev Letters 21:1787

15 Morino Y, Saito S (1966) J Mol Spectry 19:435

16 Ahlrichs R, Taylor PR (1982) Chem Phys 72:287

17 Schaefer HF III (ed) (1977) Modern theoretical chemistry. Plenum Press, New York

18 Clabo DA, Schaefer HF III (1987) Int J Quantum Chem 31:429

19 Lucchese RR, Schaefer HF III, Rodwell WR, Radom L (1978) J Chem Phys 68:2507

20 Binkley JS, Frisch MJ, DeFrees DJ, Rahgavachari K, Whiteside RA, Schlegel HB, Flueter G, Pople JA (1983) Carnegie-Mellon Chemistry Publication Unit, Pittsburgh

21 Dunning TH (1970) J Chem Phys 53:2832

22 Møller C, Plesset MS (1934) Phys Rev 46:618

23 Gase W, Boggs JE (1984) J Mol Struct 116:207

24 Rohlfink CM, Hay PJ (1987) J Chem Phys 86:4518

KONFORMATIONSANALYSE CHIRALER VERBINDUNGEN: EINE UV-BIBLIOTHEK ZUR BERECHNUNG VON ROTATIONSHYPERFLÄCHEN

M. Speis, J. Messinger, N. Heuser, V. Buß

Fachgebiet Theoretische Chemie, Universität Duisburg
Lotharstraße 1, D-4100 Duisburg, FRG

Abstrakt: Die Einrichtung einer Datenbank für die quantenmechanisch berechneten spektralen Daten gängiger Chromophore (Energien der angeregten Zustände, Intensitäten und Übergangsmultipole) wird beschrieben sowie deren Integration in ein Programm zur Berechnung von Rotationsstärken aus der Wechselwirkung solcher Chromophore. Das Programm erlaubt selbst auf einem PC die mühelose und schnelle Erstellung von Rotationshyperflächen (Rotationsstärken in Abhängigkeit von mehreren Strukturparametern); es wird eingesetzt bei der Konformationsanalyse von konformativ flexiblen Systemen, deren Circulardichroismus auf die intra- oder intermolekulare Wechselwirkung solcher Chromophore zurückzuführen ist

EINFÜHRUNG

Als "chiral" bezeichnet man Moleküle oder Molekülensembles, denen Elemente der Spiegelsymmetrie, also Spiegelebenen oder Drehspiegelachsen, fehlen. Die ältere Bezeichnung "optisch aktiv" erinnert an die Eigenart solcher Systeme, die Ebene von linear polarisiertem Licht zu drehen, eine Konsequenz der unterschiedlichen Brechungsindizes, n_L und n_R, für links- und rechtszirkular polarisiertes Licht. Neben diesem dispersiven gibt es, wie bei jeder Wechselwirkung elektromagnetischer Strahlung mit Materie, einen absorptiven Aspekt, [1] der sich in unterschiedlichen Absorptionskoeffizienten ε_L und ε_R manifestiert und zur Folge hat, daß linear polarisiertes Licht nach dem Durchtritt durch ein chirales Medium elliptisch polarisiert ist. Die Wellenlängenabhängigkeit von $(n_L - n_R)$ bezeichnet man als Optische Rotationsdispersion, ORD, die von $(\varepsilon_L - \varepsilon_R)$ als Circulardichroismus oder CD. Beide Phänomene enthalten im Prinzip dieselbe Strukturinformation; sie sind über eine Integraltransformation ineinander überführbar. Die Übersichtlichkeit und einfachere Interpretierbarkeit der Spektren, aber auch meßtechnische Entwicklungen haben dazu geführt, daß die CD-Spektroskopie die früher verbreitete ORD-Messung fast völlig verdrängt hat.

Wir berichten in dem folgenden Beitrag an einigen ausgewählten Beispielen über eine Methode, die aus CD-Spektren gewonnenen Daten für die Konformationsanalyse zu nutzen, und zwar interaktiv mit den Möglichkeiten eines PC's.

G. Gauglitz (Hrsg.)
Software-Entwicklung in der Chemie 3
© Springer-Verlag Berlin Heidelberg 1989

CIRCULARDICHROISMUS CHIRALER ASSOZIATE

Unter günstigen Voraussetzungen erlaubt die Analyse des Circulardichroismus die direkte Zuordnung der absoluten Konfiguration oder Konformation einer Verbindung. Ein besonders in-
struktives Beispiel liefern die von uns eingehend untersuchten chiralen Aggregate, die von in
bestimmter Weise chiral substituierten Polyenalen, aber auch aromatischen Aldehyden gebildet
werden. [2] Abb.1 zeigt oben die UV-Spektren von drei konjugierten Azomethinen mit unterschiedlich langem π-System: das kürzeste mit zwei Doppelbindungen, **1**, absorbiert bei 220 nm, das längste mit sechs, **3**, bei 359 nm; dazwischen liegt die Verbindung **2** mit drei Doppelbindungen. Trotz der chiralen Substitution geben diese Verbindungen unter "normalen" Bedingungen, d.h. als Monomere, kein CD-Spektrum - offensichtlich ist der von der konjugierten Kette weit entfernte Substituent nicht in der Lage, irgendwelche chiralen Konformationen ausreichend zu stabilisieren.

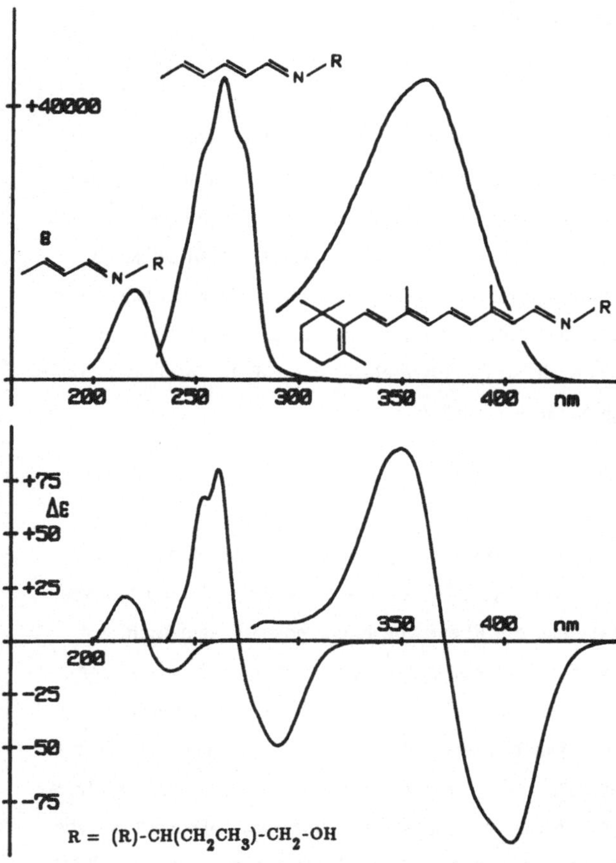

Abb. 1: UV- und CD-Spektren von drei Azomethinen mit
unterschiedlicher Zahl von konjugierten Doppelbindungen.
Die Azomethine dimerisieren bei tiefer Temperatur in unpolaren Lösungsmitteln, wie die CD-Spektren beweisen.

Ein ganz anderes Bild bieten die CD-Spektren dieser Verbindungen bei tiefer Temperatur und in unpolaren Lösungsmitteln (Abb. 1, unten). In allen drei Fällen entwickeln sich konzentrationsabhängig sogenannte CD-Coupletts, das sind Bandenpaare mit entgegengesetzten Vorzeichen und Nulldurchgang im Absorptionsmaximum des

UV-Spektrums. Dabei steht die Vorzeichenabfolge des Coupletts in engem Zusammenhang mit
der absoluten Konfiguration des Substituenten. Ist sie **R**, wie bei den Verbindungen der Abb. 1,
so ist die langwellige Bande negativ und die kurzwellige positiv; bei den S-konfigurierten
spiegelbildlichen Verbindungen kehren sich die Vorzeichen um.
Die Spektren lassen sich zwanglos unter der Annahme deuten, daß sich jeweils zwei Moleküle
über zwei Wasserstoffbrücken zusammenschließen. Die Abb. 2 zeigt die MMP2-optimierte Struktur eines solchen dimeren Assoziats. Darin liegen die beiden (identischen) Chromophore sand-
wichartig und um einen bestimmten Winkel gegeneinander verdrillt, also helical, aufeinander.
Die Wechselwirkung der entarteten angeregten Zustände führt dann im Sinne der Excitontheorie

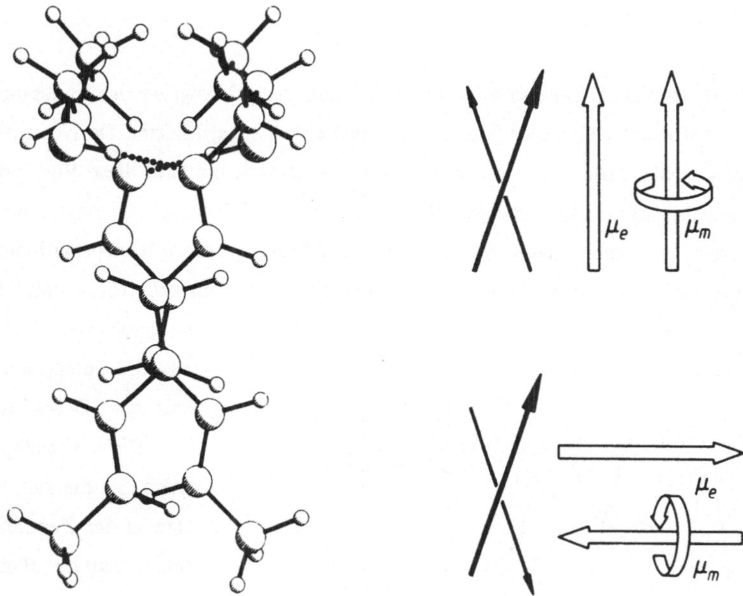

<u>Abb. 2:</u> MMP2-optimierte Struktur des Dimeren von 2. Gestrichelt angedeutet darin die Wasserstoff-brücken, die die beiden Monomeren verknüpfen. Rechts die Kopplung der Monomerenübergänge (schwarz). Oben der kurzwellige Kopplungsmodus, der zu parallelen elektrischen und magnetischen Übergangsmomenten und damit positiver Rotationsstärke führt; darunter die langwellige Kopplung mit antiparalleler Einstellung der beiden Momente und damit negativer Rotationsstärke.

zu einer Aufspaltung in zwei Zustände mit niedrigerer bzw. höherer Energie und entgegen-gesetzten Vorzeichen im CD.[3] Die Aufspaltung wird bestimmt durch die Coulomb-Wechsel-wirkung der angeregten Zustände; über deren Berechnung werden wir unten mehr sagen.

Ein Maß für die Intensität einer CD-Bande ist die Rotationsstärke R, eine Größe, die der Fläche einer solchen Bande proportional ist:

$$R = 3hc^2 2303/16\pi^2 N_L \int \Delta\varepsilon/\nu \, d\nu$$

Theoretisch ist diese Größe zugänglich über die Rosenfeld-Gleichung [4]:

$$R = \mathrm{Im}\{<\psi_0|\mu_e|\psi_a><\psi_a|\mu_m|\psi_0>\}$$

Darin sind ψ_0 und ψ_a die Wellenfunktionen des Systems im Grund- bzw. angeregten Zustand, μ_e und μ_m die Operatoren für das elektrische bzw. magnetische Übergangsmoment und Im steht für "Imaginärteil von", da $<\mu_m>$ in rein imaginärer Form erhalten wird. Die die Rotationsstärke eines Übergangs bestimmenden Größen sind diese beiden Momente und deren relative Orien-tierung: schließen sie einen spitzen (stumpfen) Winkel ein, so ist die berechnete Rotationsstärke positiv (negativ); sind die beiden Momente orthogonal, wie bei jedem System mit Spiegel-symmetrie, ist die Rotationsstärke Null. In der Abb. 2 ist verdeutlicht, wie der energieniedrige, also langwellige Excitonzustand zu negativer, der kurzwellige energiereiche dagegen zu positiver Rotationsstärke führt, in Übereinstimmung mit der nach den Kraftfeldrechnungen bevorzugten absoluten Konfiguration.

CIRCULARDICHROISMUS FLEXIBLER SYSTEME

Kompliziertere Verhältnisse als bei den oben beschriebenen vergleichsweise rigiden Strukturen trifft man an bei konformativ flexiblen Molekülen, etwa chiral substituierten Derivaten von geminalen Diarylmethanen. Mit ihrem asymmetrischen Kohlenstoffzentrum sind diese Verbindungen zwar konfigurativ stabil; da die aromatischen Ringe aber um die Bindung zum Asymmetriezentrum rotieren können, muß man davon ausgehen, daß in Lösung mehrere Konformationen nebeneinander vorliegen, die sich in ihren chiroptischen Eigenschaften zum Teil erheblich unterscheiden. Dafür spricht z.B. die Temperaturabhängigkeit des CD-Spektrums von 2,4'-Dichlorbenzhydrylchlorid (Abb. 3), die sich am deutlichsten in der Zunahme der Rotationsstärke der Bande um 220 nm und der Abnahme der Rotationsstärke im kürzerwelligen Bereich äußert. Im langwelligen Bereich um 270 nm sind die Veränderungen dagegen vergleichsweise gering. Die quantenmechanische Berechnung der vollständigen Energiehyperfläche des Moleküls auf der Grundlage eines theoretischen Modells ausreichender Qualität (MNDO oder AM1) ist auf einem PC nicht möglich und wäre auch sonst ein äußerst

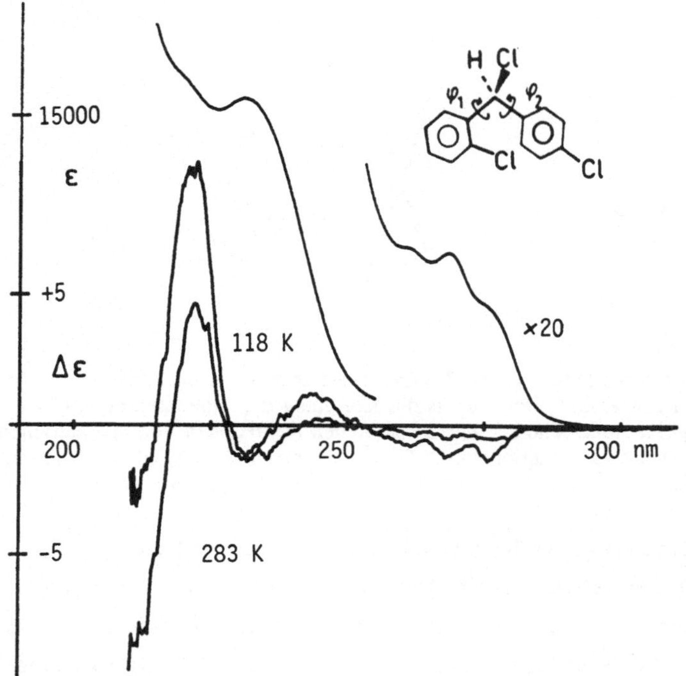

Abb. 3: Raumtemperatur-UV- und temperaturabhängige CD-Spektren von 2,4'-Dichlorbenzhydrylchlorid in Isopentan. Die Zuordnung der absoluten Konfiguration (S) zu diesem Spektrum wird sowohl durch die Rechnungen als auch durch chemische Korrelation wahrscheinlich gemacht (siehe Text).

rechenzeitaufwendiges Verfahren. Wir gehen davon aus, daß zur Beschreibung dieser Moleküle eine Kombination anderer Methoden sinnvoller ist, nämlich

1.) Kraftfeldrechnungen zur Ermittlung von Energiehyperflächen, die Information über die überhaupt möglichen Konformationen liefern und darüber, wie diese ineinander überführt werden können;

2.) quantenmechanische Berechnung der Elektronenstruktur der getrennten Chromophore;

3.) Berechnung der Wechselwirkung dieser Chromophore und der Oszillatoren- und Rotationsstärken nach klassischen Modellen für die gemäß Schritt 1.) sinnvollen Konformationen des Moleküls.

Zu 1.) Ähnlich wie bei den quantenmechanischen Rechenmodellen existiert inzwischen eine ganze Palette von unterschiedlichen Kraftfeldern, die sich in der Art der verwendeten Funktionen, aber auch in der Qualität der eingesetzten Parameter unterscheiden. Für den PC bietet Serena [5] ein software-Paket an, das unter anderem auch Kraftfeldrechnungen ermöglicht. Sogar von einem der besten Kraftfelder, dem MM2-Modell von Allinger, für das auch immer die neuesten Parameter zugänglich sind, existiert eine PC-Version.[6]

Abb. 4 beweist, daß man die Konformationsenergie der flexiblen Diarylmethane auf einem PC

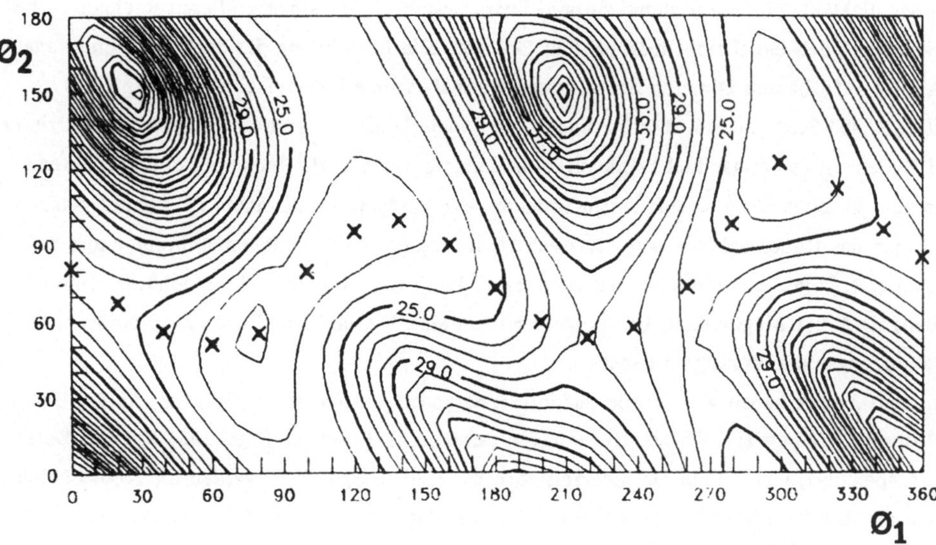

Abb. 4: Höhenliniendiagramm der berechneten Energien (in kcal/Mol) von 2,4'-Dichlorbenzhydrylchlorid in Abhängigkeit von den Diederwinkeln $Ø_1$ und $Ø_2$ der beiden aromatischen Ringe. $Ø_1$ entspricht der Rotation des o-substituierten, $Ø_2$ der des p-substituierten Ringes. Die in Abb. 3 gezeigte Konformation hat $Ø_1$ = $Ø_2$ = 0. Beide Winkel wurden in $10°$-Schritten verändert; für jeden der insgesamt 36x18 Rasterpunkte wurde die Geometrie ohne weitere Restriktion optimiert. Die mit Kreuzen markierten Punkte entsprechen den für die Tab. 1 verwendeten Geometrien. Für die Rechnungen benutzten wir das Programm MMX.[5]

durchaus umfassend beschreiben kann. Sie zeigt die Energiehyperfläche des Moleküls, dessen CD in Abb. 3 diskutiert wurde. Die beiden Minima liegen in der Nähe der sogenannten Giebel-Konformation [7], d.h. die beiden Diederwinkel sind annähernd 90 bzw. $270°$. Sie unterscheiden sich in der Stellung des o-Substituenten relativ zum Chloratom am chiralen Kohlenstoff: In der günstigeren Konformation stehen sie fast anti zueinander, während sie sich in der weniger günstigen stark stören. Die Rotation des p-substituierten Ringes ist zumindest vom ersten Minimum aus mit einer Barriere von 1 kcal/mol fast ungehindert; die Drehbarkeit des zweiten Ringes ist, mit einer Barriere von 6 kcal/Mol, dagegen bereits erheblich eingeschränkt.

Zu 2.) Für die Beschreibung der Elektronenstruktur eines Moleküls muß man auf quantenmechanische Modelle zurückgreifen, insbesondere auch, wenn es um die Berechnung spektraler Parameter der elektronisch angeregten Zustände wie Energien, Polarisationen und Übergangsmomente geht. Diese Rechnungen erreichen mit zunehmender Größe des Moleküls und der damit einhergehenden Größe der zu diagonalisierenden Matrizen schnell die Grenze der Leistungsfähigkeit eines Tischrechners. Mit einem von uns auf einen PC portierten CNDO/S-Programm lassen sich Systeme mit bis zu 68 Atomorbitalen behandeln. Die Rechenzeiten sind bei voller Ausnutzung dieser Grenzen dann allerdings schon erheblich: für ein einfaches konjugiertes Azomethin mit 6 Doppelbindungen (62 Wellenfunktionen, Singulett-CI mit 60 Konfigurationen, PC mit arithmetischem Co-Prozessor) benötigt man bereits mehr als eine Stunde Rechenzeit.

Eine Möglichkeit, größere Systeme zu berechnen, besteht darin, einen größeren Rechner zu benutzen, aber auch dabei stößt man bald an Grenzen. Die Berechnung des Spektrums eines analog zu Abb. 2 aufgebauten Dimeren des all-trans-Retinal-Azomethins auf einer Convex C210 (CNDO/S, 400 SCI) dauerte über 3 Stunden, und auch damit war erst eine einzige Geometrie erfaßt! Zudem ist es oft gar nicht sinnvoll, eine derartig umfassende Rechnung durchzuführen.

Denn zum gleichen Resultat mit einem Bruchteil der Rechenzeit auf einem PC kommt man, wenn man das Dimerspektrum aus der Wechselwirkung der beiden Monomerchromophore zusammensetzt. Unter bestimmten Voraussetzungen (konjugativ isolierte Chromophore, keine CT-Banden) ist dieser Möglichkeit, bei der man zudem eine Vielzahl von Geometrien berücksichtigen kann, sogar der Vorzug zu geben.

Zu diesem Zweck haben wir für die uns interessierenden Chromophore (Polyene, Azomethine, substituierte Aromaten) CNDO/S-Rechnungen durchgeführt und die Ergebnisse in einer Datenbank gespeichert, von wo aus sie jederzeit abrufbar sind. Gespeichert werden die Koordinaten des entsprechenden Moleküls und für jeden berechneten Zustand die Oszillatorenstärke, Energie, Übergangsdichten und -moment sowie die wichtigsten Konfigurationen, die zu dem Zustand beitragen. Die Ergebnisse können mit Hilfe des Programms UGDV auch graphisch dargestellt werden - eine nicht unwesentliche Erleichterung bei der Interpretation der Rechnungen (siehe Abb. 5)

```
CI-state  5      Sym.  A      E =  197 nm      f =  .4244        0.7193 * <22-25>
                                                                 0.4575 * <19-24>
                                                                 0.3924 * <23-26>
```

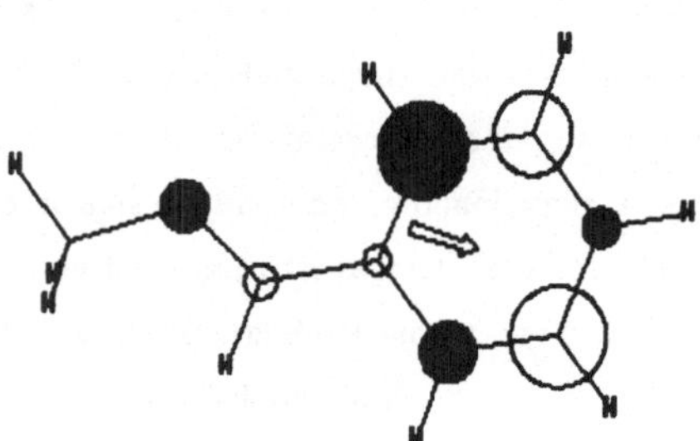

Abb. 5: Hardcopy der Bildschirmausgabe des Programms UGDV. Gezeigt ist ein elektronisch angeregter Zustand eines Azomethins von Benzaldehyd. Graphisch dargestellt sind die Übergangsdichten an den einzelnen Atompunkten sowie Länge und Orientierung des elektrischen Übergangsmoments. Zusätzlich angegeben sind die Symmetrie des Zustands, seine Energie, Oszillatorenstärke und die wichtigsten CI-Koeffizienten.

393

Zu 3.) CD-Absorptionen sind, im Gegensatz zu den gewöhnlichen UV-Absorptionen, oft äußerst empfindliche Indikatoren auf konformative Veränderungen eines Moleküls. Das ist einsichtig, wenn man bedenkt, daß die Rotationsstärke eines angeregten Zustands, als Skalarprodukt von dessen elektrischem und magnetischem Übergangsmoment, eine ausgeprägte Geometrieabhängigkeit besitzt. Hinzu kommt, daß in einem UV-Spektrum, mit seinen typisch breiten, überlappenden Banden, Veränderungen einzelner Komponenten oft gar nicht registriert werden. Die besser strukturierten, weil mit Vorzeichen behafteten CD-Banden sind dagegen eher geeignet, angeregte Zustände zu identifizieren.

In Abb. 2 haben wir an einem besonders instruktiven Beispiel gezeigt, wie sich Rotationsstärken aus der Wechselwirkung und relativen Anordnung von zwei Chromophoren ableiten ließen. Die dort angeführten qualitativen Überlegungen lassen sich quantitativ fassen; sie bilden die Grundlage des sogenannten μ_1-μ_2-Mechanismus der optischen Aktivität,[8] der wiederum auf das klassische Kuhnsche Modell der gekoppelten Oszillatoren zurückgeht.[9] Benötigt werden für diesen Formalismus die Wechselwirkungsenergien zwischen den einzelnen angeregten Zuständen sowie die elektrischen und magnetischen Übergangsmomente des gekoppelten Systems. Besonders einfache Verhältnisse liegen vor im Fall von Molekülen mit C_2-Symmetrie, wenn also identische Chromophore miteinander koppeln und unabhängig von der Wechselwirkungsenergie die symmetrische bzw. antisymmetrische Kombination der Einzelübergänge resultiert. Aber auch der allgemeine Fall der Kopplung von n Übergängen des einen Chromophors mit n' Übergängen des anderen bereitet keine Schwierigkeiten und erfordert nur geringfügigen Rechenaufwand.

Das Verfahren beinhaltet die folgenden Schritte:

Berechnung der Wechselwirkungsenergie. Es kann zwischen drei verschiedenen Möglichkeiten gewählt werden, und zwar der Berechnung nach dem Punktdipol-, Dipol-Dipol- oder Multipol-Modell. Für die ersten beiden Methoden werden die Übergangsmomente, für die dritte die Übergangsdichten aus den CNDO/S-Rechnungen benötigt.

Berechnung der Momente. Die elektrischen und magnetischen Übergangsmomente des gekoppelten Systems werden aus den Eigenvektoren der Wechselwirkungsmatrix erhalten, die den Beitrag der Einzelmomente zu den Gesamtmomenten bestimmen.

Berechnung der Rotationsstärken. Sie erfolgt als einfache skalare Multiplikation der jeweiligen Momente über ihre Komponenten.

Die Tab. 1 zeigt am Beispiel des Diarylmethanderivats der Abb. 3 die Geometrieabhängigkeit der nach diesem Modell berechneten Rotationsstärken. Die Ergebnisse sind direkt einsichtig, bei-

Tab. 1: Rotationsstärken (in 10^{-40} cgs) der p- und langwelligen ß-Übergänge von 2,4'-Dichlorbenzhydrylchlorid in Abhängigkeit des Diederwinkels $\varnothing_1$ (siehe Abb. 4). Wechselwirkungsenergien berechnet nach der Multipol-Näherung

λ \ φ_1	0	20	40	60	80	100	120	140	160	180	200	220	240	260	280	300	320	340
218	10	32	51	65	76	86	74	54	28	-2	-28	-54	-71	-74	-63	-55	-37	-13
210	-1	-23	-46	-68	-77	-63	-46	-36	-20	5	32	51	58	60	66	59	39	13
198	-203	-274	-260	-252	-299	-234	-94	-67	-58	-85	-123	-150	-168	150	291	151	77	2
197	296	407	389	295	256	392	405	359	247	214	137	-19	-136	-403	-245	-91	-87	10

spielsweise das Verschwinden der Rotationsstärken der beiden p-Übergänge, wenn die beiden Ringe senkrecht aufeinander stehen ($\varnothing_1 = 0$ bzw. 180°) bzw. die Vorzeichenumkehr in den Bereichen dazwischen. Die größeren Absolutbeträge der ß-Kombinationen sind eine Folge der größeren Oszillatorenstärken dieser Übergänge. Die Vorzeichenabfolge für die als absolutes Energieminimum berechnete Struktur ($\varnothing_1 = 80^o$) stimmt mit den experimentellen Daten für die p-Banden (220,230 nm) überein, wenn man für die Verbindung die S-Konfiguration annimmt.[10] Aufschlußreich in mehrerer Hinsicht sind die in Tab. 2 zusammengefaßten Ergebnisse, die u.a. auch einen Vergleich der "exakten" Rechnungen (Spalte 2) mit den verschiedenen Näherungen gestatten. So wird für das sehr kleine Assoziat von 1 von allen Näherungsmethoden die richtige Vorzeichenabfolge des CD-Coupletts wiedergegeben, nur nicht von der CNDO/S-Rechnung, zweifellos eine Folge der übermäßig großen CI-Rechnung, die den Einfluß hoch angeregter Zustände überschätzt. Allerdings wird auch mit der üblichen SCI 60 kein vernünftiges Ergebnis für dieses System erhalten. Für die anderen Moleküle erhält man auf der Grundlage aller Methoden mit dem Experiment übereinstimmende Werte.

Tab. 2: Vergleich der Rechenergebnisse und -zeiten sowie experimentelle Werte von chiralen Azomethindimeren (siehe Abb. 1 und 2)

VERBINDUNG	CNDO/S			GEKOPPELTE OSZILLATOREN							EXPERIMENT	
				Punktdipol		Dipol		Multipol				
	λ^a	R^b	t^c	λ	R	λ	R	λ	R	t^d	λ	R
1	227/ ·351		1470	266/ ·256		261/ ·261		235/ ·291		1100	238/ ·25	
	218/ ·391			200/ +337		203/ +334		221/ +307			215/ +20	
2	284/ ·207		2080	323/ ·227		316/ ·284		279/ ·284		1950	292/ ·106	
	253/ +270			232/ +348		235/ +340		261/ +294			261/ +125	
3	379/·1195		12800	448/·1324		433/·1369		367/·1609		3370[e]	403/ ·209	
	338/+1813			301/+1752		306/+1155		344/+1690			349/ +232	
4[f]	253/ ·451		2220	267/ ·513		265/ ·533		247/ ·592		2880	258/ ·28	
	242/ +551			233/ +625		234/ +626		240/ +598			216/ +22	

[a] Wellenlänge in nm; [b] Rotationsstärke in 10^{-40} cgs; [c] cpu-Zeit (CONVEX C210) in Sekunden; [d] cpu-Zeit (SIEMENS PCD-2); [e] cpu-Zeit (APOLLO DN4000); [f] Dimeres des Benzaldehyd-Azomethins

Die Wechselwirkungsenergien stimmen am besten mit den CNDO/S-Werten überein, wenn sie nach der Multipol-Methode berechnet werden, was nicht sonderlich überraschen kann. Dabei sind die Rechenzeiten für deren Berechnung nach allen drei Methoden vergleichbar; selbst für die großen Retinal-Dimeren bleibt die Multipol-Rechnung im Minutenbereich. Die in der Tabelle angegebenen Zeiten der Spalte 3 stehen fast ausschließlich für die Erstellung der Monomerendaten, die dann Eingang in die UV-Bibliothek finden.

[1] Dispersion und Absorption lassen sich formal als reeller bzw. imaginärer Teil des Brechungsindizes in komplexer Schreibweise formulieren: Feynman RP, Leighton RB, Sands M (1963) The Feynman Lectures on Physics Vol I, Addison-Wesley, Reading MS

[2] Wingen U, Simon L, Klein M, Buß V (1985) Angew Chem 97:788; Angew Chem Int Ed Engl 24:761. Buß V, Simon L (1986) J Chem Soc Chem Comm 1032

[3] Harada N, Nakanishi K (1983) Circular Dichroic Spectroscopy, Oxford University Press, Oxford

[4] Rosenfeld L (1928) Z Phys 52:161

[5] Das Paket heißt PCMODEL; es wird vertrieben von Serena Software, Box 3076, Bloomington, IN 47402-3076, USA

[6] QCMP010: MMIIPC: An Interactive Version of MM2 for Microcomputers. Erhältlich vom QCPE, Dept. of Chemistry, Indiana University, Bloomington, IN 47405 USA

[7] Barnes JC, Paton JD, Damewood JR, Mislow K (1981) J Org Chem 46:4975

[8] Mason SF (Ed) (1979) Optical Activity and Chiral Discrimination. Deidel, Dordrecht Boston London

[9] Kuhn W (1930) Trans. Faraday Soc 26:293. Kuhn W (1958) Ann. Rev. Phys. Chem. 9:417

[10] Ein zusätzliches Indiz für diese Zuordnung liefert das CD-Spektrum von S-2,4'-DDT, das mit dem in Abb. 3 gezeigten nahezu identisch ist. Heuser N (1988) unveröffentlicht

SCHWINGUNGSSPEKTROSKOPISCHE UND QANTENMECHANISCHE UNTERSUCHUNGEN
ZUM OBERFLÄCHENVERSTÄRKTEN RAMANEFFEKT
(SURFACE ENHANCED RAMAN SCATTERING)

P. Bleckmann[1] und H.D. Trippe[2]

[1]Fachbereich Chemie, Universität Dortmund,
 Postfach 50 05 00, 4600 Dortmund 50, FRG

[2]Fraunhofer-Institut für Umwelt-Chemie und Ökotoxikologie
 5948 Schmallenberg, FRG

Abstract: This paper presents a characterization of the 'Surface Enhanced Raman Scattering' by use of Raman spectroscopic and quantum mechanical investigations of simple cluster compounds. It is shown that similarities exist between metal clusters complexes and molecules adsorbed on metal surfaces.

The line intensities in Raman spectra of metal clusters are determined by means of a modified CNDO/2 method (1,2). Perturbation terms of an external electric field are inserted into the Hartree-Fock operator used in the CNDO/2 theory (1,2) to yield the induced dipole moment as a function of the normal co-ordinate q, from which the polarizability change upon q is obtained.

The results for Ni_3CO, Ni_7CO , Ni_9CO, $Ni_{10}CO$ and $Ni_{13}CO$ are discussed. In this manner we determine the number of metal atoms a cluster must contain before its properties are approximately indistinguihable from those of the bulk metal. Calculated intensities of the CO stretching vibrations of metal clusters agree well with experimental intensities obtained from Raman spectra of CO molecules adsorbed on Ni surfaces. In this manner we have obtained an approach for the description of 'Surface Enhanced Raman Scattering'.

Einführung

Die quantenmechanische Berechnung von idealisierten Adsorptionsmodellen kann von zwei unterschiedlichen Ausgangspunkten erfolgen (3):

a) Festkörpermodelle: Modellsystem der Adsorption ist das unendlich periodische Gitter des makroskopischen Festkörpers. Hierbei kann die symmetrische und periodische Anordnung der einzelnen Gitterbausteine des kristallinen Festkörpers zur Vereinfachung der Rechnungen beitragen.

G. Gauglitz (Hrsg.)
Software-Entwicklung in der Chemie 3
© Springer-Verlag Berlin Heidelberg 1989

b) Molekulare Modelle: Es werden sogenannte 'Oberflächenmoleküle' (4) formuliert. Ein Metallcluster repräsentiert dabei nur den Teil des Festkörpers, der direkt mit dem adsorbierten Molekül chemisch gebunden ist. Für die CO-Adsorption ist dabei die enge Verwandtschaft zu vergleichbaren Carbonylkomplexverbindungen gegeben.

Diese verschiedenen Modellvorstellungen widersprechen sich nicht, sie gehen bei Grenzbetrachtungen ineinander über, so daß sie sich letztlich ergänzen (5).

In dieser Arbeit wird ein 'Molekulares Adsorptionsmodell' für das System Nickel-Kohlenmonoxid verwendet. Der mathematische Aufwand für diese Betrachtungsweise ist relativ überschaubar. Die dafür erforderliche Rechenzeit und der notwendige Speicherplatzbedarf werden nicht zu groß. Die Anwendbarkeit derartiger Konzepte ist vielfach belegt worden (6-11).

Für die quantenmechanische Behandlung des Adsorptionssystems Nickel-Kohlenmonoxid wird in den nachfolgenden Berechnungen die CNDO/2-Methode gewählt. Als Computerprogramm diente das von Baba-Ahmed und Gayoso entwickelte CNDO/2-U-Verfahren (12). Dieses Grundprogramm wurde von uns für die spezielle Fragestellung modifiziert und erweitert (1,2).

Für die semiempirischen Rechnungen werden $Ni_n CO$-Cluster als 'Oberflächenmoleküle' verwendet, um den Teilbereich der Nickeloberfläche herauszugreifen, an den die chemisorbierten Kohlenmonoxidmoleküle an einer realen Oberfläche direkt gebunden sind.

Geometrie und Struktur der $Ni_n CO$-Cluster

Für die n Nickelatome der zu berechnenden $Ni_n CO$-Cluster wird die Geometrie des metallischen Nickels an der Oberfläche zugrundegelegt. Nickel (β-Ni) kristallisiert in der kubischen Raumgruppe Fm3m (O_{hh}^5) mit z=4 Atomen in der Einheitszelle (13). Dies entspricht einem kubisch-flächenzentrierten Gitter, das eine kubisch dichte Kugelpackung mit der Schichtfolge ABCABC... in Richtung der Raumdiagonalen darstellt. Jedes Atom ist von 12 nächsten Nachbarn im gleichen Abstand umgeben. Die Röntgenstrukturanalyse ergibt eine Gitterkonstante von a = 3.5238 Å. Die Atomabstände zwischen Nickel und Kohlenstoff bzw. Kohlenstoff und Sauerstoff, sowie die Ausrichtung der Kohlenmonoxidmoleküle zur Nickeloberfläche stammen aus LEED-(Low Energy Electron Diffraction) (14,15) und UPS-(Ultraviolet Photoelectron Spectroscopy) Untersuchungen (16). Es ergeben sich daraus die folgenden Strukturparameter:

Ni-Ni-Abstand : r_{Ni-Ni} = 2.492 Å

Ni-C- " : r_{NiC} = 1.80 Å

C-O - " : r_{CO} = 1.15 Å

Winkel Ni-Ebene

zu CO-Richtung : a_{NiCO} = 90°

Für die nachfolgenden quantenmechanischen Rechnungen werden die Nickeloberflächen in

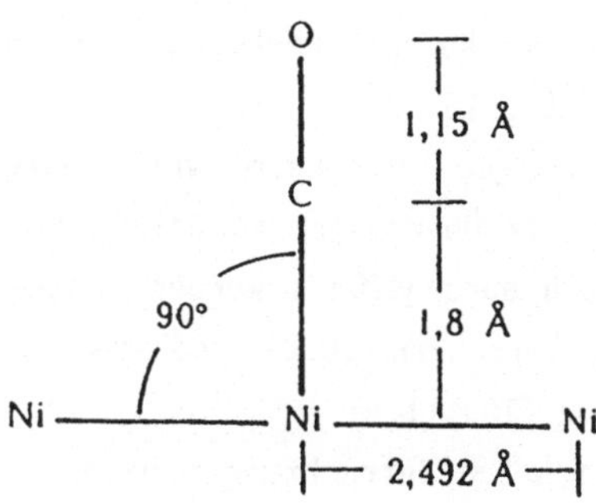

<u>Abb. 1</u> Strukturparameter der
Ni_nCO-Cluster

Richtung (1,1,1) und (1,0,0) des kubisch-flächenzentrierten Gitters ausgewählt. Aus den entsprechenden Anordnungen werden lineare (eindimensionale), planare (zweidimensionale) und räumliche (dreidimensionale) Strukturen der beteiligten Nickelatome den Berechnungen unterworfen.

Die senkrechte Ausrichtung des Kohlenmonoxidmoleküls zur Nickeloberfläche mit der Orientierung des Kohlenstoffatoms zur Nickeloberfläche läßt prinzipiell vier verschiedene Bindungsanordnungen zu. Eine lineare Einzentrenbindung und drei symmetrische (die unzähligen asymmetrischen Formen werden nicht berücksichtigt) Mehrzentrenbindungen. Abb.2 stellt die verschiedenen symmetrischen Bindungsanordnungen des Kohlenmonoxidmoleküls mit den direkt beteiligten Nickelatomen dar.

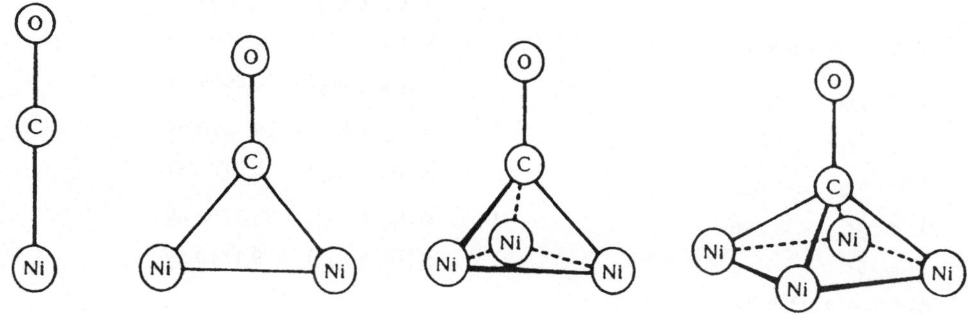

<u>Abb. 2</u> Verschiedene Bindungsanordnungen zwischen Nickel und
Kohlenmonoxid

Ergebnisse der semiempirischen CNDO/2-U-Rechnungen an verschiedenen Strukturen von Ni_n- und Ni_nCO-Clustern (n=1 bis 19)

Quantenmechanische Untersuchungen in Form von semiempirischen Rechnungen an Übergangsmetellclustern sowie an Übergangsmetallclustern mit adsorbiertem H_2, CO, NO oder N_2 sind bereits mehrfach durchgeführt worden. Angewendet wurde dabei speziell das EHMO (Extended-Hückel) Verfahren (8,9) und die CNDO/2 (Complete Neglect of Differential Overlap)-Methode (10,11).

Grundlage der hier durchgeführten Betrachtungen bilden semiempirische CNDO/2-Rechnungen an Ni_n- und Ni_nCO-Clustern (n=1-13) von Blyholder (17,11). Durch Vergleich unserer Ergebnisse mit denjenigen von Blyholder soll die Anwendbarkeit des von uns verwendeten und modifizierten Programmes unterbaut werden (18). Im Rahmen der Untersuchungen werden die Berechnungen auf größere (n > 13) und geometrisch andersartige Cluster ausgedehnt. Solche Berechnungen an Ni_n- und Ni_nCO-Clustern sind notwendig, um die spezielle Anwendungsfähigkeit des kombinierten Verfahrens aus Frequenz- und Intensitätsberechnung auf die Untersuchung eines experimentell nachgewiesenen Phänomens aus der Ramanspektroskopie - den 'oberflächenverstärkten Ramaneffekt (SERS)'- aufzeigen zu können (19).

Bei den 'closed-shell' CNDO/2-Rechnungen werden für Kohlenstoff und Sauerstoff die original Pople'schen Parameter (20) verwendet. Für Nickel wird - wie auch schon in anderen Arbeiten üblich (21,22)- die Parameterisierung von Blyholder gewählt. In Tab.1 sind die einzelnen Paramersätze expizit aufgeführt.

---

a) Basisfunktionen und Elektronenkonfiguration im Grundzustand:

   Ni : $3d^8, 4s^2, 4p^0$

   C : $2s^2, 2p^2$

   O : $2s^2, 2p^4$

b) Slaterorbitalexponenten ζ_μ:

   Ni : ζ_{3d} = 2.5

   $\zeta_{4s,4p}$ = 1.8

   C : $\zeta_{2s,2p}$ = 1.625

   O : $\zeta_{2s,2p}$ = 2.275

c) Mulliken's Orbitalelektronegativitäten $\frac{1}{2}(I_\mu + A_\mu)$:

   Ni : $\frac{1}{2}(I_{3d} + A_{3d})$ = 10,0000 eV

   $\frac{1}{2}(I_{4s} + A_{4s})$ = 4,3000 eV

   $\frac{1}{2}(I_{4p} + A_{4p})$ = 1,3000 eV

   C : $\frac{1}{2}(I_{2s} + A_{2s})$ = 14,0510 eV

   $\frac{1}{2}(I_{2p} + A_{2p})$ = 5,5720 eV

   O : $\frac{1}{2}(I_{2s} + A_{2s})$ = 25,3902 eV

   $\frac{1}{2}(I_{2p} + A_{2p})$ = 9,1110 eV

d) Atomparameter β^0_i:

   $\beta^0_{Ni(3d)}$ = −10 eV

   $\beta^0_{Ni(4s,4p)}$ = −6 eV

   β^0_C = −21 eV

   β^0_O = −31 eV

Tab. 1 CNDO/2-Parametrisierung für die Ni_n- und Ni_nCO-Cluster

Die von uns berechneten Gesamtenergien und Fermienergien von Ni_n-Clustern (n=3-19) stimmen im wesentlichen mit den von Blyholder erhaltenen Werten überein.
Die Erkenntnisse Blyholders, daß die Nickelmetalleigenschaften gut reproduziert werden und daß die Clusterstabilität in der Reihenfolge linear, planar, räumlich zunimmt, konnte im Rahmen unserer Rechnungen gestützt werden (17).

CO-Streckschwingungen im freien und adsorbierten Zustand
Die CO-Streckschwingungsfrequenzen von freiem und von auf Nickel adsorbiertem Kohlenmonoxid sind mit Hilfe der Methoden der Infrarot- und Ramanspektroskopie bestimmbar. In Tab.2 ist eine Auswahl der IR- und Raman-CO-Streckschwingungsfrequenzwerte aus mehreren experimentellen Arbeiten anderer Autoren aufgeführt.

<u>Tab. 2</u> CO-Streckschwingungsfrequenzwerte

System	$\nu(CO)\,[cm^{-1}]$	Spektroskopieart	Literatur
freies CO	2143	IR	(27)
Ni $\cdots$ CO	2080	IR	(34)
	2075	IR	(35)
	1935	IR	(35)
	2069	IR	(36)
	1810	IR	(37)
	2033	RA	(33)
	2086	RA	(24)
	1804	RA	(24)
	2045	IR	(38)
	1910	IR	(38)
	1817	IR	(38)

In der Vergangenheit sind an CO-Streckschwingungen auf metallischen Nickeloberflächen eine Reihe von Normalkoordinatenanalysen durchgeführt worden (23-26). Es wurden unterschiedliche Kraftfelder verwendet und die Nickeloberfläche durch verschiedene Nickelclustersysteme simuliert.
Anlaß für die Durchführung der Normalkoordinatenanalyse in dieser Arbeit ist es, die für die anschließende Intensitätsberechnung notwendigen Amplitudenwerte (Schwingungsauslenkungen) zu gewinnen. Die Rechnungen wurden im 'General Valence Force Field (GVFF)' für freies und linear (einzentrisch) an Nickelclustern gebundenes Kohlenmonoxid durchgeführt.
Verwendet wurde jeweils ein minimaler Kraftkonstantensatz, der für die einzelnen berechneten Systeme in Tab.3 aufgeführt ist. Die einzelnen Potentialfunktionen der verschiedenen Ni_nCO-Cluster unterscheiden sich jeweils nur hinsichtlich der

unterschiedlichen Anzahl von Ni-Ni-Bindungen. Die resultierende Potentialfunktion z.B. für ein $Ni_{10}CO$-Cluster hat die folgende Form:

$$2V = \Delta R_{CO}\, f\, \Delta R_{CO} + \Delta R_{NiC}\, f_{NiC}\, \Delta R_{NiC} + 24\, \Delta R_{NiNi}\, f_{NiNi}\, \Delta R_{NiNi}$$

Die mittels der angegeben Kraftkonstantensätze berechneten Frequenzwerte der CO-Streckschwingungen sind ebenfalls in Tab.3 aufgeführt. Sie sind den experimentell bestimmten Werten von Rank et al. (27) bzw. Krasser et al. (24) angepaßt. Als Beispiel hierzu ist in Abb.3 die dimetrische Projektion der resultierenden (CO)-Schwingungsauslenkung in einem $Ni_{10}CO$-Cluster dargestellt.

Tab. 3: Kraftkonstantensätze für freies CO und für Ni_nCO-Cluster mit (n=1,3,5,7,9,10,13,16)

System	Bindungs-zentren	Kraftkonstanten f_i [mdyn/Å]			berechnete Frequenz [cm^{-1}]
		C—O	Ni—C	Ni—Ni	
CO	—	18,562	—	—	2143
Ni_nCO	1	17,12	1,4	0,4	2086

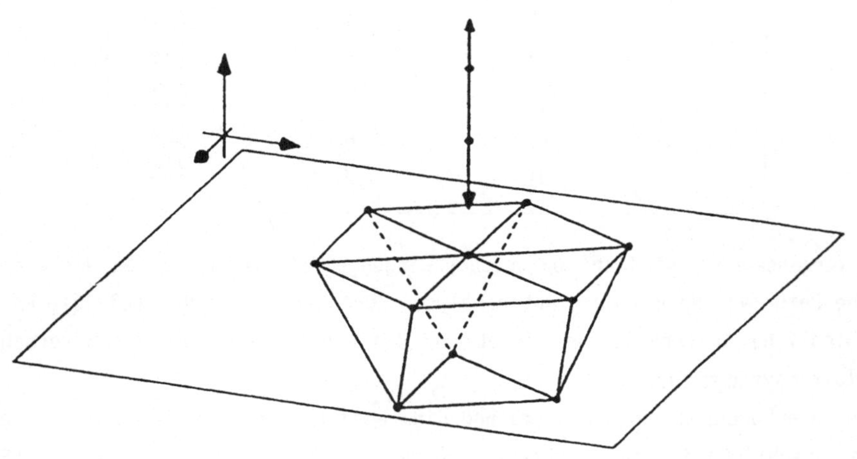

Abb. 3 CO-Streckschwingung in einem $Ni_{10}CO$-Cluster

Anwendung eines kombinierten Verfahrens der Frequenz-Intensitätsberechnung auf die Beschreibung des 'oberflächenverstärkten Ramaneffektes' (Bestimmung des Verstärkungsfaktors)

Moleküle, die an Metalloberflächen adsorbiert sind, zeigen oft - im Gegensatz zum freien Zustand - eine erhöhte Reaktionsfähigkeit. Die Ursache dafür beruht auf Wechselwirkungen zwischen der metallischen Oberfläche und dem adsorbierten Molekül. Der Einfluß des Metalls ändert ebenfalls die spektroskopischen Eigenschaften des Adsorptivs. So können Ramanaktive Schwingungen der adsorbierten Moleküle durch den 'oberflächenverstärkten Ramaneffekt' (Surface Enhanced Raman Scattering: SERS) erheblich höhere Intensitäten besitzen als im freien Molekül. Metalle bzw. Adsorbens-Adsorptiv-Systeme, bei denen dieser Effekt beobachtet wird, sind z.B. Ag-CO, Au-CO, Ag-Py, Cu-Py (Py:Pyridin) (28-31). Bei dem besonders für katalytische Zwecke interessanten Übergangsmetall Nickel war dieser Effekt lange Zeit umstritten. Es wurde sogar die Meinung vertreten, daß SERS beim Nickel nicht beobachtet werden kann(32).

Im Rahmen unserer Untersuchungen sollte die Frage gelöst werden, ob die Anwendung des kombinierten Verfahrens der Frequenz- und Intensitätsberechnung den 'oberflächenverstärkten Ramaneffekt' beim Nickel nachweisen und wenn ja, inwieweit das Verfahren im Rahmen der Modellbetrachtungen einen Beitrag zur Erklärung des SERS leisten kann.

Das physikalische Grundphänomen in der Ramanspektroskopie ist der Streuprozeß von Lichtquanten, der durch Wechselwirkung zwischen Materie und eingestrahlter monochromatischer Strahlung auftritt. Die Frequenzen der angeregten Schwingungszustände der untersuchten Substanz werden im Ramanspektrum relativ zur Frequenz des als Strahlungsquelle dienenden Lasers gemessen. Die Intensität der dabei aufgezeichneten Streustrahlung (Ramanbande) ist proportional zum Quadrat der Polarisierbarkeitsänderung bei der betreffenden Normalschwingung

$$I_{RA} \sim (\delta\alpha/\delta Q)^2$$
$$\alpha : \text{Polarisierbarkeit} \qquad Q : \text{Normalkoordinate}$$

Im folgenden wird das von uns entwickelte Verfahren (1,2) kurz skizziert, das es gestattet, die 1.Ableitung der Polarisierbarkeit nach der Normalkoordinate zu bestimmen.

Setzt man ein Molekül einem statischen, homogenen elektrischen Feld mit konstanter Feldstärke E aus, so wird in diesem Molekül ein induziertes Dipolmoment μ_{ind} erzeugt:

$$\mu_{ind} = \alpha_E \, E .$$

Die Elektronenpolarisierbarkeit α_E ist eine charakteristische Eigenschaft des Moleküls. Mit Hilfe der obigen Beziehung läßt sich die Änderung der Polarisierbarkeit während der Normalschwingung mit der dadurch verursachten Änderung des induzierten Dipolmomentes verknüpfen, so daß gilt:

$$(\delta\mu_{ind}/\delta Q)_0 = (\delta\alpha_E/\delta Q)_{\dot{O}} \Delta \; Q \cdot E$$

Q:Amplitude   Index 0:Gleichgewichtszustand

Der Ausdruck $(\delta\mu_{ind}/\delta Q)_0$ kann mittels des quantenmechanischen Rechenverfahrens bestimmt werden. Hierzu ist der aus der Wirkung des elektrischen Feldes resultierende Energiebeitrag F für das Molekül

$$F = e \cdot \Sigma r_k \; E$$

e: Ladung des Elektrons
r_k:Ortskoordinate des k-ten Elektrons

als Störterm in den Hamilton-Operator einzubauen:

$$(H-F)\psi = \lambda\psi$$

ψ:Eigenvektor λ:Eigenwert

Mit Hilfe dieses veränderten Hamilton-Operators wird der funktionale Zusammenhang zwischen Dipolmoment μ_{ind} mit Feld E und Normalkoordinate Q bestimmt. Der Ausdruck $(\delta\alpha_E/\delta Q)_0$ wird damit bestimmbar.
Die Anwendung des beschriebenen Ramanintensitätsverfahrens wird hinsichtlich der Einführung des äußeren elektrischen Feldes zusätzlich vereinfacht. Es wird bei der Berechnung nur diejenige elektrische Feldkomponente berücksichtigt (E_z), die parallel zur C-O-Bindungsachse und damit senkrecht zur Nickeloberfläche wirkt.
Die Bestimmung der Ramanintensitätswerte wurde für das freie isolierte CO-Molekül und verschiedene einzentrische Ni_nCO-Cluster durchgeführt. In Tab.4 sind die ermittelten Ramanstreukoeffizienten S sowie die jeweils relativ zum freien CO-Molekül resultierenden Verstärkungsfaktoren (V_f) aufgeführt. Im Vergleich dazu sind die Verstärkungsfaktoren zweier experimenteller Arbeiten angegeben, die aufgrund der unterschiedlichen Beschaffenheit der verwendeten Nickeloberfläche stark voneinander abweichen.
Die Ergebnisse zeigen, daß der Verstärkungsfaktor von der Clustergröße und der Clustergeometrie abhängt. Beim Gang von ein- zu zweidimensionalen (linear, planar) Nickel-Clustersystemen ist nur ein leichter Anstieg des Verstärkungsfaktors infolge

Tab. 4 Berechnete Raman-Streukoeffizienten S und resultierende Verstärkungsfaktoren V_f

Clustertyp		S $[10^{20} cm^2 / mol \cdot sr]$	Verstärkungsfaktor V_f
CO		0.44908	1.0
NiCO		2.74150	6.1
Ni_3CO	linear	4.87370	10.9
Ni_7CO	planar (1.1.1)	7.28050	27.2
Ni_9CO	planar (1.0.0)	5.43030	12.1
$Ni_{10}CO$	planar (1.1.1)	10.96600	24.4
$Ni_{10}CO$	räuml. (1.1.1)	30.46100	67.8
$Ni_{13}CO$	räuml. (1.0.0)	12.65100	28.2
exp. gef.	(33,39)		$\simeq 50$
	(40)		5000

der gesteigerten Anzahl von Nickelatomen zu beobachten. Der Verstärkungseffekt wird erst bei Berücksichtigung von dreidimensionalen Ni-Systemen besonders deutlich. Den höchsten Verstärkungsfaktor besitzt der räumliche Ni_{10}-Cluster mit V_f = 67,8, der größenordnugsmäßig im Bereich des experimentell ermittelten Wertes von Stencel und Bradley (33) von ca. 50 liegt.

Tab. 5 Raman-Streukoeffizienten S und Verstärkungsfaktoren V_f für Be_n- und Mg_nCO-Cluster

Clustertyp	S $[10^{20} cm^2 / mol \cdot sr]$	Verstärkungsfaktor V_f
BeCO	0.73691	1.6
MgCO	0.54140	1.2
Be_7CO	2.94760	6.6
Mg_7CO	2.96870	6.6
$Be_{10}CO$	0.13535	0.3
$Mg_{10}CO$	— a)	—

a Bei der Intensitätsberechnung ergab sich kein linearer Zusammenhang zwischen induziertem Dipolmoment und äußerer Feldstärke.

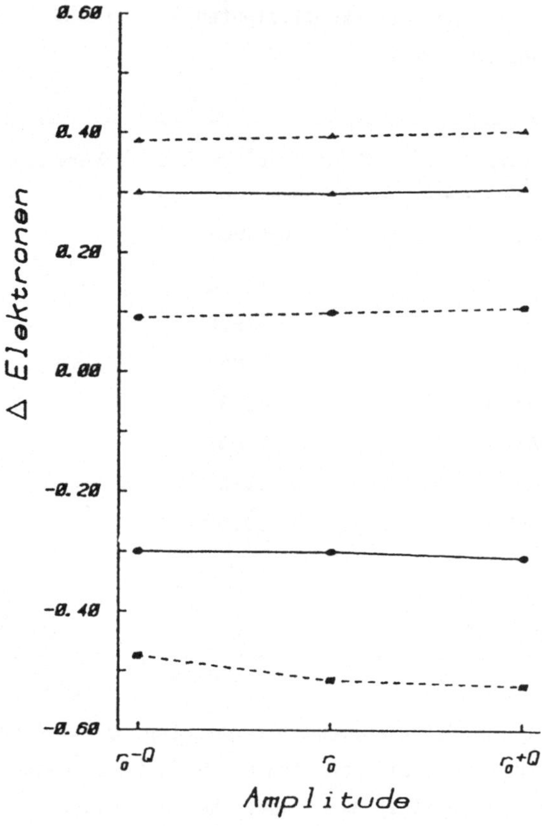

<u>Abb. 4</u>   relative Elektronendichteverteilung des Kohlenstoff- (●), Sauer-
stoff- (▲) und Nickelatoms (■) für das freie CO-Molekül (durch-
gezogenen Linien) und das NiCO-System (gestrichelte Linien)
während einer Schwingung mit der Amplitude Q

Aus den Ergebnissen der durchgeführten Berechnungen kann also ein deutlicher
Verstärkungseffekt der CO-Streckschwingung von an Nickel adsorbiertem Kohlenmonoxid
nachgewiesen werden im Vergleich zur CO-Streckschwingung im freien isolierten
Zustand von CO.

Es soll nunmehr dargelegt werden, auf welche Weise dieser Verstärkungseffekt erklärt
werden kann im Bilde der hier verwendeten Modellvorstellung:

Grundvoraussetzung für eine derartige Verstärkung der Ramanintensität einer
CO-Streckschwingung ist die Erhöhung der Polarisierbarkeit des CO-Moleküls während
der Schwingung im adsorbierten Zustand, d.h., die Leichtigkeit, mit der Elektronen

unter Einwirkung des äußeren Feldes (Lasers) verschoben werden können, sollte zunehmen.

Betrachten wir hierzu die relative Elektronendichterverteilung des Kohlenstoff-, Sauerstoff- und Nickelatoms für das freie CO-Molekül bzw. das lineare NiCO-System (Abb.4): Beim freien CO-Molekül erfolgt während der Schwingung (bei Annäherung zwischen C- und O-Atom) ein Elektronentransfer vom Kohlenstoff zum Sauerstoffatom. Im Falle des NiCO-Systems werden durch den Einfluß des Nickelatoms dem CO-Molekül zusätzliche Elektronen zur Verfügung gestellt. Der Elektronentransfer zum Sauer-stoffatom während der Schwingung kann dadurch im Falle einer C-Ni-Bindung in größerem Maße unterstützt werden, wodurch eine Erhöhung der Polarisierbarkeit im schwingenden Zustand erfolgt.

Für den Elektronentransfer zum CO-Molekül spielen die d-Elektronen des Übergangs-metallelementes Nickel eine entscheidende Rolle. Deutlich wird dies durch vergleich-bare Intensitätsberechnungen an Clustern, in denen die Nickelatome durch Beryllium-oder Magnesiumatome ersetzt werden. Die Be- bzw. Mg-Atome besitzen wie die Ni-Atome zwei äußere s-Elektronen, jedoch im Unterschied zu den Ni-Atomen keine d-Elektronen. Die Intensitätsberechnungen (Tab.5) an den jeweiligen Be_nCO- und Mg_7CO-Cluster-Sy-stemen ergeben nahezu keinen bzw. für Be_7CO- und Mg_7CO-Cluster nur einen vergleichsweise geringen Verstärkungsfaktor.

1 Bleckmann P (1974) Z.Naturforsch. 29a:1485
2 Bleckmann P, Wiegeler W, (1977) J.Mol.Struct. 42:227
3 Dunken H, Lygin V., (1978) In: Quantenchemie der Adsorption an Festkörperoberflä-chen. Verlag Chemie, New York-Weinheim
4 Ertl G (1976) Angew.Chem. 88:423
5 Lit.(3) :19
6 Dunken H H, Dunken H, (1966) Z.Chem. 6:234,354
7 Dunken H H, Opitz C, Z.Phys.Chem. 60:25
8 Kadura P, Opitz C (1972) Z.Phys.Chem. (Leipzig) 250:168
9 Müller H, Opitz C (1976) Z.Phys.Chem. (Leipzig) 257:482
10 Blyholder G (1975) J.Chem.Phys. 62:3193
11 Blyholder G (1975) J.Phys.Chem. 79:756
12 Baba-Ahmed A, Gayoso J (1983) Theoret.Chim.Acta(Berl.) 62:507
13 Krebs H (1968) In:Grundzüge der Anorganischen Kristallchemie. Enke Verlag, Stuttgart
14 Passler M, Ignatier A, Jona F, Jepson D W, Marcus P M (1979) Phys.Rev.Lett. 43:360
15 Anderson S, Pendry J P (1979) Phys.Rev.Lett. 43:363
16 Allyn C L, Gustafsson T, Plummer E W (1977) Chem.Phys.Lett. 47:127
17 Blyholder G (1974) Surface Sci. 42:249
18 Baba-Ahmed A, Gayoso J, Maouche B, Ouamerali In: 'CNDO/2-U' Enhanced CNDO Program (FORTRAN IV)QCPE 474
19 Furtak T E, Reyes J (1980) Surface Sci. 93:351
20 Pople J A, Beveridge D L (1970) In: Approximate Molecular Orbital Theory. McGraw-Hill,New York
21 Bohl M, Müller H (1983) Surface Sci.128:104
22 Bauwe E, Rasch G. (1984) Z.Phys.Chemie (Leipzig) 265:1009

23 Hinrichsen M, (1983) Diplomarbeit
24 Krasser W, Fadini A (1980) J.Catal. 62:94
25 Krasser.W, Fadini A, Renouprez A (1980) J.Mol.Struct. 60:427
26 Richardson N V, Bradshaw A M (1979) Surface Sci. 88:255
27 Rank D H, Eastman D P, Rao B S, Wiggins T A (1961) J.opt.Soc.Amer. 51:929
28 Wood T H, Klein M V (1980) Solid State Commun. 35:263
29 Wood T H, Klein M V, Zwemer D A (1981) Surface Sci. 107:625
30 Fleischmann M, Hendra P J, McQuillan A J, Paul R L, Reid E S (1976) J.Raman
   Spectrosc. 4:269
31 Paul R L, McQuillan A J, Hendra P J, Fleischmann M (1975) J.Electroanal.Chem.
   66:248
32 Furtak T E, Kester J, (1980) Phys.Rev.Lett. 45:1625
33 Stencel J M, Bradley E B (1979) J.Raman Spectrosc. 8:203
34 zitiert in Lit.(3) :111
35 Blyholder G, Allen M.C. (1969) J.Am.Chem.Soc. 91:3158
36 Anderson S, (1977) Solid State Commun. 21:75
37 Erley W, Wagner H, Ibach H (1979) Surface Sci. 80:612
38 Campuzano J C, Greenler R G (1980) Surface Sci. 83:301
39 Arunkumar K A, Bradley E B (1983) J.Chem.Phys. 78:2882
40 Krasser W (1982) 'Enhanced Raman Scattering from Molecules Adsorbed on small
   Nickel Particles'. In: Caudano R, Gilles J-M, Lucas A A 'Vibrations at Surfaces.
   Plenum Press, New York-London

HMO

Ein Programm zum Einsatz im computerunterstützten Unterricht

H. D. Breuer
Institut für Physikalische Chemie
Universität des Saarlandes
6600 Saarbrücken

1. Allgemeines

Mit der Einführung des Computer-Investitionsprogramms des Bundes und der Länder stellte sich die Frage nach geeigneten Anwendungen, mit denen auch Studenten vor und nach dem Vordiplom, jedoch vor Beginn der Diplomarbeit mit Hard- und Software vertraut gemacht werden können. Neben Programmierkursen, in denen naturgemäß nur kleinere Probleme bearbeitet werden können, scheinen uns Themenkreise sinnvoll, die auch Stoff der Vorlesung sind. Zu diesen Themen gehört die Hückel'sche Molekül-Orbital-Methode (HMO). Dieses quantenmechanische Näherungsverfahren erscheint uns aus verschiedenen Gründen geeignet:

- Das HMO-Modell ist modular aufgebaut. Die Grundlage bildet eine Eigenwertberechnung, die die Energieniveaus liefert. Darauf aufbauend können alle relevanten Moleküleigenschaften in getrennten Prozeduren abgeleitet werden.

- Mit dem fertigen Programm steht ein Werkzeug zur Verfügung, mit dem qualitativ und semi-quantitativ spektroskopische, reaktionskinetische und thermodynamische Größen bestimmt werden können.

- Durch die intensive Beschäftigung mit den Möglichkeiten, die das HMO-Modell bietet, ergibt sich ein einfacher Einstieg in komplexere quantenchemische Verfahren.

Bei der Wahl der Programmiersprache sind die Kenntnisse der Studenten zu berücksichtigen. Da Pascal (in verschiedenen Dialekten und auf verschiedenen Rechnern) zur Zeit am weitesten verbreitet zu sein scheint, wurde für das vorliegende Programm Turbo Pascal 4.0 gewählt.

G. Gauglitz (Hrsg.)
Software-Entwicklung in der Chemie 3
© Springer-Verlag Berlin Heidelberg 1989

Eine Übertragung in eine andere Sprache, etwa FORTRAN oder C, stellt jedoch keine prinzipielle Schwierigkeit dar.

Zur Arbeit am Computer steht den Studenten ein "Rahmen" zur Verfügung, in dem alle globalen Konstanten und Variablen deklariert sind. Ausserdem beinhaltet dieser Rahmen alle Prozedurköpfe.

Im Unterricht werden die einzelnen Teilaspekte des HMO-Modells besprochen. Danach werden die entsprechenden Prozeduren am Computer erarbeitet. Durch den vorgegebenen Rahmen ist gewährleistet, daß alle Prozeduren zu einem konsistenten Programm zusammengefügt werden können. Als Beispiel oder Vorlage ist ein komplettes HMO-Programm im Quelltext vorhanden. In der Praxis hat sich jedoch gezeigt, daß es den Studenten besonder reizvoll erscheint, davon abweichende Lösungswege zu erarbeiten.

Nach unseren bisherigen Erfahrungen findet die Anwendung des fertigen Programms auf konkrete Probleme den gleichen Anklang wie die Programmierung.

Parallel zur Erstellung des Programms wurde eine etwa 100-seitige Dokumentation erarbeitet, die neben dem kommentierten Quelltext auch eine kurze Einführung in das HMO-Modell enthält.

2. Umfang des Programmpaketes

Auf der Diskette befinden sich die folgenden Programme bzw. Dateien:

HMO.EXE   Compiliertes HMO-Programm

HMO87.EXE   HMO-Programm zur Verwendung mit einem
                     mathematischen Co-Prozessor

HUECKEL.PAS   HMO-Programm im Turbo-Pascal Quelltext

RAHMEN.PAS   Rahmen mit Prozedurköpfen und Deklarationen

UMGEBUNG.TPU   Unit mit Hilfsroutinen für die Programme
HUECKEL.PAS und RAHMEN.PAS

***.INC**   Routinen, die in HUECKEL.PAS eingebunden
werden (Quelltext)

***.HMO**   Sammlung von Molekülen, die mit HMO.EXE
bzw. HUECKEL.PAS bearbeitet werden
können

Außerdem befinden sich auf der Diskette noch zwei Routinen zur Eigenwertberechnung, die auch für andere Verfahren verwendet werden können.

Bei den mit *.INC gekennzeichneten Dateien handelt es sich um die Prozeduren, die im Unterricht von den Studenten erarbeitet werden sollen. Im Einzelnen handelt es sich dabei um:

AUFBAU.INC
Verteilung der Elektronen auf die Molekülorbitale unter Berücksichtigung von Entartungen

ENERGIE.INC
Berechnung der Gesamt-pi-Energie

BINDUNG.INC
Berechnung der Bindungs- und Ladungsordnungen

VALENZ.INC
Berechnung der Freien Valenzen

SPIN.INC
Berechnung der Spinpopulationen, der Anzahl der Linien im ESR-Spektrum sowie der Kopplungskonstanten

STOER.INC
Einführung einer Störung am Coulomb-Integral, am Resonanz-Integral oder Einbau eines oder mehrerer Heteroatome

ANREG.INC
Elektronische Anregung und dadurch bedingte Änderungen am Molekül

IONI.INC
Ionisation und dadurch bedingte Änderungen

OMEGA.INC
Omega-Technik zur Erzielung ausgeglichener Ladungsdichten (wichtig bei der Berechnung von Dipolmomenten)

POLAR.INC
Berechnung von Polarisierbarkeiten

REGRESS.INC
Regressionsrechnung zur Korrelation von berechneten mit experimentellen Daten

3. Anwendung

Mit dem Programm können Moleküle mit maximal 30 Atomen bearbeitet werden. Da auf dem Bildschirm nur eine begrenzte Datenmenge in formatierter Darstellung ausgegeben werden kann, ist bei Molekülen mit mehr als 10 Atomen die Verwendung eines Druckers empfohlen.

Das Programm kann auf zwei Arten gestartet werden:

3.1 Aufruf von HMO

Danach erscheint auf dem Bildschirm das Menu **HMO- Eingabe** mit den Punkten

Lineare Systeme
Zyklische Systeme
Sonstige
Ende

Lineare Systeme sind unverzweigte Ketten, **Zyklische Systeme** sind unverzweigte einfache Ringe. Bei beiden Punkten wird die Hückel-Matrix vom Programm automatisch erstellt. Zunächst wird abgefragt, ob die Ausgabe auf dem Bildschirm oder auf dem Drucker erfolgen soll. Danach müssen der Name des Moleküls, die Anzahl der Zentren und die Anzahl der pi-Elektronen eingegeben werden. Der weitere Ablauf erfolgt wieder über entsprechende Menüs. Nach der Anwahl des

Punktes **Sonstige** wird zunächst gefragt, ob die Eingabe von der Diskette oder über die Tastatur erfolgen soll. Bei **Diskette** erscheint eine Auflistung der abgespeicherten Moleküle. Die Auswahl erfolgt mit den Cursor-Tasten.

Bei **Tastatur** wird auch zunächst nach dem Ausgabemedium gefragt. Danach werden Name des Moleküls, Anzahl der Zentren und Anzahl der pi-Elektronen eingegeben. Zum Aufbau der Hückel-Matrix müssen dann die einzelnen Bindungen eingegeben werden. Auf dem Bildschirm erscheint

Bindung von Zentrum:

Nach Eingabe der entsprechenden Zahl erscheint

nach Zentrum:

Die Abfrage wird durch Eingabe einer 0 beendet.

Die Hückel-Matrix, Zahl der Zentren und Zahl der pi- Elektronen werden unter dem gewählten Molekülnamen auf der Diskette abgespeichert. Unabhängig vom gewählten Menupunkt erscheinen dann auf dem Bildschirm Angaben über Energie-Eigenwerte, Hückel-Koeffizienten, Besetzungszahlen, LUMO, HOMO, Gesamt-pi-Energie, Ladungsordnungen, Restladungen und Allgemeine Bindungsordnungen.

3.2 Aufruf über Kommando-Zeile

Wird beim Programmaufruf der Name eines abgespeicherten Moleküls mit angegeben, z. B.

HMO FULVEN

so wird dieses Molekül geladen und die Berechnungen laufen wie oben beschrieben ohne weitere Zwischenfragen ab.

Nach der Ausgabe der Allgemeinen Bindungsordnungen erscheint das Haupt-Menu mit den Punkten

Eigenwerte/Koeffizienten

Bindungsordnungen

Störungsrechnung

Freie Valenzen

Elektronische Anregung

Spinpopulationen/ESR

Ionisation

Polarisierbarkeiten

Omega-Technik

Neues Molekül

Regression

Ausgabe

Ende

Diese Menu-Punkte können in beliebiger Reihenfolge aufgerufen werden

Wo es notwendig erscheint, können nach Anwahl der einzelnen Menu-Punkte über die Funktionstaste F1 Hilfstexte eingeblendet werden. Wann dies möglich ist, wird jeweils links unten auf dem Bildschirm angezeigt. Über **Neues Molekül** kann der Eingabeteil wieder aufgerufen werden. **Ausgabe** ermöglicht es, jederzeit zwischen Bildschirm und Drucker umzuschalten.

ATARI CRYSTAN 88

H. Burzlaff und W. Rothammel

Lehrstuhl für Kristallographie, Institut für Angewandte Physik,
Universität Erlangen-Nürnberg,
Bismarckstraße 10, D-8520 Erlangen

Zusammenfassung: ATARI CRYSTAN 88 ist ein Programmsystem zur Röntgenstruktur-analyse für ATARI-Rechner vom 1040 STF an aufwärts. Das System erlaubt die Durchführung aller Rechnungen, die zur Vorbereitung, zur Strukturlösung und zur Strukturverfeinerung sowie zur Interpretation und Dokumentation erforderlich sind. Strukturabbildungen wie Projektionen von Zellinhalten, Molekülen (Schwingungsellipsoide eingeschlossen), Koordinationspolyedern und Wirkungsbereichen werden über eine hochauflösende Rastergraphik unter Verwendung eines Nadeldruckers erstellt. Die Rechenzeiten entsprechen etwa 0.15 Micro-VAX, sie verbessern sich um einen Faktor 2 bei Verwendung des Floatingpointprozessors 68881.

Vorbemerkungen

ATARI CRYSTAN 88 ist ein kristallographisches Programmsystem, das für den Einzelbenutzer im Sinne einer preisgünstigen workstation-Lösung konzipiert ist. Es umfaßt alle vorbereitenden Programme, die für die Zusammenstellung kristallographischer Basisdaten wie korrekte konventionelle Zellwahl, Formfaktortabellen, Symmetrieoperationen, asymmetrische Einheiten für Fourier- und Pattersonverfahren nötig sind; ferner einen Strukturbestimmungsteil für die Anwendung direkter Methoden und eine Reihe von Programmen zur Strukturverfeinerung. Eine Besonderheit liegt in den Programmen zur Interpretation von Ergebnissen der Röntgenstrukturanalyse vor; neben den üblichen Möglichkeiten zur Berechnung von Winkeln, Abständen und Koordinationspolyedern können für jedes Atom Wirkungsbereiche ermittelt werden. Durch einen Graphikteil sind diese Ergebnisse auf dem Bildschirm oder auf Papier darstellbar. Außerdem stehen dem Benutzer für die Erstellung von Tabellen und Abbildungen in Publikationen eine Reihe von Hilfsprogrammen zur Verfügung.

Die vorliegende Version basiert auf einer älteren Vorlage für DEC-Rechner (1). Durch die Änderungen in der Computertechnik wurden jedoch erhebliche Verbesserungen und Erweiterungen möglich, so daß ein völlig neues Programmsystem entstand. Einzelheiten werden in den folgenden Abschnitten genauer behandelt.

G. Gauglitz (Hrsg.)
Software-Entwicklung in der Chemie 3
© Springer-Verlag Berlin Heidelberg 1989

Zur Benutzung des Systems ist als Minimalaustattung ein ATARI 1040 STF (1 MB RAM), eine Festplatte z.B. SH 205 und ein NEC-kompatibler Nadeldrucker (9 oder 24 Nadeln) nötig. Vergrößerungen oder Erweiterungen (z. B. durch einen Koprozessor 68881) erhöhen die Anwendungsmöglichkeiten oder die Bearbeitungsgeschwindigkeit. Aus Kostengründen wurde im Konzept auf einen Plotter verzichtet, dafür aber eine entsprechende hochauflösende Rastergraphik entwickelt, die mit einem Nadeldrucker auskommt und im Prinzip auf einen Laserdrucker übertragbar ist.

Bei der Systementwicklung wurde von der Vorstellung ausgegangen, daß dieses Hardwarekonzept über einen längeren Zeitraum verfügbar und eine Leistungssteigerung um einen Faktor vier bis acht zu erwarten ist. Daher ist für die nächsten Jahre eine Systempflege vorgesehen. In Vorbereitung sind Programme zur Absorptionskorrektur, zur Strukturbestimmung mit Hilfe von Pattersonverfahren und Verbesserungen im Verfeinerungsteil. Eine Anpassung des Systems an DOS-Rechner ist vorgesehen.

Ablauf einer Strukturbestimmung mit ATARI CRYSTAN 88

Das System benötigt als Benutzerdaten nur eine Liste der Strukturfaktorbeträge auf einer geeigneten Diskette. Die Indizes (hkl) der Reflexe müssen sich auf eine konventionelle kristallographische Basis beziehen und nach aufsteigendem l geordnet sein, zugelassen sind nur nichtnegative l-Werte. Der Ablauf der Rechnungen läßt sich in die Teile Datenvorbereitung, Strukturlösung, Strukturverfeinerung, Interpretation und Dokumentation gliedern. Für jedes Programm wird auf der Diskette ein Rechenprotokoll erstellt.

1. Datenvorbereitung

Die Datenvorbereitung erfolgt mit den Programmen DELOS und INPUT.

Das Programm DELOS ermittelt aus einer beliebigen vollständigen Beschreibung des Gitters die konventionelle kristallographische Aufstellung der Elementarzelle mit dem normierten Bravaisgitter unter Anwendung der Delaunay-Reduktion (2,3). Im triklinen und orthorhombischen System ist die Normierung nach $a < b < c$ (monoklin: $a < c$) oder nach $a > b > c$ (monoklin: $a > c$) möglich.

Das Programm INPUT verlangt vom Benutzer im Dialogbetrieb eine Titelzeile, die Gitterparameter, die verwendete Röntgenstrahlung, die chemische Zusammensetzung des Elementarzelleninhalts, das Raumgruppensymbol und den mittleren Kristalldurchmesser. Vom Programm werden die Wellenlänge, die nötigen Formfaktortabellen mit wellenlängenabhängigen Korrekturgrößen und der Absorptionskoeffizient bereitgestellt. Neben der Dichte, dem Zellvolumen und dem Atomgewicht werden weitere Informationen über

Symmetrie, Harker-Vektoren etc. mitgeteilt, Einzelheiten sind der ausführlicheren Programmbeschreibung zu entnehmen.

Die Entwicklung der Symmetrieoperationen aus dem Raumgruppensymbol erfolgt im Prinzip wie in (4) beschrieben, aus Gründen der leichteren Erweiterungsfähigkeit und der größeren Kompatibilität mit anderen Rechnern wurde die technische Durchführung modifiziert. Der Ausdruck der Symmetrieoperationen erfolgt in der Form der allgemeinen Punktlage der jeweiligen Raumgruppe, wie sie in den International Tables (5) angegeben ist. Die Wahl anderer Nullpunkte ist durch Angabe eines Verschiebungsvektors möglich. Das Programm stellt die Symmetrieoperationen in Matrizenform bereit und berechnet außerdem die Gruppentafel.

2. Strukturlösung

Zur Lösung der Struktur dienen die Programme PAT, ENORM, SIGMA2, START, FASTAN und SAYFO.

Das Programm PAT berechnet eine Pattersonfunktion, sucht die 50 höchsten Maxima, ermittelt deren Koordinaten und den Abstand vom Ursprung. Die Pattersonfunktion kann auch mit absoluter Skalierung gerechnet werden, in diesem Fall muß ENORM vorausgehen. Eine Folge von Programmen zur intensiveren Nutzung der Pattersonfunktion ist in Vorbereitung, wie z.B. Superposition und Resymmetrisierung von Bildfunktionen. Daher ist die Berechnung der Pattersonfunktion mit verschobenem Ursprung möglich.

Die übrigen aufgezählten Programme dienen der Anwendung der direkten Methoden. Für die Grundlagen wird auf die Monographie von C. Giacovazzo (6) verwiesen. Mittelpunkt der Prozedur ist das Programm START, bei dem ein Multisolution-Verfahren verwendet wird. Die Zahl der zu testenden Lösungen wird über Parameter gesteuert, Details sind der Programmbeschreibung zu entnehmen.

3. Strukturverfeinerung

Für Verfeinerungsprozesse können die Programme FOUR, CHLQ, LQF und PREFOUF verwendet werden.

Das Programm FOUR berechnet im Fourierteil eine Fourier- oder Differenzenfouriersynthese. Im Auswerteteil sucht es in der Dichtefunktion Maxima (Minima) und ermittelt deren Koordinaten. Ferner werden Abstände und Winkel berechnet und ein Datenfile LQ.DAT zur weiteren Behandlung in Nachfolgeprogrammen erstellt, Verwaltungsgrößen zur Kennzeichnung der "Atome" werden bereitgestellt. Das Programm CHLQ erlaubt dem Benutzer Änderungen in diesem Datenfile.

Das Programm LQF ist ein Full-Matrix—Least-Squares-Programm auf der Basis von F-Werten. Verfeinert werden können Skalenfaktor, Temperaturparameter in verschiedenen Variationen, Koordinaten und ein Extinktionsparameter. Für die kleinste Hardware-Ausstattung sind simultan bis zu 400 Parameter frei verfeinerbar. Die Berücksichtigung anomaler Dispersion ist möglich. Eine Version für die Verwendung von F^2-Werten und die Variation von Besetzungsfaktoren ist in Vorbereitung.

Das Programm PREFOUF berechnet Strukturfaktoren und Fourierkoeffizienten für eine nachfolgende Fourier- oder Differenzenfouriersynthese. Diese Koeffizienten werden bezüglich Extinktion und anomaler Dispersion korrigiert.

4. Strukturinterpretation

Für die Auswertung der verfeinerten Strukturdaten stehen im wesentlichen die Programme DISTAN und GRAPH zur Verfügung.

Das Programm DISTAN berechnet Winkel und Abstände mit Standardabweichungen und erlaubt die Ausgabe von entsprechenden Tabellen; zur Identifizierung der Nachbarschaften wird der Symmetriecode mitgegeben.

Das Hauptprogramm für die Interpretation ist das Bildschirmgraphikprogramm GRAPH. Es erlaubt unter Verwendung der Strukturdatenfiles beliebige Projektionen vom Inhalt der Elementarzelle, von Molekülen, von Koordinationspolyedern und von Wirkungsbereichen. Das Programm setzt nach Angabe eines verknüpfenden Abstandes vorhandene Moleküle selbstständig zusammen. Alle Projektionen können in einem kartesischen Koordinatensystem um beliebige Winkel gedreht werden. Störende Teile der Abbildung lassen sich mit Hilfe der Maus entfernen. Die Rechenprotokolle enthalten zusätzliche Informationen über die gezeichneten Atome, deren Symmetrie und über die Nachbarschaft und die Geometrie der Umgebung. Außerdem werden die weiter möglichen Rastergraphiken vorbereitet.

Eine Besonderheit besteht in der Möglichkeit, Wirkungsbereiche zu berechnen. Dies geschieht mit Hilfe des Unterprogramms DIDO (Dirichlet-Domain) von H. Zimmermann. Der Wirkungsbereich eines Atoms ist ein Volumenstück, in dem alle Punkte näher zum betrachteten Zentralatom als zu anderen Atomen liegen. Zur Berechnung werden die mittelsenkrechten Ebenen auf den Verbindungsstrecken zu hinreichend vielen Nachbaratomen konstruiert. Das Zentralatom wird auf diese Weise einem konvexen Polyeder zugeordnet, alle Polyeder zusammen erfüllen den Raum lückenlos. Die Größe der Grenzflächen kann als Maß für die Stärke einer Bindung diskutiert werden. Die Zahl der Grenzflächen ist häufig eine obere Grenze für die Koordinationszahl. Das Wirkungsbereichspolyeder liefert also zusätzliche Informationen über lokale Struktureigenschaften.

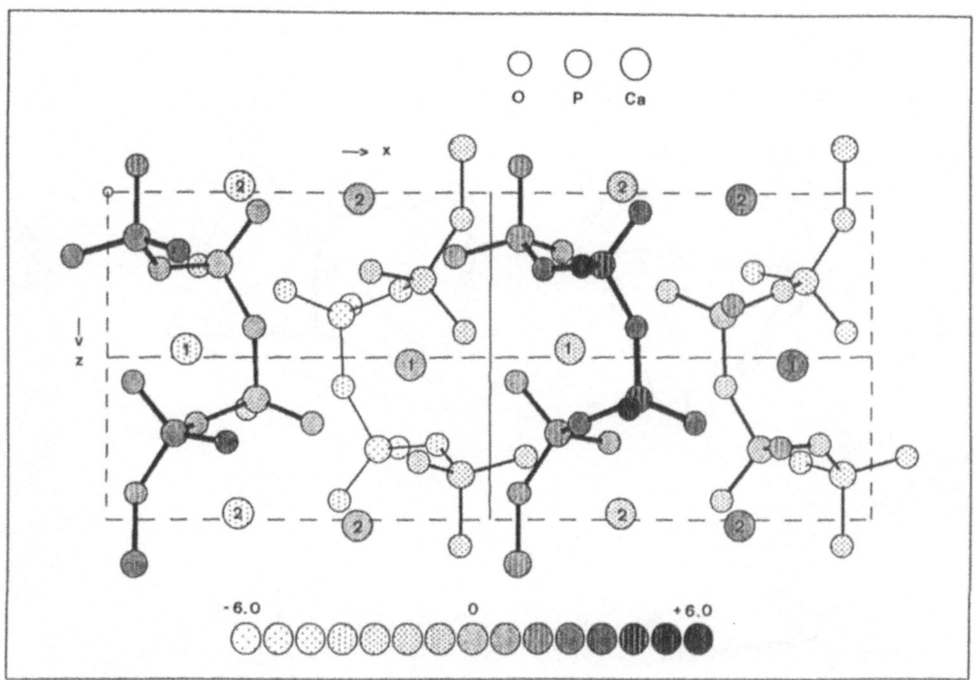

Abb. 1a: Projektion eines Zellinhaltes in stick-and-ball-Technik

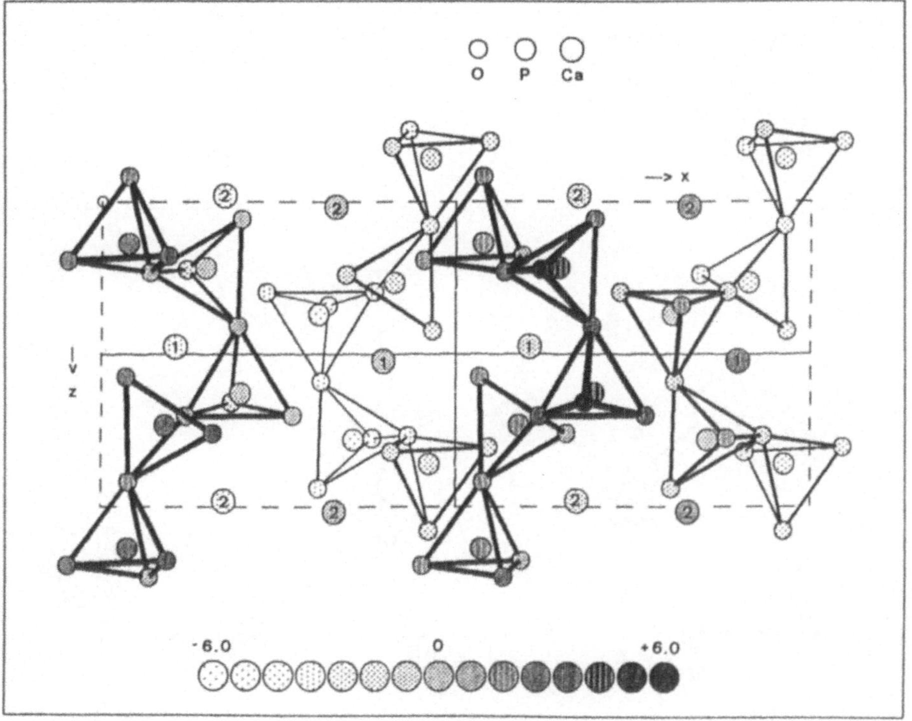

Abb. 1b: Projektion eines Zellinhaltes mit verknüpften Polyedern

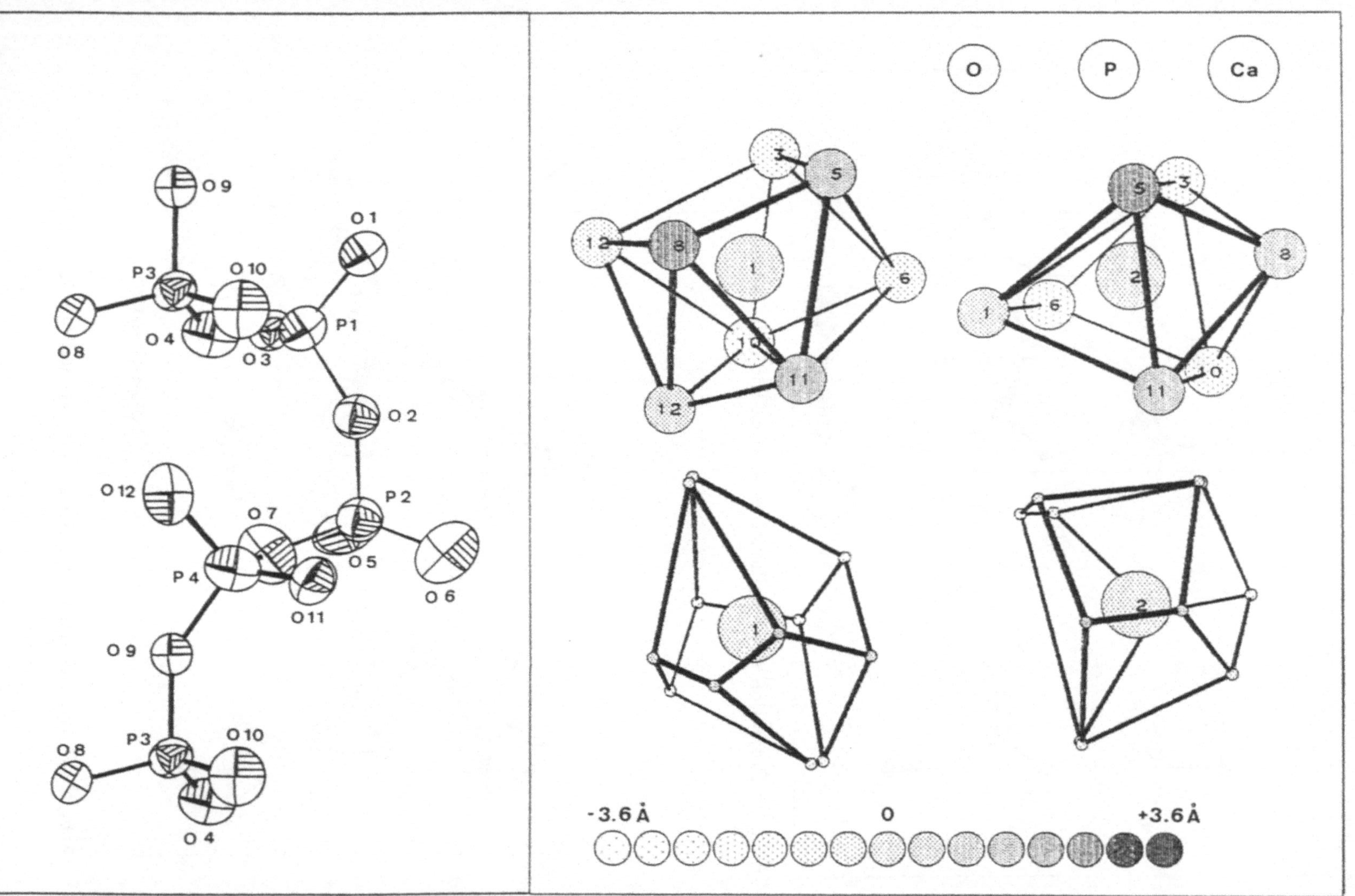

Abb. 2a: Schwingungsellipsoide

Abb. 2b: Koordinations- und Wirkungsbereichspolyeder

5. Dokumentation

Die Programme DRUCK, DRPAR, DRSTRF, PLOT und THERM dienen der Dokumentation.

Mit Hilfe von DRUCK können seiteneingeteilte Rechenprotokolle ausgedruckt werden, die Programme DRPAR und DRSTRF erstellen Tabellen von Koordinaten, Temperaturfaktoren und Strukturfaktoren zur Publikation.

PLOT und THERM sind Rastergraphikprogramme hoher Auflösung. Mit PLOT lassen sich die in Graph ausgewählten figürlichen Darstellungen mit vielfach höherer Auflösung zeichnen als auf dem Bildschirm darstellbar. Beispiele sind in den Abbildungen 1a und 1b bzw. 2b wiedergegeben.

Für die Zeichnung von Schwingungsellipsoiden für Zellinhalte oder Moleküle wurde von W. Rothammel das vollständig neue Programm THERM entwickelt, das den Eigenschaften von CRYSTAN angepaßt ist. Die optimale Orientierung eines Moleküls erfolgt in GRAPH, die Projektionsparameter werden von THERM übernommen. Die prozentuale Aufenthaltswahrscheinlichkeit ist in mehreren Stufen wählbar. Abb. 2a gibt ein Beispiel.

Literatur

1 Burzlaff H, Böhme R, Gomm M (1977) CRYSTAN, A Crystallographic Program System for Minicomputers, Institut für Angewandte Physik, Lehrstuhl für Kristallographie, Universität Erlangen-Nürnberg, special print

2 Zimmermann H, Burzlaff H (1985) DELOS - A computer program for the determination of a unique conventional cell, Z. Krist. 170:241

3 Patterson AL, Love WE (1957) Remarks on the Delaunay reduction, Acta Cryst. 10:111

4 Burzlaff H, Zimmermann H (1984) SYMOP - an improved computer program for the derivation of symmetry operations from the space-group symbols, Z. Krist. 167:89

5 Hahn, T (ed) (1987) International Tables for Crystallography A, Space-Group Symmetry, D. Reidel Publishing Company for the IUCr, Dordrecht Boston Lancaster Tokyo

6 Giacovazzo, C (1980) Direct Methods in Crystallography, Academic Press, London New York Toronto Sydney San Francisco

Optimierung von Programmen am Beispiel der Röntgenstrukturanalyse, oder: *Genaues Hinsehen lohnt sich!*

Martin Kretschmar und Wolfgang Hiller

Institut für Anorganische Chemie der Universität Tübingen,
Auf der Morgenstelle 18, D–7400 Tübingen 1

Zusammenfassung

Gerade beim wissentschaftlichen Rechnen ist man wegen des Rechenaufwandes geneigt, größten Wert auf die Hardware–Leistung zu legen. Eine kritische Sichtung der oft sehr umfangreichen Programmpakete ist jedoch ebenso bedeutsam. Dabei können kleinere Optimierungen gerade an häufig genutzten Programmen eine große Wirkung zeigen – auch bei skalaren Prozessoren. Dargestellt werden Ergebnisse am Beispiel eines Programms der Röntgenstrukturanalyse. Dabei gelang es, den CPU–Zeitverbrauch auf ca. 60% zu reduzieren, und dieses bei typischen CPU–Zeiten im Bereich von Tagen.

In der Chemie kommen immer mehr Computer zum Einsatz. Insbesondere numerische Berechnungen nehmen an Umfang und Bedeutung zu.

Die Röntgenstrukturanalyse ist ohne Computerhilfe praktisch ummöglich! Die Berechnungszeiten mit heute verfügbaren Computern liegen meistens im „mehrere Stunden"–Bereich, früher waren es Tage.

Schnellere Computer kosten jedoch auch *mehr* Geld. Zwar ist das reine Preis/Leistungs–Verhältnis ständig gesunken, jedoch ist man bei einer Computer–Konfiguration für das Institut leicht im Bereich von mehreren Hunderttausend Mark. Und gerade im Computerbereich ist die Entwicklung enorm rasant. Was heute noch „State of the Art" ist, ist in einem halben Jahr bereits nur noch Standard und in zwei Jahren bereits veraltet. Das macht es den Instituten in der Regel schwer oder gar unmöglich, mit der technischen Entwicklung schrittzuhalten.

Statt jedoch immer schnellere Computer zu kaufen, kann man sich auch die Programme „ansehen". Ziel ist es dabei, die zugrunde liegenden *Algorithmen* zu *verbessern* oder gar auszutauschen. Dabei können oft Faktoren an Leistungsgewinn erreicht werden.

Die meisten der zur Anwendung kommenden Programme sind in Fortran geschrieben. Der Vorteil liegt dabei in der Verfügbarkeit der Fortran–Compiler. Dem stehen als Nachteile z.B. Unlesbarkeit, nicht deklarierte und somit automatisch erzeugte Variablen, kurze und damit kryptische Variablennamen, verschiedenartige Deklarationen ein und desselben COMMON–Blockes gegenüber. Man kann mit Fortran auch „schöne" Programme schreiben, die meisten sind es jedoch nicht! Das macht dann ein Verständnis der Funktionalität praktisch oft unmöglich.

Einfacher sind „kleinere" Verbesserungen an einem existierenden Programm. Man muß sich dazu ein ungefähres Laufzeitprofil des Programms verschaffen. An ihm sieht man, in welchen Routinen am meisten Rechenzeit verbraucht wird. Unter dem Betriebssystem UNIX wird die automatische Laufzeitprofilgenerierung im allgemeinen unterstützt, bei anderen Betriebssysteme ist fast immer Handarbeit erforderlich. Natürlich sieht man sich zuerst die Routinen an, die am meisten Zeit verbrauchen.

G. Gauglitz (Hrsg.)
Software-Entwicklung in der Chemie 3
© Springer-Verlag Berlin Heidelberg 1989

Ergebnisse am Beispiel eines „least–squares full matrix"–Verfahrens:

Das Programm LSFM ist Bestandteil des VAX–SDP (Structure Determination Package[1]) zur Röntgenstrukturanalyse. LSFM belastet die MikroVAXen des Arbeitskreises mit ca. 85% der gesamten verfügbaren Rechenleistung.

Innerhalb von LSFM benötigt die Routine LSQB2 um die 97...99% der anfallenden Rechenzeit. Wiederum innerhalb dieser Routine wurde eine Schleife als Hauptverursacher mit ca. 80% erkannt. Da der Fortran–Compiler trotz mehrfacher Umstellungen nicht den nahezu optimalen Code lieferte, wurde schließlich diese Schleife in VAX-Assembler umgeschrieben.

Welche klassischen Optimierungstechniken wurden jetzt eingesetzt?

- Ersetzen von Unterroutinen durch ihren äquivalenten Programmtext:

  Dies ist natürlich nur sinnvoll bei kleinen Routinen und auch nur dort, wo sie, meist in Schleifen, sehr oft aufgerufen werden. Dadurch fällt unter anderem der Mehraufwand für den Aufbau der Parameterliste weg. Weiterhin ist der Fortran–Compiler in einer besseren Lage, da ein guter Compiler nach Möglichkeit versucht, alle lokal benötigten Daten in den Registern zu halten. Ein Aufruf einer Unterroutine könnte diese Daten in den COMMON-Blöcken modifizieren. Deshalb müssen solche Daten vorher in den Speicher zurückgeschrieben werden, und können nach dem Aufruf erst wieder in die Register übernommen werden. Sind dem Compiler dagegen die verwendeten Variablen bekannt, dann kann dieses Aus- und Einlagern entfallen. Ist dazu noch der Unterroutinen–Aufrufsmechanismus so komplex wie die CALLS–, CALLG–, und RET–Instruktionen bei der VAX, dann kann doch einiges an Rechenzeit eingespart werden.

  Das Programm LSFM benötigte nach dieser Behandlung nur noch ca. 75% der vorherigen Rechenzeit.

- Das „Entrollen" von Schleifen:

  In Schleifen werden neben den Instruktionen für den Schleifeninhalt, auch noch Instruktionen für die Realisierung der Schleife selbst benötigt. Diese können unter Umständen mehr Zeit beanspruchen als die eigentliche Rechnung! Um die Schleife nun effizienter abzuarbeiten, wird der Inhalt z.B. verdoppelt und die Schleifenvariable entsprechend immer um zwei hochgezählt. Da dieses nur zulässig ist, wenn die Zahl der ursprünglichen Durchläufe ein Vielfaches von zwei ist, sind zusätzliche Programmzeilen notwendig, die diesen Fall berücksichtigen. Üblicherweise wird der Schleifeninhalt dann einmal extra ausgeführt, und somit ist die verbleibende Zahl der Schleifendurchläufe dann gerade. Statt den Schleifeninhalt nur zu verdoppeln, kann man ihn natürlich auch ver–n–fachen. Dabei wird allerdings auch der Vorabaufwand immer größer, bis es sich nicht mehr lohnt.

  Soll das Programm jedoch auf vektorfähigen Computern wie z.B. der CRAY oder der CONVEX zum Einsatz kommen, gelten wiederum andere Kriterien. In diesen Fällen sollte meist das Entrollen unterbleiben; sonst wird es dem vektorisierenden Compiler so gut wie unmöglich gemacht, die Schleifen als vektorfähig zu erkennen und die entsprechenden Vektorinstruktionen zu generieren.

  Bei der Assembler–Routine für das LSFM wurde 16-fach entrollt. Dadurch wurden weitere ca. 15% eingespart, so daß insgesamt nur noch ca. 60% des ursprünglichen Rechenzeit benötigt wurden.

---

[1]Fa. ENRAF-NONIUS, Delft, und B.A. Frenz, U.S.A.

Benötigte CPU–Zeiten in Sekunden mit einem größerem Testdatensatz (6621 Reflexe, 281 Parameter, 5 Cyclen). Die Zahl hinter dem Gleichheitszeichen gibt dabei die Geschwindigkeit gegenüber der MikroVAX II mit dem alten LSFM–Programm an:

Computer	altes LSFM	optimiertes LSFM
DEC MicroVAX II	$32902s = 1,00$	$19896s = 1,65$
DEC MicroVAX 3500	$9460s = 3,48$	$6321s = 5,21$

Die am meisten Zeit verbrauchende Schleife in ihrem ursprünglichem Fortran–Code:

```
        SUBROUTINE CLCPDD(P, DRV1, MM, NPAR1)
        REAL*4 P(1),DRV1(1)
        INTEGER*4 IPOS1,LOCALI
        INTEGER*2 MM,NPAR1,MN,NP,K,N32
        MN=0
        NP=NPAR1+1
        IPOS1=1
        DO 2 K=1,MM
         MN=MN+1
         NP=NP-1
         DO 1 LOCALI=0,(NP-1)
          P(IPOS1+LOCALI)=P(IPOS1+LOCALI)+DRV1(MN+LOCALI)*DRV1(MN)
1       CONTINUE
        IPOS1=IPOS1+NP
2       CONTINUE
        RETURN
        END
```

Die äquivalente und optimierte VAX–Assembler–Routine mit der 16–fach entrollten Multiplikation/Addition (MULF/ADDF):

```
ENTRY   CLCPDD,^M<R2,R3,R4,R5,R6,R7,R8> ; entry with register save mask
        CMPB    (AP),#4.              ; do we have exactly 4 arguments?
        BEQL    1$                    ; if yes, branch
        PUSHL   #SS$_INSFARG          ; else push status code on stack
        CALLS   #1,G^LIB$STOP         ; signal status and exit
        HALT                          ; just to be sure
1$:     MOVL    4.(AP),R2             ; get address of P(1)
        MOVL    8.(AP),R4             ; get address of DRV1(1)
        MOVZWL  @12.(AP),R7           ; get value of MM
        MOVAF   (R4)[R7],R7           ; calculate pointer behind DRV1(MM)
        MOVZWL  @16.(AP),R5           ; get value of NPAR+1
        MOVAF   (R4)[R5],R6           ; calculate pointer behind DRV1(NPAR+1)
        MOVL    #^XFFFFFFF0,R8        ; setup mask register for modulo 16
        MOVL    R4,R1                 ; copy pointer to DRV(1)
```

```
        MOVF    (R4)+,R3                ; get DRV1(1) value
        BICL3   R8,R5,R0                ; get remaining N modulo 16
; Since JMP     @20$[R0]                ; will not work
        MOVL    20$[R0],R0              ; get precalculated address
        JMP     (R0)                    ; for a jump
;
; Here comes THE loop:
;
; Larger loops with more than 16 MULF3/ADDF2-elements where examined, but
; turned out to be slower.
;
2$:     MULF3   (R1)+,R3,R0             ; multiply DRV1(x+i) by DRV1(x)
        ADDF2   R0,(R2)+                ; and add that to P(j) (016)
3$:     MULF3   (R1)+,R3,R0             ; multiply DRV1(x+i) by DRV1(x)
        ADDF2   R0,(R2)+                ; and add that to P(j) (015)
4$:     MULF3   (R1)+,R3,R0             ; multiply DRV1(x+i) by DRV1(x)
        ADDF2   R0,(R2)+                ; and add that to P(j) (014)
5$:     MULF3   (R1)+,R3,R0             ; multiply DRV1(x+i) by DRV1(x)
        ADDF2   R0,(R2)+                ; and add that to P(j) (013)
6$:     MULF3   (R1)+,R3,R0             ; multiply DRV1(x+i) by DRV1(x)
        ADDF2   R0,(R2)+                ; and add that to P(j) (012)
7$:     MULF3   (R1)+,R3,R0             ; multiply DRV1(x+i) by DRV1(x)
        ADDF2   R0,(R2)+                ; and add that to P(j) (011)
8$:     MULF3   (R1)+,R3,R0             ; multiply DRV1(x+i) by DRV1(x)
        ADDF2   R0,(R2)+                ; and add that to P(j) (010)
9$:     MULF3   (R1)+,R3,R0             ; multiply DRV1(x+i) by DRV1(x)
        ADDF2   R0,(R2)+                ; and add that to P(j) (009)
10$:    MULF3   (R1)+,R3,R0             ; multiply DRV1(x+i) by DRV1(x)
        ADDF2   R0,(R2)+                ; and add that to P(j) (008)
11$:    MULF3   (R1)+,R3,R0             ; multiply DRV1(x+i) by DRV1(x)
        ADDF2   R0,(R2)+                ; and add that to P(j) (007)
12$:    MULF3   (R1)+,R3,R0             ; multiply DRV1(x+i) by DRV1(x)
        ADDF2   R0,(R2)+                ; and add that to P(j) (006)
13$:    MULF3   (R1)+,R3,R0             ; multiply DRV1(x+i) by DRV1(x)
        ADDF2   R0,(R2)+                ; and add that to P(j) (005)
14$:    MULF3   (R1)+,R3,R0             ; multiply DRV1(x+i) by DRV1(x)
        ADDF2   R0,(R2)+                ; and add that to P(j) (004)
15$:    MULF3   (R1)+,R3,R0             ; multiply DRV1(x+i) by DRV1(x)
        ADDF2   R0,(R2)+                ; and add that to P(j) (003)
16$:    MULF3   (R1)+,R3,R0             ; multiply DRV1(x+i) by DRV1(x)
        ADDF2   R0,(R2)+                ; and add that to P(j) (002)
17$:    MULF3   (R1)+,R3,R0             ; multiply DRV1(x+i) by DRV1(x)
        ADDF2   R0,(R2)+                ; and add that to P(j) (001)
18$:    CMPL    R1,R6                   ; reached end of DRV1(NPAR+1)?
        BLSSU   2$                      ; if not, continue
        MOVL    R4,R1                   ; copy pointer to DRV1
        MOVF    (R4)+,R3                ; get DRV1(...) value
        DECL    R5                      ; adjust remaining (previous) NPAR+1
        CMPL    R1,R7                   ; reached finally end of DRV1(MM)?
        BGEQU   19$                     ; if yes, branch
        BICL3   R8,R5,R0                ; get remaining N modulo 16
```

```
; Since JMP     @20$[R0]                  ; will not work
        MOVL    20$[R0],R0                ; get precalculated address
        JMP     (R0)                      ; for a jump
19$:    MOVW    @8.(AP),R0                ; return the N value (just for fun)
        RET                               ; and return to our beloved Fortran

; This branchtable serves as a substitute for 7*(15-x) address calculation
;
20$:    .ADDRESS 18$,17$,16$,15$,14$,13$,12$,11$
        .ADDRESS 10$, 9$, 8$, 7$, 6$, 5$, 4$, 3$

        .END
```

Zugrundeliegende als auch weiterführende Literatur:

- Aho VA, Sethi R, Ullman JD (1986) Compilers – Principles, Techniques and Tools 585–722, Addison–Wesley

- Knuth DE (1973) The Art of Computer Programming Vol. 3 394–396, Addison–Wesley

- Dongarra JJ, Hinds AR (1979) Unrolling loops in FORTRAN, Software–Practice and Experiment 9 219–229

AUTOMATISIERUNG VON PULVERDIFFRAKTOMETERN UND AUSWERTUNG DER DIFFRAKTOGRAMME AUF EINEM PC

Rudolf Allmann

Institut für Mineralogie der Philippsuniversität Marburg
Hans Meerwein Str., D3550 Marburg

<u>Abstract:</u> By commercial stepper motors, stepper controllers and 8052AH-Basic boards older X-ray diffractometers can easily be updated to automated step scan machines. Mostly the old AC synchronous motor may be left in place (e.g. for PHILIPS or SIEMENS diffractometers). The complete step scan file (*.RAW file) is transfered to a PC after finishing the measurement of one powder pattern. The evaluation program, written in Turbo-Pascal, performs the following tasks: recognition of run-aways (and the possibility to remove them), background subtraction, data smoothing after Savitzky & Golay (1964), α_2-stripping, and peak detection using 2nd and 1st derivatives. A zoom routine to manually cancel false peaks and to set undetected ones will be added soon, a profile fitting routine is planned. The final list of found d-values and intensities (*.DIF file) can be used for a lattice constant refinement including site or zero point correction by the program LATCO.

EINLEITUNG

Die früher viel benutzten manuellen Röntgenpulver-Diffraktometer mit ihrer analogen rate-meter-Ausgabe auf langen Papierstreifen, die dann visuell ausgewertet wurden, sind mechanisch meist noch sehr stabil gebaut und eignen sich daher gut für eine nachträgliche Automatisierung mit Schrittmotoren und Auswertung der Diagramme auf PC's. Die Genauigkeit der Bestimmung der Beugungswinkel wird durch die Computerauswertung um mindestens den Faktor 10 gesteigert, von ca. 0.1° bei visueller Auswertung auf ca. 0.005°. Dazu kommt die Möglichkeit, vor der Auswertung den störenden α_2-Anteil rechnerisch zu eliminieren, wordurch aufwendige Monochromatoren überflüssig werden.

G. Gauglitz (Hrsg.)
Software-Entwicklung in der Chemie 3
© Springer-Verlag Berlin Heidelberg 1989

HARDWARE

Für unsere Lösung wurde ein Schrittmotor mit Steuerung der Firma Isert-electronic, D6419 Eiterfeld, ausgewählt, der sehr zuverlässig arbeitet und dem nur Schrittzahl und Geschwindigkeit übergeben werden müssen. Das langsame Anfahren und Abbremsen wird von der Steuerung selbst geregelt, ebenso wie die Ruhestromabsenkung. Da die direkte Übertragung der Motorschritte durch Zahnräder sehr laute Laufgeräusche ergab, wird der Schrittmotor über einen Zahnriemen (Firma W.H. Müller, GmbH, D3000 Hannover 1) an das Getriebe des Diffraktometers angekoppelt. Die Übersetzung wird so gewählt, daß 800 Halbschritte des Motors auf 1° in 2Theta kommen. Die Laufgeschwindigkeit zur Winkeleinstellung beträgt ca. 1.25° in 2Theta pro Sekunde.

Bei dem PHILIPS-Diffraktometer wird der Motor direkt mit der Achse verbunden, auf dem die Handkurbel sitzt. Dadurch kann der alte Synchronmotor im Gerät voll funktionsfähig verbleiben und das Diffraktometer kann wahlweise nach der alten rate-meter- oder nach der neu installierten step-scan-Methode mit Computerauswertung betrieben werden.

Für die Steuerung des Meßvorgangs (Start- und Endwinkel, Schrittweite und Meßzeit pro Schritt, Zwischenspeicherung der einzelnen Meßschritte) hat sich ein Einplatinen-Computer mit einem 8052AH-Basic-Mikrokontroller als zweckmäßig erwiesen. Der Vorteil ist, daß der PC während der Messung selbst nicht gebraucht wird, der Nachteil, daß der Zähler im 8052 selbst nur 16 Bit hat, d.h. daß die Zählrate auf 64 k beschränkt ist. An einer Zählererweiterung auf 20 Bit wird gearbeitet. Bis zu 8000 Meßwerte können in dem Einplatinen-Computer zwischengespeichert werden. Da sich eine Schrittweite von 0.02° als am zweckmäßigsten erwiesen hat, kann so ein Winkelbereich von 160° in einer Messung erfaßt werden. Die selbststartende Standard-Meßroutine von 5 - 65° belegt nur 3000 Speicherplätze. Da keine absolute Winkeldekodierung erfolgt, muß der Startwinkel am Diffraktometer manuell eingestellt werden. Das erfolgt am besten gleichzeitig mit dem Einlegen der Probe.

Das Auswerteprogramm, das aus dem Raw-File (Liste der einzelnen Meßwerte im step-scan) das DIF-File erzeugt (Liste der gefundnen Peaks mit d-Werten, Intensitäten und Halbwertsbreiten), benötigt einen IBM-kompatiblen PC oder einen Atari-ST. Ein Koprozessor beschleunigt vor allem die rechenintensive Eliminierung des α_2-Anteils, eine Festplatte ist aber nicht erforderlich. Zum Ausdruck des Diagramms genügt ein einfacher Nadeldrucker (z.B. Citizen D120).

SOFTWARE

Die Basic-Programme für den Einplatinen-Computer sind sehr kurz (< 4 k) und sind in ein EEPROM eingebrannt. Dadurch können die Programme leicht den eigenen Bedürfnissen angepaßt werden.

Das Auswerteprogramm RAWtoDIF wurde in Turbo-Pascal 3.0 geschrieben und wird z.Z. auf Turbo-Pascal 4.0 umgestellt. Es führt im einzelnen folgende Schritte aus:

<u>Bestimmung von Ausreißern:</u> Durch Schaltimpulse könnten einzelne Zählraten verfälscht sein. Deshalb werden am Anfang der Auswertung für jeden der mehreren 1000 Meßwerte Erwartungswerte aus den 4 benachbarten Meßwerten berechnet (durch Modifikation des Glättungsverfahrens nach Savitzky & Golay (1964)) und mit dem betreffenden Meßwert selbst verglichen. Bei zu großer Abweichung wird der betreffende Wert angezeigt und kann auf Wunsch durch den Erwartungswert ersetzt werden. Auf Wunsch können auch statistisch zu kleine Werte im Untergrund leicht angehoben werden. Dadurch wird die Festlegung der Untergrundlinie verbessert.

<u>Bestimmung und Abzug des Untergrunds:</u> Hier wird eine von Sonneveld & Visser (1974) vorgeschlgene Methode verwendet. Schwierigkeiten ergeben sich nur, wenn sich über weite Bereiche Peaks so überlappen, daß der eigentliche Untergrund (Rauschpegel) garnicht mehr erreicht wird. Dann liegt der Untergrund etwas zu hoch, d.h. die berechneten Intensitäten sind systematisch zu klein in solchen Bereichen. Ein Programm zu Profilanpassung in solchen Reflexgruppen ist geplant, auch in der Hoffnung, die Lage des Untergrunds dann genauer erfassen zu können.

<u>Glättung:</u> Da die Halbwertsbreiten der einzelnen Reflexe sich nicht sehr unterscheiden, eignet sich die Glättungsmethode von Savitzky & Golay (1964) bei Pulverdiagrammen sehr gut für die Abtrennung des Rauschens von den eigentlichen Signalen. Das Verfahren entspricht dann einem sehr effektiven Tiefpaß-Filter, wenn die Zahl n der Glättungspunkte der Halbwertsbreite entspricht. Bei Schrittweiten von 0.02° und Halbwertsbreiten von 0.10-0.14° genügen also n = 5 oder 7 Glättungspunkte in den meisten Fällen. Eine vorhergehende Glättung verbessert die Reproduzierbarkeit der Peaklagen-Bestimmung erheblich.

<u>Eliminierung des α_2-Anteils:</u> Bei des Auswertung der Röntgendiagramme stört die Überlagerung der eng beieinander liegenden Kα_1- und Kα_2-Anteile. Rechnerisch läßt sich nach Ladell et al. (1975) der Kα_2-Anteil jedoch recht einfach und elegant entfernen und die Bestimmung der Peaklagen und der Halbwertsbreiten wird dadurch sehr erleichtert. Für jeden Meßpunkt sind jedoch ein Sinus- und drei Arcsinus-Werte zu berechnen, sodaß sich hier ein Koprozessesor zur Beschleunigung der Rechenzeit empfiehlt.

<u>Bestimmung der Peaklagen:</u> Nach Naidu & Houska (1981) erlaubt die 2. Ableitung eine bessere Trennung benachbarter Peaks. Deshalb wird die 2. (und auch 1. Ableitung) nach Golay und Savitzky bestimmt. Die Minima der 2. Ableitung werden gesucht und an dieser Stelle, falls möglich, die Nullstelle der 1. Ableitung als Peaklage bestimmt. Schwache Reflexe werden nicht immer erfaßt. Deshalb wird zur Zeit ein Zoom-Programm zur interaktiven Nachbesserung der Reflexliste auf dem Bildschirm entwickelt.

<u>Gitterkonstantenverfeinerung:</u> Da trotz sorgfältigen Vorgehens ungefähr jede dritte Probe etwa 30-50 μm zu tief im Diffraktometer positioniert ist, wurde ein Programm zur Verfeinerung von Gitterkonstanten entwickelt (LatcoRef), das als zusätzlichen Parameter die Präparathöhe als wichtigsten systematischen Fehler mit verfeinert. Durch diese Verfeinerung erreicht man eine Korrektur der Peaklagen auch ohne Zumischung eines Standards zur Probe. Das ist bei kleinen Probenmengen von Vorteil, wenn nach der Rüntgenbeugung noch andere Untersuchungen an der Probe vorgenommen werden sollen.

<u>Bezugsmöglichkeiten:</u> Die vorgestellte Soft- und Hardware kann bezogen werden von der Gesellschaft für Computertechnik mbH, Wilhelmstr. 50, D3550 Marburg.

Savitzky A, Golay JE (1964) Analytical Chem 36:1627-39
Ladell J, Zagofsky A, Pearlman S (1975) J Appl Cryst 8:499-506
Naidu SVN, Houska CR (1981) J Appl Cryst 15:190-98
Sonneveld EJ, Visser JW (1975) J Appl Cryst 8:1-7

Software Initiative:
Konzept einer bundesweiten Initiative für die Softwareversorgung der Hochschulen

A. Schreiner, D. Waudig

Rechenzentrum, Universität Karlsruhe
Postfach 6980, 7500 Karlsruhe

Abstract:

Zur Bewältigung des Softwareproblems an den bundesdeutschen Hochschulen haben BMBW und DFN-Verein dem Start einer Software Initiative zugestimmt. Schwerpunkt der Software Initiative ist zum einen die Einrichtung eines Software Services, der Informationen über die für Hochschulen verfügbare Software bereitstellt sowie deren Verteilung übernimmt. Zum anderen ist die Bildung sogenannter Software Fachgruppen zur Förderung der Produktion von Lehrsoftware. geplant Durch die Integration der Dienste des Software Services in das DFN soll eine große Flächendeckung erreicht werden. Das Konzept der Software Initiative soll in einer Pilotphase mit dem Fachbereich Chemie sowie ein bis zwei weiteren ausgwählten Fachbereichen realisiert werden.

1. Notwendigkeit

Die Computerisierung der bundesdeutschen Hochschulen ist insbesondere auch dank CIP nun soweit fortgeschritten, daß die Hardware-Ausstattung der bundesdeutschen Hochschulen auch im internationalen Vergleich durchaus als zufriedenstellend bezeichnet werden kann, während sich bei der Versorgung mit Software ein sogenanntes Softwareproblem gebildet hat.

1.1 Softwareproblem

Das Softwareproblem läßt sich sicherlich nicht durch einen einzigen Begriff beschreiben, sondern setzt sich aus einer ganzen Reihe vielschichtiger Einzelprobleme zusammen, die im folgenden kurz angeschnitten werden sollen.

Fehlender Überblick über Hochschul-Software
Es gibt eine Vielzahl regelmäßig erscheinender Publikationen, online Datenbanken und Zeitschriften, die die akademische Softwareszene abdecken.

G. Gauglitz (Hrsg.)
Software-Entwicklung in der Chemie 3
© Springer-Verlag Berlin Heidelberg 1989

Aber bisher existiert kein zentraler Service, der einen umfassenden Überblick über die an den Hochschulen entwickelte Software ermöglicht.

Die Informationsbeschaffung über die Verfügbarkeit kommerzieller und insbesondere nicht kommerzieller Software ist somit teilweise ein mühsamer und zeitraubender Prozeß und oftmals Glücksache.

Unzureichende Produktion qualitativ hochwertiger Software für den Hochschulbereich
Das Hervorbringen von gängigen Softwareprodukten ist in der Bundesrepublik eine Schwachstelle. Daß wir in der Softwareproduktion, die allein unser traditionelles Wissen über die Jahrtausendwende hinweg retten kann, uns vor den Niederlanden, Frankreich und England zu verstecken haben - von den USA ganz zu schweigen - darf nicht hingenommen werden.

Zahlreiche Computerhersteller haben die Bedeutung der Softwareproduktion schon seit langem erkannt und in zahlreichen Kooperationsprojekten den Hochschulen unter die Arme gegriffen. Als herausragende Beispiele seien hier HECTOR (HEterogeneous Computers TOgetheR) [1,2] zwischen der Universität Karlsruhe und der Firma IBM sowie I.I.I. (Innovative Informations Infrastrukturen) [3] zwischen der Universität Saarbrücken und der Firma Siemens erwähnt, wo zusammen über 190 Teilprojekte gestartet wurden, die neue innovative Anwendungen in der Lehre zum Ziel hatten. An der Universität Karlsruhe läuft derzeit ein größeres Projekt mit der Firma DEC an, genannt Nestor, mit dem Ziel auf Workstationbasis neue Tools für die Erstellung von Lehrprogrammen und enstprechende Anwendungen zu entwickeln. [4]. Hier handelt es sich um lobenswerte Initiativen, die aber immer nur wieder Initialzündungen sein können.

Neben der unzureichen Produktion von Software kommt noch hinzu, daß nur ein kleiner Teil der an den Hochschulen produzierten Software den Anforderungen an qualitativ hochwertige Software gerecht wird. Der Großteil der Software wird für den eigenen Bedarf ohne Blick über die jeweiligen Institutsgrenzen hinaus entwickelt. Dies führt zu Programmen, die schlecht dokumentiert, nicht robust und für den fremden Anwender von der Benutzerführung oftmals unverständlich sind.

Doppel- und Mehrfachproduktion derselben Software
Als Folge der fehlenden Informationsmöglichkeiten, aber auch der oftmals unzureichenden Qualität vieler nicht kommerziell entwickelter Programme wird unabhänig voneinander die gleiche Software parallel an verschiedenen Plätzen entwickelt und somit das Rad zum wiederholten Male erfunden.

Dies ist eine volkswirtschaftliche Unrentabilität, die Ressourcen mehrfach bindet, welche sonst für andersweitige Aufgaben im Hochschulbereich verwendet werden könnten.

Dem kommt noch größere Bedeutung zu, wenn man die angespannte Personalsituation an den deutschen Hochschulen betrachtet. Ein organisierter Softwareaustausch unter den Hochschulen könnte hier sicherlich Abhilfe schaffen.

Fehlende Anreize für Software-Autoren

Abgesehen von Drittmitteln für den Kauf von Hardware und Software gibt es bisher wenig Anreize für Softwareautoren Lehrprogramme zu erstellen, bzw. zusätzlichen Aufwand in die Entwicklung dieser Programme hineinzustecken, um die Software somit auch für andere Benutzer attraktiv zu machen. Hierbei spielen finanzielle Anreize für die meisten Softwareautoren nur eine untergeordnete Rolle.

Wesentlich schwerer wiegt das Fehlen von Reputationsanreizen, die das Schreiben von Lehrsoftware als einen wissenschaftlich anerkannten Beitrag z.B. zu einer Qualifikation als Hochschullehrer zur Folge haben. Dies ist umso unverständlicher als das in Software niedergelegte Wissen in der Präzision dem geschriebenen Wissen nicht nachsteht, in seiner Funktionalität sogar weit über dieses hinausgeht. Hier fehlt es an wissenschaftlichen Gremien, die Herausgeber- und Gutachterfunktionen für Software übernehmen.

Fehlende Standards, die den Austausch von Software erschweren, *Lizenzierungsprobleme* sowie die rasche *Veralterung der Technologien* und damit auch der Software vervollständigen dieses Bild.

Des weiteren fühlen sich viele Anwender bei der Nutzung neuer Technologien allein gelassen, da nur wenige Hochschulen über eine Organisation wie z.B. das Micro-BIT (Microcomputer Beratungs- und Informationsteam) [5] an der Universität Karlsruhe verfügen, die den Anwendern beratend bei dem Einsatz neuer Technologien zur Seite steht.

1.2 Konsequenzen

Maßnahmen zur Bewältigung des Softwareproblems haben bei uns bei weitem noch nicht die Bedeutung erreicht, wie sie in anderen Ländern üblich ist. Als Beispiele seien hier die Organisationen EDUCOM in Princeton, U.S.A., NISS (National Information on Software and Services) in

Bath,England, und ASTRA (Application Software and Technical Reports for Academica) in Pisa, Italien, erwähnt.

Dabei ist doch aber die eigene Softwareproduktion und die ausreichende Versorgung der Hochschulen mit Software für eine Volkswirtschaft ein Gebot zur Sicherung des Know-Hows. Nicht des Know-Hows wie man Programme schreibt, sich in PASCAL, FORTRAN oder BASIC ausdrückt, sondern des allgemein produktionstechnischen Know-Hows, das wissenschaftliche, technische, organisatorische Wettbewerbsvorteile ausmacht.

Förderung der Softwareproduktion
In diesem Bereich muß deshalbforschungs- und bildungspolitisch mehr geschehen. Softwareproduktion muß schon an den Hochschulen gefördert werden. Lehrinhalte sind in Software zu überführen, Experimente werden auf Computer verlagert, Recherchen und Analysen werden computerunterstützt durchgeführt.

Das ist keine Forderung mehr, das ist ein weltweit in Gang kommender Prozeß. Wir wissen, die Aus- und Weiterbildung stellt nicht nur ein riesiges Marktpotential für Software dar, dessen sich die Software- und Computerproduzenten bereits annehmen, sie ist das tragende Fundament unserer künftigen Produktivität.

Organisierter Softwareaustausch
Ein weiteres Erfordernis für den Aufbau einer Softwareproduktion ist die Organisation der Softwaredistribution, also des Softwareaustausches zwischen den Hochschulen. Sie dient der Vermeidung von Doppel- und Mehrfachproduktion derselben, oft gerade besonders grundlegender Software. Der Wissenschaftler, der sich die Mühe macht, Software zu schreiben, darf nicht noch mit dem Vertrieb und allen damit zusammenhängenden Fragen belastet werden, wenn er das nicht will.

Bildung wissenschaftlicher Gremien
Des weiteren müssen wissenschaftliche Gremien gebildet werden, die Herausgeber- und Gutachterfunktionen für Software übernehmen. Eine deutsche Softwaregemeinschaft - eine ganz kleine Schwester oder ein Zögling der DFG - könnte hier aktiv werden, Förderungsmittel für Software vergeben, Preise für Software aussetzen , die Referierung von Software organisatorisch fördern usw.

2. Konzept einer bundesweiten Initiative zur Versorgung der Hochschulen mit Software

BMBW und DFN-Verein haen die Dringlichkeit des Problems erkannt und *einer Initiative zur Versorgung der Hochschulen mit Software* [6,7,8] mit folgenden Zielsetzungen zugestimmt:

- Abbau des Softwaredefizits an deutschen Hochschulen durch schnelle Nutzbarmachung und Verbreitung von Informationen über sowohl an den Hochschulen entwickelter Software, als auch kommerziell verfügbarer Software als auch über Programme, die in anderen nationalen und internationalen Software-Datenbanken angeboten werden.

- Vermeidung von Doppel- und Mehrfacharbeit bei der Softwareentwicklung durch organisierten Austausch dieser Hochschulsoftware über Electronic Mail unter Regie der jeweiligen Fachbereiche.

- Hohe Akzeptanz und breite Nutzung der Informations- und Verteilungsdienste durch deren Einbindung in das DFN unter Verwendung internationaler Standards (X.25, X.400) sowie der Bereitstellung einer benutzerfreundlichen Oberfläche, die einen einheitlichen Zugang zu möglichst vielen Netzdiensten des DFN ermöglicht.

- Förderung der Entwicklung qualitativ hochwertiger lehrespezifischer Anwendungssoftware durch technische Unstertützung in Form der Bereitstellung und Entwicklung neuer Tools zur Erstellung von Lehrsoftware sowie durch organisatorische Unterstützung wissenschaftlich anerkannter Gremien.

Der Schwerpunkt der Aktivitäten liegt hierbei auf lehrespezifischen Anwendungsprogrammen wie Entwurfshilfen, Tutorials, Analyseprogrammen, Simulationen u.ä. sowie Dienstleistungsprogrammen wie Treiber, CAD-Routinen etc. im Mikro- und Minirechnerbereich.

2.1 Organisation

Die Fachbereiche unterscheiden sich teilweise sehr stark im Grad der Computerisierung, in ihrer Organisationsstruktur, ihren Inhalten und ihren finanziellen Möglichkeiten voneinander. Ein für alle Fachbereiche gleichermaßen bis ins Detail zugeschneidertes Konzept kann es dabei sicherlich nicht geben.

Das Konzept sieht deshalb eine klare Trennung zwischen fächerübergreifenden und fachspezifischen Komponenten vor. Die fachspezifischen Aufgaben der Software Initiative sollen von den jeweiligen Fachbereichen in eigener Verantwortung durch Bildung von Software Fachgruppen übernommen werden, während fächerübergreifende Aufgaben von einem Software Service, der als Verbindungsglied zwischen den Fachbereichen fungiert, durchgeführt werden.

Software-Service
Die Dienstleistungen eines Software-Services orientieren sich an den oben genannten Zielsetzungen, wobei folgende Aufgaben im Vordergrund stehen:

- Gesamtkoordination der Initiative
- Information über das Software Angebot für Hochschulen in Form eines eigenen elektronischen Softwarekatalogs sowie Querverweise auf andere Kataloge und Datenbanken
- Verteilung von an und für die Hochschulen entwickelter Software sowie Softwaresammellizenzen über Electronic Mail
- Auswahl und Empfehlung von Tools für die Erstellung von Software sowie Beratung bei der Auswahl von Hardware und Software
- Erarbeitung fächerübergreifender Standards und Normen zur Erleichterung des Softwareaustausches
- Bereitstellung sowie Pflege und Wartung der technischen Infrastruktur

Software Fachgruppen als Vorläufer einer Deutschen Softwaregemeinschaft
Ein wesentlicher Bestandteil der Initiative ist die Bildung sogenannter Software Fachgruppen in den jeweiligen Fachbereichen, die in den dazugehörigen Fachgesellschaften verankert sein sollten und sich aus Vertretern dieser Fachgesellschaften, der Industrie und Hochschulen zusammensetzen.

Durch ihre somit wissenschaftlich anerkannte Legitimation könnten diese Fachgruppen die im ersten Kapitel angesprochenen Gutachter- und Herausgeberfunktionen für Software übernehmen. Dazu zählen u.a.:

- Vergabe von Fördermitteln für die Entwicklung von Lehrprogrammen
- Erarbeitung von Kriterien für die Beurteilung der Software
- Beurteilung des fachlichen Inhalts von Software anhand der Kriterien
- Setzen von Standards zur Erleichterung des Softwareaustausches
- Ausschreiben von Softwarepreisen

Fachbereichskoordinatoren
Die Arbeit der Software Fachgruppen wird von einem von ihnen zu bestimmenden Koordinator begleitet werden müssen, der den Vorsitzenden entlastet und zwischen den Fachgruppensitzungen das laufende Geschäft erledigt, wozu die Akquisition von Software sowie u.U. Aufbau fachspezifischer Softwaredatenbanken, Vorschläge zur Beurteilung von Software, u.ä. fallen.

Beirat

Ein Kuratorium, dem die Projektleitung, Kooperationspartner aus der Wirtschaft, BMBW und DFN, sowie Vertreter der beteiligten Fachverbände angehören, soll den Verlauf der Initiative überwachen, die Bereitstellung der Geldmitteln sichern sowie durch Anregungen und neue Anstöße zu einer erfolgreichen Durchführung beitragen.

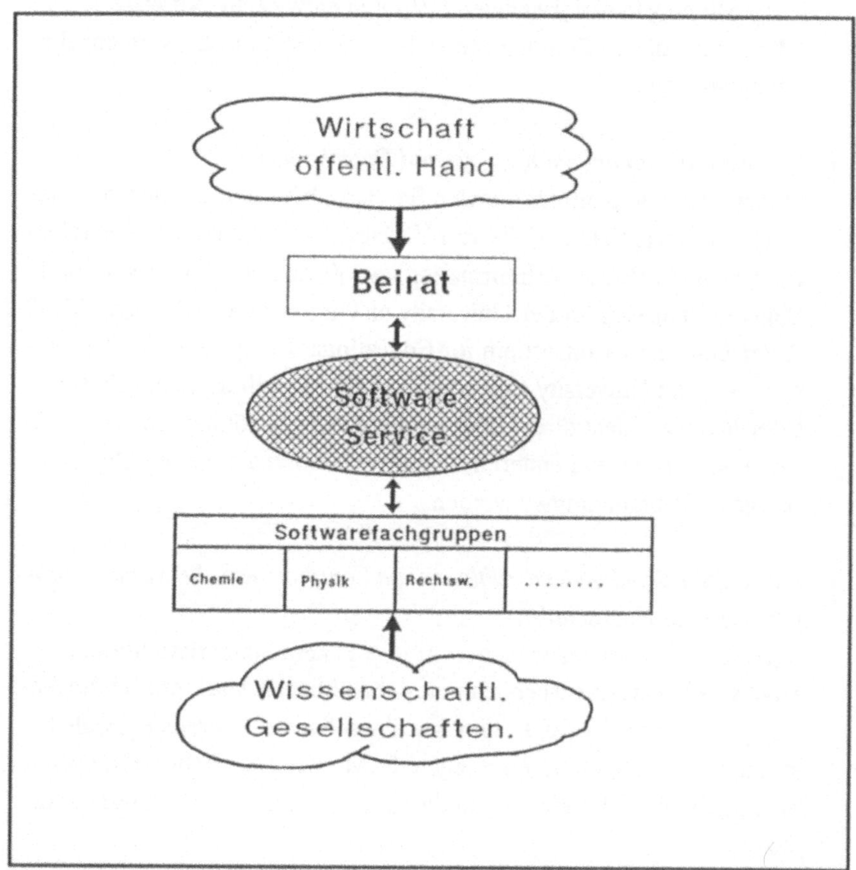

Bild1: Schema Software Initiative

2.2 Leistungen des Software-Services

Information über Software-Angebot für Hochschulen

- *Elektronischer Softwarekatalog*
  In einem elektronischen Softwarekatalog soll den Hochschulanwendern nach benutzerspezifischen Kriterien wie Einsatzgebiet, Hardwarekonfiguration etc. ein Überblick über für Hochschulen relevante Software im Mini- und Mikrorechnerbereich gegeben werden, wobei der Schwerpunkt auf lehrespezifischer Anwendungssoftware, wie Entwurfshilfen,

Tutorials, Analyseprogramme, Simulationsprogramme u.ä. liegt. Der Softwarekatalog sollte Informationen über folgende Software enthalten:

- im Rahmen von CIP entwickelte Software
- im Rahmen von Kooperationsprojekten wie z.B. HECTOR oder I.I.I. entwickelte Software
- eigenständig in den jeweiligen Instituten entwickelte Software.
- kommerziell von Computerherstellern und Softwarehäusern angebotene Software

- *Querverweise auf andere Kataloge und Datenbanken*
  Im nationalen und internationalen Bereich gibt es eine Reihe von Katalogen und Datenbanken, die von Verlagen oder anderen SW-Services wie z.B. *NISS* (National Information on Software and Services) in Bath, England, *Wiscware* an der University of Wisconsin, U.S.A., oder *ICEC* (Inter University Consortium for Educational Computing) an der Carnegie Mellon University angeboten werden. Soweit diese angebotenen Informationen nicht direkt übernommen werden können, sollen Querverweise auf die von anderen Organisationen angebotenen Dienstleistungen mitaufgenommen werden.

- *Information über Sonderkonditionen von Computerherstellern und Softwarehäusern für Hochschulen*
  Viele Softwarehersteller bieten für ihre Pakete Sonderkonditionen für Hochschulen an, die erheblich unter den üblichen Marktpreisen liegen. Aufgrund der fehlenden Kenntnisse dieser Sachlage verzichten viele Institute schon von vornherein wegen des vermeintlich hohen Preises auf die Anschaffung des ein oder anderen für sie nützlichen Softwarepaketes.

  Der Software Service soll einen möglichst umfassenden Überblick über die für Hochschulen gewährten Sonderkonditionen für die wichtigsten Pakete geben.

Software-Bereitstellung

- *Public Domain Software*
  Die an den Hochschulen entwickelte Software soll soweit wie möglich rasch und unverzüglich den Benutzern zur Verfügung gestellt werden. Zu diesem Zweck sollen Verteilungsmechanismen wie z.B. ein elektronischer Softwaretransfer zur Verfügung gestellt werden, die die Bereitstellung von Hochschulsoftware über Electronic Mail gewährleisten.

- *Referierte Software*

Eine explizite Hervorhebung von qualitativ besonders hochwertiger, an Hochschulen erstellter und unentgeltlich an andere Hochschulen abgegebener Software , die von den Software Fachgruppen beurteilt wird, soll die Motivation der Autoren fördern, bei der Entwicklung von Software die Gesichtspunkte Dokumentation, Robustheit, Benutzerfreundlichkeit etc. von vornherein mehr zu berücksichtigen.

Dadurch soll die Anzahl der für die Benutzer auch wirklich einsetzbaren Programme steigen, und damit eine spürbare Verminderung des Mehrfachaufwandes erreicht werden

- *Softwaresammellizenzen*

Bei der Beschaffung von Softwaresammellizenzen in großer Stückzahl lassen sich Preisnachlässe bis zu 90% auf den Einzelpreis von Softwareprodukten erzielen. Die organisatorische Abwicklung der Beschaffung und Verteilung solcher Sammellizenzen sollte gerade im Hinblick auf die damit verbundenen Kosteneinsparungen für die einzelnen Institute zu den wichtigen Aufgaben eines Software rvices zählen.

Ein solches Vorhaben läßt sich wegen der damit verbundenen Vorfinanzierung nur durch eine angemessene finanzielle Beteiligung möglichst aller Hochschulen z.B. in Form eines jährlichen Mitgliedsbeitrags realisieren.

Beratung

- *Anwender*

An vielen Hochschulen, insbesondere bei den weniger technisch orientierten, sind teilweise große Informationsdefizite bei der Anwendung neuer Technologien vorhanden. Hier versteht sich der Software Service als Ansprechpartner für die Anwender bei

- Empfehlung fächerübergreifender Standards und Normen, die den Austausch von Software erleichtern
- Auswahl und Empfehlung von Tools für die Erstellung von Software
- Lizenzierungsaspekten bei der Nutzung von Software
- Beschaffung und Auswahl von Hardware und Software

- *Computerhersteller*

Der Software Service soll auch eine Plattform für die Identifikation der zukünftigen Anforderungen und Bedürfnisse der Hochschulen an Hardware und Softwareentwicklung sein, insbesondere im Hinblick auf den

Einsatz neuer Technologien in der Lehre. Diese Anforderungen gilt es in die Marktstrategien der Computerhersteller und Softwarehäuser miteinfließen zu lassen, was um so eher möglich ist, je größer die Basis ist, auf die sich solch ein Software Service stützen kann.

Publikationsorgan
Ein eigenes Publikationsorgan soll dem Informations- und Erfahrungsaustausch unter den Benutzern dienen, wobei als Plattform die Weiterführung der Zeitschrift **cak** (Computeranwendungen Universität Karlsruhe) angestrebt wird.

Zielsetzung von **cak** ist es, über Computeranwendungen zu berichten, die Anstöße und Anregungen auch über den jeweiligen Fachbereich hinaus für andere Disziplinen liefern. **cak** wird ab Nummer 6 viermal jährlich vom Vieweg Verlag herausgegeben, wobei die redaktionelle Verantwortung nach wie vor bei der Universität Karlsruhe liegt. Entsprechend der zunehmenden überregionalen Bedeutung von **cak** soll die Redaktion um Mitglieder von außerhalb der Universität Karlsruhe erweitert werden.

3. Realisierung

Die Bereitstellung der angebotenen Dienstleistungen wie Softwarekatalog und -datenbank soll wegen der raschen Verfügbarkeit über Electronic Mail erfolgen. Als Medium für die Übertragung der Daten bietet sich das Deutsche Forschungsnetz an. Zum einen ist mit dem DFN eine flächendeckende Netzinfrastruktur vorhanden, die allen Hochschulen in der Bundesrepublik den Zugang zu den Diensten einer elektronischen Softwaredistribution ermöglicht. Auf der anderen Seite ist ein elektronischer Softwaretransfer eine attraktive Anwendung im Electronic Mail Bereich, die sicherlich zur Erhöhung der Nutzungsfrequenz dieses DFN-Dienstes beitragen dürfte.

3.1 Technische Infrastruktur

Informationssystem
Über eine Schnittstelle mit einer allgemeinen fächerübergreifenden sowie detaillierteren nach Maßgabe der jeweiligen Fachbereichen vorgegebenen Datenstruktur erfolgt der Zugriff auf die Datenbank nach benutzerspezifischen Kriterien, wie Einsatzgebiete, verwendete Hardware etc..

Für Erstellung eines Softwarekatalogs soll das relationale Datenbanksystem ORACLE auf SQL-Basis, das unter UNIX, MS DOS und MVS betrieben werden kann, verwendet werden.

Softwaredatenbank

Für die Aufnahme und Verteilung von Software über Electronic Mail stehen bisher Fileserversysteme wie LISTSERV oder NETSERV zur Verfügung. Ein Fileserver ist eine virtuelle Maschine für die Verwaltung von Listen, wobei die einzelnen Softwarepakete als Listen abegelegt werden. Ein Fileserver bietet verschiedene Funktionen für die Verwaltung dieser Listen wie Öffnen und Schließen bzw. Abrufen von Listen, etc. an.

Neben diesen Dateiverwaltungsfunktionen verfügen die meisten Fileserversysteme noch über sogenannte Formumsfunktionen, die eine automatische Verteilung von Beiträgen und Informationen für die in einer Liste eingetragenen Benutzer übernehmen.

Elektronische Diskussionsforen

Der Einsatz eines Fileserversystems ermöglicht auch die Einrichtung elektronischer Diskussionsforen nach Aufgabenstellung der jeweiligen Fachbereiche für die Förderung des inner- und interdisziplinären Erfahrungsaustausches mit z.B. folgenden Schwerpunkten

- zu ausgewählten Themenbereichen, wie CAD, Expertensystemen u.ä., um einen entsprechenden Know-How-Transfer anzuregen.
- zu einzelnen Programmen, um für die Autoren die Resonanz auf ihre Programme in Form von Verbesserungsvorschlägen bzw. Anregungen der Benutzer festhalten zu können
- zur Bildung von Software-Entwicklungsgemeinschaften für Telekooperation bei gemeinsamen Projekten
- zur Information über Softwarehersteller mit speziellen Sonderkonditionen für Hochschulen
- zur gegenseitigen Information über Softwarebeschaffung
- zur Diskussion über Themen wie Softwarebeschaffung für Hochschulen, Software-Lizenzierung, Weitergabe von Software an Studenten etc.

3.2 Integration der Fileserver-Funktionen in die Dienste des DFN-Vereins

Die wesentliche Aufgabe des Deutschen Forschungsnetzes ist die Bereitstellung und der Betrieb einer Kommunikationsinfrastruktur für den deutschen Wissenschaftsbereich. Auf dieses Ziel hin wurden in den Jahren 1985 und 1986 Kommunikationskomponenten für etwa zehn im Wissenschaftsbereich besonders verbreitete Betriebssysteme für Rechner der mittleren und oberen Leistungsklassen entwickelt. Damit stehen im Deutschen Forschungsnetz die Komponenten Zeilenorientierter Dialog (X.29), Filetransfer (FT), Remote Job Entry (RJE), Electronic Mail (MHS) zur Verfügung.

Nach dem Auslaufen der IBM Finanzierung werden auch die bisherigen EARN-Dienste durch das DFN übernommen.

Entwicklung eines eigenen DFN-Fileservers

Für die vom DFN verwendeten Standards existiert noch kein entsprechendes Fileserversystem. Es soll deshalb von der Firma DANET ein eigenes DFN-Fileserversystem auf der Basis des OSI-Standards X.400 unter UNIX V entwickelt werden. Der Funktionsumfang des DFN-Fileserversystems ist identisch mit den Dateiverwaltungs- und Forumsfunktionen von LIST-SERV.

Electronic Mail Zugriff

Das DFN-Fileserversystem bildet die technische Grundlage für die Installation der Softwaredatenbank und der elektronischen Diskussionsforen. Die Informationskataloge werden mit Hilfe des Datenbanksystems ORACLE ebenfalls unter UNIX V eingerichtet.

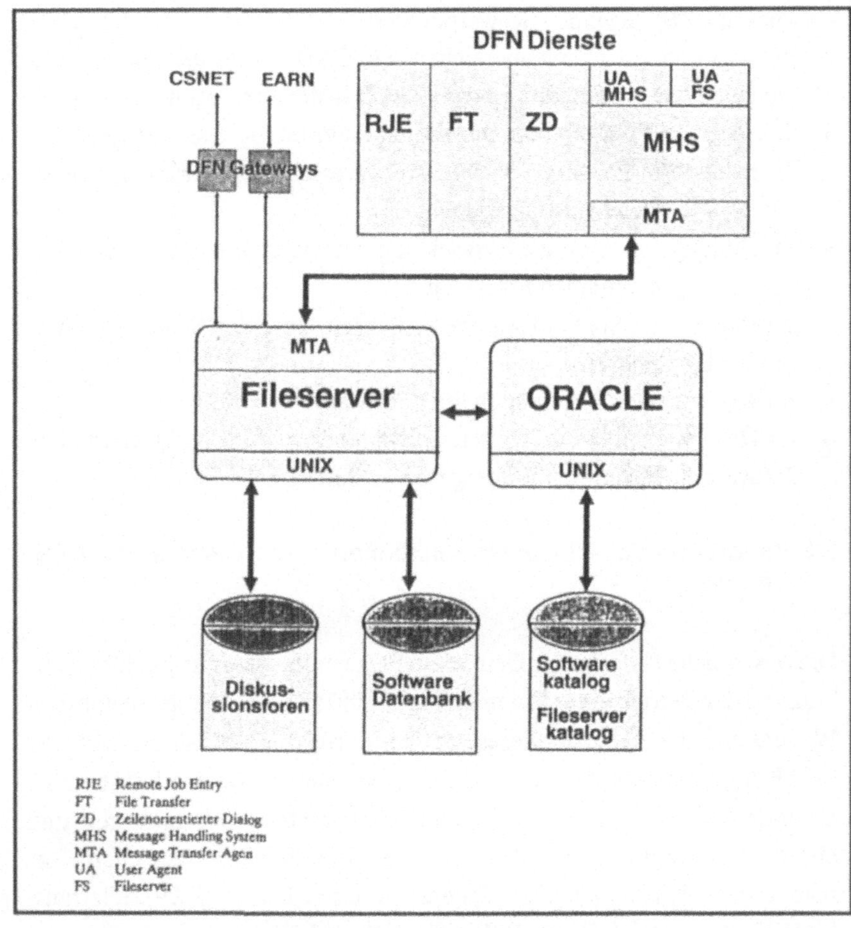

Bild 2: Überblick Technische Realisierung

Im Rahmen des DFN erfolgt der Zugriff auf die angebotenen Informations- und Softwareverteilungsdienste über das vom DFN-Verein entwickelte Message Handling System via Electronic Mail. Der Kommandointerpreter des DFN-Fileserversystems analysiert diese Kommandos und führt sie entsprechend aus. Die Verbindung zu dem Informationssystem ORACLE erfolgt durch einen Subroutinenaufruf.

Ein direkter dialogorientierter Aufruf des Informationssystems wird derzeit noch nicht erwogen, da dem erhebliche, durch den direkten Zugriff auf die Zielmaschine verursachte, sicherheitsbedingte Bedenken gegenüberstehen.

Entwicklung einer benutzerfreundlichen Fileserveroberfläche
Der Endbenutzer soll auf die angebotenen Dienstleistungen schnell und problemlos zugreifen können. Insbesondere bei längeren Abfrageintervallen sollten größere lästige Einarbeitungszeiten vermieden werden, die z.B. aufgrund komplexer Kommandobsprachen entstehen können.

Daher wird neben dem vorhandenen MHS User Agent eine eigene Benutzeroberfläche für das Fileserversystem entwickelt, die dem Anwender in einer Art Pseudodialog auf Electronic Mail Basis den Zugriff ermöglicht. Diese Benutzerschnittstelle wird vorerst für UNIX implementiert und nach und nach auch für andere Betriebssysteme zur Verfügung stehen.

Zugriff von anderen Netzen aus
Da das DFN über Gateways zu verschiedenen anderen Netzen wie EARN oder CSNET verfügt, ist ein problemloser Zugriff auch aus diesen Netzen auf die Fileserver-Dienste möglich.

4. Pilotprojekt

4.1 Stufenweise Realisierung

In einer Pilotphase von zunächst 2 - 3 Jahren soll eine funktionstüchtige Infrastruktur aufgebaut werden, die dann bereits für einige ausgewählte Fachbereiche komplett ausgelegt ist. Als Fachbereiche kommen vor allem diejenigen in Frage, die bereits einige Vorarbeit geleistet haben, wie z.B. die Chemie, die Physik oder die Rechtswissenschaften, so daß eine möglichst schnelle Funktionstüchtigkeit ohne größere Zeitverluste erreicht wird.

Weitere Fachbereiche können später aufgrund der Modularität des Konzeptes ohne größere Schwierigkeiten integriert werden.

Die Fertigstellung des DFN-Fileservers wird erst im dritten Quartal 1989 abgeschlossen sein. Wegen der großen Dringlichkeit der Einrichtung einer Softwarebörse, insbesondere auch im Hinblick auf die internationale Wettbewerbsfähigkeit, soll ein elektronischer Softwaretransfer schon vorab in Angriff genommen werden. Paralell dazu läßt sich bereits jetzt eine Informationsdatenbank mit ORACLE aufbauen.

Micro-Serve

An der Universität Karlruhe existiert bereits ein elektronischer Software-Transfer-Service, genannt Micro-Serve [9,10] auf der Basis von LISTSERV auf einer IBM 4381 mit folgenden Funktionen:

- Elektronischer Softwareaustausch von Public Domain Software
- Elektronische Diskussionsforen zu bestimmten Themenbereichen wie z.B. CAD, Expertensysteme, Programmiersprachen, etc.
- ALWR(Arbeitskreis der Leiter der wissenschaftlichen Rechenzentren)-Forum, in dem ein Überblick über die an den jeweiligen Hochschulen vorhandenen Campuslizenzen gegeben wird.
- Lokale Distribution von Campuslizenzsoftware

Mit Hilfe von Micro-Serve kann schon vorab die Installation von Informations- und Softwaredatenbanken erfolgen. Die hier bereits gesammelten Erfahrungen können in die Entwicklung des DFN Fileservers einfließen. Nach Fertigstellung des DFN-Fileservers werden die Dienste von LISTSERV auf den DFN-Fileserver umgestellt.

Softwareaustausch im Rahmen der Gesellschaft Deutscher Chemiker

Mit der Arbeitsgruppe 'Computer in der Chemie', kurz CIC, innerhalb der Gesellschaft Deutscher Chemiker soll der erste Baustein für die Integration der Fachbereiche in die Software Initiative mit folgenden Schwerpunkten gelegt werden:

- *Chemie-Software-Datenbank*
  Micro-Serve stellt die Dienstleistungen des Fileservers LISTSERV auf einer IBM 4381 für den Aufbau einer Softwaredatenbank zur Verfügung. Pflege und Wartung der Datenbank werden zentral von Micro-Serve übernommen. Im dritten Quartal 1989 erfolgt dann die Umstellung auf den DFN-Fileserver.

Die Aktivitäten zur Ermittlung der vorhandenen Software werden vom CIC vorgenommen, der z.B. schon in einer Umfrage die im Rahmen des CIP entwickelte Software ermittelt hat.

- *Software Fachgruppe Chemie*
  Als Ergebnis der Aktivitäten des CIC hat sich ein Arbeitskreis aus ca. 25
  Vertretern sämtlicher Bereiche der Chemie wie Hochschule, Industrie
  etc. gebildet, der sich die Förderung des Computereinsatzes in der
  Chemie zum Ziel gesetzt hat.

  Aus den Mitgliedern dieses Arbeitskreises soll eine Software Fachgruppe gebildet werden mit der Aufgabe, Kriterien für die fachkundige Beurteilung von Software zu erarbeiten, die fachliche Prüfung der Programme durchzuführen und Standards für Chemie-Programme zu erarbeiten.

4.2 Finanzierung

In der Pilotphase von einer Dauer von 2 - 3 Jahren soll der Software Service
überwiegend von staatlicher Seite aus unterstützt werden. Die Kosten für
den Aufbau, den Betrieb und die Organisation des Services werden hierbei
vom BMBW, die Kosten für die technische Realisierung sowie Wartung und
Pflege vom DFN-Verein getragen.

Computerhersteller und Softwarehäuser können sich an der Durchführung
des Projektes mit einem jährlichen Mitgliedsbeitrag von 50 000 DM beteili-
gen. Mit einer solchen Beteiligung ist ein Anspruch auf die Mitwirkung im
vorhin erwähnten Beirat verbunden, der u.a. auch für die Steuerung und
Überwachung des Projektes zuständig ist. Diese Beiträge sollen hauptsäch-
lich für die Förderung von Lehrsoftwareprojekten sowie zur Unterstützung
der Arbeit der Fachgruppen verwendet werden.

Kosten für Benutzer
In der Pilotphase des Projektes werden für die Dienstleistungen des SW-Services keine Gebühren erhoben. Somit fallen für den Endbenutzer nur die eigentlichen Übertragungskosten an. Bisher war die Abrechnung der
DATEX-P Kosten volumenabhängig, was nicht nur u.U. relativ hohe Kosten
für den einzelnen Benutzer zur Folge hatte, sondern auch als Ansatz in den
Haushaltetats der Hochschulen nicht vorauskalkulierbar ist.

Hier zeichnet sich aber mittlerweile eine Lösung zum Nutzen aller Beteiligten ab. Die Deutsche Bundespost bietet dem DFN-Verein ein eigenes X.25
Netz, eingebettet in Datex-P und in die internationalen X.25-Netze, zu
festen Preisen (volumen-unabhängige Gebühren) an. Wenn auch die Ko-
stensätze noch nicht ausgehandelt sind, so zeichnen sich doch deutlich gün-
stigere Tarife als bisher ab.

Vor allem werden aber die Kosten vorauskalkulierbar. Damit entfällt insbesondere bei den Hochschulen eine wesentliche haushaltstechnische Schwierigkeit.

Das Netz wird den Teilnehmern Übertragungsgeschwindigkeiten bis 64 kbit/s bieten, mit Ausbau auf 2 Mbit/s entsprechend den technischen Möglichkeiten und Bentuzeranforderungen. Das Netz soll ab Mitte 1989 zur Verfügung stehen. (DFN-Nachrichten, Juni 1988).

Ausblick

Nach einem erfolgreichen Abschluß des Projektes wird eine institutionalisierte Weiterführung des elektronischen Softwaretransfers angestrebt, die eine weitgehend selbsttragende Finanzierung ermöglicht. Hierfür bieten sich verschiedene Möglichkeiten an:

- Gründung einer eigenen GmbH
- Gründung eines eigenen Vereins, der sich durch Mitgliedsbeiträge der Hochschulen und Industrie trägt, ähnlich der Organisationsstruktur des DFN-Vereins
- Einbindung in schon bestehende Organisationen mit ähnlichen Zielsetzungen, wie dem DFN-Verein, dem HIS (Hochschulinformationssysteme) oder den Fachinformationszentren

4.3 Literatur

1   Krause, Schreiner (Hrsg.), HECTOR Heterogeneous Computers Together Volume I: New Ways in Education and Research,Springer, Heidelberg,1988

2   Krüger, Müller (Hrsg.), HECTOR Heterogeneous Computers Together Volume II: Basic Projects; Springer, Heidelberg,1988

3   Gollan, Paul, Schmitt [Hrsg], Innovative Informations Infrastrukturen, Informatik Fachberichte 184, Springer, Heidelberg,1988

4   NESTOR: new approaches to computer mediated learning, Project overview Digital CEC Karlsruhe, 1988

5   D. Oberle, Micro-BIT: A Consulting and Information Team for Micro Computers, HECTOR Volume I, Springer, Heidelberg, 1988

6   Schreiner, Waudig, Filipp, Distribution von Lehrsoftware, Abschlußbericht einer Studie im Auftrag des BMBW,1987

7   Schreiner, Waudig, Academic Software Supply: Concept and Experiences Part I, HECTOR, Volume I, Springer, Heidelberg, 1988

8   Schreiner, Waudig, Academic Software Supply, cak 5, Universität Karlsruhe, 1988

9   Filipp, Krebs, Software Supply: Concept and Experiences Part II, HECTOR Volume II, Springer, Heidelberg, 1988

10   Filipp, Micro-Serve: Internationaler Software- und Informationsaustausch unter Hochschulen, cak 5, Universität Karlsruhe, 1988

CAOS/CAMM SERVICES

AN INTEGRATED SYSTEM OF COMPUTER ASSISTED CHEMISTRY TOOLS

Jan H. Noordik

CAOS/CAMM Center, Faculty of Science, University of Nijmegen,
Toernooiveld, 6525 ED Nijmegen, The Netherlands

Abstract: The CAOS/CAMM Center, the Dutch National Center for Computer Assisted Chemistry, was founded in 1985 to make molecular modelling and synthesis planning available to organic chemists. Since then the Center has expanded its scope to related fields in structural chemistry and microbiology.

ORGANIZATION

Founded in 1985 with financial support from the Ministry of Education, the national science foundations SON and STW, and the Faculty of Science at the University of Nijmegen where it is housed, the Center employs six chemists to acquire and maintain software in a multi-user interactive environment, accessible by all academic institutions in the Netherlands, linked by the SURF data net. In August 1988 more than 75 research groups held user-id's.

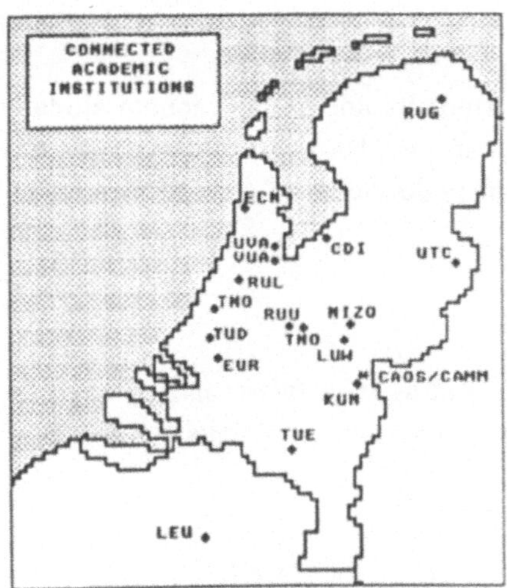

HARDWARE

The Center runs a VAX 11/785 system with 16 Mbytes main memory and 1.6 Gbyte external memory as a.front-end machine, tightly coupled with a Convex C120 mini-super-computer equipped with 256 Mb main memory and 4 Gb external memory. The basic graphics code used is TEK4010, but more advanced graphics terminals are supported as well. A Sigmex 6200 terminal is available at the Center for general use. A remote-accessible micro VAX is dedicated to educational services, for which the Center also has a lecture room with 10 terminals.

G. Gauglitz (Hrsg.)
Software-Entwicklung in der Chemie 3
© Springer-Verlag Berlin Heidelberg 1989

SOFTWARE

All programs can be accessed directly through the VMS operating system, or chosen from a graphical menu shown below. References to all modules are given at the last page of this document. The programs are divided into nine groups, according to their applications:

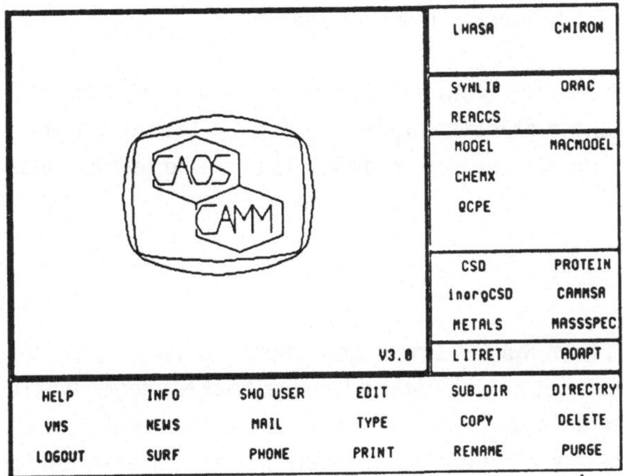

- synthesis planning

- reaction data bases

- modelling programs
- computational programs

- structural data bases
- macromolecular sequence analysis
- mass spectral analysis
- personal archiving
- structure-activity relations

Where applicable, interfaces have been build to transfer structures or results from one program to the next.

RESEARCH

The Center's staff, Ph.D. students and undergraduate students participate in various research programs at the Center, i.e. LHASA transform development, Modelling studies in crystallization behaviour, interface development and optimization of code for vectorizing and parallelizing computers.

CUSTOMER SUPPORT

The Center supports the use of its tools by organizing courses and workshops and the development of on-line help text, menus and printed user manuals.

TOOLS AND APPLICATIONS

INORGANIC CHEMISTRY

Within the CAOS/CAMM package, more and more programs become available with applications in the field of inorganic or organo-metallic chemistry.

Below, an overview is given of such modules, with a brief description, under the heading of their "button" in the CAOS/CAMM main menu. Details on these programs can be obtained from the Center.

CSD, InorgCSD and METALS: These databases, with (in total) the structures of over 100,000 compounds, can be searched on-line, using bibliographic data and/or structural fragments. CSD, the Cambridge Crystal Structure Data Base, comprises the organic and organo-metallic compounds; inorgCSD (University of Bonn) the inorganic ones, and METALS (National Research Council, Canada) the metals and metal oxides. Retrieved structures can be displayed and manipulated in modelling programs like MODEL and CHEM-X.

<table>
<tr><td>LHASA</td><td>CHIRON</td></tr>
<tr><td>SYNLIB
REACCS</td><td>ORAC</td></tr>
<tr><td>MODEL
CHEMX
QCPE</td><td>MACMODEL</td></tr>
<tr><td>CSD
inorgCSD
METALS</td><td>PROTEIN
CAMMSA
MASSSPEC</td></tr>
<tr><td>LITRET</td><td>ADAPT</td></tr>
</table>

CHEM-X/QCPE: With CHEM-X, structures can be displayed. Moreover, it contains an interface to some semi-empirical (QCPE) quantum-chemistry programs, like ICON8 (Extended Huckel), PCILO3 and MOPAC. In these programs the parameters are no longer limited to the traditional 'organic' elements C, N and O.

MODEL/MMX: Also in the field of molecular mechanics, the number of parameters gradually increases. The new version of MODEL has an interface to MMX(87), an extension of the well-known MM2 program, with parameters for metal-ligand bonds.

Molecular modelling of Organic, Organo-metallic and inorganic structures: In general, molecular modelling requires three components:
- data base(s) with 3D structure information
- structure manipulation and display
- computational chemistry

For organic structures, such a sequence has been in use for a couple of years now at the CAOS/CAMM Center. In the example below, emphasis is on recent developments in **inorganic** and **organo-metallic** applications. At the CAOS/CAMM Center, several modules have been interfaced as shown:

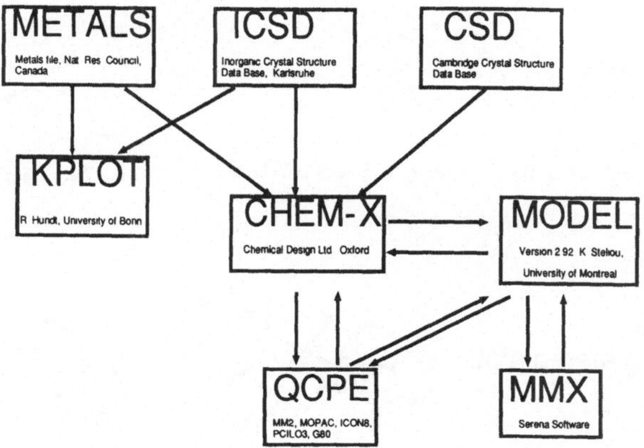

example: ORGANO-METALLIC STRUCTURE FROM CSD,
DISPLAYED IN CHEM-X AND MODEL,
MINIMIZED USING MMX

Sub-structure search (via drawing module to prepare input file) in **CSD** results in hits like:

```
AMCYPC
BIS-1-AMINOCYCLOPENTANE CARBOXYLATO COPPER(II)
C12 H20 CU1 N2 O4
G.A.BARCLAY,F.S.STEPHENS    J.CHEM.SOC.C: 2027 (1963)
```

The coordinates can be abstracted from this record and written to a
CHEM-X format file: AMCYPC.CHX

```
AMCYPC     1621              10.824  5.496  10.789
             90.000  94.300  90.000
   19  0
      0
          1 CU1   0.50000   0.50000  0.00000    8   9  17  18   0   0   0   0
          2 C1    0.44960   0.17770  0.19220    7   3   8   6   0   0   0   0
          3 C2    0.37150  -0.03520  0.23940    2   4   0   0   0   0   0   0
          4 C3    0.33880   0.03230  0.36450    3   5   0   0   0   0   0   0
          5 C4    0.37590   0.29660  0.38910    4   6   0   0   0   0   0   0
          6 C5    0.48680   0.31320  0.30980    5   2   0   0   0   0   0   0
          7 C6    0.56260   0.08850  0.13510    9   2  10   0   0   0   0   0
          8 N1    0.37870   0.33600  0.09990    2   1   0   0   0   0   0   0
          .
          . etc.
```

Structure, after H's have been added:

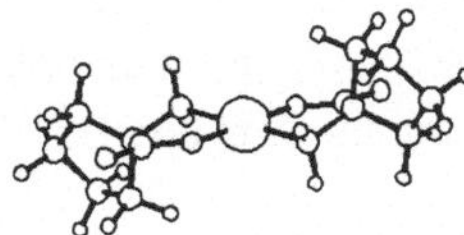

This structure is read by MODEL:

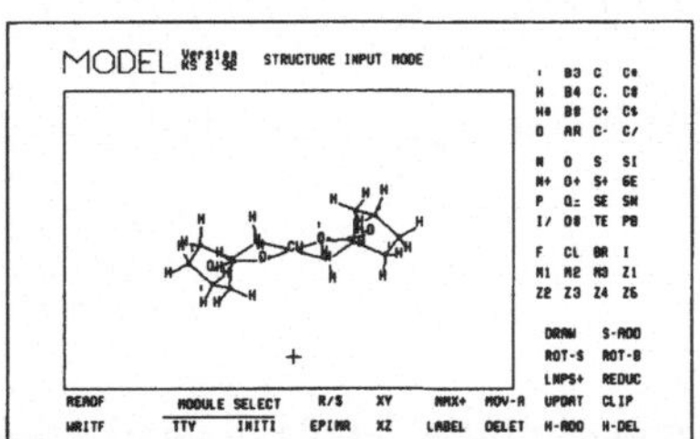

to prepare an **MMX** input file.

The result of the **MMX** minimization, using a PI system subroutine
and generalized parameters for the copper-ligand bonds,

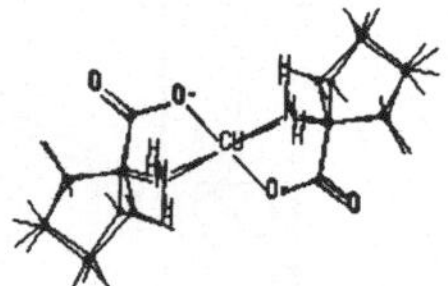

can be compared to the original structure:

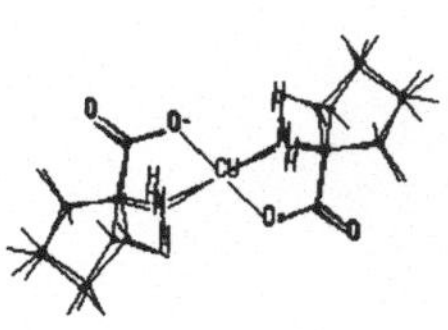

for instance in an
overlapping stereo plot:

ORGANIC CHEMISTRY

Below an overview is given of modules with organic applications, with a brief description of each. For details one should contact the Center, that also organizes courses and offers advice on hardware products.

LHASA	CHIRON
SYNLIB REACCS	ORAC
MODEL CHEMX QCPE	MACMODEL
CSD inorgCSD METALS	PROTEIN CAMMSA MASSSPEC
LITRET	ADAPT

LHASA: A synthesis planning program, designing routes along which a given target compound could be made.

CHIRON: This program analyses the stereochemistry of organic compounds and gives suggestions regarding their synthesis.

SYNLIB, ORAC and REACCS: These are collections of reactions, extracted from the synthetic-organic literature. The databases can be searched using keywords or (sub)-structures of reactants and products.

MODEL, CHEM-X and MACROMODEL: The purpose of these modelling programs is two-fold: to perform calculations on structures (based on molecular or quantum mechanics), and to display graphical representations of the results.

CSD and PROTEIN: Two databases: the Cambridge Crystal Structure Data Base and the Brookhaven Protein Data Bank respectively. The first one contains the structures of some 70,000 organic and organo-metallic compounds, that can be searched on-line using bibliographic data or (sub)structures. Protein structures from the PDB files can be searched bibliographically and requests for the actual structure data will be met within a day. Retrieved structures can be read in by the modelling programs mentioned above.

MASSSPEC: This comprises two modules for the analysis of mass spectra. PBM compares a given spectrum to those present in the Wiley data base, while STIRS performs an analysis based on characteristic peaks and mass losses.

LITRET: Through this button S1032, the DBMS used to store most of the CAOS/CAMM data, is available to the individual user to create his personal literature reference system.

Examples of Organic Chemistry applications are:

- <u>3D DATA BASE SEARCHING</u>: CAOS/CAMM Interface to QUEST88[R] Software. QUEST88 is a program to search the X-ray and Neutron diffraction structural data of organic and organo-metallic compounds contained in the CSD files. It makes use of 'bit-screens' and 'tests' that can be combined following a certain syntax convention. This new interface enables the user to compose a query in an interactive way, applying the correct syntax rules and showing all the options on the screen. One selects the search fields from two menus showing all commands, keywords and logical operators, and is prompted for additional input.

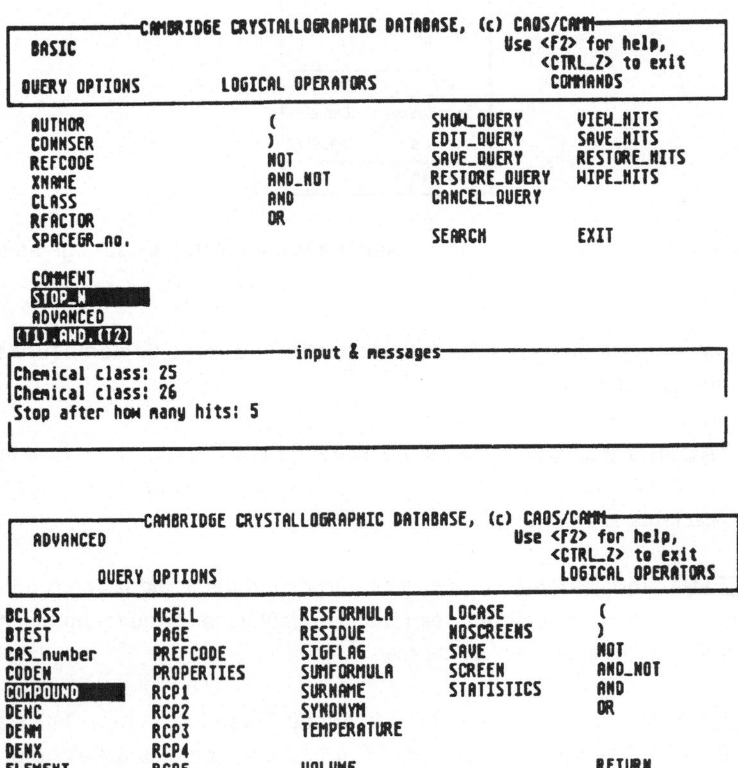

QUEST88 is Cambridge Crystallographic Data Centre Software

The F2 key generates help text on items selected:

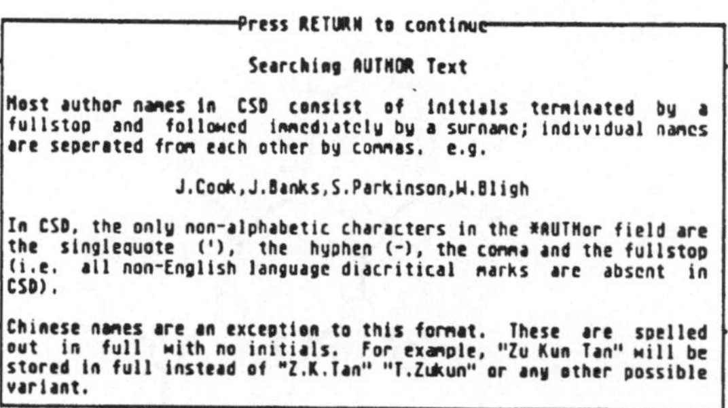

A search on bibliographic data can be combined with a sub-structure search. A graphics interface has been developed that will compose the connectivity file from a drawing and specifications supplied by the user.

If the query is complete it can be saved (or, if desired, be edited) and submitted. The progress of the search is reported to the screen.

The entries resulting from a search can be viewed one by one, and saved in a file. When viewing a record, one can request the program to retrieve the actual 3D data in Chem-X format. These data will be written to a file, named after the refcode of the entry.

By activating the DISPLAY button Chem-X will be started. The structure retrieved can be read in and subjected to all analyses and manipulations that this modelling program allows for. Chem-X also provides interfaces to computational programs.

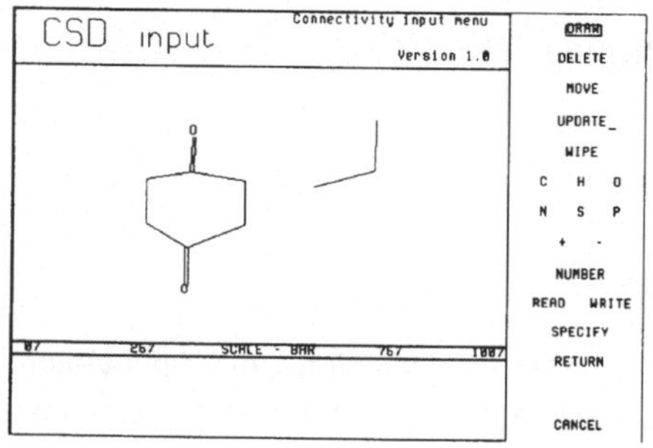
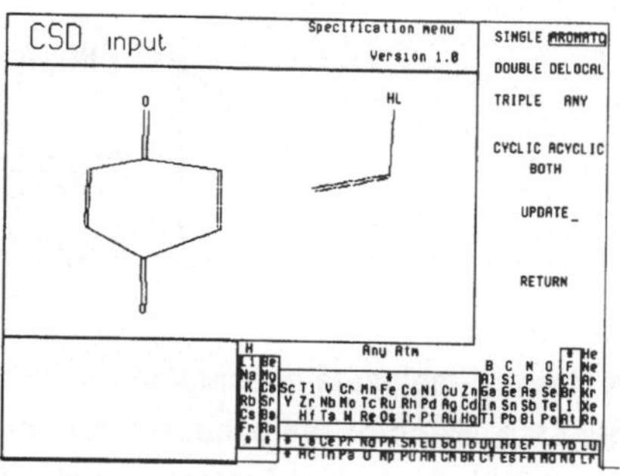

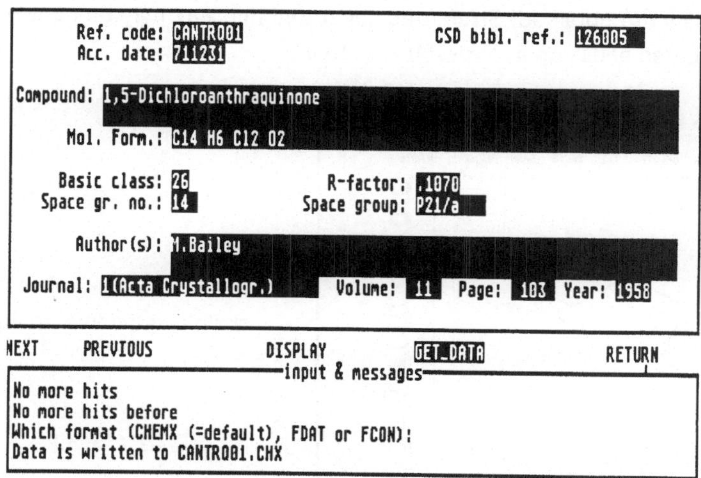

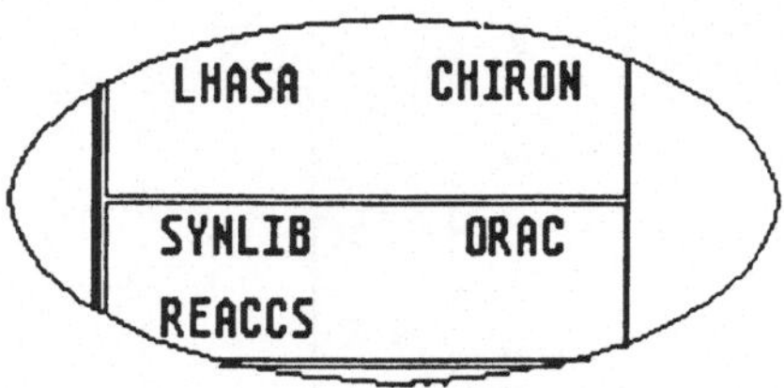

- <u>PREPARING ORGANIC SYNTHESES</u>: <u>Synthesis planning and reaction retrieval</u>

The LHASA approach to synthesis planning and Reaction Retrieval represent two different, complementary ways to prepare an organic synthesis. CHIRON adds the stereochemical aspect in particular.

LHASA, an acronym for Logic and Heuristics Applied to Synthetic Analysis, is **an** "expert system" embodying both a controlling program and a chemical database. The **database** consists of information on chemical reactions, coded as "transforms". The user **communi-**cates with LHASA via interactive computer graphics.

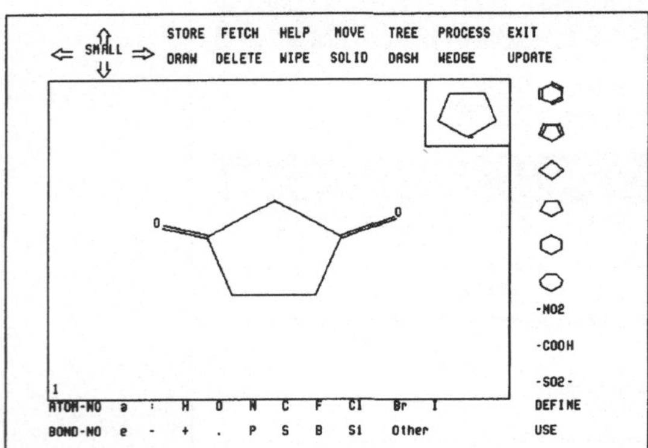

A "target" molecule is examined to find the precursors from which it can be generated in a single step. Each of the precursors can be treated as a new target and analysed similarly. This procedure, called "retrosynthetic analysis", can be repeated until readily available starting materials are obtained. Structures generated this way may be conveniently represented as numbered nodes on a retrosynthetic "tree".

sketching module, to enter "target"

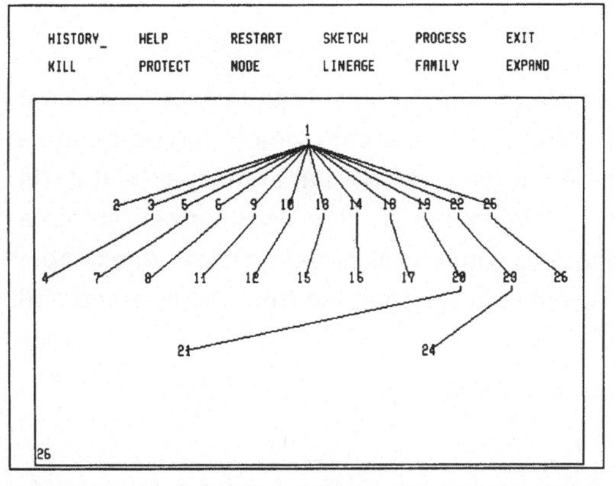

retrosynthetic tree, summarizing
synthetic routes to the target

example of transform, applied to
target structure

The data bases of **SYNLIB**, **ORAC** AND **REACCS** consist of abstracts from the synthetic literature. Also these programs use a graphics interface to enter a query, combined with alphanumeric data. So, for instance, the suggestions made by LHASA can be checked for precedences. The queries in the three programs can be specified to different levels of sophistication, and also the underlying "current literature" data bases have been developed independently. Below, some examples of sketching menus and hits are shown.

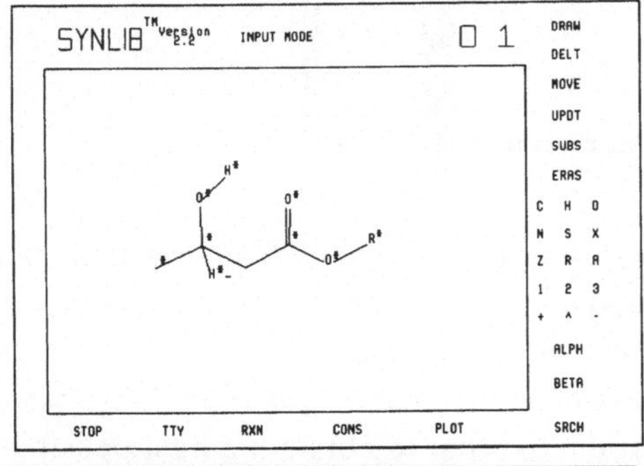

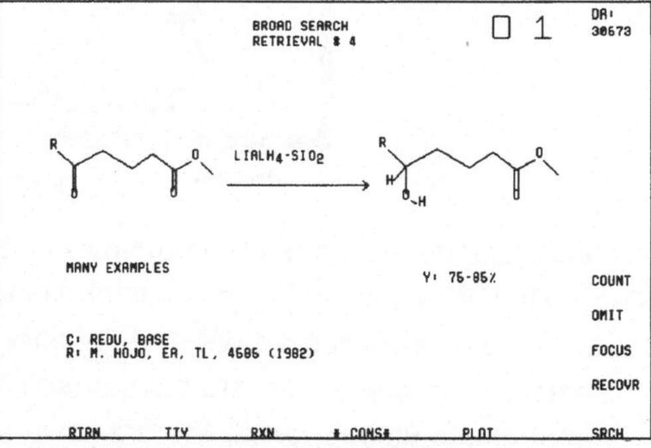

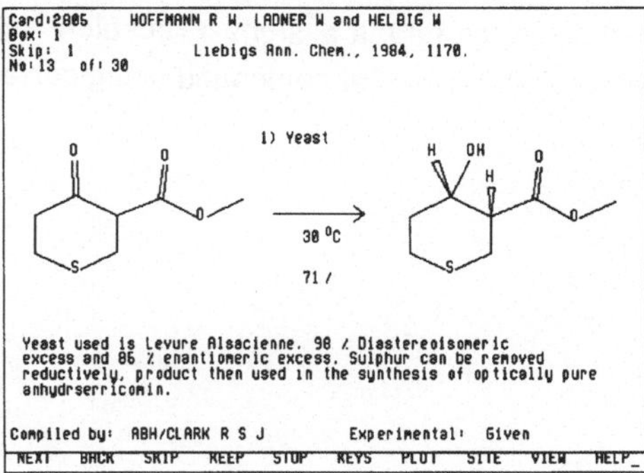

CHIRON's objective is to recognize and decode stereochemical features within a chiral molecule and to relate them to the structures of chiral precursors which can be used as starting materials for the synthesis of the intended targets. It consists of independent parts for drawing, stereochemical analysis, precursor selection and 3D drawing. Its precursor data base contains about 600 readily available compounds with chiral centers. Below an example of stereochemical analysis is shown: a Fischer projection is generated from the selected part of a natural product.

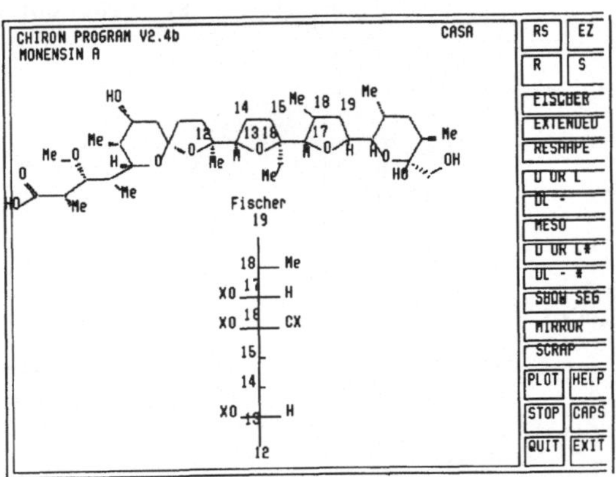

- <u>ANALYSIS OF MASS SPECTRA</u>: The software used for the analysis of unknown mass spectra consists of two complementary modules: **PBM** (Probability Based Matching system) and **STIRS** (Self Training Interpretive Retrieval System), both developed at Cornell University.

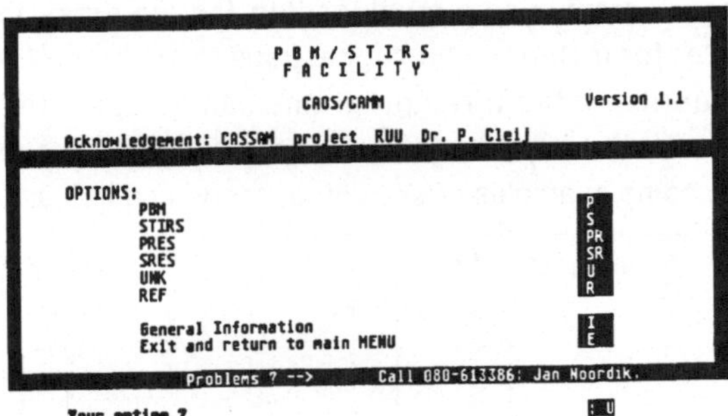

Peaks and abundances of the unknown have to be entered in a file, using the standard VMS editor. PBM identification is based on matching the unknown spectrum against spectra obtained in the reference file (Wiley's Registry of Mass Spectral Data).

Apart from a straightforward comparison it can weight the importance of both the mass and abundance values, or tilt the unknown spectrum in order to obtain the best possible match. In the end, it assigns a reliability value to each retrieved compound which indicates the probability of that compound being correctly identified.

```
PBM results for unknown MENTON
          CI4  CI1
Serial  rel  rel  MW  Formula           Name
------  ---  ---  --- -----------------  ------------------------------------------
72639  93  68  154  C10 H18 O          p-Menthone $$ Cyclohexanone, 5-methyl-2-
                                          (1-methylethyl)-, trans- %% trans-Mentha
72642  93  66  154  C10 H18 O          Cyclohexanone, 5-methyl-2-(1-methylethyl)-,
                                          cis- %% Isomenthone  $$ cis-p-Mentha
72635  92  64  154  C10 H18 O          p-Menthone $$ Cyclohexanone, 5-methyl-2-
                                          (1-methylethyl)-, trans- %% trans-Mentha
11210  91  60  154  C10 H18 O          Cyclohexanone, 5-methyl-2-(1-methylethyl)-,
                                          (2R-cis)- %% d-Menthone $$ d-Isomen
11304  89  56  154  C10 H18 O          p-Menthone $$ Cyclohexanone, 5-methyl-2-
                                          (1-methylethyl)-, trans- %% trans-Mentha
11212  62  36  154  C10 H18 O          Alpha-iso-menthone $$
11305  60  35  154  C10 H18 O          Cyclohexanone,5-methyl-2-(1-methylethyl)-,
                                          cis- %% Isomenthone  $$ cis-p-Mentha
```

If PBM does not find a reference spectrum to match the unknown closely, STIRS can be used to examine the unknown spectrum. It uses 18 different classes of data to extract information, like characteristic ions, or neutral losses, in several m/z ranges of the spectrum. This results in a series of 'match factors' (1 to 7), that can be grouped in different combinations to give four overall match factors (11.0 to 11.3). The retrieved compounds shown on the right have been arranged according to their score for one of these overall match factors (the column under 11.0).

```
Best retrieved for Match Factor 11.0  for MENTON
Combination 1,2a,2b,3a,3b,4a,4b,5a,5b,6a based on MW 154
  1    2A  2B  3A  3B  4A  4B  5A  5B  6A  6B  5C  6C   7 11.1 11.2  11.0  11.3

11212    154  C10 H18 O  alpha-iso-Menthone $$
 801 843 744 860 861 648  0 862 830  0  0  238 976 0 807 846  819  605

11305    154  C10 H18 O  Cyclohexanone, 5-methyl-2-(1-methylethyl)-, cis- %%
                            Isomenthone  $$ cis-p-Mentha.....
 671 862 651 860 985 705 0 897 807  0  0  400 950 0 792 852  812  594

11210    154  C10 H18 O   Cyclohexanone, 5-methyl-2-(1-methylethyl)-, (2R-cis)-
                            %% d-Menthone $$ d-Isomen.....
 652 848 626 753 985 705 0 897 653  0  0  400 950 0 763 775  767  572

11206    154  C10 H18 O  o-Menthone $$
 718 709 597 765 933 827 0 857 701  0  0  444 921 0 745 779  756  558

11304    154  C10 H18 O  p-Menthone $$ Cyclohexanone, 5-methyl-
                            2-(1-methylethyl)-, trans- %% trans-Mentha.....
 640 823 627 743 972 705 0 880 653  0  0  380 926 0 752 766  756  564
```

Added to these two modules is a plot facility, that compares the unknown and any retrieved spectrum graphically. Below this is done for *isomenthone*, the second compound from the above list, with reference number 11305. The unknown spectrum is the bottom one.

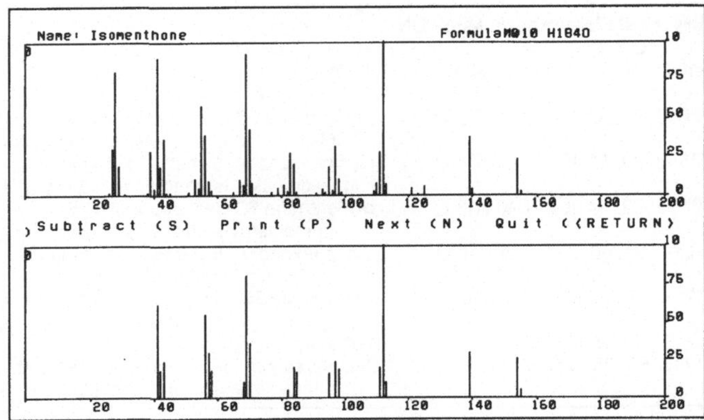

BIOCHEMISTRY

Apart from software to be used by synthetic and physical chemists, the CAOS/CAMM Center has acquired a number of programs and data bases of interest to other chemists and related scientists. Modules with biochemical (in a broad sense) applications are summarized below. A number of the 'organic' programs, such as the Cambridge Crystal Structure Data Base, CHIRON and the modelling program CHEM-X, can of course also be applied to smaller biochemical structures.

LHASA	CHIRON
SYNLIB	ORAC
REACCS	
MODEL	MACMODEL
CHEMX	
QCPE	
CSD	PROTEIN
inorgCSD	CAMMSA
METALS	MASSSPEC
LITRET	ADAPT

MACROMODEL
A program to model proteins, nucleic acids and carbohydrates, written by Prof. C. Still, Columbia University, New York. It has a more or less automated input module that allows for the rapid construction of macromolecules. A number of force-fields can be used in calculations: AMBER, CHARMM, MM2 and OPLSA. All structures can be displayed and manipulated in several ways.

PROTEIN
Through this button one enters a program to search the Brookhaven Protein Data Bank. Several fields with bibliographic data and structural characteristics can be used. The structural data (i.e. the atom coordinates) is not on-line, but can be made available within a day. Both MACROMODEL and CHEM-X can read these structure files. The PDB files are updated every three months.

CAMMSA
This command gives access to a large number of programs in the field of MacroMolecular

Sequential analysis, i.e. the statistical analysis of the primary structure of proteins and nucleic acids. Staden programs and the Wisconson GCG package are available. The most recent versions of the NBRF, EMBL and Swiss-protein databases as well as the Protein Data Bank can be searched with any user-defined fragment. A Chou-Fasman analysis can be performed and parsimony trees can be constructed. The combination of Macromolecular sequence analysis and molecular modelling comprises a powerful technique.

The objective of **sequence analysis** is to compare statistically a given sequence of a biopolymer (nucleic acid, protein) to those currently known and stored in one of the large data bases: EMBL, NBRF, GenBank, SwissProt, VecBase. At this time, several sets of software are available to perform this task: the Wisconsin GCG package, NBRF programs, the PHYLIP package, Pearson & Lipman programs, etc.

A set of alpha-numeric menus, with accompanying help text, has been developed to guide the inexperienced user through the manifold of options. In fact, these programs go beyond pure statistics; a sequence can also be analyzed to make predictions about properties and structural aspects of, in particular, proteins. Some examples are shown below: a selection menu, a hydropathy plot and a dotplot.

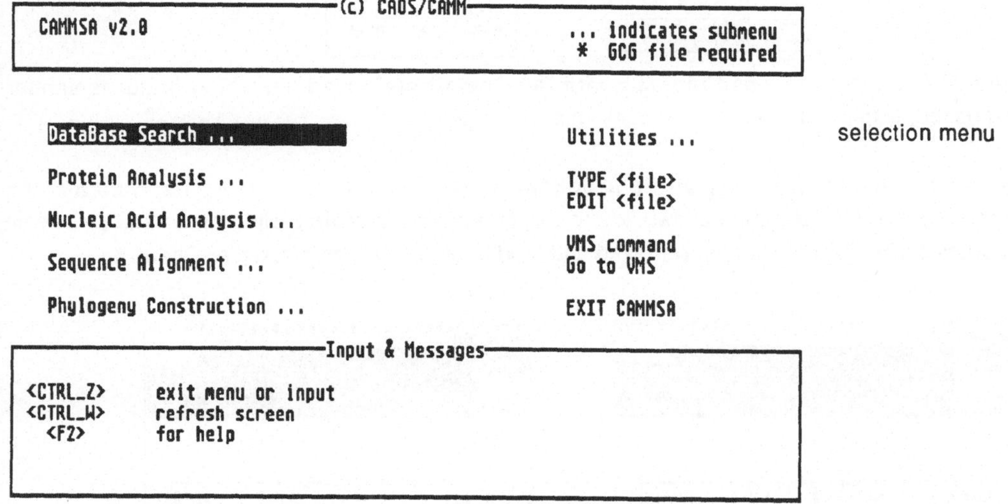

selection menu

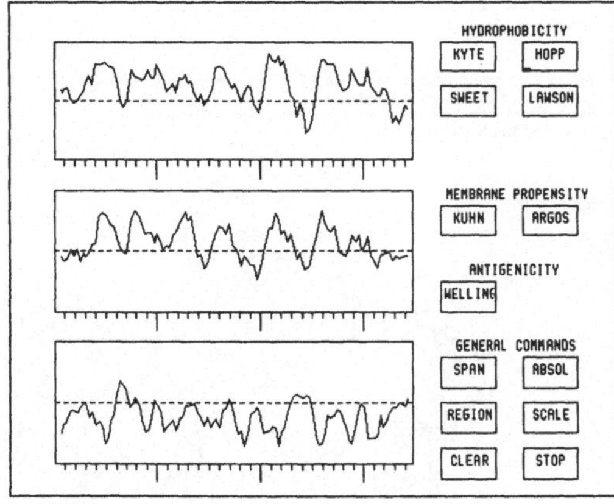

hydropathy plot

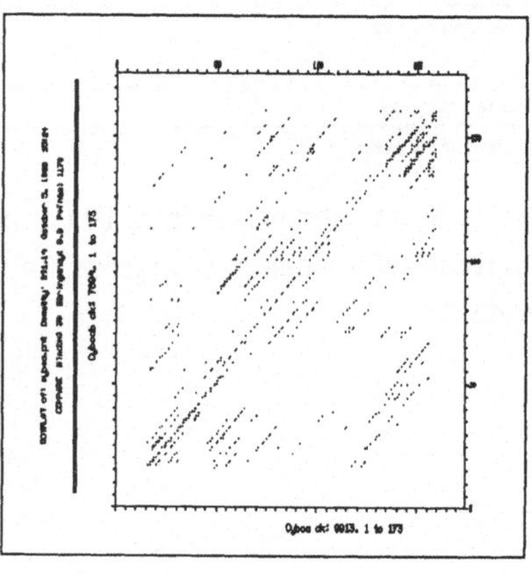

dotplot

For the **modelling** of macromolecules, two programs are available: **Chem-X** and **MacroModel**. The latter has been developed especially for this purpose. It contains building blocks for proteins, nucleic acids and carbohydrates. To manipulate these structures, several forcefields can be called, like amber, charmm, etc.

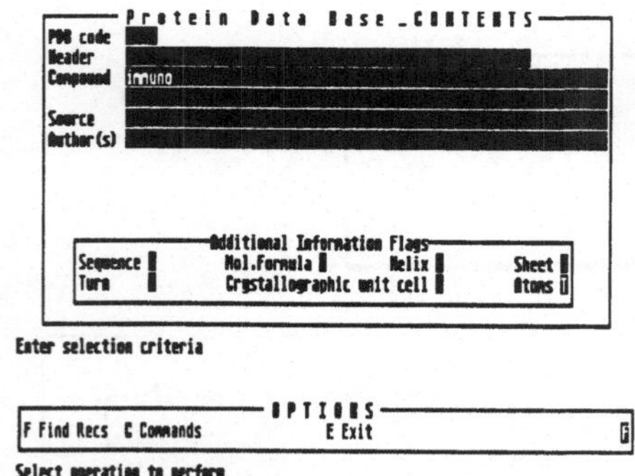

Chem-X has been extended recently with the ChemProtein module, which features similar characteristics, with emphasis on the modelling of proteins.

In this context the accessibility of the Brookhaven Protein Data Bank (**PDB**) should also be mentioned. A searching program allows you to select entries based on bibliographic and structural characteristics. The 3D data can be retrieved and read in by either MacroModel or Chem-X.

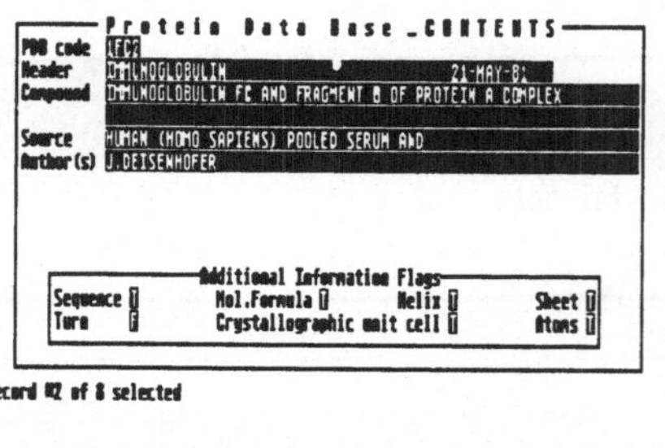

On the right a Chem-X display of the connected alpha carbons of a small protein from the PDB files is reproduced.

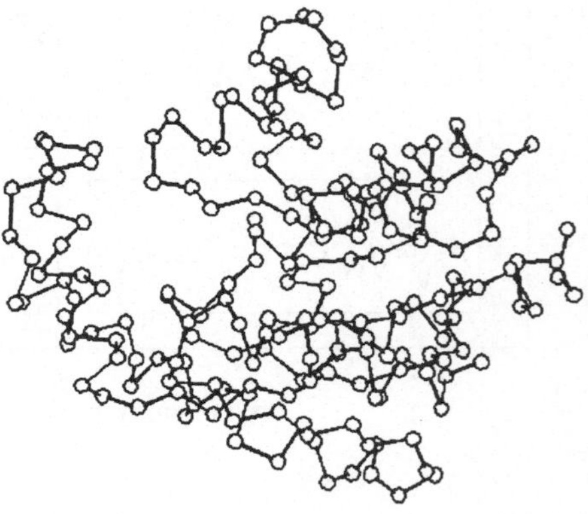

COMPUTATIONAL CHEMISTRY

The QCPE programs have been integrated into a structure manipulation package consisting of 3D data bases, modelling programs and computational programs. Three different modelling programs are available to generate the structures and the input files for the computational programs: CHEM-X, MODEL and MACROMODEL. These programs use some kind of internal-forcefield for structure handling, but for proper minimizations and calculations an external program has to be called, usually in batch mode.

CHEM-X has the widest range of interfaces: it will prepare input files for: MM2P, CNDO-INDO-PCILO3, ICON8, MOPAC-AMPAC and GAUSSIAN80. MODEL does the same for: MM2-85, MOPAC-AMPAC and the non-QCPE program MMX. Although both programs give the opportunity to enter keywords and parameters interactively, editing of the input files will often be necessary.

```
*  HELP RUN in CHEM-X:
   RU*N
       To run a command file to chain an external program or to
   execute Chem-X commands.
   Qualifiers:
   /A*MBER  /L*IB  /Q*M  /ST*AT
   Parameters - QCPE interfaces:
        :
   USL005:CNDOB      - to run CNINDO (CNDO - QCPE 274) in batch
   USL002:CONNOLLYB  - to run the Connolly surface program (QCPE 429) in batch
   USL005:INDOB      - to run CNINDO (INDO - QCPE 274) in batch
   USL003:G80B       - to run GAUSSIAN80 (QCPE 446) in batch
   USL006:ICON8B     - to run ICON8 (EHT - QCPE 344) in batch
   USL001:MM2B       - to run MM2 (based on QCPE 395 and 400) in batch
   USL001:MM2PB      - to run MM2P (based on QCPE 395 and 400) in batch
   USL007:MOPACB     - to run MOPAC (QCPE 455) in batch
   USL008:PCILO3B    - to run PCILO3 (QCPE 462) in batch




   MODEL-TTY-DATA:      SELECT CONVERSION:

          MODEL ---> MM2-85 (1)     MM2-85 ---> MODEL  (2)
          MODEL ---> MMX    (3)     MMX ------> MODEL  (4)
          MODEL ---> MOPAC  (5)     MOPAC ----> MODEL  (6)
          MODEL ---> MACMOD (7)     MACMOD ---> MODEL  (8)
          MODEL ---> CHEMX  (9)     CHEMX ----> MODEL  (10)

   Conversion ? (<CR> TO CANCEL): 5
   MODEL -> MOPAC  Conversion
   MOPAC Input file name ? (* aborts)
   default extension .PAC  HHRACEM
   Use Cartesian coordinates [1] or Z-matrix [2] ? 2

   etc.
```

Subsequently, the job can be submitted. An interface has been developed, that prompts the user for the required parameters. The Che-QM module in Chem-X can be very useful in the interpretation of calculation results. It can represent results in the form of maps, combined with the structures involved.

```
HELP DEF/QM
    DE*FINE/Q*M
        To define a ChemQM calculation or analysis by setting the
        appropriate options.
            Parameters:
        A*MPAC  C*NINDO  G*AUSSIAN80  I*CON8  M*OPAC  P*CILO3

*HELP SR TUDY/QM
    ST*UDY/Q*M
        To examine the results produced by a ChemQM calculation.
Etc.
```

```
Command   QCPE

            SUBMIT a job for  Batch execution
            ----------------------------------
Parameter- and Control files can be generated with ChemX and/or MODEL.
 File nomenclature:     Structure_name.ext

            Program        Files from
            -------        ----------
            MM2            CHEM-X
            MM2P           CHEM-X
            MMX            MODEL
            MM2P85          MODEL
            CONNOLLY        CHEM-X
            GAUSS80         CHEM-X
            CNDO           CHEM-X
            INDO           CHEM-X
            ICON8          CHEM-X
            MOPAC           MODEL/CHEM-X
            PCILO3          CHEM-X
 Select Program:       ( <cr> to QUIT ): MOPAC
Enter Structure_name:   ( <cr> to QUIT ): HHRACEM
Batch queues:           cpu time-limit      max. jobs
                        h m s
            FAST        00:01:00                1
            BATCH       01:00.00                4
            SLOW        06:00:00                2

Select Batch queue :  ( <cr> to QUIT ): SLOW
LOG files are automatically created, except for MM2 and MM2P
 Create LOG file? [Y/N]: N
Job Specifications
------------------
 Program    : MOPAC
Parameters  : CC:[BORKENT.LAAR]HHRACEM.XQ;6
              CC:[BORKENT.LAAR]HHRACEM.PAC;4
Log file    : NOLOG
Batch queue : SLOW
 SUBMIT JOB ?   [Y/N] : Y
AFTER  (dd-mmm-yyyy.hh.mm)   <CR> = NOW: 15-SEP-1988:4:00
Job HHRACEM (queue SLOW, entry 105) holding until 15-SEP-1988 04:00
```

Below, an example is given: the coefficients of the highest occupied molecular orbitals of an unsaturated ketone are represented graphically.

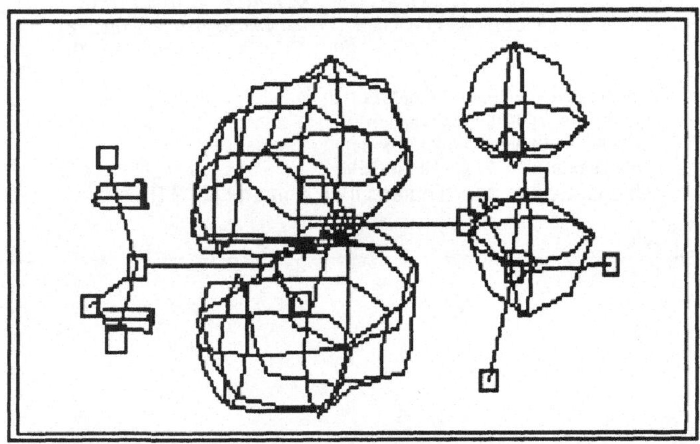

REFERENCES

1. SYNLIB. SYNthesis LIBrary.   Dr. D. Chodosh. Distributed Chemical Graphics Inc. 1326 Carol Rd. Meadowbrook, PA. 19046, USA.
2. ORAC.Organic Reactions Accessed by Computer. Dr. P. Johson. Wolfson Unit for Computer Aided Design. ORAC Ltd. U.L.I.S., 175 Woodhouse Lane. Leeds LS2 3AR. UK.
3. REACCS. REaction ACCess System. Molecular Design Ltd. 2132 Farallon Dr. San Leandro, CA 94577. USA.
4. LHASA. Logics and Heuristics Applied to Organic Syntheis. Prof. E.J. Corey. Chem. Dept. Harvard Univ. Cambridge MA 02138. USA.
5. CHIRON. CHIral synthON. Prof. S. Hanessian. Chem. Dept. Univ. of Montreal. Montreal, Quebec H3C 3J7. CANADA.
6. CHEM-X. Chemical Design Ltd. Unit 12, 7 West Way. Oxford OX2 0JB. UK.
7. MACROMODEL. Prof. W.C. Still. Chem. Dept. Columbia Univ. New York NY 10027. USA.
8. AMBER. Prof. P. Kollman. Dept. of Pharm. Chem. Univ. of Cal. San Fransisco. CA 94143-0446. USA
9. MM2. Prof. N. Allinger. Chem. Dept. Univ. of Georgia. Athens Georgia. / Prof. K. Stelliou. Chem. Dept. Univ. of Montreal, Quebec H3C 3J7.
10. QCPE. Quantum Chemistry Program Exchange. Chem. Dept. Indiana Univ.Bloomington. IN 47405. USA.
11. EMBL. Nucleotide Sequence Data. SWISSPROT protein Data. NBRF protein Data. European Mol. Biol. Lab. Meyerhofstr.1. 6900 Heidelberg FRG.
12. Genetics Computer Group. UW Biotechnology Center. Univ. of Wisconsin. 1710 Univ. Ave. Madison, Wisconsin 53705. USA.
13. PBM/STIRS. Prof. F.W. McLafferty. Chem. Dept. Cornell Univ. Ithaca NY 14850. USA.
14. CSD. Cambridge Crystallographic Database. Crystallographic Datacentre. Univ. Chem. Lab. Lensfield Rd. Cambridge CB2 1EW. UK.
15. ICSD. Inorganc Crystal Structure Database. Prof. G. Bergerhoff. Dept. of Inorg. Chem. Univ. of Bonn. FRG.
16. CRYSTMET. Metals Datafile. Nat. Res. Council of Canada. Ottawa Ontario K1A 0S2. CANADA.
17. PDB. Brookhaven Protein Databank. Brookhaven National Lab. Upton LI. NY 11973. USA.
18. S1032. General Database Management System. Software House. 1105 Mass. Av. Cambridge MA 02138. USA.

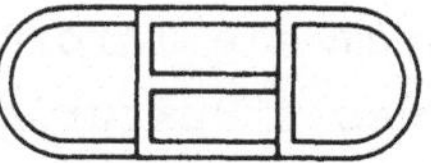

WERBEN FÜR CHEMIKALIEN ONLINE

R. Kettenacker

Chemical Exchange Directory S.A.,
9, rue de la Gabelle, CH-1227 Genf

EINFÜHRUNG

Die Idee eines elektronischen Werbemediums für Chemikalien basiert
auf den Erfahrungen des Authors im europäischen Vertrieb von chemischen Zwischen- und Nebenprodukten für einen grossen amerikanischen
multinationalen Chemiekonzern.

Die chemische Industrie bewegt sich mehr und mehr in Richtung eines
weltweiten Marktes. Das Wissen um "Wer macht was" beschränkt sich
heute in den meisten Fällen auf die Endprodukte bekannter Hersteller. Es besteht wenig Wissen um mögliche Lieferanten für Zwischenprodukte, bestehende Verfahren und noch weniger um Neben- und Ab-
fallprodukte, die noch für eine sinnvolle Wiederverwendung in Frage
kämen.

Die chemische Industrie, die nach aussen oft wie ein geschlossener
Block wirkt, besteht nicht nur aus grossen multinationalen Unternehmen, sondern auch aus vielen mittleren und kleineren Firmen mit
einer interessanten Produktpalette, die alle auch international
tätig sind.

Dies und der Trend, immer höherwertigere Zwischenprodukte einzukau-
fen, machen ein internationales Produktinformationssystem für die
chemische Industrie notwendig.

ZIELSETZUNGEN

Ziel von CED ist es, die eingangs erwähnten Probleme mit Hilfe einer
weltweit zugänglichen online Datenbank zu lösen. Die Entwicklung des
Systems konzentrierte sich auf hohe Benutzerfreundlichkeit, einfachen Zugang zum System und weitgehende Unabhängigkeit von front-end
Software und Computerhardware.

G. Gauglitz (Hrsg.)
Software-Entwicklung in der Chemie 3
© Springer-Verlag Berlin Heidelberg 1989

Fachlich sollte das CED System die Informationen über die gespeicherten Produkte in Form eines strukturierten Datenblattes dem Interessenten zugänglich machen. Diese Form der Präsentation überwindet einfacher die Sprachbarrieren und erlaubt schnelles Finden von spezifischen Daten. Die im System enthaltenen Daten sollten auch jederzeit vom Hersteller selbst auf den neusten Stand gebracht werden können, um dem Sucher Aktualität zu gewährleisten.

Zusätzlich sollte eine völlig transparente auf Leistungsmerkmalen basierende Kostenstruktur dem Anbieter wie dem Sucher von Chemikalien im vornherein ein klares Bild von der auf ihn zukommende finanziellen Verpflichtung geben.

DIE LÖSUNG

Der hier vorgestellte Online Produktinformations-Service ist praktisch ein Produktkatalog online und wird von Herstellern chemischer Produkte benutzt, um ihre Produktdaten potentiellen Kunden online zugänglich zu machen.

Im Gegensatz zu herkömmlichen bibliographischen Datenbanken verstehen wir den CED Service als Kommunikationsinstrument zwischen Herstellern und Nutzern von Chemikalien.

Als industriespezifischer Service ist er weltweit direkt über das Datennetz von General Electric, dem grössten internationalen privaten Telekommunikationsnetz zugänglich.

Das Suchen nach Chemikalien geschieht mit Hilfe eines einfachen, leichtverständlichen, englischsprachigen Dialoges. Die Hauptsuchkriterien sind Produktname, Chemical Abstract Nummer, Summenformel und Herstellerland. Das System antwortet mit der Anzahl der gefundenen Hersteller für das gesuchte Produkt pro Land. Der Sucher kann dann eine Auswahl für ein spezifisches Land machen und bekommt in diesem Falle alle Produktdatenblätter des jeweiligen Landes am Bildschirm angezeigt.

Im folgenden finden Sie einen originalgetreuen Abdruck des Suchdialoges einschliesslich eines Musterdatenblattes.

DAS DATENBLATT

```
**********************************************************************
*                           C E D                                   *
*               CHEMICAL EXCHANGE DIRECTORY SA.                      *
*            9, RUE DE LA GABELLE, CH 1227 GENEVA, SWITZERLAND.      *
*TEL.   ++41 22 42 20 70      FAX ++41 22 42 20 79      TELEX 428 066 CED*
**********************************************************************


**********************************************************************
* 1 SUPPLIER YOUR LOCAL SHELL        *34 EEC CLASSIFICATION          *
* 2 COMPANY OR SHELL INTERNATIONAL   *                               *
* 3 CHEMICAL CO LTD (CSASF)          *35 HARMFUL   [X] IRRITANT  [X] *
* 4 STREET SHELL CENTRE              *36 FLAMMABLE [ ] CORROSIVE [ ] *
* 5                                  *37 EXPLOSIVE [ ] OXIDISING [ ] *
* 6 POST CODE SE1 7PG                *38 TOXIC     [ ]               *
* 7 TOWN LONDON                      *                               *
* 8 COUNTRY UNITED KINGDOM           *39 TRANSPORT CLASSIFICATION    *
* 9 TELEPHONE 01-934-1234            *                               *
*10 TELEX 919651                     *40 ADR/RID 6.1 ITEM 11 (C)     *
*                                    *41 ICAO 6.1 (PG 3)             *
*************************************42 IMDG 6.1 (PG 3)              *
*11 PRODUCT NAME 2,4-DIFLUOROANILINE *                               *
*12                                  *************************************
*13 TRADE NAME                       *43 AVAILABILITY                *
*14 ABBREVIATION 24 DFA              *                               *
*15 OTHER                            *44 1000 TO   [ ]  100 TO    [ ] *
*16 CAS NO 367-25-9                  *45   10 TO   [ ]  ON REQUEST [X] *
*17 CHEMICAL CLASS FLUOROARDMATIC    *46 SAMPLES   [X]               *
*18 CHEMICAL FORMULA C6H5F2N         *47 LITERATURE AVAILABLE Y[X] N[ ] *
*                                    *                               *
*19 LD50 440        LC50             *48 PACKAGING                   *
*20 MAK             TLV              *                               *
*21 SOLID  [ ] LIQUID [X] GAS [ ]    *49 ROAD CARS [ ]  RAILS CARS [ ] *
*                                    *50 DRUMS     [X]  BAGS       [ ] *
*************************************51 CYLINDERS [ ]  OTHERS     [ ] *
*22 TYPICAL COMPOSITION              *                               *
*                                    *52 PRICE RANGE/CURRENCY        *
*23 2,4-DIFLUOROANILINE 99%          *                               *
*24                                  *53                             *
*25                                  *                               *
*26                                  *54 COUNTRY OF ORIGIN UK        *
*27                                  *                               *
*28                                  *************************************
*29                                  *55 TYPICAL APPLICATION         *
*30                                  *56 PHARM                       *
*31                                  *57                             *
*32                                  *58                             *
*33                                  *59                             *
*                                    *                               *
**********************************************************************


**********************************************************************
* THE  INFORMATION   CONTAINED  IN  THIS DATA SHEET IS THE PROPERTY OF THE *
* SUPPLIER. IT IS GIVEN  IN GOOD FAITH, BUT UNDER NO CIRCUMSTANCES DOES IT *
* CONSTITUTE  A  GUARANTEE ON THE PART OF CED OR THE SUPPLIER, NOR DOES IT *
* HOLD CED OR THE SUPPLIER RESPONSIBLE, PARTICULARLY IN  THE CASE OF LEGAL *
* ACTION BY A THIRD PARTY.                       REF: 1044/S523/10/88 *
**********************************************************************
```

470

DER DIALOG

U#=!!!!!!!!!,!!!!!,!!!!

WELCOME TO CED

CHEMICAL EXCHANGE DIRECTORY SA.
9,RUE DE LA GABELLE, CH 1227 GENEVA, SWITZERLAND.
TEL. ++41 22 42 20 70   FAX ++41 22 42 20 79   TELEX 428066+CED

* *   CED DIRECTORY SEARCH PROGRAM   * *

Please give your customer password(Maximum 8 characters)
?!!!!!!!!!

In order to initiate a SEARCH, please type the answers to
as many of the following questions as possible.
Press <enter> only if you don't have the information.

Please enter PRODUCT NAME and <enter>

 11 PRODUCT NAME ?2,4-DIFLUOROANILINE

If you skip the PRODUCT NAME lines you must enter a
CAS NUMBER or a CHEMICAL FORMULA

Please enter CAS NUMBER(CAS NO) and <Enter>

 16 CAS NO ?367-25-9

Please enter CHEMICAL FORMULA and <Enter>

 18 CHEMICAL FORMULA ?

 Please enter either an Area Code or the desired Country
Codes, or press ENTER to cancel ?1

 2 supplier(s) found in country 1044
   Product 2,4-DIFLUOROANILINE
   Product 2,4-DIFLUOROANILINE

 1 supplier(s) found in country 1049
   Product 2,4-DIFLUOROANILINE

Please type   A to view all the selected Data Sheets,
    or the   Country Codes (separated by a comma) for each
desired Country,
    or press ENTER to cancel.

Please consult your Communication Software instructions for
assistance if you wish to store the Data Sheet on a diskette or
if you wish to print it directly.

Enter your selection ?A

KOSTEN

Die Bedienerfreundlichkeit eines Systems drückt sich nicht nur in
der einfachen online Nutzung sondern auch im leichten Verständnis
der Kostenstruktur aus.

Da sich der CED Produktinformations-Service als ein Werbemedium für
Hersteller versteht, werden auch die Hauptkosten zum Betrieb des
Systems von den Anbietern getragen. Die Suche wird nur auf Erfolgs-
basis zu einem Festpreis pro Datenblatt berechnet.

Ein typischer Hersteller bezahlt eine Jahressubskription von 3000
SFr. plus maximal 60 SFr. pro gespeichertes Produkt und Jahr. Der
Hersteller erhält ein kostenloses PC-Eingabeprogramm, das ihm erlaubt, bis zu 100 Produkte pro Diskette für die Einspeicherung ins
System zu registrieren. Änderung der eigenen Produktinformation
sowie das Löschen oder Hinzufügen von einzelnen Produkten kann online jederzeit kostenfrei durchgeführt werden. Die Gesamtkosten für
einen typischen Hersteller mit 3 Verkaufsadressen und 80 Produkten
bewegen sich mit total 7260 SFr. pro Jahr in der Grössenordnung von
zwei ganzseitigen Anzeigen in einer der führenden Chemiefachzeit-
schriften.

Der Sucher zahlt neben einer Jahresgrundgebühr von 300 SFr. nur 10
SFr. pro dem System entnommenen Produktdatenblatt. Die jeweils ersten 20 Datenblätter sind kostenlos.

Für die dem System angeschlossenenen Anbieter von Produkten entfällt
die Suchsubskription, und es werden jeweils nur die Datenblätter mit
je 10 SFr. berechnet.

ZIELINDUSTRIE

CED spricht mit seinem Service primär die chemische und pharmazeu-
tische Industrie an. Dies gilt speziell für die Anbieterseite. Auf
der Sucherseite ist selbstverständlich das Hauptinteresse ebenfalls
bei der chemischen Industrie selbst als auch bei verwandten Indu-
strien wie Klebstoff-, Lack-, Elektronik-, Lebensmittel-, Kunst-
stoff-, Kälte- und Farbstoffindustrie zu finden.

Am besten geeignet für die Dateneingabe sind Produkte wie alle
definierten Verbindungen und Mischungen mit einer chemischen
Bezeichnung und wenn möglich mit einer Chemical Abstract Nummer.
Für den Anbieter gilt es bei Eingabe bereits zu berücksichtigen, wie
der Sucher mit hoher Wahrscheinlichkeit das angebotene Produkt mit
den zur Verfügung stehenden Suchkriterien im System findet.

NUTZUNGSVORTEILE

Dem Anbieter von Chemikalien wird mit der CED Datenbank ein neues
Medium zur Verfügung gestellt, das erlaubt, chemische Produkte in
einer für den Anwender interessanten Form online darzustellen. Das
System wird dem globalen Informationsbedürfnis der chemischen Industrie gerecht, indem es Produktinformation zu gleichen Kosten weltweit durch eine lokale Telefonverbindung erreichbar macht. Wegen der
einfachen Bedienbarkeit und der geringen Suchkosten können Einkäufer
von chemischen Produkten ohne jedes spezielle Training das System
überall und jederzeit zum Finden von neuen Bezugsquellen, Produkt-
alternativen oder Anbietervergleich nutzen.

Mit der weiter fortschreitenden Vernetzung der chemischen Industrie
und dem Ziel, die ganze Auftrabsabwicklung online durchzuführen,
bietet der CED Service einen idealen Einstieg in die elektronische
Kommunikation zwischen Hersteller und Nutzer.

Unter den Benutzern des Systems befinden sich viele internationale
Chemiekonzerne, die im CED Produktinformations-Service ein
strategisches Werkzeug sehen, das durch Nutzung der Telekommunika-
tion hilft, dem Kunden bessere und aktuellere Produktinformationen
zukommen zu lassen und somit den Dialog mit dem Kunden effizienter
gestaltet.

J. Gasteiger, Technische Universität München, Garching (Hrsg.)

Software-Entwicklung in der Chemie 2

Proceedings des 2. Workshops „Computer in der Chemie", Hochfilzen/Tirol, 18.–20. November 1987

1988. 174 figures. XI, 432 Seiten. Broschiert DM 79,–. ISBN 3-540-18696-4

Dieser Band enthält die Beiträge des 2. Workshops „Computer in der Chemie" (18.–20. November 1987). Das Meeting wurde von der Fachgruppe Chemie-Information der GDCH veranstaltet und enthält Beiträge für folgende Gebiete:

- Kodierung und Verarbeitung struktureller Informationen
- Molekülmodellierung
- Design und Aufbau von Datenbanken
- Spektrenbibliotheken und -interpretation mit Schwerpunkt NMR- und Massenspektrometrie
- Datenerfassung in der Analytik
- Elektronisches Publizieren
- Umweltgefährlichkeit von Chemikalien
- Struktur-Wirkungs-Beziehungen

Springer-Verlag
Berlin Heidelberg New York
London Paris Tokyo Hong Kong

W. A. Warr, ICI Pharmaceuticals Division, Macclesfield, Cheshire, UK (Ed.)

Chemical Structures

The International Language of Chemistry

1988. 213 figures, 18 tables. XII, 472 pages. Hard cover DM 168,-. ISBN 3-540-50143-6

From the contents: Progress in chemical information science and future trends. – In-house chemical structure databases and related property data. – MACCS. – Substructure searching methodology. – Generic structure search. – Online databases. – Spectral databases. – Computer-aided library search systems. – Expert systems for structure analysis. – Hardware and software developments. – Managing personal databases. – Publishing on CD-ROM. – Molecular model building. – Parallel processing techniques. – Chemical reaction retrieval and synthesis planning. – Chemical nomenclature and grammar in chemical indexing languages.

Springer-Verlag
Berlin Heidelberg New York
London Paris Tokyo Hong Kong